Linux 服务器构建与运维管理从基础到实战（基于CentOS 8实现）

阮晓龙　冯顺磊　董凯伦　于冠军　张浩林　李朋楠◎编著

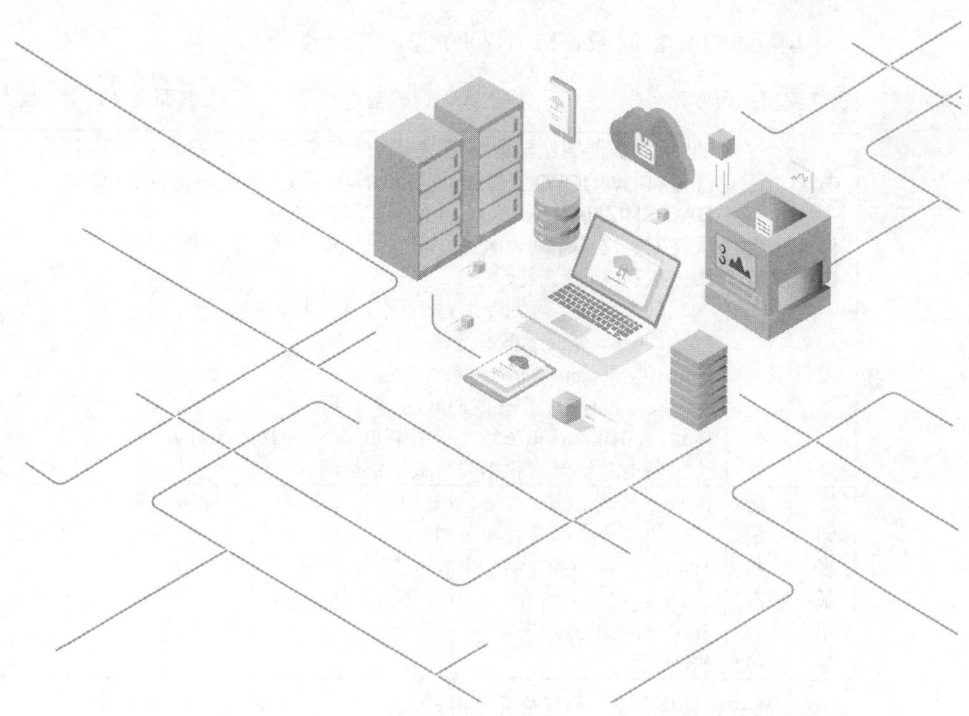

中国水利水电出版社
www.waterpub.com.cn
·北京·

内 容 提 要

本书以 CentOS 8 为基础环境，精心设计了 13 个工程应用项目。内容包含 Linux 基础、Linux 服务器应用、Linux 安全管理与 Linux 运维，涵盖了 Linux 操作系统的主要应用场景、关键技术和运维管理。

本书注重 Linux 操作系统应用的落地和实现。所有章节均以项目的形式展开，每个项目中包含若干子任务。所有项目任务均依据实际应用场景精心设计，并配有项目讲堂和任务扩展，使读者在学习过程中更有针对性、更容易与实际应用相结合，进而帮助读者达到企业级实战水平，能够更好地学以致用。

本书可作为从事 Linux 系统运维与管理的初中级专业技术人员的参考用书，也可作为高等院校计算机相关专业，特别是大数据、人工智能、物联网、网络工程、网络运维等专业有关课程，以及实训课程和工程实践教学的教学用书。

图书在版编目（CIP）数据

Linux服务器构建与运维管理从基础到实战 : 基于CentOS 8实现 / 阮晓龙等编著. -- 北京 : 中国水利水电出版社, 2020.12（2022.1 重印）

ISBN 978-7-5170-9202-5

Ⅰ. ①L… Ⅱ. ①阮… Ⅲ. ①Linux操作系统 Ⅳ. ①TP316.85

中国版本图书馆CIP数据核字(2020)第229713号

责任编辑：周春元　　　　加工编辑：韩莹琳　　　　封面设计：李　佳

书　　名	Linux 服务器构建与运维管理从基础到实战（基于 CentOS 8 实现） Linux FUWUQI GOUJIAN YU YUN-WEI GUANLI CONG JICHU DAO SHIZHAN（JIYU CentOS 8 SHIXIAN）
作　　者	阮晓龙　冯顺磊　董凯伦　于冠军　张浩林　李朋楠　编著
出版发行	中国水利水电出版社 （北京市海淀区玉渊潭南路 1 号 D 座　100038） 网址：www.waterpub.com.cn E-mail：mchannel@263.net（万水） sales@waterpub.com.cn 电话：（010）68367658（营销中心）、82562819（万水）
经　　售	全国各地新华书店和相关出版物销售网点
排　　版	北京万水电子信息有限公司
印　　刷	三河市鑫金马印装有限公司
规　　格	184mm×240mm　16 开本　35.75 印张　829 千字
版　　次	2020 年 12 月第 1 版　2022 年 1 月第 2 次印刷
印　　数	3001—6000 册
定　　价	88.00 元

凡购买我社图书，如有缺页、倒页、脱页的，本社营销中心负责调换

前　言

Linux 操作系统自诞生以来，就得到了国内外开源爱好者与产业界的持续关注和投入。近年来，Linux 操作系统在云计算、大数据、人工智能、自主可控等领域得到了广泛的应用。越来越多的行业开始利用 Linux 操作系统作为信息技术的基础平台或利用 Linux 操作系统进行产品开发。Linux 操作系统已经成为信息化的基础，更是 IT 从业者的必备技能。

1．创作理念

（1）关注 Linux 操作系统应用，寻求最佳实施路径。本书抛弃“大而全”的知识点讲解，更多地关注如何把 Linux 操作系统的技术与知识放置于企业实践之中来学习与掌握。本书在选择 Linux 操作系统项目案例时，精心设计了最合理、最易理解的方案来部署实施，可有效地帮助读者掌握更规范、更清晰的操作流程，让读者学得会、做得成。

（2）以项目为驱动，以任务为抓手，注重工程实践。本书所有章节均以项目形式展开，每个项目中包含若干子任务。所有项目任务均经过精心设计，并且配有项目讲堂和任务扩展，使读者在学习过程中更有针对性，更容易与实际应用相结合，从而帮助读者快速达到企业级环境的应用水平。

（3）基于 CentOS 8 设计项目，关注企业级应用。本书使用的 CentOS 8 作为基础环境，是当前最新的 Linux 发行版，广泛应用于企业级环境。其高效且简洁的管理、稳定且安全的环境，可帮助读者紧跟技术发展趋势，熟练快捷地掌握其操作方法。

（4）提供多媒体辅助操作教程。除了传统的图文方式，我们还注重以多媒体视频的方式与读者交流。本书的每个项目中均包含实际操作二维码。读者可通过扫描二维码快速查看本项目（任务）的操作视频教程及其自动化部署脚本，获取更加详细的操作讲解，避免操作迷茫，从而帮助读者更好地开展学习。

2．内容设计

本书精心设计了 13 个项目，内容包含 Linux 基础、Linux 服务器应用、Linux 安全管理、Linux 运维，可以说，本书涵盖了 Linux 操作系统的主要应用场景、关键技术和工程实践。

项目一——项目二，掌握 Linux 基础，实现 Linux 系统安装、网络配置、远程管理以及常用的操作命令，帮助读者快速构建本书的学习和实践环境。

项目三—项目十，实现 Linux 服务器应用，内容包括网站服务器、代理服务器、数据库服务器、文件服务器、域名服务器、虚拟化服务器和容器服务器，涵盖 Linux 服务器应用的主要场景。

项目十一，关注 Linux 安全管理，内容包括 SELinux、Firewalld 防火墙和 Nmap 安全审计工具，旨在提升 Linux 操作系统的安全性和可靠性。

项目十二—项目十三，关注 Linux 运维管理，内容包括系统监控和通过 Web 管理 Linux，实现 Linux 操作系统的命令监控、实时监控、可视化监控和构建监控管理系统，并借助 Cockpit 工具实现基于 Web 的系统维护、网络与安全管理、容器管理，旨在提升 Linux 操作系统的运维管理水平。

本书撰写时均使用最新版本软件，读者可使用本书指定版本软件，也可使用官方最新版软件。鉴于开源软件管理的多样性，部分软件的官方可能对旧版本不支持，建议读者针对此种情况，选择最新版本开展学习。

3．适用对象

本书适用于以下两类读者。

一是从事 Linux 系统运维与管理的初级以及中级专业技术人员。本书可以帮助他们全面理解 Linux 操作系统的应用场景，熟悉 Linux 服务器的构建技术，快速掌握相应的工程实现方法，为后续工作开展打下扎实基础，更能够成为日常工作的备查手册。

二是高等院校计算机相关专业，特别是大数据、人工智能、物联网、网络工程、网络运维等专业的、具有一定 Linux 基础的在校学生。本书可以帮助他们加深对 Linux 操作系统的理解，解决原本似是而非的技术问题，提升实践操作的综合能力，真正的学会 Linux 操作系统的应用。

4．真诚感谢

本书是在新冠疫情防控的特殊时期撰写的，能顺利撰写完毕，离不开家人们的默默支持，使我们能全身心投入到本书的编写中，对于他们，内心充满了感谢和愧疚。同时，感谢王少鹏、朱冠旭对本书中任务讲解视频进行录制和处理，并撰写了自动化部署脚本。

本书编写完成后，中国水利水电出版社万水分社周春元副总经理对本书的出版给予了中肯的指导和积极的帮助，在此表示深深的谢意！

由于我们的水平有限，疏漏及不足之处在所难免，敬请广大读者朋友批评指正。

作　者

2020 年 7 月于郑州

目　录

项目三　使用 Apache 实现网站服务

项目四　使用 Nginx 实现代理服务

项目五 使用 MariaDB 实现数据库服务

项目六 使用 MongoDB 实现数据库服务

项目七 实现文件服务

项目八　实现域名解析服务

项目九　使用 KVM 实现虚拟化

项目十　使用 Docker 实现容器

项目十一　CentOS 的系统安全

项目十二　CentOS 的系统监控

项目十三　通过 Web 管理 CentOS

项目一

初识 Linux

项目介绍

Linux 是类 UNIX 操作系统，也是世界上使用最广泛的操作系统。本项目介绍 Linux 系统的安装、网络配置、远程管理等基本操作。

项目目的

- 了解 Linux;
- 掌握 Linux 的安装方法;
- 掌握 Linux 的基本操作;
- 掌握 Linux 的远程管理。

项目讲堂

1. Linux

（1）什么是 Linux。原生 Linux 指 Linux Kernel，通常所说的 Linux 指 Linux 操作系统。

Linux 操作系统是一套可免费使用和自由传播的类 UNIX 操作系统，是一个基于 POSIX 和 UNIX 的多用户、多任务、支持多线程和多 CPU 的操作系统，其主要包含 Linux Kernel、GNU 和应用程序三部分。

（2）Linux Kernel。Linux Kernel 指的是一个提供设备驱动、文件系统、进程管理、网络通信等功能的系统软件，俗称 Linux 内核。Linux Kernel 不是一套完整的操作系统，只是操作系统的核心。

Linux Kernel 是开源项目，主要由 Linux 基金会负责维护。关于 Linux 基金会的更多信息可以访问其官方网站（http://www.linuxfoundation.org）详细了解。

（3）发行版与衍生发行版。许多个人、组织和企业使用 Linux Kernel 开发了遵循 GNU/Linux 协议的完整操作系统，叫作 Linux 发行版，通常所说的 Linux 操作系统就是基于 Linux Kernel 的发行版。Linux 衍生发行版是基于 Linux 发行版再次改造所衍生出的 Linux 操作系统，其目的通常是为了进一步简化 Linux 发行版的安装、使用以及提供应用软件等。

知名的 Linux 发行版有 Debian、SlackWare、Red Hat、Gentoo、ArchLinux、红旗 Linux 等；知名的 Linux 衍生发行版有 Ubuntu、SUSE、openSUSE、CentOS、Fedora 等。Linux 发行版与衍生版的生态体系图如图 1-0-1 所示。

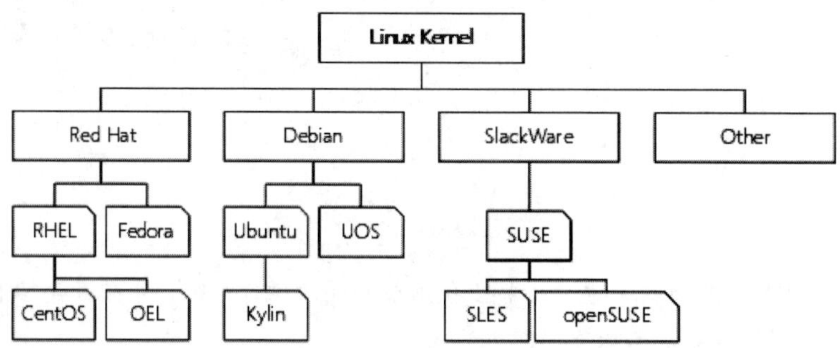

图 1-0-1　Linux 发行版与衍生发行版的生态体系图

2. CentOS

CentOS（Community Enterprise Operating System，社区企业操作系统）基于 RedHat 的开源部分编译而成，主要由其社区进行维护与更新。

2.1　CentOS Linux 与 CentOS Stream

发行版简称说明：

- RHEL　Redhat Enterprise Linux
- OEL　Oracle Enterprise Linux
- UOS　统一操作系统
- Kylin　Ubuntu Kylin 优麒麟
- SLES　SUSE Linux Enterprise Server

自 CentOS 8 开始，官方发行了两个版本的 Linux，分别是 CentOS Linux 与 CentOS Stream。

（1）CentOS Linux。CentOS Linux 是 CentOS 的正常迭代版本。

（2）CentOS Stream。CentOS Stream 是一个滚动发布的 Linux 发行版，它介于 Fedora Linux 的上游开发和 RHEL 的下游开发之间而存在。通俗地说，CentOS Stream 是 Redhat Linux 最新版本的 CentOS 体验版。

2.2　CentOS 8 特性

CentOS 8 较 CentOS 7 及之前版本有所变动，主要新增的特性如下。

（1）Web 控制台。引入 Cockpit Web Console（开放 Web 的控制台界面）。Cockpit 具有高度集成的特性，可以集成到嵌入式终端，也可通过浏览器与移动设备进行管理。

（2）桌面环境。GNOME Shell 升级到 3.28。GNOME 会话和显示管理使用 Wayland 作为默认显示服务器。

（3）防火墙。使用 nftables 框架替代 iptables 作为默认的网络包过滤工具，同时支持 IPvLAN 虚拟网络驱动程序。

（4）软件仓库更新模式。在 Base OS 的基础上，新增 AppStream 软件仓库。AppStream 是对传统 rpm 格式的全新扩展，为一个组件同时提供多个主要版本，以方便用户选择使用。

（5）软件管理。YUM 包管理器基于 DNF 技术，提供模块化内容支持，增强了性能，并提供设计良好的 API 用于与其他工具集成。

3. 开源

开源（Open Source），即开放源代码。用于描述那些源代码可以被公众使用的软件，并且此软件的使用、修改和发行也不受许可证的限制。

（1）开放源代码。开放源代码的定义由 Bruce Perens（Debian 的创始人之一）创立，关键内容如下。

- 自由再发布（Free Distribution）：获得源代码的人可自由地将此源代码进行发布。
- 源代码（Source Code）：程序的可执行版本在发布时，必须附带完整的源代码，或是可让人方便地取得源代码。
- 衍生著作（Derived Works）：任何人对此源代码进行的修改，需根据同一授权条款进行发布。
- 原创作者程序源代码的完整性（Integrity of The Author's Source Code）：修改后的版本，需以不同的版本号与原始的程序源代码进行区分，保障原始代码的完整性。
- 不得对任何人或团体有差别待遇（No Discrimination Against Persons or Groups）：开放源代码软件不得因性别、团体、国家、族群等而设定限制，但若是因为法律规定的情形则为例外（如美国政府限制高加密软件的出口）。
- 对程序在任何领域内的利用不得有差别对待（No Discrimination Against Fields of Endeavor）：不得限制商业使用。
- 发布授权条款（Distribution of License）：若软件再发布，必须以同一条款发布。
- 授权条款不得专属于特定产品（License Must Not Be Specific to a Product）：若多个程序组合成一套软件，则当某一开放源代码的程序单独散布时，也必需要符合开放源代码的条件。
- 授权条款不得限制其他软件（License Must Not Restrict Other Software）：当某一开放源代码软件与其他非开放源代码软件一起发布时（例如放在同一光盘），不得要求其他软件的授权也要遵照开放源代码的授权条款。
- 授权条款必须技术中立（License Must Be Technology-Neutral）：授权条款不得限制为电子

格式才有效，纸质授权条款也应视为有效。

（2）开源协议。为了维护作者和贡献者的合法权利，保证开源软件不被商业机构或个人窃取，影响软件发展，开源社区开发出了多种开源许可协议。

- GPL 许可协议（GNU General Public License）保证了所有开发者的权利，同时为使用者提供了足够的复制、分发、修改的权利，是开源界最常用的许可模式。
- LGPL 许可协议（Lesser General Public License）是 GPL 的一个主要为类库设计的开源协议。
- MPL 许可协议（Mozilla Public License）主要平衡开发者对源代码的需求和他们利用源代码获得的利益。
- Apache 许可协议（Apache License）是著名的非盈利开源组织 Apache 采用的协议，主要特点有永久权利、全球范围权利、授权免费且无版税、授权无排他性、授权不可撤销等。
- MIT 许可协议（Massachusetts Institute of Technology）是广泛使用的开源协议中最宽松的，其软件及相关文档对所有人免费，允许使用者修改、复制、合并、发表、授权甚至销售等，唯一限制是软件中必须包含上述版权和许可声明。

4. 虚拟化

4.1 什么是虚拟化

虚拟化是指通过虚拟化技术将一台计算机虚拟为多台逻辑计算机。在一台计算机上同时运行多个逻辑计算机，每个逻辑计算机可运行不同的操作系统，并且应用程序都可以在相互独立的空间内运行而互不影响，提高计算机的工作效率。

4.2 企业虚拟化与桌面虚拟化

企业虚拟化即服务器虚拟化，通过运用虚拟化技术实现服务器层面的虚拟化，充分发挥服务器的硬件性能。企业虚拟化主流解决方案有 Hyper-V、Virtuozzo、VMware 和 Xen。

桌面虚拟化是在操作系统层面增加虚拟主机功能，本地主机负责在多个虚拟主机之间分配硬件资源，并让这些虚拟主机彼此独立。常用的桌面虚拟化软件有 VMware Workstation、VMware Fusion、Oracle VirtualBox VM 等。

4.3 VirtualBox

VirtualBox 是一款开源的桌面虚拟化软件，官网为 https://www.virtualbox.org，当前最新版本为 6.1.4，提供面向 Windows、MacOS、Linux 的版本。

VirtualBox 的主要特点有：

- 支持 64 位客户端操作系统。
- 支持 SATA 硬盘 NCQ 技术，提供虚拟硬盘快照。
- 支持无缝视窗模式，能够在本地主机与虚拟机之间共享剪贴簿、分享文件夹。
- 支持 VMware VMD、Virtual PC VHD 虚拟磁盘格式。
- 支持 3D 虚拟化技术，支持 OpenGL、Direct3D、WDDM。
- 支持最多 32 位虚拟 CPU，支持 VT-x 与 AMD-V 硬件虚拟化技术。

- 支持 4 种网络模式：NAT、桥接网卡、内部网络、仅主机（Host-Only）网络。
- 内置远端桌面服务器功能，可灵活实现虚拟机的远程桌面服务。

任务一 安装 VirtualBox 桌面虚拟化

操作视频

【任务介绍】

获取 Oracle VM VirtualBox 安装程序，并完成安装。

【任务目标】

（1）实现 Oracle VM VirtualBox 的安装。

（2）实现 Oracle VM VirtualBox 的基本操作。

【操作步骤】

步骤 1：获取 Oracle VM VirtualBox 安装程序。

Oracle VM VirtualBox 安装程序可通过其官网（https://www.virtualbox.org）下载，本书选用面向 Windows 平台的 6.1.4 版本。

步骤 2：安装 Oracle VM VirtualBox。

（1）双击启动安装程序，进入安装向导后单击“下一步(N)>”按钮，如图 1-1-1 所示。

（2）选择安装组件与安装路径，单击“下一步(N)>”按钮，如图 1-1-2 所示，本任务采用默认配置。

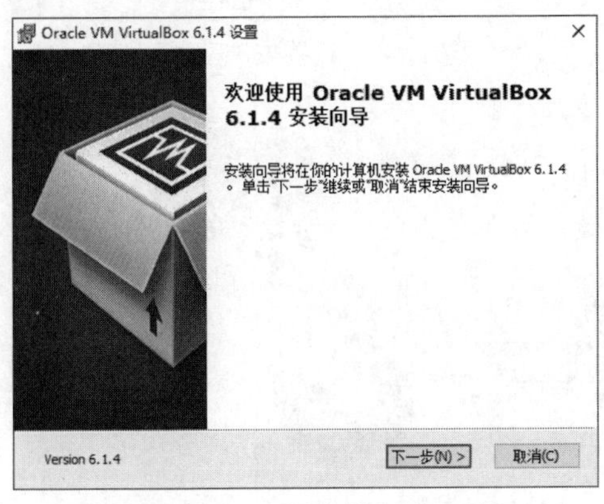

图 1-1-1 设置安装向导界面

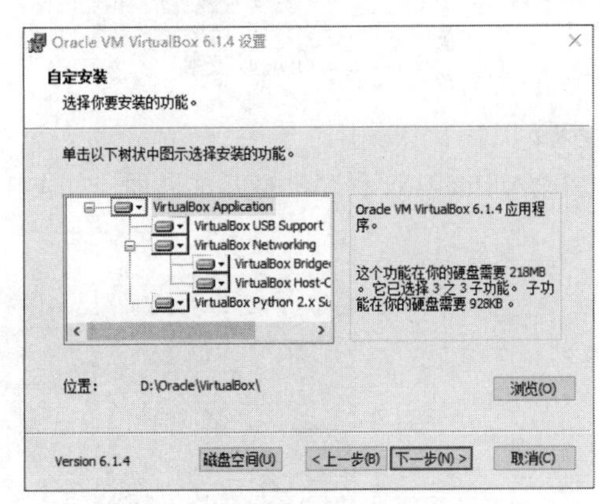

图 1-1-2 设置安装组件与路径

（3）设置安装配置项，单击“下一步(N)>”按钮，如图 1-1-3 所示，本任务采用默认配置。

（4）安装过程中出现警告提示“安装 Oracle VM VirtualBox 6.1.4 网络功能将重置网络连接并暂时中断网络连接”，单击“是(Y)”按钮，如图 1-1-4 所示。

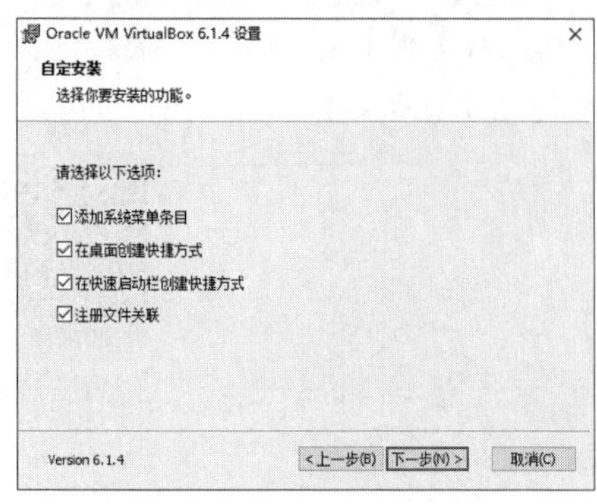

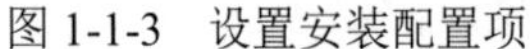
图 1-1-3　设置安装配置项

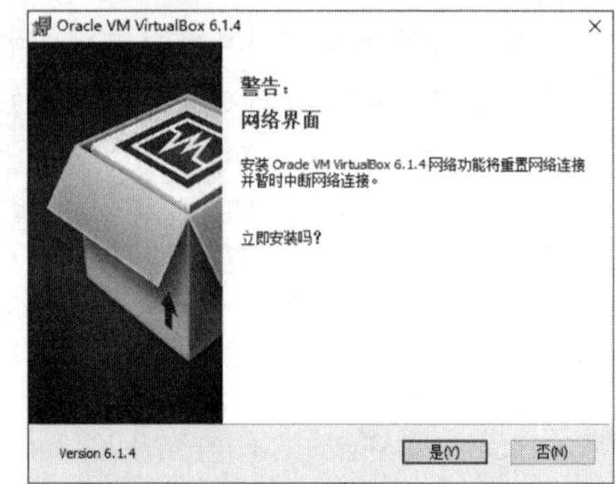

图 1-1-4　警告

（5）安装配置项完成后，显示“准备好安装”的界面，提示“安装向导准备好进行自定安装”，单击“安装(I)”按钮，如图 1-1-5 所示。

（6）安装完成后，出现如图 1-1-6 所示的界面。

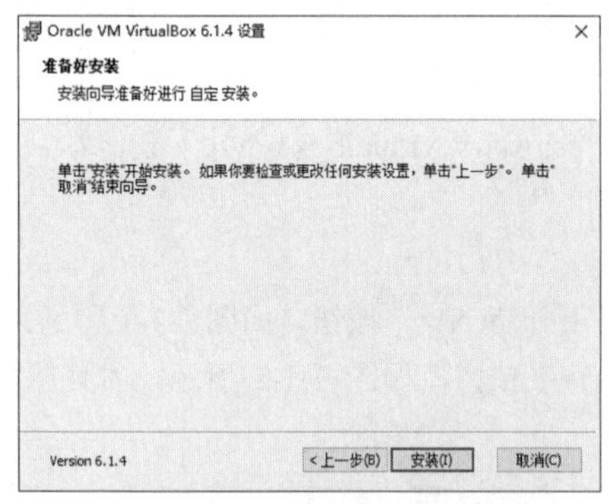

图 1-1-5　准备好安装

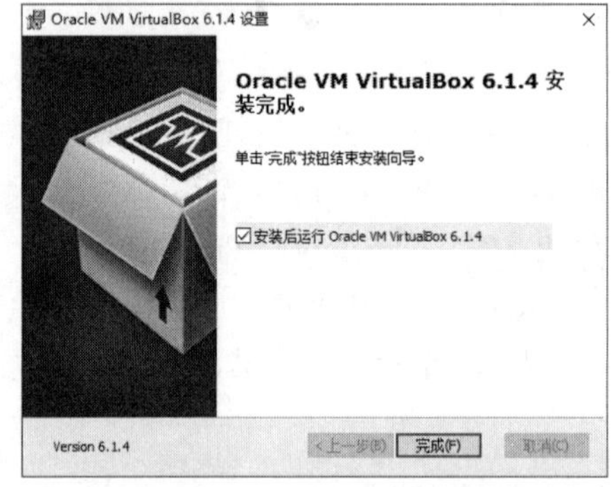

图 1-1-6　设置安装配置项

步骤 3：初次使用。

启动 VirtualBox 程序，打开主界面，如图 1-1-7 所示。

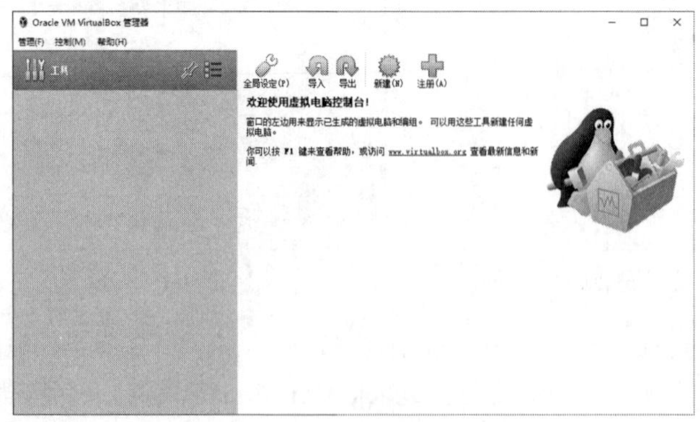

图 1-1-7　VirtualBox 主界面

VirtualBox 主界面由两部分组成，左侧为功能导航，包含管理、控制、帮助标签，右侧为快捷操作按钮，具体功能说明如下。

（1）管理菜单，用于管理 VirtualBox，包含的功能有全局设定、导入虚拟电脑、导出虚拟电脑、New Cloud VM、虚拟介质管理、主机网络管理器、网络操作管理器、检查更新、重置所有警告、退出命令，如图 1-1-8 所示。

（2）通过控制菜单可操作虚拟机，包括新建、注册、设置、复制、移动、删除、编组、启动、暂停、重启、退出等命令，如图 1-1-9 所示。

全局设定(P)... Ctrl+G
导入虚拟电脑(I)... Ctrl+I
导出虚拟电脑(E)... Ctrl+E
New Cloud VM...
虚拟介质管理(V)... Ctrl+D
主机网络管理器(H)... Ctrl+H
网络操作管理器(N)...
检查更新(H)...
重置所有警告(R)
退出(X) Ctrl+Q

图 1-1-8　管理菜单

图 1-1-9　控制菜单

任务二　安装 CentOS 8 实现桌面应用

操作视频

【任务介绍】

本任务在 VirtualBox 上创建虚拟机，并安装 CentOS 操作系统。操作系统安装时选择安装桌面系统，以实现使用 Linux 操作系统用于日常的工作学习。

【任务目标】

（1）实现 VirtualBox 上虚拟机的创建。

（2）实现 CentOS 操作系统与 KDE 桌面应用的安装。

【操作步骤】

步骤 1：获取 CentOS。

本书选用 CentOS Linux DVD，选用版本为 8.1.1911-x86_64-dvd，该版本的版本号是 8.1.1911，x86_64 代表面向 x86 架构的 CPU，其镜像可通过官网（https://www.centos.org）下载。

CentOS 8.1.1911-x86_64-dvd 版本的 ISO 文件大小为 7.04GB，读者可根据自身网络情况，选择较快的镜像点进行下载。

步骤 2：虚拟机规划。

本任务安装的虚拟机配置见表 1-2-1。

表 1-2-1　虚拟机配置

虚拟机配置
虚拟机名：VM-Project-01-Task-01-10.10.2.101
内存：1024 MB
CPU：1 颗 1 核心
虚拟硬盘：10GB
网络：NAT（默认）

步骤 3：创建虚拟机。

启动 VirtualBox 进入软件主界面，单击“新建”按钮，启动“新建虚拟电脑”对话框。

（1）设置虚拟电脑名称为“VM-Project-01-Task-01-10.10.2.101”和系统类型，单击“下一步(N)>”按钮，如图 1-2-1 所示。

（2）设置内存大小为“1024MB”，单击“下一步(N)>”按钮，如图 1-2-2 所示。

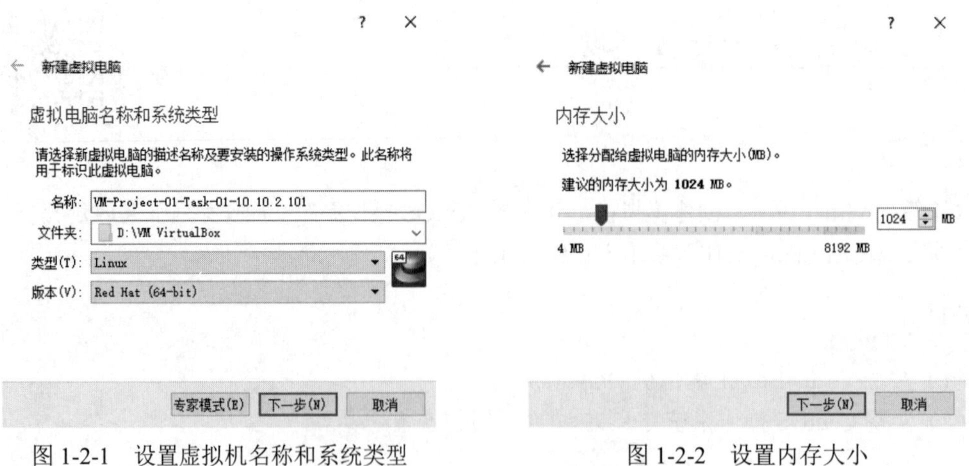

图 1-2-1　设置虚拟机名称和系统类型　　　图 1-2-2　设置内存大小

（3）设置虚拟硬盘格式为“现在创建虚拟硬盘（C）”，单击“创建”按钮，如图 1-2-3 所示。

（4）设置虚拟硬盘文件类型为“VDI（VirtualBox 磁盘映像）”，单击“下一步(N)>”按钮，如图 1-2-4 所示。

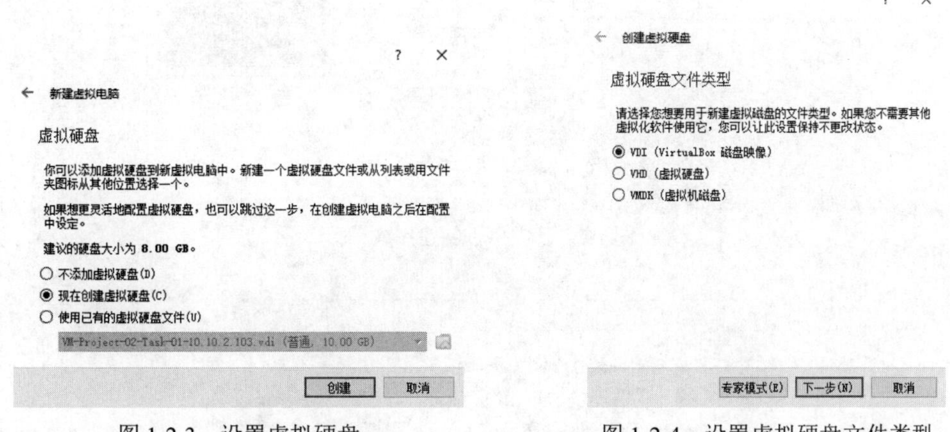

图 1-2-3　设置虚拟硬盘　　　　图 1-2-4　设置虚拟硬盘文件类型

（5）设置存储在物理硬盘上的分配模式为“动态分配（D）”，单击“下一步(N)>”按钮，如图 1-2-5 所示。

（6）设置虚拟磁盘的文件位置和大小，存储大小为 10.00GB，单击“创建”按钮，如图 1-2-6 所示。

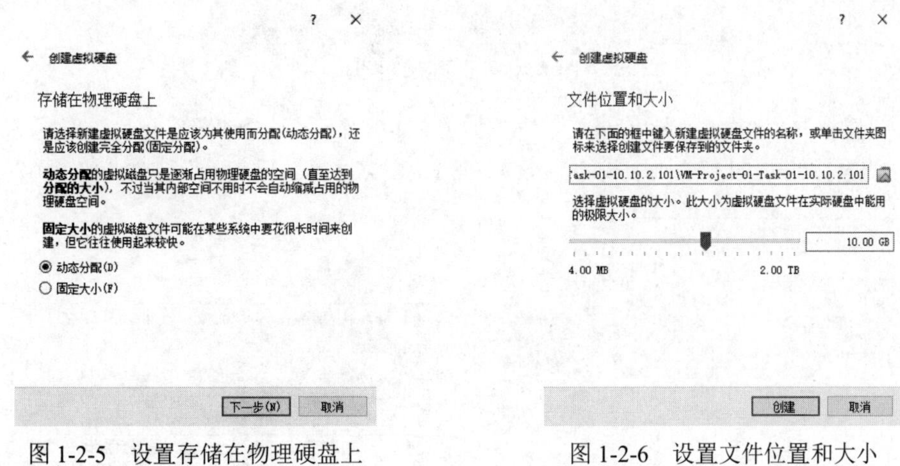

图 1-2-5　设置存储在物理硬盘上　　　　图 1-2-6　设置文件位置和大小

（7）虚拟机创建完成，在 VirtualBox 主界面即可查看该虚拟机，如图 1-2-7 所示。

步骤 4：配置虚拟机。

右击已创建的虚拟机，选择“设置”命令，弹出“设置”对话框。

（1）设置启动顺序第一个项为“光驱”，如图 1-2-8 所示。

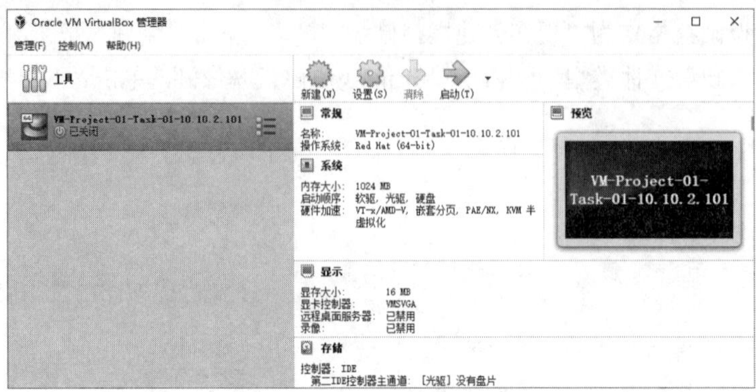

图 1-2-7　虚拟机创建完成

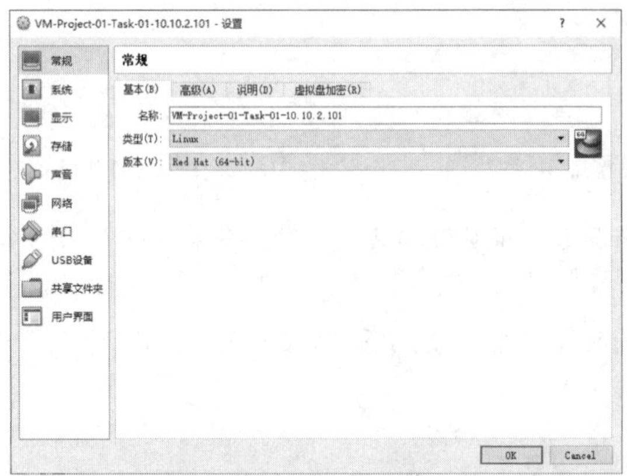

图 1-2-8　设置启动顺序

（2）设置存储，选择左侧“存储”选项，如图 1-2-9 所示，选择“没有盘片”后，在右侧“属性”中单击光盘按钮，“注册”已下载的“CentOS-8.1.1911-x86_64-dvd1.iso”文件，如图 1-2-10 所示。

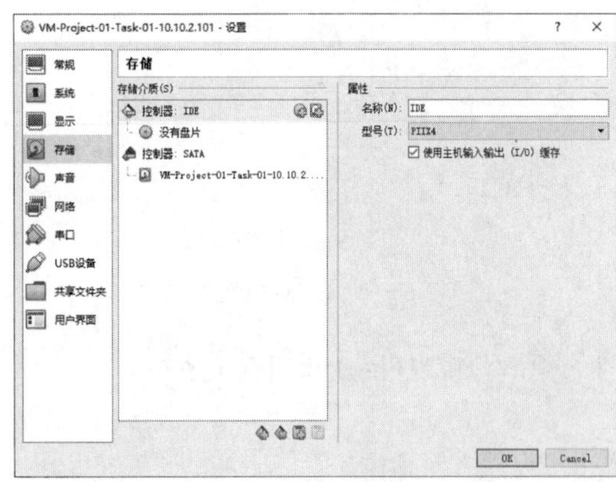

图 1-2-9　设置系统

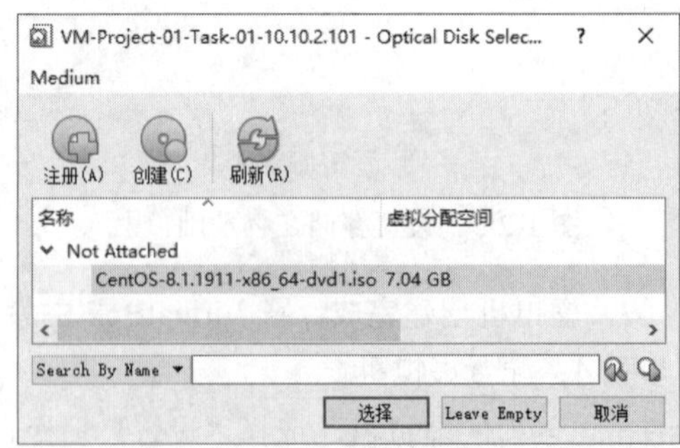

图 1-2-10　注册镜像文件

步骤 5：安装 CentOS 8 操作系统。

启动虚拟机，按照 CentOS 8 的安装向导开展安装操作。

（1）使用键盘上下按键选择“Install CentOS Linux 8”，按 Enter 键确认，如图 1-2-11 所示。

（2）设置安装语言为“中文、简体中文（中国）”，单击“继续（C）”按钮，如图 1-2-12 所示。

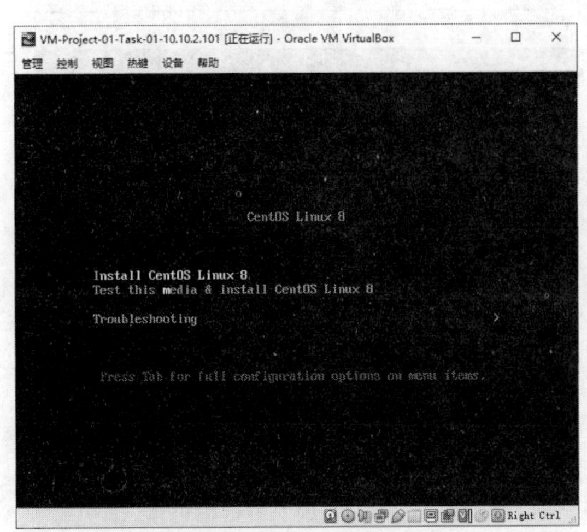

图 1-2-11　安装向导

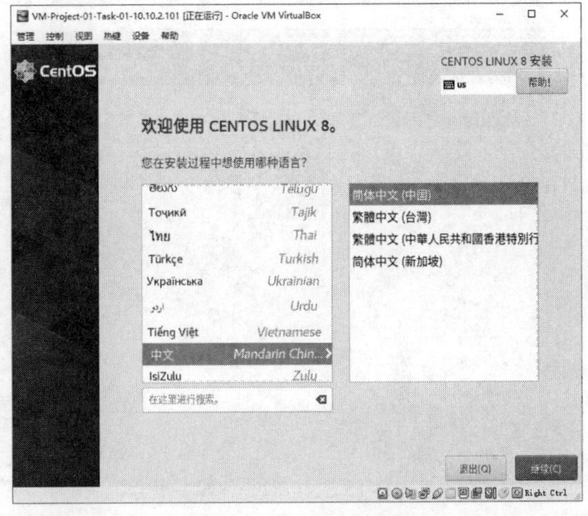

图 1-2-12　设置安装语言

（3）进入“安装信息摘要”对话框，如图 1-2-13 所示。

（4）设置时间和日期。单击“时间和日期”链接进行设置，将城市设置为“上海”，设置完成后单击“完成”按钮返回，如图 1-2-14 所示。

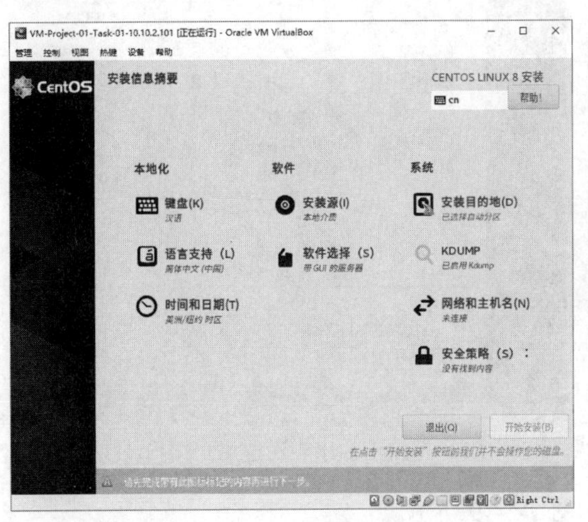

图 1-2-13　“安装信息摘要”对话框

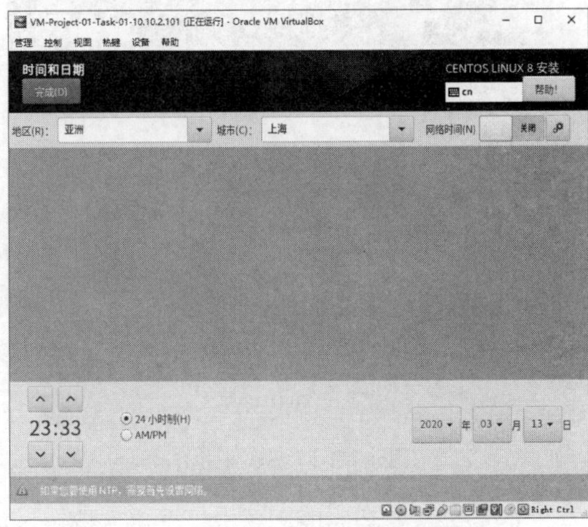

图 1-2-14　设置“时间与日期”选项

（5）设置网络和主机名。单击“网络和主机名”链接进行设置，单击“关闭”按钮切换至“打开”以开启网络，设置主机名为“Project-01-Task-01”，设置完成后单击“完成”按钮返回，如图 1-2-15 所示。

（6）设置安装目标位置。单击“安装目的地”链接进行设置，将本地标准磁盘设置为“10GiB”的硬盘，存储配置为“自动（U）”，设置完成后单击“完成”按钮返回，如图 1-2-16 所示。

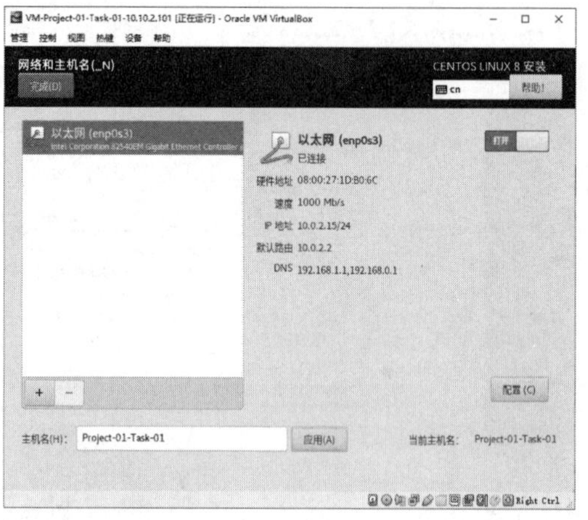

图 1-2-15　设置网络和主机名

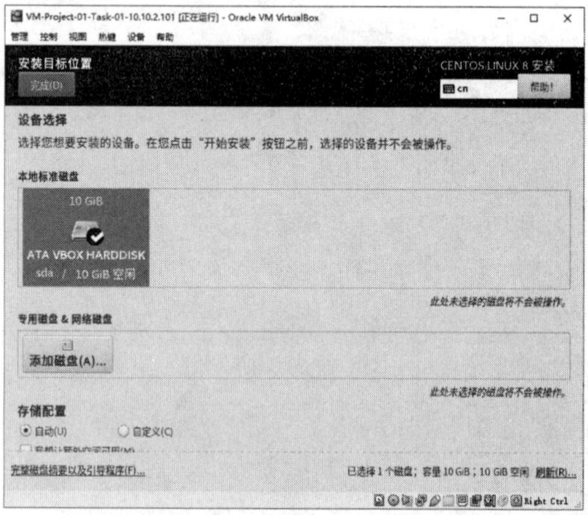

图 1-2-16　设置安装目标位置

（7）设置软件选择。单击“软件选择”链接进行设置，将基本环境设置为“带 GUI 的服务器”，已选环境的额外软件本任务暂不设置，如图 1-2-17 所示。

（8）设置用户，分别设置“根密码”与“创建用户”选项，如图 1-2-18 所示。

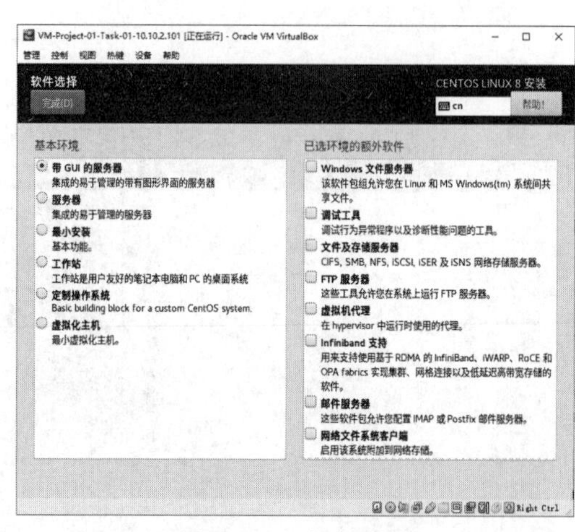

图 1-2-17　软件选择

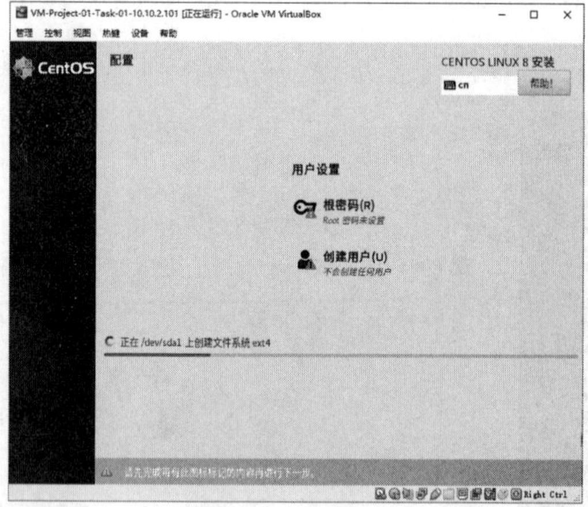

图 1-2-18　设置用户

（9）等待安装完成，单击“重启”按钮，如图 1-2-19 所示。

提醒　安装完成后，需将光盘移除，再进行重启虚拟机操作。

步骤 6：初次使用 CentOS 8。

（1）启动虚拟机，在操作系统启动界面选择第一项，启动 CentOS 8 操作系统，如图 1-2-20 所示。

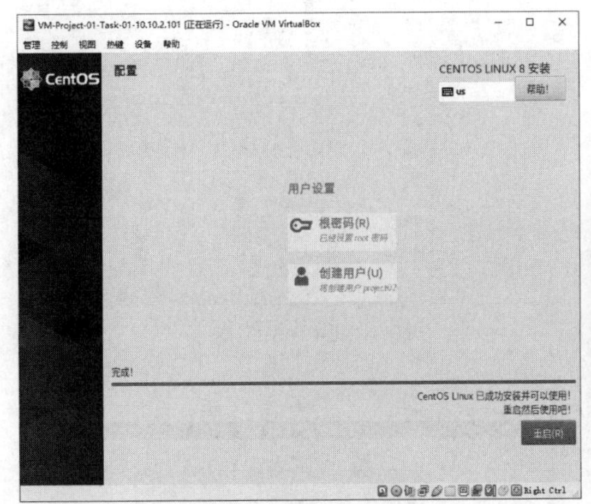

图 1-2-19 等待安装完成

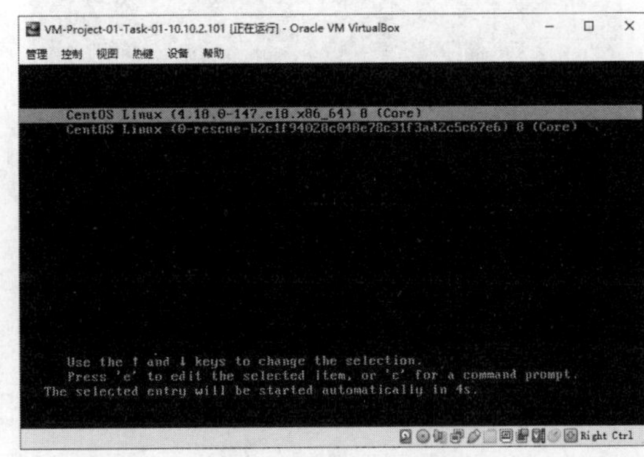

图 1-2-20 启动系统

（2）CentOS 8 首次启动，需同意授权许可，如图 1-2-21 所示，单击“License Information”链接，然后勾选“我同意许可协议（A）”，单击“完成”按钮，如图 1-2-22 所示，之后单击“结束配置（F）”按钮。

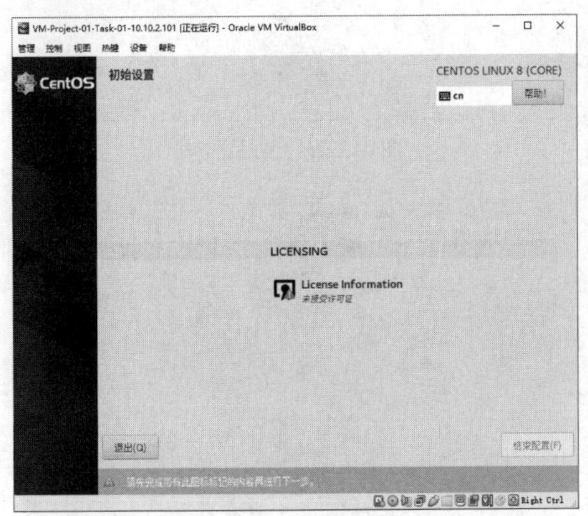

图 1-2-21 初始配置

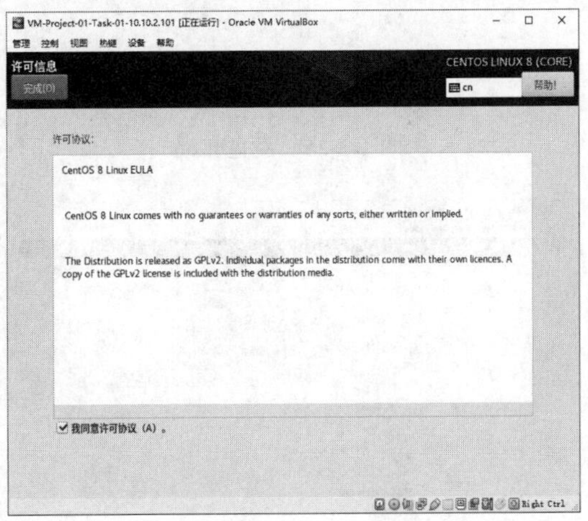

图 1-2-22 许可信息

（3）在操作系统登录界面，输入安装时设置的账号、密码后登录操作系统，如图 1-2-23 所示。

（4）在 KDE 初始化配置向导中，依次配置系统语言、键盘布局、隐私、在线账号等信息，如图 1-2-24 至图 1-2-28 所示。KDE 配置可根据个人情况填写，本任务选择默认设置。

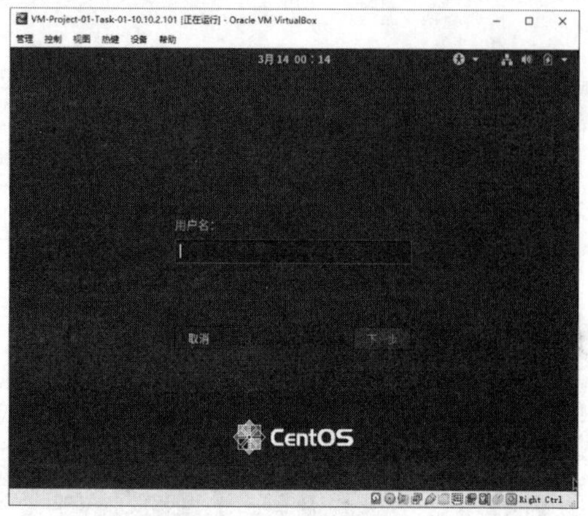

图 1-2-23　登录主界面

图 1-2-24　系统语言

图 1-2-25　键盘布局

图 1-2-26　隐私设置

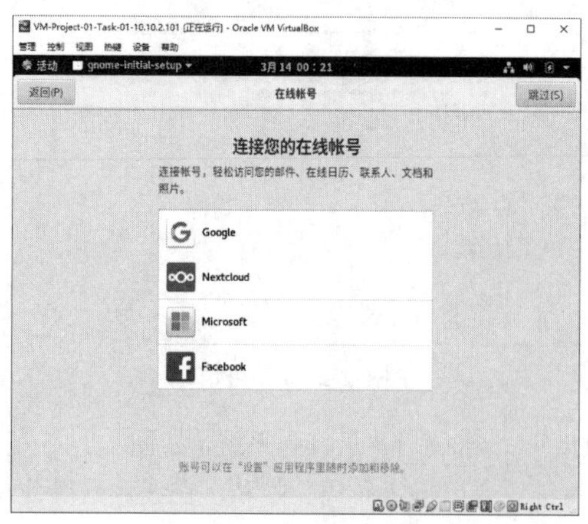

图 1-2-27　连接在线账号

图 1-2-28　准备就绪

（5）KDE 配置完成后，进入操作系统主界面，如图 1-2-29 所示。

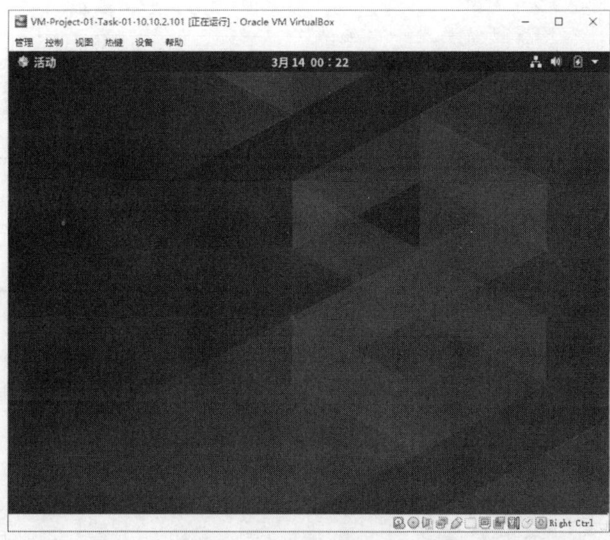

图 1-2-29　系统主界面

任务三　让 Linux 接入互联网

操作视频

【任务介绍】

本任务配置虚拟机使用 VirtualBox 网络的桥接模式，使 CentOS 接入互联网。

本任务是在任务二的基础上进行的。

【任务目标】

（1）实现 VirtualBox 桥接网络的配置。

（2）实现 CentOS 操作系统的网络配置并接入互联网。

（3）实现本书的项目网络规划。

【操作步骤】

步骤 1：VirtualBox 的网络设置。

（1）VirtualBox 的网络模式。VirtualBox 的网络模式有 NAT 网络、桥接网卡、内部网络和仅主机（Host-Only）网络 4 种。

在 VirtualBox 的不同网络模式下，虚拟机对互联网、本地主机、本地主机上的其他虚拟机的连通性见表 1-3-1。

表 1-3-1　虚拟机对互联网、本地主机和其他虚拟机的连通性

网络模式	网络通信场景		
	虚拟机访问互联网	虚拟机访问本地主机	虚拟机访问本地主机上的其他虚拟机
NAT 网络	√	√	√
桥接网卡	√	√	√
内部网络	×	×	√
仅主机（Host-Only）网络	×	√	√

（2）网络模式应用场景。在 VirtualBox 的不同网络模式下，常见应用场景的连通性见表 1-3-2 所示。

表 1-3-2　常见应用场景下的网络连通性

应用场景	网络模式			
	NAT 网络	桥接网卡	内部网络	仅主机（Host-Only）网络
虚拟机间形成局域网并互相访问	√	√	√	○
本地主机访问虚拟机（非端口映射）	×	√	×	○
虚拟机访问本地主机	√	√	×	○
虚拟机访问本地主机所接入的网络/互联网	√	√	×	○

注："√"表示可以通信，"×"表示不可以通信，"○"表示需特定配置方可通信。连通性在本地主机正常访问本地主机所接入的网络/互联网情况下进行测试。

步骤 2：调查本地主机的网络结构与配置。

了解本地主机的网络环境及网络配置信息，是开展本书学习的基础。在学习本书之前，建议读者通过以下几个方面调研本地网络环境，并为后续章节的任务操作进行网络规划。

读者阅读本书内容并进行任务实践时，最佳的网络环境如下。如果不能完全满足，建议阅读本任务的任务扩展内容。

- 本地主机接入互联网。
- 本地主机通过无线路由器接入网络，无线路由器不是中继模式。
- 本地主机通过静态或者 DHCP 方式获得网络配置，需了解本地主机的网络地址。
- 本地主机所接入的无线路由器还可以同时接入多台设备，如手机、平板、电视等。

通过无线路由器的管理软件了解无线路由器的局域网配置信息，结合无线路由器当前接入无线路由器设备的 IP 地址列表，为本书后续任务创建的虚拟机准备可用的 IP 地址。

本书撰写所用虚拟机的网络地址规划见表 1-3-3。

表 1-3-3 本书撰写所用虚拟机网络地址规划表

序号	用途	IP 地址	子网掩码	网关	DNS
1	项目一	10.10.2.101	255.255.255.0	10.10.2.1	8.8.8.8
2		10.10.2.102	255.255.255.0	10.10.2.1	8.8.8.8
3	项目二	10.10.2.103	255.255.255.0	10.10.2.1	8.8.8.8
4	项目三	10.10.2.104	255.255.255.0	10.10.2.1	8.8.8.8
5		10.10.2.105	255.255.255.0	10.10.2.1	8.8.8.8
6	项目四	10.10.2.106	255.255.255.0	10.10.2.1	8.8.8.8
		172.16.0.254	255.255.255.0	不配置	8.8.8.8
7		10.10.2.107/172.16.0.1	255.255.255.0	不配置	8.8.8.8
8		10.10.2.108/172.16.0.2	255.255.255.0	不配置	8.8.8.8
9		10.10.2.109	255.255.255.0	10.10.2.1	8.8.8.8
		172.16.0.253	255.255.255.0	不配置	8.8.8.8
10	项目五	10.10.2.110	255.255.255.0	10.10.2.1	8.8.8.8
11		10.10.2.111	255.255.255.0	10.10.2.1	8.8.8.8
12		10.10.2.112	255.255.255.0	10.10.2.1	8.8.8.8
13	项目六	10.10.2.113	255.255.255.0	10.10.2.1	8.8.8.8
14		10.10.2.114	255.255.255.0	10.10.2.1	8.8.8.8
15		10.10.2.115	255.255.255.0	10.10.2.1	8.8.8.8
16		10.10.2.116	255.255.255.0	10.10.2.1	8.8.8.8
17	项目七	10.10.2.117	255.255.255.0	10.10.2.1	8.8.8.8
18		10.10.2.118	255.255.255.0	10.10.2.1	8.8.8.8
19		10.10.2.119	255.255.255.0	10.10.2.1	8.8.8.8
20	项目八	10.10.2.120	255.255.255.0	10.10.2.1	8.8.8.8
21		10.10.2.121	255.255.255.0	10.10.2.1	8.8.8.8
22		10.10.2.122	255.255.255.0	10.10.2.1	8.8.8.8
23	项目九	10.10.2.123	255.255.255.0	10.10.2.1	8.8.8.8
24	项目十	10.10.2.124	255.255.255.0	10.10.2.1	8.8.8.8
25	项目十一	10.10.2.125	255.255.255.0	10.10.2.1	8.8.8.8
26	项目十二	10.10.2.126	255.255.255.0	10.10.2.1	8.8.8.8
27	项目十三	10.10.2.127	255.255.255.0	10.10.2.1	8.8.8.8
28	项目十四	10.10.2.128	255.255.255.0	10.10.2.1	8.8.8.8
29	本地主机	10.10.2.100	255.255.255.0	10.10.2.1	8.8.8.8

（1）表 1-3-3 是根据笔者的网络环境进行规划的，建议读者根据自己的本地网络环境，结合表 1-3-3 的结构为阅读本书和任务操作进行虚拟机网络地址规划。

（2）本书考虑到内容撰写和描述简便，每个项目所用虚拟机均分配独立 IP。读者若条件允许，可与笔者一样准备 29 个 IP 地址；如果读者的网络环境中 IP 地址不足，则仅准备 5 个 IP 地址，每个项目循环使用 4 个 IP 地址，本地主机使用 1 个 IP 地址。

（3）在进行任务操作时，需确保项目内的虚拟机使用不同的 IP 地址，同时避免相同 IP 地址的虚拟机同时开机。

网络连接方式分别有 ADSL 拨号、动态 IP 地址拨号和静态 IP 地址拨号上网 3 种。

步骤 3：选用桥接网络。

本书定位于 Linux 服务器构建与运维管理，通过 Oracle VM VirtualBox 创建虚拟机以仿真服务器。为了对使用虚拟机部署的各项应用服务进行测试，需要虚拟机与本地主机形成局域网，虚拟机与本地主机能够访问互联网和互相通信。

结合数据中心服务器应用场景的一般情况，基于 Oracle VM VirtualBox 软件功能实际，综合考虑读者的常规网络环境，以及本书内容的网络需求，推荐虚拟机使用桥接网络模式。

本书基于桥接网络模式进行内容撰写，网络拓扑如图 1-3-1 所示。

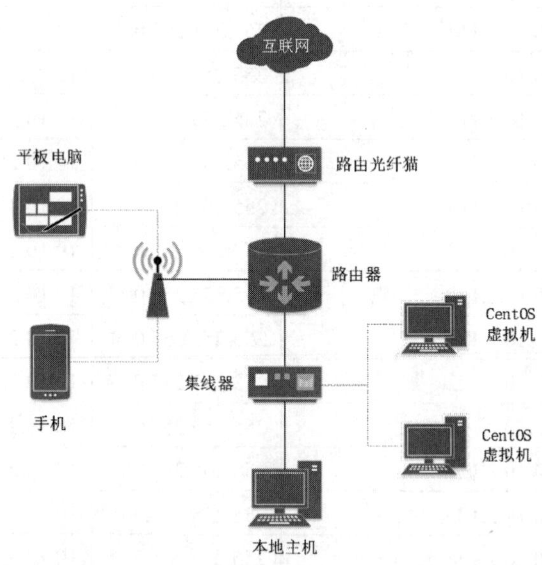

图 1-3-1　桥接网络结构

步骤 4：设置虚拟机使用桥接网络。

在虚拟机关机的状态下，在 VirtualBox 软件中修改虚拟机配置，将网卡工作模式设置为“桥接网卡”，如图 1-3-2 所示。

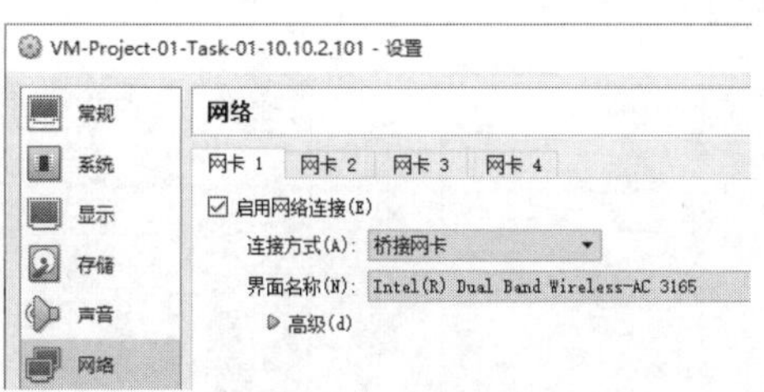

图 1-3-2　设置网卡

步骤 5：为 CentOS 8 配置网络。

本步骤在任务二的基础上，使用虚拟机 VM-Project-01-Task-01-10.10.2.101 完成。虚拟机的网络配置信息见表 1-3-4。

表 1-3-4　虚拟机网络配置信息

IP 地址	子网掩码	网关	DNS
10.10.2.101	255.255.255.0	10.10.2.1	8.8.8.8

（1）启动虚拟机，进入操作系统，单击左上角的“活动”按钮，然后单击左侧导航的▦图标，如图 1-3-3 所示。

（2）选择并单击“设置”，选择左侧导航中“网络”选项，如图 1-3-4 所示。

图 1-3-3　活动

图 1-3-4　设置网络

（3）单击⚙图标设置网络信息，单击“IPv4”选项卡，设置 IPv4 Method 为“手动”，Address 与 DNS 的配置信息依据表 1-1-4，如图 1-3-5 所示。

（4）配置完成后，单击右上角的“应用”按钮，将配置写入网络配置文件，关闭有线配置窗口，单击网络开关“打开”切换至“关闭”，再将“关闭”切换至“打开”，以重启网络，单击⚙可看到网络信息已写入配置文件，如图 1-3-6 所示，然后退出并回到桌面。

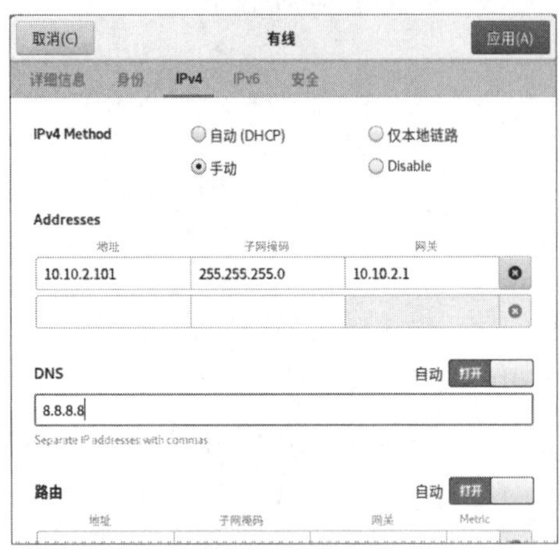

图 1-3-5　网络信息

图 1-3-6　访问浏览器

步骤 6：连通性测试。

（1）测试虚拟机访问互联网的连通性。进入如图 1-3-3 所示的界面，打开 CentOS 内置的 Firefox 浏览器并访问 CentOS 官网（https://www.centos.org），如图 1-3-7 所示，说明虚拟机能够正常访问互联网。

（2）测试虚拟机访问本地主机的连通性。进入“活动”中，选择“终端”并进入命令终端，使用 Ping 工具进行网络测试，如图 1-3-8 所示。

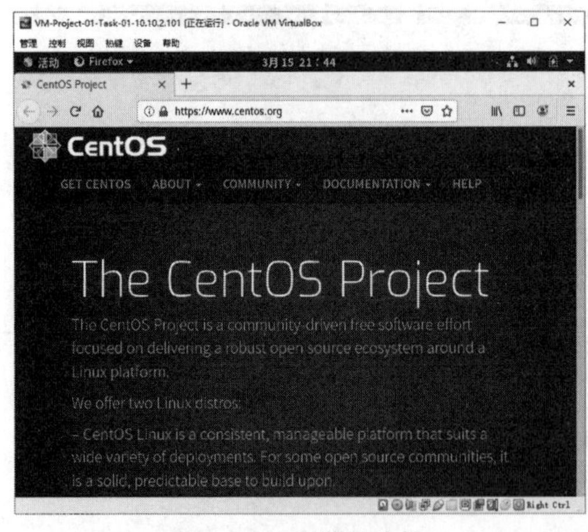

图 1-3-7　浏览器访问

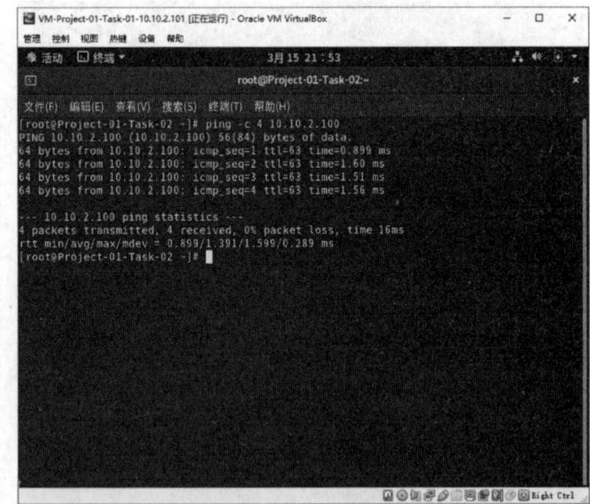

图 1-3-8　命令行 Ping

【任务扩展】

（1）本地主机通过其他方式接入网络。本地主机接入网络不是通过无线路由器，而是通过直接连接 ADSL 接入园区网/校园网，本书推荐的解决方案见表 1-3-5。

表 1-3-5 本地主机其他方式接入网络的推荐方案

方案	本地主机直接连接 ADSL	本地主机通过网卡连接园区网/校园网
推荐方案	增设无线路由器，调整为本书推荐的方案	（1）如果园区网/校园网支持无线路由器，则增设无线路由器，调整为本书推荐的方案。 （2）如果园区网/校园网禁止使用无线路由器，而园区网/校园网支持多 IP 地址分配，则使用桥接网络，由园区网/校园网为虚拟机提供 IP 地址
备选方案	虚拟机使用 NAT 网络，在 VirtualBox 上创建 Windows 虚拟机。 本书中指定使用本地主机操作内容，调整为在该 Windows 虚拟机上进行操作。 本方案的优点是：实现简单，是常见的解决方案。 本方案的缺点是：Windows 虚拟机占用大量本地主机资源	
次选方案	虚拟机使用 NAT 网络方式，本地主机和虚拟机均能够访问互联网，虚拟机能够访问本地主机，但是本地主机无法直接访问虚拟机。 在 VirtualBox 中通过菜单"管理"→"全局配置"→"网络"，配置 NAT 网络的端口转发，通过端口转发访问虚拟机业务以进行测试。例如对本地主机 8001 端口的访问，转发为对虚拟机 A 的 80 端口的访问。 本方案的优点是：不占用本地主机资源。 本方案的缺点是：需要一定网络基础，根据任务实际情况需多次进行端口转发配置	

备选方案的网络拓扑如图 1-3-9 所示。

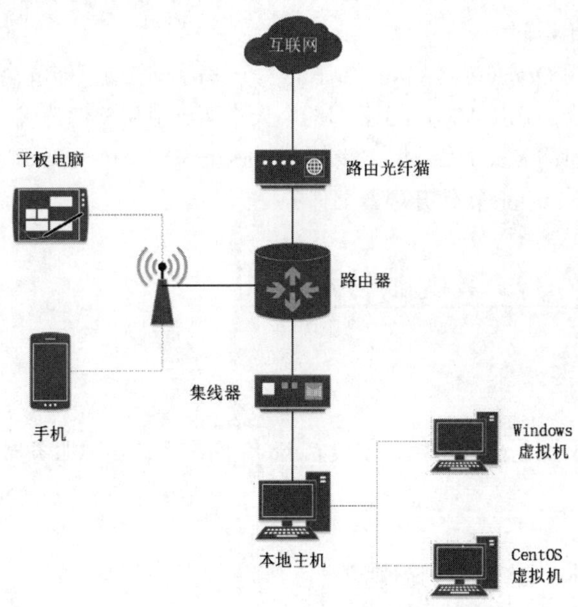

图 1-3-9 备选方案拓扑

次选方案的网络拓扑如图 1-3-10 所示。

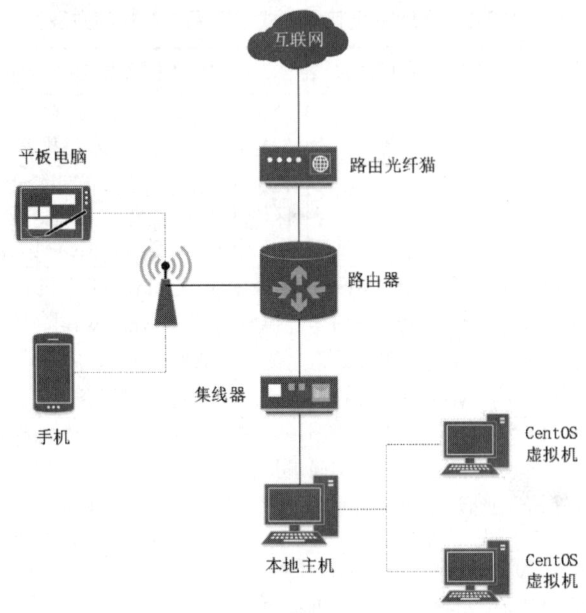

图 1-3-10　次选方案拓扑

（2）使用 VMware 的个人桌面虚拟化软件开展本书任务。VMware 公司发布的个人桌面虚拟化软件有 VMware WorkStation Pro 和 VMware Fusion，能够在虚拟机使用 NAT 网络时，实现本地主机和虚拟机之间的互相访问。

如果本书提供的使用 Oracle VM VirtualBox 的 3 个解决方案均不能解决问题，或者解决方案过于复杂难以实现，可以考虑选用 VMware 公司的个人桌面虚拟化软件替代 VirtualBox 软件。

读者使用 Apple 公司的 Mac 产品时，可以使用 Oracle VM VirtualBox For macOS 版本，或使用 VMware 公司的 VMware Fusion 软件开展本书任务操作。

任务四　安装 CentOS 实现服务器应用

【任务介绍】

本任务在 VirtualBox 上创建虚拟机，安装 CentOS 操作系统实现服务器应用。

【任务目标】

（1）实现 VirtualBox 上虚拟机的创建。

（2）实现 CentOS 操作系统的安装与服务器应用。

【操作步骤】

步骤 1：创建虚拟机并完成 CentOS 的安装。

在 VirtualBox 中创建虚拟机，完成 CentOS 操作系统的安装。虚拟机与操作系统的配置信息见表 1-4-1，注意虚拟机网卡的工作模式为桥接。

表 1-4-1　虚拟机与操作系统配置

虚拟机配置	操作系统配置
虚拟机名称： VM-Project-01-Task-02-10.10.2.102 内存：1024MB CPU：1 颗 1 核心 虚拟硬盘：10GB 网卡：1 块，桥接	主机名：Project-01-Task-02 IP 地址：10.10.2.102 子网掩码：255.255.255.0 网关：10.10.2.1 DNS：8.8.8.8

步骤 2：完成虚拟机的主机配置、网络配置及通信测试。

启动并登录虚拟机，依据表 1-4-1 完成主机名和网络的配置，能够访问互联网和本地主机。

（1）虚拟机的创建、操作系统的安装、主机名与网络的配置，具体方法参见项目一。

（2）本任务安装 CentOS 过程中，在配置“Software Selection”时设置为“Minimal install”，实现最小化安装，使得 CentOS 系统最简。

步骤 3：启动 CentOS。

启动“VM-Project-01-Task-02-10.10.2.102”虚拟机，如图 1-4-1 所示。

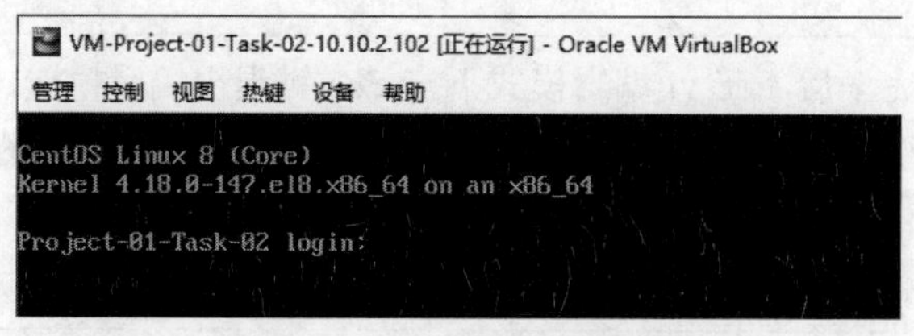

图 1-4-1　CentOS 8 服务器版

步骤 4：系统初始化。

操作系统安装完成后需要进行初始化操作，CentOS 操作系统初始化通常包括以下内容。

- 设置操作系统的主机名。
- 配置操作系统的网络。
- 升级操作系统。

（1）将系统的主机名修改为 Project-01-Task-02。

操作命令：

```
#使用 hostnamectl 修改主机名
[root@ localhost ~]# hostnamectl set-hostname Project-01-Task-02
# 重启虚拟机使配置生效
[root@ localhost ~]# reboot
```

操作命令+配置文件+脚本程序+结束

hostnamectl 修改主机名后，需重启操作系统后才能应用配置。

（2）根据表 1-4-1 完成操作系统的网络配置。

使用 vi 工具编辑网络配置文件，通过 vi 工具打开配置文件后，按键盘上的字母“i”进入编辑模式，使用键盘方向键对网络配置文件进行编辑。

操作命令：vi

```
#编辑网络配置文件
[root@Project-01-Task-02 ~]# vi /etc/sysconfig/network-scripts/ifcfg-enp0s3
```

操作命令+配置文件+脚本程序+结束

网络配置文件修改后的内容如下所示。

配置文件：/etc/sysconfig/network-scripts/ifcfg-enp0s3

```
BOOTPROTO=static
ONBOOT=yes
IPADDR=10.10.2.102
NETMASK=255.255.255.0
GATEWAY=192.168.2.1
DNS1=8.8.8.8
#保存退出后，重新载入网络配置信息
```

操作命令+配置文件+脚本程序+结束

网络配置信息修改完毕后，在 vi 编辑模式下按 Esc 键退出编辑模式，输入“:wq”后按 Enter 键保存修改。完成对网络配置文件的修改后，使用 nmcli 命令重启网卡使配置生效，并使用该命令查看生效后的网络配置信息。

配置文件：/etc/sysconfig/network-scripts/ifcfg-enp0s3

```
[root@Project-01-Task-02 ~]# nmcli c reload enp0s3
#查看网络信息
[root@Project-01-Task-02 ~]# nmcli
enp0s3: 连接的 to enp0s3
        "tlethernet"
        bridge, 00:50:56:AF:2A:04, sw, mtu 1500
        ip4 default
        inet4 10.10.2.102/32
        route4 10.10.2.102/32
        route4 10.10.2.1/32
```

```
            route4  0.0.0.0/0
            inet6  fe80::250:56ff:feaf:2a04/64
            route6  fe80::/64
            route6  ff00::/8
#为了排版方便，此处省略了部分提示信息
```

操作命令+配置文件+脚本程序+结束

（3）操作系统安装完成后，建议对系统中包、软件和系统内核进行升级。

操作命令：

```
[root@Project-01-Task-02 ~]# yum update -y
Last metadata expiration check: 4:30:27 ago on Wed 12 Feb 2020 04:15:26 PM CST.
Dependencies resolved.
================================================================================
 Package          Arch        Version                              Repo        Size
================================================================================
#安装内核级模块列表信息
Installing:
 kernel           x86_64      4.18.0-147.5.1.el8_1                 BaseOS      1.5 M
 kernel-core      x86_64      4.18.0-147.5.1.el8_1                 BaseOS      25 M
 kernel-modules   x86_64      4.18.0-147.5.1.el8_1                 BaseOS      22 M
#升级软件列表信息
Upgrading:
 buildah          x86_64   1.11.6-4.module_el8.1.0+272+3e64ee36    AppStream   8.8 M
 #为了排版方便，此处省略了部分提示信息
 yum              noarch      4.2.7-7.el8_1                        BaseOS      181 k
#安装依赖包
Installing dependencies:
 conmon           x86_64      2:2.0.6-1.module_el8.1.0+272+3e64ee36 AppStream  37 k
 grub2-tools-efi  x86_64      1:2.02-78.el8_1.1                    BaseOS      465 k

Transaction Summary
================================================================================
#共安装 5 个包，更新 69 个包
Install    5 Packages
Upgrade   69 Packages
#总更新下载的文件总大小为 147MB
Total download size: 147 M
#下载软件包列表信息，共 74 个
Downloading Packages:
(1/74): conmon-2.0.6-1.module_el8.1.0+272+3e64e        80 kB/s |  37 kB     00:00
#为了排版方便，此处省略了部分提示信息
(74/74): samba-client-libs-4.10.4-101.el8_1.x86       168 kB/s | 5.1 MB     00:31
--------------------------------------------------------------------------------
#平均下载速度为 684KB/s，下载文件大小为 147MB，总耗时 3 分 40 秒
Total                                                 684 kB/s | 147 MB     03:40
```

```
warning: /var/cache/dnf/AppStream-a520ed22b0a8a736/packages/conmon-2.0.6-1.module_el8.1.0+272+3e64e
e36.x86_64.rpm: Header V3 RSA/SHA256 Signature, key ID 8483c65d: NOKEY
CentOS-8 - AppStream                                    26 kB/s  |  1.6 kB     00:00
Importing GPG key 0x8483C65D:
 Userid:          "CentOS (CentOS Official Signing Key) <security@centos.org>"
 Fingerprint: 99DB 70FA E1D7 CE22 7FB6 4882 05B5 55B3 8483 C65D
 From:            /etc/pki/rpm-gpg/RPM-GPG-KEY-centosofficial
Key imported successfully
Running transaction check
Transaction check succeeded.
Running transaction test
Transaction test succeeded.
#校验并删除旧版本软件
Running transaction
   Preparing:                                                       1/1
   #为了排版方便，此处省略了部分提示信息
   Running scriptlet: systemd-udev-239-18.el8_1.2.x86_64            143/143
   Verifying: conmon-2:2.0.6-1.module_el8.1.0+272+3e64ee36.x86      1/143
   #为了排版方便，此处省略了部分提示信息
   Verifying: yum-4.2.7-6.el8.noarch                                143/143
#更新下载新版本软件包
Upgraded:
   buildah-1.11.6-4.module_el8.1.0+272+3e64ee36.x86_64
   #为了排版方便，此处省略了部分提示信息
   yum-4.2.7-7.el8_1.noarch
#安装下载新版本软件包
Installed:
   kernel-4.18.0-147.5.1.el8_1.x86_64
   #为了排版方便，此处省略了部分提示信息
   grub2-tools-efi-1:2.02-78.el8_1.1.x86_64

Complete!
```

操作命令+配置文件+脚本程序+结束

任务五　通过安全的 SSH 远程管理 CentOS

操作视频

【任务介绍】

为了安全地远程管理 Linux 服务器，通常使用 SSH 远程管理工具。

本任务介绍通过安全加密协议 SSH 远程连接 Linux 操作系统进行管理的方法，在进行远程管理 Linux 操作系统时，本地主机使用 PuTTY 客户端软件。

本任务在任务四的基础上进行。

【任务目标】

（1）实现 sshd 服务。

（2）实现使用 PuTTY 远程管理 CentOS。

【操作步骤】

步骤 1：虚拟机环境。

本任务基于本项目的任务四所用虚拟机 VM-Project-01-Task-02-10.10.2.102 进行操作。

步骤 2：SSH 服务准备。

CentOS 在最小化安装时已默认安装 sshd 服务且开机自启动，防火墙也已允许 sshd 服务。

命令操作：

```
#查看 sshd 运行状态
[root@Project-01-Task-02 ~]# systemctl status sshd
● sshd.service - OpenSSH server daemon
   Loaded: loaded (/usr/lib/systemd/system/sshd.service; enabled; vendor preset: enabled)
# running 提示已启动
   Active: active (running) since Wed 2020-02-12 22:51:21 CST; 3min 44s ago
     Docs: man:sshd(8)
           man:sshd_config(5)
#sshd 服务的当前进程号为 874
 Main PID: 874 (sshd)
    Tasks: 1 (limit: 5036)
   Memory: 7.0M
   CGroup: /system.slice/sshd.service
           └─874 /usr/sbin/sshd -D -oCiphers=aes256-gcm@openssh.com,chacha20-poly1305@openssh.
com,aes256-ctr,aes256-cbc,aes128-gcm@openssh.com,aes128-ctr,aes128-cbc ->

Feb 12 22:51:20 Project-01-Task-02.localdomain systemd[1]: Starting OpenSSH server daemon...
Feb 12 22:51:21 Project-01-Task-02.localdomain sshd[874]: Server listening on 0.0.0.0 port 22.
```

操作命令+配置文件+脚本程序+结束

（1）如果 CentOS 未安装 sshd 服务，可以使用 yum 工具在线安装。

安装命令：yum install -y openssh

（2）安装完成后会在系统中注册 sshd 服务，启动该服务并设置为开机自启动。

启动命令：systemctl start sshd

设置命令：systemctl enable sshd

步骤 3：安装 PuTTY。

本步骤在本地主机上进行操作。

PuTTY 软件可通过其官网（https://www.chiark.greenend.org.uk/~sgtatham/PuTTY/）下载。本书

选用的版本为免安装的 0.73 版本。

步骤 4：使用 PuTTY 远程连接。

本步骤在本地主机上进行操作。

双击启动 PuTTY，进入主界面，如图 1-5-1 所示。

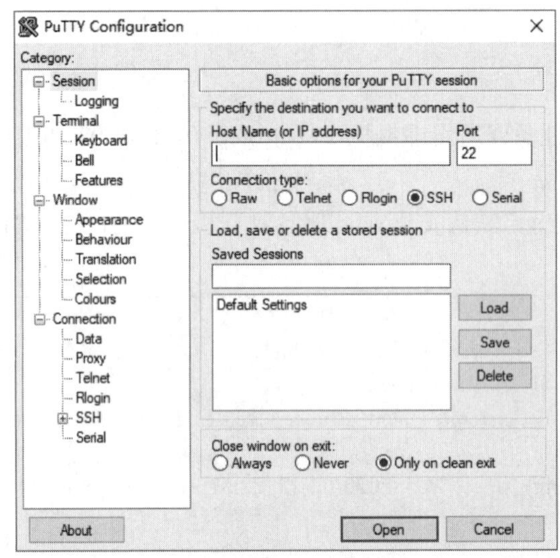

图 1-5-1　PuTTY 主界面

在配置对话框中输入 Host Name(or IP address)为操作系统地址 10.10.2.102，端口 Port 为 22，单击“Open”按钮后输入 CentOS 的账号 root 和相应密码，登录 CentOS 操作系统，如图 1-5-2 所示。

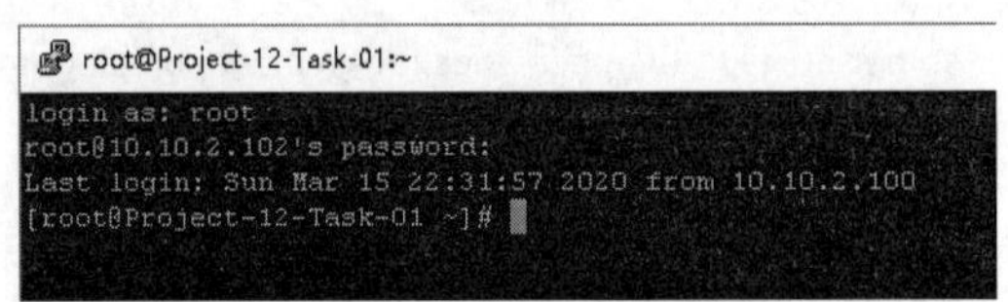

图 1-5-2　登录后主界面

通过 SSH 远程管理 Linux，其操作方式和在操作系统控制台下完全一致。

任务六　使用移动设备远程管理 CentOS

操作视频

【任务介绍】

本任务介绍智能手机、平板电脑等移动终端通过安全加密协议 SSH，远程连接 Linux 操作系统进行管理维护的方法。本任务以智能手机为例，安装 JuiceSSH 客户端软件。

本任务在任务四的基础上进行。

【任务目标】

实现使用 JuiceSSH 远程管理 CentOS。

【操作步骤】

步骤 1： 获取 JuiceSSH 安装程序。

本任务使用 Android 智能手机，JuiceSSH 可通过手机应用市场安装，选用 JuiceSSH 的版本为 2.1.4。

（1）JuiceSSH 官网（https://www.juicessh.com）的下载路径跳转至谷歌应用商店，由于网络问题无法下载。

（2）如果手机或者平板内置的应用市场软件内无该软件，可使用其他应用分发平台。

（3）任何支持 SSH 远程管理的客户端软件，均可实现远程管理。

步骤 2： 使用 JuiceSSH。

（1）启动 JuiceSSH，主界面如图 1-6-1 所示。

（2）单击"连接"进入连接界面，如图 1-6-2 所示。单击右下角 + 图标新建连接，依据虚拟机的配置信息完成新建连接信息的填写，如图 1-6-3 所示。认证信息选择"新建认证"并填写 CentOS 的 root 账号和相应密码，如图 1-6-4 所示。

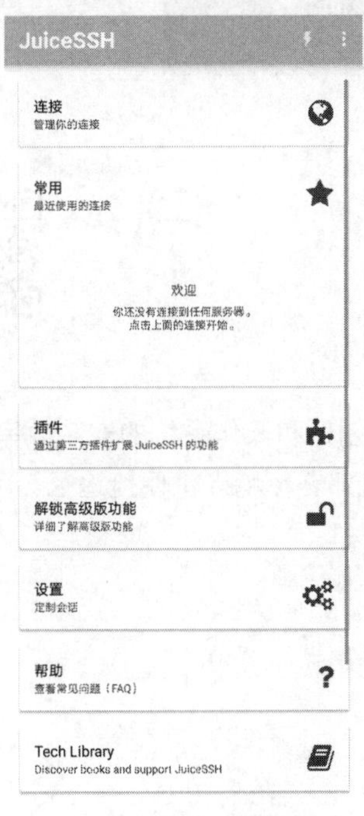

图 1-6-1 JuiceSSH 主界面

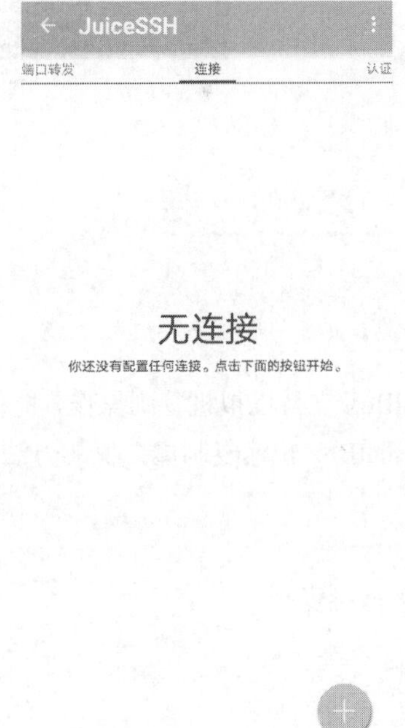

图 1-6-2 新建连接

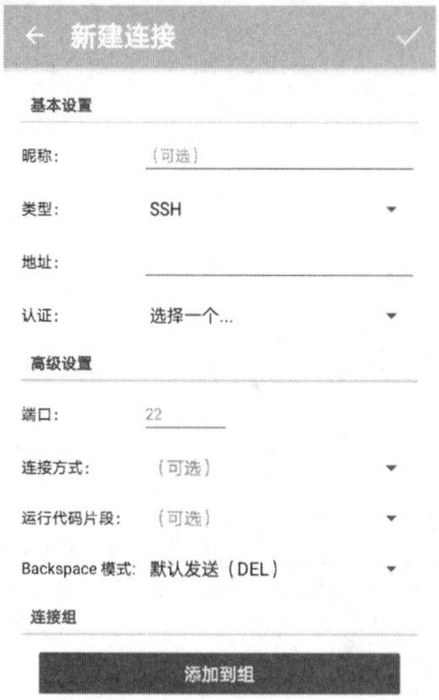

← 新建连接

基本设置

昵称：（可选）

类型：SSH

地址：

认证：选择一个...

高级设置

端口：22

连接方式：（可选）

运行代码片段：（可选）

Backspace 模式：默认发送（DEL）

连接组

添加到组

图 1-6-3　新建连接

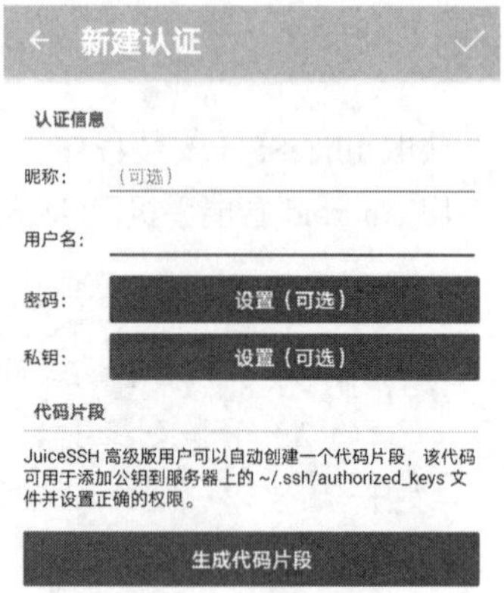

← 新建认证

认证信息

昵称：（可选）

用户名：

密码：设置（可选）

私钥：设置（可选）

代码片段

JuiceSSH 高级版用户可以自动创建一个代码片段，该代码可用于添加公钥到服务器上的 ~/.ssh/authorized_keys 文件并设置正确的权限。

生成代码片段

图 1-6-4　新建认证

（3）单击创建的连接“Project-01-Task-02”进行远程管理，其主界面如图 1-6-5 所示。通过 SSH 远程管理 Linux，其操作方式与使用操作系统控制台完全一致。由于使用移动终端设备的缘故，需要注意触摸屏和键盘鼠标操作上的不同。

```
Last login: Mon Mar 16 21:00:45 2020 from 10.10.2.99
[root@Project-01-Task-02 ~]#
```

图 1-6-5　系统主界面

任务七　虚拟机复制

操作视频

【任务介绍】

VirtualBox 支持虚拟机复制操作，能极大地提升虚拟机创建和操作系统的安装效率。本任务介绍使用 VirtualBox 快速复制虚拟机的方法，为后续项目快速部署环境提供便捷途径。

【任务目标】

实现虚拟机复制。

【操作步骤】

步骤 1： 虚拟机环境。

本任务基于本项目的任务四所用虚拟机 VM-Project-01-Task-02-10.10.2.102 进行操作。

步骤 2： 复制虚拟机。

（1）在“VM-Project-01-Task-02-10.10.2.102”虚拟机关机的状态下，右击目标虚拟机，选择“复制”命令，如图 1-7-1 所示。弹出“复制虚拟电脑”对话框，根据向导提示进行操作。

（2）新虚拟机的“名称”设置为“VM-Project-01-Task-07-10.10.2.102”，“路径”设置为“D:\VirtualBox VMs”，“MAC 地址设定（P）”设置为“为所有网卡重新生成 MAC 地址”，其他选项不进行设置，单击“下一步”按钮，如图 1-7-1 所示。

（3）选择副本类型为“完全复制（F）”，单击“复制”按钮，如图 1-7-2 所示。

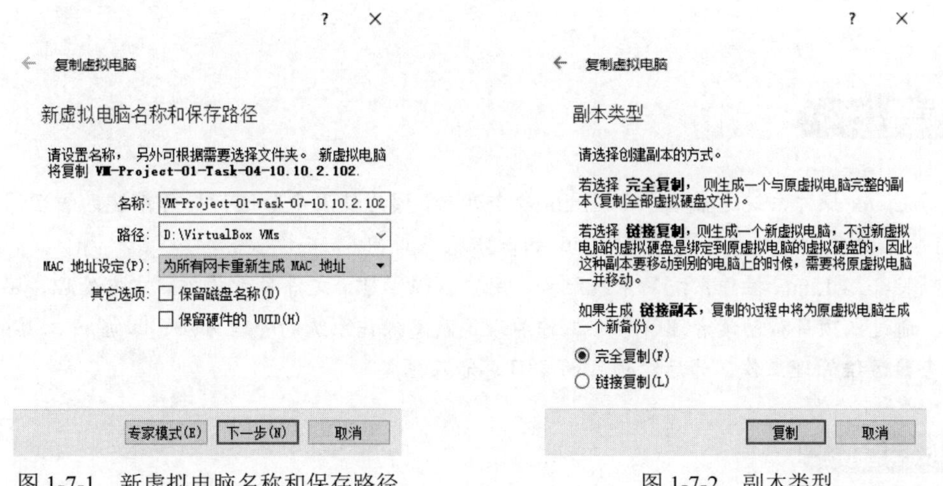

图 1-7-1　新虚拟电脑名称和保存路径　　图 1-7-2　副本类型

步骤 3： 测试复制的虚拟机。

（1）启动虚拟机，用原虚拟机的用户信息登录系统，查看网卡信息，与 Oracle VM VirtualBox 的虚拟机配置的 MAC 信息一致，且与原虚拟机不一致。

（2）测试虚拟机联网情况，虚拟机联网正常。

通过复制创建的虚拟机与原虚拟机的用户信息、主机名、网络配置等信息一致，为避免网络地址冲突等错误，复制完成后，保持原虚拟机关机，启动复制的新虚拟机，进行用户、主机名、网络等信息的配置。

项目二

Linux 的基本管理

项目介绍

学习 Linux 操作系统通常从学习 Linux 命令开始，因为使用命令进行操作系统的管理维护和使用 Shell 脚本提升管理效率，是使用 Linux 的基本状态。

本项目介绍 Linux 操作系统的系统配置、用户权限管理、文件目录操作、文本处理、磁盘管理等命令。通过本项目帮助读者理解命令工作原理，熟悉操作系统的管理方法，掌握 vi 工具的使用，体会服务器运维管理工作，为后续项目的学习奠定基础。

项目目的

- 了解 Shell 命令；
- 掌握系统配置的命令；
- 掌握系统信息查看操作的命令；
- 掌握用户权限管理的命令；
- 掌握文件目录操作的命令；
- 掌握文本处理的命令；
- 掌握 vi 工具的使用；
- 掌握磁盘管理的命令；
- 掌握网络配置命令。

项目讲堂

1. 什么是命令

（1）命令从哪里来。命令，即 Shell 命令，分为内置命令和外部命令。

1）内置命令，即 Shell 自带的命令，在 Shell 内部可以通过函数来实现，当 Shell 启动后，这些命令所对应的代码（函数体代码）也被加载到内存中，所以使用内置命令是非常快速的。

2）外部命令，即应用程序，一个命令就对应一个应用程序；运行外部命令要开启一个新进程，效率上比内置命令差很多。

（2）命令执行过程。当用户输入一个命令后，Shell 检测命令是不是内置命令，如果是就执行；如果不是，若 Shell 检测命令有对应的外部程序，转而执行外部程序，执行结束后回到 Shell。若 Shell 检测命令没有对应的外部程序，就提示用户该命令不存在。

2. 命令三要素

命令的 3 个基本要素为语法、选项和参数。

（1）语法。

command [选项][参数]

[ ]表示可选项，有些命令不写选项和参数也可执行，有些命令在必要的时候可同时附带选项和参数。命令执行需要附带参数指定的操作对象，如果省去参数，则使用命令默认参数。

（2）选项。选项的作用是调整命令功能。没有选项，命令只能执行最基本的功能；增加了选项，则能执行更多的功能，或者显示更加丰富的数据。

选项分为两种：短格式选项和长格式选项。短格式选项是长格式选项的简写，用一个减号“-”和一个字母表示，例如 ls -l；长格式选项是完整的英文单词，用两个减号“--”和一个单词表示，例如 ls --all。

通常情况下，短格式选项是长格式选项的缩写，短格式选项有对应的长格式选项；但也有例外，比如 ls 命令的短格式选项-l 就没有对应的长格式选项，具体的命令选项需要通过帮助手册来查询。

（3）参数。参数是命令的操作对象，通常情况下，文件、目录、用户和进程等都可以作为参数被命令操作。

命令一般都需要参数，用于指定命令操作的对象是谁；命令如果省略参数，则该命令有默认参数，就按照默认参数执行；命令可以同时附带选项和参数，例如：ls -l /etc/；有些命令的选项后面也可以附带参数，用来补全选项，或者调整选项的功能细节。

3. Shell

Shell 是在 Linux 操作系统中运行的一种特殊程序，它位于操作系统内核与用户之间，负责接收用户输入的命令并进行解释，将需要执行的操作传递给系统内核执行，Shell 在用户和内核之间充当“翻译官”的角色。

Shell 主要分为两类：GUI 和 CLI（CUI）。其中 GUI 为图形界面 Shell（Graphical User Interface Shell 即 GUI Shell），如 Windows Explorer、CDE、GNOME、KDE 等；CLI 为命令行式 Shell（Command Line Interface Shell，即 CLI Shell，也称 CUI），如 Bash Shell、Bourne Shell 和 Korn Shell 等。

4. 权限

Linux 是多用户多任务操作系统，为了保护系统和用户的数据安全，Linux 系统对用户访问文件或目录的权限规则的定义如下：

- 将文件的访问权限划分为 3 种：可读（r）、可写（w）、可执行（x）。

- 将文件的访问者划分为 3 类：所有者（u）、同群组的用户（g）、其他组用户（o）。
- 用户对文件可以独立设置权限。

Linux 系统的文件访问权限表示方法见表 2-0-1，权限规则定义的对象见表 2-0-2。

表 2-0-1 权限表示方法

八进制	二进制	文件目录权限	权限描述
0	000	---	无权限
1	001	--x	执行
2	010	-w-	写入
3	011	-wx	写入执行
4	100	r--	读取
5	101	r-x	读取执行
6	110	rw-	读取写入
7	111	rwx	读取写入执行

表 2-0-2 权限规则定义的对象

选项	说明
u	user，文件或目录的所有者
g	group，文件或目录的所属群组
o	other，除了文件或目录所有者或所属群组之外的用户
a	all，即全部的用户
r	读权限
w	写权限
x	执行或切换权限，数字代号为“1”
-	无任何权限，数字代号为“0”
s	特殊功能说明：变更文件或目录的权限

5. RAID

RAID（Redundant Arrays of Independent Disks，独立磁盘构成的具有冗余能力的阵列）是将一组磁盘驱动器用某种逻辑方式联系起来，作为一个逻辑磁盘驱动器来使用的技术。

RAID 具有 4 个优势：

- 大容量。RAID 扩大磁盘的容量，由多个磁盘组成的 RAID 系统具有海量的存储空间。
- 高性能。RAID 的高性能受益于数据条带化技术，通过数据条带化，RAID 将数据 I/O 分散到各个成员磁盘上，从而获得比单个磁盘成倍增长的聚合 I/O 性能。
- 可靠性。RAID 采用镜像和数据校验等数据冗余技术，RAID 冗余技术大幅提升了数据的可用性和可靠性，保证了若干磁盘出错时，不会导致数据的丢失，不影响系统的持续运行。

- 可管理性。RAID是一种虚拟化技术，将多个物理磁盘驱动器虚拟成一个大容量的逻辑驱动器，可动态增减磁盘驱动器，可自动进行数据校验和数据重建，简化管理工作。

6. Bond

网卡即网络接口卡(Network Interface Card)，称为通信适配器或网络适配器(Network Adapter)。Bond即网卡绑定，也称作网卡捆绑，是将两个或者多个物理网卡绑定为一个逻辑网卡，实现本地网卡的冗余、带宽扩容和负载均衡。

多网卡绑定需要使用额外的驱动程序实现。通过驱动程序将多块网卡在TCP/IP协议簇层面进行屏蔽，使TCP/IP协议簇只通过一个逻辑网卡，进而实现网络流量的负载均衡。通过将收到的数据报文，均衡定位到不同网卡上，来提高网络的可用性和总速率。

任务一　系统的基本配置

操作视频

【任务介绍】

本任务介绍操作系统的主机名、时钟、网络、服务器语言、YUM源等的配置方法，实现对Linux操作系统的基本配置。

【任务目标】

（1）实现主机名的配置。
（2）实现网络的配置。
（3）实现时区与时钟的配置。
（4）实现服务器语言的配置。
（5）实现YUM源的配置。

【操作步骤】

步骤1：创建虚拟机并完成CentOS的安装。

在VirtualBox中创建虚拟机，完成CentOS操作系统的安装。虚拟机与操作系统的配置信息见表2-1-1，注意虚拟机网卡工作模式为桥接。

表2-1-1　虚拟机与操作系统配置

虚拟机配置	操作系统配置
虚拟机名称：VM-Project-02-Task-01-10.10.2.103 内存：1024MB CPU：1颗1核心 虚拟磁盘：10GB 网卡：1块，桥接	主机名：Project-02-Task-01 IP地址：10.10.2.103 子网掩码：255.255.255.0 网关：10.10.2.1 DNS：8.8.8.8

提醒

（1）虚拟机创建、操作系统安装、主机名与网络的配置，具体方法在后续步骤中进行配置。

（2）建议通过虚拟机复制快速创建所需环境。

步骤 2： 设置主机名。

通过 hostnamectl 命令可查询和更改主机名，依据表 2-1-1 完成主机名的配置。

操作命令：

```
#查看当前主机名相关配置信息
[root@localhost~]# hostnamectl status
Static hostname: localhost
Icon name:            computer-vm
Chassis:              vm
Machine ID:           1a02991cf169414da531350b6d888cc3
Boot ID:              4cd6124402ab4ee9bf83ded3075528d2
Virtualization:       oracle
Operating System:     CentOS Linux 8 (Core)
CPE OS Name:          cpe:/o:centos:centos:8
Kernel:               Linux 4.18.0-147.5.1.el8_1.x86_64
Architecture:         x86-64
#修改主机名为 Project-02-Task-01，需重启后才能生效
[root@localhost~]# hostnamectl set-hostname Project-02-Task-01
#重启操作系统使主机名配置生效
[root@localhost~]# reboot
```

操作命令+配置文件+脚本程序+结束

小贴士

hostnamectl status 查看的内容项介绍如下：

- Static hostname：静态主机名为 Project-02-Task-01。
- Icon name：图标名称为 computer-vm。
- Chassis：底层硬件环境为 vm。
- Machine ID：虚拟机 ID 为 1a02991cf169414da531350b6d888cc3。
- Boot ID：引导程序 ID 为 4cd6124402ab4ee9bf83ded3075528d2。
- Virtualization：虚拟化类型为 oracle。
- Operating System：操作系统为 CentOS Linux 8 (Core)。
- CPE OS Name：CPE 的操作系统名称为 cpe:/o:centos:centos:8。
- Kernel：内核为 Linux 4.18.0-147.5.1.el8_1.x86_64。
- Architecture：系统架构为 x86-64。

命令详解：

【语法】

hostnamectl [选项] [参数]

【选项】

--transient	设置临时主机名
--static	设置静态主机名
--pretty	设置自定义主机名（可包含特殊字符）
status	显示当前主机名设置
set-hostname	设置系统主机名
set-icon-name	设置主机的图标名称
set-chassis	设置主机的机箱类型
set-deployment	设置主机的部署环境

【参数】

名称	指定要设置的名称

操作命令+配置文件+脚本程序+结束

（1）为了帮助读者轻松掌握命令的使用，本书并未介绍每个命令的所有选项和参数，而是选取必须或常用的选项与参数进行讲解。

（2）Linux 命令有完善的文档与帮助，读者可通过命令文档与帮助详细了解。

- 查阅文档：man Command，例如 man hostnamectl。
- 查看帮助：Command --help，例如 hostnamectl--help。

步骤 3：设置网络。

CentOS 的网络设置通常采用修改配置文件并重启网卡服务进行，网卡配置文件为 /etc/sysconfig/network-scripts/ifcfg-网卡设备名。

使用 vi 工具（详细操作见任务六）修改网卡配置文件，依据表 2-1-1 完成网络的配置。

配置文件：/etc/hosts

```
#编辑配置文件
[root@Project-02-Task-01 ~]# vi /etc/sysconfig/network-scripts/ifcfg-enp0s3
#网络类型为以太网
TYPE="Ethernet"
#代理方法为空
PROXY_METHOD="none"
#取消仅浏览
BROWSER_ONLY="no"
#启动协议，none/static 为静态，dhcp 为动态获取
BOOTPROTO="none"
#启动默认路由
DEFROUTE="yes"
#不启用 IPv4 错误检测功能
IPV4_FAILURE_FATAL="no"
#启用 IPv6 协议
IPV6INIT="yes"
#自动配置 IPv6 地址
IPV6_AUTOCONF="yes"
```

```
#启用 IPv6 默认路由
IPV6_DEFROUTE="yes"
#不启用 IPv6 错误检测功能
IPV6_FAILURE_FATAL="no"
#网卡设备别名
NAME="enp0s3"
#网卡设备 UUID 唯一标识号
UUID="7e657368-7f0c-46a2-baeb-fff9eb1240ad"
#网卡设备名称
DEVICE="enp0s3"
#开机自动启动网卡
ONBOOT="yes"
#IP 地址
IPADDR=10.10.2.103
#子网掩码
NETMASK=255.255.255.0
#网关
GATEWAY=10.10.2.1
#DNS
DNS=8.8.8.8
```

操作命令+配置文件+脚本程序+结束

配置完成后，通过 nmcli 命令（详细操作见本项目的任务八）重启网卡以使配置生效。

操作命令：

```
#重新载入配置文件
[root@Project-02-Task-01  ~]#  nmclicreload
#启动 enp0s3 网卡
[root@Project-02-Task-01  ~]#  nmclic  up  enp0s3
Connection  successfully  activated  (D-Bus  active  path:  /org/freedesktop/NetworkManager/ActiveConnection/2)
```

操作命令+配置文件+脚本程序+结束

步骤 4：设置 hosts。

在 Linux 操作系统中，可通过 hosts 配置文件将常用域名与 IP 建立关系，这样可加快本地主机域名的解析，其中 hosts 配置的域名解析属于静态域名解析，动态的域名解析配置文件包括 DNS 配置文件（/etc/resolve.conf）和网络配置中的 DNS 配置。

通过使用 vi 工具修改域名解析的相关文件，实现本地域名解析与域名解析配置顺序为 hosts 文件、DNS 配置、主机名。

配置文件：/etc/hosts

```
#配置 localhost 与主机名一致
127.0.0.1      localhost  Project-02-Task-01
#为了排版方便，此处省略了部分提示信息
```

操作命令+配置文件+脚本程序+结束

配置文件：/etc/resolve.conf

```
#配置 namesever
namesever       8.8.8.8
domain          Project-02-Task-01
```

操作命令+配置文件+脚本程序+结束

配置文件：/etc/nsswitch.conf

```
#配置 hosts 项
#为了排版方便，此处省略了部分提示信息
hosts:        files dns myhostname
#为了排版方便，此处省略了部分提示信息
```

操作命令+配置文件+脚本程序+结束

（1）/etc/nsswitch.conf 配置内容对应关系与顺序：file（hosts 文件）、dns（网络配置中的 DNS）、myhostname（主机名）。

（2）当在系统访问某个网址时，系统会首先从 hosts 文件中寻找对应的 IP 地址，若找到就会快速解析到对应的 IP 地址，若未找到，则系统会自动再去本地的 DNS 配置文件进行 IP 地址的解析，若未解析到，则跳转至网络配置文件中配置的 DNS 进行解析。解析顺序的配置文件在 nsswitch.conf 文件中。

步骤 5：设置时钟。

通过 timedatectl 命令可查看和设置系统的时区与时间，也可实现与远程 NTP 服务器系统时钟的自动同步。

操作命令：

```
#查看系统时间及配置信息
[root@Project-02-Task-01 ~]# timedatectl
Local time: Fri 2020-02-21 16:08:16 CST
Universal time: Fri 2020-02-21 08:08:16 UTC
      RTC time: Fri 2020-02-21 08:08:14
     Time zone: Asia/Shanghai (CST，  +0800)
System clock synchronized: yes
                NTP service: active
             RTC in local TZ: no
#查看系统中可设置的时区
[root@Project-02-Task-01 ~]# timedatectl list-timezones
Africa/Abidjan
……

#查找亚洲时区中 S 开头的城市
[root@Project-02-Task-01 ~]# timedatectl list-timezones  | grep "Asia/S"
Asia/Sakhalin
Asia/Samarkand
```

```
Asia/Seoul
Asia/Shanghai
Asia/Singapore
Asia/Srednekolymsk
#设置时区为 Asia/Shanghai（亚洲/上海）
[root@Project-02-Task-01 ~]# timedatectl set-timezone Asia/Shanghai
#设置时区为 UTC（协调世界时）
[root@Project-02-Task-01 ~]# timedatectl set-timezone UTC
#设置时间，日期不会更改
[root@Project-02-Task-01 ~]# timedatectl set-time '2020-02-2120:20:20'
```

操作命令+配置文件+脚本程序+结束

命令详解：

【语法】

timedatectl [选项] [参数]

【选项】

-p --property = NAME	仅显示此名称的属性
-a --all	显示所有属性，包括空属性
--value	显示属性时，仅打印值
status	显示当前时间设置
show	显示 systemd-timedated 的属性
set-time TIME	设置系统时间
set-timezone ZONE	设置系统时区
list-timezones	显示系统中可设置的时区

【参数】

时间日期格式	指定设置日期时间
时区	指定设置的时区名称

操作命令+配置文件+脚本程序+结束

步骤 6：设置服务器的语言支持。

通过 localectl 命令可查看与设置程序运行的语言环境。

操作命令：

```
#查看当前系统语言环境
[root@Project-02-Task-01 ~]# localectl
System Locale: LANG=en_US.UTF-8
    VC Keymap: us
   X11 Layout: us
#设置当前系统语言环境
[root@Project-02-Task-01 ~]# localectl status
System Locale:    LANG=zh_US.UTF-8
VC Keymap:        cn
X11 Layout:       cn
#修改当前系统语言环境
```

```
[root@Project-02-Task-01 ~]# localectl set-locale LANG=zh_CN.utf8
#重启操作系统使系统语言配置生效
[root@Project-02-Task-01 ~]# reboot
```

操作命令+配置文件+脚本程序+结束

命令详解：

【语法】

localectl [选项] [参数]

【选项】

status	显示当前区域设置
set-locale LOCALE	设置系统语言环境
list-locales	显示已知的语言环境
set-keymap MAP [MAP]	设置控制台和 X11 键盘映射
list-keymaps	显示已知的虚拟控制台键盘映射

【参数】

语言格式	指定设置语言格式

操作命令+配置文件+脚本程序+结束

步骤 7：设置 YUM 源。

CentOS 的 YUM 源默认为官方网站提供，官方的 YUM 源速度较慢，为了提高系统更新和使用 YUM 安装软件的速度，可将 CentOS 的 YUM 源设置为国内的镜像源，例如：阿里云、腾讯等互联网公司或国内高校的镜像源。本步骤将 CentOS 的 YUM 源设置为阿里云的镜像源，阿里云源的使用方法参见其官方网站（https://mirrors.aliyun.com）。

通过修改 YUM 配置文件实现对 YUM 源的配置，使用 sed 命令配置文件 CentOS-Base.repo（基础源配置文件）、CentOS-AppStream.repo（AppStream 源配置文件）、CentOS-Extras.repo（额外的源配置文件），修改后的 YUM 配置文件如下所示。

操作命令：

```
#进入源目录下
[root@Project-02-Task-01 ~]# cd /etc/yum.repos.d
#备份 3 个源配置文件
[root@Project-02-Task-01 yum.repos.d]# cp CentOS-Base.repo CentOS-Base.repo.bak
[root@Project-02-Task-01 yum.repos.d]# cp CentOS-AppStream.repo CentOS-AppStream.repo.bak
[root@Project-02-Task-01 yum.repos.d]# cp CentOS-Extras.repo CentOS-Extras.repo.bak
#注释镜像列表路径
[root@Project-02-Task-01 yum.repos.d]# sed -i 's/mirrorlist=/#mirrorlist=/g' CentOS-Base.repo CentOS-AppStream.repo CentOS-Extras.repo
#取消注释基础路径
[root@Project-02-Task-01 yum.repos.d]# sed -i 's/#baseurl=/baseurl=/g' CentOS-Base.repo CentOS-AppStream.repo CentOS-Extras.repo
#插入阿里云源镜像路径
[root@Project-02-Task-01 yum.repos.d]# sed -i 's/http:\/\/mirror.centos.org/https:\/\/mirrors.aliyun.com/g' Ce
```

```
ntOS-Base.repo  CentOS-AppStream.repo  CentOS-Extras.repo
#清除缓存
[root@Project-02-Task-01  yum.repos.d]#  yum  clean  all
Failed  to  set  locale，  defaulting  to  C.UTF-8
31  files  removed
#创建新的缓存
[root@Project-02-Task-01  yum.repos.d]#  yum  makecache
#基于 3 个源创建缓存
CentOS-8  –  AppStream                1.0  MB/s  |  6.5  MB       00:06
CentOS-8  –  Base                     1.5  MB/s  |  5.0  MB       00:03
CentOS-8  –  Extras                   5.0  kB/s  |  2.1  kB       00:00
Last  metadata  expiration  check:  0:00:01  ago  on  Tue  Mar  10  23:40:17  2020.
#完成元数据缓存创建
Metadata  cache  created.
```

操作命令+配置文件+脚本程序+结束

配置文件：/etc/yum.repos.d/CentOS-Base.repo

```
#CentOS-Base.repo
#
#The  mirror  system  uses  the  connecting  IP  address  of  the  client  and  the
#update  status  of  each  mirror  to  pick  mirrors  that  are  updated  to  and
#geographically  close  to  the  client.   You  should  use  this  for  CentOS  updates
#unless  you  are  manually  picking  other  mirrors.
#
#If  the  #mirrorlist=  does  not  work  for  you,  as  a  fall  back  you  can  try  the
#remarked  out  baseurl=  line  instead.
#
[BaseOS]
name=CentOS-$releasever  -  Base
#mirrorlist=http://mirrorlist.centos.org/?release=$releasever&arch=$basearch&rep
o=BaseOS&infra=$infra
baseurl=https://mirrors.aliyun.com/$contentdir/$releasever/BaseOS/$basearch/os/
gpgcheck=1
enabled=1
gpgkey=file:///etc/pki/rpm-gpg/RPM-GPG-KEY-centosofficial
```

操作命令+配置文件+脚本程序+结束

配置文件：/etc/yum.repos.d/ CentOS-AppStream.repo

```
#CentOS-AppStream.repo
#
#The  mirror  system  uses  the  connecting  IP  address  of  the  client  and  the
#update  status  of  each  mirror  to  pick  mirrors  that  are  updated  to  and
#geographically  close  to  the  client.   You  should  use  this  for  CentOS  updates
#unless  you  are  manually  picking  other  mirrors.
#
```

```
#If the #mirrorlist= does not work for you, as a fall back you can try the
#remarked out baseurl= line instead.

[AppStream]
name=CentOS-$releasever - AppStream
#mirrorlist=http://mirrorlist.centos.org/?release=$releasever&arch=$basearch&rep
o=AppStream&infra=$infra
baseurl=https://mirrors.aliyun.com/$contentdir/$releasever/AppStream/$basearch/o
s/
gpgcheck=1
enabled=1
gpgkey=file:///etc/pki/rpm-gpg/RPM-GPG-KEY-centosofficial
```

操作命令+配置文件+脚本程序+结束

配置文件：/etc/yum.repos.d/CentOS-Extras.repo

```
#CentOS-Extras.repo
#
#The mirror system uses the connecting IP address of the client and the
#update status of each mirror to pick mirrors that are updated to and
#geographically close to the client.  You should use this for CentOS updates
#unless you are manually picking other mirrors.
#
#If the #mirrorlist= does not work for you, as a fall back you can try the
#remarked out baseurl= line instead.
#
#
#additional packages that may be useful
[extras]
name=CentOS-$releasever - Extras
#mirrorlist=http://mirrorlist.centos.org/?release=$releasever&arch=$basearch&rep
o=extras&infra=$infra
baseurl=https://mirrors.aliyun.com/$contentdir/$releasever/extras/$basearch/os/
gpgcheck=1
enabled=1
gpgkey=file:///etc/pki/rpm-gpg/RPM-GPG-KEY-centosofficial
```

操作命令+配置文件+脚本程序+结束

【项目扩展】

安装源

（1）企业安装源。国内由企业提供的 CentOS 安装源见表 2-1-1。

表 2-1-1　企业提供的安装源

企业名称	地址
阿里云	http://mirrors.aliyun.com
搜狐	http://mirrors.sohu.com
腾讯	https://mirrors.cloud.tencent.com
网易	http://mirrors.163.com

（2）高校安装源。国内由高校提供的 CentOS 安装源见表 2-1-2。

表 2-1-2　高校提供的安装源

高校名称	地址
北京化工大学	http://ubuntu.buct.edu.cn
北京交通大学	http://mirror.bjtu.edu.cn/cn
北京理工大学	http://mirror.bit.edu.cn/web
大连理工大学	http://mirror.dlut.edu.cn
电子科技大学	http://ubuntu.uestc.edu.cn
东北大学	http://mirror.neu.edu.cn
哈尔滨工业大学	http://run.hit.edu.cn/html
华中科技大学	http://mirror.hust.edu.cn
兰州大学	http://mirror.lzu.edu.cn
南阳理工学院	http://mirror.nyist.edu.cn
清华大学	http://mirrors.tuna.tsinghua.edu.cn
厦门大学	http://mirrors.xmu.edu.cn
天津大学	http://mirror.tju.edu.cn
西北农林科技大学	http://mirrors.nwsuaf.edu.cn
浙江大学	http://mirrors.zju.edu.cn
中国地质大学	http://mirrors.cug.edu.cn
中国科技大学	http://mirrors.ustc.edu.cn
中国科学院	http://www.opencas.org/mirrors
中山大学	http://mirror.sysu.edu.cn
重庆大学	http://mirrors.cqu.edu.cn

任务二　查看系统信息

操作视频

执行脚本

【任务介绍】

本任务介绍系统用户信息、系统信息和设备信息的查看，实现基本的系统信息查看。

本任务在任务一的基础上进行。

【任务目标】

（1）实现用户信息的查看。

（2）实现系统信息的查看。

（3）实现设备信息的查看。

【操作步骤】

步骤 1：查看当前用户信息。

通过 who 命令可查看当前登录到系统中用户的信息。who 命令只显示直接登录到系统中的用户，不显示通过 su 命令的切换用户的登录者。

操作命令：

```
#查看当前登入系统的用户详细信息
[root@Project-02-Task-01 ~]# who -a
           system boot  2020-02-21 15:28
LOGIN      tty1         2020-02-21 15:28       921      id=tty1
           run-level 3  2020-02-21 15:28
root     + pts/0        2020-02-21 15:29       1331     (10.10.2.100)
#查看所有已登录用户的登录名与用户数量
[root@Project-02-Task-01 ~]# who -q
root
#users=1
#查看上次系统启动时间
[root@Project-02-Task-01 ~]# who -b
system boot  2020-02-21 15:28
```

操作命令+配置文件+脚本程序+结束

命令详解：

【语法】

who [选项] [参数]

【选项】

-a	显示全部信息
-b	显示系统最近启动时间

```
-d                      显示已杀死的进程
-H                      显示各字段的标题信息
-l                      查看系统登录进程
-p，--process           显示由 init 进程衍生的活动进程
-q，--count             列出所有已登录用户的登录名与用户数量
-t                      显示系统上次锁定时间
-u                      显示已登录用户列表

【参数】
文件                    指定要查询的文件
```

操作命令+配置文件+脚本程序+结束

与 who 命令功能相似的另一个常用命令是 finger，其可用于查找并显示用户信息，包括本地与远端主机的用户。

步骤 2：查看用户 ID 的相关信息。

通过 id 命令可查看用户的 ID，以及所属群组的 ID。该命令显示用户以及所属群组的实际与有效 ID，若有效 ID 等于实际 ID，则仅显示实际 ID。

操作命令：

```
#查看当前用户 ID 的相关信息
[root@Project-02-Task-01 ~]# id
uid=0(root)            gid=0(root)            groups=0(root)
context=unconfined_u:unconfined_r:unconfined_t:s0-s0:c0.c1023
#查看当前登入系统的用户所属群组 ID
[root@Project-02-Task-01 profile.d]# id -g
0
#查看指定用 user001 的用户信息
[root@Project-02-Task-01 ~]# id user001
uid=1000(user001)      gid=1000(user001)      groups=1000(user001)
```

操作命令+配置文件+脚本程序+结束

命令详解：

```
【语法】
id [选项] [参数]

【选项】
-g                      显示用户所属群组 ID
-G                      显示用户所属附加群组 ID
-n                      显示用户、所属群组或附加群组的名称
-r                      显示实际 ID
-u                      显示用户 ID

【参数】
用户名                  指定要查看的用户名
```

操作命令+配置文件+脚本程序+结束

步骤 3：查看系统相关信息。

通过 uname 命令可查看系统相关信息，如内核版本号、硬件架构、主机名称和操作系统类型等。

操作命令：

```
#查看主机名
[root@Project-02-Task-01 ~]# uname -n
Project-02-Task-01
#查看内核版本号
[root@Project-02-Task-01 ~]# uname -r
4.18.0-147.5.1.el8_1.x86_64
#查看内核名称
[root@Project-02-Task-01 ~]# uname -s
Linux
#查看系统详细信息
[root@Project-02-Task-01 ~]# uname -a
Linux Project-02-Task-01 4.18.0-147.5.1.el8_1.x86_64 #1 SMP Wed Feb 5 02:00:39 UTC 2020 x86_64
 x86_64 x86_64 GNU/Linux
```

操作命令+配置文件+脚本程序+结束

命令详解：

【语法】
uname [选项]

【选项】

-a	显示所有系统的相关信息
-m	显示主机硬件名
-n	显示主机在网络节点上的名称
-r	显示 Linux 操作系统内核版本号
-s	显示 Linux 内核名称
-p	显示处理器类型或 unknown
-i	显示硬件平台类型或 unknown
-o	显示操作系统名

操作命令+配置文件+脚本程序+结束

与 uname 命令功能相似的另一个常用命令是 hostname，其可用于查看系统的主机名和临时修改系统主机名。

步骤 4：查看系统时间。

通过 date 命令可查看或设置系统时间与日期，用户可根据需求设置显示的时间格式。

操作命令：

```
#查看系统时间，默认格式
[root@Project-02-Task-01 ~]# date
```

```
Thu Feb 20 19:29:15 CST 2020
#自定义输出时间格式
[root@Project-02-Task-01 ~]# date +"%Y-%m-%d"
2020-02-20
#输出中文格式
[root@Project-02-Task-01 ~]# date '+%c'
2019 年 04 月 17 日 星期三 14 时 09 分 02 秒
```

操作命令+配置文件+脚本程序+结束

命令详解：

【语法】

date [选项] [参数]

【选项】

-d<字符串>	显示字符串所指的日期与时间
-r	显示文件或目录的最后修改时间
-s	设置时间，由 STRING 描述
-u	显示或设置世界标准时间（UTC）

【参数】

+时间日期格式	指定显示的日期时间格式

【时间格式】

%H	小时，24 小时制（00~23）
%I	小时，12 小时制（01~12）
%k	小时，24 小时制（0~23）
%l	小时，12 小时制（1~12）
%M	分钟（00~59）
%p	显示出 AM 或 PM
%r	显示 12 小时制时间（hh:mm:ss）
%s	从 1970 年 1 月 1 日 00:00:00 到目前经历的秒数
%S	显示秒（00~59）
%T	显示 24 小时制时间（hh:mm:ss）
%X	显示时间的格式（%H:%M:%S）
%Z	显示时区，日期域（CST）
%a	星期的简称（Sun~Sat）
%A	星期的全称（Sunday~Saturday）
%h，%b	月的简称（Jan~Dec）
%B	月的全称（January~December）
%c	日期和时间（格式如 Tue Nov 20 14:12:58 2020）
%d	当前月的第几天（01~31）
%x，%D	日期（mm/dd/yy）
%j	一年的第几天（001~366）
%m	月份（01~12）
%w	当前星期的第几天（0 代表星期天）

```
%W                    当前年的第几个星期（00~53，星期一为第一天）
%y                    年的最后两个数字（如 1970 则是 70）
```

操作命令+配置文件+脚本程序+结束

与 date 命令容易混淆的另一个常用命令是 time，其可用于查看一个程序的执行时间，其显示的内容包括程序的实际运行时间（real time），以及用户态使用时间（user time）和内核态使用时间（sys time）。

步骤 5： 查看网卡信息。

通过 ip 命令可查看或操作 Linux 主机的路由、网络设备和隧道等，是 Linux 下较新且功能强大的网络配置工具，本步骤主要介绍 ip addr 命令。

操作命令：

```
#查看网络配置信息
[root@Project-02-Task-01 ~]# ip addr
1: lo: <LOOPBACK，UP，LOWER_UP> mtu 65536 qdisc noqueue state UNKNOWN group default qlen 1000
    link/loopback 00:00:00:00:00:00 brd 00:00:00:00:00:00
    inet 127.0.0.1/8 scope host lo
        valid_lft forever preferred_lft forever
    inet6 ::1/128 scope host
        valid_lft forever preferred_lft forever
2: enp0s3: <BROADCAST，MULTICAST，UP，LOWER_UP> mtu 1500 qdisc fq_codel state UP group default qlen 1000
    link/ether 08:00:27:36:8c:fb brd ff:ff:ff:ff:ff:ff
    inet 10.10.2.103/24 brd 10.10.2.255 scope global dynamic noprefixroute enp0s3
        valid_lft 67276sec preferred_lft 67276sec
    inet6 240e:33d:1ca6:fc00:3f5f:a92d:414d:a7fd/64 scope global dynamic noprefixroute
        valid_lft 259188sec preferred_lft 172788sec
    inet6 fe80::e242:80f9:8826:f236/64 scope link noprefixroute
        valid_lft forever preferred_lft forever
```

操作命令+配置文件+脚本程序+结束

ip addr 命令查看网络信息的字段说明：

- lo　　环回网卡
- enp0s3　　网卡名称
- LOOPBACK　　环回接口
- BROADCAST　　网卡有广播地址，可以发送广播包
- UP　　网卡为开启状态
- LOWER_UP　　网线连接正常
- mtu 1500　　最大传输单元为 1500 字节
- qdisc fq_codel　　队列规则为流队列控制延迟

- state UP　　状态开启
- group default qlen 1000　　组默认为 1000
- link/ether　　MAC 地址
- inet　　IPv4 地址信息
- scope global　　该网卡可接受全域的包
- brd　　广播地址
- noprefixroute enp0s3　　无前缀路由
- valid_lft　　正常使用时长
- preferred_lft　　优先使用时长
- inet6　　IPv6 地址信息

命令详解：

【语法】

ip [选项] [参数]

【选项】

-s	输出更详细的信息
-f	强制使用指定的协议族
-4	指定使用的网络层协议是 IPv4 协议
-6	指定使用的网络层协议是 IPv6 协议
-0	输出信息每条记录输出一行，不换行显示
-r	显示主机时，不使用 IP 地址，而使用主机的域名
link	网络设备
address	一个设备的协议（IP 或者 IPv6）地址，可简写为 addr
neighbour	ARP 或者 NDISC 缓冲区条目
route	路由表条目
rule	路由策略数据库中的规则
maddress	多播地址
mroute	多播路由缓冲区条目
tunnel	IP 上的通道

操作命令+配置文件+脚本程序+结束

步骤 6：查看设备硬件信息。

通过 dmidecode 命令可查看主机的 DMI（Desktop Management Interface，桌面管理接口）信息，其输出的信息包括 BIOS、系统、主板、处理器、内存、缓存等。

操作命令：

```
#查看 BIOS 信息
[root@Project-02-Task-01 ~]# dmidecode -t 0
#dmidecode 3.2
Getting SMBIOS data from sysfs.
SMBIOS 2.5 present.
```

```

Handle 0x0000, DMI type 0, 20 bytes
BIOS Information
Vendor:             innotek GmbH
Version:            VirtualBox
Release Date:       12/01/2006
Address:            0xE0000
Runtime Size:       128 kB
ROM Size:           128 kB
        Characteristics:
                ISA is supported
                PCI is supported
                Boot from CD is supported
                Selectable boot is supported
                8042 keyboard services are supported (int 9h)
                CGA/mono video services are supported (int 10h)
                ACPI is supported
#查看系统信息
[root@Project-02-Task-01 ~]# dmidecode -t 1
#dmidecode 3.2
Getting SMBIOS data from sysfs.
SMBIOS 2.5 present.

Handle 0x0001, DMI type 1, 27 bytes
System Information
        Manufacturer: innotek GmbH
        Product Name: VirtualBox
        Version: 1.2
        Serial Number: 0
        UUID: 6a8804a4-7479-c944-8007-9656881cbbd3
        Wake-up Type: Power Switch
        SKU Number: Not Specified
        Family: Virtual Machine
#查看存储设备信息
[root@Project-02-Task-01 ~]# dmidecode -t 17
#dmidecode 3.2
Getting SMBIOS data from sysfs.
SMBIOS 2.5 present.
```

操作命令+配置文件+脚本程序+结束

命令详解：

【语法】

dmidecode [选项] [参数]

【选项】

```
-d                     从设备文件读取信息(默认值为/dev/mem)
-s                     只显示指定的 DMI 字符串信息
-t                     只显示指定条目的信息
-u                     显示未解码的原始条目内容
--dump-bin file        将 DMI 信息转储到一个二进制文件中
--from-dump FILE       从一个二进制文件读取 DMI 信息
```

操作命令+配置文件+脚本程序+结束

任务三　用户和权限的操作

操作视频

【任务介绍】

本任务介绍 Linux 操作系统的用户及用户组的创建、修改、删除，以及权限管理操作。本任务在任务一的基础上进行。

【任务目标】

（1）实现用户及用户组的创建。

（2）实现用户及用户组的修改。

（3）实现用户及用户组的删除。

（4）实现用户及用户组的权限管理。

【操作步骤】

步骤 1：用户组的创建。

通过 groupadd 命令可创建用户组，使用该命令创建的用户信息保存在/etc/group 文件中。

操作命令：

```
#创建用户组 group01
[root@Project-02-Task-01 ~]# groupadd group01
#创建用户组 group02，设置其组 ID 为 500
[root@Project-02-Task-01 ~]# groupadd -g 500 group02
#查看用户组信息
[root@Project-02-Task-01 ~]# cat /etc/group
#为了排版方便，此处省略了部分提示信息
group01:x:1002:
group02:x:500:
```

操作命令+配置文件+脚本程序+结束

命令详解：

【语法】

groupadd [选项] [参数]

【选项】

-g	指定创建用户组 ID
-r	创建系统用户组，系统用户组的 ID 小于 500（该值由系统配置文件决定）
-o	允许用户组的 ID 不唯一

【参数】

用户组名	指定创建的用户组名

操作命令+配置文件+脚本程序+结束

步骤 2：用户组的修改。

通过 groupmod 命令可修改用户组的名称或 ID。

操作命令：

```
#修改用户组 group01 为 group03
[root@Project-02-Task-01 ~]# groupmodgroup01 -n group03
#修改用户组 group03 的组 GID 为 501
[root@Project-02-Task-01 ~]# groupmod-g 501 group03
#查看用户组信息
[root@Project-02-Task-01 ~]# cat /etc/group
#为了排版方便，此处省略了部分提示信息
group02:x:501:
group03:x:1002:
```

操作命令+配置文件+脚本程序+结束

命令详解：

【语法】

groupmod [选项] [参数]

【选项】

-g<用户组 ID>	设置要使用的用户组 ID
-o	重复使用用户组 ID
-n<新用户组名称>	设置要使用的用户组名称

【参数】

用户组名	指定要修改的用户组名

操作命令+配置文件+脚本程序+结束

步骤 3：用户组的删除。

通过 groupdel 命令可删除指定的用户组。如果该组下有用户，则必需先删除用户，才可删除该组。

操作命令：

```
#删除用户组 group02
[root@Project-02-Task-01 ~]# groupdelgroup02
```

操作命令+配置文件+脚本程序+结束

命令详解：

【语法】

groupdel [参数]

【参数】

用户组名	指定要删除的用户组名

操作命令+配置文件+脚本程序+结束

步骤 4： 用户添加。

通过 useradd 命令可创建系统用户。使用该命令所创建的用户信息保存在/etc/passwd 文件中。

操作命令：

```
#创建用户 user001
[root@Project-02-Task-01 ~]# useradd user001
#创建系统用户 user002
[root@Project-02-Task-01 ~]# useradd -r user002
#创建用户 user003，指定用户组 user001，并且设定 home 目录为 user003
[root@Project-02-Task-01 ~]#useradd -g user001 -d /home/user003 user003
#查看/etc/passwd 下的用户信息
[root@Project-02-Task-01 ~]#cat /etc/passwd
root:x:0:0:root:/root:/bin/bash
#为了排版方便，此处省略了部分提示信息
user001:   x:   1001:   1001::   /home/user001:   /bin/bash
user002:   x:   995 :   992 ::   /home/user002:   /bin/bash
user003:   x:   1002:   1001::   /home/user003:   /bin/bash
```

操作命令+配置文件+脚本程序+结束

（1）Linux 系统的用户分为 3 种：超级用户、普通用户和系统用户（也称伪用户、程序用户）。

- 超级用户：即 root 用户，是 Linux 系统中默认的超级用户账号，对本主机拥有最高及完整的权限。只有当进行系统管理、维护任务时，才建议使用 root 用户登录系统，日常系统操作建议使用普通用户账号。root 用户对应的 UID 为 0。
- 普通用户：普通用户账号需要由超级用户创建，拥有的权限受到一定限制，一般只在用户的家目录（个人目录）中有完全权限。普通用户对应的 UID 范围为 1000～65535。
- 系统用户：在安装 Linux 系统及部分应用程序时，会添加一些特定的低权限用户账号，这些用户一般不允许登录到系统，而仅用于维持系统或某个程序的正常运行。例如：bin、daemon、ftp、mail 等，对应的 UID 范围为 1～200（系统分配给进程使用）、201～999（运行服务的用户，动态分配）。

（2）/etc/passwd 文件中的信息由“:”隔开，共分为 7 段，例如“root:x:0:0:root:/

root:/bin/bash”。

- root　　用户名称
- x　　密码占位符，存放账户的口令，用 x 表示，密码保存在/etc/shadow 中
- 0　　用户的 UID
- 0　　用户基本组 GID
- root　　用户的详细信息
- /root　　root 用户的家目录，普通用户的家目录在/home 下
- /bin/bash　　用户登录的 Shell

命令详解：

【语法】

useradd [选项] [参数]

【选项】

-c<备注>	加上备注文字，备注文字会保存在 passwd 的备注栏位中
-d<登入目录>	指定用户登入时的启始目录
-D	变更预设值
-e<有效期限>	指定账号的有效期限
-f<缓冲天数>	指定在密码过期后多少天即禁用该账号
-g<群组>	指定用户所属群组
-G<群组>	指定用户所属附加群组
-m	自动创建用户的登入目录
-M	不要自动创建用户的登入目录
-n	取消创建以用户名称为名的群组
-r	创建系统账号
-s<Shell>	指定用户登入后所使用的 Shell
-u<uid>	指定用户 uid

【参数】

用户名	指定要创建的用户名

操作命令+配置文件+脚本程序+结束

步骤 5：用户密码设置。

通过 passwd 命令可设置用户的认证信息，包括用户密码及过期时间等。具有超级用户权限的用户可通过该命令管理其他用户的密码。

操作命令：

```
1.  #设置用户 user001 密码
2.  [root@Project-02-Task-01 ~]# passwd user001
3.  Changing password for user user001.
4.  #输入密码
5.  New password:
6.  #再次输入以确认密码
```

```
Retype new password:
passwd: all authentication tokens updated successfully.
#锁定密码不允许用户修改
[root@Project-02-Task-01 ~]# passwd -l user001
Locking password for user user001.
passwd: Success
#查询密码状态
[root@Project-02-Task-01 ~]# passwd -S user001
user001 LK 2020-02-26 0 99999 7 -1 (Password locked.)
#解除锁定密码，允许用户修改
[root@Project-02-Task-01 ~]# passwd -u user001
Unlocking password for user user001.
passwd: Success
#查询密码状态
[root@Project-02-Task-01 ~]# passwd -S user001
user001 PS 2020-02-26 0 99999 7 -1 (Password set， SHA512 crypt.)
```

操作命令+配置文件+脚本程序+结束

命令详解：

【语法】

passwd [选项] [参数]

【选项】

-d	删除密码，拥有超级用户权限才能使用
-f	强制执行
-k	设置只有在密码过期失效后，才能更新
-l	锁定密码
-s	列出密码的相关信息，拥有超级用户权限才能使用
-u	解除密码锁定

【参数】

用户名	指定要修改密码的用户名

操作命令+配置文件+脚本程序+结束

步骤 6：用户修改。

通过 usermod 命令可修改用户的基本信息。该命令不允许修改当前登录用户，如果用户有执行的程序，则无法修改用户 UID。

操作命令：

```
#修改 user003 用户的家目录为/home/user001
[root@Project-02-Task-01 ~]# usermod -d /home/user001 user003
#修改 user003 的 UID 为 1003
[root@Project-02-Task-01 ~]# usermod -u1003 user003
#查看/etc/passwd 下的用户信息
[root@Project-02-Task-01 ~]#cat /etc/passwd
```

```
#为了排版方便，此处省略了部分提示信息
user001:x:1001:1001::/home/user001:/bin/bash
user002:x:995:992::/home/user002:/bin/bash
user003:x:1003:1001::/home/user003:/bin/bash
```

操作命令+配置文件+脚本程序+结束

命令详解：

【语法】

usermod [选项] [参数]

【选项】

-c<备注>	修改用户名的备注信息
-d<登入目录>	修改用户登入目录
-e<有效期限>	修改用户名的有效期限
-f<缓冲天数>	修改在密码过期后多少天禁用该用户
-g<群组>	修改用户所属群组
-G<群组>	修改用户所属附加群组
-l<用户名>	修改用户名
-L	锁定用户密码
-s<Shell>	修改用户登入后所使用的 Shell
-u<uid>	修改用户 UID
-U	解除密码锁定

【参数】

用户名	指定要修改信息的用户名

操作命令+配置文件+脚本程序+结束

步骤 7：用户删除。

通过 userdel 命令可删除用户，以及与用户相关的文件及目录。如果不加选项，则仅删除用户账号，而不删除相关文件及目录。

操作命令：

```
#删除用户 user001
[root@Project-02-Task-01 ~]# userdel user001
```

操作命令+配置文件+脚本程序+结束

命令详解：

【语法】

userdel [选项] [参数]

【选项】

-f	强制删除用户账号
-r	删除用户同时删除其主目录

【参数】

用户名　　　　　　　　　　　　指定要修改信息的用户名

操作命令+配置文件+脚本程序+结束

提醒 在使用-r 选项时，删除用户的同时删除该用户所有的文件和目录，应慎重使用。

步骤 8： 权限设置。

通过 chmod 命令可更改文件或目录的访问权限。该命令有两种操作方式，一种是包含字母和操作符表达式的文字设定法，另一种是包含数字的数字设定法。

操作命令：

```
#创建 chmodDir 目录，并在其下创建 chmod.txt 文件
[root@Project-02-Task-01 ~]# mkdir chmodDir
[root@Project-02-Task-01 ~]# touch chmodDir/chmod.txt
#查看 chmod.txt 文件的权限
[root@Project-02-Task-01 ~]# ls -l chmodDir
total 0
-rw-r--r--.   1    root    root    0 Feb 25 21:45    chmodDir/chmod.txt
#设置 chmod.txt 文件的权限为 0664
[root@Project-02-Task-01 ~]# chmod 0664 chmodDir/chmod.txt
#查看 chmod.txt 文件的权限
[root@Project-02-Task-01 ~]# ls -l chmodDir
total 0
-rw-rw-r--.   1    root    root    0 Feb 25 21:45    chmod.txt
#设置 chmod.txt 文件的所有者与同群组的用户增加 x（执行）权限，其他用户取消 w（写入）权限
[root@Project-02-Task-01 ~]# chmod ug+x，o-w chmodDir/chmod.txt
#查看 chmod.txt 文件的权限
[root@Project-02-Task-01 ~]# ls -l chmodDir
total 0
-rwxrwxr--. 1 root root  0 Feb 25 21:45 chmod.txt
#设置 chmod.txt 的全部用户仅有只读权限
[root@Project-02-Task-01 ~]# chmod =r chmod.txt
#查看 chmod.txt 文件的权限
[root@Project-02-Task-01 ~]# ls -l chmodDir
total 0
-r--r--r--.   1    root    root    0 Feb 25 22:04    chmod.txt
```

操作命令+配置文件+脚本程序+结束

命令详解：

【语法】

chmod [选项] [参数]

【选项】

-c	显示命令执行过程，仅显示更改部分
-f	强制执行，不显示错误信息

-R　　递归处理，将指定目录下的所有文件及子目录一并处理
-v　　显示命令执行过程
<权限范围>+<权限设置>　　增加权限范围的文件或目录的权限设置
<权限范围>-<权限设置>　　取消权限范围的文件或目录的权限设置
<权限范围>=<权限设置>　　指定权限范围的文件或目录的权限设置

【参数】
权限模式　　指定文件的权限模式
文件　　指定要改变权限的文件

操作命令+配置文件+脚本程序+结束

步骤 9：用户或组权限设置。

通过 chown 命令可修改文件或目录的属主或属组。

操作命令：

```
#创建 chownDir 目录，并在其下创建 chown.txt 文件
[root@Project-02-Task-01 ~]# mkdir chownDir
[root@Project-02-Task-01 ~]# touch chownDir/chown.txt
#查看 chown.txt 文件的权限
[root@Project-02-Task-01 ~]# ls -l chownDir
total 0
-rw-r--r--.    1    root         root         0 Feb 25 22:25    chown.txt
#设置 chomd.txt 文件的用户与组为 project02:project02
[root@Project-02-Task-01 ~]# chown project02:project02 chownDir/chown.txt
#查看 chown.txt 文件的权限
[root@Project-02-Task-01 ~]# ls -l chownDir
total 0
-rw-r--r--.    1    project02    project02    0 Feb 25 22:25    chown.txt
```

操作命令+配置文件+脚本程序+结束

命令详解：

【语法】
chown [选项] [参数]

【选项】
-v　　显示属主修改的详细信息
-f　　强制执行，不显示错误信息
-h　　改变符号链接文件的属主时，不影响该链接所指向的目标文件
-c　　若该文件或目录属主已更改，才显示其更改动作
-R　　以递归方式修改当前目录下的所有文件与子目录

【参数】
用户属主　　指定属主和属组。当省略“:组”，则仅改变文件所有者
文件　　指定要改变属主和属组的文件列表。支持多个文件和目录，支持 Shell 通配符

操作命令+配置文件+脚本程序+结束

与 chown 命令功能相似的另一个常用的命令是 chgrp，其可用于改变指定文件属组。

任务四　文件目录的操作

操作视频

【任务介绍】

本任务介绍对 Linux 操作系统的文件和目录的创建、移动、拷贝、删除以及查看，实现对文件和目录的管理。

本任务在任务一的基础上进行。

【任务目标】

（1）实现文件和目录的创建。

（2）实现文件和目录的移动。

（3）实现文件和目录的拷贝。

（4）实现文件和目录的删除。

（5）实现文件类型的查看。

【操作步骤】

步骤 1： 创建目录。

通过 mkdir 命令可创建目录。在创建目录时，应保证创建的目录与它所在目录下的目录没有重名。

为不污染家目录下的文件与目录，本任务及之后任务的操作均在/opt 目录下进行。

操作命令：

```
#进入/opt 目录
[root@Project-02-Task-01 ~]# cd /opt
#创建目录，目录名为 dir01
[root@Project-02-Task-01 opt]# mkdir dir01
#创建指定属性的目录，目录名为 dir02
[root@Project-02-Task-01 opt]# mkdir dir02
#递归创建目录，目录路径为 dir03/dir04
[root@Project-02-Task-01 opt]# mkdir -p dir03/dir04
#创建目录，并显示详细信息，目录名为 dir05
[root@Project-02-Task-01 opt]# mkdir -v dir05
mkdir: created directory 'dir05'
```

```
#创建 dir06 目录，并在该目录下创建 dir07 和 dir08 目录
[root@Project-02-Task-01  opt]#  mkdir  -p  dir06/{dir07，dir08 }
```

操作命令+配置文件+脚本程序+结束

命令详解：

【语法】

mkdir [选项] [参数]

【选项】

-p	递归创建多级目录
-m	创建目录的同时设置目录的权限
-v	显示目录的创建过程

【参数】

目录名	指定要创建的目录列表，多个目录之间用空格隔开

操作命令+配置文件+脚本程序+结束

步骤 2：创建文件。

通过 touch 命令可创建文件，该命令还可改变文件的访问时间和修改时间。

操作命令：

```
#创建 file01.txt 文件 file01.txt
[root@Project-02-Task-01  opt]#  touch  file01.txt
#查看 file01.txt 文件信息
[root@Project-02-Task-01  opt]#  ls  -l  file01.txt
-rw-r--r--.  1    root    root    0  Feb  23  23:08    file01.txt
#设置 file01.txt 文件时间为 2 月 23 日 20 时 20 分
[root@Project-02-Task-01  opt]#  touch  -c  -t  02232020file01.txt
#查看 file01.txt 文件信息
[root@Project-02-Task-01  opt]#  ls  -l  file01.txt
-rw-r--r--.  1    root    root    0  Feb  23  20:20    file01.txt
```

操作命令+配置文件+脚本程序+结束

命令详解：

【语法】

touch [选项] [参数]

【选项】

-a	改变文件的访问时间为系统当前时间
-c	如果文件不存在，就不创建也不提示
-m	改变文件的修改时间为系统当前时间
-d，-i	使用指定的日期时间
-r<参考文件或目录>	把指定文件或目录的日期时间设置为参考文件或目录的日期时间

【参数】

文件名	指定要设置时间属性的文件列表

操作命令+配置文件+脚本程序+结束

步骤 3：移动文件/目录。

通过 mv 命令可将文件移至一个目标位置，或将一组文件移至一个目标目录。

（1）如果 mv 命令操作的是文件与目标目录，则将源文件移动至目标目录。

（2）如果 mv 命令操作的是源文件与目标文件，则将源文件按照目标文件的名称移动至目标目录。

（3）如果源文件和目标文件在同一个目录下，mv 的作用就是重命名。

操作命令：

```
#将 file01.txt 文件移动到 dir01 目录下
[root@Project-02-Task-01  opt]# mv  file01.txt  dir01
#将 file01.txt 文件重命名为 file02.txt
[root@Project-02-Task-01  opt]# mv  file01.txt  file02.txt
#将 dir01 目录移动到 dir02 目录下
[root@Project-02-Task-01  opt]# mv  dir01/*  dir02
#将 dir02 重命名为 dir0201
[root@Project-02-Task-01  opt]# mv  dir02  dir0201
```

操作命令+配置文件+脚本程序+结束

命令详解：

【语法】

mv [选项] [参数]

【选项】

-b，--backup	当文件存在时，执行覆盖前为其创建备份
-f	若目标文件或目录与现有的文件或目录重复，则直接覆盖现有的文件或目录
-i	交互式操作，覆盖前先行询问用户
-S<后缀>	为备份文件指定后缀，而不使用默认的后缀
--target-directory=<目录>	指定源文件要移动到目标目录
-u	当源文件的修改日期在目标文件之后或者目标文件不存在时，执行移动操作

【参数】

源文件或目录	源文件列表
目标文件	在移动文件的同时，将其改名为目标文件
目标目录	将源文件移动到目标目录下

操作命令+配置文件+脚本程序+结束

步骤 4：复制文件/目录。

通过 cp 命令可复制文件或目录到目标位置。当 cp 命令复制目录时，需使用-R 选项。

操作命令：

```
#将 file01.txt 文件复制到 dir03 目录下
[root@Project-02-Task-01  opt]# cp  dir0201/dir01/file01.txt  dir03
#将 file01.txt 文件复制为 file03.txt
```

```
[root@Project-02-Task-01 opt]# cpdir03/file01.txt dir03/file02.txt
#将 dir03 目录复制成 dir0301 目录
[root@Project-02-Task-01 opt]# cp-Rdir03 dir0301
```

操作命令+配置文件+脚本程序+结束

命令详解：

【语法】

cp [选项] [参数]

【选项】

-a	此参数的效果和同时指定"-dpR"参数相同
-d	当复制符号链接时，把目标文件或目录也创建为符号链接，并指向与源文件或目录链接的原始文件或目录
-f	强制复制文件或目录
-i	交互式操作，覆盖前先行询问用户
-l	对源文件创建硬连接，而非复制文件
-p	保留源文件或目录的属性
-R/r	以递归方式将指定目录下的所有文件与子目录一并处理
-s	对源文件创建符号链接
-b	当文件存在时，执行覆盖前为其创建备份

【参数】

源文件或目录	指定源文件列表
目标文件或目录	指定目标文件。当“源文件”为多个文件时，要求“目标文件”为指定的目录

操作命令+配置文件+脚本程序+结束

步骤 5：删除文件/目录。

通过 rm 命令可删除文件或目录。该命令可删除一个目录中的一个或多个的文件或目录。链接文件则只断开链接，源文件保持不变。

操作命令：

```
#删除 file01.txt 文件，需要进行二次确认，“y”表示确认，空或“n”表示取消
[root@Project-02-Task-01 opt]# rm file01.txt
rm: remove regular empty file 'file01.txt'? n
#强制删除
[root@Project-02-Task-01 opt]# rm -rf file01.txt
#若直接使用 rm 删除目录，系统将提示不能删除
[root@Project-02-Task-01 opt]# rm dir02/
rm: cannot remove ' dir0201/': Is a directory
#删除 dir0201 目录，需要进行二次确认，输入 y 继续删除，n 取消删除
[root@Project-02-Task-01 opt]# rm -r dir0201
rm: descend into directory 'dir01/'? n
```

操作命令+配置文件+脚本程序+结束

命令详解：

【语法】
rm [选项] [参数]

【选项】

-f	强制删除文件或目录
-i	删除已有文件或目录之前先询问用户
-r 或-R	递归处理，将指定目录下的所有文件与子目录一并处理
--preserve-root	不对根目录进行递归操作
-v	显示命令的详细执行过程

【参数】

文件	指定被删除的文件列表，如果参数中含有目录，则必须加上-r 或-R 选项

操作命令+配置文件+脚本程序+结束

小贴士

（1）rmdir 命令用来删除目录，可在一个目录中删除一个或多个空的子目录。

（2）删除目录时，必须具有对其父目录的写权限，并且其子目录被删除之前应该是空目录。

（3）当前工作目录必须在被删除目录之上，不能是被删除目录本身，也不能是被删除目录的子目录。

步骤 6：查看文件/目录类型。

通过 file 命令可查看文件类型，也可辨别一些文件的编码格式。该命令通过查看文件的头部信息来获取文件类型。

操作命令：

```
#查看/etc/profile 的文件类型
[root@Project-02-Task-01  opt]#  file  /etc/profile
/etc/profile: ASCII              text
#查看/etc/profile 的文件类型与 MIME 类别
[root@Project-02-Task-01  opt]#  file  -i  /etc/profile
/etc/profile: text/plain;  charset=us-ascii
```

操作命令+配置文件+脚本程序+结束

命令详解：

【语法】
file [选项] [参数]

【选项】

-b	列出文件辨识结果时，不显示文件名称
-c	详细显示命令执行过程，便于排错或分析程序执行的情形
-f	列出文件中文件名的文件类型
-F	使用指定分隔符号替换输出文件名后的默认的“:”分隔符

-L	查看对应软链接对应文件的文件类型
-z	解读压缩文件的内容
-i	显示文件的 MIME 类别

【参数】

文件	指定要查看类型的文件列表，多个文件之间使用空格分开，可以使用 Shell 通配符匹配多个文件
目录	指定要查看类型的目录名称

操作命令+配置文件+脚本程序+结束

步骤 7：权限查看。

通过 ls-l 命令查看文件和目录的权限信息。

本步骤仅使用 ls 命令的 l 与 a 选项，该命令的详细使用方法，可参见本项目的任务五。

操作命令：

```
1.  #查看 /下文件的权限信息
2.  [root@Project-02-Task-01 opt]# ls -l /
3.  total 16
4.  dr-xr-xr-x.   6   root   root   4096   Feb 12 22:51   boot
5.  drwxr-xr-x.   20  root   root   3080   Feb 25 20:40   dev
6.  drwxr-xr-x.   78  root   root   8192   Feb 25 20:40   etc
7.  drwxr-xr-x.   3   root   root   23     Feb 12 22:48   home
8.  #为了排版方便，此处仅显示前五行
```

操作命令+配置文件+脚本程序+结束

（1）查看信息的第一条记录“drwxr-xr-x.　78 root root 8192 Feb 25 20:40 etc”。

- drwxr-xr-x　　标识文件的类型和文件权限
- 78　　是纯数字，表示文件链接的个数
- root　　文件的属主
- root　　第二个 root 为文件的属组
- 8192　　表示文件的存储大小
- Feb 25 20:40　　文件最后修改时间
- etc　　文件的名称

（2）“drwxr-xr-x”由两部分组成。

- 第一部分为第 1 列，值为“d”，表示为目录类型（d 表示目录，-表示文件）。
- 第二部分为第 2～10 列，值为“rwxr-xr-x”，表示文件权限。第二部分再等分为三段，即为“rwx”、“r-x”、“r-x”，分别表示文件所有者的权限、文件所属群组的权限、其他用户对文件的权限。

任务五　文本处理

【任务介绍】

本任务介绍对文本内容进行查看和编辑的多种方式，实现对文本的处理。

本任务在任务一的基础上进行。

【任务目标】

（1）实现文本内容的查看。

（2）实现文本内容的编辑。

【操作步骤】

步骤 1：目录列表查看。

通过 ls 命令可查看目录列表以及查看文件或目录的权限信息等详细信息，ls 命令的输出信息可进行彩色加亮显示，以区分不同类型的文件或目录。

默认情况下，普通文件显示为黑色，目录显示为蓝色，可执行文件显示为绿色，压缩文件显示为红色，链接文件显示为淡蓝色，当链接文件有问题时显示为闪烁的红色，设备文件显示为黄色，其他文件显示为灰色。

操作命令：

```
#查看 /目录下的文件或目录
[root@Project-02-Task-01 opt]# ls /
bin boot dev etc home lib lib64 media mnt opt proc root run sbin srv sys tmp usr var
#查看 /目录下所有文件或目录的详细信息
[root@Project-02-Task-01 opt]# ls -al /
total 16
dr-xr-xr-x. 17 root root  224 Feb 12 22:40 .
dr-xr-xr-x. 17 root root  224 Feb 12 22:40 ..
lrwxrwxrwx.  1 root root    7 May 11  2019 bin -> usr/bin
#为了排版方便，此处省略了部分提示信息
drwxr-xr-x. 20 root root  278 Feb 12 22:51 var
#按时间先后顺序进行排列输出 /目录下信息
[root@Project-02-Task-01 opt]# ls -lt /
total 16
drwxr-xr-x.   6   root   root   127    Feb   25   22:24   opt
drwxrwxrwt.   7   root   root   93     Feb   25   21:20   tmp
drwxr-xr-x.   23  root   root   680    Feb   25   20:40   run
drwxr-xr-x.   78  root   root   8192   Feb   25   20:40   etc
```

```
drwxr-xr-x.   20   root   root   3080   Feb   25   20:40   dev
#为了排版方便，此处仅显示前五行
drwxr-xr-x.   2    root   root   6      May   11   2019    srv
#查看 /目录下文件或目录，且设置不以字节方式显示文件大小
[root@Project-02-Task-01 opt]# ls -lh /
total 16K
lrwxrwxrwx.   1    root   root   7      May   11   2019    bin -> usr/bin
dr-xr-xr-x.   6    root   root   4.0K   Feb   12   22:51   boot
#为了排版方便，此处仅显示前五行
drwxr-xr-x.   20   root   root   278    Feb   12   22:51   var
```

操作命令+配置文件+脚本程序+结束

命令详解：

【语法】

ls [选项] [参数]

【选项】

-a	显示所有文件，包括隐藏文件（以“.”或“..”开头的文件）
-A	显示除隐藏文件以外的所有文件
-b	将文件中的不可输出字符以反斜线“\”加字符编码的方式输出
-C	多列显示输出结果
-d	显示目录名，而不显示目录下的内容列表
	显示符号链接文件本身，而不显示其所指向的目录列表
-F	在每个输出项后追加文件的类型标识符
-k	以 kB（千字节）为单位显示文件大小
-l	以长格式显示目录下的内容列表的详细信息
-r	以文件名反序排列并输出目录内容列表
-R	以递归指定目录下的所有文件及子目录一并处理
-s	显示文件和目录的大小，以块为单位
-S	以文件的大小进行排序
-t	用文件和目录的更改时间排序
-X	根据扩展名排序
-1	每行只列出一个文件

【参数】

目录	指定要显示列表的目录，也可以是具体的文件

操作命令+配置文件+脚本程序+结束

步骤 2：短文本查看。

通过 cat 命令可用于查看纯文本内容，通常使用 cat 查看一屏即显示完整的短文本。

操作命令：

```
#查看/etc/目录下的 profile 文件的内容
[root@Project-02-Task-01 opt]# cat /etc/profile
#/etc/profile

```

```
#System wide environment and startup programs, for login setup
#Functions and aliases go in /etc/bashrc

#It's NOT a good idea to change this file unless you know what you
#are doing. It's much better to create a custom.sh Shell script in
#/etc/profile.d/ to make custom changes to your environment, as this
#will prevent the need for merging in future updates.

#为了排版方便，此处仅显示前十行

#查看/etc/目录下的 profile 内容，并且对非空白行进行编号，行号从 1 开始
[root@Project-02-Task-01 opt]# cat -b /etc/profile
1  #/etc/profile

2  #System wide environment and startup programs, for login setup
3  #Functions and aliases go in /etc/bashrc

4  #It's NOT a good idea to change this file unless you know what you
5  #are doing. It's much better to create a custom.sh Shell script in
6  #/etc/profile.d/ to make custom changes to your environment, as this
7  #will prevent the need for merging in future updates.

8  pathmunge () {
9          case ":${PATH}:" in
10                 *:"$1":*)
#为了排版方便，此处仅显示前十行

#查看/etc/目录下的 profile 内容，并且在每行的开头显示行号
[root@Project-02-Task-01 opt]# cat -n /etc/profile
1  #/etc/profile
2
3  #System wide environment and startup programs, for login setup
4  #Functions and aliases go in /etc/bashrc
5
6  #It's NOT a good idea to change this file unless you know what you
7  #are doing. It's much better to create a custom.sh Shell script in
8  #/etc/profile.d/ to make custom changes to your environment, as this
9  #will prevent the need for merging in future updates.
```

操作命令+配置文件+脚本程序+结束

命令详解：

【语法】

cat [选项] [参数]

【选项】

-b	在每一行行首显示行号，跳过空白行
-E	在每行的结束处显示$
-n	在每一行行首显示行号，包括空白行
-T	将 TAB 符显示为^I
-v	显示不可打印字符

【参数】

文件列表	指定要连接的文件列表

【快捷键】

Ctrl+S	停止滚屏
Ctrl+Q	恢复滚屏
Ctrl+C	终止该命令的执行，并返回 Shell 提示符状态

操作命令+配置文件+脚本程序+结束

步骤 3：长文本内容查看。

通过 more 命令可分页查看较长内容的文本，同时支持关键字定位查看。

操作命令：

```
#查看/var/log/message 文件内容，显示之前先清屏，附已显示的百分比
[root@Project-02-Task-01 opt]# more -dc /var/log/message
#查看/var/log/message 文件内容，每 10 行显示一次，而且在显示之前先清屏
[root@Project-02-Task-01 opt]# more -c -10 /var/log/message
#查看/var/log/message 文件内容，每 5 行显示一次，而且在显示之后再清屏
[root@Project-02-Task-01 opt]# more -p -5 /var/log/message
#逐页显示 /var/log/message 文档内容，如有连续两行以上空白行则以一行空白行显示
[root@Project-02-Task-01 opt]# more -s /var/log/message
#从第 20 行开始显示 /var/log/message 的文档内容
[root@Project-02-Task-01 opt]# more +20 /var/log/message
```

操作命令+配置文件+脚本程序+结束

命令详解：

【语法】

more [选项] [参数]

【选项】

+<数字>	从指定数字行开始显示
-<数字>	指定每屏显示的行数
+/pattern	从 pattern 前两行开始显示
-c	不进行滚屏操作，每次刷新整个屏幕
-l	忽略 Ctrl+l（换页）字符
-s	将连续的多个空行压缩成一行显示
-u	把文件内容中的下划线去掉

【参数】

文件	指定分页显示内容的文件

【快捷键】

Space	显示文本的下一屏内容
Enter	只显示文本的下一行内容
h	显示帮助屏，该屏上有相关的帮助信息
b	显示上一屏内容
q	退出 more 命令

操作命令+配置文件+脚本程序+结束

步骤 4：长文本内容的灵活查看。

less 的作用与 more 十分相似，不同点为 less 命令允许用户向前或向后浏览文件，而 more 命令只能向前浏览。

操作命令：

```
1.  #查看/var/log/message 文件内容，使用内部键 b、d、u、Space、Enter 翻页查看，q 键退出
2.  [root@Project-02-Task-01  opt]#  less  /var/log/message
3.
4.  #查看/var/log/message 文件内容，使用内部键 y、j、k、g、G 翻行查看，Shift+zz 键退出
5.  [root@Project-02-Task-01  opt]#  less  /var/log/message
6.
7.  #查看/var/log/message 文件内容，输入/messaged，使用内部键 n、N 上下查看搜索内容，q 键退出
8.  [root@Project-02-Task-01  opt]#  less  /var/log/message
```

操作命令+配置文件+脚本程序+结束

命令详解：

【语法】

less [选项] [参数]

【选项】

-e	文件内容显示完毕后，自动退出
-f	强制显示文件
-g	不加亮显示搜索到的所有关键词
-I	搜索时忽略大小写
-N	在每一行行首显示行号
-s	把连续多个空白行合并成一个空白行
-S	在单行显示较长的内容，而不换行显示

【参数】

文件	指定要分屏显示内容的文件

【命令内部键】

b	向后翻一页
d	向后翻半页
h	显示帮助界面
u	向前滚动半页

```
Space              向后滚动一页
Enter              向后滚动一行
y                  向前滚动一行
j                  向前移动一行
k                  向后移动一行
G                  移动到最后一行
g                  移动到第一行
/                  使用一个模式进行搜索，并定位到下一个匹配的文本
n                  向前查找下一个匹配的文本
N                  向后查找前一个匹配的文本
?                  使用模式进行搜索，并定位到前一个匹配的文本
q/Shift+zz         退出 less 命令
v                  进入编辑模式，使用配置的编辑器编辑当前文件
ma                 使用 a 标记文本的当前位置
'a                 导航到标记 a 处

【快捷键】
Ctrl + F           向前移动一屏
Ctrl + B           向后移动一屏
Ctrl + D           向前移动半屏
Ctrl + U           向后移动半屏
```

操作命令+配置文件+脚本程序+结束

步骤 5：文本头内容查看。

通过 head 命令可查看文件的开头内容，默认显示头部 10 行内容。

操作命令：

```
#查看/etc/passwd 文本的前 10 行
[root@Project-02-Task-01 opt]# head /etc/passwd
root:      x:  0:   0:   root:      /root:            /bin/bash
bin:       x:  1:   1:   bin:       /bin:             /sbin/nologin
daemon:    x:  2:   2:   daemon:    /sbin:            /sbin/nologin
adm:       x:  3:   4:   adm:       /var/adm:         /sbin/nologin
lp:        x:  4:   7:   lp:        /var/spool/lpd:   /sbin/nologin
sync:      x:  5:   0:   sync:      /sbin:            /bin/sync
shutdown:  x:  6:   0:   shutdown:  /sbin:            /sbin/shutdown
halt:      x:  7:   0:   halt:      /sbin:            /sbin/halt
mail:      x:  8:   12:  mail:      /var/spool/mail:  /sbin/nologin
operator:  x:  11:  0:   operator:  /root:            /sbin/nologin
#查看/etc/passwd 文本的前 2 行，同时展示文件名
[root@Project-02-Task-01 opt]# head -v -n 2 /etc/passwd
==> /etc/passwd <==
root:      x:  0:   0:   root:      /root:            /bin/bash
bin:       x:  1:   1:   bin:       /bin:/            sbin/nologin
```

操作命令+配置文件+脚本程序+结束

命令详解：

【语法】

head [选项] [参数]

【选项】

-n<数字>	指定显示头部内容的行数
-c<字符数>	指定显示头部内容的字符数
-v	显示文件名的头信息
-q	不显示文件名的头信息

【参数】

文件列表	指定显示头部内容的文件列表

操作命令+配置文件+脚本程序+结束

步骤 6：文本尾内容查看。

通过 tail 命令可查看文件的尾部内容，默认显示尾部 10 行内容。

操作命令：

```
#查看/etc/passwd 文本的后 10 行
[root@Project-02-Task-01 opt]# head /etc/passwd
systemd-resolve:x:193:193:systemd Resolver:/:/sbin/nologin
tss:x:59:59:Account used by the trousers package to sandbox the tcsd daemon:/dev/null:/sbin/nologin
polkitd:x:998:996:User for polkitd:/:/sbin/nologin
unbound:x:997:995:Unbound DNS resolver:/etc/unbound:/sbin/nologin
sssd:x:996:993:User for sssd:/:/sbin/nologin
sshd:x:74:74:Privilege-separated SSH:/var/empty/sshd:/sbin/nologin
project01:x:1000:1000:project01:/home/project01:/bin/bash
user002:x:995:992::/home/user002:/bin/bash
user003:x:1003:1001::/home/user003:/bin/bash

#查看/etc/passwd 文本的最后 2 行，同时展示文件名
[root@Project-02-Task-01 opt]# tail -v -n 2 /etc/passwd
==> /etc/passwd <==
user002:x:995:992::/home/user002:/bin/bash
user003:x:1003:1001::/home/user003:/bin/bash
```

操作命令+配置文件+脚本程序+结束

命令详解：

【语法】

tail [选项] [参数]

【选项】

-c <数字>	指定显示尾部内容的行数
-f	显示文件最新追加的内容
-n<数字>	指定显示头部内容的字符数

```
-v                              当有多个文件参数时，仅输出各文件名
-q                              当有多个文件参数时，不输出各个文件名

【参数】
文件列表                        指定显示尾部内容的文件列表
```

操作命令+配置文件+脚本程序+结束

步骤 7：文本内容检索。

通过 grep 命令可按照设置的匹配规则（或者匹配模式）搜索指定的文件，并显示符合匹配条件的行。

操作命令：

```
#查看/etc/passwd 包含 use 的文本行，并显示在文本中的行号
[root@Project-02-Task-01 opt]# grep -n user /etc/passwd
17:tss:x:59:59:Account used by the trousers package to sandbox the tcsd daemon:/dev/null:/sbin/nologin
23:user002:x:995:992::/home/user002:/bin/bash
24:user003:x:1003:1001::/home/user003:/bin/bash

#查看/etc/passwd 文本中以 use 开头的文本行
[root@Project-02-Task-01 opt]# grep '^\user' /etc/passwd
user002:x:995:992::/home/user002:/bin/bash
user003:x:1003:1001::/home/user003:/bin/bash

#查看/etc/passwd 包含 use 的文本行的行数
[root@Project-02-Task-01 opt]# grep -c user /etc/passwd
```

操作命令+配置文件+脚本程序+结束

命令详解：

```
【语法】
grep [选项] [参数]

【选项】
-i                              搜索时忽略大小写
-c                              仅显示匹配行的数量
-l                              仅显示符合匹配的文件名，不显示具体的匹配行
-n                              显示所有的匹配行，并显示行号
-h                              查询多文件时不显示文件名
-w                              匹配整个词
-x                              匹配整行
-r                              递归搜索
-b                              显示匹配行距文件头部的偏移量，以字节为单位
-o                              与 b 结合使用，显示匹配词距文件头部的偏移量，以字节为单位

【参数】
匹配模式                        指定进行搜索的匹配模式
```

文件　　　　　　　　　　　　　指定要搜索的文件

操作命令+配置文件+脚本程序+结束

步骤 8：文本内容排序。

通过sort命令可将文件的每行作为一个单位相互比较，比较原则是从首字符向后，依次按ASCII码值进行，最后按升序输出。

操作命令：

```
#创建并编辑 sort.txt 文本，查看 sort.txt 文件如下（为后续操作准备文件）
[root@Project-02-Task-01 opt]# cat sort.txt
A:10:6.1
C:30:4.3
D:40:3.4
B:20:5.2
F:60:1.6
F:60:1.6
E:50:2.5

#以正序方式输出 sort.txt 文本内容
[root@Project-02-Task-01 opt]# sort sort.txt
A:10:6.1
B:20:5.2
C:30:4.3
D:40:3.4
E:50:2.5
F:60:1.6
F:60:1.6

#指定第三列以数值的大小排序输出 sort.txt 文本内容
[root@Project-02-Task-01 opt]# sort -n -k 3 -t: sort.txt
F:60:1.6
F:60:1.6
E:50:2.5
D:40:3.4
C:30:4.3
B:20:5.2
A:10:6.1
```

操作命令+配置文件+脚本程序+结束

命令详解：

【语法】

sort [选项] [参数]

【选项】

-b　　　　　　　　　　　　　忽略行首的空格字符

-c	检查文件是否已经按照顺序排序
-d	排序时，处理英文字母、数字及空格字符外，忽略其他的字符
-f	排序时，将小写字母视为大写字母
-i	排序时，除了 040～176 之间的 ASCII 字符外，忽略其他的字符
-m	将几个排序号的文件进行合并
-M	将前面 3 个字母依照月份的缩写进行排序
-n	依照数值的大小进行排序
-o<输出文件>	将排序后的结果存入制定的文件
-r	以相反的顺序进行排序
-t<分隔字符>	指定排序时所用的栏位分隔字符
-k	指定需要排序的栏位

【参数】

文件	指定的待排序的文件列表

操作命令+配置文件+脚本程序+结束

步骤 9：文本内容检索。

通过 uniq 命令可移除或发现文件中相邻重复行。

操作命令：

```
#创建并编辑 uniq.txt 文本，查看 uniq.txt 文件如下
[root@Project-02-Task-01 opt]# cat uniq.txt
A
A
C
C
C
B
B
D

#以去重的方式输出 uniq.txt 文本内容
[root@Project-02-Task-01 opt]# uniq uniq.txt
A
C
B
D

#统计 uniq.txt 文本内容重复行出现的次数
[root@Project-02-Task-01 opt]# uniq-cuniq.txt
2 A
3 C
2 B
1 D

#以正序且去重的方式输出 uniq.txt 文本内容
```

```
[root@Project-02-Task-01  opt]#  sort  uniq.txt  |  uniq
A
B
C
D
```

操作命令+配置文件+脚本程序+结束

命令详解：

```
【语法】
uniq [选项] [参数]

【选项】
-c                  在每列左边显示该行重复出现的次数
-d                  仅显示重复出现的行
-f<栏位>            忽略比较指定的栏位
-s<字符>            忽略比较指定的字符
-u                  仅显示未重复的行的内容
-w<字符>            指定要比较的字符

【参数】
输入文件            指定要去除的重复行文件
输出文件            指定要去除的重复行后的内容的写入文件
```

操作命令+配置文件+脚本程序+结束

步骤 10：文本处理。

通过 sed 命令可自动编辑一个或多个文件、简化对文件的反复操作、编写转换程序等。

sed 拥有两个数据缓冲区，一个活动的模式空间和一个辅助的暂存空间。

sed 编辑器工作原理是首先将文本文件的一行内容存储在模式空间中，然后使用内部命令对该行进行处理，处理完成后，将模式空间中的文本显示到标准输出设备上（显示终端），然后处理下一行文本内容，重复此过程，直到文本结束。

操作命令：

```
#创建并编辑 sed.txt 文本，并查看 sed.txt 文件
[root@Project-02-Task-01  opt]#  cat  sed.txt
Linux  -  Sysadmin.
Database  -  Oracle,MyDQL  etc.
Cool  -  Websites.
Storage  -  NetAPP,ENC  etc.
Security  -  Firewall,Network,Online  etc.

#在 sed.txt 文本第二行后插入“*Hello  World”内容
[root@Project-02-Task-01  opt]#  sed  '2a  *Hello  World*  '  sed.txt
Linux  -  Sysadmin.
Database  -  Oracle,MyDQL  etc.
```

项目二

```
*Hello World*
Cool - Websites.
Storage - NetAPP,ENC etc.
Security - Firewall,Network,Online etc.

#在 sed.txt 文本末尾追加“*The End*”
[root@Project-02-Task-01 opt]# sed '$a *The End* ' sed.txt
Linux - Sysadmin.
Database - Oracle,MyDQL etc.
Cool - Websites.
Storage - NetAPP,ENC etc.
Security - Firewall,Network,Online etc.
*The End*

#在 sed.txt 文本的 2～4 行的内容替换为“*Hello World*”
[root@Project-02-Task-01 opt]# sed '2,4c *Hello World* ' sed.txt
Linux - Sysadmin.
*Hello World*
Security - Firewall,Network,Online etc.

#在 sed.txt 文本的第 1 行的前插入“*The Begin *”
[root@Project-02-Task-01 opt]# sed '1i *The Begin* ' sed.txt
*The Begin*
Linux - Sysadmin.
Database - Oracle,MyDQL etc.
Cool - Websites.
Storage - NetAPP,ENC etc.
Security - Firewall,Network,Online etc.

#将 sed.txt 文本中的“Linux - Sysadmin”的行替换为“*Hello World*”
[root@Project-02-Task-01 opt]# sed ' s/Linux - Sysadmin/*Hello World*/g ' sed.txt
*Hello World*.
Database - Oracle,MyDQL etc.
Cool - Websites.
Storage - NetAPP,ENC etc.
Security - Firewall,Network,Online etc.

#将 sed.txt 文本中第 1～3 行删除
[root@Project-02-Task-01 opt]# sed '1,3d' sed.txt
Storage - NetAPP,ENC etc.
Security - Firewall,Network,Online etc.

#将 sed.txt 文本中第 2～4 行重复打印
[root@Project-02-Task-01 opt]# sed '2,4p' sed.txt
Linux - Sysadmin.
Database - Oracle,MyDQL etc.
```

```
59.   Database  -  Oracle,MyDQL  etc.
60.   Cool  -  Websites.
61.   Cool  -  Websites.
62.   Storage  -  NetAPP,ENC  etc.
63.   Storage  -  NetAPP,ENC  etc.
64.   Security  -  Firewall,Network,Online  etc.
```

操作命令+配置文件+脚本程序+结束

命令详解：

【语法】

sed [选项] [参数]

【选项】

-e	直接在命令行模式上进行 sed 动作编辑
-f	将 sed 的动作写在一个文件内
-i	直接修改读取的内容，而不是输出终端
-n	只打印模式匹配的行
-r	支持扩展表达式

【参数】

文件	指定待处理的文本文件列表

操作命令+配置文件+脚本程序+结束

任务六　通过 vi 实现文本处理

操作视频

执行脚本

【任务介绍】

vi 是 Linux 下标准的文本编辑工具，是 Linux 系统中内置的编辑器，熟练地使用 vi 工具可以高效地编辑代码、配置系统文件等，是程序员和运维人员必备的技能。

本任务介绍 vi 工具详细操作，实现 vi 工具处理文本。

本任务在任务一的基础上进行。

【任务目标】

（1）实现 vi 工具的工作模式切换。

（2）实现文本内容的编辑。

【操作步骤】

步骤 1： 工作模式。

vi 编辑器有 3 种基本的工作模式，分别是命令模式、文本编辑模式和末行模式。

（1）命令模式。命令模式是 vi 命令的默认工作模式，并可转换为文本编辑模式和末行模式。在命令模式下，从键盘上输入的任何字符都被当作命令来解释，而不会在屏幕上显示。如果输入的字符是合法的 vi 子命令，则 vi 就会完成相应的操作。

（2）文本编辑模式。文本编辑模式用于字符编辑。在命令模式下输入 i（插入命令）、a（附加命令）等命令后进入文本编辑模式。按 Esc 键可从文本编辑模式返回到命令模式。

（3）末行模式。末行模式也称 ex 转义模式。在命令模式下，按"："键进入末行模式，此时 vi 会在屏幕的底部显示"："符号作为末行模式的提示符，等待用户输入相关命令。命令执行完毕后，vi 自动回到命令模式。

步骤 2：使用 vi 编辑器。

（1）进入 vi 编辑器。使用 vi 编辑系统中没有的文件（/opt/test.txt），如图 2-6-1 所示。

使用 vi +5 vi.c 命令，设置打开后光标在第 5 行，如图 2-6-2 所示。

```
▌
~
~
~
~
~
~
~
~
~
~
~
~
~
~
~
~
~
~
~
~
"/opt/test.txt" [New File]
```

图 2-6-1　编辑/opt/test.txt

```
# /etc/profile

# System wide environment and startup programs, for login setup
# Functions and aliases go in /etc/bashrc
# It's NOT a good idea to change this file unless you know what you

# are doing. It's much better to create a custom.sh shell script in
# /etc/profile.d/ to make custom changes to your environment, as this
# will prevent the need for merging in future updates.

pathmunge () {
    case ":${PATH}:" in
        *:"$1":*)
            ;;
        *)
            if [ "$2" = "after" ] ; then
                PATH=$PATH:$1
            else
                PATH=$1:$PATH
            fi
    esac
"vi.c" 85L, 2078C
```

图 2-6-2　光标显示于第 5 行

使用 vi + vi.c 命令，设置打开后光标在末尾行，如图 2-6-3 所示。

使用 vi +/pathmunge vi.c 命令，设置打开后光标第一个含有 pathmunge 的行，如图 2-6-4 所示。

```
for i in /etc/profile.d/*.sh /etc/profile.d/sh.local ; do
    if [ -r "$i" ]; then
        if [ "${-#*i}" != "$-" ]; then
            . "$i"
        else
            . "$i" >/dev/null
        fi
    fi
done

unset i
unset -f pathmunge

if [ -n "${BASH_VERSION-}" ] ; then
        if [ -f /etc/bashrc ] ; then
                # Bash login shells run only /etc/profile
                # Bash non-login shells run only /etc/bashrc
                # Check for double sourcing is done in /etc/bashrc.
                . /etc/bashrc
        fi
fi
"vi.c" 85L, 2078C
```

图 2-6-3　光标在末尾行

```
# /etc/profile

# System wide environment and startup programs, for login setup
# Functions and aliases go in /etc/bashrc
# It's NOT a good idea to change this file unless you know what you

# are doing. It's much better to create a custom.sh shell script in
# /etc/profile.d/ to make custom changes to your environment, as this
# will prevent the need for merging in future updates.

pathmunge () {
    case ":${PATH}:" in
        *:"$1":*)
            ;;
        *)
            if [ "$2" = "after" ] ; then
                PATH=$PATH:$1
            else
                PATH=$1:$PATH
            fi
    esac
"vi.c" 85L, 2078C
```

图 2-6-4　光标第一个含有 pathmunge 的行

█表示光标，~符号表示该行为空行，最后一行是状态行，显示正在编辑的文件名及其状态。

命令详解：

【语法】
vi [选项] [参数]

【选项】

+<行号>	从指定行号的行开始显示文本内容
-b	以二进制模式打开文件，用于编辑二进制文件和可执行文件
-c<命令>	在完成对第一个文件编辑任务后，执行给出的命令
-d	以 diff 模式打开文件，当多个文件编辑时，显示文件差异部分
-M	关闭修改功能
-n	不使用缓存功能，将不产生“.swap”文件
-o<文件数量>	同时打开指定数量的文件
-R	以只读方式打开文件
-s	安静模式，不显示命令的任何错误信息

【参数】

文件列表	指定要编辑的文件列表，多个文件之间使用空格隔开

操作命令+配置文件+脚本程序+结束

（2）光标移动。进入 vi 编辑器中，通过其内置命令进行光标移动，快捷翻页查看文本。

命令详解：

#光标移动
【子命令】

h，backspace 键	光标左移一个字符
l	光标右移一个字符
k，Ctrl+p	光标上移一个字符
j，Ctrl+n	光标下移一个字符
Enter	光标下移一行
w/W	光标右移一个字到字首
b/B	光标左移一个字到字首
e/E	光标右移一个字到字尾
nG	光标移动到第 n 行首
n+	光标下移 n 行
n-	光标上移 n 行
n$	相对于当前光标所在行，光标再向后移动 n 行到行尾
H	光标移至当前屏幕的顶行
M	光标移至当前屏幕的中间行
L	光标移至当前屏幕的最低行
0	将光标移至当前行首
$	将光标移至当前行尾
:$	将光标移至文件最后一行的行首

操作命令+配置文件+脚本程序+结束

步骤 3：使用命令模式进行操作。

进入 vi 编辑器默认为命令模式，通过插入、删除、复制、剪切、粘贴、搜索与替换等子命令进行文本快捷操作。

（1）插入。

- 使用 vivi.c 命令进入 vi 编辑器，光标处于第一行的#上面。
- 使用 i 命令在其前方插入“before--”。
- 按 Esc 键切换至命令模式，使用方向键将光标重新移至#上面。
- 使用 A（Shift+a）在光标后插入“--End”。
- 按 Esc 键切换至命令模式。
- 使用 o 命令，在当前行后插入一个空行，如图 2-6-5 所示。
- 按 Esc 键切换至命令模式，输入“:q!”命令，按 Enter 键不保存退出。

```
before--# /etc/profile--End


# System wide environment and startup programs, for login setup
# Functions and aliases go in /etc/bashrc
# It's NOT a good idea to change this file unless you know what you

# are doing. It's much better to create a custom.sh shell script in
# /etc/profile.d/ to make custom changes to your environment, as this
# will prevent the need for merging in future updates.

pathmunge () {
    case ":${PATH}:" in
        *:"$1":*)
            ;;
        *)
            if [ "$2" = "after" ] ; then
                PATH=$PATH:$1
            else
                PATH=$1:$PATH
            fi
-- INSERT --
```

图 2-6-5　插入操作

命令详解：

【子命令】

i	在当前字符前插入文本
I	在行首插入文本
a	光标后插入
A	在当前行尾插入
o	在当前行后插入一个空行
O	在当前行前插入一个空行

操作命令+配置文件+脚本程序+结束

（2）删除。

- 使用 vivi.c 命令进入 vi 编辑器，光标处于第一行的#上面。
- 使用 dd 命令删除当前行，如图 2-6-6 所示。
- 最后按 Esc 键切换至命令模式，输入“:q!”命令，按 Enter 键不保存退出。

```
█
# System wide environment and startup programs, for login setup
# Functions and aliases go in /etc/bashrc
# It's NOT a good idea to change this file unless you know what you

# are doing. It's much better to create a custom.sh shell script in
# /etc/profile.d/ to make custom changes to your environment, as this
# will prevent the need for merging in future updates.

pathmunge () {
    case ":${PATH}:" in
        *:"$1":*)
            ;;
        *)
            if [ "$2" = "after" ] ; then
                PATH=$PATH:$1
            else
                PATH=$1:$PATH
            fi
    esac
}
```

图 2-6-6　删除操作

命令详解：

【子命令】

dd	删除光标所在行内容
ndd	n 为数字，删除光标所在的向下 n 行，如 20dd 则是删除光标下 20 行的内容
d1G	删除光标所在行至第一行的内容
dG	删除光标所在行到最后一行的内容
d$	删除光标所在位置至该行的最后一个字符的内容
Ctrl+u	删除输入方式下所输入的文本

操作命令+配置文件+脚本程序+结束

小贴士　子命令 d，删除相关命令，是以剪切方式删除文本内容，可继续粘贴使用。

（3）复制、剪切、粘贴。

- 使用 vivi.c 命令进入 vi 编辑器，光标处于第一行的#上面。
- 使用 yy 命令复制当前行，使用方向键移至下一行。
- 使用 p 命令粘贴复制行，如图 2-6-7 所示。
- 按 Esc 键切换至命令模式，使用“:q!”命令不保存退出。

```
# /etc/profile
█ /etc/profile

# System wide environment and startup programs, for login setup
# Functions and aliases go in /etc/bashrc
# It's NOT a good idea to change this file unless you know what you

# are doing. It's much better to create a custom.sh shell script in
# /etc/profile.d/ to make custom changes to your environment, as this
# will prevent the need for merging in future updates.

pathmunge () {
    case ":${PATH}:" in
        *:"$1":*)
            ;;
        *)
            if [ "$2" = "after" ] ; then
                PATH=$PATH:$1
            else
                PATH=$1:$PATH
            fi
```

图 2-6-7　复制粘贴操作

命令详解：

【子命令】

yy	复制当前行
nyy	复制当前行以下的 n 行
dd	剪切当前行
ndd	剪切当前行以下的 n 行
p/P	粘贴在当前光标所在行下(p) 或行上(P)

操作命令+配置文件+脚本程序+结束

（4）搜索与替换。

- 使用 vivi.c 命令进入 vi 编辑器，使用“/pathmunge”命令，按 Enter 键光标跳至包含 pathmunge 的行首，如图 2-6-8 所示。
- 使用“:s/pathmunge/replace/g”将当前行的 pathmunge 替换为 replace，如图 2-6-9 所示。最后按 Esc 键切换至命令模式，输入“:q!”命令，按 Enter 键不保存退出。

```
# /etc/profile

# System wide environment and startup programs, for login setup
# Functions and aliases go in /etc/bashrc
# It's NOT a good idea to change this file unless you know what you

# are doing. It's much better to create a custom.sh shell script in
# /etc/profile.d/ to make custom changes to your environment, as this
# will prevent the need for merging in future updates.

pathmunge () {
    case ":${PATH}:" in
        *:"$1":*)
            ;;
        *)
            if [ "$2" = "after" ] ; then
                PATH=$PATH:$1
            else
                PATH=$1:$PATH
            fi
    esac
/pathmunge
```

图 2-6-8　搜索操作

```
# /etc/profile

# System wide environment and startup programs, for login setup
# Functions and aliases go in /etc/bashrc
# It's NOT a good idea to change this file unless you know what you

# are doing. It's much better to create a custom.sh shell script in
# /etc/profile.d/ to make custom changes to your environment, as this
# will prevent the need for merging in future updates.

replace () {
    case ":${PATH}:" in
        *:"$1":*)
            ;;
        *)
            if [ "$2" = "after" ] ; then
                PATH=$PATH:$1
            else
                PATH=$1:$PATH
            fi
    esac
:s/pathmunge/replace/g
```

图 2-6-9　替换操作

命令详解：

【子命令】

/pattern	从光标开始处向文件末尾搜索 pattern
?pattern	从光标开始处向文件首部搜索 pattern
n	在同一方向重复上一次的搜索命令
N	在反方向上重复上一次的搜索命令
:s/p1/p2/g	将当前行中所有 p1 均用 p2 替代
:n1，n2s/p1/p2/g	将第 n1 至 n2 行中所有 p1 均用 p2 替代
:g/p1/s//p2/g	将文件中所有 p1 均用 p2 替换
:%s/p1/p2/g	将文件中所有 p1 均用 p2 替换

操作命令+配置文件+脚本程序+结束

步骤 4：使用编辑模式进行操作。

- 使用 vivi.c 命令进入 vi 编辑器，光标处于第一行的#上面。
- 使用 a 命令从命令模式切换至编辑模式，如图 2-6-10 所示。

- 输入内容“--newContent--”，如图 2-6-11 所示。
- 按 Esc 键切换至命令模式，输入“:q!”命令，按 Enter 键不保存退出。

```
# /etc/profile

# System wide environment and startup programs, for login setup
# Functions and aliases go in /etc/bashrc
# It's NOT a good idea to change this file unless you know what you

# are doing. It's much better to create a custom.sh shell script in
# /etc/profile.d/ to make custom changes to your environment, as this
# will prevent the need for merging in future updates.

pathmunge () {
    case ":${PATH}:" in
        *:"$1":*)
            ;;
        *)
            if [ "$2" = "after" ] ; then
                PATH=$PATH:$1
            else
                PATH=$1:$PATH
            fi
    esac
-- INSERT --
```

图 2-6-10　切换至编辑模式

```
#--newContent--/etc/profile

# System wide environment and startup programs, for login setup
# Functions and aliases go in /etc/bashrc
# It's NOT a good idea to change this file unless you know what you

# are doing. It's much better to create a custom.sh shell script in
# /etc/profile.d/ to make custom changes to your environment, as this
# will prevent the need for merging in future updates.

pathmunge () {
    case ":${PATH}:" in
        *:"$1":*)
            ;;
        *)
            if [ "$2" = "after" ] ; then
                PATH=$PATH:$1
            else
                PATH=$1:$PATH
            fi
    esac
-- INSERT --
```

图 2-6-11　编辑内容

步骤 5：保存。

（1）保存退出。

- 使用 vivi.c 命令进入 vi 编辑器，切换至编辑模式。
- 使用方向键切换至文本第 2 行，输入“Save And Exit !”。
- 按 Esc 键切换至命令模式，并输入“:wq”以保存退出，如图 2-6-12 所示。

（2）不保存退出。

- 使用 vivi.c 命令进入 vi 编辑器，切换至编辑模式。
- 在第 3 行中输入“Do not save and exit !”。
- 按 Esc 键切换至命令模式，并输入“:q!”命令，按 Enter 键不保存退出，如图 2-6-13 所示。

```
# /etc/profile
Save And Exit !
# System wide environment and startup programs, for login setup
# Functions and aliases go in /etc/bashrc
# It's NOT a good idea to change this file unless you know what you

# are doing. It's much better to create a custom.sh shell script in
# /etc/profile.d/ to make custom changes to your environment, as this
# will prevent the need for merging in future updates.

pathmunge () {
    case ":${PATH}:" in
        *:"$1":*)
            ;;
        *)
            if [ "$2" = "after" ] ; then
                PATH=$PATH:$1
            else
                PATH=$1:$PATH
            fi
    esac
:wq
```

图 2-6-12　保存退出

```
# /etc/profile
Save And Exit !
Do not save and exit !
# System wide environment and startup programs, for login setup
# Functions and aliases go in /etc/bashrc
# It's NOT a good idea to change this file unless you know what you

# are doing. It's much better to create a custom.sh shell script in
# /etc/profile.d/ to make custom changes to your environment, as this
# will prevent the need for merging in future updates.

pathmunge () {
    case ":${PATH}:" in
        *:"$1":*)
            ;;
        *)
            if [ "$2" = "after" ] ; then
                PATH=$PATH:$1
            else
                PATH=$1:$PATH
            fi
:q!
```

图 2-6-13　不保存退出

（3）保存副本。

- 使用 vivi.c 命令进入 vi 编辑器，切换至编辑模式。
- 将首行"/etc/profile"替换为"/opt/newVi.c"。
- 按 Esc 键切换至命令模式，输入":w newVi.c"命令，如图 2-6-14 所示。
- 按 Enter 键保存至副本中，如图 2-6-15 所示。

```
# /opt/newVi.c
Save And Exit !
# System wide environment and startup programs, for login setup
# Functions and aliases go in /etc/bashrc
# It's NOT a good idea to change this file unless you know what you

# are doing. It's much better to create a custom.sh shell script in
# /etc/profile.d/ to make custom changes to your environment, as this
# will prevent the need for merging in future updates.

pathmunge () {
    case ":${PATH}:" in
        *:"$1":*)
            ;;
        *)
            if [ "$2" = "after" ] ; then
                PATH=$PATH:$1
            else
                PATH=$1:$PATH
            fi
    esac
:w newVi.c
```

图 2-6-14　newVi.c 保存退出

```
# /opt/newVi.c
Save And Exit !
# System wide environment and startup programs, for login setup
# Functions and aliases go in /etc/bashrc
# It's NOT a good idea to change this file unless you know what you

# are doing. It's much better to create a custom.sh shell script in
# /etc/profile.d/ to make custom changes to your environment, as this
# will prevent the need for merging in future updates.

pathmunge () {
    case ":${PATH}:" in
        *:"$1":*)
            ;;
        *)
            if [ "$2" = "after" ] ; then
                PATH=$PATH:$1
            else
                PATH=$1:$PATH
            fi
    esac
"newVi.c" [New] 85L, 2093C written
```

图 2-6-15　保存为副本命令

- 输入":q!"命令放弃修改当前退出，如图 2-6-16 所示。
- 退出后，使用 vi newVi.c 再次查看，如图 2-6-17 所示。

```
# /opt/newVi.c
Save And Exit !
# System wide environment and startup programs, for login setup
# Functions and aliases go in /etc/bashrc
# It's NOT a good idea to change this file unless you know what you

# are doing. It's much better to create a custom.sh shell script in
# /etc/profile.d/ to make custom changes to your environment, as this
# will prevent the need for merging in future updates.

pathmunge () {
    case ":${PATH}:" in
        *:"$1":*)
            ;;
        *)
            if [ "$2" = "after" ] ; then
                PATH=$PATH:$1
            else
                PATH=$1:$PATH
            fi
    esac
:q!
```

图 2-6-16　newVi.c 不保存退出

```
# /opt/newVi.c
Save And Exit !
# System wide environment and startup programs, for login setup
# Functions and aliases go in /etc/bashrc
# It's NOT a good idea to change this file unless you know what you

# are doing. It's much better to create a custom.sh shell script in
# /etc/profile.d/ to make custom changes to your environment, as this
# will prevent the need for merging in future updates.

pathmunge () {
    case ":${PATH}:" in
        *:"$1":*)
            ;;
        *)
            if [ "$2" = "after" ] ; then
                PATH=$PATH:$1
            else
                PATH=$1:$PATH
            fi
    esac
"newVi.c" 85L, 2093C
```

图 2-6-17　查看 newVi.c

步骤 6：使用 vi 工具查看系统日志。

本步骤使用检索工具仅查看/var/log/message 日志文件中与 BIOS 有关的信息。查看前先通过 cp 命令复制获得日志文件的副本文件/var/log/messages.bak，在副本文件上操作。

- 使用"vi /var/log/messages.bak"命令进入 vi 编辑器。
- 输入"/BIOS"命令，查看 BIOS 相关的日志。
- 使用子命令"n"切换下一个，子命令"N"切换上一个，如图 2-6-18 所示。

```
Mar  4 21:31:41 localhost kernel: Linux version 4.18.0-147.el8.x86_64 (
mockbuild@kbuilder.bsys.centos.org) (gcc version 8.3.1 20190507 (Red Ha
t 8.3.1-4) (GCC)) #1 SMP Wed Dec 4 21:51:45 UTC 2019
Mar  4 21:31:41 localhost kernel: Command line: BOOT_IMAGE=(hd0,msdos1)
/vmlinuz-4.18.0-147.el8.x86_64 root=/dev/mapper/cl-root ro crashkernel=
auto resume=/dev/mapper/cl-swap rd.lvm.lv=cl/root rd.lvm.lv=cl/swap rhg
b quiet
Mar  4 21:31:41 localhost kernel: x86/fpu: Supporting XSAVE feature 0x0
01: 'x87 floating point registers'
Mar  4 21:31:41 localhost kernel: x86/fpu: Supporting XSAVE feature 0x0
02: 'SSE registers'
Mar  4 21:31:41 localhost kernel: x86/fpu: Supporting XSAVE feature 0x0
04: 'AVX registers'
Mar  4 21:31:41 localhost kernel: x86/fpu: xstate_offset[2]:  576, xsta
te_sizes[2]:  256
Mar  4 21:31:41 localhost kernel: x86/fpu: Enabled xstate features 0x7,
 context size is 832 bytes, using 'standard' format.
Mar  4 21:31:41 localhost kernel: BIOS-provided physical RAM map:
Mar  4 21:31:41 localhost kernel: BIOS-e820: [mem 0x0000000000000000-0x
000000000009fbff] usable
Mar  4 21:31:41 localhost kernel: BIOS-e820: [mem 0x000000000009fc00-0x
000000000009ffff] reserved
/BIOS
```

图 2-6-18　查看 BIOS 相关日志

任务七　磁盘管理

操作视频

【任务介绍】

磁盘是 Linux 操作系统稳定运行的根本，合理的磁盘管理可优化 I/O 性能、增加磁盘使用率和保障数据安全。

本任务介绍查看磁盘信息、查看磁盘使用量、磁盘分区以及 RAID 实现，实现对磁盘的管理。

本任务在任务一的基础上进行。

【任务目标】

（1）实现磁盘信息及使用量的查看。

（2）实现磁盘分区与格式化。

（3）实现 RAID1。

【操作步骤】

步骤 1：为虚拟机增加 3 块磁盘。

本步骤为虚拟机新添加 3 块虚拟磁盘，用于后续操作。

在虚拟机关机状态下，进入虚拟机设置界面，选择“存储”→“控制器：SATA”，单击“加号”按钮（添加虚拟磁盘），如图 2-7-1 所示；弹出“Hard Disk Selector”对话框，如图 2-7-2 所示，单击“创建”按钮，根据提示创建虚拟机磁盘，依次选择“VDI（VirtualBox 磁盘映像）”、“动态分配（D）”、“10.00GB”，最后单击“创建”按钮，如图 2-7-3 所示。重复以上操作，为虚拟机添加 3 块新的虚拟磁盘。

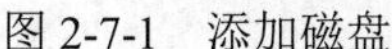
图 2-7-1　添加磁盘

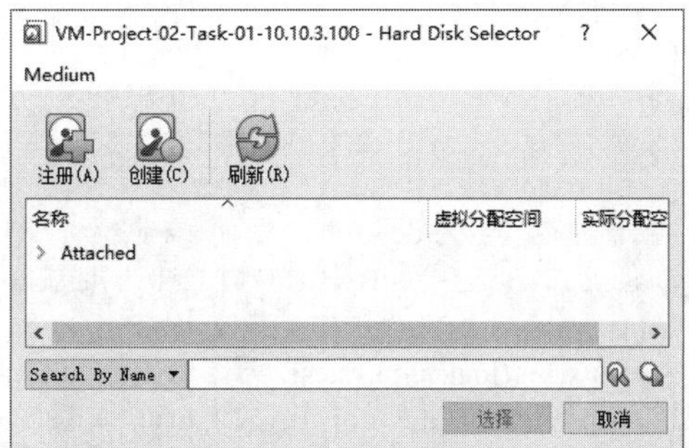

图 2-7-2　创建磁盘

图 2-7-3　完成磁盘创建

步骤 2：信息查看。

虚拟磁盘创建完成后，当前虚拟机共计拥有 4 块磁盘。开启虚拟机，在 CentOS 中查看所挂载磁盘信息及分区情况，以确认为虚拟机增加磁盘的操作。

通过 fdisk 命令可查看磁盘的使用情况。

操作命令：

```
#查看当前挂载的磁盘信息及分区情况
[root@Project-02-Task-01 opt]# fdisk -l
#/dev/sda 磁盘大小为 10G，共 10737418240b，20971520 扇区
Disk /dev/sda: 10 GiB， 10737418240 bytes， 20971520 sectors
#每个扇区为 512b
Units: sectors of 1 * 512 = 512 bytes
#扇形逻辑/物理比为 512b/512b
Sector size (logical/physical): 512 bytes / 512 bytes
#扇形逻辑/物理比为 512b/512b
I/O size (minimum/optimal): 512 bytes / 512 bytes
Disklabel type: dos
Disk identifier: 0xed34990c
#磁盘的分区及使用情况
```

```
#Decice：磁盘名称，Boot：开机，start：起始磁柱号，End：结束磁柱号
#Sectors：磁柱量，Size：储存大小，Id：分区类型 Id 类型号，Type：分区类型
Device     Boot  Start     End        Sectors    Size  Id  Type
/dev/sda1  *     2048      2099199    2097152    1G    83  Linux
/dev/sda2        2099200   20971519   18872320   9G    8e  Linux LVM

#新增的磁盘名为/dev/sdb，大小为 10G
Disk /dev/sdb: 10 GiB, 10737418240 bytes, 20971520 sectors
Units: sectors of 1 * 512 = 512 bytes
Sector size (logical/physical): 512 bytes / 512 bytes
I/O size (minimum/optimal): 512 bytes / 512 bytes

#新增的磁盘名为/dev/sdc，大小为 10G
Disk /dev/sdc: 10 GiB, 10737418240 bytes, 20971520 sectors
Units: sectors of 1 * 512 = 512 bytes
Sector size (logical/physical): 512 bytes / 512 bytes
I/O size (minimum/optimal): 512 bytes / 512 bytes

#新增的磁盘名为/dev/sdd，大小为 10G
Disk /dev/sdd: 10 GiB, 10737418240 bytes, 20971520 sectors
Units: sectors of 1 * 512 = 512 bytes
Sector size (logical/physical): 512 bytes / 512 bytes
I/O size (minimum/optimal): 512 bytes / 512 bytes

Disk /dev/mapper/cl-root: 8 GiB, 8585740288 bytes, 16769024 sectors
Units: sectors of 1 * 512 = 512 bytes
Sector size (logical/physical): 512 bytes / 512 bytes
I/O size (minimum/optimal): 512 bytes / 512 bytes

Disk /dev/mapper/cl-swap: 1 GiB, 1073741824 bytes, 2097152 sectors
Units: sectors of 1 * 512 = 512 bytes
Sector size (logical/physical): 512 bytes / 512 bytes
I/O size (minimum/optimal): 512 bytes / 512 bytes
```

操作命令+配置文件+脚本程序+结束

步骤 3：分区与格式化。

通过 fdisk 命令对/dev/sdb 磁盘进行分区和格式化。

（1）分区。

操作命令：fdisk

```
#对/dev/sdb 进行分区
[root@Project-02-Task-01 opt]# fdisk /dev/sdb
#fdisk 欢迎信息
Welcome to fdisk (util-linux 2.32.1).
Changes will remain in memory only， until you decide to write them.
Be careful before using the write command.
```

```
Device does not contain a recognized partition table.
Created a new DOS disklabel with disk identifier 0x431d1789.
#子命令 p，查看该磁盘的分区情况
Command (m for help): p
Disk /dev/sdb: 10 GiB， 10737418240 bytes， 20971520 sectors
Units: sectors of 1 * 512 = 512 bytes
Sector size (logical/physical): 512 bytes / 512 bytes
I/O size (minimum/optimal): 512 bytes / 512 bytes
Disklabel type: dos
Disk identifier: 0x431d1789
#子命令 n，创建分区
Command (m for help): n
Partition type
p    primary       (0 primary，0 extended，4 free)
e    extended      (container for logical partitions)
#选择主分区 p
Select (default p):
Using default response p.
#选择第一块分区
Partition number (1-4， default 1): 1
#按 Enter 键，设置默认起始扇区编号 2048
First sector (2048-20971519， default 2048): 2048
#按 Enter 键，设置默认结束扇区编号为 20971519
Last sector，+sectors or +size{K，M，G，T，P} (2048-20971519，default 20971519)20971519:
#创建新分区，类型为 Linux，大小为 10G
Created a new partition 1 of type 'Linux' and of size 10 GiB.
#写入磁盘分区表格并退出
Command (m for help): w
The partition table has been altered.
Calling ioctl() to re-read partition table.
Syncing disks.
Disk /dev/mapper/cl-swap: 1 GiB， 1073741824 bytes， 2097152 sectors
Units: sectors of 1 * 512 = 512 bytes
Sector size (logical/physical): 512 bytes / 512 bytes
I/O size (minimum/optimal): 512 bytes / 512 bytes
#查看/dev/sdb 分区情况
```

```
[root@Project-02-Task-01 opt]# fdisk -l /dev/sdb
Disk /dev/sdb: 10 GiB， 10737418240 bytes， 20971520 sectors
Units: sectors of 1 * 512 = 512 bytes
Sector size (logical/physical): 512 bytes / 512 bytes
I/O size (minimum/optimal): 512 bytes / 512 bytes
Disklabel type: dos
Disk identifier: 0x431d1789
#新增分区/dev/sdb1
Device     Boot Start      End  Sectors Size Id Type
/dev/sdb1          2048 20971519 20969472  10G 83 Linux
```

操作命令+配置文件+脚本程序+结束

（2）格式化。磁盘分区后，需进行格式化，通过 mkfs 命令将/dev/sdb1 分区格式化为 ext4 格式。

操作命令：

```
#将分区/dev/sdb1 格式化为 ext4 格式
[root@Project-02-Task-01 opt]# mkfs.ext4 /dev/sdb1
mke2fs 命令版本号为 1.44.6，发布日期为 2019-05-05
mke2fs 1.44.6 (5-Mar-2019)
#使用 2621184 4k 块和 655360 索引节点创建文件系统
Creating filesystem with 2621184 4k blocks and 655360 inodes
#文件系统 UUID
Filesystem UUID: d4fdfb3c-aef8-41bf-ba8e-7e183152b356
#在磁盘块进行超级块备份
Superblock backups stored on blocks:
32768， 98304， 163840， 229376， 294912， 819200， 884736， 1605632
#分配组表
Allocating group tables: done
#写入索引节点表
Writing inode tables: done
#创建日志
Creating journal (16384 blocks): done
```

操作命令+配置文件+脚本程序+结束

（3）挂载分区。格式化后的分区需挂载后才能使用，通过 mount 命令将/dev/sdb1 挂载至/disk1 目录。

操作命令：

```
#创建挂载目录/disk1
[root@Project-02-Task-01 opt]# mkdir /disk1
#将/dev/sdb1 挂载到/disk1
[root@Project-02-Task-01 opt]# mount /dev/sdb1 /disk1
#查看系统分区情况
[root@Project-02-Task-01 opt]# df -h
```

```
Filesystem          Size    Used    Avail    Use%    Mounted on
#为了排版方便，此处省略了部分提示信息
/dev/sdb1           9.8G    37M     9.3G     1%      /disk1
```

操作命令+配置文件+脚本程序+结束

（4）开机自动挂载。操作系统进行重启操作后，为了不重复挂载/dev/sdb1，通常会将分区挂载设置为开机自动挂载。

操作命令：

```
#设置开机自动挂载
[root@Project-02-Task-01 opt]# sed -i '$a /dev/sdb1/ disk1 auto defaults 1 2 ' /etc/fstab
```

操作命令+配置文件+脚本程序+结束

步骤 4：创建 RAID1。

RAID1 是使用成对的 n 块磁盘，将其中的 n/2 块磁盘作为镜像磁盘，RAID1 的工作模式为主磁盘与镜像磁盘同时写入与读取，当其中一块故障，镜像自动补上，该模式磁盘的空间利用率较低但可靠性较高。

本步骤使用/dev/sdc、/dev/sdd 两块磁盘创建 RAID1 逻辑磁盘。通过 mdadm 命令可在 Linux 操作系统中进行 RAID 管理，可使用 yum 工具在线安装。

（1）安装 mdadm 工具。

操作命令：

```
#使用 yum 安装 mdadm 命令
[root@Project-02-Task-01 opt]# yum install -y mdadm
CentOS-8 - AppStream                    28 kB/s | 4.3 kB     00:00
CentOS-8 - Base                         14 kB/s | 3.8 kB     00:00
CentOS-8 - Extras                       8.6 kB/s | 1.5 kB    00:00
Dependencies resolved.
=====================================================================
 Package      Architecture       Version          Repository     Size
=====================================================================
安装的 mdadm 版本、大小等信息
Installing:
 mdadm        x86_64             4.1-9.el8        BaseOS         448 k

Transaction Summary
=====================================================================
Install  1 Package
安装 mdadm 需要安装 1 个软件，总下载大小为 448K，安装后将占用磁盘 1.2M
Total download size: 448 k
Installed size: 1.2 M
Downloading Packages:
mdadm-4.1-9.el8.x86_64.rpm                      1.3 MB/s | 448 kB     00:00
---------------------------------------------------------------------
Total                                           1.2 MB/s | 448 kB     00:00
```

```
Running transaction check
#为了排版方便，此处省略了部分提示信息
Running transaction
  Preparing:                                              1/1
#为了排版方便，此处省略了部分提示信息
  Verifying:      mdadm-4.1-9.el8.x86_64                  1/1

Installed:
  mdadm-4.1-9.el8.x86_64

Complete!
```

操作命令+配置文件+脚本程序+结束

（2）创建 RAID1。通过 mdadm 命令将/dev/sdc、/dev/sdd 两块磁盘创建为/dev/md1 逻辑磁盘。

操作命令：

```
#创建 RAID1
[root@Project-02-Task-01 opt]# mdadm -Cv /dev/md1 -a yes -l 1 -n 2 /dev/sd{c,d}1
mdadm: cannot open /dev/sdc1: No such file or directory
[root@Project-02-Task-01 opt]# mdadm -Cv /dev/md1 -a yes -l 1 -n 2 /dev/sd{c,d}
mdadm: Note: this array has metadata at the start and
    may not be suitable as a boot device.  If you plan to
    store '/boot' on this device please ensure that
    your boot-loader understands md/v1.x metadata, or use
    --metadata=0.90
mdadm: size set to 10476544K
Continue creating array? y
mdadm: Defaulting to version 1.2 metadata
mdadm: array /dev/md1 started.

#查看 RAID 信息
[root@Project-02-Task-01 opt]# cat /proc/mdstat
Personalities : [raid1]
md1: active raid1 sdd[1] sdc[0]
      10476544 blocks super 1.2 [2/2] [UU]
      [=========>...........]  resync = 47.7% (4998208/10476544) finish=0.4min speed=208258K/sec

unused devices: <none>
```

操作命令+配置文件+脚本程序+结束

（3）格式化 RAID1。通过 mkfs 命令将/dev/md1 磁盘格式化为 ext4 格式。

操作命令：

```
#格式化
[root@Project-02-Task-01 opt]# mkfs.ext4 /dev/md1
mke2fs 1.44.6 (5-Mar-2019)
Creating filesystem with 2619136 4k blocks and 655360 inodes
```

```
Filesystem UUID: 42b71d15-548b-43ab-88d1-7a495edb691b
Superblock backups stored on blocks:
32768, 98304, 163840, 229376, 294912, 819200, 884736, 1605632

Allocating group tables: done
Writing inode tables: done
Creating journal (16384 blocks): done
Writing superblocks and filesystem accounting information: done
```

操作命令+配置文件+脚本程序+结束

（4）挂载并设置开启自动挂载。通过 mount 命令将/dev/md1 磁盘挂载至/raid1 目录下。

操作命令：

```
#创建挂载目录/raid1
[root@Project-02-Task-01 opt]# mkdir /raid1
#将/dev/md1 磁盘挂载至/raid1 目录下
[root@Project-02-Task-01 opt]# mount /dev/md1 /raid1/
#查看/raid1 目录的使用情况
[root@Project-02-Task-01 opt]# df -h /raid1
Filesystem    Size    Used    Avail    Use%        Mounted on
/dev/md1      9.8G    37M     9.3G     1%          /raid1
#查看/dev/md1 的详细信息
[root@Project-02-Task-01 opt]# mdadm -D /dev/md1
/dev/md1:
        Version :          1.2
        Creation Time :    Thu Jul  9 14:12:15 2020
        Raid Level :       raid1
        Array Size :       10476544 (9.99 GiB 10.73 GB)
        Used Dev Size :    10476544 (9.99 GiB 10.73 GB)
        Raid Devices :     2
        Total Devices :    2
        Persistence :      Superblock is persistent

        Update Time :      Thu Jul  9 14:14:24 2020
        State :            clean
        Active Devices :   2
        Working Devices :  2
        Failed Devices :   0
        Spare Devices :    0

        Consistency Policy : resync

        Name :             Project-02-Task-01:1  (local to host Project-02-Task-01)
        UUID :             1e80cd18:5fde5458:d9d7e900:ca0ea35c
        Events : 17

```

```
        Number    Major    Minor    RaidDevice    State
        0         8        32       0             active  sync/dev/sdc
        1         8        48       1             active  sync/dev/sdd

#设置开机自动挂载
[root@Project-02-Task-01 opt]# sed -i '$a /dev/md1 disk2 auto defaults 1 2 ' /etc/fstab
```

操作命令+配置文件+脚本程序+结束

【任务扩展】

磁盘相关命令

（1）fdisk 命令。通过 fdisk 命令可查看磁盘的使用情况，并对磁盘进行分区和格式化。fdisk 采用问答式界面进行操作。

命令详解：

```
【语法】
fdisk [选项] [参数]

【选项】
-b<分区大小>          指定每个分区的大小
-l                    列出指定的设备的分区表状况
-s<分区编号>          将指定的分区大小输出到标准输出上，单位为区块
-u                    搭配-l 参数列表，会用分区数目取代柱面数目，来表示每个分区的起始地址
-C<数字>              指定柱面数
-H<数字>              指定磁头数
-S<数字>              指定每个磁道的扇区数

【参数】
设备文件              指定要进行分区或者显示分区的磁盘设备

【子命令】
a                     设定磁盘启动区
b                     编辑嵌套的 BSD 磁盘标签
c                     切换 dos 兼容性标志
d                     删除一个分区
F                     列出空闲的未分区空间
l                     列出已知的分区类型
n                     添加一个新的分区
p                     打印分区表信息
t                     更改分区类型
v                     验证分区表
i                     打印有关分区的信息
m                     打印所有子命令的帮助信息
u                     改变显示/输入单位
x                     额外功能（仅限专家）
```

w	写表格到磁盘并退出
q	退出而不保存更改
g	创建一个新的空的 GPT 分区表
G	创建一个新的空的 SGI（IRIX）分区表
o	创建一个新的空的 DOS 分区表
s	创建一个新的空的 SUN 分区表

操作命令+配置文件+脚本程序+结束

（2）df 命令。通过 df 命令可查看文件系统的磁盘使用情况。

命令详解：

【语法】

df [选项] [参数]

【选项】

-a	显示全部文件系统列表
-h	以合适的单位来显示，提高可读性
-H	等于“-h”，但是计算式，1K=1000，而不是 1K=1024
-i	用索引节点信息替代磁盘信息
-k	指定区块的大小为 1024 字节
-l	只显示本地文件系统
-m	指定区块大小为 1048576 字节
--sync	在取得磁盘信息前，先执行 sync 命令
-T	文件系统类型
--no-sync	获取磁盘空间使用情况前不执行磁盘的同步操作
--block-size=<区块大小>	指定区块大小
-t<文件系统类型>	只显示选定文件系统的磁盘信息
-x<文件系统类型>	不显示选定文件系统的磁盘信息

【参数】

文件	指定文件系统上的文件

操作命令+配置文件+脚本程序+结束

（3）mount 命令。每个文件系统需能够链接到目录才能被使用，挂载就是将文件系统与目录结合的操作。通过 mount 命令可加载文件系统到指定的挂载点。

命令详解：

【语法】

mount [选项] [参数]

【选项】

-a	挂载安装在 fstab 中提到的所有文件系统
-f	测试挂载设备。可与-v 等参数同时使用以查看 mount 的执行过程
-l	显示已挂载的文件系统列表
-n	禁止将挂载信息记录在/etc/mtab 文件

```
-r                          将文件系统加载为只读模式
-t                          指定挂载文件系统类型

【参数】
设备文件名                  指定要加载的文件系统对应的设备名
加载点                      指定加载点目录
```

操作命令+配置文件+脚本程序+结束

（4）mdadm 命令。通过 mdadm 命令可在 Linux 进行 RAID 管理，该命令能够诊断、监控和收集详细的磁盘阵列信息。

命令详解：

```
【语法】
mdadm [选项]

【选项】
-A，--assemble                              组装已存在的阵列
-C，--create                                创建阵列
-F，--follow, --monitor                     选择监控模式
-G，--grow                                  修改在用阵列的大小或形态
-I，--incremental                           在阵列中添加/删除单个磁盘，并可能启动该阵列
-l，--level                                 指定 RAID 级别
-p，--layout                                指定 RAID5、6、10 的奇偶校验规则
-n，--raid-devices                          指定阵列中可用 device 数目
-x，--spare-devices                         指定初始阵列的富余 device 数目
-z，--size                                  指定区块大小
-a，--auto{{=no,yes,md,mdp,part,p}}         是否自动创建 RAID
```

操作命令+配置文件+脚本程序+结束

任务八　网络配置

操作视频

【任务介绍】

本任务介绍网络接口卡与网络连接的管理配置，并实现配置 Bond 以提高网络可靠性。

本任务在任务一的基础上进行。

【任务目标】

（1）实现 nmcli 工具配置网络。

（2）实现 nmtui 工具配置网络。

（3）实现 Bond。

【操作步骤】

步骤 1：为虚拟机增加一块网卡。

在虚拟机关机状态下，进入虚拟机设置界面，在“网络”中选择“网卡 2”选项卡，勾选“启动网络连接（E）”选项，并配置网卡 2 的“连接方式”为“桥接模式”，如图 2-8-1 所示。

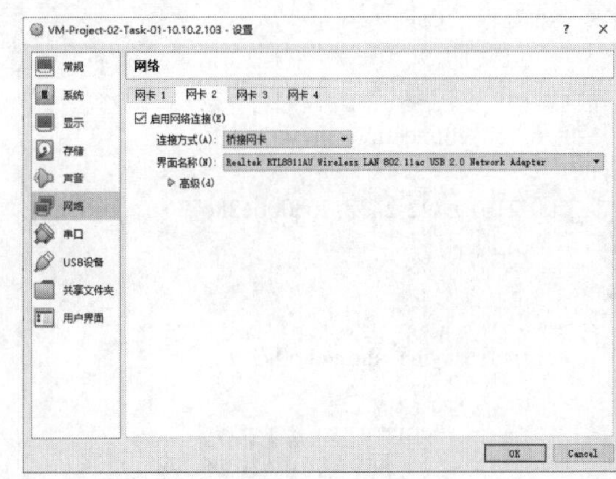

图 2-8-1　新增网卡

步骤 2：通过 nmcli 工具配置网络。

（1）查看网卡信息。通过 nmcli 命令可控制 NetworkManager 和查看网络状态。

NetworkManager 是网络管理守护程序，通过管理主网络连接和其他网络接口（例如以太网、Wi-Fi 和移动网络），使网络配置和操作变得更为简单。

操作命令：

```
#查看网络配置信息
[root@Project-02-Task-01 ~]# nmcli
enp0s3: connected to enp0s3
    "Intel 82540EM"
    ethernet (vmxnet3),   08:00:27:39:11:12,   hw,  mtu 1500
    ip4        default
    inet4      10.10.2.103/24
    route4     10.10.2.0/24
    route4     0.0.0.0/0
    inet6      fe80::250:56ff:fe9a:ab6c/64
    route6     fe80::/64
    route6     ff00::/8

enp0s8 connected to enp0s8
    "Intel 82540EM"
    ethernet (vmxnet3),   08:00:27:39:11:12,   hw,  mtu 1500
```

```
        ip4         default
        inet4       10.10.2.103/24
        route4      10.10.2.0/24
        route4      0.0.0.0/0
        inet6       fe80::250:56ff:fe9a:ab6c/64
        route6      fe80::/64
        route6      ff00::/8
#为了排版方便，此处省略了部分提示信息

#查看 enp0s 网络连接的详细信息
[root@Project-02-Task-01 ~]# nmcli connection show enp0s3
connection.id:          enp0s3
connection.uuid:        03da7500-2101-c722-2438-d0d006c28c73
#为了排版方便，此处省略了部分提示信息

#查看所有网络设备的详细信息
[root@Project-02-Task-01 ~]# nmcli device showenp0s3
GENERAL.DEviCE                          s192
GENERAL.TYPE                            hernet
GENERAL.HWADDR                          50  56  9A  AB  6C
GENERAL.MTU                             500
GENERAL.STATE                           100 (connected)
GENERAL.CONNECTION                      enp0s3
GENERAL.CON-PATH                        /org/freedesktop/NetworkManager/ActiveConnection/1
WIRED-PROPERTIES.CARRIER                on
IP4.ADDRESS[1]                          10.10.2.103/24
IP4.GATEWAY                             10.10.2.1
IP4.ROUTE[1]                            dst = 10.10.2.0/24,   nh = 0.0.0.0,     mt = 100
IP4.ROUTE[2]                            dst = 0.0.0.0/0,      nh = 10.10.2.1,   mt = 100
IP4.DNS[1]                              8.8.8.8
IP6.ADDRESS[1]                          fe80                  250 56ff fe9a ab6c/64
IP6.GATEWAY                                                   --
IP6.ROUTE[1]        dst = fe80          /64,        nh=,      mt = 256
IP6.ROUTE[2]        dst = ff00          /8,         nh =,     mt = 256, table=255

GENERAL.DEviCE   lo
#为了排版方便，此处省略了部分提示信息
IP6.ROUTE[1]:                           dst = ::1/128,        nh = ::,     mt = 256
```

操作命令+配置文件+脚本程序+结束

命令详解：

【语法】

nmcli [选项] 对象{命令}[参数]

【选项】

```
-c，--colors auto|yes|no                   是否在输出中使用颜色
-e，--escape yes|no                        值中的转义符
-f，--fields <field，...> |all|common      指定要输出的字段
-m，--mode 表格|多行                       输出模式
-o，--overview                             概述模式
-t，--terse                                简要输出
-w，--wait <seconds>                       设置等待完成操作的超时

【对象】
g[eneral]                                  NetworkManager 的状态和操作
n[etworking]                               整体的网络控制
r[adio]                                    无线交换机网络管理
c[onnection]                               NetworkManager 的连接管理
d[evice]                                   NetworkManager 管理的设备
a[gent]                                    NetworkManager secret agent or polkit agent
m[onitor]                                  监控 NetworkManager 的变化

【参数】
设备名                                     指定要管理的网络设备名称
```

操作命令+配置文件+脚本程序+结束

（2）配置网卡。通过 nmcli 命令可创建、显示、编辑、删除、激活和停用网络连接，以及控制和显示网络设备状态。本步骤将 IP 地址临时修改为 10.10.2.104，在后续的步骤进行恢复。

操作命令：

```
#修改 IP 地址是静态
[root@Project-02-Task-01 ~]#nmcli c mod enp0s3 ipv4.method manual
#修改为自动连接
[root@Project-02-Task-01 ~]#nmcli c mod enp0s3connection.autoconnect yes
#将网络临时修改为 10.10.2.104
[root@Project-02-Task-01 ~]#nmcli c mod enp0s3 ipv4.addresses "10.10.2.104/24" ipv4.gateway 10.10.2.1
#修改 DNS
[root@Project-02-Task-01 ~]#nmcli c mod enp0s3 ipv4.dns 114.114.114.114

#重新载入网络配置使配置生效
[root@Project-02-Task-01 ~]# nmcli c reload
[root@Project-02-Task-01 ~]# nmcli c up enp0s3

#查看网络配置文件，验证配置是否生效
[root@Project-02-Task-01 ~]# nmcli device show enp0s3
GENERAL.DEVICE:                         enp0s3
GENERAL.TYPE:                           ethernet
GENERAL.HWADDR:                         08:00:27:39:11:12
GENERAL.MTU:                            1500
```

```
GENERAL.STATE:                  100 (connected)
GENERAL.CONNECTION:             enp0s3
GENERAL.CON-PATH:               /org/freedesktop/NetworkManager/ActiveC>
WIRED-PROPERTIES.CARRIER:       on
IP4.ADDRESS[1]:                 10.10.2.104/24
IP4.GATEWAY:                    10.10.2.1
IP4.ROUTE[1]:                   dst = 10.10.2.0/24, nh = 0.0.0.0, mt = >
IP4.ROUTE[2]:                   dst = 0.0.0.0/0, nh = 10.10.2.1, mt = 1>
IP4.DNS[1]:                     114.114.114.114
#为了排版方便，此处省略了部分提示信息
```

操作命令+配置文件+脚本程序+结束

步骤 3：通过 nmtui 工具配置网络。

通过 nmtui 工具可使用文本用户界面进行网络管理。nmtui 工具配置网络后，需重新载入网络配置文件以使配置生效。

- 输入 nmtui 命令进入文本编辑界面，如图 2-8-2 所示。
- 使用方向键移动光标，依照表 2-1-1 进行网络配置，如图 2-8-3 所示。

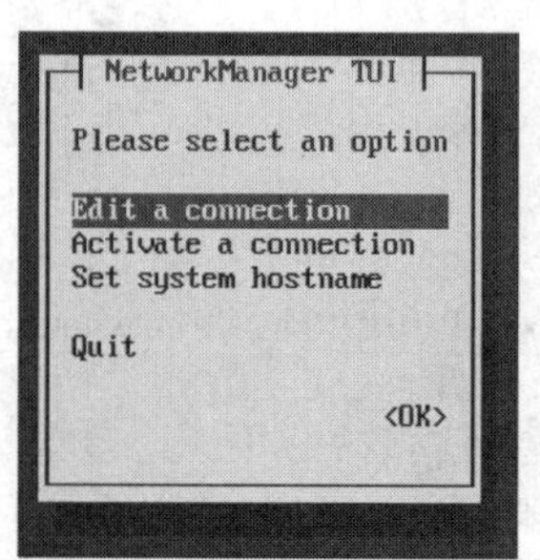

图 2-8-2　nmtui 主界面

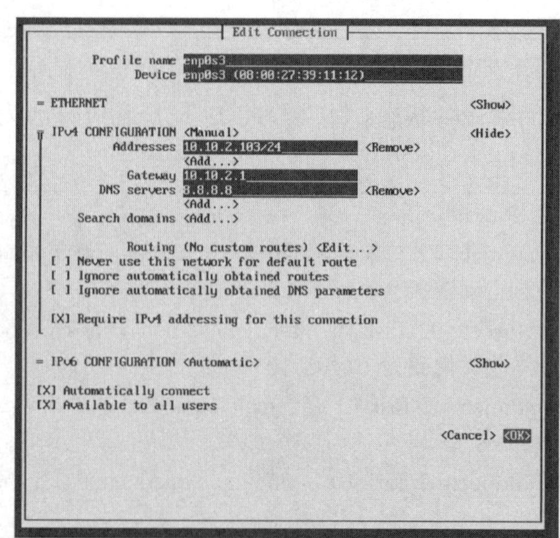

图 2-8-3　nmtui 网卡配置

- 移动光标至末尾<OK>，按 Enter 键，移动光标至<Back>退出。
- 退回至 nmtui 主界面，通过“Activateaconnection”使配置生效。

步骤 4：配置 Bond0。

本步骤通过虚拟机配备的两块网卡 enp0s3 和 enp0s8 实现 Bond0。

- 进入 nmtui 配置界面，依次选择“Edit a connection”、“<Add>”，如图 2-8-4 所示，选择 Bond，按 Enter 键。
- 设置网卡名与设备名为 bond0，如图 2-8-5 所示。

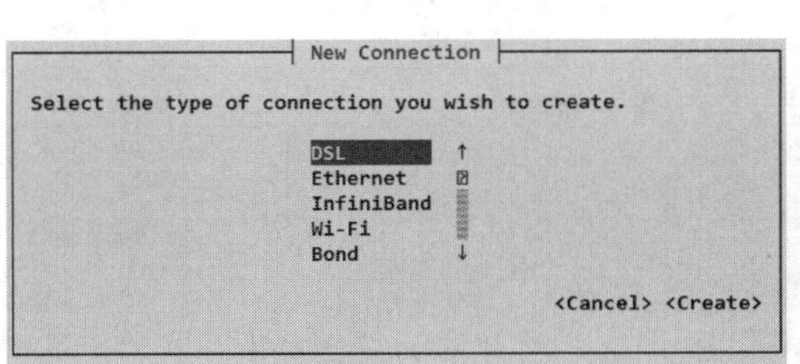

图 2-8-4　新建 Bond

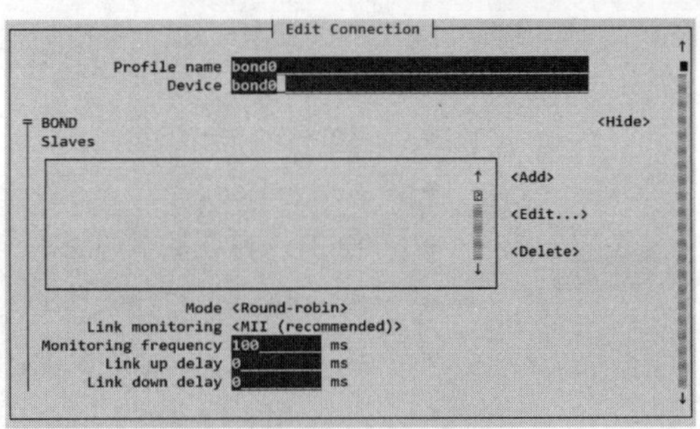

图 2-8-5　设置 Bond 名称

- 使用方向键移动光标至“<Add>”，添加 Slaves，新建连接，选择“Ethernet”，如图 2-8-6 所示，设置从网卡名为 enp0s3，如图 2-8-7 所示；重复以上操作，添加从网卡 enp0s8；配置模式 Mode 为“Round-robin”，配置 bond0 的 IPv4 网络，如图 2-8-8 所示。
- 退回至 nmtui 主界面，通过“Activateaconnection”使配置生效，如图 2-8-9 所示。

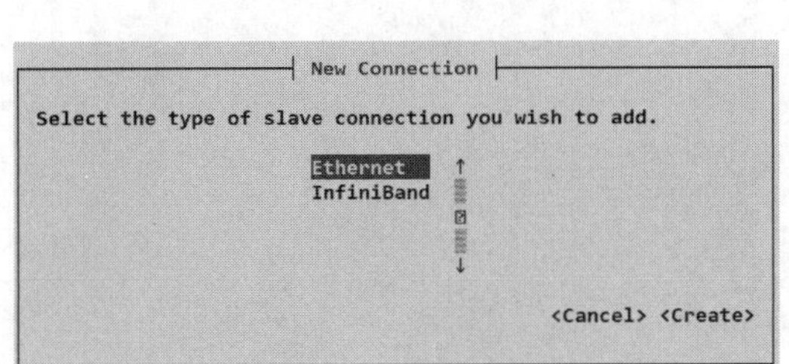

图 2-8-6　设置网卡类型

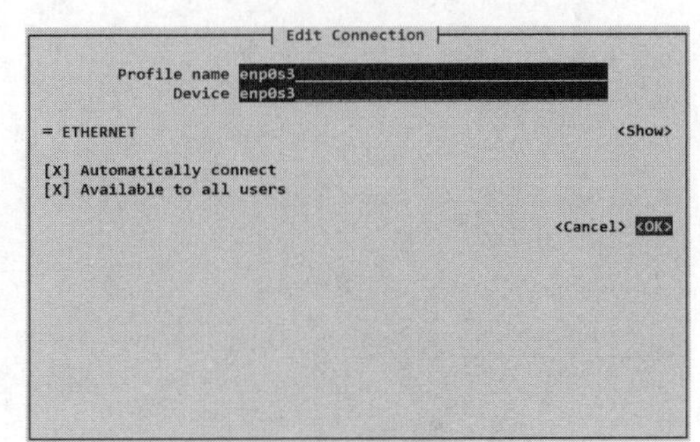

图 2-8-7　设置从网卡

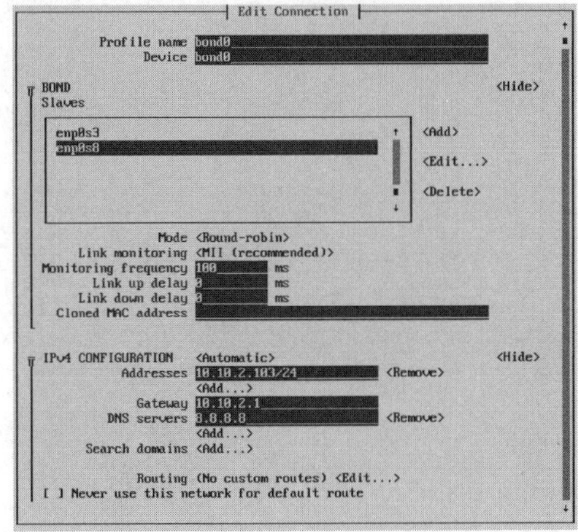

图 2-8-8　配置 bond0 模式及网络

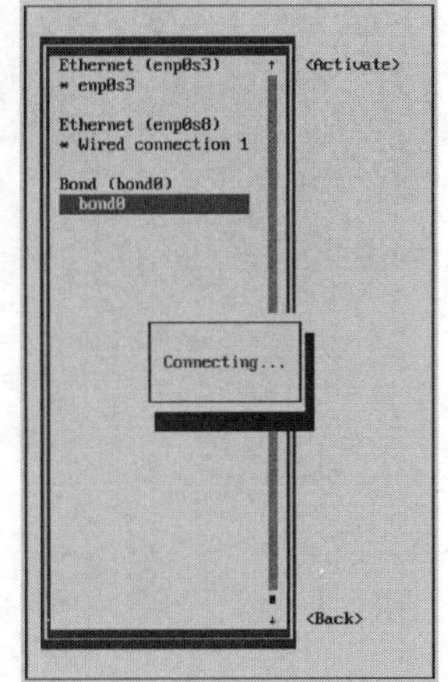

图 2-8-9　配置 bond0 的 IP 地址

Bond 的 Mode 模式策略共有 7 种。

- Round-robin：轮询策略。
- Active Backup：主被策略。
- XOR：异或运算策略。
- Broadcast：广播策略。
- 802.3.ad：动态链路聚合策略。
- Adaptive Transmit Load Balancing（tlb）：自适应的发送传输负载均衡策略。
- Adaptive Load Balancing（alb）：自适应的收发传输负载均衡策略。

项目三

使用 Apache 实现网站服务

项目介绍

网站服务器是指存放网站的服务器，主要用于网站的发布。根据 Netcraft 最新报告，目前全球超过 60%的网站服务器使用 Apache/Nginx 实现。

本项目介绍使用 Linux 操作系统通过 Apache 实现网站服务。

项目目的

- 理解网站服务器与 Apache;
- 掌握 Apache 的安装与基本配置;
- 掌握使用 Apache 发布静态网站的方法;
- 掌握使用 Apache 发布 PHP 程序的方法;
- 了解 Apache 的安全性配置方法。

项目讲堂

1. Apache

（1）什么是 Apache。Apache 是最常用的开源网站服务器软件之一，支持 UNIX、Linux、Windows 等操作系统。Apache 官网为 https://www.apache.org，本项目使用的版本为 2.4.37。

（2）Apache 的主要特性。Apache 的主要特性如下。

- 支持最新的 HTTP 协议和多种方式的 HTTP 认证。
- 支持基于文件的配置。
- 支持基于 IP 和域名的虚拟网站配置。
- 支持通用网关接口，支持 PHP、FastCGI、Perl、JavaServlets 等。

- 支持服务器状态监控。
- 支持服务器日志记录和日志格式自定义设置。
- 支持服务器端包含指令（SSI）。
- 支持安全 Socket 层（SSL）。
- 集成代理服务器模块。
- 提供用户会话过程的跟踪。
- 支持第三方软件提供的功能模块，实现灵活扩展。

2. Apache 工作模式

Apache 有 prefork、worker、event 三种工作模式。

（1）prefork 工作模式。prefork 工作模式是稳定的 Apache 模式。

Apache 在启动之初，就预先派生一些子进程，然后等待客户端的请求进来，用于减少频繁创建和销毁进程的开销。每个子进程只有一个线程，在一个时间点内，只能处理一个请求。其缺点是它将请求放进队列中，一直等到有可用进程，请求才会被处理。

prefork 下有 StartServers、MinSpareServers、MaxSpareServers、MaxRequestWorkers 四个指令用于调节父进程如何产生子进程。通常情况下，Apache 具有很强的自我调节能力，不需要额外调整。但当需要处理的并发请求较高时，服务器可能就需要增加 MaxRequestWorkers 的值。内存较小的服务器需要减少 MaxRequestWorkers 的值以确保服务器不会崩溃。

4 个指令的含义如下所示。

- StartServers：初始的工作进程数。
- MinSpareServers：空闲子进程的最小数量。
- MaxSpareServers：空闲子进程的最大数量。
- MaxRequestWorkers：最大空闲线程数。

（2）worker 工作模式。worker 模式相对于 prefork 来说，使用多进程和多线程混合模式。

Apache 启动时预先分了几个子进程（数量比较少），每个子进程创建一些线程，同时包括一个监听线程。每个请求都会分配一个线程来进行服务。线程通常会共享父进程的内存空间，对内存占用会减少些，用线程处理会更轻量。

worker 模式在高并发的情况下，比 prefork 有更多的可用进程。考虑到稳定性，worker 不完全使用多线程，还引入多进程。如果使用单进程，在一个线程出错往往会导致父进程连同其他正常的子线程都出错。使用多个进程加多个线程的方式，即便某个线程出现异常，受影响的只有 Apache 的部分服务。

（3）event 工作模式。event 和 worker 模式较为相似，但 event 解决了 keep-alive 场景下线程长期被占用而造成的资源浪费问题。event 模式中，会有一个专门的线程来管理 keep-alive 类型的线程。当有真实请求时将请求传递给服务线程，执行完毕后释放，增强了高并发场景下的请求处理能力。

3. Apache Module

Apache 是模块化的设计，大多数功能被分散到各模块中，各模块在系统启动时按需载入。安装 Apache 时会默认安装一些模块，如果需要实现某种特定的功能可以根据实际需求自行安装 Apache 模块。

Apache 模块只与 Apache 的版本有关，与操作系统无关。Apache 2.4.37 中常用的模块见表 3-0-1。

表 3-0-1 Apache 常用模块列表

序号	模块名	功能说明	默认安装
1	mod_actions	运行基于 MIME 类型的 CGI 脚本	是
2	mod_alias	提供从文件系统的不同部分到文档树的映射和 URL 重定向	是
3	mod_asis	原样发送文档信息，而不添加常用的 HTTP 头	是
4	mod_auth_basic	使用基本认证	是
5	mod_auth_digest	使用 MD5 加密算法进行验证	否
7	mod_authn_anon	允许匿名用户访问认证的区域	否
8	mod_authn_dbd	使用数据库保存用户验证信息	否
9	mod_authn_dbm	使用 DBM 数据文件保存用户验证信息	否
10	mod_authn_default	在未正确配置认证模块的情况下拒绝一切认证	是
11	mod_authz_groupfile	使用 plaintext 文件进行组验证	是
12	mod_authn_file	使用文本文件保存用户验证信息	是
13	mod_authnz_ldap	允许使用 LDAP 目录存储用户名和密码执行 HTTP 基本身份验证	否
14	mod_authz_host	提供基于主机名称或 IP 地址的访问限制	是
15	mod_authz_user	提供基于用户的访问限制	是
16	mod_autoindex	自动生成目录索引，类似于 UNIX 的 ls、Windows 的 dir 命令	是
17	mod_cache	兼容 RFC 2616 标准的 HTTP 缓存过滤器	否
18	mod_cgi	在非线程型 MPM（prefork）上提供对 CGI 脚本执行的支持	是
19	mod_cgid	在线程型 MPM（worker）上用一个外部 CGI 守护进程执行 CGI 脚本	是
20	mod_dir	指定目录索引文件以及为目录提供“尾斜杠”重定向	是
21	mod_env	允许 Apache 修改或清除传送到 CGI 脚本和 SSI 页面的环境变量	是
22	mod_example_hooks	提供编写 Apache API 模块的示例	否
23	mod_filter	根据上下文实际情况对过滤器动态配置	是
24	mod_imagemap	处理服务器端图像映射	是
25	mod_include	实现服务端包含文档（SSI）的解析	是
26	mod_isapi	仅限于在 Windows 平台上实现 ISAPI 扩展	是
27	mod_ldap	使用第三方 LDAP 模块进行 LDAP 链接服务	否

续表

序号	模块名	功能说明	默认安装
28	mod_log_config	允许记录日志和定制日志文件格式	是
29	mod_logio	记录每个请求的输入、输出的字节数	否
30	mod_mime	根据文件扩展名决定应答的行为和内容	是
31	mod_negotiation	提供内容选择（content negotiation，从几个有效文档中选择一个最匹配客户端要求的文档的过程）	是
32	mod_nw_ssl	支持在 NetWare 平台上实现 SSL 加密	是
33	mod_proxy	支持 HTTP1.1 协议的代理和网关服务器	否
34	mod_proxy_ajp	mod_proxy 的 AJP 支持模块	否
35	mod_proxy_balancer	mod_proxy 的负载均衡模块	否
36	mod_proxy_ftp	mod_proxy 的 FTP 支持模块	否
37	mod_proxy_http	mod_proxy 的 HTTP 支持模块	否
38	mod_setenvif	允许设置基于请求的环境变量	是
39	mod_so	允许运行时加载 DSO 模块	否
40	mod_ssl	使用 SSL 和 TLS 的加密	否
41	mod_status	提供服务器性能运行信息	是
42	mod_userdir	设置每个用户的网站目录	是
43	mod_usertrack	记录用户在网站上的活动	否
44	mod_vhost_alias	提供大量虚拟机的动态配置	否
45	mod_proxy_fcgi	提供对 fcgi 的代理	否
46	mod_ratelimit	限制用户带宽	否
47	mod_request	请求模块，对请求做过滤	是
48	mod_remoteip	用来匹配客户端的 IP 地址	是

任务一　安装 Apache

【任务介绍】

本任务在 CentOS 上安装 Apache 软件，实现 httpd 服务。

【任务目标】

（1）实现在线安装 Apache。

（2）实现 Apache 服务管理。

（3）实现 Apache 服务状态查看。

【操作步骤】

步骤 1：创建虚拟机并完成 CentOS 的安装。

在 VirtualBox 中创建虚拟机，完成 CentOS 操作系统安装。虚拟机与操作系统的配置信息见表 3-1-1，注意虚拟机网卡工作模式为桥接。

表 3-1-1　虚拟机与操作系统配置

虚拟机配置	操作系统配置
虚拟机名称： VM-Project-03-Task-01-10.10.2.104 内存：1024MB CPU：1 颗 1 核心 虚拟硬盘：10GB 网卡：1 块，桥接	主机名：Project-03-Task-01 IP 地址：10.10.2.104 子网掩码：255.255.255.0 网关：10.10.2.1 DNS：8.8.8.8

步骤 2：完成虚拟机的主机配置、网络配置及通信测试。

启动并登录虚拟机，依据表 3-1-1 完成主机名和网络的配置，能够访问互联网和本地主机。

（1）虚拟机创建、操作系统安装、主机名与网络的配置，具体方法参见项目一。

（2）建议通过虚拟机复制快速创建所需环境。通过复制创建的虚拟机需依据本任务虚拟机与操作系统规划配置信息设置主机名与网络，实现对互联网和本地主机的访问。

（3）本任务需使用 yum 工具在线安装软件，建议将 yum 仓库配置为国内镜像服务以提高在线安装时的速度。

步骤 3：通过在线方式安装 Apache。

操作命令：

```
#使用 yum 工具安装 Apache
root@Project-03-Task-01 ~]# yum install -y httpd
Last metadata expiration check: 0:42:33 ago on Mon 10 Feb 2020 09:14:00 AM CST.
Dependencies resolved.
================================================================================
 Package          Arch       Version                                Repo       Size
================================================================================
#安装的 Apache 版本、大小等信息
Installing:
httpd         x86_64  2.4.37-16.module_el8.1.0+256+ae790463  AppStream 1.7  M
#安装的依赖软件信息
Installing dependencies:
```

```
 apr                 x86_64  1.6.3-9.el8                      AppStream  125  k
 #为了排版方便，此处省略了部分提示信息
 apr-util-openssl x86_64  1.6.1-6.el8                     AppStream   27  k
Enabling  module  streams:
 httpd             2.4
Transaction  Summary
================================================================================
Install    10  Packages
#安装 Apache 需要安装 10 个软件，总下载大小为 2.3M，安装后将占用磁盘 6.6M
Total  download  size:  2.3  M
Installed  size:  6.6  M
Downloading  Packages:
(1/10):  apr-util-bdb-1.6.1-6.el8.x86_64.rpm          51  kB/s    |   25  kB         00:00
#为了排版方便，此处省略了部分提示信息
(10/10):  mailcap-2.1.48-3.el8.noarch.rpm             129  kB/s   |   39  kB         00:00
--------------------------------------------------------------------------------
Total                                                  940  kB/s   |   2.3  MB        00:02
Running  transaction  check
Transaction  check  succeeded.
Running  transaction  test
Transaction  test  succeeded.
Running  transaction
   Preparing:                                                        1/1
   Installing:  apr-1.6.3-9.el8.x86_64                               1/10
   #为了排版方便，此处省略了部分提示信息
   Verifying:  mailcap-2.1.48-3.el8.noarch                           10/10
#下述信息说明安装 Apache 将会安装以下软件，且已安装成功
Installed:
   httpd-2.4.37-16.module_el8.1.0+256+ae790463.x86_64
   #为了排版方便，此处省略了部分提示信息
   mailcap-2.1.48-3.el8.noarch
Complete!
```

操作命令+配置文件+脚本程序+结束

Apache 除在线安装方式外，还可通过 RPM 包安装。

步骤 4：启动 Apache 服务。

Apache 安装完成后将在 CentOS 中创建名为 httpd 的服务，该服务并未自动启动。

操作命令：

```
#使用 systemctl  start 命令启动 httpd 服务
[root@Project-03-Task-01  ~]#  systemctl  start  httpd
```

操作命令+配置文件+脚本程序+结束

如果不出现任何提示，表示 httpd 服务启动成功。

（1）命令 systemctl stop httpd，可以停止 httpd 服务。

（2）命令 systemctl restart httpd，可以重启 httpd 服务。

（3）命令 systemctl reload httpd，可以在不中断 httpd 服务的情况下重新载入 Apache 配置文件。

步骤 5：查看 Apache 运行信息。

Apache 服务启动之后可通过 systemctl status 命令查看其运行信息。

操作命令：

```
#使用 systemctl status 命令查看 httpd 服务
[root@Project-03-Task-01 ~]# systemctl status httpd
● httpd.service - The Apache HTTP Server
   #服务位置：是否设置开机自启动
   Loaded: loaded (/usr/lib/systemd/system/httpd.service; disabled; vendor pres>
  Drop-In: /usr/lib/systemd/system/httpd.service.d
  └─php-fpm.conf
   #Apache 的活跃状态，结果值为 active 表示活跃；inactive 表示不活跃
   Active: active (running) since Mon 2020-02-10 16:03:43 CST; 2s ago
     Docs: man:httpd.service(8)
 #主进程 ID 为：2077
 Main PID: 2077 (httpd)
   #Apache 的运行状态，该项只在 Apache 处于活跃状态时才会出现
   Status: "Started, listening on: port 80"
    #任务数（最大限制数为：11112）
    Tasks: 102 (limit: 11112)
   #占用内存大小为：32.6M
   Memory: 32.6M
   #Apache 的所有子进程
   CGroup: /system.slice/httpd.service
  ├─2077 /usr/sbin/httpd -DFOREGROUND
  ├─#为了排版方便，此处省略了部分提示信息
  └─2086 /usr/sbin/httpd -DFOREGROUND
#Apache 操作日志
Feb 10 16:03:42 Project-03-Task-01 systemd[1]: Starting The Apache HTTP Server.>
#为了排版方便，此处省略了部分提示信息
Feb 10 16:03:43 Project-03-Task-01 httpd[2077]: Server configured, listening on>
lines 1-21/21 (END)
```

操作命令+配置文件+脚本程序+结束

步骤 6：配置 httpd 服务为开机自启动。

操作系统进行重启操作后，为了使业务更快的恢复，通常会将重要的服务或应用设置为开机自启动。将 httpd 服务配置为开机自启动的方法如下。

操作命令：

```
#命令 systemctl enable 可设置某服务为开机自启动
#命令 systemctl disable 可设置某服务为开机不自启动
[root@Project-03-Task-01 ~]# systemctl enable httpd
Created symlink /etc/systemd/system/multi-user.target.wants/httpd.service → /usr/lib/systemd/system/httpd.service.
#使用 systemctl list-unit-files 命令确认 httpd 服务是否已配置为开机自启动
[root@Project-03-Task-01 ~]# systemctl list-unit-files | grep httpd
#下述信息说明 httpd.service 已配置为开机自启动
httpd.service                                  enabled
```

操作命令+配置文件+脚本程序+结束

【任务扩展】

1．什么是 Systemd

Linux 内核加载后有 3 种主流的启动方式。

- Ubuntu Linux 发行版采用 UpStart。
- RHEL 7 之前版本采用 SystemV init。
- RHEL 7 及之后版本采用 Systemd。

SystemV init 基于运行级别，依赖特定启动顺序，每次只能执行一个启动任务。任务操作独立性强，出现服务错误时容易排查，但其启动性能存在不足。

Ubuntu UpStart 兼容 SystemV init 系统，采用事件驱动机制提升了启动效率。

Systemd 是一套中央化的系统和服务管理器，用于改变以往的启动方式，提高系统服务的运行效率，其设计目的是为系统启动和管理提供一套完整的解决方案。Systemd 优点是功能强大、使用方便；缺点是体系庞大、非常复杂，与操作系统的其他部分强耦合。Systemd 兼容 SystemV init，因此在 RHEL7 及之后版本依然可使用 RHEL 7 之前版本所用的 service 命令。

鉴于 3 种主流启动方式的存在，Linux 操作系统对服务管理的命令有 systemctl、service 与 /etc/init.d/，在 CentOS 8 中推荐使用 systemctl 命令管理服务。

SystemV init 与 Systemd 服务管理命令变化见表 3-1-2。

表 3-1-2　CentOS 服务管理命令变化表

序号	操作	System V init	Systemd
1	启动服务	service * start	systemctl start *
2	重启服务	service * restart	systemctl restart *
3	停止服务	service * stop	systemctl stop *
4	重新加载配置文件（不中断服务）	service * reload	systemctl reload *
5	查看服务状态	service * status	systemctl status *
6	开机自启动	chkconfig * on	systemctl enable *

续表

序号	操作	System V init	Systemd
7	开机不自启动	chkconfig *off	systemctl disable *
8	查看服务是否为开机自启动	checkconfig *	systemctl is-enable *
9	查看服务的启动与禁用情况	chkconfig --list	systemctl list-unit-files --type=service

2. Systemd 用法

Systemd 包含一组命令，涉及系统管理的方方面面，其主要命令如下。

- systemctl 命令是 Systemd 的主命令，用于管理操作系统。
- systemd-analyze 命令用于查看启动耗时。
- hostnamectl 命令用于查看当前主机的信息。
- localectl 命令用于查看本地化设置。
- timedatectl 命令用于查看当前时区设置。
- loginctl 命令用于查看当前登录的用户信息。

3. Systemd 管理

Systemd 可以管理所有系统资源，不同的资源统称为 Unit，一共分为 12 种。

- service unit：系统服务。
- target unit：多个 unit 构成的组。
- device unit：硬件设备。
- mount unit：文件系统的挂载点。
- automount unit：自动挂载点。
- path unit：文件或路径。
- scope unit：不是由 Systemd 启动的外部进程。
- slice unit：进程组。
- snapshot unit：管理系统快照。
- socket unit：进程间通信的 socket。
- swap unit：swap 文件。
- timer unit：定时器。

任务二 使用 Apache 发布静态网站

操作视频

【任务介绍】

本任务通过 Apache 发布静态网站，实现静态网站服务。

本任务在任务一的基础上进行。

【任务目标】

（1）实现通过默认网站发布网站。

（2）实现通过虚拟目录发布网站。

（3）实现通过端口号发布网站。

（4）实现通过域名发布网站。

【任务设计】

本任务将通过多种方式发布静态网站，静态网站规划见表 3-2-1。

表 3-2-1　静态网站规划表

网站名	访问地址	网站存放目录
Site1	http://10.10.2.104	/var/www/html
Site2	http://10.10.2.104/aliasA	/var/www/html/site2
Site3	http://10.10.2.104/aliasB	/var/www/html/site3
Site4	http://10.10.2.104:81	/var/www/html/site4
Site5	http://10.10.2.104:82	/var/www/html/site5
Site6	http://www.domain1.com	/var/www/html/site6
Site7	http://www.domain2.com	/var/www/html/site7

表 3-2-1 访问地址中的 IP 地址需根据实际情况进行调整。

【操作步骤】

步骤 1：创建网站目录与网站内容。

为方便本任务操作，通过 shell 命令快速创建网站目录，并为每个网站制作具有标识信息的网站首页。

操作命令：

```
#创建网站 Site1 的网站首页
[root@Project-03-Task-01 ~]# echo "<h1>Site1。http://10.10.2.104</h1>" > /var/www/html/index.html

#创建网站 Site2 的目录和网站首页
[root@Project-03-Task-01 ~]# mkdir /var/www/html/site2
[root@Project-03-Task-01 ~]# echo "<h1>Site2。http://10.10.2.104/aliasA</h1>" > /var/www/html/site2/index.html

```

```
#创建网站 Site3 的目录和网站首页
[root@Project-03-Task-01 ~]# mkdir /var/www/html/site3
[root@Project-03-Task-01 ~]# echo "<h1>Site3。http://10.10.2.104/aliasB</h1>" > /var/www/html/site3/index.html
#创建网站 Site4 的目录和网站首页
[root@Project-03-Task-01 ~]# mkdir /var/www/html/site4
[root@Project-03-Task-01 ~]# echo "<h1>Site4。http://10.10.2.104:81</h1>" > /var/www/html/site4/index.html
#创建网站 Site5 的目录和网站首页
[root@Project-03-Task-01 ~]# mkdir /var/www/html/site5
[root@Project-03-Task-01 ~]# echo "<h1>Site5。http://10.10.2.104:82</h1>" > /var/www/html/site5/index.html
#创建网站 Site6 的目录和网站首页
[root@Project-03-Task-01 ~]# mkdir /var/www/html/site6
[root@Project-03-Task-01 ~]# echo "<h1>Site6。http://www.domain1.com</h1>" > /var/www/html/site6/index.html
#创建网站 Site7 的目录和网站首页
[root@Project-03-Task-01 ~]# mkdir /var/www/html/site7
[root@Project-03-Task-01 ~]# echo "<h1>Site7。http://www.domain2.com</h1>" > /var/www/html/site7/index.html
```

操作命令+配置文件+脚本程序+结束

步骤 2：发布网站 Site1。

网站 Site1 通过 Apache 默认网站发布，发布网站 Site1 不需要做任何配置，可使用 cat 工具查看 Apache 默认网站的配置信息以进行验证。

配置文件：/etc/httpd/conf/httpd.conf

```
#httpd.conf 配置文件内容较多，本部分仅显示与默认网站配置有关的内容
#默认网站配置
Listen 80
#定义默认网站路径
DocumentRoot "/var/www/html"
<Directory "/var/www/html">
    #网站目录默认开启 Indexes、FollowSymLinks 服务器特性，即目录下无 index 文件，则允许显示该目录下的文件，并跟踪符号链接
    Options Indexes FollowSymLinks
    #其他配置文件中出现对 80 端口的配置且与本处配置相冲突，以此处为准
    AllowOverride None
    #允许所有地址访问
    Require all granted
</Directory>
```

操作命令+配置文件+脚本程序+结束

CentOS 默认开启防火墙，为使网站能正常访问，本任务暂时关闭防火墙等安全措施。

操作命令：

```
#使用 systemctl stop 命令关闭防火墙
[root@Project-03-Task-01 ~]# systemctl stop firewalld
#使用 setenforce 命令将 SELinux 设置为 permissive 模式
[root@Project-03-Task-01 ~]# setenforce 0
```

操作命令+配置文件+脚本程序+结束

在本地主机通过浏览器访问 Site1 的网站地址，即可验证网站 Site1 发布成功。

步骤 3：发布网站 Site2、Site3。

网站 Site2、Site3 通过在 Apache 默认网站上增加虚拟目录 aliasA、aliasB 来发布，需要对 Apache 的默认配置文件进行编辑。

使用 vi 工具编辑 Apache 默认网站配置文件/etc/httpd/conf/httpd.conf，在配置文件上增加虚拟目录的配置信息，编辑后的配置文件信息如下所示。

配置文件：/etc/httpd/conf/httpd.conf

```
#httpd.conf 配置文件内容较多，本部分仅显示与网站配置有关的内容
<Directory "/var/www/html">
    Options Indexes FollowSymLinks
    AllowOverride None
    Require all granted
</Directory>
#新增 Site2 的配置信息，通过 aliasA 发布网站
Alias /aliasA "/var/www/html/site2"
#定义 aliasA 对应的网站路径
<Directory "/var/www/html/site2">
    #其他配置文件中出现对 aliasA 的配置且与本处配置相冲突，以此处为准
    AllowOverride None
    #目录不启用任何服务器特性
    Options None
    #允许所有地址访问
    Require all granted
</Directory>

#新增 Site3 的配置信息，通过 aliasB 发布网站
Alias /aliasB "/var/www/html/site3"
#定义 aliasB 对应的网站路径
<Directory "/var/www/html/site3">
    #其他配置文件中出现对 aliasB 的配置且与本处配置相冲突，以此处为准
    AllowOverride None
    #目录不启用任何服务器特性
    Options None
    #允许所有地址访问
    Require all granted
```

```
</Directory>
```

操作命令+配置文件+脚本程序+结束

配置完成后，重新载入配置文件使其生效。

操作命令：

```
#使用 systemctl reload 命令重新载入 Apache 配置文件
[root@Project-03-Task-01 ~]# systemctl reload httpd
```

操作命令+配置文件+脚本程序+结束

在本地主机通过浏览器分别访问 Site2、Site3 网站地址，即可验证网站 Site2、Site3 发布成功。

步骤 4：发布网站 Site4、Site5。

网站 Site4、Site5 通过不同的端口发布，为了使网站发布配置便于维护，可以在 Apache 额外配置目录中创建新的配置文件，发布网站 Site4、Site5。

使用 vi 工具直接创建/etc/httpd/conf.d/siteport.conf 配置文件并进行编辑，编辑后的配置文件信息如下所示。

配置文件：/etc/httpd/conf.d/siteport.conf

```
#新增 Site4 的配置信息，通过 81 端口发布网站
Listen 81
#定义 81 端口对应的网站路径
<VirtualHost *:81>
DocumentRoot /var/www/html/site4
</VirtualHost>

#新增 Site5 的配置信息，通过 82 端口发布网站
Listen 82
#定义 82 端口对应的网站路径
<VirtualHost *:82>
DocumentRoot /var/www/html/site5
</VirtualHost>
```

操作命令+配置文件+脚本程序+结束

配置完成后，重新载入配置文件使其生效。

操作命令：

```
#使用 systemctl reload 命令重新载入 Apache 配置文件
[root@Project-03-Task-01 ~]# systemctl reload httpd
```

操作命令+配置文件+脚本程序+结束

在本地主机通过浏览器分别访问 Site4、Site5 网站地址，即可验证网站 Site4、Site5 发布成功。

步骤 5：发布网站 Site6、Site7。

网站 Site6、Site7 通过不同的域名来实现发布，使用 vi 工具直接创建/etc/httpd/conf.d/sitedomain.conf 配置文件并进行编辑，增加通过域名发布网站的配置，编辑后的配置文件信息如下所示。

配置文件：/etc/httpd/conf.d/sitedomain.conf

```
#新增 Site6 的配置信息，通过域名 www.domain1.com 发布网站
<VirtualHost *:80>
    #域名设置为 www.domain1.com
    ServerName  www.domain1.com
    #绑定 domain1.com 域名
    ServerAlias  domain1.com
    #定义对应的网站路径
    DocumentRoot  /var/www/html/site6
</VirtualHost>

#新增 Site7 的配置信息，通过域名 www.domain2.com 发布网站
<VirtualHost *:80>
    #域名设置为 www.domain2.com
    ServerName  www.domain2.com
    #绑定 domain2.com 域名
    ServerAlias  domain2.com
    #定义对应的网站路径
    DocumentRoot  /var/www/html/site7
</VirtualHost>
```

操作命令+配置文件+脚本程序+结束

（1）ServerAlias 可以为网站绑定多个域名，多个域名之间使用空格隔开。

（2）一个网站绑定多个域名后，浏览者可以通过不同的域名访问同一个网站。

配置完成后，重新载入配置文件使其生效。

操作命令：

```
#使用 systemctl  reload 命令重新载入 Apache 配置文件
[root@Project-03-Task-01  ~]#  systemctl  reload  httpd
```

操作命令+配置文件+脚本程序+结束

在本地主机通过浏览器分别访问 Site6、Site7 网站域名地址，即可验证网站 Site6、Site7 发布成功。

【任务扩展】

1. Apache 配置文件

在 CentOS 中，Apache 配置文件的存放位置是/etc/httpd 目录，主要目录结构如下。

- /etc/httpd/conf/httpd.conf 是主配置文件，Apache 的配置主要是使用该文件。
- /etc/httpd/conf.d 是额外配置文件目录，如果不想修改主配置文件 httpd.conf，可在此将配置独立出来。Apache 启动时会将该目录下配置信息与主配置信息合并后执行。

- /etc/httpd/modules 用于存放所有已安装的模块。
- /etc/httpd/logs 用于存放日志文件。
- /var/www/html 是默认网站存放的目录。

2. Apache 日志服务

Apache 日志文件记录了 Apache 运行历史，通过管理和分析日志可及时了解 Apache 的运行状态。Apache 包含访问日志和错误日志两个部分，日志文件在 CentOS 中的存放位置是/etc/httpd/logs 目录，访问日志的文件名为 access.log，错误日志的文件名为 error.log。

如果使用 SSL 服务，日志文件将包括关于 SSL 运行的日志文件，分别是 ssl_access_log、ssl_error_log、ssl_request_log 三个文件。

3. Apache 日志及格式设置

Apache 日志可通过/etc/httpd/conf/httpd.conf 文件进行设置，使用 cat 工具查看 httpd.conf 配置文件可获知日志的默认设置信息。

配置文件：/etc/httpd/conf/httpd.conf

```
#httpd.conf 配置文件内容较多，本部分仅显示与日志配置有关的内容
#错误日志存放位置
ErrorLog "logs/error_log"
#错误日志记录等级
LogLevel warn
#访问日志的配置信息，通过日志格式字符串可定义访问日志记录的字段
<IfModule log_config_module>
    #定义了名为“combined”的日志记录格式
    LogFormat "%h %l %u %t \"%r\" %>s %b \"%{Referer}i\" \"%{User-Agent}i\"" combined
    #定义了名为“common”的日志记录格式
    LogFormat "%h %l %u %t \"%r\" %>s %b" common

<IfModule logio_module>
      # You need to enable mod_logio.c to use %I and %O
      #定义记录每个请求输入和输出字节的日志格式，其名称为 combinedio
      LogFormat "%h %l %u %t \"%r\" %>s %b \"%{Referer}i\" \"%{User-Agent}i\" %I %O" combinedio
</IfModule>
#访问日志存放在 logs/access_log 目录下，日志记录格式为 combined 定义的格式
    CustomLog "logs/access_log" combined
</IfModule>
```

操作命令+配置文件+脚本程序+结束

日志格式配置中常用字符串含义见表 3-2-2。

表 3-2-2　日志格式中常用字符串含义表

变量	含义
%%	百分号
%a	请求客户端的 IP 地址
%A	本机 IP 地址
%B	不包含 HTTP 头的已发送字节数
%b	不包含 HTTP 头的 CLF 格式的已发送字节数量。当没有发送数据时，显示“-”而不是 0
%D	服务器处理本请求所用时间，单位为 μs
%f	文件名
%h	远端主机
%H	请求使用的协议
%l	远程登录名
%m	请求的方法
%{VARNAME}C	在请求中传送给服务端的 cookie VARNAME 的内容
%{VARNAME}e	环境变量 VARNAME 的值
%{VARNAME}i	发送到服务器的请求头 VARNAME 的内容
%{VARNAME}n	其他模块注释 VARNAME 的内容
%{VARNAME}o	应答头 VARNAME 的内容
%p	服务器响应请求时使用的端口
%P	响应请求的子进程 ID
%q	查询字符串（如果存在查询字符串，则包含“?”后面的部分；否则，它是一个空字符串）
%r	请求的第一行
%s	状态。对于内部重定向的请求，这里指原来请求的状态。如果用%...>s，则是指后来的请求
%t	接收请求的时间，如：18/Sep/2019:19:18:28 -0400
%{format}t	以指定格式 format 表示的时间
%T	为响应请求而耗费的时间，单位为 s
%u	远程用户
%U	用户所请求的 URL 路径
%v	响应请求的服务器的 ServerName
%V	依照 UseCanonicalName 设置得到的服务器名字
%I	接收的字节数，包含头与正文
%O	发送的字节数，包含头与正文

Apache 使用 LogLevel 定义记录错误日志的等级标准。不同级别日志记录详细程度不同，比如说当指定级别为 error 时，crit、alert、emerg 信息也会被记录。

错误日志记录等级见表 3-2-3。

表 3-2-3　错误日志记录等级表

等级	说明
emerg	紧急，系统无法使用
alert	必须立即采取措施
crit	关键错误，危险情况的警告，由于配置不当所致
error	一般错误
warn	警告信息，不算是错误信息，主要记录服务器出现的某种信息
notice	需要引起注意的情况
info	值得报告的一般消息，比如服务器重启
debug	由运行 debug 模式的程序所产生的消息

任务三　实现 LAMP 的部署和测试

【任务介绍】

LAMP 是发布 PHP 程序的开源稳定架构，由 Linux 作为操作系统、Apache 作为网站服务器、MySQL/MariaDB 作为数据库管理系统、PHP/Perl/Python 作为服务器端脚本解释器。

本任务使用 CentOS 操作系统，使用 Apache 网站服务器，使用 MariaDB 数据库管理系统，使用 PHP 服务器端脚本解释器，实现 LAMP 架构的网站服务器部署。

【任务目标】

（1）实现 LAMP 的部署。

（2）实现 LAMP 的测试。

【操作步骤】

步骤 1：创建虚拟机并完成 CentOS 的安装。

在 VirtualBox 中创建虚拟机，完成 CentOS 操作系统的安装。虚拟机与操作系统的配置信息见表 3-3-1 所示，注意虚拟机网卡工作模式为桥接。

步骤 2：完成虚拟机的主机配置、网络配置及通信测试。

启动并登录虚拟机，依据表 3-3-1 完成主机名和网络的配置，能够访问互联网和本地主机。

表 3-3-1　虚拟机与操作系统配置

虚拟机配置	操作系统配置
虚拟机名称： VM-Project-03-Task-02-10.10.2.105 内存：1024MB CPU：1 颗 1 核心 虚拟硬盘：10GB 网卡：1 块，桥接	主机名：Project-03-Task-02 IP 地址：10.10.2.105 子网掩码：255.255.255.0 网关：10.10.2.1 DNS：8.8.8.8

（1）虚拟机创建、操作系统安装、主机名与网络的配置，具体方法参见项目一。

（2）建议通过虚拟机复制快速创建所需环境。通过复制创建的虚拟机需依据本任务虚拟机与操作系统规划配置信息设置主机名与网络，实现对互联网和本地主机的访问。

（3）本任务需使用 yum 工具在线安装软件，建议将 yum 仓库配置为国内镜像服务以提高在线安装时的速度。

步骤 3：暂时关闭防火墙等安全措施。

为了 LAMP 能够被访问，临时关闭 CentOS 的防火墙 firewalld 服务，并将 SELinux 设置为 permissive 模式，具体方法参见本项目的任务二。

步骤 4：完成 Apache 的安装配置。

使用 yum 工具安装 Apache，启动 httpd 服务并配置为开机自启动，具体方法参见本项目的任务二。

步骤 5：完成 MariaDB 的安装配置。

使用 yum 工具安装 MariaDB 数据库管理系统，MariaDB 安装完成后将在 CentOS 中创建名为 mariadb 的服务，启动该服务并配置为开机自启动。

操作命令：

```
#使用 yum 工具安装 MariaDB
[root@Project-03-Task-03 ~]# yum install -y mariadb-server

#启动 mariadb 服务，并设置为开机自启动
[root@Project-03-Task-03 ~]# systemctl start mariadb
[root@Project-03-Task-03 ~]# systemctl enable mariadb

#设置 MariaDB 数据库管理系统 root 账户的密码为 centos@mariadb#123
[root@Project-03-Task-03 ~]# mysqladmin -uroot password 'centos@mariadb#123'
```

操作命令+配置文件+脚本程序+结束

步骤 6：完成 PHP 的安装配置。

本步骤需要使用 yum 工具安装两个软件，分别是 PHP 解析器、PHP 对 MariaDB 支持模块 php-mysqlnd。

考虑到本项目后续任务的需要，本任务安装 PHP 7.3 版本。CentOS 8 的 AppStream 库中同时存在 PHP 的 7.2 和 7.3 两个版本，但默认为 7.2。使用 yum 工具安装 PHP 时需指定安装 7.3 版本。

操作命令：

```
#使用 yum module list php 命令列出库中所有 PHP 模块
[root@Project-03-Task-03 ~]# yum module list php
Last metadata expiration check: 0:58:22 ago on Thu 13 Feb 2020 01:31:06 PM CST.
CentOS-8 - AppStream
Name     Stream      Profiles                    Summary
php      7.2 [d]     common [d], devel, minimal  PHP scripting language
php      7.3         common, devel, minimal      PHP scripting language

Hint: [d]efault, [e]nabled, [x]disabled, [i]nstalled

#使用 yum module enable 命令启用库中的 PHP 7.3 软件
[root@Project-03-Task-03 ~]# yum module -y enable php:7.3
Last metadata expiration check: 0:58:36 ago on Thu 13 Feb 2020 01:31:06 PM CST.
Dependencies resolved.
==========================================================================
 Package        Architecture     Version              Repository      Size
==========================================================================
Enabling module streams:
 php                             7.3

Transaction Summary
=================================================================
Complete!

#使用 yum 工具安装 PHP 7.3 解析器
[root@Project-03-Task-03 ~]# yum install -y php
Last metadata expiration check: 0:04:51 ago on Thu 13 Feb 2020 02:37:24 PM CST.
Dependencies resolved.
================================================================================
 Package            Arch      Version                              Repo       Size
================================================================================
#安装 PHP 版本、大小等信息
Installing:
 php                x86_64    7.3.5-3.module_el8.1.0+252+0d4e049c  AppStream  1.5 M
#安装的依赖软件等信息
Installing dependencies:
 nginx-filesystem noarch 1:1.14.1-9.module_el8.0.0+184+e34fea82    AppStream  24 k
 php-cli            x86_64    7.3.5-3.module_el8.1.0+252+0d4e049c  AppStream  3.0 M
 php-common         x86_64    7.3.5-3.module_el8.1.0+252+0d4e049c  AppStream  663 k
Installing weak dependencies:
 php-fpm            x86_64    7.3.5-3.module_el8.1.0+252+0d4e049c  AppStream  1.6 M

```

```
Transaction Summary
================================================================
Install   5 Packages

#安装 PHP 需要安装 5 个软件，总下载大小为 6.8M，安装后将占用磁盘 28M
Total download size: 6.8 M
Installed size: 28 M
Downloading Packages:
(1/5): nginx-filesystem-1.14.1-9.module_el8.0.0          14 kB/s  | 24 kB      00:01
#为了排版方便，此处省略了部分提示信息
(5/5): php-cli-7.3.5-3.module_el8.1.0+252+0d4e0          1.6 MB/s | 3.0 MB     00:01
------------------------------------------------------------------------------------------
Total                                                    3.6 MB/s | 6.8 MB     00:01
Running transaction check
Transaction check succeeded.
Running transaction test
Transaction test succeeded.
Running transaction
  Preparing    :                                                               1/1
  Installing   : php-common-7.3.5-3.module_el8.1.0+252+0d4e049c.x86_6          1/5
  #为了排版方便，此处省略了部分提示信息
  Verifying    : php-fpm-7.3.5-3.module_el8.1.0+252+0d4e049c.x86_64            5/5
#下述信息说明安装 PHP 时安装以下软件，且已安装成功
Installed:
  php-7.3.5-3.module_el8.1.0+252+0d4e049c.x86_64
  #为了排版方便，此处省略了部分提示信息
  php-common-7.3.5-3.module_el8.1.0+252+0d4e049c.x86_64
Complete!

#使用 yum 工具安装 php-mysqlnd 模块
[root@Project-03-Task-03 ~]# yum install -y php-mysqlnd
Last metadata expiration check: 0:11:45 ago on Thu 13 Feb 2020 02:37:24 PM CST.
Dependencies resolved.
==========================================================================================
 Package          Arch      Version                                  Repository   Size
==========================================================================================
Installing:
 php-mysqlnd      x86_64    7.3.5-3.module_el8.1.0+252+0d4e049c      AppStream    189 k

#安装的依赖软件信息
Installing dependencies:
 php-pdo          x86_64    7.3.5-3.module_el8.1.0+252+0d4e049c      AppStream    122 k
Transaction Summary
================================================================
Install   2 Packages
#安装 php-mysqlnd 需安装 2 个模块，总大小为 311k，安装后占用磁盘 774k
Total download size: 311 k
Installed size: 774 k
Downloading Packages:
```

```
(1/2): php-pdo-7.3.5-3.module_el8.1.0+252+0d4e0          63 kB/s  |  122 kB     00:01
(2/2): php-mysqlnd-7.3.5-3.module_el8.1.0+252+0          91 kB/s  |  189 kB     00:02
----------------------------------------------------------------------------------------------------
Total                                                    150 kB/s |  311 kB     00:02
Running transaction check
Transaction check succeeded.
Running transaction test
Transaction test succeeded.
Running transaction
  Preparing    :                                                                 1/1
  Installing   : php-pdo-7.3.5-3.module_el8.1.0+252+0d4e049c.x86_64              1/2
  #为了排版方便，此处省略了部分提示信息
  Verifying    : php-pdo-7.3.5-3.module_el8.1.0+252+0d4e049c.x86_64              2/2
#下述信息说明安装 php-mysqlnd 模块将会安装以下软件，且已安装成功
Installed:
  php-mysqlnd-7.3.5-3.module_el8.1.0+252+0d4e049c.x86_64
  php-pdo-7.3.5-3.module_el8.1.0+252+0d4e049c.x86_64
Complete!
```

操作命令+配置文件+脚本程序+结束

步骤 7：LAMP 部署测试。

LAMP 测试包含 3 个部分，具体如下。

- 安装的服务是否正常启动。
- 安装的服务是否已配置为开机自启动。
- 安装的服务是否能够正常工作，功能是否正常实现。

（1）对服务运行状态和开机自启动进行验证。

操作命令：

```
#验证 Apache 的 httpd 服务是否正常启动
[root@Project-03-Task-03 ~]# systemctl status httpd
● httpd.service - The Apache HTTP Server
#为了排版方便，此处仅显示与状态判断有关的内容
   #httpd 服务的活跃状态，结果值为 active 表示服务正常运行
   Active: active (running) since Thu 2020-02-13 21:05:23 CST; 14h ago

#验证 MariaDB 的 mariadb 服务是否正常启动
[root@Project-03-Task-03 ~]# systemctl status mariadb
● mariadb.service - MariaDB 10.3 database server
#为了排版方便，此处仅显示与状态判断有关的内容
   #mariadb 服务的活跃状态，结果值为 active 表示服务正常运行
   Active: active (running) since Fri 2020-02-14 11:09:10 CST; 5min ago

#验证 PHP 解析器是否安装
[root@Project-03-Task-03 ~]# php -v
#PHP 版本及版权声明信息
PHP 7.3.5 (cli) (built: Apr 30 2019 08:37:17) ( NTS )
Copyright (c) 1997-2018 The PHP Group
```

```
Zend Engine v3.3.5, Copyright (c) 1998-2018 Zend Technologies

#验证 Apache 的 httpd 服务是否设置为开机自启动
[root@Project-03-Task-03 ~]# systemctl list-unit-files | grep httpd.service
#下述信息说明 httpd 服务已配置为开机自启动
httpd.service                                    enabled

#验证 MariaDB 的 mariadb 服务是否设置为开机自启动
[root@Project-03-Task-03 ~]# systemctl list-unit-files | grep mariadb.service
#下述信息说明 mariadb 服务已配置为开机自启动
mariadb.service                                  enabled
```

操作命令+配置文件+脚本程序+结束

（2）对 LAMP 功能进行验证。

操作命令：

```
#使用 echo 指令在 Apache 默认网站下快速创建 PHP 测试程序
[root@Project-03-Task-03 ~]# echo "<?php phpinfo(); ?>" > /var/www/html/test.php
```

操作命令+配置文件+脚本程序+结束

在本地主机通过浏览器访问测试程序 test.php，看到如图 3-3-1 所示内容表示 PHP 程序能够正常运行，LAMP 环境部署成功。

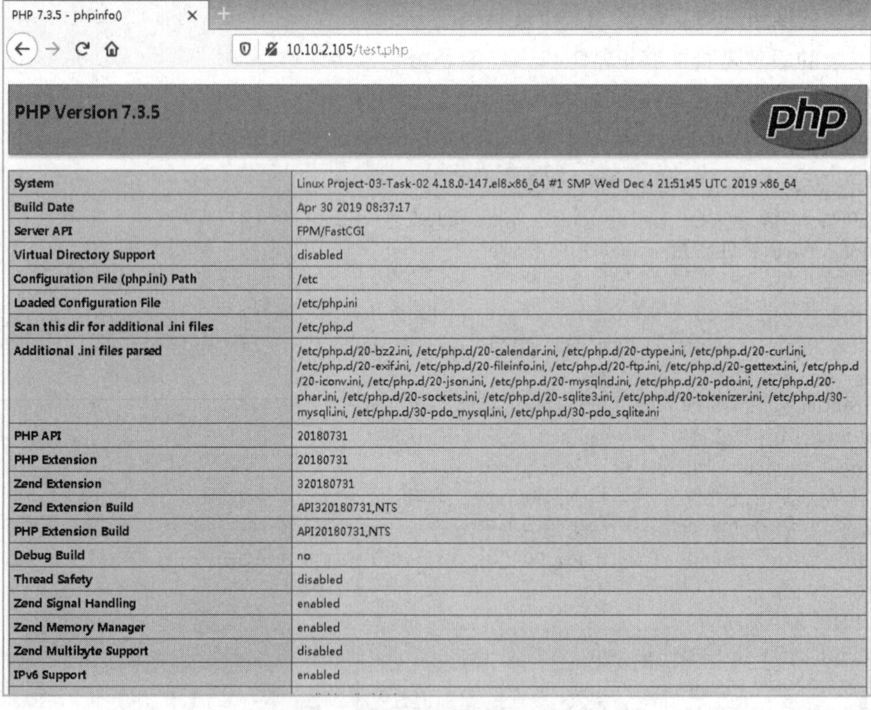

PHP 7.3.5 - phpinfo()

10.10.2.105/test.php

PHP Version 7.3.5

System	Linux Project-03-Task-02 4.18.0-147.el8.x86_64 #1 SMP Wed Dec 4 21:51:45 UTC 2019 x86_64
Build Date	Apr 30 2019 08:37:17
Server API	FPM/FastCGI
Virtual Directory Support	disabled
Configuration File (php.ini) Path	/etc
Loaded Configuration File	/etc/php.ini
Scan this dir for additional .ini files	/etc/php.d
Additional .ini files parsed	/etc/php.d/20-bz2.ini, /etc/php.d/20-calendar.ini, /etc/php.d/20-ctype.ini, /etc/php.d/20-curl.ini, /etc/php.d/20-exif.ini, /etc/php.d/20-fileinfo.ini, /etc/php.d/20-ftp.ini, /etc/php.d/20-gettext.ini, /etc/php.d/20-iconv.ini, /etc/php.d/20-json.ini, /etc/php.d/20-mysqlnd.ini, /etc/php.d/20-pdo.ini, /etc/php.d/20-phar.ini, /etc/php.d/20-sockets.ini, /etc/php.d/20-sqlite3.ini, /etc/php.d/20-tokenizer.ini, /etc/php.d/30-mysqli.ini, /etc/php.d/30-pdo_mysql.ini, /etc/php.d/30-pdo_sqlite.ini
PHP API	20180731
PHP Extension	20180731
Zend Extension	320180731
Zend Extension Build	API320180731,NTS
PHP Extension Build	API20180731,NTS
Debug Build	no
Thread Safety	disabled
Zend Signal Handling	enabled
Zend Memory Manager	enabled
Zend Multibyte Support	disabled
IPv6 Support	enabled

图 3-3-1　PHP 程序运行信息页面

任务四　通过 WordPress 建设内容网站

操作视频

执行脚本

【任务介绍】

WordPress 是全球应用最为广泛的博客系统之一，是一款基于 PHP 语言的开源软件。WordPress 不仅能够搭建个人博客，也可作为内容管理系统建设内容网站。

本任务基于 LAMP 环境部署 WordPress 程序，实现内容网站的建设。

本任务在任务三的基础上进行。

【任务目标】

（1）实现 WordPress 的部署。

（2）实现内容网站的建设与发布。

【任务设计】

本任务通过 WordPress 程序建设内容网站并发布，内容网站规划见表 3-4-1。

表 3-4-1　内容网站发布规划表

网站名称	访问地址	网站存放目录
Linux 服务器构建与企业运维从基础到实战	http://10.10.2.105	/var/www/wordpress

提醒

表 3-4-1 访问地址中的 IP 地址需根据实际情况进行调整。

【操作步骤】

步骤 1：验证是否满足 WordPress 部署要求。

本任务安装的 WordPress 版本为 5.3.2，该版本部署需要的基本条件见表 3-4-2。

表 3-4-2　WordPress 部署基本条件表

网站服务器	Apache 或 Nginx
数据库管理系统	MySQL 5.6 或 MariaDB 10.1 或更高版本
PHP 解释器	7.3 或更高版本

在安装 WordPress 之前需验证系统环境是否满足要求。

操作命令：

```
1.    #使用 php -v 命令验证已安装的 PHP 版本
```

```
[root@Project-03-Task-03 ~]# php -v
#PHP 版本为 7.3.5，符合部署基本条件
PHP 7.3.5 (cli) (built: Apr 30 2019 08:37:17) ( NTS )
Copyright (c) 1997-2018 The PHP Group
Zend Engine v3.3.5, Copyright (c) 1998-2018 Zend Technologies
#使用 rpm -qa 命令验证已安装的 MariaDB 版本
[root@Project-03-Task-03 ~]# rpm -qa | grep mariadb
#mariadb 版本为 10.3.17，符合部署基本条件
mariadb-common-10.3.17-1.module_el8.1.0+257+48736ea6.x86_64
mariadb-10.3.17-1.module_el8.1.0+257+48736ea6.x86_64
#为了排版方便，此处省略了部分提示信息
```

操作命令+配置文件+脚本程序+结束

步骤 2：部署前的准备工作。

在 WordPress 的安装部署之前，需要进行两个准备工作，一是在 MariaDB 上创建 WordPress 所需的数据库，二是安装 php-json 模块。

操作命令：

```
#使用 root 账户登录 MariaDB 数据库
[root@Project-03-Task-03 ~]# mysql -u root -p
#输入任务三设置的 MariaDB 的密码，密码为：centos@mariadb#123
Enter password:
Welcome to the MariaDB monitor.  Commands end with ; or \g.
Your MariaDB connection id is 18
Server version: 10.3.17-MariaDB MariaDB Server
Copyright (c) 2000, 2018, Oracle, MariaDB Corporation Ab and others.
Type 'help;' or '\h' for help. Type '\c' to clear the current input statement.
#在 MariaDB 数据库内进行操作，创建名为 wordpressdb 的数据库
MariaDB [(none)]> create database wordpressdb;
Query OK, 1 row affected (0.000 sec)
#查看所有的数据库，验证数据库是否创建成功
MariaDB [(none)]> show databases;
+--------------------+
| Database           |
+--------------------+
| information_schema |
| mysql              |
| performance_schema |
| wordpressdb        |
+--------------------+
4 rows in set (0.001 sec)
#退出数据库连接
MariaDB [(none)]> exit
Bye
```

```

#使用 yum 工具安装 php-json 模块
[root@Project-03-Task-03 html]# yum install -y php-json
Last metadata expiration check: 0:18:54 ago on Thu 13 Feb 2020 02:37:24 PM CST.
Dependencies resolved.
================================================================================
 Package        Arch       Version                                Repository     Size
================================================================================
Installing:
 php-json       x86_64     7.3.5-3.module_el8.1.0+252+0d4e049c    AppStream      73 k

Transaction Summary
==================================================================
Install  1 Package
#安装 php-json 需要安装 1 个软件，总下载大小为 73k，安装后将占用磁盘 53k
Total download size: 73 k
Installed size: 53 k
Downloading Packages:
php-json-7.3.5-3.module_el8.1.0+252+0d4e049c.x8        936 kB/s  |  73 kB      00:00
---------------------------------------------------------------------------
Total                                                   909 kB/s  |  73 kB      00:00
Running transaction check
Transaction check succeeded.
Running transaction test
Transaction test succeeded.
Running transaction
  Preparing        :                                                          1/1
  Installing       : php-json-7.3.5-3.module_el8.1.0+252+0d4e049c.x86_64      1/1
  Running scriptlet: php-json-7.3.5-3.module_el8.1.0+252+0d4e049c.x86_64      1/1
  Verifying        : php-json-7.3.5-3.module_el8.1.0+252+0d4e049c.x86_64      1/1
#下述信息说明 php-json 已安装成功
Installed:
  php-json-7.3.5-3.module_el8.1.0+252+0d4e049c.x86_64
Complete!
```

操作命令+配置文件+脚本程序+结束

步骤 3：获取 WordPress 程序。

本任务使用 wget 工具从 WordPress 官方网站下载程序。wget 可使用 yum 工具在线安装，WordPress 程序的下载路径可通过官方网站查看获得。

操作命令：

```
#使用 yum 工具安装 wget
[root@Project-03-Task-03 ~]# yum install -y wget
Last metadata expiration check: 0:46:28 ago on Thu 13 Feb 2020 04:31:22 PM CST.
Dependencies resolved.
================================================================================
```

```
 Package                Architecture      Version                          Repository         Size
======================================================================================
#安装的 wget 版本、大小等信息
Installing:
 wget                   x86_64            1.19.5-8.el8_1.1                 AppStream          735 k

Transaction Summary
=================================================================
Install  1 Package
#安装 wget 需安装一个软件，下载大小为 735k，安装后将占用磁盘 2.9M
Total download size: 735 k
Installed size: 2.9 M
Downloading Packages:
wget-1.19.5-8.el8_1.1.x86_64.rpm                              390 kB/s  |  735 kB     00:01
-----------------------------------------------------------------------------
Total                                                         389 kB/s  |  735 kB     00:01
Running transaction check
Transaction check succeeded.
Running transaction test
Transaction test succeeded.
Running transaction
  Preparing:                                                                  1/1
  Installing: wget-1.19.5-8.el8_1.1.x86_64                                    1/1
  Running scriptlet: wget-1.19.5-8.el8_1.1.x86_64                             1/1
  Verifying: wget-1.19.5-8.el8_1.1.x86_64                                     1/1
#下述信息说明 wget 已安装成功
Installed:
  wget-1.19.5-8.el8_1.1.x86_64
Complete!

#使用 wget 工具下载 WordPress 文件到指定目录，应用程序存放在账号目录下
[root@Project-03-Task-03 ~]# wget https://cn.wordpress.org/latest-zh_CN.zip
--2020-02-11 14:20:29--  https://cn.wordpress.org/latest-zh_CN.zip
Resolving cn.wordpress.org (cn.wordpress.org)... 198.143.164.252
Connecting to cn.wordpress.org (cn.wordpress.org)|198.143.164.252|:44... connected.
HTTP request sent, awaiting response... 200 OK
#下载文件大小为：13M
Length: 13427353 (13M) [application/zip]
#WordPress 下载后存放的位置为：~/latest-zh_CN.zip
Saving to: 'latest-zh_CN.zip'
#下述信息表示文件下载成功
latest-zh_CN.zip     100%[==============>]  12.80M  12.2KB/s     in 13m 47s
2020-02-11 14:34:18 (15.9 KB/s) - 'latest-zh_CN.zip' saved [13427353/13427353]

```

```
#WordPress 下载后的程序为 zip 格式的压缩包，安装 unzip 工具进行解压操作
#使用 yum 工具安装 unzip
[root@Project-03-Task-03 ~]# yum install -y unzip
Last metadata expiration check: 0:53:14 ago on Thu 13 Feb 2020 04:31:22 PM CST.
Dependencies resolved.
================================================================================
 Package            Architecture      Version                  Repository    Size
================================================================================
#安装的 unzip 版本、大小等信息
Installing:
 unzip              x86_64            6.0-41.el8               BaseOS        193 k

Transaction Summary
================================================================
Install  1 Package
#安装 unzip 需安装一个软件，下载大小为 193k，安装后将占用磁盘 421k
Total download size: 193 k
Installed size: 421 k
Downloading Packages:
unzip-6.0-41.el8.x86_64.rpm                          299 kB/s | 193 kB     00:00
--------------------------------------------------------------------------------
Total                                                298 kB/s | 193 kB     00:00
Running transaction check
Transaction check succeeded.
Running transaction test
Transaction test succeeded.
Running transaction
  Preparing:                                                          1/1
  Installing: unzip-6.0-41.el8.x86_64                                 1/1
  Running scriptlet: unzip-6.0-41.el8.x86_64                          1/1
  Verifying: unzip-6.0-41.el8.x86_64                                  1/1
#下述信息说明 unzip 已安装成功
Installed:
  unzip-6.0-41.el8.x86_64
Complete!

#使用 unzip 工具将~/latest-zh_CN.zip 文件解压到/var/www 目录下
[root@Project-03-Task-03 ~]# unzip latest-zh_CN.zip -d /var/www

#设置 wordpress 目录所属用户和组均为 apache
[root@Project-03-Task-03 ~]# chown -R apache:apache /var/www/wordpress
#设置 wordpress 目录的权限为 755
[root@Project-03-Task-03 ~]# chmod -R 755 /var/www/wordpress
```

操作命令+配置文件+脚本程序+结束

（1）从 WordPress 官方网站下载程序时发生错误，可多尝试几次下载操作。

（2）建议在本地主机下载 WordPress 程序后，通过 sftp 协议上传到 CentOS 服务器中，进行解压缩和部署。

（3）wget 工具可在命令状态下模拟浏览器操作。

步骤 4：配置 Apache 发布网站。

本任务使用 80 端口以默认网站的方式发布内容网站，需要完成的操作如下。

- 配置 httpd.conf 以进行内容网站发布。
- 配置 welcome.conf 以关停 Apache 默认网站。

（1）使用 vi 工具配置 Apache 的 httpd.conf 文件。

配置文件：/etc/httpd/conf/httpd.conf

```
#httpd.conf 配置文件内容较多，本部分仅显示与默认网站配置有关的内容
#默认网站配置
Listen 80
#将默认网站目录/var/www/html 改为/var/www/wordpress
DocumentRoot "/var/www/wordpress"
<Directory "/var/www/wordpress">
    Options Indexes FollowSymLinks
    AllowOverride None
    Require all granted
</Directory>
```

操作命令+配置文件+脚本程序+结束

（2）配置 Apache 的 welcome.conf 文件。welcome.conf 主要是在网站根路径无默认首页时，显示 Apache 欢迎信息。本操作通过将 welcome.conf 文件所有内容注释以实现关闭该功能，也可直接删除 welcome.conf 文件达到目的。

配置文件：/etc/httpd/conf.d/welcome.conf

```
# This configuration file enables the default "Welcome" page if there
# is no default index page present for the root URL.  To disable the
# Welcome page, comment out all the lines below.
#
# NOTE: if this file is removed, it will be restored on upgrades.
#<LocationMatch "^/+$">
#为了排版方便，此处省略了部分提示信息
#</Directory>
```

操作命令+配置文件+脚本程序+结束

步骤 5：初始化安装。

（1）在本地主机打开浏览器，输入内容网站的地址即可看到安装欢迎信息，单击“现在就开始！”按钮开始安装，如图 3-4-1 所示。

图 3-4-1　初始化安装欢迎页面

（2）根据提示填写步骤 2 中配置的 MariaDB 数据库信息，如图 3-4-2 所示，单击“提交”按钮测试数据库连接，测试成功后单击“现在安装”按钮。

（3）在欢迎界面填写网站基本信息，单击“安装 WordPress”按钮，如图 3-4-3 所示。等待安装程序执行完毕后出现如图 3-4-4 所示的页面，表示安装成功。

图 3-4-2　填写数据库连接配置页面

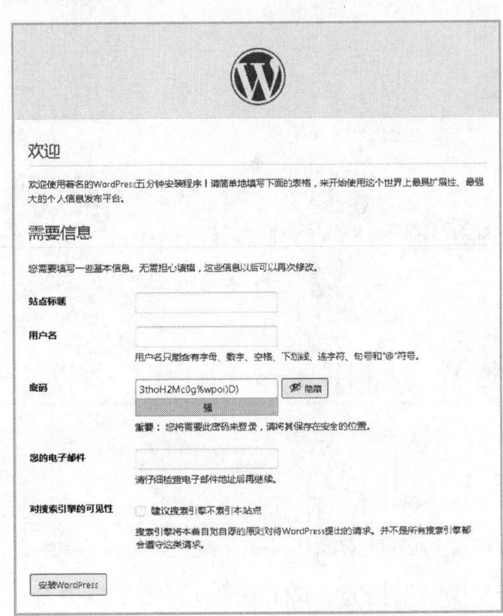

图 3-4-3　站点信息配置页面

步骤 6：服务测试。

在本地主机上通过浏览器访问内容网站地址，可访问部署成功的内容网站，如图 3-4-5 所示。

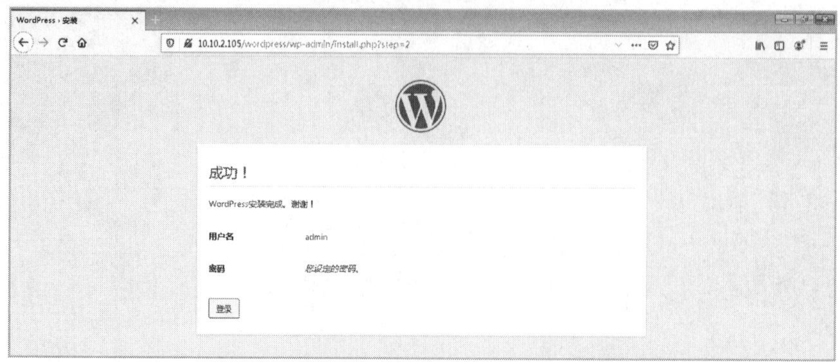

图 3-4-4　WordPress 安装成功提示页面

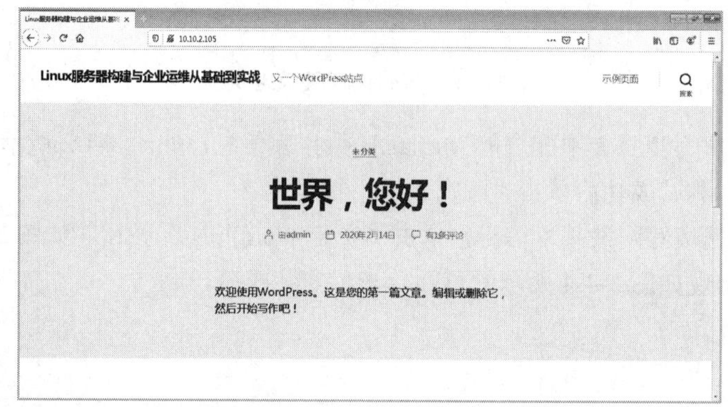

图 3-4-5　内容网站首页

（1）部署网站等业务时，建议为每个业务创建独立的数据库和数据库账号。

（2）部署网站等业务时，应做详细的部署安装笔记，特别是做好账号、密码、地址等关键信息的记录。

任务五　提升 Apache 的安全性

【任务介绍】

网站安全是网络安全和信息安全的重要组成部分，提升 Apache 网站服务器的安全性是保障网站安全的重要措施。本任务通过多个手段提升 Apache 的安全性，保障内容网站安全可靠提供服务。

本任务在任务四的基础上进行。

【任务目标】

实现 Apache 网站服务器的安全性配置。

【操作步骤】

步骤 1：设置网站访问范围。

设置网站访问范围可以有效地阻隔恶意主机的攻击，极大地提升网站的安全性。本步骤将内容网站的可访问范围设置为两条规则，具体如下。

- 允许所有地址访问内容网站。
- 禁止 10.10.2.116 地址访问内容网站。

Apache 网站服务器通过 Require 选项实现网站访问范围限制，可通过修改 Apache 的配置文件 httpd.conf 实现，配置文件修改后的信息如下。

配置文件：/etc/httpd/conf/httpd.conf

```
#httpd.conf 配置文件内容较多，本部分仅显示与网站访问范围配置有关的内容
<Directory "/var/www/wordpress">
Options  Indexes  FollowSymLinks
AllowOverride  None
#设置网站访问范围
<RequireAll>
Require  all  granted
   Require  not  ip  10.10.2.116
</RequireAll>
</Directory>
```

操作命令+配置文件+脚本程序+结束

配置完成后，重新载入配置文件使其生效。

在 IP 地址为 10.10.2.116 的主机上打开浏览器访问内容网站，将出现 403 Forbidden 页面，如图 3-5-1 所示。

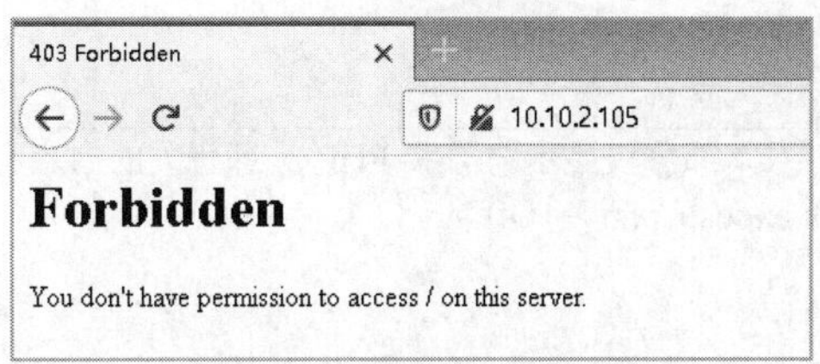

图 3-5-1　访问拒绝页面

（1）Apache 的 Require 项常用指令如下所示。

- Require all granted，允许所有来源访问。
- Require all denied，拒绝所有来源访问。
- Require ip 127.0.0.1，只允许特定 IP 段访问，多个 IP 段之间使用空格隔开，这里是只允许 IP 地址为 127.0.0.1 的来源主机访问。

- Require host domain.com，只允许来自域名 domain.com 的主机访问。
- Require 项可以配置多个。

（2）Require 项配合<RequireAll>、<RequireAny>、<RequireNone>标签对可以进行更加复杂的访问限制。

- RequireAll，访问请求必须全部符合设置的允许访问规则，才能访问网站。
- RequireAny，访问请求符合设置的任意一条允许访问规则，就能访问网站。
- RequireNone，访问请求符合设置的任意一条规则，都不能访问网站。不能独立使用，一般与其他标签对配合使用。

步骤 2：隐藏服务器敏感信息。

“知彼知己，百战不殆”，隐藏 Apache 网站服务器和 PHP 解析器的敏感信息，亦可有效降低精准攻击的概率，降低服务器的风险。Apache 网站服务器通过 ServerTokens 选项隐藏版本等敏感信息，PHP 解析器通过 expose_php 选项隐藏敏感信息。

本步骤分别实现 Apache 网站服务器和 PHP 解析器的信息保护，具体操作步骤如下。

（1）修改 httpd.conf 文件隐藏网站服务器敏感信息。使用 vi 工具编辑 Apache 配置文件/etc/httpd/conf/httpd.conf，编辑后的配置文件信息如下所示。配置完成后，重新载入配置文件使其生效。

配置文件：/etc/httpd/conf/httpd.conf

```
#httpd.conf 配置文件内容较多，本部分仅显示与隐藏 Apache 敏感信息有关的内容
#在文件的最底部增加下述内容
ServerTokens  Prod
```

操作命令+配置文件+脚本程序+结束

（2）修改 php.ini 文件隐藏 PHP 敏感信息。使用 vi 工具编辑 php 配置文件/etc/php.ini，编辑后的配置文件信息如下所示。

配置文件：/etc/php.ini

```
#php.ini 配置文件内容较多，本部分仅显示与隐藏 PHP 信息有关的内容
#将 expose_php = On 改为 expose_php = Off
expose_php = Off
```

操作命令+配置文件+脚本程序+结束

配置完成后，重新载入配置文件使其生效。

操作命令：

```
[root@Project-03-Task-03 ~]# systemctl reload php-fpm
```

操作命令+配置文件+脚本程序+结束

在本地主机使用浏览器访问网站后，按 F12 键或者通过浏览器菜单打开开发者工具，在“网络”标签页任选一个网站文件，查看 HTTP 请求中的响应头信息。

在隐藏服务器敏感信息前后分别访问网站，对比可知 Server 项信息改变、X-Powered-By 项消

失，如图 3-5-2 和图 3-5-3 所示。

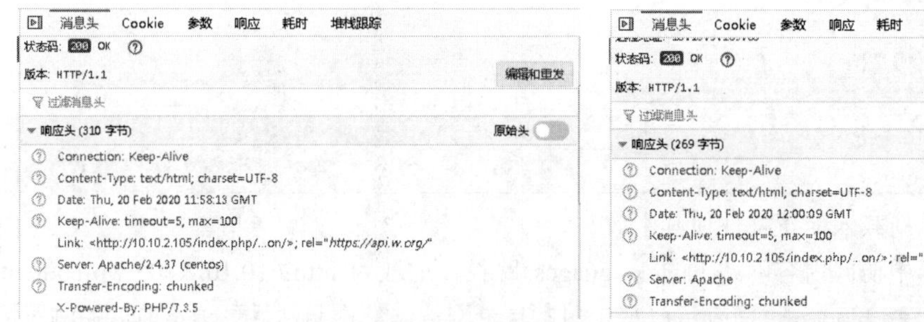

图 3-5-2　隐藏服务器敏感信息前的响应头信息

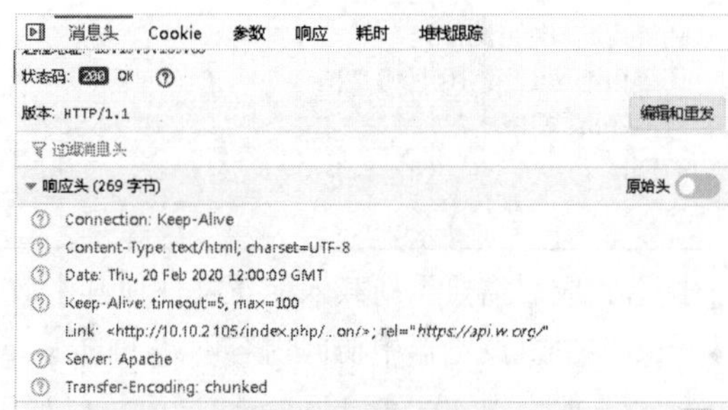

图 3-5-3　隐藏服务器敏感信息后的响应头信息

（1）Apache 的 ServerTokens 共有 6 个选项，其作用分别如下所示。

- ServerTokens Full，显示全部信息包含 Apache 支持的模块及模块版本号。
- ServerTokens Prod，仅显示网站服务器名称，即 Server:Apache。
- ServerTokens Major，显示网站服务器信息包括主版本号，即 Server: Apache/2。
- ServerTokens Minor，显示网站服务器信息包括次版本号，即 Server: Apache/2.4。
- ServerTokens Min，显示网站服务器信息包含完整版本号，即 Server: Apache/2.4.37。
- ServerTokens OS，显示网站服务器信息包含操作系统类型，即 Server: Apache/2.4.37(centOS)。

（2）PHP 的 expose_php 共有 2 个选项，其作用分别如下所示。

- On，在网站服务器上显示已安装 PHP 信息。
- Off，在网站服务器上不显示已安装 PHP 信息。

（3）使用 vi 工具进行内容编辑时，可以在查看模式下键入“/”后面再输入信息进行内容的检索。

步骤 3：禁止网站目录浏览。

禁止网站目录浏览可有效保护网站信息不被泄露，屏蔽非法用户的恶意浏览。本步骤使用 vi 工具修改/etc/httpd/conf/httpd.conf 配置文件禁止网站目录浏览，修改后的配置文件信息如下。

配置文件：/etc/httpd/conf/httpd.conf

```
#httpd.conf 配置文件内容较多，本部分仅显示与禁止网站目录浏览有关的内容
<Directory "/var/www/wordpress">
        #Options 项设置为 None，目录不启用任何服务器特性
Options  None
AllowOverride  None
```

```
#设置网站访问范围
<RequireAll>
Require all granted
Require not ip 10.10.3.226
</RequireAll>
</Directory>
```

操作命令+配置文件+脚本程序+结束

配置完成后需要重新载入配置文件使其生效。

在本地主机浏览器中访问内容网站下的 languages 路径，地址为 http://10.10.2.105/wp-content/languages，如出现 403 Forbidden 页面表示已禁止网站目录浏览，禁止网站目录浏览前后的浏览情况对比如图 3-5-4、图 3-5-5 所示。

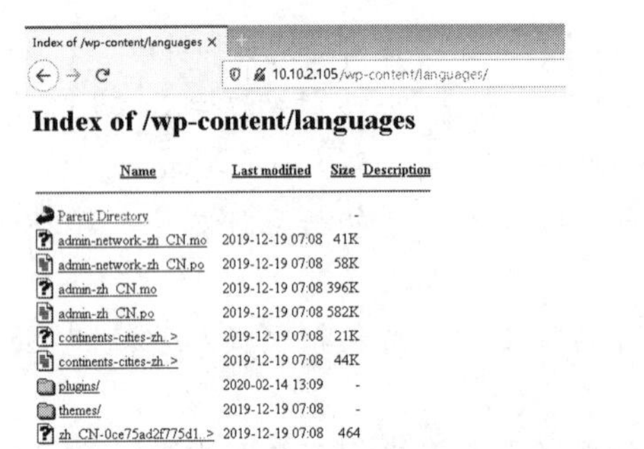

图 3-5-4　禁止网站目录浏览前的访问情况

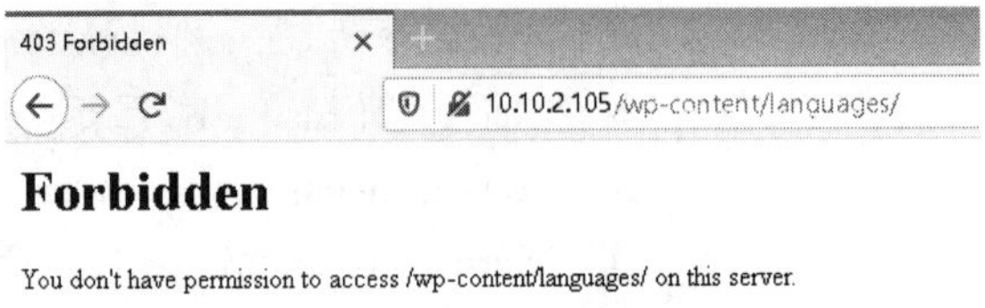

Forbidden

You don't have permission to access /wp-content/languages/ on this server.

图 3-5-5　禁止网站目录浏览后的访问情况

小贴士

Apache 的 Option 常用选项如下所示。

- Options All，显示除 MultiViews 之外的所有特性。
- Options MultiViews，允许多重内容被浏览。
- Options Indexes，如目录下无 index 文件，则显示该目录下的文件。
- Options IncludesNOEXEC，允许使用服务器端 include，但不可使用#exec 和#include 功能。
- Options Includes，允许使用服务器端 include。
- Options FollowSymLinks，在目录中服务器将跟踪符号链接。
- Options SymLinksIfOwnerMatch，在目录中仅跟踪本站点内的链接。
- Options ExecCGI，在目录下准许使用 CGI。
- Options 后可附加多种服务器特性，特性之间使用空格隔开。

步骤 4：开启 SELinux、防火墙进行安全防护。

本项目的上述任务中为了访问业务，均临时关闭了 SELinux、防火墙等安全防护措施，为了确保操作系统的安全以及网站访问的安全性，本步骤开启 SELinux、防火墙进行安全防护。

（1）将 SELinux 工作模式设置为 enforcing。

操作命令：

```
[root@Project-03-Task-03 ~]# setenforce 1
#使用 sestatus 查看 SELinux 状态信息
[root@Project-03-Task-03 ~]# sestatus
#SELinux 已开启
SELinux status:                 enabled
SELinuxfs mount:                /sys/fs/selinux
SELinux root directory:         /etc/selinux
Loaded policy name:             targeted
#当前工作模式为 enforcing 强制模式
Current mode:                   enforcing
Mode from config file:          enforcing
Policy MLS status:              enabled
Policy deny_unknown status:     allowed
Memory protection checking:     actual (secure)
Max kernel policy version:      31
```

操作命令+配置文件+脚本程序+结束

（2）开启防火墙并开放 80 端口。

操作命令：

```
#开启防火墙并验证防火墙状态
[root@Project-03-Task-03 ~]# systemctl start firewalld
[root@Project-03-Task-03 ~]# systemctl status firewalld
● firewalld.service - firewalld - dynamic firewall daemon
   Loaded: loaded (/usr/lib/systemd/system/firewalld.service; enabled; vendor p>
   #防火墙状态，结果值为 active 表示活跃
   Active: active (running) since Fri 2020-02-14 16:11:13 CST; 22min ago
     Docs: man:firewalld(1)
 #主进程 ID 为 10155
 Main PID: 1015 (firewalld)
    Tasks: 2 (limit: 11110)
   Memory: 36.7M
   CGroup: /system.slice/firewalld.service
  └─1015 /usr/libexec/platform-python -s /usr/sbin/firewalld --nofork >
Feb 14 16:11:12 Project-03-Task-03 systemd[1]: Starting firewalld - dynamic fir>
Feb 14 16:11:13 Project-03-Task-03 systemd[1]: Started firewalld - dynamic fire>

#在防火墙上开放 80 端口，并重载防火墙配置使其生效
[root@Project-03-Task-03 ~]# firewall-cmd --permanent --zone=public --add-port=80/tcp
Warning: ALREADY_ENABLED: 80:tcp
success
[root@Project-03-Task-03 ~]# firewall-cmd --reload
success
```

操作命令+配置文件+脚本程序+结束

项目四

使用 Nginx 实现代理服务

项目介绍

代理服务是连接互联网与局域网的重要安全措施，Nginx 是最常用的代理服务软件之一。本项目在 Linux 平台下通过 Nginx 实现代理与负载均衡服务，并简要介绍通过 Apache Proxy 实现代理服务的方法。

Nginx 包含 Nginx Open Source 和 Nginx Plus 两个版本。Nginx Open Source 是开源免费版本，具备基本的代理服务器功能，在全球范围内有广泛的应用；Nginx Plus 是在开源基础上实现的商业版本，具有更丰富的状态监控、负载均衡模式、安全控制等功能。本项目选用 Nginx Open Source 版本。

项目目的

- 了解代理服务;
- 理解 Nginx 工作原理与安全性;
- 理解 Apache Proxy 的工作原理与安全性;
- 掌握 Nginx 的安装与基本配置;
- 掌握使用 Nginx 实现反向代理;
- 掌握使用 Nginx 实现负载均衡;
- 掌握使用 Apache Proxy 实现反向代理与负载均衡。

项目讲堂

1. 代理服务

代理服务可以实现互联网与局域网之间的通信，分为正向代理和反向代理两种。

（1）正向代理。当客户端无法访问外部资源时，可以通过正向代理间接访问。正向代理服务器是位于客户端与互联网上的网站服务器之间的服务器。为了从互联网上的网站服务器获取内容，客户端发送请求到正向代理服务器，然后正向代理服务器从互联网上的网站服务器中获取内容并返回给客户端。客户端必须专门配置正向代理服务器，如在浏览器中配置代理服务器等。

正向代理的工作原理如图 4-0-1 所示。

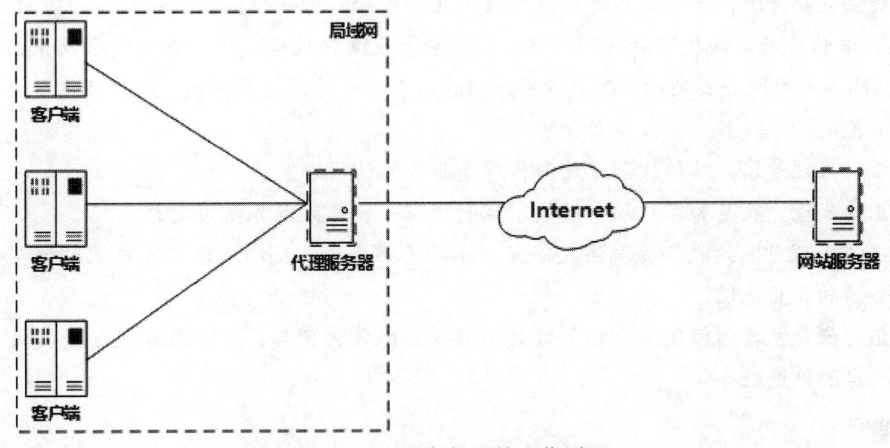

图 4-0-1　正向代理的工作原理

正向代理的典型应用就是为内部客户端访问外网提供方便，比如企业网/校园网内部用户通过代理访问外部网站等。在进行代理的同时，代理服务器能够使用缓存来缓解网站服务器负载，提升响应速度。

（2）反向代理。反向代理与正向代理相反，在客户端看来它就像是一个普通的网站服务器，客户端不需做任何配置。客户端发送请求到代理服务器，代理服务器决定将这些请求转发到何处。

反向代理的工作原理如图 4-0-2 所示。

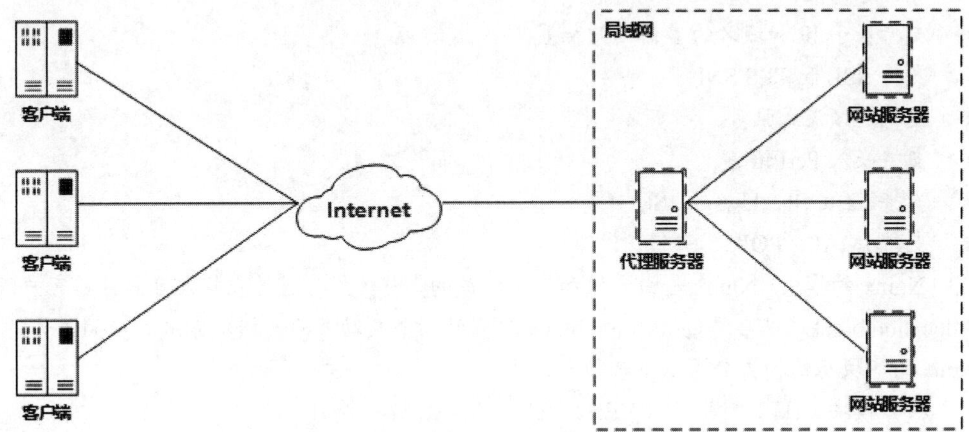

图 4-0-2　反向代理的工作原理

反向代理的主要作用如下。

- 隐藏服务器真实 IP，客户端只能看到代理服务器地址。
- 实现业务负载均衡，代理服务器可根据网站服务器的负载情况，将客户端请求分发到不同的网站服务器。
- 提高业务访问速度，代理服务器提供缓存服务，提高网站等业务的访问速度。
- 提供安全保障，代理服务器可作为应用层防火墙，为网站提供防护。

（3）正向代理与反向代理的区别。在正向代理与反向代理模式中，虽然代理服务器所处位置都是在客户端与网站服务器之间，都是将客户端的请求转发给网站服务器，但两者之间存在一定差异，具体如下。

- 正向代理是客户端的代理，反向代理是服务器的代理。
- 正向代理一般是为客户端架设的，反向代理一般是为服务器架设的。
- 正向代理中网站服务器无法获知客户端的真正地址，反向代理中客户端无法获知网站服务器的真正地址。
- 正向代理主要是解决内部访问外部网络受到限制的问题，反向代理主要是提供更为安全稳定的网站服务。

2. Nginx

（1）什么是 Nginx。Nginx 是开源的轻量级网站服务器软件，是高性能的 HTTP 和反向代理服务器软件，同时也是 IMAP/POP3/SMTP 协议的代理服务器软件。

Nginx 官网地址为：https://nginx.org，本项目使用的版本为 Nginx Open Source 1.14.1。

（2）Nginx 的主要特性。Nginx 的主要特性如下。

- 基于模块化的结构。
- 基于 EPOLL 事件驱动模型。
- 提供反向代理服务，可使用缓存加速反向代理，支持简单的负载均衡和容错。
- 支持基于文件的配置。
- 支持基于 IP 和域名的虚拟网站配置。
- 支持 SSL 和 TLS SNI。
- 支持视频流式服务。
- 支持嵌入 Perl 语言。
- 支持 FastCGI、Uwsgi、SCGI。
- 支持 IMAP、POP3、SMTP 代理。

（3）Nginx 的模块。Nginx 是由内核和模块组成的，内核主要通过查找配置文件将客户端请求映射到 location block，然后通过 location block 配置的指令启动不同的模块完成相应的工作。

Nginx 的模块从结构上分为以下 3 种。

- 核心模块：HTTP 模块、EVENT 模块、MAIL 模块等。
- 基础模块：HTTPAccess 模块、HTTPFastCGI 模块、HTTPProxy 模块、HTTPRewrite 模块等。

- 第三方模块：HTTPUpstream Request Hash 模块、Notice 模块、HTTPAccessKey 模块等。

Nginx 的模块从功能上分为以下 4 种。

- Core（核心模块）：构建 Nginx 基础服务，管理其他模块。
- Handlers（处理器模块）：此类模块直接处理请求，进行输出内容和修改 headers 信息等操作。
- Filters（过滤器模块）：此类模块主要对其他处理器模块输出的内容进行修改操作，最后由 Nginx 输出。
- Proxies（代理类模块）：此类模块是 Nginx 的 HTTP Upstream 之类的模块，这些模块主要与后端一些服务（比如 FastCGI 等）进行交互，实现服务代理和负载均衡等功能。

Nginx 的核心模块主要负责建立 Nginx 服务模型、管理网络层和应用层协议以及启动针对特定应用的一系列模块。其他模块负责网站服务器的实际工作，当 Nginx 发送文件或转发请求到其他服务器时，由 Handlers、Proxies 模块提供服务，当需要 Nginx 把输出压缩或者增加一些数据时，由 Filters 模块提供服务。

（4）Nginx 进程模型。Nginx 默认采用多进程工作方式。Nginx 启动后会运行一个主进程和多个子进程，主进程充当整个进程组与用户的交互接口，对进程进行监护，管理子进程来实现服务重启、平滑升级、配置文件实时生效等功能，子进程用来处理来自客户端的请求。

3. Apache Proxy

（1）Apache Proxy 简介。Apache 除了可以实现网站服务器，还可以通过 mod_proxy 模块实现反向代理服务。

（2）Apache Proxy 主要特性。Apache 通过 mod_proxy 实现反向代理后，具备安全性、高可用性、负载均衡等功能，并可实现集中式身份验证授权。

（3）主要模块。Apache 实现反向代理和负载均衡所需的主要模块如下。

- mod_proxy：支持多种协议的代理，支持的协议见表 4-0-1。

表 4-0-1　mod_proxy 模块支持协议表

协议	对应模块
AJP13 (Apache JServe Protocol version 1.3)	mod_proxy_ajp
CONNECT（用于 SSL）	mod_proxy_connect
FastCGI	mod_proxy_fcgi
ftp	mod_proxy_ftp
HTTP/0.9, HTTP/1.0, and HTTP/1.1	mod_proxy_http
SCGI	mod_proxy_scgi
WS and WSS (Web-sockets)	mod_proxy_wstunnel

- mod_proxy_balancer：提供负载均衡，支持的协议主要有 HTTP、FTP、AJP13、WebSocket 等。mod_proxy_balancer 本身不提供负载均衡算法模型，而是依托模块 mod_lbmethod_ byrequests、mod_lbmethod_bytraffic、mod_lbmethod_bybusyness、mod_lbmethod_heartbeat 提供算法。

- mod_proxy_hcheck：提供负载均衡节点的健康检查，此模块需要依赖 mod_watchdog 模块提供的服务。
- Apache 实现反向代理仅使用 mod_proxy 即可。
- Apache 实现负载均衡必须同时使用 mod_proxy、mod_proxy_balancer 以及至少一个负载均衡算法模块。

任务一　安装 Nginx

【任务介绍】

本任务在 CentOS 上安装 Nginx 软件。

【任务目标】

（1）实现 Nginx 的安装。
（2）实现 Nginx 服务的启动等管理操作。
（3）实现 Nginx 服务状态查看。

【操作步骤】

步骤 1：创建虚拟机并完成 CentOS 的安装。

在 VirtualBox 中创建虚拟机，完成 CentOS 操作系统的安装。虚拟机与操作系统的配置信息见表 4-1-1，注意虚拟机的网卡 1 工作模式为桥接，网卡 2 工作模式为内部网络。

表 4-1-1　虚拟机与操作系统配置

虚拟机配置	操作系统配置
虚拟机名称： VM-Project-04-Task-01-10.10.2.106 内存：1024MB CPU：1 颗 1 核心 虚拟硬盘：10GB 网卡：2 块 网卡 1 桥接，网卡 2 内部网络	主机名：Project-04-Task-01
	网络接口：ens192 IP 地址：10.10.2.106 子网掩码：255.255.255.0 网关：10.10.2.1 DNS：8.8.8.8
	网络接口：ens224 IP 地址：172.16.0.254 子网掩码：255.255.255.0 网关：不配置 DNS：不配置

步骤 2：完成虚拟机的主机配置、网络配置及通信测试。

启动并登录虚拟机，依据表 4-1-1 完成主机名和网络的配置，能够访问互联网和本地主机。

（1）虚拟机创建、操作系统安装、主机名与网络的配置，具体方法参见项目一。

（2）建议通过虚拟机复制快速创建所需环境。通过复制创建的虚拟机需依据本任务虚拟机与操作系统规划配置信息设置主机名与网络，实现对互联网和本地主机的访问。

（3）本任务需使用 yum 工具在线安装软件，建议将 yum 仓库配置为国内镜像服务以提高在线安装时的速度。

步骤 3：通过在线方式安装 Nginx。

操作命令：

```
#使用 yum 工具安装 Nginx
[root@Project-04-Task-01 ~]# yum install -y nginx
Last metadata expiration check: 1:47:30 ago on Fri 21 Feb 2020 04:09:57 PM CST.
Dependencies resolved.
================================================================================================
 Package              Arch      Version                                   Repo          Size
================================================================================================
#安装的 Nginx 版本、大小等信息
Installing:
 nginx                x86_64    1:1.14.1-9.module_el8.0.0+184+e34fea82    AppStream     570 k
#安装的依赖软件信息
Installing dependencies:
 gd                   x86_64    2.2.5-6.el8                               AppStream     144 k
 #为了排版方便，此处省略了部分提示信息
 perl-threads-shared  x86_64    1.58-2.el8                                BaseOS        48 k
Transaction Summary
================================================Install  39 Packages
#安装 Nginx 需要安装 39 个软件，总下载大小为 13M，安装后将占用磁盘 36M
Total download size: 13 M
Installed size: 36 M
Downloading Packages:
(1/39): jbigkit-libs-2.1-14.el8.x86_64.rpm              79 kB/s  |55 kB     00:00
#为了排版方便，此处省略了部分提示信息
(39/39): perl-libs-5.26.3-416.el8.x86_64.rpm            3.0 MB/s |1.6 MB    00:00
--------------------------------------------------------------------------------
Total                                                   3.5 MB/s |13 MB     00:03
Running transaction check
Transaction check succeeded.
Running transaction test
Transaction test succeeded.
```

```
Running transaction
  Preparing:                                                          1/1
  Installing: perl-Exporter-5.72-396.el8.noarch                       1/39
  #为了排版方便，此处省略了部分提示信息
  Verifying: perl-threads-shared-1.58-2.el8.x86_64                    39/39
#下述信息说明 Nginx 已经安装成功
Installed:
  nginx-1:1.14.1-9.module_el8.0.0+184+e34fea82.x86_64
  #为了排版方便，此处省略了部分提示信息
  perl-threads-shared-1.58-2.el8.x86_64
Complete!
```

操作命令+配置文件+脚本程序+结束

（1）Nginx 除在线方式安装外，还可以通过源码编译安装。

（2）Nginx 在 CentOS 的 AppStream 库中存在 1.14、1.16 两个版本，默认版本为 1.14，如需安装 1.16 版本应先启用该版本再进行安装。

（3）本项目使用 1.14 版本。

步骤 4：启动 Nginx 服务。

Nginx 安装完成后将在 CentOS 中创建名为 nginx 的服务，该服务并未自动启动。

操作命令：

```
#使用 systemctl start 命令启动 nginx 服务
[root@Project-04-Task-01 ~]# systemctl start nginx
```

操作命令+配置文件+脚本程序+结束

如果不出现任何提示，表示 nginx 服务启动成功。

（1）命令 systemctl stop nginx，可以停止 nginx 服务。

（2）命令 systemctl restart nginx，可以重启 nginx 服务。

（3）命令 systemctl reload nginx，可以在不中断 nginx 服务的情况下重新载入 Nginx 配置文件。

步骤 5：查看 Nginx 运行信息。

Nginx 服务启动之后可以通过下面的命令查看其运行信息。

操作命令：

```
#使用 systemctl status 查看 Nginx 服务运行状态
[root@Project-04-Task-01 ~]# systemctl status nginx
● nginx.service - The nginx HTTP and reverse proxy server
   #Loaded 表示 nginx 服务的安装位置；disabled 表示未设置为开机自启动
   Loaded: loaded (/usr/lib/systemd/system/nginx.service; disabled; vendor pres>
   #nginx 服务的活跃状态，结果值为 active 表示活跃；inactive 表示不活跃
   Active: active (running) since Fri 2020-02-21 18:07:30 CST; 46s ago
```

```
   #nginx 服务启动信息
   Process: 8014 ExecStart=/usr/sbin/nginx (code=exited, status=0/SUCCESS)
   Process: 8012 ExecStartPre=/usr/sbin/nginx -t (code=exited, status=0/SUCCESS)
   Process: 8011 ExecStartPre=/usr/bin/rm -f /run/nginx.pid (code=exited, status>
  #nginx 服务的主进程 ID 为：8016
  Main PID: 8016 (nginx)
#nginx 服务进程总数为 3
     Tasks: 3 (limit: 11098)
    #nginx 服务占用内存大小为：5.3M
    Memory: 5.3M
    #nginx 服务的所有进程信息
    CGroup: /system.slice/nginx.service
            ├─8016 nginx: master process /usr/sbin/nginx
            ├─8017 nginx: worker process
            └─8018 nginx: worker process
#Nginx 操作日志
Feb 21 18:07:30 Project-04-Task-01 systemd[1]: Starting The nginx HTTP and reve>
#为了排版方便，此处省略了部分提示信息
Feb 21 18:07:30 Project-04-Task-01 systemd[1]: Started The nginx HTTP and rever>
lines 1-18/18 (END)
```

操作命令+配置文件+脚本程序+结束

步骤 6：配置 nginx 服务为开机自启动。

为使代理服务器在操作系统重启后自动提供服务，需要把 nginx 服务配置为开机自启动。

操作命令：

```
#使用 systemctl enable 命令可设置 nginx 服务为开机自启动
[root@Project-04-Task-01 ~]# systemctl enable nginx
Created symlink /etc/systemd/system/multi-user.target.wants/nginx.service → /usr/lib/systemd/system/nginx.service.
#使用 systemctl list-unit-files 命令确认 nginx 服务是否已配置为开机自启动
[root@Project-04-Task-01 ~]# systemctl list-unit-files | grep nginx.service
#下述信息说明 nginx.service 已配置为开机自启动
nginx.service                                 enabled
```

操作命令+配置文件+脚本程序+结束

任务二　使用 Nginx 实现反向代理

操作视频

【任务介绍】

本任务使用 Nginx 通过反向代理服务实现网站发布，并进行服务测试。

本任务在任务一的基础上进行。

【任务目标】

（1）实现反向代理服务的搭建。

（2）实现反向代理服务的测试。

【任务规划】

本任务拓扑结构如图 4-2-1 所示。

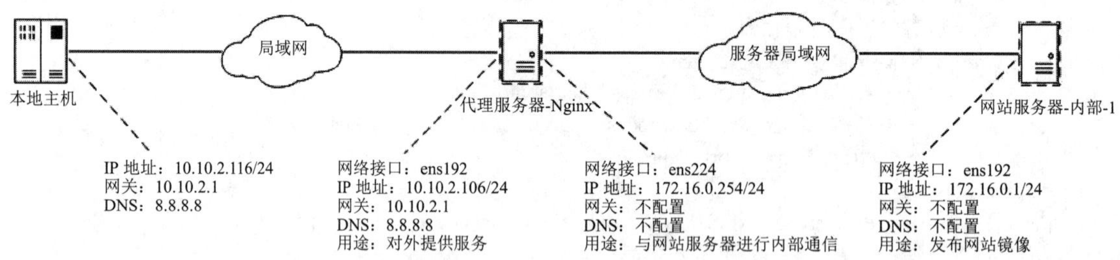

图 4-2-1　拓扑结构

服务器规划见表 4-2-1 所示，网站规划见表 4-2-2 所示。

表 4-2-1　服务器规划表

虚拟机名称	业务名称	作用
VM-Project-04-Task-01-10.10.2.106	代理服务器-Nginx	提供代理服务
VM-Project-04-Task-02-172.16.0.1	网站服务器-内部-1	发布内部网站业务

表 4-2-2　网站服务器-内部-网站规划表

网站名称	服务器	网站目录	访问地址	网站首页内容
Site-Clone-1	网站服务器-内部-1	/var/www/html	http://172.16.0.1	Site-Clone-1：http://172.16.0.1

表 4-2-2 访问地址中的 IP 地址需根据实际情况进行调整。

【操作步骤】

步骤 1：发布网站 Site-Clone-1。

（1）在 VirtualBox 中创建虚拟机，完成 CentOS 操作系统的安装。虚拟机与操作系统的配置信息见表 4-2-3，注意虚拟机的网卡安装阶段工作模式为桥接，服务阶段工作模式为内部网络。

（2）启动并登录虚拟机，依据表 4-2-3 完成主机名和安装阶段的网络配置，能够访问互联网和本地主机。

表 4-2-3　虚拟机与操作系统配置

虚拟机配置	操作系统配置
虚拟机名称： VM-Project-04-Task-02-172.16.0.1 内存：1024MB CPU：1 颗 1 核心 虚拟硬盘：10GB 网卡：1 块 安装阶段：桥接 服务阶段：内部网络	主机名：Project-04-Task-02 **安装阶段：** 网络接口：ens192 IP 地址：10.10.2.107 子网掩码：255.255.255.0 网关：10.10.2.1 DNS：8.8.8.8 **服务阶段：** 网络接口：ens224 IP 地址：172.16.0.1 子网掩码：255.255.255.0 网关：不配置 DNS：不配置

（1）虚拟机创建、操作系统安装、主机名与网络的配置，具体方法参见项目一。

（2）建议通过虚拟机复制快速创建所需环境。通过复制创建的虚拟机需依据本任务虚拟机与操作系统规划配置信息设置主机名与网络，实现对互联网和本地主机的访问。

（3）本任务需使用 yum 工具在线安装软件，建议将 yum 仓库配置为国内镜像服务以提高在线安装时的速度。

（3）在虚拟机 VM-Project-04-Task-02-172.16.0.1 上完成 Apache 的安装配置，具体操作步骤如下。

操作命令：

```
#安装 Apache 并配置
[root@Project-04-Task-02 ~]# yum install –y httpd
[root@Project-04-Task-02 ~]# systemctl start httpd
[root@Project-04-Task-02 ~]# systemctl enable httpd
```

操作命令+配置文件+脚本程序+结束

（4）依据表 4-2-3 服务阶段的网络配置信息，重新配置虚拟机的网络，并使配置生效。

（5）在虚拟机 VM-Project-04-Task-02-172.16.0.1 上发布网站的第 1 个镜像服务，该镜像服务的网站名称为 Site-Clone-1，具体操作步骤如下。

操作命令：

```
#创建网站并发布
```

```
[root@Project-04-Task-02 ~]# echo "<h1>Site-Clone-1：http://172.16.0.1</h1>" > /var/www/html/index.html

#配置安全措施
[root@Project-04-Task-02 ~]# systemctl stop firewalld
[root@Project-04-Task-02 ~]# setenforce 0
```

操作命令+配置文件+脚本程序+结束

步骤 2：配置 Nginx 实现反向代理。

本步骤及下述相关配置在任务一部署的 Nginx 代理服务器上操作。

实现反向代理需要修改 Nginx 的配置文件 nginx.conf。使用 vi 工具编辑 nginx.conf 文件，编辑后的配置文件信息如下所示。

配置文件：/etc/nginx/nginx.conf

```
#nginx.conf 配置文件内容较多，本部分仅显示与反向代理配置有关的内容
server {
#侦听端口为 80
listen       80 default_server;
listen       [::]:80 default_server;
#下述 server_name 未配置，Nginx 默认定义请求识别路径为“_”
server_name  _;
#默认网站根路径为/usr/share/nginx/html
root         /usr/share/nginx/html;
# Load configuration files for the default server block.
include /etc/nginx/default.d/*.conf;
#根路径请求设置
location / {
#将所有请求转发到 http://172.16.0.1:80
proxy_pass http://172.16.0.1:80;
}
#定义 404 错误提示页面
error_page 404 /404.html;
location = /40x.html {
}
#定义 500、502、503、504 错误提示页面
error_page 500 502 503 504 /50x.html;
location = /50x.html {
}
}
```

操作命令+配置文件+脚本程序+结束

（1）server_name 为虚拟服务器的识别路径，不同域名会随着请求头中的 host 按照不同的优先级匹配到特定的配置，server_name 匹配优先级如下所示。

- 完全匹配。
- 通配符在前的，如*.domain.com。

- 通配符在后的，如 www.domain.*
- 正则匹配，如~^.www.domain.com$

（2）如果都不匹配，将优先选择 listen 配置项有 default 或 default_server 的，如 listen 配置项未设置默认，则将选择第一个配置项进行匹配。

步骤 3：重新载入 Nginx 的配置文件。

配置完成后，重新载入配置文件使其生效。为使 Nginx 能正常对外提供服务，本任务暂时关闭 CentOS 防火墙等安全措施。

操作命令：

```
1.  #使用 systemctl  reload 命令重新载入 Nginx 配置文件
2.  [root@Project-04-Task-01 ~]# systemctl  reload  nginx
3.  #使用 systemctl  stop 命令关闭防火墙
4.  [root@Project-04-Task-01 ~]# systemctl  stop  firewalld
5.  #使用 setenforce 命令将 SELinux 设置为 permissive 模式
6.  [root@Project-04-Task-01 ~]# setenforce  0
```

操作命令+配置文件+脚本程序+结束

步骤 4：验证反向代理服务。

在本地主机上通过浏览器访问 Nginx 代理服务器地址，即可看到网站 Site-Clone-1 的内容。

【任务扩展】

1. Nginx 配置文件

在 CentOS 中，Nginx 的配置文件存放位置是/etc/nginx 目录，主要目录结构如下。

- /etc/nginx/nginx.conf 是主配置文件。
- /etc/nginx/conf.d、/etc/nginx/default.d 是扩展配置文件目录，如果不想频繁修改主配置文件 nginx.conf，可以在此将配置独立出来。
- /etc/nginx/fastcgi_params、/etc/nginx/scgi_params、/etc/nginx/uwsgi_params 分别是 fastcgi、scgi、uwsgi 的配置文件目录。
- /etc/nginx/mime.types 是定义 HTTP 协议的 Content-Type 类型值。
- /var/log/nginx 用于存放日志文件。
- /usr/share/nginx/html 是默认网站的存放目录。

2. Nginx 日志

Nginx 日志存放在/var/log/nginx 目录下，包含访问日志 access.log 和错误日志 error.log。

Nginx 日志通过/etc/nginx/nginx.conf 主配置文件进行设置，查看 nginx.conf 配置文件可获知日志的默认设置信息。

配置文件：/etc/nginx/nginx.conf

```
1.  #nginx.conf 配置文件内容较多，本部分仅显示与日志配置有关的内容
2.  #错误日志存放位置、记录等级等信息，默认为记录 error 等级日志
```

```
error_log /var/log/nginx/error.log;
#访问日志设置信息
http {
#定义名为“main”的日志格式
log_format  main  '$remote_addr - $remote_user [$time_local] "$request" '
                  '$status $body_bytes_sent "$http_referer" '
                  '"$http_user_agent" "$http_x_forwarded_for"';
#访问日志文件存储路径为/var/log/nginx/access.log，日志记录格式为 main 定义的格式
access_log  /var/log/nginx/access.log  main;
}
```

操作命令+配置文件+脚本程序+结束

日志格式中常用字符串含义见表 4-2-4。

表 4-2-4 日志格式中常用字符串含义

变量	含义
$bytes_sent	发送给客户端的总字节数
$connection	连接的序列号
$connection_requests	当前通过一个连接获得的请求数量
$msec	日志写入时间，单位为 s，精度是 ms
$pipe	如果请求是通过 HTTP 流水线（pipelined）发送的，值为“p”，否则为“.”
$request_length	请求长度，包括请求头和请求正文
$request_time	请求处理时间（从读入客户端的第一个字节开始，到最后一个字符发送给客户端后进行日志写入为止）单位为 s，精度是 ms
$status	响应状态
$time_iso8601	ISO8601 标准下的服务器本地时间
$time_local	通用日志格式下的服务器本地时间

错误日志中如不设置记录级别则默认为 error，不同级别日志记录详细程度不同，比如说当指定级别为 error 时，crit、alert、emerg 信息也会被记录。

错误日志记录等级见表 4-2-5。

表 4-2-5 错误日志记录等级

等级	说明
emerg	紧急，系统无法使用
alert	必须立即采取措施
crit	由于配置不当导致的关键错误，危险情况的警告
error	一般错误

续表

等级	说明
warn	警告信息，不算是错误信息，主要记录服务器出现的某种信息
notice	需要引起注意的情况
info	值得报告的一般消息，比如服务器重启
debug	由运行 debug 模式的程序所产生的消息

任务三　使用 Nginx 实现网站负载均衡

操作视频

【任务介绍】

本任务使用 Nginx 通过负载均衡服务发布网站，并进行负载均衡测试。

本任务在任务一、任务二的基础上进行。

【任务目标】

（1）实现负载均衡服务的搭建，并发布网站。

（2）实现负载均衡服务的测试。

【任务规划】

本任务拓扑结构如图 4-3-1 所示。

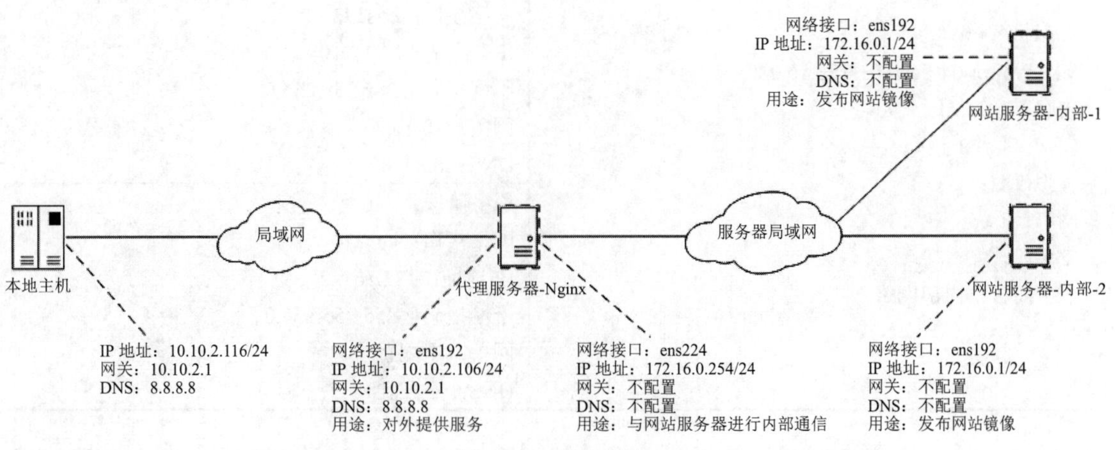

图 4-3-1　拓扑结构

服务器规划见表 4-3-1，网站规划见表 4-3-2。

表 4-3-1　服务器规划表

虚拟机名称	业务名称	作用
VM-Project-04-Task-01-10.10.2.106	代理服务器-Nginx	实现网站负载均衡
VM-Project-04-Task-02-172.16.0.1	网站服务器-内部-1	发布内部网站业务
VM-Project-04-Task-03-172.16.0.2	网站服务器-内部-2	发布内部网站业务

表 4-3-2　网站服务器-内部-网站规划表

网站名称	服务器	网站目录	访问地址	网站首页内容
Site-Clone-1	网站服务器-内部-1	/var/www/html	http://172.16.0.1	Site-Clone-1：http://172.16.0.1
Site-Clone-2	网站服务器-内部-2	/var/www/html	http://172.16.0.2	Site-Clone-2：http://172.16.0.2

【操作步骤】

步骤 1：发布网站 Site-Clone-1。

该步骤在本项目的任务二中已经完成。

步骤 2：发布网站 Site-Clone-2。

（1）在 VirtualBox 中创建虚拟机，完成 CentOS 操作系统安装。虚拟机与操作系统的配置信息见表 4-3-3，注意虚拟机的网卡安装阶段工作模式为桥接，服务阶段工作模式为内部网络。

表 4-3-3　虚拟机与操作系统配置

<table>
<tr><th>虚拟机配置</th><th>操作系统配置</th></tr>
<tr><td rowspan="3">虚拟机名称：
VM-Project-04-Task-03-172.16.0.2
内存：1024MB
CPU：1 颗 1 核心
虚拟硬盘：10GB
网卡：1 块
安装阶段：桥接
服务阶段：内部网络</td><td>主机名：Project-04-Task-03</td></tr>
<tr><td>安装阶段：
网络接口：ens192
IP 地址：10.10.2.108
子网掩码：255.255.255.0
网关：10.10.2.1
DNS：8.8.8.8</td></tr>
<tr><td>服务阶段：
网络接口：ens224
IP 地址：172.16.0.2
子网掩码：255.255.255.0
网关：不配置
DNS：不配置</td></tr>
</table>

（2）启动并登录虚拟机，依据表 4-3-3 完成主机名和安装阶段网络的配置，能够访问互联网和本地主机。

> **提醒**
>
> （1）虚拟机创建、操作系统安装、主机名与网络的配置，具体方法参见项目一。
>
> （2）建议通过虚拟机复制快速创建所需环境。通过复制创建的虚拟机需依据本任务虚拟机与操作系统规划配置信息设置主机名与网络，实现对互联网和本地主机的访问。
>
> （3）本任务需使用 yum 工具在线安装软件，建议将 yum 仓库配置为国内镜像服务以提高在线安装时的速度。

（3）在虚拟机 VM-Project-04-Task-03-172.16.0.2 上完成 Apache 的安装配置，具体操作步骤如下。

操作命令：

```
#安装 Apache 并配置
[root@Project-04-Task-03 ~]# yum install –y httpd
[root@Project-04-Task-03 ~]# systemctl start httpd
[root@Project-04-Task-03 ~]# systemctl enable httpd
```

操作命令+配置文件+脚本程序+结束

（4）依据表 4-3-3 服务阶段的网络配置信息，重新配置虚拟机的网络，并使配置生效。

（5）在虚拟机 VM-Project-04-Task-03-172.16.0.2 上发布网站的第 2 个镜像服务，该镜像服务的网站名称为 Site-Clone-2，具体操作步骤如下。

操作命令：

```
#创建网站并发布
[root@Project-04-Task-03 ~]# echo "<h1>Site-Clone-2：http://172.16.0.2</h1>" > /var/www/html/index.html

#配置安全措施
[root@Project-04-Task-03 ~]# systemctl stop firewalld
[root@Project-04-Task-03 ~]# setenforce 0
```

操作命令+配置文件+脚本程序+结束

步骤 3：配置 Nginx 实现负载均衡。

实现负载均衡发布网站，需要在代理服务器上修改 Nginx 的配置文件 nginx.conf。使用 vi 工具编辑 nginx.conf 文件，编辑后的配置文件信息如下所示。

配置文件：/etc/nginx/nginx.conf

```
#nginx.conf 配置文件内容较多，本部分仅显示与负载均衡配置有关的内容
#定义网站服务器组名称、网站服务器地址信息、权重信息
#权重表示将接收的请求以什么比例转发给内部服务器，下述配置表示 server172.16.0.2 承担 1/4 请求
upstream load1{
server 172.16.0.1:80 weight=1;
server 172.16.0.2:80 weight=3;
}

```

```
server {
#侦听端口为 80
listen          80 default_server;
listen          [::]:80 default_server;
#下述 server_name 未配置，Nginx 默认定义请求识别路径为“_”
server_name   _;
#默认网站根路径为/usr/share/nginx/html
root            /usr/share/nginx/html;

# Load configuration files for the default server block.
include /etc/nginx/default.d/*.conf;
#根路径请求设置
location / {
#将所有请求转发到定义的网站服务器组 load1 中
proxy_pass http://load1;
}
#定义 404 错误提示页面
error_page 404 /404.html;
location = /40x.html {
}
#定义 500、502、503、504 错误提示页面
error_page 500 502 503 504 /50x.html;
location = /50x.html {
}
}
```

操作命令+配置文件+脚本程序+结束

在进行网站服务器组的 server 项配置时，可以使用以下参数。

- max_conns，限制到代理服务器的最大并发连接数，默认值为 0 表示不限制。
- max_fails，与网站服务器通信尝试的失败次数，如果失败次数达到该值，则在 fail_timeout 时间段内，不再向其发送请求，默认为 1，设为 0 则表示一直可用。
- fail_timeout，网站服务器被设置为不可用的时间段，默认为 10s。
- backup，标记为备用服务器。当主服务器不可用以后，请求会被传给备用服务器，该值不能在 hash、ip_hash、random 负载均衡模式下使用。
- down，标记服务器永久不可用。
- Nginx Plus 版本支持 resolve、server、route 等参数配置，本项目不做介绍。

步骤 4：配置 Nginx 访问日志格式。

配置 Nginx 的访问日志，记录负载均衡转发请求的信息。使用 vi 工具编辑 nginx.conf 文件，编辑后的配置文件信息如下所示。配置完成后，重新载入配置文件使其生效。

配置文件：/etc/nginx/nginx.conf

```
#nginx.conf 配置文件内容较多，本部分仅显示与日志配置有关的内容
http {
#定义名称为 main1 的日志格式
log_format   main1
                    #服务器本地时间、客户端来源 IP、请求信息
                    '[$time_local] $remote_addr   $request '
                    #负载均衡转发地址信息
                    '$upstream_addr '
                    #网站服务器节点返回总耗时
                    'ups_resp_time: $upstream_response_time '
                    #请求总耗时
                    'request_time: $request_time';
#访问日志存放在/var/log/nginx/access.log 目录下，日志记录格式为 main1 定义的格式
access_log   /var/log/nginx/access.log   main1;
}
```

操作命令+配置文件+脚本程序+结束

步骤 5：验证负载均衡服务。

本步骤通过两个方法验证负载均衡服务，一是通过本地主机浏览器访问以人工验证，二是通过阅读 Nginx 访问日志以确认验证。

（1）在本地主机打开浏览器，输入代理服务器的默认网站访问地址，即可看到网站的镜像服务网站，手动进行多次刷新页面，则网站 Site-Clone-1、网站 Site-Clone-2 将相继出现，两者出现的频率比例接近于 1:3。

（2）查看 Nginx 访问日志文件，可以看到最新的负载均衡转发记录，4 个请求中有 1 个请求转发到了网站 Site-Clone-1，3 个请求转发到了网站 Site-Clone-2。

操作命令：

```
#使用 cat 工具查看 Nginx 访问日志文件
[root@Project-04-Task-01 ~]# cat /var/log/nginx/access.log
#为了排版方便，此处删除了部分日志信息
[27/Feb/2020:14:56:20 +0800]   10.10.2.116   GET / HTTP/1.1 172.16.0.2:80 ups_resp_time: 0.001 request_time: 0.001
[27/Feb/2020:14:56:21 +0800]   10.10.2.116   GET / HTTP/1.1 172.16.0.2:80 ups_resp_time: 0.001 request_time: 0.001
[27/Feb/2020:14:56:21 +0800]   10.10.2.116   GET / HTTP/1.1 172.16.0.2:80 ups_resp_time: 0.001 request_time: 0.001
[27/Feb/2020:14:56:22 +0800]   10.10.2.116   GET / HTTP/1.1 172.16.0.1:80 ups_resp_time: 0.001 request_time: 0.002
```

操作命令+配置文件+脚本程序+结束

通过验证证实负载均衡业务服务正常，权重比例起效。

步骤 6：验证负载均衡对内部业务的容灾性。

将虚拟机 VM-Project-04-Task-03-172.16.0.2 关闭，内部网站业务仅保留网站 Site-Clone-1 正常提供服务。

（1）在本地主机打开浏览器，输入代理服务器的默认网站访问地址，多次刷新页面将只能看到网站 Site-Clone-1 的内容。

（2）查看 Nginx 访问日志文件，可以看到网站 Site-Clone-2 关闭后，所有的请求都转发到了网站 Site-Clone-1。

操作命令：

```
1.  #使用 cat 命令查看 Nginx 日志访问文件
2.  [root@Project-04-Task-01 ~]# cat /var/log/nginx/access.log
3.  #为了排版方便，此处删除了部分日志信息
4.  [27/Feb/2020:16:09:17 +0800]   10.10.2.116   GET / HTTP/1.1 172.16.0.1:80 ups_resp_time: 0.002 request_time: 0.002
5.  [27/Feb/2020:16:09:17 +0800]   10.10.2.116   GET / HTTP/1.1 172.16.0.1:80 ups_resp_time: 0.002 request_time: 0.002
6.  [27/Feb/2020:16:09:18 +0800]   10.10.2.116   GET / HTTP/1.1 172.16.0.1:80 ups_resp_time: 0.002 request_time: 0.001
7.  [27/Feb/2020:16:09:18 +0800]   10.10.2.116   GET / HTTP/1.1 172.16.0.1:80 ups_resp_time: 0.002 request_time: 0.002
```

操作命令+配置文件+脚本程序+结束

通过验证证实负载均衡业务服务正常，在内部网站出现故障后，所有用户请求都将转发到正常服务的网站服务器上，负载均衡对内部业务有一定的容灾性，可有效提升业务服务的可靠性。

【任务扩展】

1. Nginx 负载均衡模式

Nginx 主要通过 ngx_http_upstream_module、ngx_http_proxy_module 模块实现网站的负载均衡，支持轮询（round-robin）、最少连接优先（least-connected）、持续会话（ip-hash）、权重负载均衡（Weighted load balancing）等负载均衡方式。

（1）轮询（round-robin）：Nginx 将客户端请求循环发送给各网站服务器节点，各网站服务器节点接收到的请求数量基本是一样的。Nginx 默认为轮询模式。

（2）最少连接优先（least-connected）：Nginx 将避免把请求发送到繁忙的网站服务器节点，而是将请求发送给不太繁忙的网站服务器节点。

（3）持续会话（ip-hash）：Nginx 将客户端的会话一直保持在同一台网站服务器节点，直到该网站服务器节点不可用，一般用于需要维持 session 会话的网站业务。

（4）权重负载均衡（Weighted load balancing）：Nginx 根据设置的网站服务器权重信息，将客户端请求按照权重进行分发，权重值与访问比率成正比，一般用于服务器性能不均的情况。

除了上述负载均衡模式之外，Nginx 还支持 keepalive、least_time、random 等方式。

2. Nginx 负载均衡健康检查

Nginx 通过主动和被动两种方式进行参与负载均衡的各网站服务器节点的健康度检查。

（1）被动模式：当接收到一个客户端请求时，Nginx 会根据设置的负载均衡方式去请求相应的网站服务器节点，如果该节点连续失败多次（由 max_fails 设置值决定失败次数），则 Nginx 将其标记为失败状态，且在一段时间（由 fail_timeout 设置值决定时间段）内不再向其发送请求，继续请求下一个网站服务器节点。如果定义的所有网站服务器节点都请求失败，则返回给客户端 Nginx 定义的错误信息。设置时间过去后，Nginx 会根据客户端请求探测该网站服务器节点，如果探测成功则将其标记为存活状态。

（2）主动模式：Nginx 会周期性的探测各网站服务器节点，同时对探测结果进行标记。主动模式是 Nginx Plus 版本的独有功能，Nginx Open Source 版本仅支持被动检查模式。

任务四　提升 Nginx 的安全性

【任务介绍】

代理服务器是用户访问网站的必然通道，其安全性是网站安全的重要保障。本任务介绍提升 Nginx 代理服务器安全性的常用安全措施，并进行安全防护测试。

本任务在任务三的基础上进行。

【任务目标】

（1）实现 Nginx 的状态监控。

（2）实现 Nginx 的安全配置。

（3）实现 Nginx 的安全防护测试。

【操作步骤】

步骤 1：开启 Nginx 基本状态监控。

通过 Nginx 代理服务器的实时状态监控，能够有效了解业务服务状态与负载，为业务调优和运维管理提供依据。本步骤通过 ngx_http_stub_status_module 模块实现对 Nginx 代理服务器的实时状态监控功能。

实现 Nginx 的状态监控功能需要修改配置文件，使用 vi 工具编辑 nginx.conf 配置文件，编辑后的配置文件信息如下所示。

配置文件：/etc/nginx/nginx.conf

```
#nginx.conf 配置文件内容较多，本部分仅显示与状态页配置有关的内容
server {
#侦听端口为 80
```

```
listen          80 default_server;
listen          [::]:80 default_server;
#为了排版方便，此处省略了部分提示信息

#基本状态页发布设置，/status 表示访问路径，可自行定义
location /status {
#展示 Nginx 基本状态信息
stub_status;
}
#为了排版方便，此处省略了部分提示信息
}
```

操作命令+配置文件+脚本程序+结束

配置完成后，重新载入配置文件使其生效。

在本地主机上打开浏览器访问 Nginx 状态页，将显示当前 Nginx 代理服务器负载等信息，如图 4-4-1 所示。

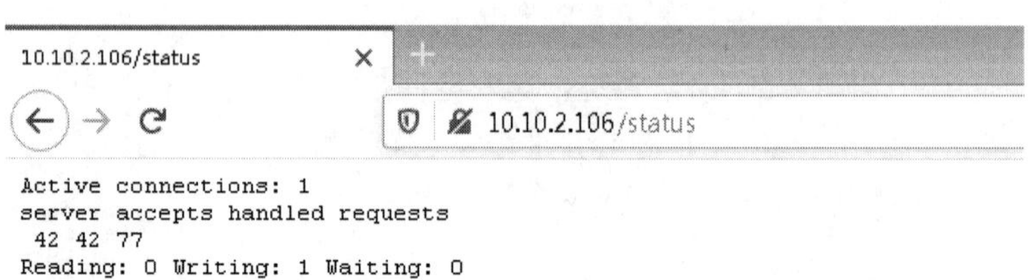

图 4-4-1　Nginx 基本监控页面

监控信息详细解释见表 4-4-1。

表 4-4-1　监控信息说明表

字段	字段名	功能
1	Active connections	当前客户端连接数
2	server accepts handled requests	第 1 个数值：接收的客户端连接总数 第 2 个数值：已处理的客户端连接总数 第 3 个数值：客户端请求总数
3	Reading	Nginx 正在读取请求信息的当前连接数
4	Writing	Nginx 将响应写回客户端的当前连接数
5	Waiting	当前等待请求的空闲客户端连接数

（1）状态页反映了业务运行状态等敏感信息，建议设置为指定范围访问。

（2）Nginx Open Source 仅提供基本状态信息，Nginx Plus 通过 ngx_http_api_module 模块可以实现更为详细的状态监控与业务运行分析。

步骤 2：设置访问范围限制。

设置访问范围可有效地阻隔恶意主机的访问，极大地提升网站的安全性。本步骤通过 ngx_http_access_module 模块实现代理服务器的访问范围限制。

代理服务器的访问范围设置为两条规则，具体如下。

（1）禁止所有地址访问。

（2）允许 IP 地址在 10.10.2.1/24 范围内的主机访问。

使用 vi 工具编辑 nginx.conf 文件实现访问范围限制，编辑后的文件信息如下所示。

配置文件：/etc/nginx/nginx.conf

```
#nginx.conf 配置文件内容较多，本部分仅显示与网站访问范围限制有关的内容
server {
#侦听端口为 80
listen          80  default_server;
listen          [::]:80  default_server;
#为了排版方便，此处省略了部分提示信息

#根路径请求设置
location / {
#将所有请求转发到定义的网站服务器组 load1 中
proxy_pass  http://load1;
#按照设计的规则设置访问范围
allow  10.10.2.1/24;
deny  all;
}
#为了排版方便，此处省略了部分提示信息
}
```

操作命令+配置文件+脚本程序+结束

配置完成后，重新载入配置文件使其生效。

在 IP 地址为 10.10.2.106 的主机上打开浏览器访问网站可以正常访问，在 IP 地址为 10.10.4.116 的主机上访问时将出现 403 Forbidden 页面，如图 4-4-2 所示。

图 4-4-2　网站禁止访问页面

Nginx 按照从上到下的顺序读取规则进行限制，匹配到符合的规则直接跳出。

步骤 3：防 DDOS 攻击。

防 DDOS 攻击可避免服务器资源被大量无用请求占用，有效地提升网站服务的稳定性。本步骤通过 ngx_http_limit_req_module、ngx_http_limit_conn_module 模块分别限制每秒请求数、单个 IP 的并发请求数实现防 DDOS 攻击。

（1）限制每秒请求数设置 4 条规则，具体如下。

1）限制每秒请求数为 4 个。

2）分配 10MB 内存存储会话。

3）允许超过频率限制的请求数不多于 2 个。

4）超出的请求不做延迟处理。

（2）限制单个 IP 的并发请求数为 5 个。使用 vi 工具编辑 nginx.conf 配置文件实现防 DDOS 攻击，编辑后的文件信息如下所示。

配置文件：/etc/nginx/nginx.conf

```
#nginx.conf 配置文件内容较多，本部分仅显示与防 DDOS 攻击配置有关的内容
#定义区域名称为 one，请求限制为每秒 4 个请求，并分配 10M 内存
limit_req_zone  $binary_remote_addr  zone=one:10m  rate=4r/s;
#定义区域名称为 addr，并分配 10M 内存
limit_conn_zone  $binary_remote_addr  zone=addr:10m;
server  {
#侦听端口为 80
listen          80  default_server;
listen          [::]:80  default_server;
#为了排版方便，此处省略了部分提示信息

#限制同一来源 IP，并发请求不得超过 5 个
limit_conn  addr  5;
#根路径请求设置
location  /  {
#将所有请求转发到定义的网站服务器组 load1 中
proxy_pass  http://load1;
#执行 one 设置的限制，并设置超过频率限制的请求数不多于 2 个，超出的请求不延迟处理
limit_req  zone=one  burst=2  nodelay;
#按照设计的规则设置访问范围
deny  10.10.2.116;
allow  all;
}
#为了排版方便，此处省略了部分提示信息
}
```

操作命令+配置文件+脚本程序+结束

重新载入配置文件使其生效。

验证防 DDOS 攻击是否生效，需在本地主机安装 Fiddler 软件进行测试。Fiddler 软件可从其官网 https://www.telerik.com/fiddler 获取，具体安装步骤本项目不做详细介绍。

（1）验证单个 IP 并发请求限制是否设置成功。启动 Fiddler，在软件主界面右侧依次单击“Composer”→“Parsed”选项卡，在下拉列表框中选择请求协议“GET”，在文本框中输入发送请求地址等信息，单击“Execute”按钮发送请求，如图 4-4-3 所示。

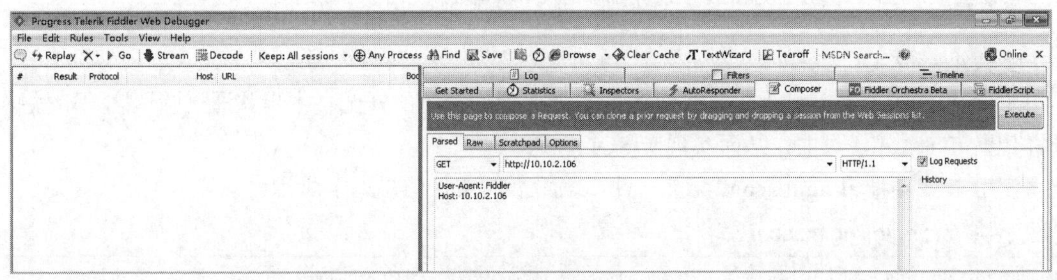

图 4-4-3　使用 Fiddler 发送请求

在软件主界面左侧选中发送的请求，按着 Shift 键不放，右击之后依次选择“Replay”→“Reissue Requests”命令，在出现的发送请求数设置界面中填写数量为 10，如图 4-4-4、图 4-4-5 所示。

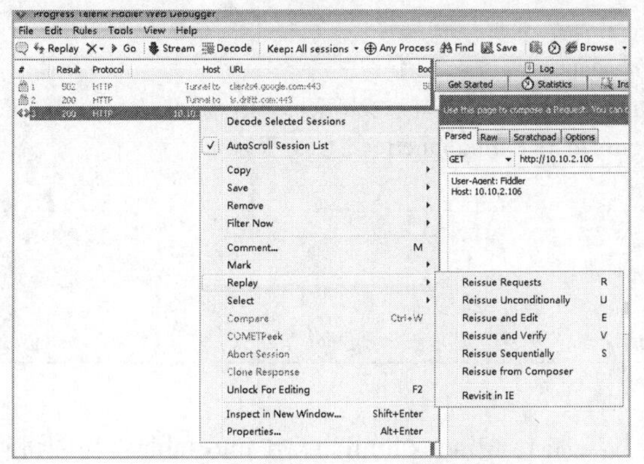

图 4-4-4　使用 Fiddler 发送多请求

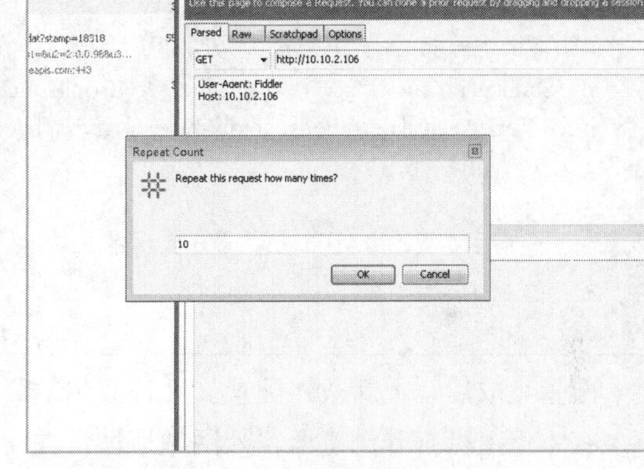

图 4-4-5　设置发送请求总数

单击“OK”按钮将开始测试，10 个并发请求，得到的响应信息是 5 个成功 5 个失败，证实请求限制配置成功，如图 4-4-6 所示。

#	Result	Protocol	Host	URL	Body	Caching	Content-Type	Process	Comments	Custom
1	200	HTTP	10.10.2.106	/	35		text/html; c...	fiddle...		
2	200	HTTP	10.10.2.106	/	35		text/html; c...			
3	200	HTTP	10.10.2.106	/	35		text/html; c...			
4	503	HTTP	10.10.2.106	/	4,020		text/html			
5	200	HTTP	10.10.2.106	/	35		text/html; c...			
6	503	HTTP	10.10.2.106	/	4,020		text/html			
7	503	HTTP	10.10.2.106	/	4,020		text/html			
8	200	HTTP	10.10.2.106	/	35		text/html; c...			
9	503	HTTP	10.10.2.106	/	4,020		text/html			
10	200	HTTP	10.10.2.106	/	35		text/html; c...			
11	503	HTTP	10.10.2.106	/	4,020		text/html			

图 4-4-6　发送请求结果界面

（2）验证每秒请求数限制是否设置成功。为确保验证结果的正确性，需先注释单个 IP 并发请求限制的配置信息。使用 Fiddler 软件继续进行验证，操作方法在此不再赘述。

上述设置需根据服务器性能以及业务实际情况进行调整。

步骤 4：防 SQL 注入。

防 SQL 注入可有效地保证网站服务的数据库管理系统的安全。本步骤通过筛选客户端敏感请求将其重定向至 404 页面，从而实现防 SQL 注入。

使用 vi 工具编辑 nginx.conf 配置文件，编辑后的文件信息如下所示。

配置文件：/etc/nginx/nginx.conf

```
#nginx.conf 配置文件内容较多，本部分仅显示与防 SQL 注入有关的内容
server {
#侦听端口为 80
listen          80  default_server;
listen          [::]:80  default_server;
#为了排版方便，此处省略了部分提示信息

#如果请求连接中含有 SQL 特殊字符，则返回 404 页面
if ($query_string ~* ".*('|--|union|insert|drop|truncate|update|from|grant|exec|where|select|and|or|count|chr|mid|like|iframe|script|alert|webscan|dbappsecurity|style|confirm|innerhtml|innertext|class).*")
{ return  404; }

#为了排版方便，此处省略了部分提示信息
}
```

操作命令+配置文件+脚本程序+结束

配置完成后，重新载入配置文件使其生效。

在本地主机打开浏览器输入网站地址，并在其后加上“/index.html?insert into table”参数进行访问，出现 404 Not Found 页面说明防 SQL 注入设置成功，如图 4-4-7 所示。

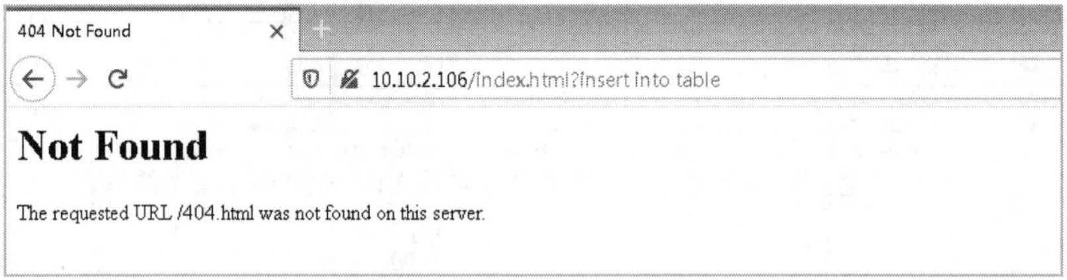

图 4-4-7　注入 SQL 参数页面

步骤 5：使用 Linux 安全措施提升代理服务安全性。

结合业务服务需求，对 Linux 操作系统的 SELinux 和防火墙进行配置，能够有效地防护外部对代理服务器的攻击，提升代理服务和网站业务的安全性和可靠性。

（1）使用 SELinux。使用 SELinux 可有效提升代理服务器操作系统内核的安全性，具体操作如下。

操作命令：

```
#使用 setenforce 命令更改 SELinux 模式为 enforcing
[root@Project-04-Task-01 ~]# setenforce 1
#使用 sestatus 查看 SELinux 状态信息
[root@Project-04-Task-01 ~]# sestatus
#SELinux 已开启
SELinux status:                 enabled
SELinuxfs mount:                /sys/fs/selinux
SELinux root directory:         /etc/selinux
Loaded policy name:             targeted
#当前工作模式为 enforcing 强制模式
Current mode:                   enforcing
Mode from config file:          enforcing
Policy MLS status:              enabled
Policy deny_unknown status:     allowed
Memory protection checking:     actual (secure)
Max kernel policy version:      31

#使用 setsebool -P httpd_can_network_connect 命令开启 httpd 网络连接
[root@Project-04-Task-01 ~]# setsebool -P httpd_can_network_connect 1
```

操作命令+配置文件+脚本程序+结束

（2）配置防火墙策略。代理服务器通过 80 端口向外提供网站服务，本步骤开启防火墙提升安全性，并开放 TCP 80 端口提供服务，具体操作如下。

操作命令：

```
#开启防火墙并验证防火墙状态
[root@Project-04-Task-01 ~]# systemctl start firewalld
[root@Project-04-Task-01 ~]# systemctl status firewalld
● firewalld.service - firewalld - dynamic firewall daemon
   Loaded: loaded (/usr/lib/systemd/system/firewalld.service; enabled; vendor p>
   #防火墙状态，结果值为 active 表示活跃；
   Active: active (running) since Wed 2020-02-26 17:19:50 CST; 1s ago
     Docs: man:firewalld(1)
 #主进程 ID 为 1013
 Main PID: 4878 (firewalld)
    Tasks: 2 (limit: 11099)
   Memory: 21.9M
   CGroup: /system.slice/firewalld.service
           └─4878 /usr/libexec/platform-python -s /usr/sbin/firewalld --nofork >
Feb 26 17:19:50 Project-04-Task-01 systemd[1]: Starting firewalld - dynamic fir>
Feb 26 17:19:50 Project-04-Task-01 systemd[1]: Started firewalld - dynamic fire>

```

```
#在防火墙上永久开放 TCP80 端口，并重载防火墙配置使其生效
[root@Project-04-Task-01 ~]# firewall-cmd--permanent --zone=public --add-port=80/tcp
success
[root@Project-04-Task-01 ~]# firewall-cmd --reload
success
```

操作命令+配置文件+脚本程序+结束

【任务扩展】

1. Nginx Plus

Nginx Plus 是基于 Nginx Open Source 构建的负载均衡、网站服务器、内容缓存软件。除了 Nginx Open Source 提供的功能外，还具备独有的企业级功能，如持久会话、通过 API 进行配置和运行状态健康检查等。

2. Nginx Plus 功能模块

Nginx Plus 具备的主要功能模块如下。

- 高性能负载均衡。Nginx Open Source、Nginx Plus 都可以实现基于 HTTP、TCP 和 UDP 协议的负载均衡，Nginx Plus 通过企业级负载均衡扩展了 Nginx Open Source，包括持久会话、活动运行状态检查、无需重启服务即可动态配置负载均衡服务器组等。
- 大规模可扩展的内容缓存。Nginx 最典型的应用便是作为内容缓存，既可以加速本地资源的访问速度，也可作为 CDN 的一部分提供服务。Nginx Plus 扩展了 Nginx Open Source 的功能，增加了清除缓存的功能，并实现了更为丰富的缓存状态可视化信息。
- 网站服务器。Nginx Plus 具备同 Nginx Open Source 相同的网站发布模式、支持反向代理多种协议、支持 HTTP 流式视频服务、支持 HTTP/2 协议等。
- 安全控制。支持请求和连接的限制、支持 TLS 1.3 协议、支持动态证书加载、支持 ACL 访问范围限制、支持基于 API 和 OpenID Connect 的 JWT 身份验证、支持 Nginx WAF 动态模块。
- 实时监控。Nginx Plus 包含一个实时的活动监控接口，提供关键模块的负载和性能指标，通过简单的配置即可查看到统计监控信息。
- 可用于 Kubernetes 的 Nginx 入口控制器。
- 流媒体。Nginx Open Source 被广泛用于通过 HTTP 流式获取 MP4 和 FLV 视频内容，通过流式服务客户端不需下载整个资源即可得到所需内容。Nginx Plus 扩展了这一功能，通过 Apple HLS 和 Adobe HDS 支持视频点播应用（VOD），通过 RTMP 实现基于 Flash 的服务，并且自适应流允许视频播放器实时选择合适的比特率。

获取更多功能介绍请访问 Nginx Plus 官网获取，官网地址为 https://www.nginx.com。

任务五 使用 Apache Proxy 实现负载均衡

操作视频

【任务介绍】

本任务使用 Apache 的 mod_proxy 模块实现反向代理和负载均衡服务，并介绍 Apache 负载均衡服务的运行监控。

本任务和任务三实现的功能基本相同，本任务使用 Apache 实现，任务三使用 Nginx 实现。

本任务在任务二、任务三的基础上进行。

【任务目标】

（1）实现 Apache 反向代理与负载均衡发布网站服务。

（2）实现 Apache 负载均衡的测试。

（3）实现 Apache 负载均衡的运行监控。

【任务规划】

本任务拓扑结构如图 4-5-1 所示。

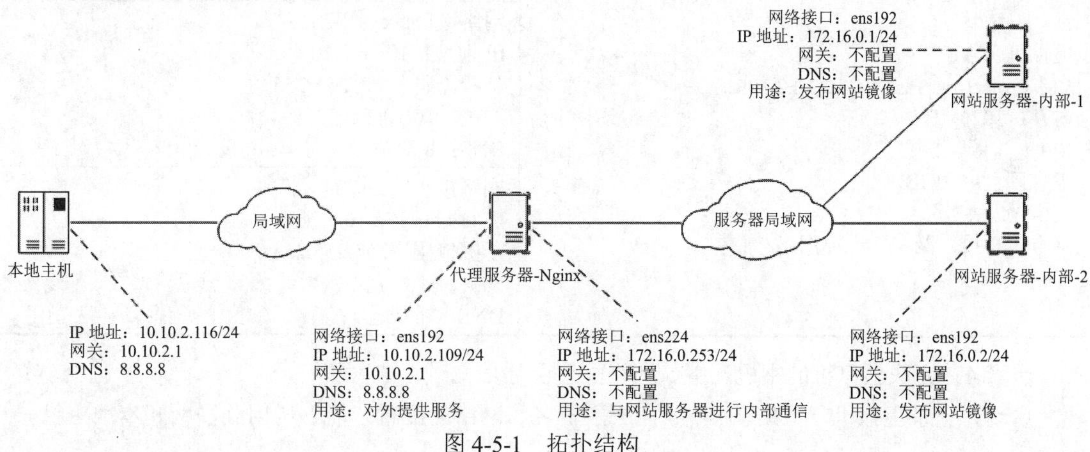

图 4-5-1 拓扑结构

服务器规划见表 4-5-1，网站规划见表 4-5-2。

表 4-5-1 服务器规划表

虚拟机名称	业务名称	作用
VM-Project-04-Task-04-10.10.2.109	代理服务器-Apache	提供反向代理与负载均衡服务
VM-Project-04-Task-02-172.16.0.1	网站服务器-内部-1	发布内部网站业务
VM-Project-04-Task-03-172.16.0.2	网站服务器-内部-2	发布内部网站业务

表 4-5-2　网站服务器-内部-网站规划表

网站名称	服务器	网站目录	访问地址	网站首页内容
Site-Clone-1	网站服务器-内部-1	/var/www/html	http://172.16.0.1	Site-Clone-1：http://172.16.0.1
Site-Clone-2	网站服务器-内部-2	/var/www/html	http://172.16.0.2	Site-Clone-2：http://172.16.0.2

【操作步骤】

步骤 1：发布网站 Site-Clone-1。

该步骤在本项目的任务二中已经完成。

步骤 2：发布网站 Site-Clone-2。

该步骤在本项目的任务三中已经完成。

步骤 3：创建虚拟机并完成 CentOS 的安装。

在 VirtualBox 中创建虚拟机，完成 CentOS 操作系统的安装。虚拟机与操作系统的配置信息见表 4-5-3 所示，注意虚拟机网卡 1 的工作模式为桥接，网卡 2 的工作模式为内部网络。

表 4-5-3　虚拟机与操作系统配置

虚拟机配置	操作系统配置
虚拟机名称： VM-Project-04-Task-04-10.10.2.109 内存：1024MB CPU：1 颗 1 核心 虚拟硬盘：10GB 网卡：2 块 网卡 1 桥接，网卡 2 内部网络	主机名：Project-04-Task-04
	网络接口：ens192 IP 地址：10.10.2.109 子网掩码：255.255.255.0 网关：10.10.2.1 DNS：8.8.8.8
	网络接口：ens224 IP 地址：172.16.0.253 子网掩码：255.255.255.0 网关：不配置 DNS：不配置

步骤 4：完成虚拟机的主机配置、网络配置及通信测试。

启动并登录虚拟机，依据表 4-5-3 完成主机名和网络的配置，能够访问互联网和本地主机。

（1）虚拟机创建、操作系统安装、主机名与网络的配置，具体方法参见项目一。

（2）建议通过虚拟机复制快速创建所需环境。通过复制创建的虚拟机需依据本任务虚拟机与操作系统规划配置信息设置主机名与网络，实现对互联网和本地主机的访问。

（3）本任务需使用 yum 工具在线安装软件，建议将 yum 仓库配置为国内镜像服务以提高在线安装时的速度。

步骤 5：安装并配置 Apache。

操作命令：

```
#完成 Apache 安装并配置
[root@Project-04-Task-04 ~]# yum install –y httpd
[root@Project-04-Task-04 ~]# systemctl start httpd
[root@Project-04-Task-04 ~]# systemctl enable httpd
```

操作命令+配置文件+脚本程序+结束

步骤 6：配置 Apache 实现负载均衡。

本步骤通过 Apache 的 mod_proxy、mod_proxy_balancer、mod_lbmethod_byrequests 模块实现负载均衡发布网站。通过 Apachemod_proxy 模块的 ProxyPass 指令可以实现网站的反向代理，本任务将不做介绍。

使用 vi 工具编辑 Apache 的 httpd.conf 配置文件，编辑后的文件信息如下所示。

配置文件：/etc/httpd/conf/httpd.conf

```
#httpd.conf 配置文件内容较多，本部分仅显示与负载均衡配置有关的内容
#配置 Apachemod_proxy 禁止使用反向代理，以负载均衡方式发布网站服务
ProxyRequests Off
#定义负载均衡网站服务器组名称、网站服务器地址信息、权重信息
<Proxy balancer://load2>
BalancerMember http://172.16.0.1:80 loadfactor=1
BalancerMember http://172.16.0.2:80 loadfactor=3
</Proxy>
#定义代理转发请求到负载均衡网站服务器组 load2
ProxyPass / balancer://load2
```

操作命令+配置文件+脚本程序+结束

小贴士

Apache 实现负载均衡，主要有以下 4 种算法模型。

- byrequests，按照请求次数进行负载均衡，未设置负载均衡模式时，默认使用该项。
- bytraffic，按照请求字节数进行负载均衡。
- bybusyness，按照繁忙程度进行负载均衡，总是分配给活跃请求最少的节点。
- heartbeat，按照心跳流量进行负载均衡，Apache2.3 及之后版本才支持的负载均衡模式，属于实验性质的模块。

步骤 7：重新载入 Apache 的配置文件。

配置完成后重新载入配置文件使其生效。为使 Apache 能正常对外提供服务，本任务暂时关闭 CentOS 防火墙等安全措施。

操作命令：

```
[root@Project-04-Task-04 ~]# systemctl reload httpd
关闭防火墙等安全措施
```

```
#使用 systemctl stop 命令关闭防火墙
[root@Project-04-Task-04 ~]# systemctl stop firewalld
#使用 setenforce 命令将 SELinux 设置为 permissive 模式
[root@Project-04-Task-04 ~]# setenforce 0
```

操作命令+配置文件+脚本程序+结束

步骤 8： 负载均衡业务服务的实时监控。

Apache 通过 mod_status、mod_proxy_balancer 模块实现负载均衡运行状态和性能的实时监控。

（1）配置 Apache 实现负载均衡服务的实时监控。实现 Apache 的负载均衡服务实时监控功能需要修改配置文件 httpd.conf，通过 vi 工具编辑 httpd.conf 配置文件，编辑后的文件信息如下所示。

配置文件：/etc/httpd/conf/httpd.conf

```
#httpd.conf 配置文件内容较多，本部分仅显示与开启负载均衡运行监控有关的内容
#配置网站负载均衡实时监控访问路径
<Location  "/lb-status">
#设置不进行转发
proxypass  !
#设置监控负载均衡性能
     SetHandler  balancer-manager
</Location>
```

操作命令+配置文件+脚本程序+结束

配置完成后，重新载入配置文件使其生效。

（2）查看 Apache 负载均衡服务的实时监控信息。在本地主机上打开浏览器访问 Apache 负载均衡实时监控页，将显示当前 Apache 代理服务器的负载均衡业务状态和性能等信息。

（1）负载均衡运行监控反应了负载均衡运行状态等敏感信息，建议设置为指定范围访问。

（2）该页面不仅可以实时监控负载均衡性能情况，还可以进行负载均衡网站服务器组、负载均衡节点的参数配置。

步骤 9： 验证负载均衡服务。

本步骤通过两个方法验证负载均衡服务，一是通过本地主机浏览器访问以人工验证，二是通过负载均衡实时监控信息以确认验证。

（1）在本地主机打开浏览器，输入代理服务器的默认网站访问地址，即可看到网站的镜像服务网站，手动进行多次刷新页面，则网站 Site-Clone-1、网站 Site-Clone-2 将相继出现，两者出现的频率比例接近于 1:3。

（2）使用 Fiddler 软件模拟客户端测试。在本地主机使用 Fiddler 软件发送 1000 个请求，对 Apache 代理服务器进行压力测试，具体操作方法参见本项目的任务四。在本地主机上打开浏览器访问 Apache 负载均衡实时监控页，如图 4-5-2 所示。

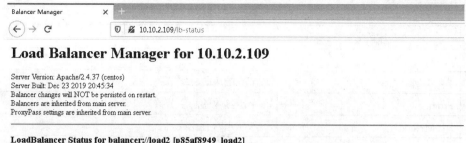

Server Version: Apache/2.4.37 (centos)
Server Built: Dec 23 2019 20:45:34
Balancer changes will NOT be persisted on restart.
Balancers are inherited from main server.
ProxyPass settings are inherited from main server.

LoadBalancer Status for balancer://load2 [p85af8949_load2]

MaxMembers	StickySession	DisableFailover	Timeout	FailoverAttempts	Method	Path	Active
2 [2 Used]	(None)	Off	0	1	byrequests	/	Yes

Worker URL	Route	RouteRedir	Factor	Set	Status	Elected	Busy	Load	To	From	HC Method	HC Interval	Passes	Fails	HC uri	HC Expr
http://172.16.0.1			1.00	0	Init Ok	251	0	-200	46K	12K	NONE	30000ms	1 (0)	1 (0)		
http://172.16.0.2			3.00	0	Init Ok	750	0	200	137K	37K	NONE	30000ms	1 (0)	1 (0)		

图 4-5-2　负载均衡性能监控页面

监控信息详细解释见表 4-5-4。

表 4-5-4　监控信息说明表

字段	字段名	功能
1	Server Version	网站服务器当前版本信息
2	Server Built	服务器创建时间
3	MaxMembers	负载均衡节点最大数量及使用数量
4	StickySession	粘性会话设置信息
5	DisableFailover	禁用故障转移
6	Timeout	超时时间
7	FailoverAttempts	故障转移尝试次数
8	Method	负载均衡模式
9	Path	负载均衡配置路径
10	Active	是否活跃
11	Worker URL	负载均衡节点地址
12	Route	设置路由信息
13	Route Redirect	路由重定向地址
14	Factor	节点权重信息
15	Set	设置负载均衡节点编号
16	Status	该负载均衡节点状态
17	Elected	向该节点转发的请求数
18	Busy	该节点处于繁忙状态的请求数

续表

字段	字段名	功能
19	Load	该节点负载值
20	To	该节点响应的总字节数
21	From	该节点接收的总字节数
22	HC Method	健康状态检查模式
23	HC Interval	健康检查时间间隔
24	Passes	成功的运行状况健康检查次数，默认值为 1
25	Fails	失败的运行状况健康检查次数，默认值为 1
26	HC uri	设置的信息将附加到 Worker URL 以进行健康检查
27	HC Expr	表达式名称，用于检查响应头健康状态

通过列表可以看出 1001 个请求中有 251 个请求转发到了网站 Site-Clone-1，750 个请求转发到了网站 Site-Clone-2，两者之间比例为 1:3。

通过验证证实负载均衡业务服务正常，权重比例起效。

步骤 10：验证负载均衡对内部业务的容灾性。

将虚拟机 VM-Project-04-Task-03-172.16.0.2 关闭，内部网站业务仅保留网站 Site-Clone-1 正常提供服务。

（1）在本地主机打开浏览器，输入代理服务器的默认网站访问地址，多次刷新页面将只能看到网站 Site-Clone-1 的内容。

（2）查看 Apache 负载均衡监控页面，可以看到网站 Site-Clone-2 关闭后，网站 Site-Clone-2 的节点状态为 Init Err，所有的请求都转发到了网站 Site-Clone-1。

通过验证证实负载均衡业务服务正常，在内部网站出现故障后，所有用户请求都将转发到正常服务的网站服务器上，负载均衡对内部业务有一定的容灾性，可有效地提升业务服务的可靠性。

项目五

使用 MariaDB 实现数据库服务

项目介绍

MariaDB 是全球应用最为广泛的开源关系型数据库之一。本项目在 Linux 平台下通过 MariaDB 提供数据库服务，并通过主从集群配置实现数据库服务的高可用。

项目目的

- 理解数据库服务和 MariaDB;
- 掌握 MariaDB 的安装与基本配置;
- 掌握 MariaDB 权限管理方法;
- 掌握使用客户端管理数据库的方法;
- 掌握实现 MariaDB 主从集群的方法。

项目讲堂

1. 数据库服务

（1）什么是数据库。数据库是长期存储在计算机内、有组织、可共享的数据集合。数据库中的数据按照一定的数据模型组织和存储，具有较小的冗余度、较高的数据独立性和易用性。数据库按照关系模型分为关系型数据库和非关系型数据库两种。

（2）关系型数据库。关系型数据库是指采用了关系模型来组织数据的数据库，其以行和列的形式存储数据，其存储的数据格式可以直观地反映实体间的关系。关系模型可以简单理解为二维表格模型，而关系型数据库就是由二维表及其之间的关系组成的数据组织。

（3）非关系型数据库。非关系型数据库不遵循关系型数据库提供的关系模型，而是使用针对特定存储数据类型而优化的存储模型，主要包括键值存储数据库、列存储数据库、文档型数据库和图形数据库等。它们在支持的数据类型以及如何查询数据方面往往更加具体。例如，时间序列数据库针对基于时间的数据序列进行了优化，而图形数据库则针对实体之间的加权关系进行了优化。

（4）广泛应用的关系型数据库管理系统。目前全球应用比较广泛的关系型数据库管理系统见表 5-0-1。

表 5-0-1　广泛应用的关系型数据库管理系统

序号	名称	优点	缺点
1	MySQL	性能卓越、服务稳定，很少出现异常宕机 体积小、易于维护、安装及维护成本低 支持多种操作系统 提供多种 API 接口	不易于扩展 部分开源
2	Oracle SQL	可移植性好，能在所有主流平台上运行 安全性高，获得最高认证级别的 ISO 标准认证 性能最高，保持着开放平台下 TPC-D 和 TPC-C 世界记录 支持多种工业标准，支持 ODBC、JDBC、OCI 等连接 完全向下兼容	对硬件的要求高 价格昂贵 操作比较复杂，管理维护麻烦
3	PostgreSQL	遵循 BSD 协议完全开源 源代码清晰、易读性高、易于二次开发 支持丰富的数据类型 支持多进程，并发处理速度快 具有强大的查询优化器，可以进行很复杂的查询处理	对于简单而繁重的读取操作，PostgreSQL 性能较低 缺乏报告和审计工具
4	SQL Server	Windows 操作系统的兼容性很好 强壮的事务处理功能，采用各种方法保证数据的完整性 支持对称多处理器结构、存储过程，并具有自主的 SQL 语言丰富的文档和社区帮助	价格较贵 仅支持 Windows 操作系统

2. MariaDB

（1）MariaDB 简介。随着 Oracle 公司的收购，MySQL 成为了 Oracle 旗下的数据库产品。MySQL 的发展进入缓慢期，再加上其他的种种原因，其更新越来越慢，并存在闭源的可能。因此 MySQL 之父 Michael Widenius 宣布开创 MariaDB 数据库管理系统。MariaDB 开发团队由 MySQL 原有的核心成员构成，遵循 GNU GPLv2 协议，保持开源并且无单独商业版本。MariaDB 的目标是完全兼容 MySQL，包括 API 和命令行，使之能轻松成为 MySQL 的代替品。目前是大多数云产品和 Linux 发行版的默认产品。

（2）MariaDB 的主要特性。MariaDB 的主要特性如下。

- 支持多种数据类型。
- 支持存储过程。

- 支持 Windows 操作系统、Linux 操作系统。
- 支持灵活的权限和密码验证，并支持基于主机的验证。
- 支持主从集群。
- 提供事务型和非事务型存储引擎。
- 提供 C、C++、Java、Perl、PHP、Python、Ruby 等编程语言的 API，支持 ODBC、JDBC 等连接。
- 提供 mysqladmin、mysqlcheck、mysqldump、mysqlimport 等实用工具。

3. 数据库集群

（1）什么是数据库集群。数据库集群就是利用两台或者多台数据库服务器，构成一个虚拟单一数据库逻辑映像，像单个数据库系统那样，提供透明的数据服务。

（2）为什么要使用数据库集群。使用数据库集群有以下优势：

- 高可用性。数据库集群可以实现在主服务器上完成所有写入和更新操作，在一个或多个从服务器上完成读操作，以提高性能。
- 负载均衡。在数据库主节点发生故障时，从节点能够自动接管主数据库，从而保证业务不中断和数据的完整性。
- 备份协助。数据库备份可能会对数据库服务器产生重大影响，从服务器运行备份能够很好的规避该问题，关闭或锁定从属服务器执行备份并不会影响到主服务器。

（3）主从模式的工作原理。主数据库开启二进制日志记录，将所有操作作为 binlog 事件写入二进制日志中。从数据库读取主数据库的二进制日志并存储到本地的中继日志（relay log），然后通过中继日志重现主数据库的操作，从而保持数据的一致性。

任务一　安装 MariaDB

【任务介绍】

在 CentOS 上安装 MariaDB 软件，实现 MariaDB 服务。

【任务目标】

（1）实现在线安装 MariaDB。
（2）实现数据库和数据表的创建。

【操作步骤】

步骤 1：创建虚拟机并完成 CentOS 的安装。

在 VirtualBox 中创建虚拟机，完成 CentOS 操作系统的安装。虚拟机与操作系统的配置信息见表 5-1-1，注意虚拟机网卡工作模式为桥接。

表 5-1-1　虚拟机与操作系统配置

虚拟机配置	操作系统配置
虚拟机名称： VM-Project-05-Task-01-10.10.2.110 内存：1024MB CPU：1 颗 1 核心 虚拟硬盘：10GB 网卡：1 块，桥接	主机名：Project-05-Task-01 IP 地址：10.10.2.110 子网掩码：255.255.255.0 网关：10.10.2.1 DNS：8.8.8.8

步骤 2：完成虚拟机的主机配置、网络配置及通信测试。

启动并登录虚拟机，依据表 5-1-1 完成主机名和网络的配置，能够访问互联网和本地主机。

（1）虚拟机创建、操作系统安装、主机名与网络的配置，具体方法参见项目一。

（2）建议通过虚拟机复制快速创建所需环境。通过复制创建的虚拟机需依据本任务虚拟机与操作系统规划配置信息设置主机名与网络，实现对互联网和本地主机的访问。

（3）本任务需使用 yum 工具在线安装软件，建议将 yum 仓库配置为国内镜像服务以提高在线安装时的速度。

步骤 3：通过在线方式安装 MariaDB。

MariaDB 目前最新版本为 10.4.12。安装最新版本的 MariaDB，需为 MariaDB 创建 yum 仓库配置文件。

使用 vi 工具编辑/etc/yum.repos.d/MariaDB.repo，在配置文件上增加 MariaDB 源信息，编辑后的配置文件信息如下所示。

配置文件：/etc/yum.repos.d/MariaDB.repo

```
[mariadb]
name = MariaDB
baseurl = https://mirrors.aliyun.com/mariadb/yum/10.4/centos8-amd64
module_hotfixes=1
gpgkey= https://mirrors.aliyun.com/mariadb/yum/RPM-GPG-KEY-MariaDB
gpgcheck=1
```

操作命令+配置文件+脚本程序+结束

配置完成后，使用 yum 工具安装 MariaDB。

操作命令：

```
#使用 yum 工具安装 MariaDB
[root@Project-05-Task-01 ~]# yum install MariaDB-server -y
Last metadata expiration check: 0:00:01 ago on Thu 4 Mar 2020 09:57:14 PM CST.
```

```
Dependencies resolved.
================================================================================
Package                    Arch       Version                     Repo          Size
================================================================================
#安装的 MariaDB 版本、大小等信息
Installing:
MariaDB-server             x86_64     10.4.12-1.el8               mariadb       26 M
#安装的依赖软件信息
Installing dependencies:
boost-program-options      x86_64     1.66.0-6.el8                AppStream     143 k
#为了排版方便，此处删除了部分提示信息
galera-4                   x86_64     26.4.3-1.rhel8.0.el8        mariadb       13 M
Enabling module streams:
perl-DBI                          1.641
Transaction Summary
================================================================================
Install   52 Packages
#安装 MariaDB 需要安装 52 个软件，总下载大小为 66M，安装后将占用磁盘 240M
Total download size: 66 M
Installed size: 240 M
Downloading Packages:
(1/52): perl-Digest-1.17-395.el8.noarch.rpm             77 kB/s |  27 kB     00:00
#为了排版方便，此处删除了部分提示信息
(52/52): MariaDB-server-10.4.12-1.el8.x86_64.rp         2.1 MB/s |  26 MB     00:12
--------------------------------------------------------------------------------
Total                                                   1.3 MB/s |  66 MB     00:50
Running transaction check
Transaction check succeeded.
Running transaction test
Transaction test succeeded.
Running transaction
Preparing:                                                         1/1
Installing: perl-Exporter-5.72-396.el8.noarch                      1/52
#为了排版方便，此处删除了部分提示信息
Running scriptlet: MariaDB-server-10.4.12-1.el8.x86_64             52/52
Installed:
MariaDB-server-10.4.12-1.el8.x86_64
#为了排版方便，此处删除了部分提示信息
galera-4-26.4.3-1.rhel8.0.el8.x86_64
Complete!
```

操作命令+配置文件+脚本程序+结束

（1）MariaDB 官方软件仓库下载速度较慢，本任务已更换为国内源。如仍要使用 MariaDB 官方软件仓库，可将 MariaDB.repo 配置文件中的 baseurl、gpgkey 替

换为：http://yum.mariadb.org/10.4/centos8-amd64、https://yum.mariadb.org/RPM-GPG-KEY-MariaDB。

（2）MariaDB 除在线安装方式外，还可通过 RPM 包安装。

步骤 4：启动 MariaDB 服务。

MariaDB 安装完成后将在 CentOS 中创建名为 mariadb 的服务，该服务并未自动启动。

操作命令：

```
#使用 systemctl start 命令启动 mariadb 服务
[root@Project-05-Task-01 ~]# systemctl start mariadb
```

操作命令+配置文件+脚本程序+结束

如果不出现任何提示，表示 MariaDB 服务启动成功。

步骤 5：查看 MariaDB 运行信息。

MariaDB 服务启动之后可通过 systemctl status 命令查看其运行信息。

操作命令：

```
#使用 systemctl status 命令查看 mariadb 服务
[root@Project-05-Task-02 ~]# systemctl status mariadb
● mariadb.service - MariaDB 10.4.12 database server
#服务位置；是否设置开机自启动
   Loaded: loaded (/usr/lib/systemd/system/mariadb.service; disabled; vendor preset: disabled)
  Drop-In: /etc/systemd/system/mariadb.service.d
           └─migrated-from-my.cnf-settings.conf
#MariaDB 的活跃状态，结果值为 active 表示活跃；inactive 表示不活跃
   Active: active (running) since Mon 2020-03-23 17:09:47 CST; 1 day 4h ago
     Docs: man:mysqld(8)
           https://mariadb.com/kb/en/library/systemd/
  Process: 18176 ExecStartPost=/bin/sh -c systemctl unset-environment _WSREP_START_POSITION (code=exited, status=0/SUCCESS)
  Process: 18124 ExecStartPre=/bin/sh -c [ ! -e /usr/bin/galera_recovery ] && VAR= ||   VAR='/usr/bin/galera_recovery'; [ $? -eq 0 ]   && systemctl set-envir>
  Process: 18121 ExecStartPre=/bin/sh -c systemctl unset-environment _WSREP_START_POSITION (code=exited, status=0/SUCCESS)
#主进程 ID 为：18144
 Main PID: 18144 (mysqld)
#MariaDB 的运行状态，该项只在 MariaDB 处于活跃状态时才会出现
   Status: "Taking your SQL requests now..."
#任务数（最大限制数为：11099）
    Tasks: 32 (limit: 11099)
#占用内存大小为：75.8M
   Memory: 75.8M
#MariaDB 的所有子进程
   CGroup: /system.slice/mariadb.service
           └─18144 /usr/sbin/mysqld
```

```
#MariaDB 操作日志
Mar 23 17:09:47 Project-05-Task-02 mysqld[12601]: 2020-03-04 8:59:28 0 [Note] InnoDB: 10.4.12 started; log sequence number 60972; transaction id 21
#为了排版方便，此处删除了部分提示信息
Mar 23 17:24:31 Project-05-Task-01 systemd[1]: Started MariaDB 10.4.12 database server.
lines 1-27/27 (END)
```

操作命令+配置文件+脚本程序+结束

步骤 6：配置 MariaDB 服务为开机自启动。

操作系统进行重启操作后，为了使业务更快的恢复，通常会将重要的服务或应用设置为开机自启动。将 MariaDB 服务配置为开机自启动方法如下。

操作命令：

```
#命令 systemctl enable 可设置某服务为开机自启动
#命令 systemctl disable 可设置某服务为开机不自动启动
[root@Project-05-Task-01 ~]# systemctl enable mariadb
Created symlink /etc/systemd/system/mysql.service → /usr/lib/systemd/system/mariadb.service.
Created symlink /etc/systemd/system/mysqld.service → /usr/lib/systemd/system/mariadb.service.
Created symlink /etc/systemd/system/multi-user.target.wants/mariadb.service → /usr/lib/systemd/system/mariadb.service.
#使用 systemctl list-unit-files 命令确认 mariadb 服务是否已配置为开机自启动
[root@Project-05-Task-01 ~]# systemctl list-unit-files | grep mariadb.service
#下述信息说明 mariadb.service 已配置为开机自启动
mariadb.service                              enabled
```

操作命令+配置文件+脚本程序+结束

步骤 7：使用 MariaDB 客户端初始 root 权限。

MariaDB 安装完成后 root 用户未设置密码，为确保数据库的安全性应为其设置密码。

操作命令：

```
#使用 mysql 命令连接到客户端
[root@Project-05-Task-01 ~]# mysql
Welcome to the MariaDB monitor.  Commands end with ; or \g
#connection id 为 90
Your MariaDB connection id is 90
#MariaDB 版本为 10.4.12
Server version: 10.4.12-MariaDB-log MariaDB Server
#版权信息
Copyright (c) 2000, 2018, Oracle, MariaDB Corporation Ab and others.
#输入"help"可查看帮助信息
Type 'help;' or '\h' for help. Type '\c' to clear the current input statement..
#使用 set password 命令设置 root 用户密码为 centos@mariadb#123
MariaDB [(none)]> set password = password("centos@mariadb#123");
#显示如下信息表示命令执行成功
Query OK, 0 rows affected (0.002 sec)
```

操作命令+配置文件+脚本程序+结束

步骤 8：使用 MariaDB 客户端管理数据库。

操作命令：

```
[root@Project-05-Task-01 ~]# mysql
#使用 create database 命令创建 firstdb 数据库
MariaDB [(none)]> create database firstdb;
#显示如下信息表示命令执行成功
Query OK, 1 row affected (0.001 sec)
#使用 show databases 命令查看已创建的数据库
MariaDB [(none)]> show databases;
#可以在下述信息中看到刚创建的数据库
+--------------------+
| Database           |
+--------------------+
| firstdb            |
| information_schema |
| mysql              |
| performance_schema |
| test               |
+--------------------+
5 rows in set (0.001 sec)
#使用 use 命令切换数据库
MariaDB [(none)]> use firstdb;
#显示如下信息表示数据库切换成功
Database changed
#使用 create table 命令创建 test_table 数据表
MariaDB [people]> create table 'test_table'('id' int(11), 'name' varchar(20), 'sex' enum('0','1','2'),primary key ('id'));
#显示如下信息表示命令执行成功
Query OK, 0 rows affected (0.021 sec)
#使用 show tables 命令查看创建的数据表
MariaDB [firstdb]> show tables;
#可以在下述信息中看到刚创建的数据表
+------------------+
| Tables_in_firstdb |
+------------------+
| test_table       |
+------------------+
1 row in set (0.000 sec)
```

操作命令+配置文件+脚本程序+结束

【任务扩展】

1. MariaDB 账户管理方式

MariaDB 10.4 版本之前使用 mysql.user 存储账号及权限信息，10.4 版本及之后版本使用表

mysql.global_priv 存储账号、权限等信息。在 10.4 及之后版本中仍然保留了 mysql.user，但它现在是 mysql.global_priv 的视图。

MariaDB 账户有两种类型，一种为内置账户，一种为自定义账户。

（1）内置账户。MariaDB 10.4 安装时内置了两个功能强大的账户，它们通过下述命令创建。

操作命令：

```
1.  CREATE USER root@localhost IDENTIFIED VIA unix_socket OR mysql_native_password USING 'invalid';
2.  CREATE USER mysql@localhost IDENTIFIED VIA unix_socket OR mysql_native_password USING
    'invalid';
```

操作命令+配置文件+脚本程序+结束

上述命令表示如果当前系统用户是 root，则可以通过无密码的方式连接数据库。使用 SET PASSWORD 语句设置密码后，系统用户 root 仍可通过无密码方式连接数据库。

（2）自定义账户。自定义用户可通过 CREATE USER 命令创建。

命令详解：CREATE USER

【语法】

CREATE [OR REPLACE] USER [IF NOT EXISTS] username [authentication_option] [REQUIRE option] [WITH resource_option] [password_option | lock_option]

【选项详解】

选项	说明
[OR REPLACE]	可选，如果创建账户存在则替换该用户
[IF NOT EXISTS]	可选，如果创建账户存在，将返回一个警告而不是错误
username	账户名，包括账户名和主机名
[authentication_option]	可选，身份验证方式，包括使用密码、密码哈希值、身份验证插件验证
[REQUIRE option]	传输加密选项，包括不加密、SSL、X509 加密
[WITH resource_option]	资源限制，包括每小时最大查询数、每小时最大更新数、每小时最大连接数、最大连接数、执行超时时间
[password_option | lock_option]	password_option 为账户过期时间，lock_option 为账户锁定选项，二者只能选择一个

操作命令+配置文件+脚本程序+结束

修改用户可使用 ALTER USER 命令，ALTER USER 命令与 CREATE USER 命令语法结构十分相似，在此不再赘述。

删除用户可使用 DROP USER 命令。

命令详解：DROP USER

【语法】

DROP USER [IF EXISTS] user_name [, user_name]

【选项详解】

选项	说明
[IF EXISTS]	如果账户不存在，将返回一个警告而不是错误
username	账户名，包括账户名和主机名，可选择多个账户

操作命令+配置文件+脚本程序+结束

2. MariaDB 常用工具

MariaDB 在安装时内置了一些常用的管理工具，使用它们可以快速、便捷的管理 MariaDB，主要工具如下。

（1）mysqladmin。mysqladmin 是用于执行管理操作的客户端工具，可以用来检查服务器的配置和状态、创建和删除数据库等。

命令详解：mysqladmin

【语法】

mysqladmin [options] 【command】 [command-arg] [command [command-arg]]

【options】

--count,-c	重复执行命令的次数，必须和-i 选项一起使用
--sleep,-i	间隔多长时间重复执行命令
--host,-h	指定 MariaDB 服务器的主机地址
--port,-P	指定数据库端口
--user,-u	数据库用户名
--password,-p	登录密码，如果未给出，则会提示输入
--force,-f	不要求对命令进行确认，即使发生错误也继续执行

【command】

create	创建数据库
debug	配置服务器将调试信息写入错误日志
drop	删除数据库
extended-status	查看服务器状态变量和值
flush-hosts	清除主机缓存
flush-privileges	重新加载授权表
kill	杀死服务器线程
password	设置新密码
ping	检查数据库服务器是否可用
processlist	显示数据库服务器正在运行的线程列表
shutdown	关闭数据库服务器

操作命令+配置文件+脚本程序+结束

（2）mysqlcheck。mysqlcheck 可用于检查、修复、优化、分析数据表。

命令详解：mysqlcheck

【语法】

mysqlcheck [options] [db_name ...] [tbl_name ...]

【options】

--all-databases, -A	选择所有的数据库
--analyze,-a	分析数据表
--databases,-B	选择多个数据库
--check,-c	检查数据表
--optimize,-o	优化数据表
--repair, -r	修复数据表

```
--fast, F                    只检查没有正常关闭的表
```
操作命令+配置文件+脚本程序+结束

（3）mysqldump。mysqldump 用于对数据库进行备份。

命令详解：mysqldump

```
【语法】
mysqldump [options] [db_name ...] [tbl_name ...]

【options】
--user,-u                    用于连接服务器的账户名
--password,-p                用于连接服务器的账户密码
--port,-P                    服务器端口号
--host,-h                    服务器 IP 地址
--lock-tables,-l             备份数据之前锁定数据表
--add-locks                  用 LOCK TABLES 和 UNLOCK TABLES 语句包围每个表转储
--all-databases,-A           选择所有的数据库
--add-locks                  备份前锁定数据表
--databases,-B               指定要备份的数据库
--default-parallelism        每个并行处理队列的线程数
```
操作命令+配置文件+脚本程序+结束

（4）mysqlimport。mysqlimport 用于将 sql 文件导入到指定数据库中。

命令详解：mysqlimport

```
【语法】
mysqlimport [options] db_name textfile1 [textfile2 ...]

【options】
--delete,-D                  导入文本文件之前，清空数据表
--force,-f                   不要求对命令进行确认，即使发生错误也继续执行
--host,-h                    服务器 IP 地址
--port,-P                    服务器端口号
--ignore-lines=N             忽略第 N 个文件的第一行
--lock-tables,-l             导入数据之前锁定数据表
--password,-p                用于连接服务器的账户密码
--user,-u                    用于连接服务器的账户名
--use-threads=N              使用 N 个线程导入数据
```
操作命令+配置文件+脚本程序+结束

任务二　使用 phpMyAdmin 管理 MariaDB

操作视频

执行脚本

【任务介绍】

phpMyAdmin 是基于 PHP 语言的开源软件，旨在以 Web 化的方式管理 MySQL、MariaDB 数

据库。本任务基于 LAMP 环境部署 phpMyAdmin 程序，实现 MariaDB 的 Web 化管理。

本任务在任务一的基础上进行操作。

【任务目标】

（1）实现 phpMyAdmin 的部署。

（2）实现 Web 化管理 MariaDB 数据库。

【任务设计】

phpMyAdmin 程序发布规划见表 5-2-1。

表 5-2-1　phpMyAdmin 程序发布规划表

访问地址	网站存放目录
http://10.10.2.110	/var/www/phpmyadmin

表 5-2-1 访问地址中的 IP 地址需根据实际情况进行调整。

【操作步骤】

步骤 1：phpMyAdmin 安装要求。

本任务安装的 phpMyAdmin 版本为 5.0.1，该版本部署需要的基本条件见表 5-2-2。

表 5-2-2　phpMyAdmin 安装要求

网站服务器	Apache 或 Nginx
数据库管理系统	MariaDB 5.5、MySQL 5.5 或更高版本
PHP 解释器及扩展	7.1.3 或更高版本，PHP 模块：hash、ctype、JSON
浏览器	Chrome76+、Edge79+、Firefox71+、Internet Explorer9+、Safari13+、Opera65+ 等浏览器

步骤 2：完成 LAMP 环境配置。

安装并配置 Apache、PHP 解析器，完成 LAMP 环境的配置。

操作命令：

```
#完成 Apache 安装并配置
[root@Project-05-Task-01 ~]# yum install -y httpd
[root@Project-05-Task-01 ~]# systemctl start httpd
[root@Project-05-Task-01 ~]# systemctl enable httpd
#完成 PHP 和支撑模块的安装，hash、ctype 模块在 PHP 安装时已自动安装
[root@Project-05-Task-01 ~]# yum install -y php php-mysqlnd php-json
```

操作命令+配置文件+脚本程序+结束

步骤 3：验证系统环境是否满足部署要求。

在安装 phpMyAdmin 之前需验证系统环境是否满足 phpMyAdmin 部署要求。

操作命令：

```
#使用 httpd -v 命令验证已安装的 Apache 版本
[root@Project-05-Task-01 ~]# httpd -v
#Apache 版本为 2.4.37，符合部署基本条件
Server version: Apache/2.4.37 (centos)
Server built:   Dec 23 2019 20:45:34
#使用 php -v 命令验证已安装的 PHP 版本
[root@Project-05-Task-01 ~]# php -v
#PHP 版本为 7.2.11，符合部署基本条件
PHP 7.2.11 (cli) (built: Apr 30 2019 08:37:17) ( NTS )
Copyright (c) 1997-2018 The PHP Group
Zend Engine v3.3.5, Copyright (c) 1998-2018 Zend Technologies
#使用 mysql 命令查看已安装的 MariaDB 版本
[root@Project-05-Task-01 ~]# mysql --version
#mariadb 版本为 10.4.12，符合部署基本条件
mysql  Ver 15.1 Distrib 10.4.12-MariaDB, for Linux (x86_64) using readline 5.1
```

操作命令+配置文件+脚本程序+结束

步骤 4：获取 phpMyAdmin 程序。

本任务使用 wget 工具从 phpMyAdmin 官方网站下载程序。wget 可使用 yum 工具在线安装，phpMyAdmin 安装程序的下载路径可通过官方网站查看获得。

操作命令：

```
#使用 yum 工具安装 wget
[root@Project-05-Task-01 ~]# yum install -y wget
#使用 wget 命令获取 phpMyAdmin 安装程序
[root@Project-05-Task-01 ~]# wget https://files.phpmyadmin.net/phpMyAdmin/5.0.1/phpMyAdmin-5.0.1-all-languages.tar.gz
#下载时间和下载地址
--2020-03-05 23:03:53--  https://files.phpmyadmin.net/phpMyAdmin/5.0.1/phpMyAdmin-5.0.1-all-languages.tar.gz
Resolving files.phpmyadmin.net (files.phpmyadmin.net)... 84.17.57.7
Connecting to files.phpmyadmin.net (files.phpmyadmin.net)|84.17.57.7|:443... connected.
HTTP request sent, awaiting response... 200 OK
#下载文件大小为：12M
Length: 12949452 (12M) [application/octet-stream]
#phpMyAdmin 下载后存放的位置为：~/phpMyAdmin-5.0.1-all-languages.tar.gz
Saving to: 'phpMyAdmin-5.0.1-all-languages.tar.gz'
#下述信息表示文件下载成功
phpMyAdmin-5.0.1-all-languages.tar.gz     100%[=====>]  12.35M  17.6MB/s   in 0.7s
2020-03-05 23:03:55 (17.6 MB/s) - 'phpMyAdmin-5.0.1-all-languages.tar.gz' saved [12949452/12949452]
#使用 tar 命令将 phpMyAdmin 安装程序解压到/var/www 目录下
```

```
[root@Project-05-Task-01 ~]# tar -zxvf phpMyAdmin-5.0.1-all-languages.tar.gz -C /var/www/
#使用 mv 命令将解压后的目录 phpMyAdmin-5.0.1-all-languages 修改为 phpmyadmin 目录
mv phpMyAdmin-5.0.1-all-languages phpmyadmin
#设置 phpmyadmin 目录所属用户和组均为 apache
[root@Project-05-Task-01 ~]# chown -R apache:apache /var/www/ phpmyadmin
```

操作命令+配置文件+脚本程序+结束

步骤 5：配置 Apache 发布网站。

本任务使用 80 端口以默认网站的方式发布 phpMyAdmin，需要完成的操作如下。

- 配置 httpd.conf 以进行 phpMyAdmin 发布。
- 配置 welcome.conf 以关停 Apache 默认网站。

（1）使用 vi 工具配置 Apache 的 httpd.conf 文件。

配置文件：/etc/httpd/conf/httpd.conf

```
#httpd.conf 配置文件内容较多，本部分仅显示与默认网站配置有关的内容
#默认网站配置
Listen 80
#将默认网站目录/var/www/html，改为/var/www/ phpmyadmin
DocumentRoot "/var/www/phpmyadmin "
<Directory "/var/www/phpmyadmin ">
    Options Indexes FollowSymLinks
    AllowOverride None
    Require all granted
</Directory>
```

操作命令+配置文件+脚本程序+结束

（2）配置 Apache 的 welcome.conf 文件。welcome.conf 主要是在网站根路径无默认首页时，显示 Apache 欢迎信息。本操作通过将 welcome.conf 文件所有内容注释以实现关闭该功能，也可直接删除 welcome.conf 文件达到目的。

配置文件：/etc/httpd/conf.d/welcome.conf

```
# This configuration file enables the default "Welcome" page if there
# is no default index page present for the root URL.  To disable the
# Welcome page, comment out all the lines below.
# NOTE: if this file is removed, it will be restored on upgrades.
#<LocationMatch "^/+$">
#为了排版方便，此处删除了部分提示信息
#</Directory>
```

操作命令+配置文件+脚本程序+结束

步骤 6：暂时关闭防火墙等安全措施。

CentOS 默认开启防火墙，为使 phpMyAdmin 能正常访问，本任务暂时关闭防火墙等安全措施。

操作命令：

```
#使用 systemctl stop 命令关闭防火墙
```

```
[root@Project-03-Task-01 ~]# systemctl stop firewalld
#使用 setenforce 命令将 SELinux 设置为 permissive 模式
[root@Project-03-Task-01 ~]# setenforce 0
```

操作命令+配置文件+脚本程序+结束

步骤 7：使用 phpMyAdmin 连接 MariaDB 服务器。

在本地主机打开浏览器，输入 phpMyAdmin 所在主机的地址即可访问到 phpMyAdmin，输入数据库用户名、密码连接 MariaDB 数据库，如图 5-2-1 所示。

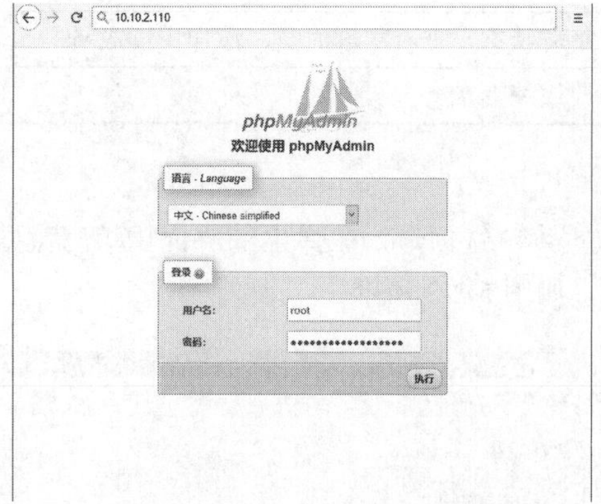

图 5-2-1　访问 phpMyAdmin

phpMyAdmin 主界面由三部分组成，左侧为数据库的管理，上方导航包括一些管理功能，右侧展示软件的基本信息，如图 5-2-2 所示，具体功能说明见表 5-2-3。

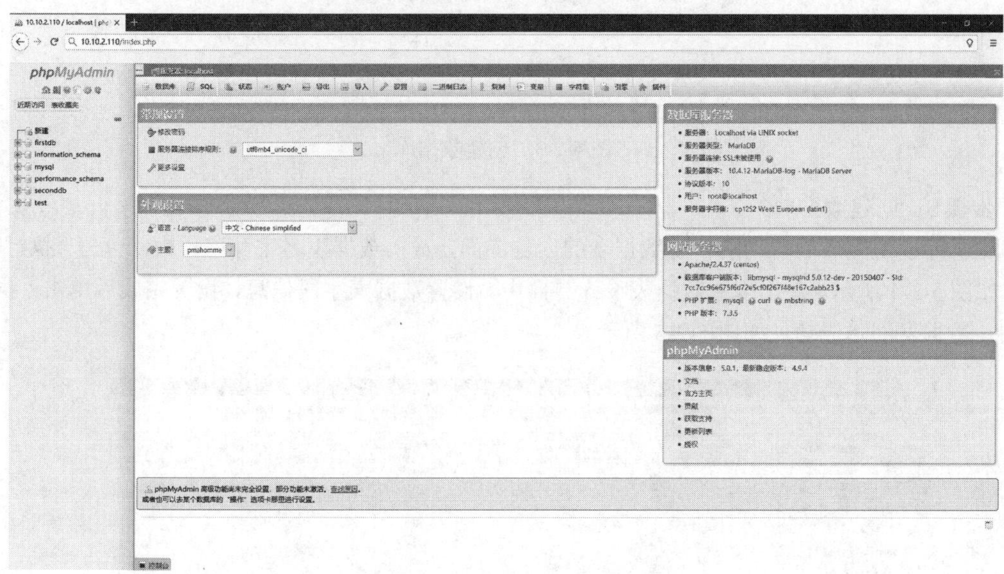

图 5-2-2　phpMyAdmin 主界面

表 5-2-3　phpMyAdmin 主要功能列表

功能	详情
数据管理	可以创建、查看、修改和删除数据库、数据表、视图、列和索引等
控制台	提供 MariaDB shell 环境
数据库监控	监控数据库服务器的流量、连接、进程、查询统计、数据库变量状态、主机状态等
数据导入导出	支持从 SQL、CSV、XML 等格式文件导入数据，支持 CSV、XML、PDF、SQL 等文件格式数据导出
集群管理	包括查看集群状态、查看集群成员、添加集群成员
服务器变量管理	查看和修改系统变量

步骤 8：创建数据库。

单击上方导航中的“数据库”选项卡，在弹出的界面中填写数据库的名称和编码，单击“创建”按钮进行数据库的创建，如图 5-2-3 所示。

图 5-2-3　创建数据库

步骤 9：创建数据表。

数据库创建完成后自动跳转至数据表的创建界面，输入数据表名字和字段数，单击“执行”按钮，如图 5-2-4 所示。在出现的数据表设计界面中，设置数据表字段信息，设置完成后单击“执行”按钮，数据表创建成功，如图 5-2-5 所示。

图 5-2-4　创建数据表

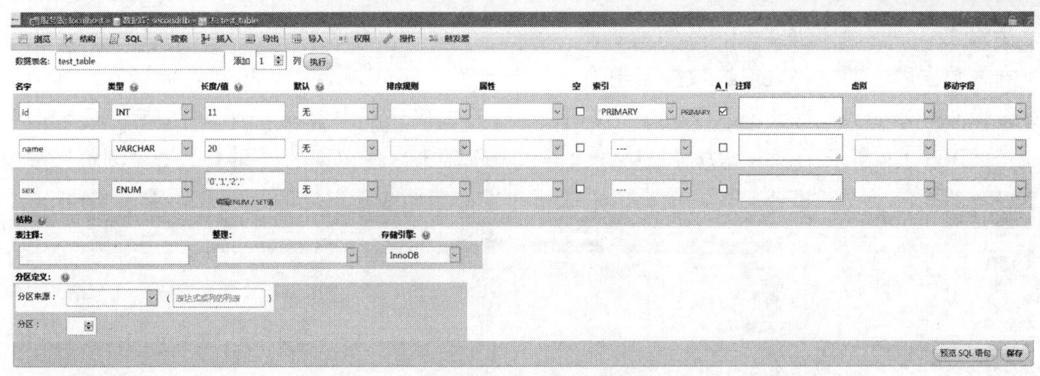

图 5-2-5　设置数据表字段

步骤 10：插入数据。

单击上方导航中的“插入”选项卡填写数据，单击“执行”按钮完成数据的插入，如图 5-2-6 所示。

图 5-2-6　插入数据

步骤 11：导出数据库。

单击导航上方的数据库名称选择导出数据库（如果不选择则导出的是当前数据表），单击“导出”按钮。在出现的页面上选择导出方式为“自定义-显示所有可用的选项”，选择格式为“SQL”，在对象创建选项处勾选“添加 CREATE DATABASE / USE 语句”（此选项为导入 SQL 文件的时候会自动创建数据库），单击“执行”按钮导出数据库，如图 5-2-7 所示。

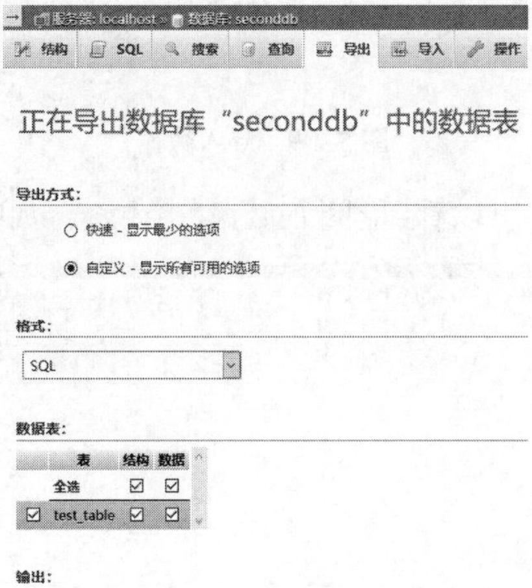

图 5-2-7　导出数据库

步骤 12： 导入数据库。

导入数据库之前先将之前的数据库删除，单击导航上方“服务器”，单击“数据库”选项卡，选择步骤 8 创建的数据库，单击“删除”按钮，在弹出的确认框中单击“确定”按钮完成数据库的删除，如图 5-2-8 所示。单击上方导航中的“导入”选项卡，在出现的界面上单击“浏览”按钮选择要导入的数据文件并设置导入选项，单击“执行”按钮完成数据库的导入，如图 5-2-9 所示。

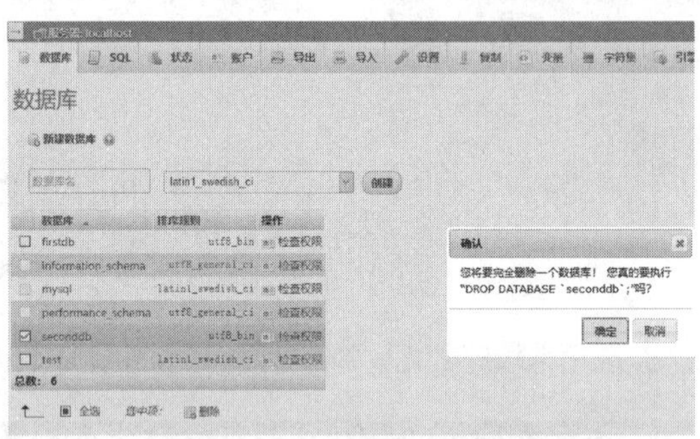

图 5-2-8　删除数据库

图 5-2-9　导入数据

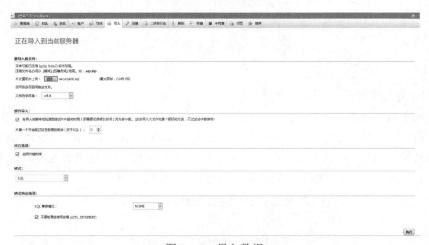

选择成功导入的数据库，可以看到删除的数据已经恢复，如图 5-2-10 所示。

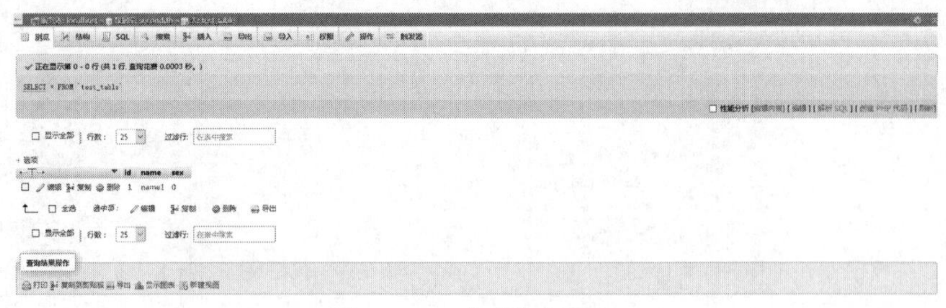

图 5-2-10　查看数据恢复

步骤 13：数据库监控。

单击导航上方的“状态”选项卡可查看数据库网络流量和连接信息、数据库进程、查询统计信息等，如图 5-2-11 至图 5-2-13 所示。

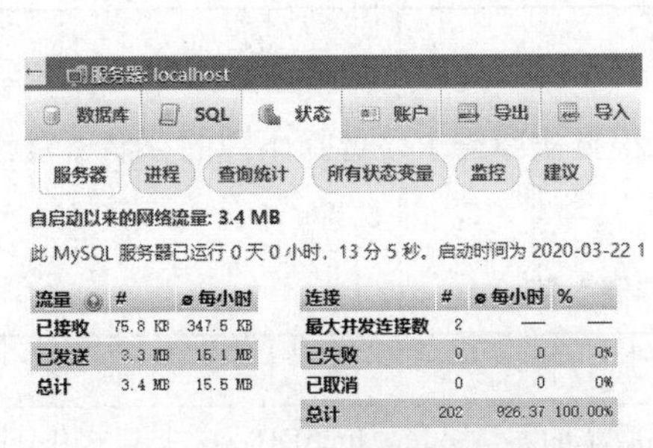

图 5-2-11　网络流量和连接信息

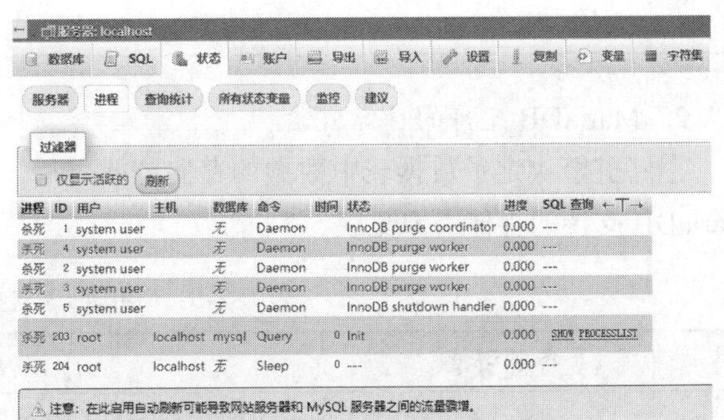

图 5-2-12　数据库进程信息

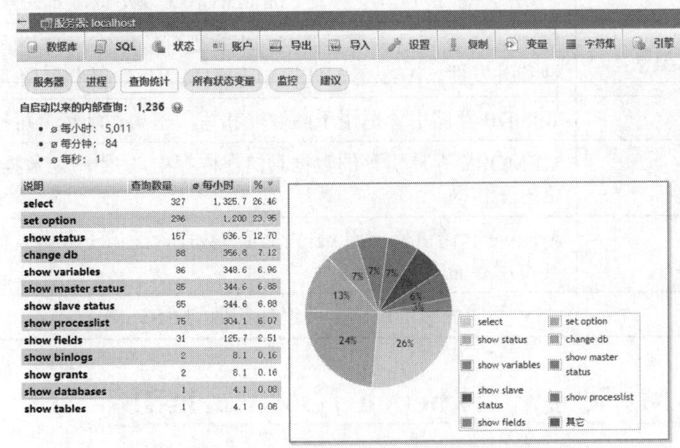

图 5-2-13　查询统计信息

【任务扩展】

1. MariaDB 支持的数据类型

MariaDB 支持的数据类型可以分为数值类型、字符类型、日期和时间类型和其他类型 4 种，具体见表 5-2-4。

表 5-2-4　MariaDB 支持数据类型

序号	数据类型	详情
1	数值类型	支持 INT、FLOAT、DOUBLE、BOOLEAN 等类型
2	字符类型	支持 CHAR、VCHAR、BINARY、BOLB、TEXT、JSON、ENUM、SET 等类型

续表

序号	数据类型	详情
3	日期和时间类型	支持 DATE、TIME、DATETIME、TIMESATAMP、YEAR 类型
4	其他类型	支持 Geometry Types（几何类型）、AUTO_INCREMENT（自增类型）类型

2. MariaDB 支持的存储引擎

存储引擎决定了数据表中数据的存储方式。用户可以根据实际需求，选择不同的存储引擎。MariaDB 支持的存储引擎见表 5-2-5。

表 5-2-5　MariaDB 支持的存储引擎

序号	存储引擎	详情
1	InnoDB 和 XtraDB	InnoDB 是 MariaDB 10.2 及更高版本的默认引擎。InnoDB 为数据表提供了事务、回滚、崩溃修复能力和多版本并发控制的事务安全。XtraDB 是 InnoDB 早期的性能增强分支，是 MariaDB 10.1 及更低版本的默认引擎
2	MyISAM 和 Aria	MyISAM 优点是占用存储空间小、处理速度快，缺点是不支持事务的完整性和并发性。Aria 是 MyISAM 的改良版本，推荐使用 Aria
3	TokuDB	TokuDB 存储引擎适用于高性能和写入密集型环境，可提供更高的压缩率
4	MEMORY	MEMORY 存储引擎的数据存储在内存中，适用于表数据的只读高速缓存或临时工作区
5	Archive	Archive 存储引擎使用 gzip 来压缩数据，适用于存储大量没有索引的数据，其占用存储空间非常小
6	CSV	CSV 存储引擎可以读取并追加数据到 CSV 文件

任务三　通过 MySQL Workbench 管理 MariaDB

【任务介绍】

MySQL Workbench 是用于管理 MySQL、MariaDB 数据库的客户端软件，能够以可视化的方式实现数据库管理。本任务在本地主机安装 MySQL Workbench，实现数据库的可视化管理。

【任务目标】

（1）实现 MySQL Workbench 的安装。

（2）实现使用 MySQL Workbench 管理 MariaDB。

【操作步骤】

步骤 1：配置 MariaDB 开启远程访问。

操作命令：

```
#连接 MariaDB 服务器
[root@Project-05-Task-01 ~]# mysql
#赋予 root 用户所有权限并允许所有地址连接
MariaDB [(none)]> grant all on *.* to root@'%' identified by 'centos@mariadb#123';
#下述信息说明命令执行成功
Query OK, 0 rows affected (0.002 sec)
```

操作命令+配置文件+脚本程序+结束

MariaDB 通过 GRANT、REVOKE 命令进行权限配置，GRANT 用于授权，REVOKE 用于撤销授权。

命令详解：GRANT、REVOKE

【语法】

GRANT | REVOKE [priv_type] ON [priv_level] TO username [authentication_option]

【选项详解】

[priv_type]	要赋予或撤销的权限，包括全局权限、数据库权限、数据表权限、列权限等特权，可用 ALL 表示全部权限
priv_level	要授权的数据库和数据表，格式为：db_name.tbl_name
username	要授权的账户名，包括账户名和主机名
authentication_option	身份验证方式，包括使用密码、密码哈希值、身份验证插件验证

操作命令+配置文件+脚本程序+结束

步骤 2：在本地主机安装 MySQL Workbench。

（1）Visual C++ 2015 运行库。MySQL Workbench 软件依赖 Visual C++ 2015 运行库，其下载地址为：https://www.microsoft.com/zh-CN/download/details.aspx?id=48145。具体安装步骤本项目不做详细介绍。

（2）下载 MySQL Workbench 安装程序。MySQL Workbench 安装程序可通过其官网（https://www.mysql.com）获取，本项目选用面向 Windows 平台的 8.0.19 版本。

1）双击启动安装程序，进入安装欢迎页后单击“Next >”按钮，如图 5-3-1 所示。

2）单击“Change...”按钮选择安装位置，选择完毕后单击“Next >”按钮，如图 5-3-2 所示。

3）选择安装类型为完全安装，即选中“Complete”前的单选按钮，单击“Next >”按钮如图 5-3-3 所示。

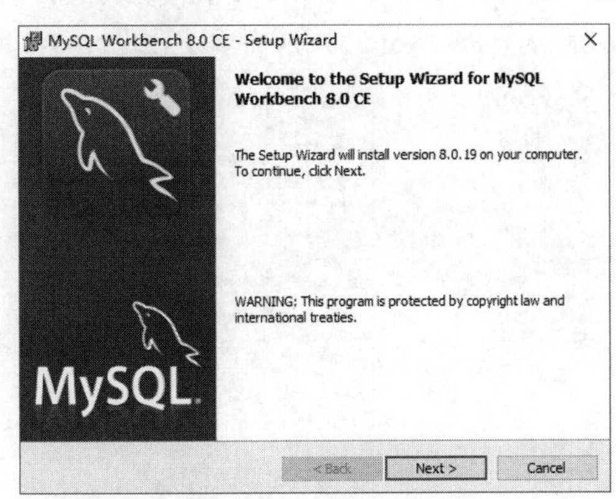

图 5-3-1 安装欢迎页

4）确认安装选项，单击“Install”按钮开始安装，如图 5-3-4 所示。

5）单击“Finish”按钮完成安装并启动 MySQL Workbench，如图 5-3-5 所示。

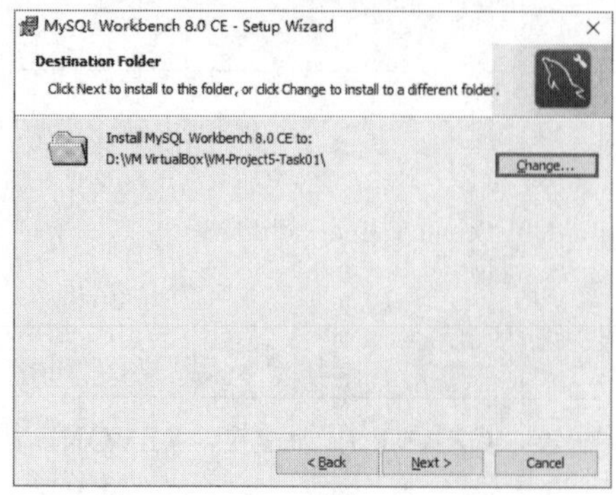

图 5-3-2　选择安装位置

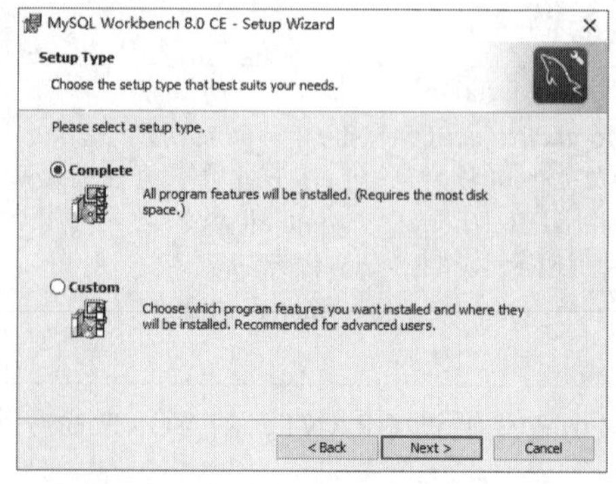

图 5-3-3　选择安装类型

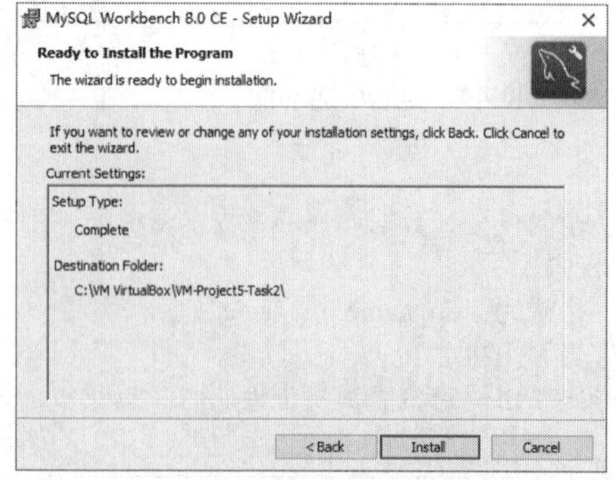

图 5-3-4　确认安装选项

图 5-3-5　完成安装

步骤 3：使用 MySQL Workbench 连接 MariaDB。

打开 MySQL Workbench，单击“MySQL Connections”后的“+”图标创建数据库连接。Connection Name 为此连接的名称，HostName 为数据库服务器地址，Port 为数据库服务器端口号，Username 为用户名，Password 为用户密码，如图 5-3-6 所示。

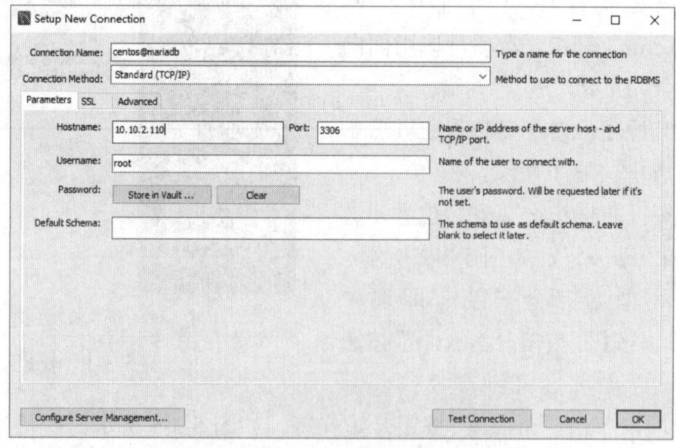

图 5-3-6　创建 MariaDB 数据库连接

连接成功后进入到 MySQL Workbench 主面板，如图 5-3-7 所示。MySQL Workbench 的主要功能见表 5-3-1。

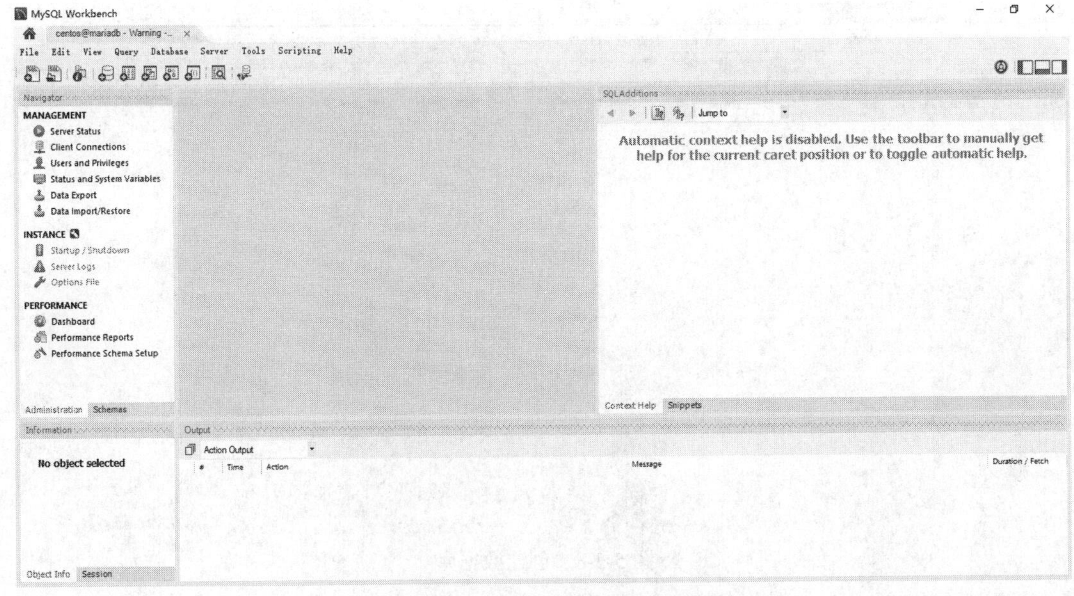

图 5-3-7　MySQL Workbench 主面板

表 5-3-1　MySQL Workbench 主要功能列表

功能	详情
设计	MySQL Workbench 使 DBA（数据库管理员）、开发人员或数据架构师能够直接地设计、建模、创建和管理数据库。包括创建 ER 模型、进行正向和反向工程等功能
开发	MySQL Workbench 提供了用于创建、执行和优化 SQL 查询的可视化工具
管理	MySQL Workbench 提供了一个可视化平台，可以轻松管理 MariaDB，可以使用可视化工具来配置服务器、管理用户、执行备份和恢复及查看数据库运行状况
仪表盘	MySQL Workbench 提供了一套仪表盘，可通过性能仪表板查看关键性能指标，通过性能报告查看 IO 瓶颈、慢查询 SQL 语句等
数据库迁移	MySQL Workbench 可将 Microsoft SQL Server、Microsoft Access、Sybase ASE、PostreSQL 或其他数据库数据迁移到 MySQL 和 MariaDB

步骤 4：创建数据库。

单击添加数据库图标，设置数据库名称和编码，单击“Apply”按钮完成数据库的创建，如图 5-3-8 所示。

步骤 5：创建数据表。

单击左侧“Schemas”切换到数据库列表，然后单击展开创建的数据库，右击“Tables”选择

"Create Table"，在出现的界面中设置表名称、编码、存储引擎、表字段、字段类型和约束等字段，单击"Apply"按钮完成创建，如图 5-3-9 所示。

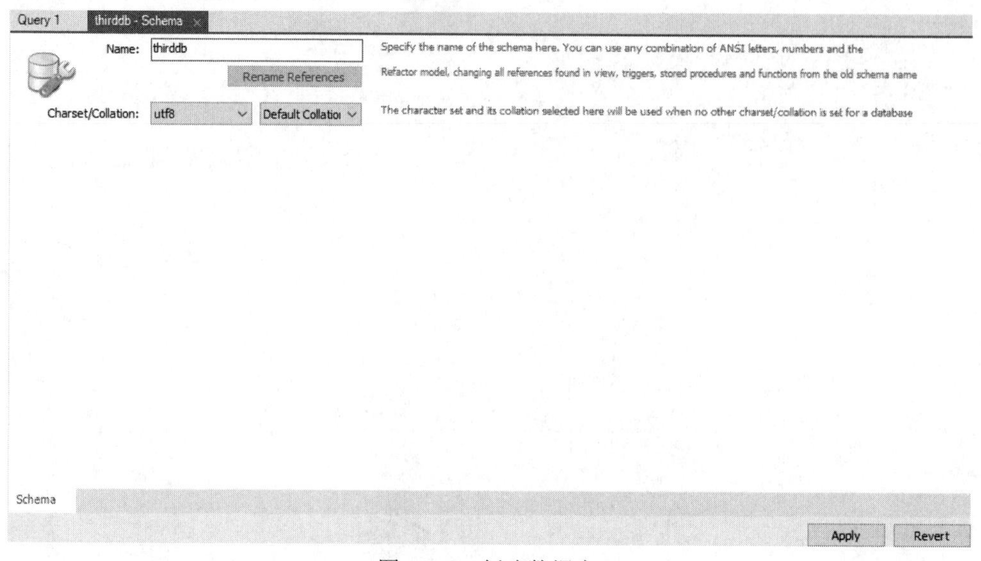

图 5-3-8　创建数据库

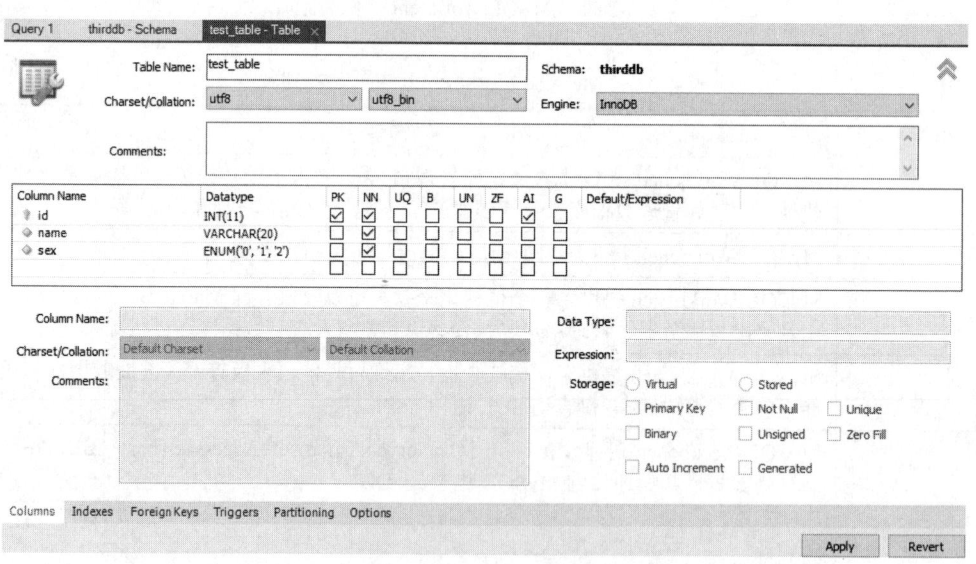

图 5-3-9　创建数据表

步骤 6：插入数据。

选择创建数据表，右击选择"Select Rows -Limit 1000"，单击空行直接填写数据，单击"Apply"按钮完成数据添加，如图 5-3-10 所示。

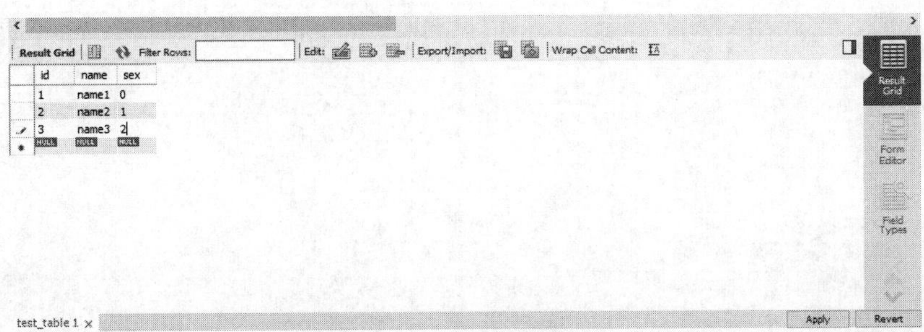

图 5-3-10 添加数据

步骤 7：导出数据库。

单击左侧“Administration”切换到数据库管理，单击“Data Export”按钮，选择要导出的数据库，选择“Dump Strcture and Data”导出结构和数据，选择“Export to Self-Contained File”导出到文件，单击“Start Export”按钮开始导出，如图 5-3-11 所示。

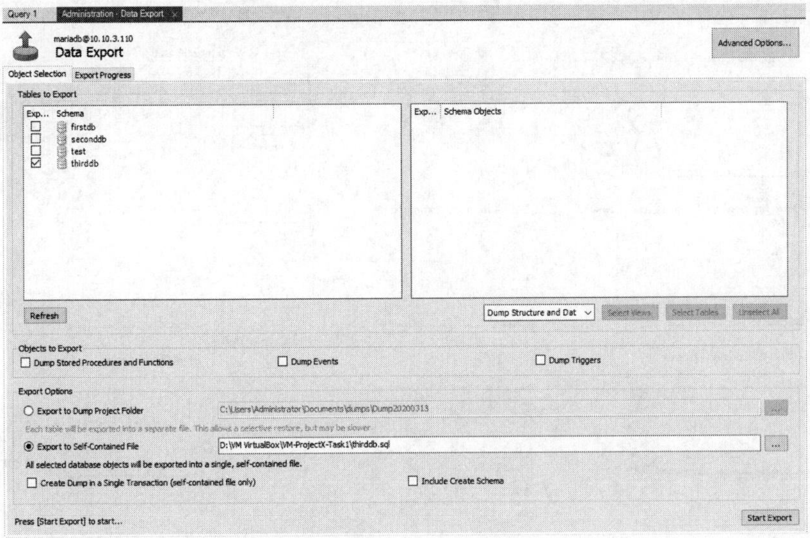

图 5-3-11 导出数据

步骤 8：导入数据。

导入数据库之前先将之前的数据库删除，右击步骤 8 创建的数据库，选择“Drop Schema…”命令，删除数据库，如图 5-3-12 所示。单击“Import from Self-Contained File”选择从文件导入，单击“…”按钮选择要导入的文件，单击“Start Import”按钮导入数据，如图 5-3-13 所示。

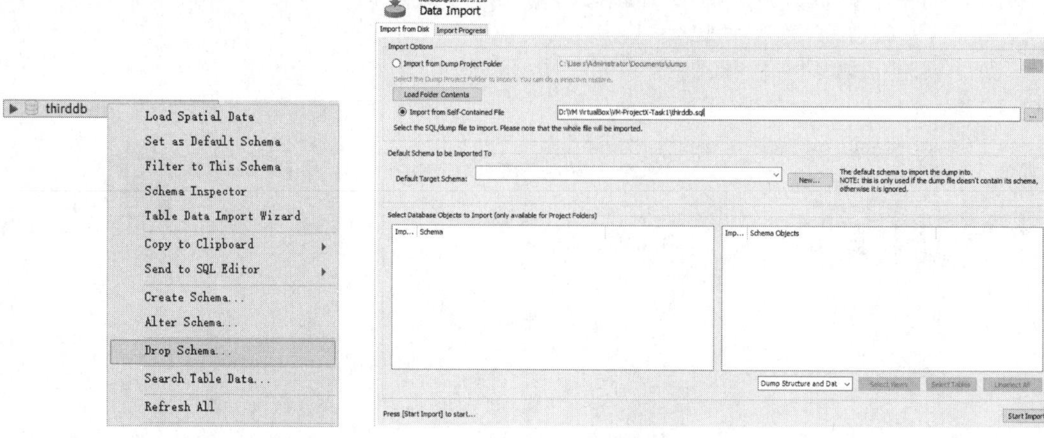

图 5-3-12　删除数据库　　　　图 5-3-13　执行导入

步骤 9：使用 MySQL Workbench 监控 MariaDB 服务器。

单击上方导航中的“Server”选择“Dashboard”查看 MariaDB 服务器状态，如图 5-3-14 所示。

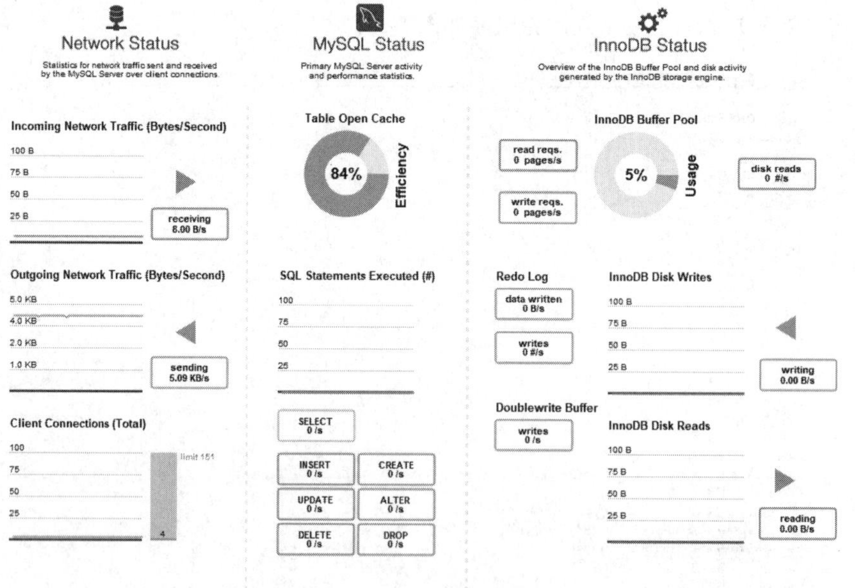

图 5-3-14　MariaDB 服务器监控

状态栏中包含三部分信息，具体说明如下。

（1）Network Status 展示 MariaDB 服务器通过客户端连接发送和接收的网络流量统计信息。包括网络流出流量、网络流入流量和客户端连接数量。

（2）MySQL Status 展示 MariaDB 服务器活动和性能的统计信息。包括表高速缓存利用率

（Table Open Cache），数据库每秒执行语句的统计（包括 SELECT，INSERT，UPDATE，DELETE，CREATE，ALTER 和 DROP）。

（3）InnoDB Status 展示 InnoDB 缓冲池和磁盘活动。包括 InnoDB 缓冲池利用率、InnoDB 磁盘读取速率和 InnoDB 磁盘写入速率。

任务四　通过主从集群实现 MariaDB 的高可用

【任务介绍】

本任务使用 MariaDB 主从集群实现高可用的数据库服务，并进行服务测试。

【任务目标】

（1）实现 MariaDB 集群的搭建。
（2）实现 MariaDB 集群的测试。

【任务规划】

本任务拓扑结构如图 5-4-1 所示。

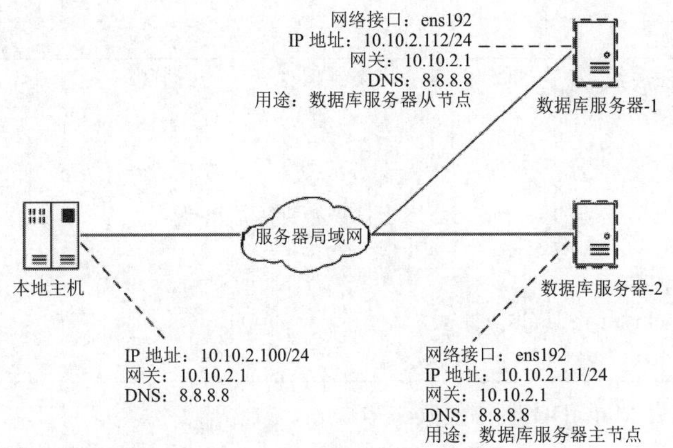

图 5-4-1　拓扑结构

服务器规划见表 5-4-1。

表 5-4-1　服务器规划表

序号	虚拟机名称	业务名称	作用
1	VM-Project-05-Task-02-10.10.2.111	数据库服务器-1	作为 MariaDB 集群主节点
2	VM-Project-05-Task-03-10.10.2.112	数据库服务器-2	作为 MariaDB 集群从节点

【操作步骤】

步骤 1：创建第一台数据库服务器。

在 VirtualBox 中创建虚拟机，完成 CentOS 操作系统的安装。虚拟机与操作系统的配置信息见表 5-4-2，注意虚拟机网卡工作模式为桥接。

表 5-4-2　虚拟机与操作系统配置

虚拟机配置	操作系统配置
虚拟机名称： VM-Project-05-Task-02-10.10.2.111 内存：1024MB CPU：1 颗 1 核心 虚拟硬盘：10GB 网卡：1 块，桥接	主机名：Project-05-Task-02 IP 地址：10.10.2.111 子网掩码：255.255.255.0 网关：10.10.2.1 DNS：8.8.8.8

步骤 2：配置第一台数据库服务器为主节点。

（1）完成 MariaDB 的安装并配置。MariaDB 的安装和配置可参考本项目的任务一，本任务在此不再赘述。

（2）配置数据库服务器。使用 vi 命令编辑 my.cnf 文件，编辑后的配置文件信息如下所示。

配置文件：/etc/my.cnf

```
#my.cnf 配置文件内容较多，本部分仅显示与集群配置有关的内容
[mariadb]
#开启日志
log-bin
#给主服务器设置一个唯一的 server_id，用于标识数据库服务器
server_id=1
#设置日志文件的名称
log-basename= db-cluster-mariadb
```

操作命令+配置文件+脚本程序+结束

配置完成后，重启 MariaDB 服务使其生效。

（3）创建同步账号。为 MariaDB 主从集群创建用于数据同步的数据库账号。

操作命令：

```
#连接数据库
[root@Project-05-Task-02 ~]# mysql
#创建并授权用于同步的账号
MariaDB [(none)]> CREATE USER 'replication_user'@'%' IDENTIFIED BY 'centos@mariadb#123';
#显示如下信息操作成功
Query OK, 0 rows affected (0.001 sec)
MariaDB [(none)]> GRANT REPLICATION SLAVE ON *.* TO 'replication_user'@'%';
```

```
#显示如下信息操作成功
Query OK, 0 rows affected (0.001 sec)
```

操作命令+配置文件+脚本程序+结束

（4）获取主节点二进制文件位置和偏移量。

操作命令：

```
[root@Project-05-Task-02 ~]# mysql
#查看
MariaDB [(none)]> show master status;
+-----------------------------+----------+-------------+-----------------+
| File                        | Position | Binlog_Do_DB | Binlog_Ignore_DB |
+-----------------------------+----------+-------------+-----------------+
| db-cluster-mariadb-bin.000001 |      341 |              |                  |
+-----------------------------+----------+-------------+-----------------+
1 row in set (0.000 sec)
```

操作命令+配置文件+脚本程序+结束

步骤 3：创建第二台数据库服务器。

在 VirtualBox 中创建虚拟机，完成 CentOS 操作系统的安装。虚拟机与操作系统的配置信息见表 5-4-3，注意虚拟机网卡工作模式为桥接。

表 5-4-3　虚拟机与操作系统配置

虚拟机配置	操作系统配置
虚拟机名称： VM-Project-05-Task-03-10.10.2.112 内存：1024MB CPU：1 颗 1 核心 虚拟硬盘：10GB 网卡：1 块，桥接	主机名：Project-05-Task-03 IP 地址：10.10.2.112 子网掩码：255.255.255.0 网关：10.10.2.1 DNS：8.8.8.8

步骤 4：配置第二台数据库服务器为从节点。

（1）完成 MariaDB 的安装并配置。MariaDB 的安装和配置可参考本项目的任务一，本任务在此不再赘述。

（2）配置数据库服务器。使用 vi 命令编辑 my.cnf 文件，编辑后的配置文件信息如下所示。

配置文件：/etc/my.cnf

```
#my.cnf 配置文件内容较多，本部分仅显示与集群配置有关的内容
[mariadb]
#开启日志
log-bin
#给数据库服务器设置一个唯一的 server_id，用于标识数据库服务器
server_id=2
```

操作命令+配置文件+脚本程序+结束

配置完成后，重启 MariaDB 服务使其生效。

（3）设置从服务器连接主服务器选项。

操作命令：

```
#连接 MariaDB
[root@Project-05-Test-03 ~]# mysql
使用 CHANGE MASTER 设置连接选项：主服务器主机地址、同步用户、密码、主服务器端口号、超时重连时间（s）
MariaDB [(none)]> CHANGE MASTER TO
        MASTER_HOST='10.10.2.111',
        MASTER_USER='replication_user',
        MASTER_PASSWORD='centos@mariadb#123',
        MASTER_PORT=3306,
       MASTER_LOG_FILE='db-cluster-mariadb-bin.000001',
       MASTER_LOG_POS=341,
        MASTER_CONNECT_RETRY=10;
#显示如下信息操作成功
Query OK, 0 rows affected (0.006 sec)
```

操作命令+配置文件+脚本程序+结束

步骤 5：启动主从集群同步服务。

启动从服务器同步服务，会启动两个复制进程：Slave_IO_Running（负责从主服务器读取数据，并将其存储在中继日志中）、Slave_SQL_Running（从中继日志中读取事件并执行）。

操作命令：

```
#连接 MariaDB
[root@Project-05-Test-03 ~]# mysql
#启动复制
MariaDB [(none)]> start slave;
#显示如下信息操作成功
Query OK, 0 rows affected (0.002 sec)
```

操作命令+配置文件+脚本程序+结束

步骤 6：验证主从集群同步状态。

本步骤通过两种方法验证主从集群同步状态：一是通过从节点查看同步状态；二是通过插入数据验证是否同步。

（1）通过从节点查看同步状态。

操作命令：

```
#连接 MariaDB
[root@Project-05-Test-04 ~]# mysql
查看复制从属线程基本参数的状态信息
MariaDB [(none)]> show slave status \G
*************************** 1. row ***************************
#为了排版方便，此处删除了部分提示信息
```

```
#Yes 表示线程启动成功
Slave_IO_Running: Yes
#Yes 表示线程启动成功
Slave_SQL_Running: Yes
#为了排版方便，此处删除了部分提示信息
```

操作命令+配置文件+脚本程序+结束

（2）验证数据是否同步。

1）在数据库服务器主节点添加数据。

操作命令：

```
[root@Project-05-Task-02 ~]# mysql
使用 create database 命令创建 fourthdb 数据库
MariaDB [(none)]> create database fourthdb;
#使用 use 命令切换数据库
MariaDB [(none)]> use fourthdb;
#使用 create table 命令创建 test_table 数据表
MariaDB [fourthdb]> create table 'test_table'('id' int(11), 'name' varchar(20), 'sex' enum('0','1','2'),primary key ('id'));
#使用 insert into 命令向 test_table 表中插入一条数据
MariaDB [fourthdb]> insert into test_table ( id, name,sex ) VALUES ( 1, 'name1','0' );
#使用 select 命令查看 test_table 中的数据
MariaDB [fourthdb]> select * from test_table;
#下述信息说明数据插入成功
+----+-------+------+
| id | name  | sex  |
+----+-------+------+
|  1 | name1 | 0    |
+----+-------+------+
1 row in set (0.001 sec)
```

操作命令+配置文件+脚本程序+结束

2）验证从数据库服务器是否同步。

操作命令：

```
[root@Project-05-Task-03 ~]# mysql
使用 show databases 命令查看数据库是否同步
MariaDB [(none)]> show databases;
#下述信息说明 fourthdb 数据库已经同步
+--------------------+
| Database           |
+--------------------+
| fourthdb           |
| information_schema |
| mysql              |
| performance_schema |
```

```
| test               |
+--------------------+
#使用 show tables 查看数据表是否同步
MariaDB [(none)]> use fourthdb;
MariaDB [fourthdb]> show tables;
#下述信息说明 test_table 数据表已经同步
+--------------------+
| Tables_in_fourthdb |
+--------------------+
| test_table         |
+--------------------+
#使用 select 命令查看数据是否同步
MariaDB [fourthdb]> select * from test_table;
#下述信息说明数据已经同步
+----+-------+------+
| id | name  | sex  |
+----+-------+------+
|  1 | name1 | 0    |
+----+-------+------+
```

操作命令+配置文件+脚本程序+结束

通过上面两种方法的验证，说明主从集群配置成功。

项目六

使用 MongoDB 实现数据库服务

项目介绍

非关系型数据库简称 NoSQL，最初是为了满足互联网的业务需求而诞生的。互联网数据规模庞大，数据结构动态化，关系型数据库在处理此类问题时不仅十分麻烦，而且性能也达不到要求。非关系型数据库在抛弃了关系型数据库的强制一致性和事务等特性后，可满足业务需求。

MongoDB 是全球应用最为广泛的非关系型数据库之一，具备开源、基于文档、功能强大、应用简单等特点。MongoDB 分为社区版和企业版，社区版是开源免费版本，企业版是基于社区版订阅收费的，提供了功能更强大的操作工具、高级数据分析、数据可视化、平台集成和认证等高级功能。本项目使用社区版，在 Linux 平台下实现 MongoDB 的安装、管理、监控和高可用。

项目目的

- 了解 MongoDB 的特点；
- 掌握 MongoDB 的安装与基本配置；
- 掌握 MongoDB 权限的管理方法；
- 掌握使用客户端管理数据库的方法；
- 掌握实现 MongoDB 高可用的方法。

项目讲堂

1. 非关系型数据库

（1）什么是非关系型数据库。非关系型数据库是相对于关系型数据库来讲的，不遵循二维数据模型。不同厂商针对的应用不同，其非关系型数据库的数据模型也不同。非关系型数据库具备的通用特点如下。

- 高性能。
- 分布式。
- 易扩展。
- 不支持事务。

（2）非关系数据库的分类与特性。与关系型数据库不同，非关系型数据库并没有一个统一的架构，两种非关系型数据库之间的差异程度远远超过两种关系型数据库之间的差异。非关系型数据库通常具有较强的应用场景适应性，不同应用场景下应选用不同的产品。

常见的非关系型数据库包括键值数据库、列族数据库、文档数据库和图形数据库，其具体分类和特点见表 6-0-1。

表 6-0-1　非关系型数据库分类和特性

分类	相关产品	应用场景	数据模型	优点	缺点
键值数据库	Redis、Memcached	内容缓存、频繁读写	<key,value>键值对，通过散列表实现	大量操作时性能高	数据无结构化
列族数据库	HBase、Cassandra	分布式数据存储与管理	以列族式存储，将同一列数据存储在一起	查找速度快，复杂性低	功能局限，不支持事务的强一致性
文档数据库	MongoDB、Elasticsearch	Web 应用、面向文档或半结构化的数据	<key,value>，value 是 JSON 结构的文档	数据结构灵活	缺乏统一查询语法
图形数据库	Neo4j、AllegroGraph	推荐系统、构建关系图谱	图结构	支持复杂的图形算法	复杂性高，只能支持一定的数据规模

（3）关系型数据库与非关系型数据库的特性。

1）关系型数据库的特性。

- 支持复杂查询。
- 支持标准的 SQL 语言。
- 数据完整性高。

2）非关系型数据库的特性。

- 存储的伸缩性更强。
- 数据操作的并发性能更强。
- 更容易通过多节点部署提高可用性。
- 数据模型更加灵活。

2. CAP、ACID、BASE

（1）CAP。CAP 理论是由 Eric Brewer 在 2001 年提出的，他指出对于一个分布式计算系统来说，不可能同时满足以下 3 点。

1）一致性（Consistency）。一致性是指更新操作成功后，所有节点在同一时间的数据完全一致。

2）可用性（Availability）。可用性是指用户访问数据时，系统是否能在正常响应时间返回结果。

3）分区容错性（Partition Tolerance）。分区容错性是指分布式系统在遇到某节点或网络分区故障的时候，仍然能够对外提供满足一致性和可用性的服务。

CAP 理论相互关系如图 6-0-1 所示。

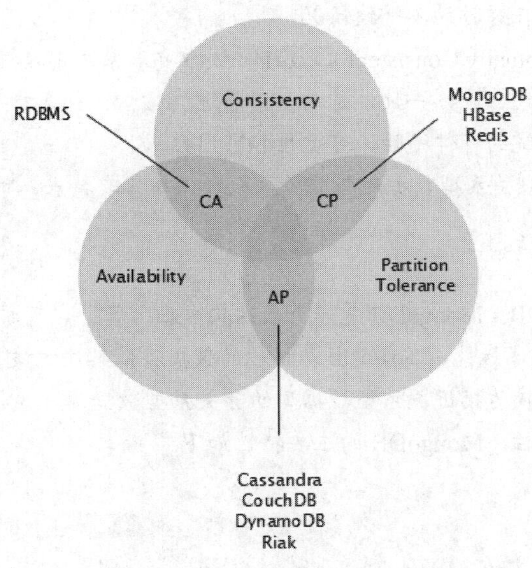

图 6-0-1　CAP 理论相互关系图

（2）ACID。关系型数据库支持事务的 ACID 特性，即原子性、一致性、隔离性和持久性，这 4 种特性保证在事务过程中数据的正确性，具体描述如下。

1）原子性（Atomicity）。一个事务的所有操作步骤被看成一个动作，所有的步骤要么全部完成，要么一个也不会完成。如果在事务过程中发生错误，则会回滚到事务开始前的状态，将要被改变的数据库记录不会被改变。

2）一致性（Consistency）。一致性是指在事务开始之前和事务结束以后，数据库的完整性约束没有被破坏，即数据库事务不能破坏关系数据的完整性及业务逻辑上的一致性。

3）隔离性（Isolation）。主要用于实现并发控制，隔离能够确保并发执行的事务按顺序一个接一个地执行。通过隔离，一个未完成事务不会影响另外一个未完成事务。

4）持久性（Durability）。一旦一个事务被提交，它应该持久保存，不会因为与其他操作冲突而取消这个事务。

从事务的 4 个特性可以看出，关系型数据库要求强一致性，但是这一点在非关系型数据库中是重点弱化的机制。这是因为数据库保持强一致性时，很难保证系统具有横向扩展和可用性的优势，因此针对分布式数据存储管理只提供了弱一致性的保障。

（3）BASE。BASE 是对 CAP 理论中一致性（C）和可用性（A）进行权衡的结果，其核心思想是无法做到强一致性，但每个应用都可以根据自身的特点，采用适当方式达到最终一致性。一般来说，非关系型数据库都支持 BASE 原理。

1）基本可用（Basically Available）。基本可用指分布式系统在出现故障时，系统允许损失部分可用性，即保证核心功能或者当前最重要功能可用。

2）软状态（Soft-state）。软状态允许数据存在中间状态，但不会影响系统的整体可用性，即允许不同节点的副本之间存在暂时的不一致情况。

3）最终一致性（Eventually Consistent）。最终一致性要求系统中数据副本最终能够一致，而不需要实时保证数据副本一致。最终一致性是 BASE 原理的核心，也是非关系型数据库的主要特点，通过弱化一致性，提高系统的可伸缩性、可靠性和可用性。

从以上特点可以看出，关系型数据库与非关系型数据库各有特点，对于数据库的选型应与自己的业务结合，充分考量。

3. MongoDB

（1）什么是 MongoDB。MongoDB 是一个表结构自由、开源、可扩展、面向文档的数据库，旨在为 Web 应用程序提供高性能、高可用且易扩展的数据存储解决方案。MongoDB 支持多文档事务、连接查询等功能，是较为接近关系型数据库的非关系型数据库。

（2）MongoDB 的特性。MongoDB 的主要特性如下。

- 灵活的数据模型。
- 强大的查询语言。
- 提供多种编程语言的 API。
- 易于扩展。
- 支持复制和故障自动转移。

4. 副本集

（1）什么是副本集。副本集是一组维护相同数据集的 mongod 实例。一个副本集包含多个数据承载节点和一个仲裁器（Arbiter，可选）。在数据承载节点中，只有一个成员被当作主节点，其他成员皆为从节点。副本集中的节点数最好为奇数（为了选举顺利进行），成员个数最少为 3 个，不超过 50 个（最多有 7 个投票成员）。

（2）数据同步机制。MongoDB 在主节点上应用数据库操作，并在 OPLOG（操作日志）记录操作，然后从节点通过异步进程请求操作日志并应用在自己的数据副本上。

（3）副本集中的成员。MongoDB 副本集中的成员可分为 3 种：主节点（Primary）、从节点（Secondaries）和仲裁器，每种成员都在副本集上起着不同的作用。

1）主节点。主节点是副本集中唯一能够接收写操作的成员。副本集只能有一个主节点，如果当前的主节点不可用，则通过选举确定新的主节点。

2）从节点。从节点作为主节点数据集的副本，在副本集中起着数据备份、主节点候选人和负载均衡的作用。尽管客户端无法通过从节点写入数据，但是客户端可以选择从节点读取数据。

从节点从功能上又可以细分为 3 种类型：0 优先级副本集成员、隐藏副本集成员和延迟副本集成员。

- 0 优先级副本集成员：该成员的优先级为 0，即不能被选举为主节点，除此之外与其他节点没有什么区别，一般当作备用节点，以便可随时替换掉副本集中不可用的节点。
- 隐藏副本集成员：该成员首先是 0 优先级副本集成员。该节点维护副本集的数据集且拥有选举投票权，但是对客户端不可见，通常作为数据备份节点。
- 延迟副本集成员：该成员首先是 0 优先级副本集成员，也应该是隐藏副本集成员。因为该节点所维护的数据集相对于正常成员总是有一段时间延迟。例如当前时间是 10:00，并且有一个小时的延迟，则该成员中没有早于 09:00 的数据，通常作为副本集的回滚备份或历史快照。

3）仲裁器。在某些情况下（例如现在有一个主服务器和一个从服务器，由于成本限制，无法添加另一个从服务器），可以选择将仲裁器添加到副本集中。仲裁器既不保存数据也不能成为主节点，但是拥有投票权。

（4）选举。副本集通过选举来决定哪个节点为主节点。以下事件可以触发副本集选举。

- 向副本集添加新节点。
- 副本集初始化。
- 指定主节点为从节点或副本集重新配置。
- 主节点响应超时（默认 10s）。

以下因素影响选举。

- Heartbeats，副本集成员每两秒都会向彼此发送一次 Heartbeats（类似 ping）。如果某个成员在 10s 内未响应，则其他成员将其标记为不可访问，该成员将不能成为主节点或被降低优先级。
- 优先级，优先级高的成员将优先获取投票权。
- 票数，得票数最多的成员将成为主节点。

任务一　安装 MongoDB

【任务介绍】

本任务在 CentOS 上安装 MongoDB 软件，实现 mongod 服务。

【任务目标】

（1）实现在线安装 MongoDB。

（2）实现 MongoDB 服务管理。

（3）实现 MongoDB 服务状态查看。

【操作步骤】

步骤 1：创建虚拟机并完成 CentOS 的安装。

在 VirtualBox 中创建虚拟机，完成 CentOS 操作系统的安装。虚拟机与操作系统的配置信息见表 6-1-1，注意虚拟机网卡工作模式为桥接。

表 6-1-1　虚拟机与操作系统配置

虚拟机配置	操作系统配置
虚拟机名称： VM-Project-06-Task-01-10.10.2.113 内存：1024MB CPU：1 颗 1 核心 虚拟硬盘：10GB 网卡：1 块，桥接	主机名：Project-06-Task-01 IP 地址：10.10.2.113 子网掩码：255.255.255.0 网关：10.10.2.1 DNS：8.8.8.8

步骤 2：完成虚拟机的主机配置、网络配置及通信测试。

启动并登录虚拟机，依据表 6-1-1 完成主机名和网络的配置，能够访问互联网和本地主机。

步骤 3：通过在线方式安装 MongoDB。

通过在线方式安装最新版本的 MongoDB，需创建 yum 仓库配置文件。

使用 vi 工具编辑/etc/yum.repos.d/MongoDB.repo，在配置文件上增加 MongoDB 源信息，编辑后的配置文件信息如下所示。

配置文件：/etc/yum.repos.d/MongoDB.repo

```
[mongodb]
name=MongoDB Repository
baseurl=https://repo.mongodb.org/yum/redhat/$releasever/mongodb-org/4.2/x86_64/
gpgcheck=1
enabled=1
gpgkey=https://www.mongodb.org/static/pgp/server-4.2.asc
```

操作命令+配置文件+脚本程序+结束

配置完成之后，使用 yum 工具安装 MongoDB。

操作命令：

```
#使用 yum 工具安装 MongoDB
[root@Project-06-Task-01 ~]# yum install -y mongodb-org
MongoDB Repository        937 B/s  |    5.6 kB     00:06
Dependencies resolved.
================================================================================
Package              Arch          Version                          Repo        Size
================================================================================
#安装的 MongoDB 版本、大小等信息
```

```
Installing:
mongodb-org          x86_64     4.2.3-1.el8                              mongodb-org-4.2   10 k
Installing dependencies:
#安装的依赖软件信息
python2              x86_64  2.7.16-12.module_el8.1.0+219+cf9e6ac9      AppStream          109 k
#为了排版方便，此处省略了部分提示信息
python2-setuptools   noarch  39.0.1-11.module_el8.1.0+219+cf9e6ac9      AppStream          643 k
Enabling module streams:
python27             2.7
Transaction Summary
==========================================================================================
Install  11 Packages
#安装 MongoDB 需要安装 11 个软件，总下载大小为 128M，安装后将占用磁盘 320M
Total download size: 128 M
Installed size: 320 M
Downloading Packages:
(1/11): python2-2.7.16-12.module_el8.1.0+219+cf           145 kB/s  |   109 kB   00:00
#为了排版方便，此处省略了部分提示信息
(11/11): mongodb-org-server-4.2.3-1.el8.x86_64.           343 kB/s  |   25 MB    01:14
------------------------------------------------------------------------------------
Total                                                      1.6 MB/s  |   128 MB   01:19
Running transaction check
Transaction check succeeded.
Running transaction test
Transaction test succeeded.
Running transaction
Preparing        :                                                  1/1
Installing       : mongodb-org-tools-4.2.3-1.el8.x86_64             1/11
#为了排版方便，此处省略了部分提示信息
Verifying        : mongodb-org-tools-4.2.3-1.el8.x86_64             11/11
#自动设置 mongod 服务为开机自启动
Created symlink /etc/systemd/system/multi-user.target.wants/mongod.service → /usr/lib/systemd/system/mongod.service.
Installed:
mongodb-org-4.2.3-1.el8.x86_64
#为了排版方便，此处省略了部分提示信息
mongodb-org-tools-4.2.3-1.el8.x86_64
Complete!
```

操作命令+配置文件+脚本程序+结束

步骤 4：MongoDB 服务管理。

MongoDB 安装完成后将在 CentOS 中创建名为 mongod 的服务，该服务在安装过程中已设置为开机自启动。

操作命令：

```
#使用 systemctl  start 命令启动 mongod 服务
```

```
[root@Project-06-Task-01 ~]# systemctl start mongod
#使用 systemctl status 命令查看 mongod 服务
[root@Project-06-Task-01 ~]# systemctl status mongod
● mongod.service - MongoDB Database Server
#服务位置：是否设置开机自启动
   Loaded: loaded (/usr/lib/systemd/system/mongod.service; enabled; vendor pres>
#MongoDB 的活跃状态，结果值为 active 表示活跃；inactive 表示不活跃
   Active: active (running) since Wed 2020-03-18 22:05:02 CST; 7s ago
     Docs: https://docs.mongodb.org/manual
     Process: 10143 ExecStart=/usr/bin/mongod $OPTIONS (code=exited, status=0/SUCC>
  Process: 10141 ExecStartPre=/usr/bin/chmod 0755 /var/run/mongodb (code=exited>
  Process: 10138 ExecStartPre=/usr/bin/chown mongod:mongod /var/run/mongodb (co>
  Process: 10136 ExecStartPre=/usr/bin/mkdir -p /var/run/mongodb (code=exited, >
 #主进程 ID 为 10145
 Main PID: 10145 (mongod)
#占用内存大小 76.9M
   Memory: 76.9M
#MongoDB 的所有子进程
   CGroup: /system.slice/mongod.service
└─10145 /usr/bin/mongod -f /etc/mongod.conf
#MongoDB 操作日志
Mar 18 22:04:59 Project-06-Task-01 systemd[1]: Starting MongoDB Database Server>
#为了排版方便，此处省略了部分提示信息
Mar 18 22:05:02 Project-06-Task-01 systemd[1]: Started MongoDB Database Server.
lines 1-18/18 (END)
```

操作命令+配置文件+脚本程序+结束

【任务扩展】

1. 数据逻辑结构

总体来说，MongoDB 的数据逻辑结构与关系型数据库结构比较相似，都是三级存储结构，最大区别就是 MongoDB 中的集合是动态模式。

（1）文档。文档是 MongoDB 存储的元数据，它是由键值对组成的数据结构，其结构类似 JSON 对象，字段值可以包括其他文档、数组和文档数组，例如：

文档结构：

```
{
     name:'Su'
     age:'26',
     status:'A',
     groups:['news','sports']
}
```

操作命令+配置文件+脚本程序+结束

（2）集合。MongoDB 将文档存储在集合中，集合类似于关系数据库中的表。集合中的文档

结构不需要相同，但为了管理方便和数据库的性能，应将相同类型的文档放在统一集合中。

（3）上限集合。集合的大小固定，当其达到最大时会自动覆盖最早插入的数据。

（4）数据库。多个集合组织在一起就是数据库。表 6-1-2 展示了 MongoDB 与关系型数据库的逻辑结构对比。

表 6-1-2　MongoDB 与关系型数据库的逻辑结构对比

MongoDB	关系型数据库
文档（document）	行（row）
集合（collection）	表（table）
数据库（database）	数据库（database）

2. 几个重要的进程

（1）mongod。mongod 是 MongoDB 的守护进程，负责处理数据请求、管理数据访问、执行后台管理。

命令详解：mongod

【语法】

mongod[选项]

【选项详解】

--config <filename>, -f <filename>	指定运行时配置选项的配置文件
--port <port>	MongoDB 实例侦听客户端连接的端口号，默认为 27017
--bind_ip <hostnames|ipaddresses |Unix domain socket paths>	MongoDB 实例侦听客户端连接主机名或 IP 地址或完整的 Unix 域套接字路径，可使用半角逗号隔开指定多个
--ipv6	启用 IPv6 支持，默认禁用
--maxConns <number>	接受的最大连接数
--logpath <path>	日志文件路径
--syslog	将日志信息发送到主机的 syslog 系统，Windows 平台下不支持
--keyFile <file>	指定密钥文件的路径，该密钥存储在分片集群或副本集成员相互认证的共享密钥
--auth	启用访问控制

操作命令+配置文件+脚本程序+结束

mongod 命令中的选项与其配置文件是对应的，如果启动时没有指定选项，则以配置文件为准。

（2）mongo。mongo 是 MongoDB 的交互式 JavaScript Shell（mongoshell）接口，它提供了一些接口函数用于管理员对数据库系统进行管理。

命令详解：mongo

【语法】

mongo[选项]

【选项详解】

--port <port>	MongoDB 实例监听的端口号，默认为 27017
--host <hostname>	运行 MongoDB 实例的主机名，可使用半角逗号隔开指定多个，默认为 localhost
--username <username>, -u <username>	进行身份验证的用户名
--password <password>, -p <password>	进行身份验证的密码
--networkMessageCompressors <string>	mongo shell 与 mongod 之间的通信启用网络压缩，有 3 种压缩方式：snappy、zlib、zstd
--ipv6	启用 IPv6
<db name>	要连接的数据库名称
--authenticationDatabase <dbname>	指定身份验证的数据库

操作命令+配置文件+脚本程序+结束

（3）mongodump。mongodump 是 MongoDB 的数据备份工具，可将数据导出为二进制文件。

命令详解：mongodump

【语法】

mongodump[选项]

【选项详解】

--uri=<connectionString>	连接字符串，用于指定要连接的主机地址以及连接选项
--host=<hostname><:port>,-h=<hostname><:port>	运行 MongoDB 实例的主机名，可使用半角逗号隔开指定多个，默认为 localhost
--port=<port>	MongoDB 实例监听的端口号，默认为 27017
--username <username>,-u <username>	指定身份验证的用户名
--password <password>,-p <password>	指定身份验证的密码
--authenticationDatabase=<dbname>	指定身份验证的数据库
--db=<database>,-d=<database>	指定导出的数据库名称
--collection=<collection>,-c=<collection>	指定导出的集合名称
--query=<json>,-q=<json>	指定查询语句，筛选数据
--out=<path>,-o=<path>	

操作命令+配置文件+脚本程序+结束

mongorestore 能将 mongodump 导出的数据导入到数据库中。除此之外，还有两个导出和导入 JSON、CSV 格式数据的工具：mongoexport、mongoimport，其用法与 mongodump 相似。

任务二　远程管理 MongoDB

操作视频

【任务介绍】

MongoDB Compass 是 MongoDB 官方提供的客户端管理软件，能够以可视化的方式管理数据库。本任务在本地主机安装 MongoDB Compass，实现数据库的可视化管理。

本任务在任务一的基础上进行。

【任务目标】

（1）实现 MongoDB 远程访问。
（2）完成 MongoDB Compass 的安装。
（3）完成使用 MongoDB Compass 管理 MongoDB。

【任务设计】

本任务需要使用的 MongoDB 用户和角色见表 6-2-1。

表 6-2-1　MongoDB 用户和角色列表

用户名	角色	描述
admin	userAdminAnyDatabase、readWriteAnyDatabase、clusterMonitor	用于用户管理、数据库管理、集群管理

【操作步骤】

步骤 1：创建管理账户。

MongoDB 在安装后没有管理账号且没有开启访问控制，为了安全起见应首先创建账户并开启访问控制。在开启身份验证之前应先创建具有用户管理权限的账户。

操作命令：

```
#使用 mongo 命令连接到 mongoshell
[root@Project-06-Task-01 ~]# mongo
#MongoDB shell 的版本为 4.2.3
MongoDB shell version v4.2.3
connecting to:
#本次连接的连接字符串
mongodb://127.0.0.1:27017/?compressors=disabled&gssapiServiceName=mongodb
Implicit session: session { "id" : UUID("f5344f3e-a3c8-4997-85ee-0082f95d6bf7") }
#MongoDBServer 的版本为 4.2.3
MongoDB server version: 4.2.3
#以下为警告信息
Server has startup warnings:
#提醒未开启访问控制
** WARNING: Access control is not enabled for the database.
#提醒数据库读写不受限制
**Read and write access to data and configuration is unrestricted.
#提醒服务器开启了 transparent_hugepage（一种 Linux 内存管理系统，开启后会降低数据库性能），提示禁用
/sys/kernel/mm/transparent_hugepage/enabled is 'always'.
```

```
MongoDB 提供了云监控服务，可使用 db.enableFreeMonitoring()开启，使用 db.disableFreeMonitoring()关闭提醒
Enable MongoDB's free cloud-based monitoring service, which will then receive and display
******************
To enable free monitoring, run the following command: db.enableFreeMonitoring()
To permanently disable this reminder, run the following command: db.disableFreeMonitoring()
#切换到 MongoDB 内置的 admin 数据库
>use admin
>switched to db admin
#创建用户 admin，密码为 centos@mongodb#123，角色为 userAdminAnyDatabase、readWriteAnyDatabase、clusterMonitor，即该用户可以管理所有用户、所有数据库，并可监控数据库
>db.createUser(
...     {
...         user: "admin",
...         pwd: "centos@mongodb#123",
...         roles: [ { role: "userAdminAnyDatabase", db: "admin" }, "readWriteAnyDatabase" ]
...     }
... )
#下述信息表示操作成功
Successfully added user: {
        "user" : "admin",
        "roles" : [
                {
                        "role" : "userAdminAnyDatabase",
                        "db" : "admin"
                },
                {
                        "role" : "clusterMonitor",
                        "db" : "admin"
                },
                "readWriteAnyDatabase"
        ]
}
#查看用户列表
>show users
#用户创建成功
{
        "_id" : "admin.admin",
        "userId" : UUID("998edb03-f6cf-4a96-aa8b-af143523b94d"),
        "user" : "admin",
        "db" : "admin",
        "roles" : [
                {
                        "role" : "userAdminAnyDatabase",
                        "db" : "admin"
                },
                {
                        "role" : "readWriteAnyDatabase",
```

```
                                "db" : "admin"
                        }
                ],
                "mechanisms" : [
                        "SCRAM-SHA-1",
                        "SCRAM-SHA-256"
                ]
}
#退出 mongoshell
> quit()
```

操作命令+配置文件+脚本程序+结束

步骤 2：开启授权访问。

开启授权访问可通过修改/etc/mongod.conf 配置文件中 security.authorization 的值实现。

配置文件：/etc/mongod.conf

```
#mongod.conf 配置文件内容较多，本部分仅显示与授权访问有关的内容
#开启身份验证
security:
#enabled 表示开启授权访问，disabled 表示关闭授权访问
authorization: enabled
```

操作命令+配置文件+脚本程序+结束

配置完成后，重启 mongod 服务使配置生效。

步骤 3：配置 MongoDB 开启远程管理。

mongod 默认绑定的 IP 地址为 127.0.0.0，这种情况下只允许本机方法，可通过修改配置文件绑定其他 IP 地址。

配置文件：/etc/mongod.conf

```
#mongod 配置文件内容较多，本部分仅显示与绑定 IP 的内容
net:
#MongoDB 默认端口
  port: 27017
#设置 mongod 实例绑定的主机名、IP 地址或 UNIX 套接字路径，可添加多个，使用半角逗号隔开。0.0.0.0 表示绑定所有 IPv4 地址
  bindIp: 0.0.0.0
```

操作命令+配置文件+脚本程序+结束

配置完成后，重启 mongod 服务使配置生效。

步骤 4：暂时关闭防火墙等安全措施。

CentOS 默认开启防火墙，为使 MongoDB 能够被远程访问，本任务暂时关闭防火墙等安全措施。

操作命令：

```
#使用 systemctl stop 命令关闭防火墙
[root@Project-06-Task-01 ~]# systemctl stop firewalld
```

```
3.    #使用 setenforce 命令将 SELinux 设置为 permissive 模式
4.    [root@Project-06-Task-01 ~]# setenforce 0
```

操作命令+配置文件+脚本程序+结束

步骤 5：在本地主机安装 MongoDB Compass 管理工具。

MongoDB Compass 是用于管理 MongoDB 的官方客户端软件，支持 Windows、Linux、MacOS 操作系统，分为 3 个版本，具体内容见表 6-2-2。

表 6-2-2　MongoDB Compass 的版本列表

版本	描述
Compass	完整版的 MongoDB Compass，具有所有功能
Compass Readonly	只允许读取操作
Compass Isolated	除了连接 MongoDB 服务器外，不发起任何网络请求

MongoDB Compass 的主要功能见表 6-2-3。

表 6-2-3　MongoDB Compass 主要功能列表

功能	详情
数据管理	创建、查看、修改和删除数据库、数据表、视图、列、索引等
索引管理	创建、删除索引
数据聚合	创建和执行聚合管道
数据导入导出	支持从 SQL、CSV、XML 等格式文件导入数据，支持以 CSV、XML、PDF、SQL 等格式导出数据
监控	监控数据库服务器的流量、连接、进程、查询统计、数据库变量状态、主机状态等
集群管理	查看集群状态、查看集群成员、添加集群成员
统一身份验证	支持 Kerberos、LDAP 和 x.509 身份验证
文档模型分析	提供对指定集合中文档的字段和值的分析

本任务选择面向 Windows 操作系统的 MongoDB Compass1.20.5 版本，该版本的安装要求见表 6-2-4。

表 6-2-4　MongoDB Compass 安装要求

类型	要求
操作系统	Windows 7 或更高的 64 位版本
数据库	MongoDB 3.6 或更高版本
类库	Microsoft .NET Framework 4.5 或更高版本

在本地主机通过浏览器访问 MongoDB 官方网站的下载中心（https://www.mongodb.com/

download-center/compass），选择版本为“1.20.5(Stable)”，选择操作系统为“Windows64-bit(7+)”，单击“Download”按钮下载，如图 6-2-1 所示。

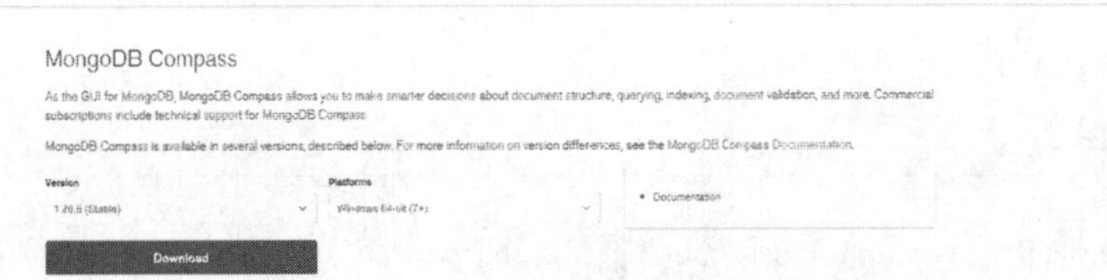

图 6-2-1　下载 MongoDB Compass 安装程序

下载完成后，双击获取的安装程序，进入到安装向导欢迎页，如图 6-2-2 所示。

单击“Change…”按钮选择安装位置，选择完毕后单击“Next”按钮如图 6-2-3 所示。

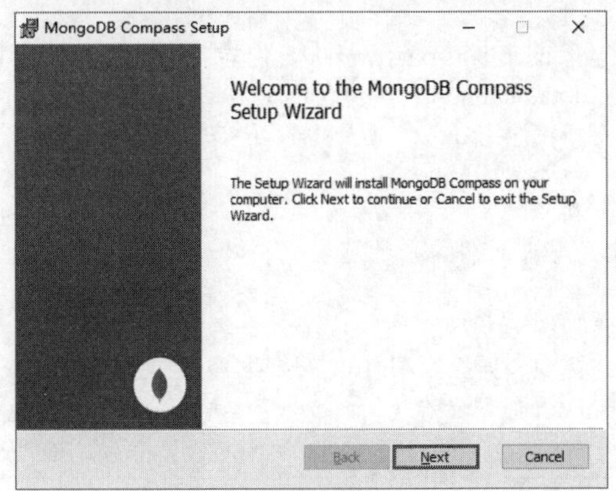

图 6-2-2　安装向导欢迎页

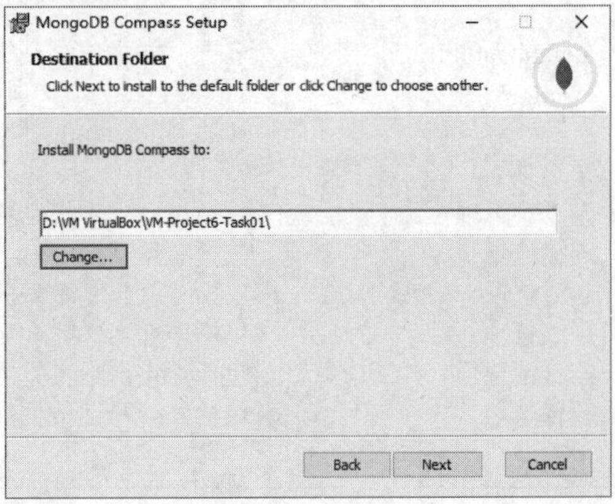

图 6-2-3　选择安装位置

单击“Install”按钮开始安装，如图 6-2-4 所示，安装操作执行完毕后，单击“Finish”按钮完成安装，如图 6-2-5 所示。

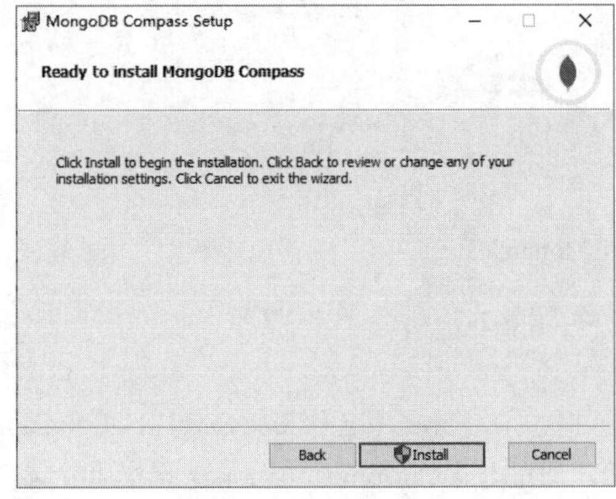

图 6-2-4　准备安装

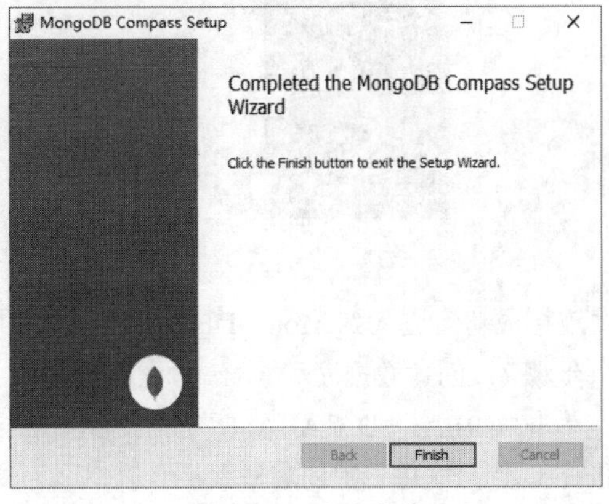

图 6-2-5　完成安装

步骤 6：使用 MongoDB Compass 连接 MongoDB。

通过 Windows 菜单启动 MongoDB Compass，在输入框中输入连接字符串。

连接字符串的格式如下所示，本步骤使用的连接字符串是：mongodb://admin:centos%40mongodb%23123@10.10.2.113:27017。

语法详解：连接字符串

【语法】

mongodb://[username:password@]host1[:port1][,...hostN[:portN]][/[defaultauthdb][?选项]]

【字段】

mongodb	标准连接字符串的必须前缀
username:password@	可选，用于身份验证的凭据。username 为用户名，password 为密码
host[:port]	运行 MongoDB 实例的主机名（和可选的端口号），可使用半角逗号隔开指定多个
/defaultauthdb	可选，如果连接字符串包含 username:password@身份验证凭据但未指定 authSource 选项，则使用 defaultauthdb 作为身份验证数据库如果 authSource 和 defaultauthdb 都未指定，使用 admin 作为身份验证数据库

【选项】

副本集选项	包括指定副本集名称的选项
连接选项	包括启用禁用 tls/ssl 连接、证书文件位置等选项
超时选项	包括连接超时时间的选项
压缩选项	包括压缩器选择和压缩级别选项
连接池选项	包括连接池最大、最小连接数、连接空闲时间等选项
验证选项	包括身份验证数据库、验证机制等选项

操作命令+配置文件+脚本程序+结束

单击“CONNECT”按钮连接 MongoDB，如图 6-2-6 所示。

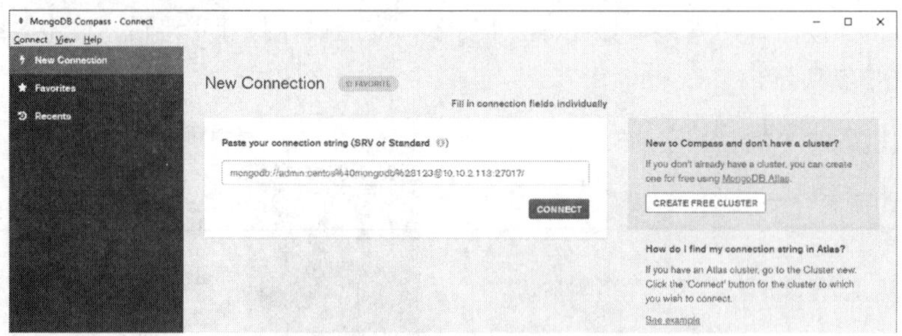

图 6-2-6　连接到 MongoDB

连接成功后进入到 MongoDB Compass 主面板，如图 6-2-7 所示。

步骤 7：创建数据库和集合。

单击“CREATE DATABASE”按钮，在弹出的对话框中填写数据库名称和集合名称，通过 Capped Collection 选择框可设置的容量大小（以字节为单位），通过 Use Custom Collation 选择框可设置基于语言的排序规则，单击“CREATE DATABASE”按钮完成数据库和集合创建，如图 6-2-8 所示。

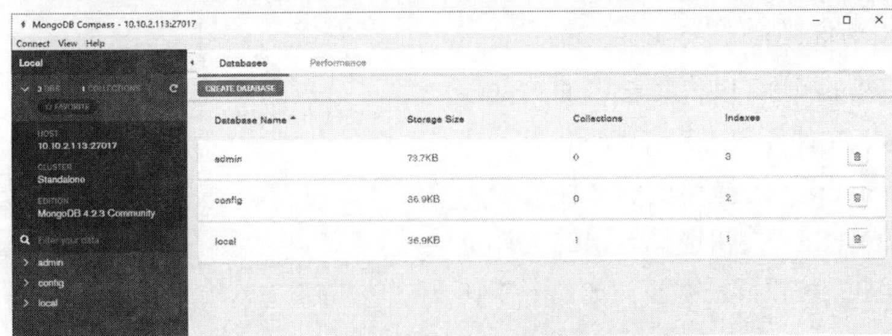

图 6-2-7　MongoDB

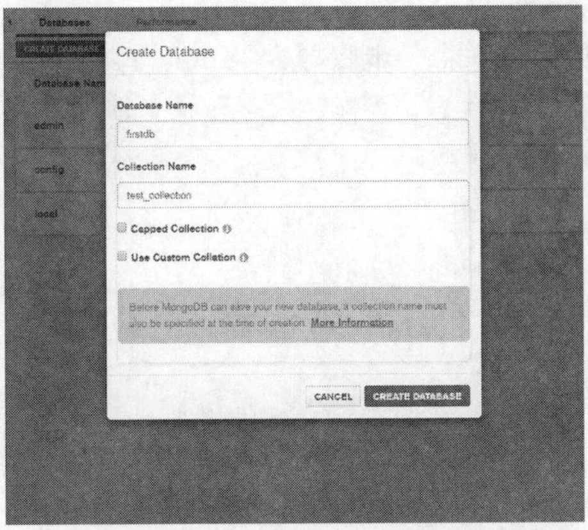

图 6-2-8　创建数据库和集合

步骤 8：插入数据。

单击左侧数据库列表中上个步骤创建的数据库，单击下拉列表中的集合，单击“ADD DATA”按钮，在下拉列表中选择“Insert Document”手动添加数据，如图 6-2-9 所示。

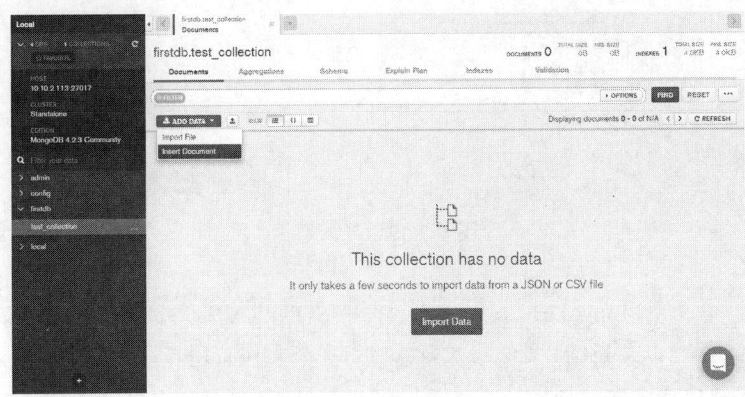

图 6-2-9　插入数据

单击大括号使用 JSON 对象方式添加数据，完成数据插入。

步骤 9：导出数据。

MongoDB Compass 可以将集合中的数据导出为 JSON 或 CSV 文件。单击“Collection”，选择“Export Collection”，选择导出的文件类型为 JSON，单击“BROWSE”按钮选择导出的文件位置，单击“EXPORT”按钮导出数据，如图 6-2-10 所示。

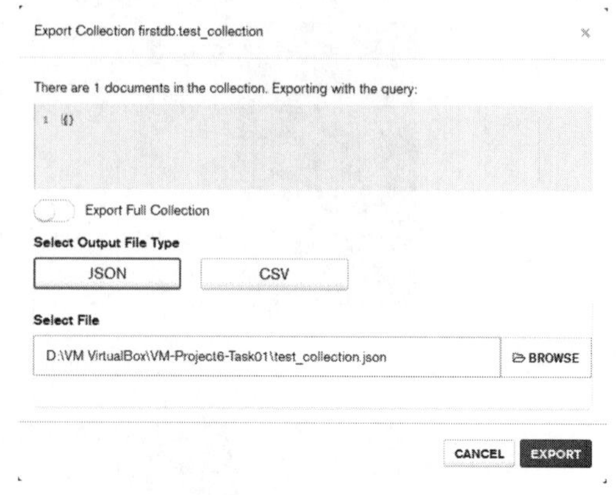

图 6-2-10　导出数据

步骤 10：删除数据。

MongoDB 会自动为集合中的每个文档设置一个唯一字段“_id”，导入数据前需将一步骤导出的数据删除。单击删除图标，单击“🗑”图标确定删除该文档，如图 6-2-11 所示。

图 6-2-11　删除数据

步骤 11：导入数据。

与导出数据相似，导入数据前需首先选择数据库和集合。单击“Collection”，选择“ImportData，选择导入的文件类型 JSON 或 CSV，单击“BROWSE”按钮选择要导入的文件位置，单击“IMPORT”按钮导入数据，如图 6-2-12 所示。

图 6-2-12　导入数据

（1）MongoDB Compass 支持从 JSON 或 CSV 文件将数据导入到集合中。

（2）从 JSON 文件导入数据时，每个文档必须在文件中单独存在，不要在文档末尾使用逗号分隔文档。

（3）从 CSV 文件导入数据时，文件的第一行必须是使用逗号隔开的文档字段名称列表，后续行必须是逗号分隔的字段值，其顺序应与第一行中的字段顺序相对应。

步骤 12：使用 MongoDB Compass 监控 MongoDB 服务器。

监控 MongoDB 服务器需要用户拥有执行 top、inprog、serverStatus 命令的权限，clusterMonitor 角色满足所需的权限。

关闭当前数据库窗口，单击“Performance”命令切换到监控选项卡，在监控选项中可查看操作、数据读写、网络、内存、慢查询的实时情况，如图 6-2-13 所示。

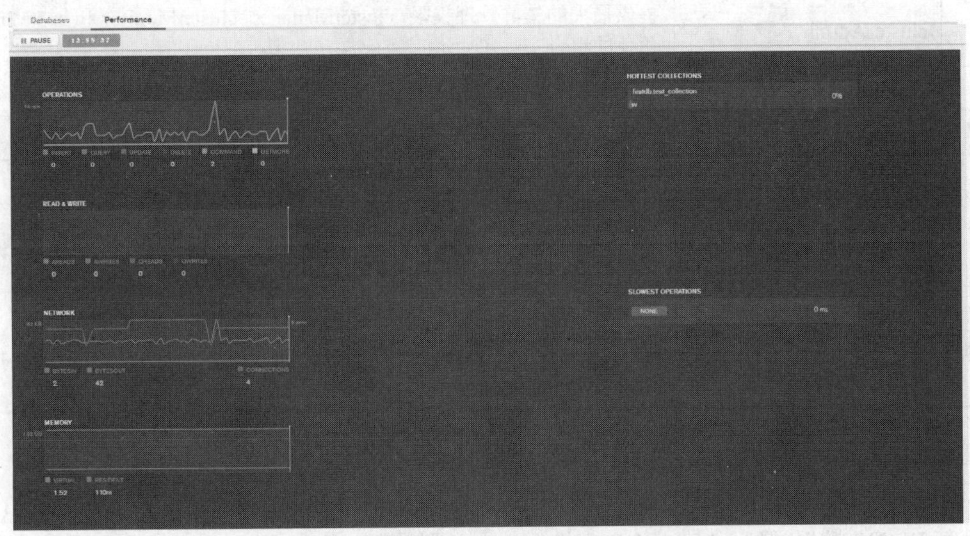

图 6-2-13　监控展示页

【任务扩展】

1. MongoDB 基于角色的安全管理

MongoDB 使用基于角色的访问控制（RBAC）来管理对 MongoDB 系统的访问。用户角色决定了用户对数据库资源和操作的访问权限。为了管理方便，MongoDB 根据资源和操作类型进行划分，内置了 12 个角色，见表 6-2-5。

表 6-2-5　MongoDB 内置角色列表

序号	角色名称	主要权限
1	read	提供读取所有非系统集合和 system.js 集合上数据的权限
2	readWrite	提供 read 角色的所有权限以及修改所有非系统集合和 system.js 集合上数据的权限
3	dbAdmin	提供执行管理任务的权限，不包括用户管理权限
4	userAdmin	提供在当前数据库上创建用户和修改角色的权限
5	dbOwner	提供对数据库执行任何管理操作，是 readWrite、dbAdmin 和 userAdmin 角色的组合

续表

序号	角色名称	主要权限
6	clusterManager	提供对集群的管理和监控权限
7	clusterMonitor	提供对监控工具（例如 MongoDB Cloud Manager）的只读访问权限
8	hostManager	提供监控和管理服务器的权限
9	clusterAdmin	提供最大的集群管理权限，clusterManager、clusterMonitor 和 hostManager 角色的组合
10	backup	提供备份数据所需权限
11	restore	提供从备份还原数据的特权
12	readAnyDatabase	提供读取除 local 和 config 以外的所有数据库的权限
13	readWriteAnyDatabase	提供读取和写入除 local 和 config 以外的所有数据库的权限
14	userAdminAnyDatabase	提供除 local 和 config 以外的所有数据库的用户管理权限
15	dbAdminAnyDatabase	提供所有数据库与 dbAdmin（除 local 和 config）相同的权限
16	root	readWriteAnyDatabase、dbAdminAnyDatabase、userAdminAnyDatabase、clusterAdmin、restore、backup 角色的组合

2. MongoDB 支持的数据类型

MongoDB 将数据记录存储为 BSON 文档（JSON 文档的二进制表示形式），文档中字段的值可以是任何 BSON 数据类型，MongoDB 支持的数据类型见表 6-2-6。

表 6-2-6 MongoDB 支持数据类型

数据类型	描述
Double	双精度浮点值
String	字符串。在 MongoDB 中，UTF-8 编码的字符才是合法的
Object	内嵌文档
Array	数组
Binary data	二进制数据
ObjectId	对象 ID。文档的唯一标识（每个文档都有）
Boolean	布尔类型
Date	日期类型
Null	空值
Regular Expression	正则表达式
JavaScript	代码类型。用于在文档中存储 JavaScript 代码
integer	整型

续表

数据类型	描述
Timestamp	时间戳
Min/Max key	将一个值与 BSON（二进制的 JSON）元素的最低值和最高值相对比

任务三　实现 MongoDB 高可用

操作视频

【任务介绍】

本任务使用 MongoDB 副本集实现高可用的数据库服务，并进行服务测试。

【任务目标】

（1）实现 MongoDB 副本集的搭建。

（2）实现 MongoDB 副本集的测试。

【任务设计】

本任务需要使用的 MongoDB 用户和角色见表 6-3-1。

表 6-3-1　MongoDB 用户列表

用户名	角色	描述
admin	userAdminAnyDatabase、readWriteAnyDatabase	用于用户管理、数据库管理
repAdmin	clusterAdmin、readWriteAnyDatabase	用于集群管理、数据库管理

【任务规划】

本任务拓扑结构如图 6-3-1 所示。

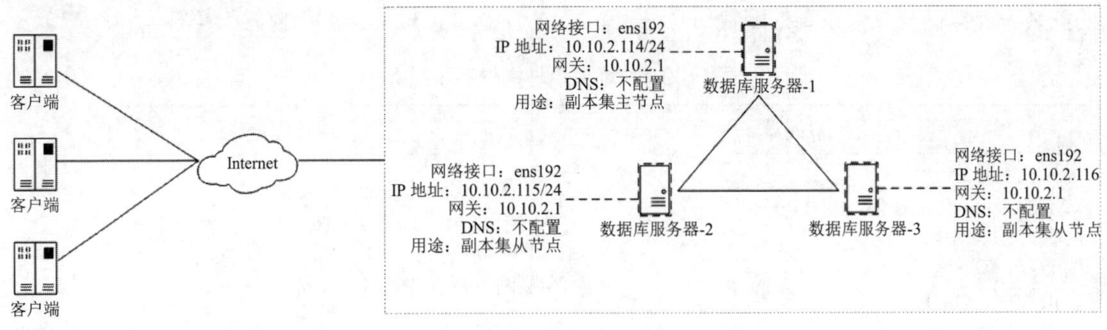

图 6-3-1　拓扑结构

服务器规划见表 6-3-2。

表 6-3-2　服务器规划表

序号	虚拟机名称	业务名称	作用
1	VM-Project-06-Task-02-10.10.2.114	服务器-1	作为副本集主节点
2	VM-Project-06-Task-03-10.10.2.115	服务器-2	作为副本集从节点
3	VM-Project-06-Task-04-10.10.2.116	服务器-3	作为副本集从节点

【操作步骤】

步骤 1：创建服务器-1。

（1）创建虚拟机并完成 CentOS 的安装。在 VirtualBox 中创建虚拟机，完成 CentOS 操作系统的安装。虚拟机与操作系统的配置信息见表 6-3-3，注意虚拟机网卡工作模式为桥接。

表 6-3-3　虚拟机与操作系统配置

虚拟机配置	操作系统配置
虚拟机名称： VM-Project-06-Task-02-10.10.2.114 内存：1024MB CPU：1 颗 1 核心 虚拟硬盘：10GB 网卡：1 块，桥接	主机名：Project-06-Task-02 IP 地址：10.10.2.114 子网掩码：255.255.255.0 网关：10.10.2.1 DNS：8.8.8.8

（2）完成虚拟机的主机配置、网络配置及通信测试。启动并登录虚拟机，依据表 6-3-3 完成主机名和网络的配置，能够访问互联网和本地主机。

（3）完成 MongoDB 的安装和服务管理。完成 MongoDB 的安装和服务配置，具体操作方法参见本项目的任务一。

步骤 2：创建服务器-2。

（1）创建虚拟机并完成 CentOS 的安装。在 VirtualBox 中创建虚拟机，完成 CentOS 操作系统的安装。虚拟机与操作系统的配置信息见表 6-3-4，注意虚拟机网卡工作模式为桥接。

表 6-3-4　虚拟机与操作系统配置

虚拟机配置	操作系统配置
虚拟机名称： VM-Project-06-Task-03-10.10.2.115 内存：1024MB CPU：1 颗 1 核心 虚拟硬盘：10GB 网卡：1 块，桥接	主机名：Project-06-Task-03 IP 地址：10.10.2.115 子网掩码：255.255.255.0 网关：10.10.2.1 DNS：8.8.8.8

（2）完成虚拟机的主机配置、网络配置及通信测试。启动并登录虚拟机，依据表 6-3-4 完成主机名和网络的配置，能够访问互联网和本地主机。

（3）完成 MongoDB 的安装和服务管理。完成 MongoDB 的安装和服务配置，具体操作方法参见本项目的任务一。

步骤 3：创建服务器-3。

（1）创建虚拟机并完成 CentOS 的安装。在 VirtualBox 中创建虚拟机，完成 CentOS 操作系统的安装。虚拟机与操作系统的配置信息见表 6-3-5，注意虚拟机网卡工作模式为桥接。

表 6-3-5　虚拟机与操作系统配置

虚拟机配置	操作系统配置
虚拟机名称： VM-Project-06-Task-04-10.10.2.116 内存：1024MB CPU：1 颗 1 核心 虚拟硬盘：10GB 网卡：1 块，桥接	主机名：Project-06-Task-04 IP 地址：10.10.2.116 子网掩码：255.255.255.0 网关：10.10.2.1 DNS：8.8.8.8

（2）完成虚拟机的主机配置、网络配置及通信测试。启动并登录虚拟机，依据表 6-3-5 完成主机名和网络的配置，能够访问互联网和本地主机。

（3）完成 MongoDB 的安装和服务管理。完成 MongoDB 的安装和服务配置，具体操作方法参见本项目的任务一。

步骤 4：在服务器-1 上操作，配置副本集。

本任务将服务器-1 作为副本集的主节点，服务器-2 和服务器-3 作为副本集的从节点。

（1）生成 MongoDB 的副本集密钥。密钥文件用于副本集成员之间的身份验证，本任务选择使用 openssl 命令生成随机密钥文件。

操作命令：

```
#使用 openssl 命令生成密钥文件并选择存放在/var/lib/mongo/keyFile.file 中
[root@Project-06-Task-02 ~]# openssl rand -base64 756 > /var/lib/mongo/keyFile.file
#密钥文件只用于副本集之间身份验证，只需 mongod 用户拥有只读权限即可满足需求
#使用 chmod 命令赋予密钥文件 400 权限
[root@Project-06-Task-02 ~]# chmod 400 /var/lib/mongo/keyFile.file
#修改密钥文件拥有者和用户组为 mongod
[root@Project-06-Task-02 ~]# chown mongod:mongod /var/lib/mongo/keyFile.file
```

操作命令+配置文件+脚本程序+结束

（2）通过主节点将副本集密钥分发到两台从节点服务器。scp 命令用于 Linux 主机之间的远程文件传输，本任务使用 scp 命令将密钥文件发送至从节点。向从节点写入密钥文件时，需要使用从节点 CentOS 系统的 root 账号和密码。

操作命令：

```
#使用 scp 命令将密钥文件分发至服务器-2
[root@Project-06-Task-02 ~]# scp /var/lib/mongo/keyFile.file root@10.10.2.115:/var/lib/mongo/
#使用 SSH 协议首次连接主机时的提示，输入 yes，按 Enter 键继续
The authenticity of host '10.10.2.115 (10.10.2.115)' can't be established.
ECDSA key fingerprint is SHA256:o8PXGC1g4S2wbxS6IbGcLh/f+xSGveavweSgIKIogEA.
Are you sure you want to continue connecting (yes/no/[fingerprint])? yes
Warning: Permanently added '10.10.2.115' (ECDSA) to the list of known hosts.
#输入要分发至主机的 root 账户和密码，按 Enter 键继续
root@10.10.2.115's password:
keyFile.file                    100%    1024    969.8KB/s    00:00
#使用 scp 命令将密钥文件分发至服务器-3
[root@Project-06-Task-02 ~]# scp /var/lib/mongo/keyFile.file root@10.10.2.116:/var/lib/mongo/
#使用 SSH 协议首次连接主机时的提示，输入 yes，按 Enter 键继续
The authenticity of host '10.10.2.116 (10.10.2.116)' can't be established.
ECDSA key fingerprint is SHA256:o8PXGC1g4S2wbxS6IbGcLh/f+xSGveavweSgIKIogEA.
Are you sure you want to continue connecting (yes/no/[fingerprint])? yes
Warning: Permanently added '10.10.2.116' (ECDSA) to the list of known hosts.
#输入要分发至主机的 root 账户和密码，按 Enter 键继续
root@10.10.2.116's password:
keyFile.file                    100%    1024    895.9KB/s    00:00
```

操作命令+配置文件+脚本程序+结束

（3）配置 MongoDB 支持副本集。通过修改/etc/mongod.conf 文件，配置 MongoDB 支持副本集。

配置文件：/etc/mongod.conf

```
#mongod.conf 配置文件内容较多，本部分仅显示与集群配置有关的内容
net:
#设置 mongod 实例绑定的 IP 地址，使副本集节点之间能够通信
bindIp: 0.0.0.0
security:
#设置密钥文件路径
keyFile: /var/lib/mongo/keyFile.file
replication:
#设置副本集名称
replSetName: "db-cluster-mongodb"
```

操作命令+配置文件+脚本程序+结束

配置完成后，重启 mongod 服务使配置生效。

步骤 5：在服务器-2 上操作，配置副本集。

（1）配置接收到的密钥文件的权限。

操作命令：

```
#使用 chmod 命令赋予密钥文件 400 权限
[root@Project-06-Task-03 ~]# chmod 400 /var/lib/mongo/keyFile.file
```

```
#修改密钥文件拥有者和用户组为 mongod
[root@Project-06-Task-03 ~]# chown mongod:mongod /var/lib/mongo/keyFile.file
```

操作命令+配置文件+脚本程序+结束

（2）配置 MongoDB 支持副本集。通过修改/etc/mongod.conf 文件，配置 MongoDB 支持副本集。

配置文件：/etc/mongod.conf

```
#mongod.conf 配置文件内容较多，本部分仅显示与集群配置有关的内容
net:
#设置 mongod 实例绑定的 IP 地址，使副本集节点之间能够通信
bindIp: 0.0.0.0
security:
#设置密钥文件路径
keyFile: /var/lib/mongo/keyFile.file
replication:
#设置副本集名称
replSetName: "db-cluster-mongodb"
```

操作命令+配置文件+脚本程序+结束

配置完成后，重启 mongod 服务使配置生效。

步骤 6：在服务器-3 上操作，配置副本集。

（1）配置接收到的密钥文件的权限。

操作命令：

```
#使用 chmod 命令赋予密钥文件 400 权限
[root@Project-06-Task-04 ~]# chmod 400 /var/lib/mongo/keyFile.file
#修改密钥文件拥有者和用户组为 mongod
[root@Project-06-Task-04 ~]# chown mongod:mongod /var/lib/mongo/keyFile.file
```

操作命令+配置文件+脚本程序+结束

（2）配置 MongoDB 支持副本集。通过修改/etc/mongod.conf 文件，配置 MongoDB 支持副本集。

配置文件：/etc/mongod.conf

```
#mongod.conf 配置文件内容较多，本部分仅显示与集群配置有关的内容
net:
#设置 mongod 实例绑定的 IP 地址，使副本集节点之间能够通信
bindIp: 0.0.0.0
security:
#设置密钥文件路径
keyFile: /var/lib/mongo/keyFile.file
replication:
#设置副本集名称
replSetName: "db-cluster-mongodb"
```

操作命令+配置文件+脚本程序+结束

配置完成后，重启 mongod 服务使配置生效。

步骤 7：在服务器-1 上操作，初始化副本集。

（1）初始化副本集。使用 mongo 命令连接 MongoDB 客户端，使用 rs.initiate()方法初始化副本集。

操作命令：

```
[root@Project-06-Task-02 ~]# mongo
使用 rs.initiate()方法初始化副本集，将成员加入副本集
>rs.initiate( {
    _id : "db-cluster-mongodb",
    members: [
            { _id: 0, priority:2,host: "10.10.2.114:27017" },
            { _id: 1, host: "10.10.2.115:27017" },
            { _id: 2, host: "10.10.2.116:27017" }
    ]
})
db-cluster-mongodb:STARTUP>quit()
```

操作命令+配置文件+脚本程序+结束

命令详解：rs.initiate()

【语法】

```
rs.initiate(configuration)
```

【详解】

```
{
  _id: <string>,                          副本集的名称，需与配置文件保持一致
  members: [
    {
      _id: <int>,                         成员的唯一标识符
      host: <string>,                     成员的主机地址和端口号
      arbiterOnly: <boolean>,             是否为仲裁器
      buildIndexes: <boolean>,            是否在次成员上创建索引
      hidden: <boolean>,                  是否为隐藏副本集成员
      priority: <number>,                 该成员的优先级，0-1000 的数字，默认为 1
      slaveDelay: <int>,                  该成员相对于主节点的滞后时间，默认为 0，若指定该选项，则该
                                          成员类型为延迟副本集成员
      votes: <number>                     投票权，1 或 0，默认为 1
    },
  ],
  settings: {
    chainingAllowed : <boolean>,          是否允许从节点从其他从节点上复制数据，默认为 true，否则从
                                          节点只能从主节点复制数据
    heartbeatIntervalMillis : <int>,      Heartbeat 的超时时间，默认为 10s
     heartbeatTimeoutSecs: <int>,
```

```
    }
  }                                        Heartbeat 的频率，以毫秒为单位，默认 2000ms
```

操作命令+配置文件+脚本程序+结束

（2）查看副本集状态。使用 rs.status()方法查看副本集状态，验证服务器-1 是否为主节点。

操作命令：

```
[root@Project-06-Task-02 ~]# mongo
Enter password:
db-cluster-mongodb:STARTUP> rs.status()
#为了排版方便，以下输出信息中省略了部分信息
{
#副本集名称
"set" : "db-cluster-mongodb",
"members" : [
        {
                #成员的唯一标识符
                "_id" : 0,
                "name" : "10.10.2.114:27017",
                #成员健康状态：1-正常，0-不可用
                "health" : 1,
                #副本集成员的状态，1 表示主节点，2 表示从节点
                "state" : 1,
                #与 state 相对应，具体如表 6-3-6 所示
                "stateStr" : "PRIMARY"
        },
        {
                "_id" : 1,
                "name" : "10.10.2.115:27017",
                "health" : 1,
                "state" : 2,
                "stateStr" : "SECONDARY"
        },
        {
                "_id" : 2,
                "name" : "10.10.2.116:27017",
                "health" : 1,
                "state" : 2,
                "stateStr" : "SECONDARY"
        }
],
}
db-cluster-mongodb:PRIMARY> quit()
```

操作命令+配置文件+脚本程序+结束

从上述信息中可以看出，服务器-1 为主节点。

副本集的每个成员都有一个状态标识，具体见表 6-3-6。

表 6-3-6　副本集成员状态列表

数字（state）	名称（stateStr）	描述
0	STARTUP	表示副本集正在初始化
1	PRIMARY	副本集主节点
2	SECONDARY	副本集从节点
3	RECOVERING	该成员刚执行过数据回滚，还不能接受读操作
5	STARTUP2	该成员刚加入副本集，正在数据同步
6	UNKNOWN	从其他成员来看，该成员状态未知
7	ARBITER	仲裁器
8	DOWN	从其他成员来看，该成员不可访问
9	ROLLBACK	该成员正在执行回滚
10	REMOVED	该成员曾经在副本集中，但被删除了

如果未查找到主节点主机，说明副本集仍在加载配置，稍等几分钟后再查看副本集状态。

（3）为副本集创建用户。访问控制只有在副本集中存在用户时才生效，所以副本集创建完成后应首先创建一个具有用户管理权限的用户。

操作命令：

```
[root@Project-06-Task-02 ~]# mongo
Enter password:
db-cluster-mongodb:PRIMARY>use admin
switch to admin
db-cluster-mongodb:PRIMARY> admin.createUser(
...   {
...     user: "admin",
...     pwd: "centos@mongodb#123",
...     roles: [ { role: "userAdminAnyDatabase", db: "admin" } , "readWriteAnyDatabase" ]
...   }
... )
db-cluster-mongodb:PRIMARY> db.getSiblingDB("admin").auth("admin", passwordPrompt())
Enter password:
db-cluster-mongodb:PRIMARY> db.getSiblingDB("admin").createUser(
... {
...         "user" : "repAdmin",
...         "pwd" : "centos@mongodb#123",
...         roles: [ { "role" : "clusterAdmin", "db" : "admin" } , "readWriteAnyDatabase" ]
...       }
```

```
...        )
db-cluster-mongodb:PRIMARY> quit()
```

操作命令+配置文件+脚本程序+结束

步骤 8：副本集的应用测试。

场景 1：主节点增加数据，从节点同步增加。

（1）在主节点中创建数据库、集合，并添加数据。在 MongoDB Compass 中使用用户“repAdmin”连接到副本集主节点，如图 6-3-2 所示。连接成功后单击“CREATE DATABASE”创建数据库和集合并添加一条数据，如图 6-3-3、图 6-3-4 所示。

图 6-3-2　连接数据库

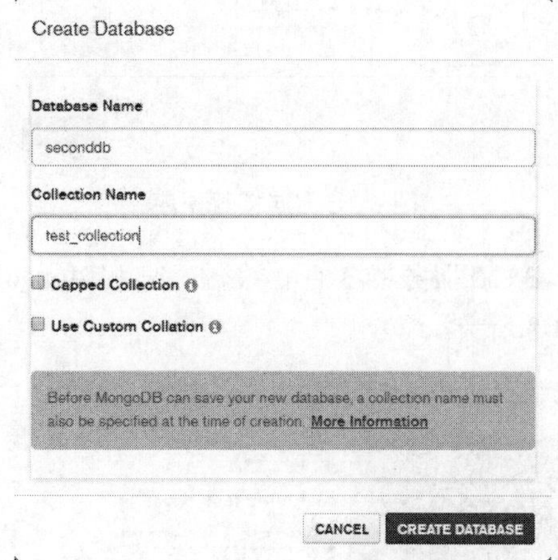

图 6-3-3　创建数据库和集合

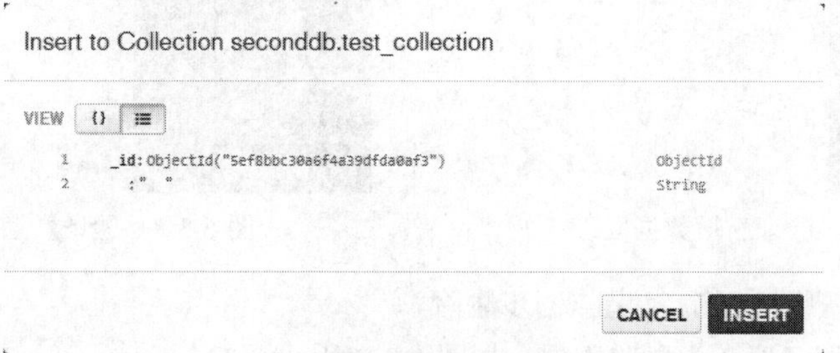

图 6-3-4　添加数据

（2）在服务器-2 查看数据。在 MongoDB Compass 中使用 Ctrl+N 组合键新建连接窗口，单击“Fill in connection fields individually”，输入服务器-2 的连接信息，如图 6-3-5 所示。单击“More Options”选项卡设置“Read Preference”为“Primary Preferred”，如图 6-3-6 所示。单击“CONNECT”按钮连接，连接到从节点服务器-2。

在从节点服务器-2 上可以看到主节点上创建的数据库和集合，说明主节点数据已经同步到从节点服务器-2 上，如图 6-3-7 所示。

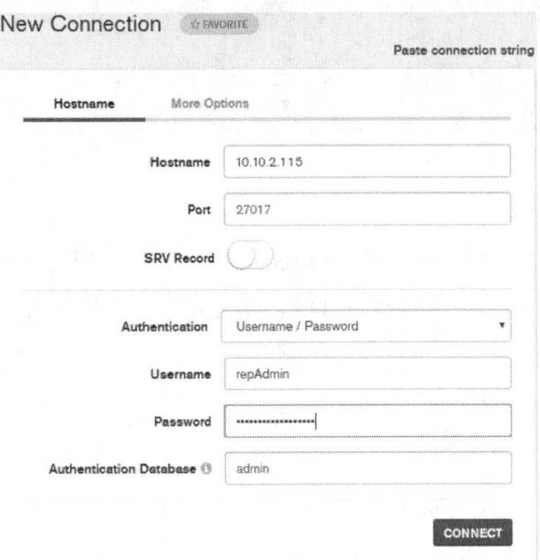

图 6-3-5　连接数据库

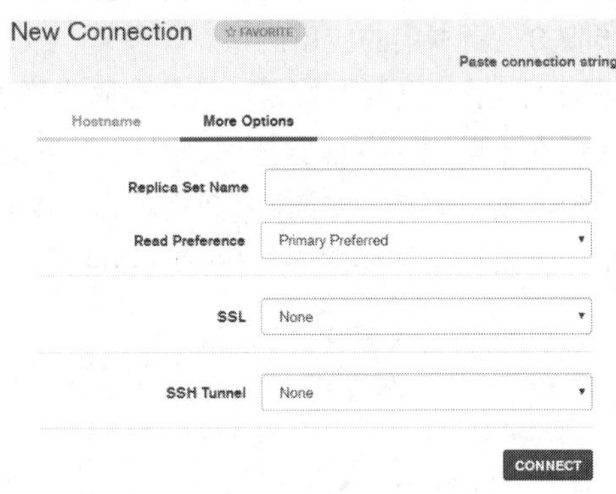

图 6-3-6　连接数据库

（3）在服务器-3 查看数据。使用 MongoDB Compass 访问服务器-3，验证数据同步结果，如图 6-3-8 所示。

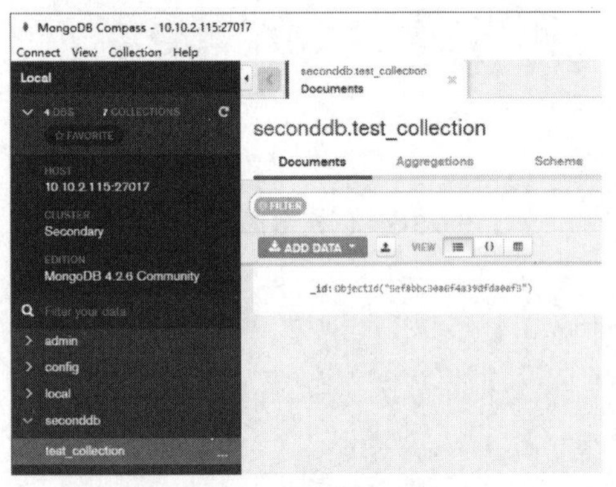

图 6-3-7　验证新增数据同步

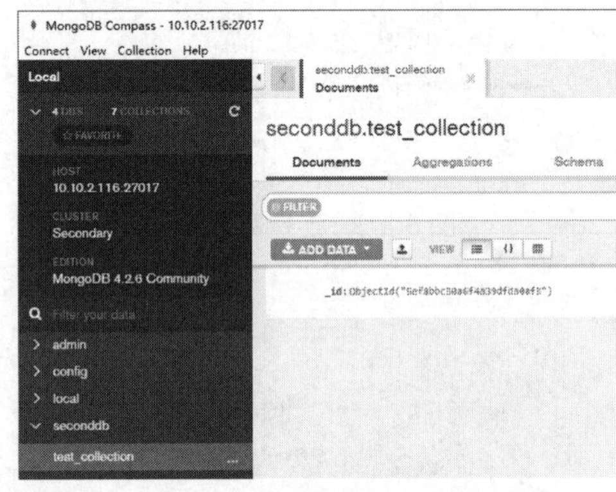

图 6-3-8　验证新增数据同步

场景 2：主节点删除数据，从节点同步删除。

（1）在主节点服务器-1 上删除数据，如图 6-3-9 所示。

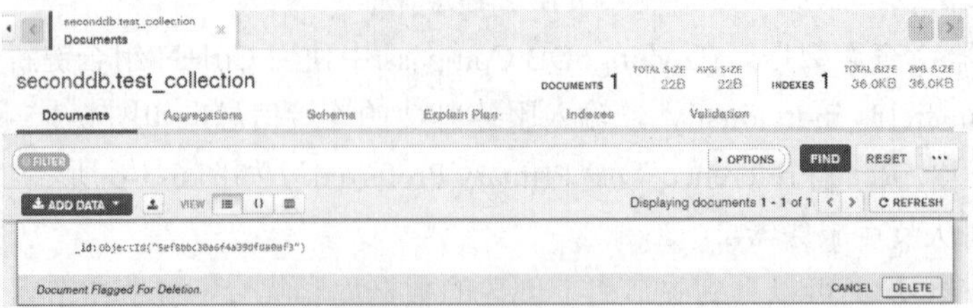

图 6-3-9　删除数据

（2）在从节点服务器-2 上查看数据已经同步删除，如图 6-3-10 所示，说明从节点和主节点同步操作。

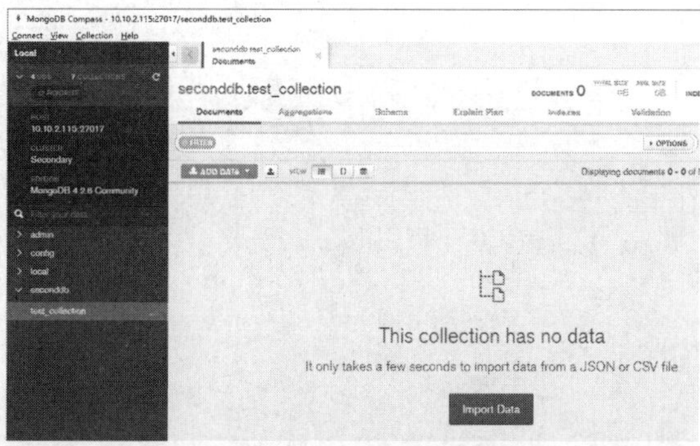

图 6-3-10　验证删除数据同步

（3）在从节点服务器-3 上查看数据，验证同步操作的正确性，如图 6-3-11 所示。

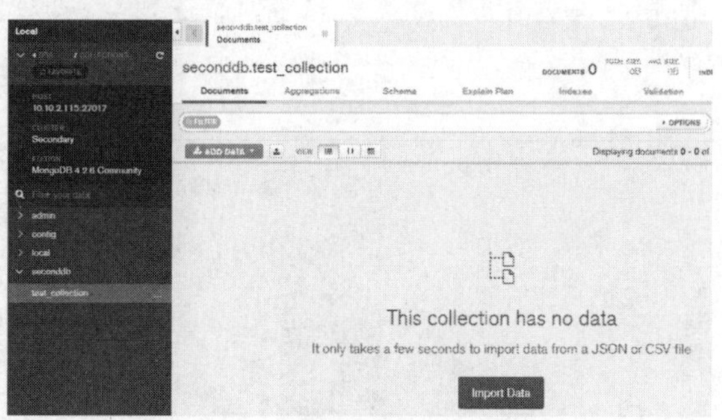

图 6-3-11　验证删除数据同步

场景 3：服务器-1 故障宕机，业务不受影响。

（1）关闭主节点服务器-1，以模拟主节点宕机故障。

操作命令：

```
#使用 systemctl stop 命令停止 mongod 服务
[root@Project-06-Task-02 ~]# systemctl stop mongod
```

操作命令+配置文件+脚本程序+结束

（2）在从节点服务器-2 上进行操作，执行 rs.status()方法定位主节点所在服务器。

操作命令：

```
#使用 mongo 命令连接 MongoDB
[root@Project-06-Task-03 ~]# mongo -u repAdmin -p
Enter password:
db-cluster-mongodb:PRIMARY> rs.status()
#为了排版方便，此处省略了部分提示信息
db-cluster-mongodb:PRIMARY> rs.status()
```

```
{
    "set" : "db-cluster-mongodb",
    "myState" : 1,
    "members" : [
        {
#成员的唯一标识符
            "_id" : 0,
            "name" : "10.10.2.114:27017",
            #成员健康状态：1-正常，0-不可用
            "health" : 0,
            #副本集成员的状态，8 表示从节点，具体见表 6-3-6
            #成员状态：8-不可用
            "state" : 8,
            "stateStr" : "(not reachable/healthy)",
        },
        {
            "_id" : 1,
            "name" : "10.10.2.115:27017",
            "health" : 1,
            "state" : 1,
            "stateStr" : " PRIMARY ",
        },
        {
            "_id" : 2,
            "name" : "10.10.2.116:27017",
            "health" : 1,
            "state" : 2,
            "stateStr" : " SECONDARY ",
        }
    ],
}
db-cluster-mongodb:PRIMARY>quit()
```

操作命令+配置文件+脚本程序+结束

从以上信息中可以看到副本集的主节点服务器变为服务器-2。

场景 4：服务器-1 恢复正常，业务不受影响。

开启服务器-1，以模拟服务器-2 业务恢复。在服务器-1 上运行 rs.status()方法查看副本集状态。

操作命令：

```
#使用 systemctl start 命令启用 mongod 服务
[root@Project-06-Task-02 ~]# systemctl start mongod
[root@Project-06-Task-03 ~]# mongo -u repAdmin -p
Enter password:
db-cluster-mongodb:SECONDARY> rs.status()
{
    "set" : "db-cluster-mongodb",
    "members" : [
```

```
        {
                "_id" : 0,
                "name" : "10.10.2.114:27017",
                "health" : 1,
                "state" : 2,
                "stateStr" : "SECONDARY",
        },
        {
                "_id" : 1,
                "name" : "10.10.2.115:27017",
                "health" : 1,
                "state" : 1,
                "stateStr" : "PRIMARY",
        },
        {
                "_id" : 2,
                "name" : "10.10.2.116:27017",
                "health" : 1,
                "state" : 2,
                "stateStr" : "SECONDARY",
        }
    ],
}
db-cluster-mongodb:SECONDARY>quit()
```

操作命令+配置文件+脚本程序+结束

从上述信息中可以看到服务器-1 变为从节点，但是业务恢复正常。查看服务器-1 的数据库数据，在宕机期间未同步的数据已经同步，如图 6-3-12 所示。

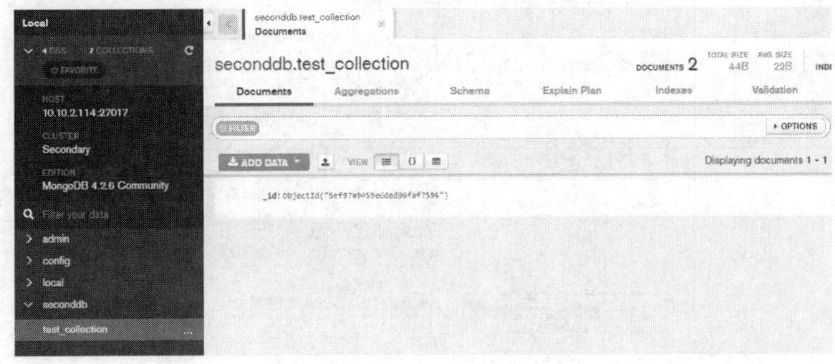

图 6-3-12　验证数据同步

【任务扩展】

1. MongoDB 配置副本集的流程

本任务配置 MongoDB 副本集的流程，如图 6-3-13 所示。

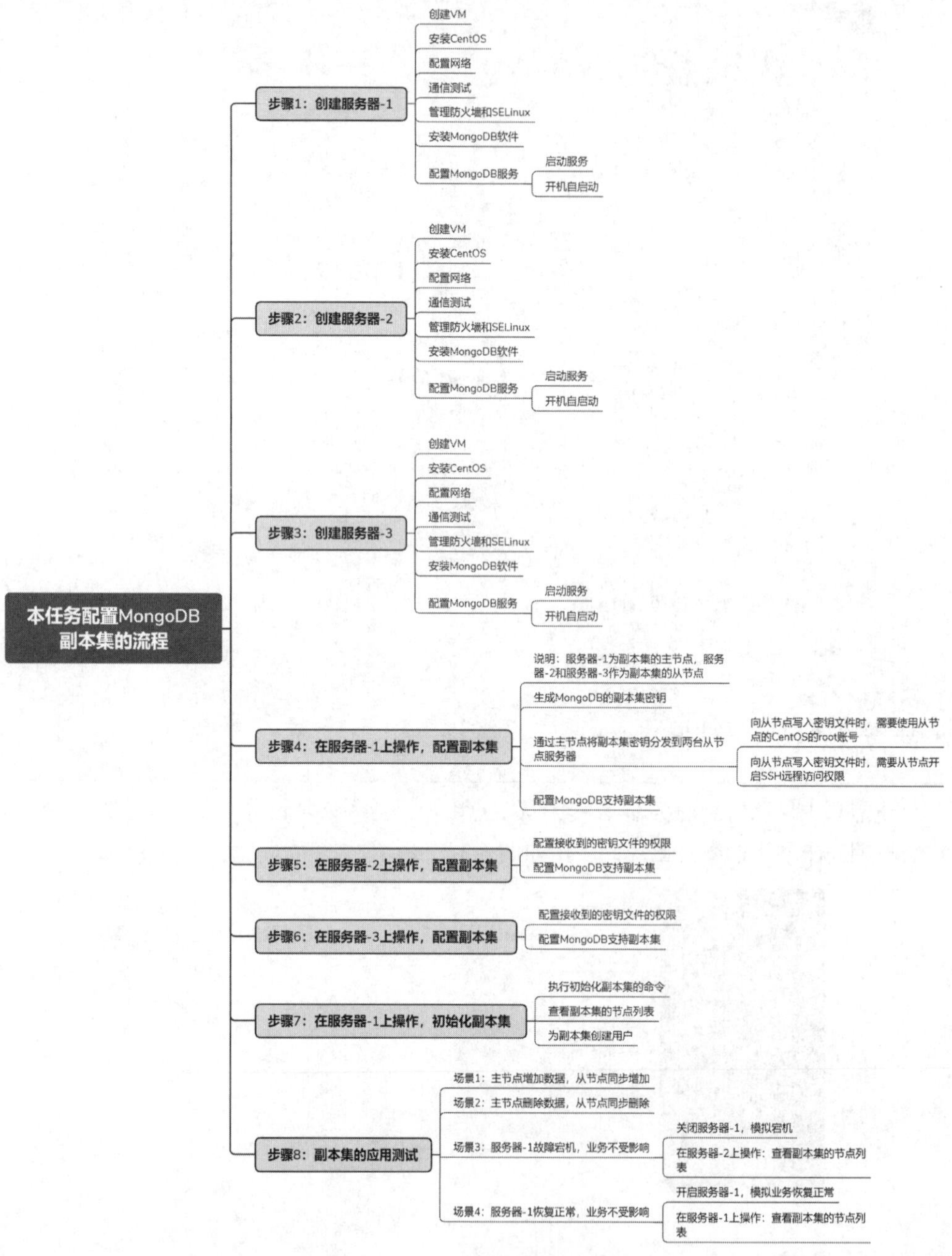

图 6-3-13　副本集配置流程

2. 读取首选项（Read Preference）

（1）读取首选项的模式。默认情况下，应用程序将其读操作路由到副本集中的主节点，即读取首选项模式为“primary”。但是客户端可以指定读取首选项，将读操作路由到次节点。读取首选项模式决定了 MongoDB 客户端如何将读操作路由到副本集中的成员，具体见表 6-3-7。

表 6-3-7　MongoDB 读取首选项模式

模式	描述
primary	所有的读操作都在主节点上进行。包含读操作的多文档事务必须使用该模式。指定事务中的所有操作都必须路由到同一节点
primaryPreferred	默认在主节点上进行读操作，但如果主节点不可用，则在从节点上操作
secondary	所有读操作都在从节点上进行
secondaryPreferred	默认在从主节点进行读操作，但如果没有可用的从节点，则在主节点上操作
nearest	在网络延迟最小的成员上进行读操作

由于从节点是异步方式进行数据同步的，因此除了 primary 模式之外，其他模式都有可能在读取数据时返回不是最新的数据。

（2）设置读取首选项。使用 MongoDB 驱动程序时，可以在连接字符串中指定读取首选项模式，如下所示。

操作命令：MongoDB 客户端连接字符串

```
mongodb://repAdmin:centos%40mongodb%23123@10.10.2.113,10.10.2.115,10.10.2.116/?replicaSet=db-cluster-mongodb&readPreference=secondary
```

操作命令+配置文件+脚本程序+结束

在使用 MongoDB Compass 连接数据库时，可使用连接字符串设置读取首选项，也可以使用逐字段方式设置读取首选项模式。

在使用 mongoshell 时可使用 cursor.readPref()或 Mongo.setReadPref()方法，cursor.readPref()是在查询时指定读取首选项，Mongo.setReadPref()是在查询前指定读取首选项，具体操作如下所示。

操作命令：

```
#在服务器-1 上操作
[root@Project-06-Task-03 ~]# mongo -u repAdmin -p
MongoDB shell version v4.2.6
Enter password:
db-cluster-mongodb:PRIMARY> use seconddb
switched to db seconddb
db-cluster-mongodb:PRIMARY> db.test_collection.find({ }).readPref( "secondary")
{ "_id" : ObjectId("5ef97a9459e6ded96faf7596") }
db-cluster-mongodb:PRIMARY> db.getMongo().setReadPref('secondary')
db-cluster-mongodb:PRIMARY > db.test_collection.find({ })
{ "_id" : ObjectId("5ef97a9459e6ded96faf7596") }
db-cluster-mongodb:PRIMARY>quit()
```

操作命令+配置文件+脚本程序+结束

3. 写关注（Write Concern）

写关注影响了客户端在向 mongod 实例、副本集写数据时的返回结果，即在满足什么条件时返回操作成功，在满足什么条件时返回操作失败。写关注的模式应与业务相结合，具体语法如下所示。

操作命令：写关注结构

```
1.  { w: <value>, j: <boolean>, wtimeout: <number> }
```

操作命令+配置文件+脚本程序+结束

具体内容见表 6-3-8。

表 6-3-8　MongoDB 写关注模式

选项	值类型	描述
w	<number>	值为 0：表示对客户端的写操作不使用写关注 值为 1：默认值，表示数据写入到主节点就向客户端返回操作成功 值为 majority：表示数据写入到副本集大多数成员后向客户端返回操作成功 值大于 1：表示数据写入到 number 个节点才向客户端返回操作成功
j	<boolean>	表示选项 w 中指定的节点将操作记录到操作日志时向客户端返回操作成功
wtimeout	<number>	超过 number 毫秒仍未向客户端返回操作成功，则客户端确认写入失败

任务四　MongoDB 监控

操作视频

【任务介绍】

监控是数据库管理的重要组成部分，通过监控可以实时了解数据库的运行状态，及时发现系统异常，有效避免数据库故障，保障业务可用。本任务通过云服务、实用工具和内置命令实现 MongoDB 的监控。

本任务在任务三的基础上进行。

【任务目标】

（1）实现使用云服务监控 MongoDB。

（2）实现使用 mongostat 监控 MongoDB 的运行状态。

（3）实现使用 mongotop 获取 MongoDB 的运行性能。

（4）实现使用内置命令监控 MongoDB。

【操作步骤】

步骤 1： 开启 MongoDB 云监控服务。

MongoDB 为用户免费提供了基于云的监控服务，通过该监控可查看 MongoDB 的运行状态（磁盘利用率、CPU、操作统计等）。

在 MongoDB 客户端中输入命令 db.enableFreeMonitoring()开启该服务，开启成功后将会提供一个 URL，通过该链接可查看监控信息。

操作命令：

```
[root@Project-06-Task-03 ~]# mongo -u repAdmin -p
MongoDB shell version v4.2.6
Enter password:
db-cluster-mongodb:PRIMARY> db.enableFreeMonitoring()
{
#enabled 表示已经开启
"state" : "enabled",
#提示信息：监控网站可与其他人共享，运行 db.disableFreeMonitoring()可关闭监控
"message": "To see your monitoring data, navigate to the unique URL below. Anyone you share the URL with will also be able to view this page. You can disable monitoring at any time by running db.disableFreeMonitoring().",
#查看监控的 url
"url" : "https://cloud.mongodb.com/freemonitoring/cluster/IYTCE5P3UUWOZ2XT7DM7DQDXYI6BNTXC",
"userReminder" : "",
"ok" : 1
#为了排版方便，此处省略了部分提示信息
}
db-cluster-mongodb:PRIMARY> quit()
```

操作命令+配置文件+脚本程序+结束

步骤 2：使用云监控查看 MongoDB 状态。

打开浏览器访问开启云监控后给出的 URL，即可查看 MongoDB 的运行状态，监控的主要信息如下所示。

（1）操作信息统计，包括每秒读操作平均执行时间、写操作平均执行时间、操作平均执行时间，如图 6-4-1 所示。

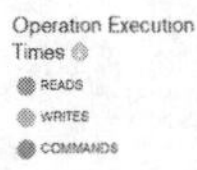

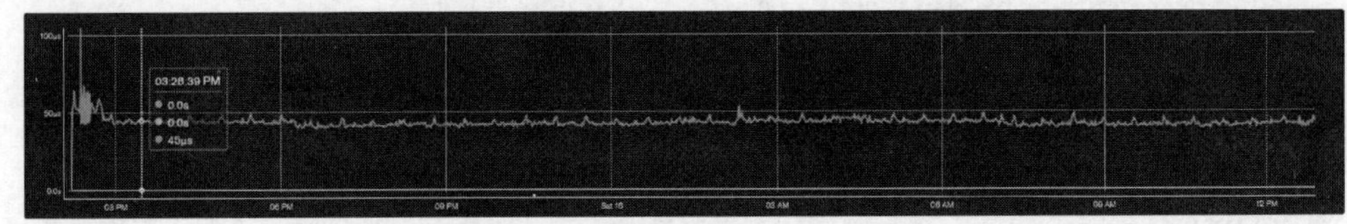

图 6-4-1 操作信息统计

（2）文档操作统计，包括每秒查询返回文档数、每秒插入文档数、每秒更新文档数、每秒删除文档数，如图 6-4-2 所示。

（3）内存使用统计，包括 MongoDB 进程使用物理内存、使用虚拟内存的数量，如图 6-4-3 所示。

（4）网络流量统计，包括每秒流入 MongoDB、流出 MongoDB 的网络流量，如图 6-4-4 所示。

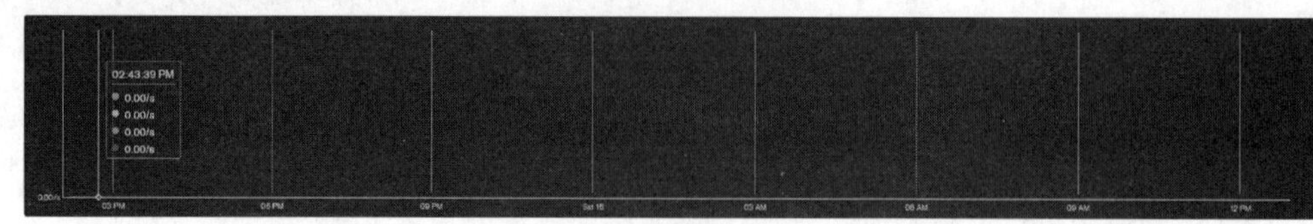

图 6-4-2　文档操作统计

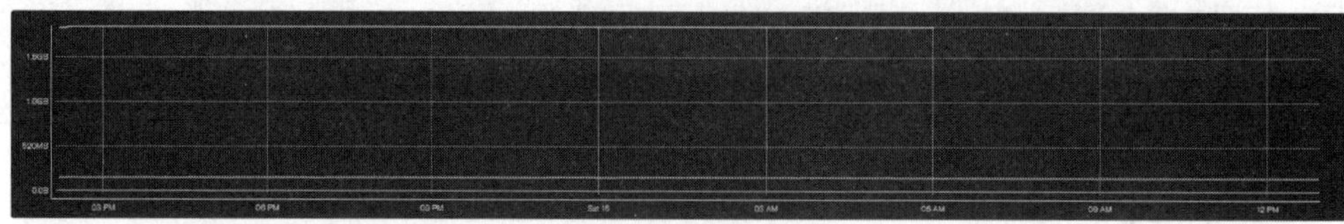

图 6-4-3　内存使用统计

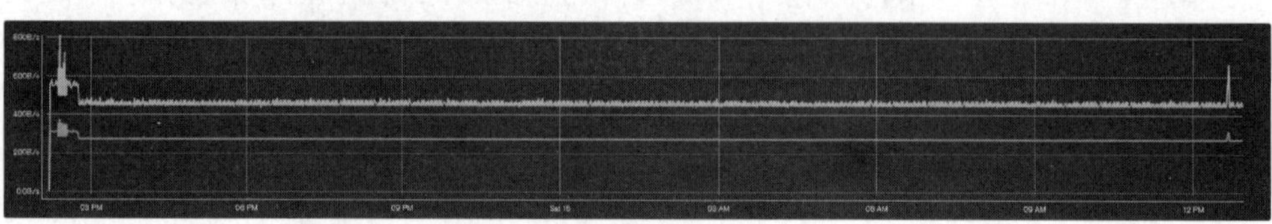

图 6-4-4　网络流量统计

步骤 3：使用 mongostat 工具监控 MongoDB。

MongoDB 安装程序包含了许多实用工具，使用这些工具可快速查看有关数据库实例性能和活动的统计信息。mongostat 工具提供正在运行 mongod 示例的性能概览。

命令详解：mongostat

【语法】

mongostat【选项】

【选项】

选项	说明
--host=<hostname><:port>	数据库服务器主机地址，可使用半角逗号隔开指定多个
--port=<port>	数据库服务器主端口号
--username=<username>, -u=<username>	数据库连接用户名
--password=<password>, -p=<password>	数据库连接密码
--authenticationDatabase=<dbname>	认证数据库
--uri=<connectionString>	使用连接字符串格式连接，但不可与认证字段同时使用
--humanReadable=<boolean>	格式化输出日期等字段
-O=<field list>	指定输出字段和字段名称，可使用半角逗号隔开指定多个
--json	以 JSON 格式输出信息
<sleeptime>	执行 mongostat 命令执行的间隔时间

操作命令：

```
1.  #使用 mongostat 监控单个 mongod 示例
2.  [root@Project-06-Task-04 ~] # mongostat -u repAdmin -p centos@mongodb#123 --authenticationDatabas
```

```
e=admin  -o=insert,query,update,delete,net_in,net_out,conn,repl
insert    query    update    delete    net_in    net_out    conn    repl
# *代表是复制操作
*0        *0       *0        *0        900b      39.5k      15      PRI
*0        *0       *0        *0        539b      38.0k      15      PRI
*0        *0       *0        *0        539b      37.9k      15      PRI
*0        *0       *0        *0        5.80k     42.5k      15      PRI
#为了排版方便，此处省略了部分提示信息
```

操作命令+配置文件+脚本程序+结束

mongostat 命令结果的字段如下。

inserts	检测磁盘设备名称
query	每秒的执行查询操作数
update	每秒的执行更新操作数
delete	每秒的执行删除操作数
command	每秒的执行操作数
qr	等待读数据的客户端数
qw	等待写数据的客户端数
ar	执行读数据的客户端数
aw	执行写数据的客户端数
netIn	MongoDB 实例接收的网络流量（以 byte 为单位）
netOut	MongoDB 实例发送的网络流量（以 byte 为单位）
conn	数据库连接数
repl	副本集成员状态

步骤 4：使用 MongoDB 命令监控 MongoDB。

MongoDB 内置了查看数据库状态的命令，可以提供更细颗粒度的数据，能够精准地显示数据库的实时状态。也可以将这些命令应用到脚本和程序中，开发自定义的监控预警。

（1）db.serverStatus()。db.serverStatus()返回数据库状态的概述信息，包括连接信息、选举信息、流量控制、数据库锁信息、网络流量、操作延迟情况、操作统计以及内存使用情况等信息。

操作命令：

```
[root@Project-06-Task-03 ~]# mongo -u repAdmin -p
MongoDB shell version v4.2.6
Enter password:
db-cluster-mongodb:PRIMARY>db.serverStatus()
#数据库服务器的运行时间（秒）
"uptime" : 70341,
#连接信息
"connections": {
#当前连接数
```

```
"current": 13,
#当前剩余可用的连接数，即数据库最大连接数减去当前连接数
"available": 51187,
#自该实例启动以来的连接数
"totalCreated": 17,
#正在进行操作的连接
"active": 3
},
"globalLock": {
#自该实例启动以来的连接数
"currentQueue": {
#等待锁的操作数
"total": 0,
#等待锁的读操作数
"readers": 0,
#等待锁的写操作数
"writers": 0
},
},
#网络流量信息
"network": {
#该数据库接收的网络流量数（以 byte 单位）
"bytesIn": NumberLong(11249007),
#该数据库发送的网络流量数（以 byte 单位）
"bytesOut": NumberLong(14146381),
},
#内存使用情况
"mem": {
#当前数据库使用的内存数
"resident": 141,（以 MiB 为单位）
"virtual": 1903,（以 MiB 为单位）
},
db-cluster-mongodb:PRIMARY>  quit()
```

操作命令+配置文件+脚本程序+结束

（2）db.stats()。该方法返回单个数据库的状态信息。

操作命令：

```
[root@Project-06-Task-03 ~]# mongo -u repAdmin -p
MongoDB shell version v4.2.6
Enter password:
db-cluster-mongodb:PRIMARY>use seconddb
db-cluster-mongodb:PRIMARY>db. stats()
{
  "db" : "seconddb",
#数据库中的集合数量
```

```
    "collections" : 0,
#数据库中的视图数量
    "views" : 0,
#数据库中的文档数
    "objects" : 0,
#数据库中的文档平均大小
    "avgObjSize" : 0,
#数据库中包含未压缩数据的总大小
    "dataSize" : 0,
#数据库中分配给集合用于存储文档的大小
    "storageSize" : 0,
#数据库中创建的索引总数
    "indexes" : 0,
#数据库中索引占用的存储空间总大小
    "indexSize" : 0,
}
db-cluster-mongodb:PRIMARY> quit()
```

操作命令+配置文件+脚本程序+结束

（3）db.collection.collStats()。该方法返回指定集合的各种存储统计信息。

命令详解：db.collection.collStats()

【语法】

```
db. collStats ( {
    collStats :  < string > ,
    scale :  < int >
})
```

【选项】

collStats	指定的集合名称
scale	数据展示的单位，默认为 1，即 1 字节

操作命令：

```
[root@Project-06-Task-03 ~]# mongo -u repAdmin -p
MongoDB shell version v4.2.6
Enter password:
db-cluster-mongodb:PRIMARY>use seconddb
db-cluster-mongodb:PRIMARY> use seconddb
db-cluster-mongodb:PRIMARY> db.test_collection.stats()
{
#指定的集合名称
    "ns": "seconddb.test_collection",
#该集合占用的存储大小
    "size": 44,
#该集合的文档数
    "count": 2,
```

项目六

```
#该集合的文档平均大小
   "avgObjSize": 22,
#分配给该集合的存储大小
   "storageSize": 20480,
   "capped": false,
#该集合上的索引数
   "nindexes": 1,
#所有索引的占用的空间大小
"totalIndexSize": 20480,
}
db-cluster-mongodb:PRIMARY> quit()
```

操作命令+配置文件+脚本程序+结束

项目七

实现文件服务

项目介绍

信息共享是互联网的基本需求。本项目基于 Linux 操作系统，分别通过 FTP、NFS 与 Samba 实现文件服务器，提供文件传输与共享服务，并介绍文件服务的应用案例。

项目目的

- 了解文件服务器；
- 掌握 vsftpd 服务器的部署与应用；
- 掌握 NFS 服务器的部署与应用；
- 掌握 Samba 服务器的部署与应用。

项目讲堂

1. 文件共享服务

文件共享是指主动地在网络上共享文件，实现对共享文件的写入或读取。

常见的文件共享服务有 FTP、NFS、Samba。

2. FTP

FTP 服务是一种主机之间进行文件传输的服务，其重要特性是跨平台和精准授权。

（1）FTP 协议。FTP 是文件传输协议（File Transfer Protocol），属于 TCP/IP 协议簇的一部分，工作于 OSI 七层模型的应用层、表示层和会话层，控制端口号为 TCP21，数据通信端口号为 TCP20。

FTP 用于控制文件的双向传输，是 Internet 文件传送的基础，其目标是提高文件的共享性，提供非直接使用远程计算机，使存储介质对用户透明和可靠高效地传送数据。FTP 支持跨路由的通信，能够面向互联网提供服务。

（2）FTP 的传输方式。在 Linux/UNIX 系统中，FTP 支持文本（ASCII）和二进制（BINARY）两种方式的文件传输。选择合适的传输方式可以有效地避免地文件乱码。

在文本传输模式下，其传输方式会进行调整，主要体现为对不同操作系统的回车、换行、结束符等进行转译，将其自动文件转译成目的主机的文件格式。

在二进制传输模式下，会严格保存文件的位序，原始文件和拷贝文件是逐位一一对应，该传输方式不对文件做任何修改。

（3）FTP 的工作模式。FTP 有 Standard、Passive 两种工作模式。

Standard 模式，即主动模式。FTP 客户端首先与 FTP 服务器的 TCP21 端口创建连接，客户端通过该通道发送用户名和密码进行登录，登录成功后要展示文件清单列表或读取数据时，客户端随机开放一个临时端口（也称为自由端口，端口号在 1024 ~ 65535 之间），发送 PORT 命令到 FTP 服务器，“告诉”服务器，客户端采用主动模式并开放端口。FTP 服务器收到 PORT 主动模式命令和端口号后，服务器的 TCP20 端口和客户端开放的端口连接。在主动模式下，FTP 服务器和客户端必须创建一个新的连接进行数据传输，其工作模式如图 7-0-1 所示。

Passive 模式，即被动模式，FTP 客户端连接到 FTP 服务器的 TCP21 端口，发送用户名和密码进行登录，登录成功后要展示文件清单列表或者读取数据时，发送 PASV 命令到 FTP 服务器，服务器在本地随机开放一个临时端口，然后把开放的端口告诉客户端后，客户端连接到服务器开放的端口进行数据传输。在被动模式下，不再需要创建一个新的 FTP 服务器和客户端的连接，如图 7-0-2 所示。

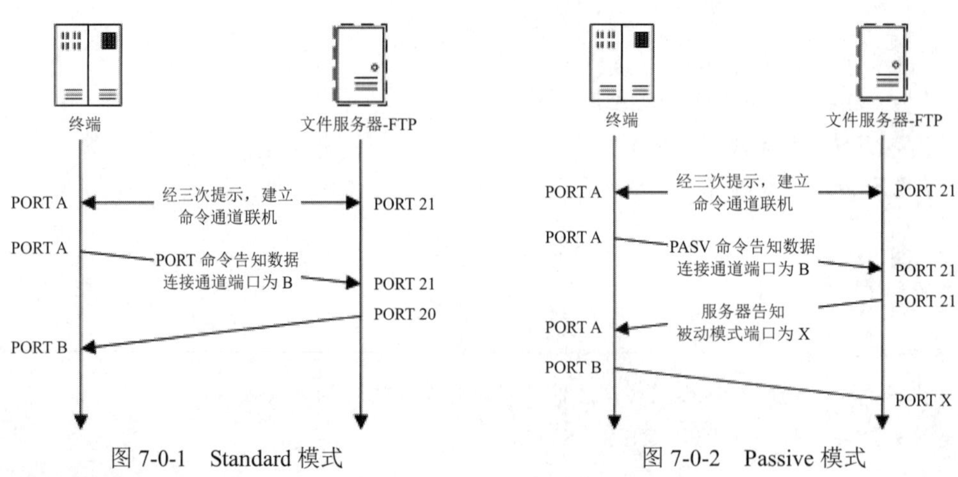

图 7-0-1　Standard 模式　　　　图 7-0-2　Passive 模式

主动模式和被动模式的区别可概述为两个方面。

1）主动模式传输数据是服务器连接到客户端的端口，被动模式传输数据是客户端连接到服务器的端口。

2）主动模式需要客户端必须开放端口给服务器，很多客户端都是在防火墙内，开放端口给 FTP 服务器访问比较困难，被动模式只需要服务器端开放端口给客户端连接即可。

（4）FTP服务器的用户类型。在FTP服务中，根据使用者的登录情况可分为实体用户（Real User）、访客（Guest）、匿名用户（Anonymous）。

1）实体用户（Real User），即操作系统用户，FTP服务器默认允许实体用户（即系统用户）的登录。

2）访客（Guest），即虚拟用户，为文件共享服务而创建的用户。

3）匿名用户（Anonymous），不需通过账户密码就可登录并访问FTP服务器资源的用户。

（5）FTP软件。FTP属于Client/Server（C/S）结构，包含客户端和服务器两部分软件。常见的FTP客户端软件有FileZilla Client、FireFTP、NcFTP等，常见的FTP服务端软件有WU-FTPD、ProFTPD、vsftpd等。

本项目使用的FTP客户端软件为FileZilla Client，使用的FTP服务端软件为vsftpd。

3. NFS

NFS（Network File System）即网络文件系统，由Sun公司于1985年推出的协议，大部分的Linux发行版均支持NFS。

NFS允许网络中的计算机通过TCP/IP网络共享资源，其主要功能是通过网络使不同操作系统之间可以彼此共享文件和目录。NFS服务器允许NFS客户端将远端NFS服务器端的共享目录挂载到本地的NFS客户端中。在本地NFS客户端看来，NFS服务器端共享的目录就如同外挂的磁盘分区和目录一样，也就是说NFS客户端可以透明地访问服务器共享的文件系统。

RPC（Remote Procedure Call Protocol）即远程过程调用协议，属于网络文件系统的核心，也是NFS服务器工作的重要支持。由于NFS支持功能很多，例如不同文件对不同用户开放不同权限，不同的功能会启动不同的端口来传输数据等。端口不固定会造成NFS客户端与NFS服务器端的通信障碍，就需要调用RPC服务来进行规划协调。

RPC相当于NFS客户端与NFS服务器端数据传输的桥梁。RPC最主要的功能就是指定每个NFS功能所对应的端口号，并且回报给客户端，让客户端可以连接到正确的端口上进行通信。当服务器在启动NFS时会随机选用某个端口，并主动地向RPC注册。RPC则使用固定端口111来监听客户端的请求并返回客户端正确的端口，这样RPC就可以知道每个端口对应的NFS功能。

NFS必须要在RPC运行时才能成功地提供服务。启动NFS之前，必须先启动RPC，否则NFS会无法向RPC注册。重新启动RPC，需要将其管理的所有程序都重新启动，重新进行RPC注册。NFS的各项功能都必须要向RPC注册，这样RPC才能了解NFS服务的各项功能的port number、PID和NFS在主机所监听的IP等，客户端才能够通过询问RPC获知NFS对应端口。

NFS为RPC Server的其中一种服务。

4. Samba

Linux/UNIX系统间可通过NFS实现资源共享，微软为了让Windows/MS-DOS系统间可以实现资源共享，提出了一个不同于NFS的协议SMB（Server Message Block），实现Windows/MS-DOS间能够共享网络中的文件系统、打印机等资源。由于微软公司没有将SMB协议公开，如果想在Linux/UNIX与Windows之间共享资源，只能够通过FTP实现。

为了实现 Linux/UNIX 与 Windows 系统间进行资源共享，Samba 的创始人 Andrew Tridgwell 通过对数据包的分析，编写了 Samba 自由软件，实现在 Linux/UNIX 系统上启用 Samba 服务后，可利用 SMB 协议与 Windows 系统之间实现资源共享。

Samba 是开放源代码的 GPL 自由软件，其实现了类 UNIX 与 Windows 之间通过 SMB 协议进行资源共享与访问。Samba 在设计上是让 Linux/UNIX 系统加入到 Windows 网络中，而不是让 Windows 加入类 UNIX 网络中。在 Windows 98、Windows Me、Windows NT 操作系统中 SMB 服务使用 UDP137、UDP138、TCP139 端口，在 Windows 2000 以后版本的操作系统中使用 TCP445 端口。

Samba 服务由 smbd 和 nmbd 两个核心进程组成。Smbd 进程管理 Samba 服务器上的临时目录和打印机等，主要对网络上的共享资源进行管理。nmbd 进程进行 NetBIOS 名称解析，并提供浏览服务，可列出网络上的共享资源列表。

Samba 的官方网站是：https://www.samba.org。

任务一　搭建 FTP 服务器

【任务介绍】

本任务在 CentOS 上安装 vsftpd 软件，实现 FTP 服务。

【任务目标】

（1）实现在线安装 vsftpd。

（2）实现 vsftpd 服务管理。

（3）实现通过 vsftpd 发布匿名访问的 FTP 服务。

【操作步骤】

步骤 1：创建虚拟机并完成 CentOS 的安装。

在 VirtualBox 中创建虚拟机，完成 CentOS 操作系统的安装。虚拟机与操作系统的配置信息见表 7-1-1，注意虚拟机网卡工作模式为桥接。

表 7-1-1　虚拟机与操作系统配置

虚拟机配置	操作系统配置
虚拟机名称： VM-Project-07-Task-01-10.10.2.117 内存：1024MB CPU：1 颗 1 核心 虚拟硬盘：10GB 网卡：1 块，桥接	主机名：Project-07-Task-01 IP 地址：10.10.2.117 子网掩码：255.255.255.0 网关：10.10.2.1 DNS：8.8.8.8

步骤 2：完成虚拟机的主机配置、网络配置及通信测试。

启动并登录虚拟机，依据表 7-1-1 完成主机名和网络的配置，能够访问互联网和本地主机。

（1）虚拟机创建、操作系统安装、主机名与网络的配置，具体方法参见项目一。

（2）建议通过虚拟机复制快速创建所需环境。通过复制创建的虚拟机需依据本任务虚拟机与操作系统规划配置信息设置主机名与网络，实现对互联网和本地主机的访问。

（3）本任务需使用 yum 工具在线安装软件，建议将 yum 仓库配置为国内镜像服务以提高在线安装时的速度。

步骤 3：通过在线方式安装 vsftpd。

操作命令：

```
[root@Project-07-Task-01 ~]# yum install -y vsftpd
CentOS-8 - AppStream                              39 kB/s | 4.3 kB     00:00
CentOS-8 - AppStream                             4.1 MB/s | 6.5 MB     00:01
CentOS-8 - Base                                   24 kB/s | 3.8 kB     00:00
CentOS-8 - Base                                  4.0 MB/s | 5.0 MB     00:01
CentOS-8 - Extras                                 10 kB/s | 1.5 kB     00:00
CentOS-8 - Extras                                 13 kB/s | 4.2 kB     00:00
Dependencies resolved.
==============================================================================
 Package       Architecture       Version              Repository        Size
==============================================================================
#安装的 vsftpd 版本、大小等信息
Installing:
vsftpd        x86_64        3.0.3-28.el8              AppStream          180 k

Transaction Summary
==============================================================================
Install  1 Package
#安装 vsftpd 需要安装 1 个软件，总下载大小为 180K，安装后将占用磁盘 359K
Total download size: 180 k
Installed size: 359 k
Downloading Packages:
vsftpd-3.0.3-28.el8.x86_64.rpm                   162 kB/s | 180 kB     00:01
------------------------------------------------------------------
Total                                            161 kB/s | 180 kB     00:01
Running transaction check
Transaction check succeeded.
Running transaction test
Transaction test succeeded.
Running transaction
```

```
    Preparing        :                                          1/1
    Installing       :   vsftpd-3.0.3-28.el8.x86_64             1/1
    Running scriptlet:   vsftpd-3.0.3-28.el8.x86_64             1/1
    Verifying        :   vsftpd-3.0.3-28.el8.x86_64             1/1

Installed:
vsftpd-3.0.3-28.el8.x86_64

Complete!
```

操作命令+配置文件+脚本程序+结束

vsftpd 除在线安装方式外，还可通过 RPM 包安装。

步骤 4：启动 vsftpd 服务。

vsftpd 安装完成后将在 CentOS 中创建名为 vsftpd 的服务，该服务并未自动启动。

操作命令：

```
#使用 systemctl start 命令启动 vsftpd 服务
[root@Project-07-Task-01 ~]# systemctl startvsftpd
```

操作命令+配置文件+脚本程序+结束

如果不出现任何提示，表示 vsftpd 服务启动成功。

（1）命令 systemctl stop vsftpd，可以停止 vsftpd 服务。

（2）命令 systemctl restart vsftpd，可以重启 vsftpd 服务。

步骤 5：查看 vsftpd 运行信息。

vsftpd 服务启动后，可通过 systemctl status 命令查看其运行信息。

操作命令：

```
#使用 systemctl status 命令查看 vsftpd 服务
[root@Project-07-Task-01 ~]# systemctl status vsftpd
● vsftpd.service - vsftpd ftp daemon
#服务位置：是否设置开机自启动
   Loaded: loaded (/usr/lib/systemd/system/vsftpd.service; disabled; vendor preset: disabled)
#vaftpd 的活跃状态，结果值为 active 表示活跃；inactive 表示不活跃
   Active: active (running) since Sun 2020-03-22 22:52:58 CST; 6s ago
  Process: 1663 ExecStart=/usr/sbin/vsftpd /etc/vsftpd/vsftpd.conf (code=exited, status=0/SUCCESS)
#主进程 ID 为：1664
 Main PID: 1664 (vsftpd)
#任务数（最大限制数为：5036）
    Tasks: 1 (limit: 5036)
#占用内存大小为：536.0K
   Memory: 536.0K
#vsftpd 的所有子进程
```

```
      CGroup: /system.slice/vsftpd.service
              └─1664 /usr/sbin/vsftpd /etc/vsftpd/vsftpd.conf

Mar 22 22:52:58 Project-07-Task-01 systemd[1]: Starting vsftpd ftp daemon...
Mar 22 22:52:58 Project-07-Task-01 systemd[1]: Started vsftpd ftp daemon.
```

操作命令+配置文件+脚本程序+结束

步骤 6：配置 vsftpd 服务为开机自启动。

操作系统进行重启操作后，为了使业务更快的恢复，通常会将重要的服务或应用设置为开机自启动。将 vsftpd 服务配置为开机自启动方法如下。

操作命令：

```
#命令 systemctl enable 可设置某服务为开机自启动。
#命令 systemctl disable 可设置某服务为开机不自动启动。
[root@Project-07-Task-01 ~]# systemctl enable vsftpd.service
Created symlink /etc/systemd/system/multi-user.target.wants/vsftpd.service → /usr/lib/systemd/system/vsftpd.service.
#使用 systemctl list-unit-files 命令确认 vsftpd 服务是否已配置为开机自启动
[root@Project-07-Task-01 ~]# systemctl list-unit-files | grep vsftpd.service
#下述信息说明 vsftpd.service 已配置为开机自启动
vsftpd.service                    enabled
```

操作命令+配置文件+脚本程序+结束

步骤 7：配置安全措施。

CentOS 默认开启防火墙，为使 vsftpd 能正常对外提供服务，本任务暂时关闭防火墙等安全措施。

操作命令：

```
#使用 systemctl stop 命令关闭防火墙
[root@Project-07-Task-01 ~]# systemctl stop firewalld
#使用 setenforce 命令将 SELinux 设置为 permissive 模式
[root@Project-07-Task-01 ~]# setenforce 0
```

操作命令+配置文件+脚本程序+结束

步骤 8：实现匿名 FTP 服务。

发布 FTP 服务需要修改 vsftpd 的配置文件 vsftpd.conf。建议所有配置文件在修改前先备份，以便出现编辑错误时能够快速恢复。

操作命令：

```
#使用 cp 命令备份 vsftpd.conf 文件
[root@Project-07-Task-01 ~]# cp /etc/vsftpd/vsftpd.conf /etc/vsftpd/vsftpd.conf.bak1
#使用 vi 工具编辑 vsftpd.conf 文件
[root@Project-07-Task-01 ~]# vi /etc/vsftpd/vsftpd.conf
```

操作命令+配置文件+脚本程序+结束

使用 vi 工具编辑 vsftpd.conf 配置文件，在配置文件中修改监听地址和授权访问范围的配置信息，编辑后的配置文件信息如下所示。

配置文件：/etc/vsftpd/vsftpd.conf

```
#vsftpd.conf 配置文件内容较多，本部分仅显示与 vsftpd 匿名配置有关的内容
#允许匿名用户登录
anonymous_enable=YES
#允许所有登录拥有写权限
write_enable=YES
#允许匿名用户上传文件
anon_upload_enable=YES
#允许匿名用户创建目录
anon_mkdir_write_enable=YES
#允许匿名用户删除、重命名等
anon_other_write_enable=YES
#权限掩码，匿名用户上传文档时预设的权限掩码
anon_umask=022
```

操作命令+配置文件+脚本程序+结束

配置完成后，重新载入配置文件使其生效。

操作命令：

```
#使用 systemctl restart 命令重新载入 vsftpd 服务
[root@Project-07-Task-01 ~]# systemctl restart vsftpd
```

操作命令+配置文件+脚本程序+结束

vsftpd 更详细的内容可以查看帮助文档，命令是：man vsftpd.conf。

步骤 9：在本地主机通过 FileZilla Client 访问 FTP 服务。

在本地主机上安装 FileZilla Client 软件访问 FTP，FileZilla Client 安装程序可通过其官网（https://filezilla-project.org）下载，本书选用面向 Windows 平台的版本。

安装完成后，启动 FileZilla Client 软件，在左上角的“主机（H）”输入框中输入“10.10.2.117”地址，用户名（U）与密码（W）留空，端口（P）设置为 22，单击“快速连接（Q）”按钮，如图 7-1-1 所示。

图 7-1-1 vsftp 匿名访问

【任务扩展】

1. 什么是 vsftpd

vsftpd（very secure FTP deamon，非常安全的 FTP 守护进程）是 Linux 系统下最为常用的 FTP 服务器软件，具有高安全性、带宽限制、良好的伸缩性、小巧轻快的特性。

vsftpd 的官方网站为 http://vsftpd.beasts.org。

2. vsftpd 配置文件

vsftpd 的主配置文件为/etc/vsftpd/vsftpd.conf，配置项说明见表 7-1-1。

表 7-1-1 vsftpd.conf 配置项说明

配置项	说明
anonymous_enable=NO	是否允许匿名访问 FTP
local_enable=YES	是否允许本地用户登录
write_enable=YES	是否开启写命令
local_umask=022	本地用户的默认 umask 为 022
anon_upload_enable=YES	是否允许匿名上传
anon_mkdir_write_enable=YES	是否允许匿名创建目录
dirmessage_enable=YES	是否允许进入某个目录
xferlog_enable=YES	是否启用上载/下载的日志记录
connect_from_port_20=YES	是否限制传输连接来自端口 20
chown_uploads=YES	是否允许改变上传文件的属主
chown_username=whoever	设置想要改变的上传文件的属主，whoever 表示任何人
xferlog_file=/var/log/xferlog	设置上传和下载的日志文件
xferlog_std_format=YES	是否以标准 xferlog 的格式记录日志文件
idle_session_timeout=600	设置数据传输中断间隔时间
data_connection_timeout=120	设置数据连接超时时间
async_abor_enable=YES	是否识别异步 abor 请求
ascii_upload_enable=YES	是否以 ASCII 方式上传数据
ascii_download_enable=YES	是否以 ASCII 方式下载数据
ftpd_banner=Welcome to blah FTP service	登录 FTP 服务器时显示的欢迎信息
deny_email_enable=YES	是否开启 Email 黑名单
banned_email_file=/etc/vsftpd/banned_emails	设置 Email 黑名单文件
chroot_local_user=YES	是否限制所有用户在其主目录
chroot_list_enable=YES	是否限制启动限制用户名单

续表

配置项	说明
chroot_list_file=/etc/vsftpd/chroot_list	设置限制在主目录的用户名单文件
ls_recurse_enable=YES	是否允许客户端递归查询目录
listen=NO	是否允许 vsftpd 服务监听 IPv4 端口
listen_ipv6=YES	是否允许 vsftpd 服务监听 IPv6 端口
pam_service_name=vsftpd	设置 PAM 外挂模块提供的认证服务所使用的配置文件名，即/etc/pam.d/vsftpd 文件
userlist_enable=YES	是否禁止 user_list 文件中的用户列表登录 FTP 服务

3. ftp 命令

ftp 命令是命令操作的 FTP 客户端软件，通过 ftp 命令可访问 FTP 服务器。

命令详解：ftp

【语法】

ftp [选项] [参数]

【选项】

-d	启用调试，显示所有客户端与服务器端传递的命令
-v	禁止显示远程服务器相应信息
-n	禁止自动登录
-i	多文件传输过程中关闭交互提示
-g	禁用文件名通配符，允许在本地文件和路径名中使用
-s	指定包含 FTP 命令的文本文件；命令在 FTP 启动后自动运行。此参数中没有空格。可替代重定向符（>）使用
-a	在绑定数据连接时使用所有本地接口
-w	覆盖默认的传输缓冲区大小 65535

【参数】

主机	指定要连接的 FTP 服务器的主机名或 ip 地址

操作命令+配置文件+脚本程序+结束

任务二　构建企业内部的 FTP 服务

操作视频

执行脚本

【任务介绍】

本任务基于 vsftpd 构建 FTP 服务，实现企业内部文件共享服务。

本任务在任务一的基础上进行。

【任务目标】

（1）实现 FTP 服务的规划设计。

（2）实现企业内部的 FTP 服务。

【任务设计】

1. 应用场景

某研发型企业为了实现文件资源的共享，需构建一台企业内部的 FTP 服务器。

- 共 4 个部门：行政部（2 人）、市场部（3 人）、设计部（2 人）、开发部（3 人）。
- 独立账号访问，默认目录为部门目录。
- 所有账号仅能够访问本部门目录，且具有读写权限。
- 禁止匿名账号访问。

2. 需求分析

- 为每个部门创建目录与账号。
- 通过 vsftpd 实现文件共享服务。
- 使用 PAM 进行账号管理。
- 支持 Linux、Windows 等多终端、多操作系统。

3. 方案设计

通过 vsftpd 实现 FTP 文件共享服务。

部门用户及共享目录设计见表 7-2-1。

表 7-2-1 部门用户列表

序号	部门	虚拟用户	虚拟用户密码
1	行政部	admin01	admin01@pwd
2		admin02	admin02@pwd
3	市场部	market01	market01@pwd
4		market02	market02@pwd
5		market03	market03@pwd
6	设计部	design01	design01@pwd
7		design02	design02@pwd
8	开发部	develop01	develop01@pwd
9		develop02	develop02@pwd
10		develop03	develop03@pwd

共享目录读写权限对应关系见表 7-2-2。

表 7-2-2　共享目录权限对应表

序号	账号	/srv/ftp/admin	/srv/ftp/market	/srv/ftp/design	/srv/ftp/develop
1	admin01	○			
2	admin02	○			
3	market01		○		
4	market02		○		
5	market03		○		
6	design01			○	
7	design02			○	
8	develop01				○
9	develop02				○
10	develop03				○

【操作步骤】

步骤 1：创建用户。

创建系统用户与部门虚拟用户。

操作命令：

```
#创建用于 FTP 虚拟账号服务的操作系统用户，并禁止该用户登录操作系统
[root@Project-07-Task-01 ~]# useradd -g ftp -d /home/vsftpd -s /sbin/nologin vsftpd
#创建并编辑/etc/vsftpd/vuser_passwd.conf 文件
[root@Project-07-Task-01 ~]# vi /etc/vsftpd/vuser_passwd.conf
#配置文件内容如下
admin01
admin01@pwd
admin02
admin02@pwd
market01
market01@pwd
market02
market02@pwd
market03
market03@pwd
design01
design01@pwd
design02
design02@pwd
develop01
develop01@pwd
develop02
```

```
develop02@pwd
develop03
develop03@pwd

#vsftpd 软件不能识别用户文件，通过 db_load 命令将文件转化为系统可识别用户文件
[root@Project-07-Task-01 ~]# db_load -T -t hash -f /etc/vsftpd/vuser_passwd.conf/etc/vsftpd/vuser_passwd.db

#配置 PAM 模块
#创建并编辑/etc/pam.d/vsftpd 文件
[root@Project-07-Task-01 ~]# vi /etc/pam.d/vsftpd
#引用用户文件，在文本中加入以下两行
auth required pam_userdb.so db=/etc/vsftpd/vuser_passwd
account required pam_userdb.so db=/etc/vsftpd/vuser_passwd
```

操作命令+配置文件+脚本程序+结束

步骤 2：创建共享目录。

为每个部门创建共享目录和配置目录权限，修改目录的属主与属组为 ftpuser:ftpuser。

操作命令：

```
#创建共享虚拟目录
[root@Project-07-Task-01 ~]# mkdir -p /srv/ftp/admin
[root@Project-07-Task-01 ~]# mkdir -p /srv/ftp/market
[root@Project-07-Task-01 ~]# mkdir -p /srv/ftp/design
[root@Project-07-Task-01 ~]# mkdir -p /srv/ftp/develop
#赋予 777 权限
[root@Project-07-Task-01 ~]# chmod -R 777 /srv/ftp/admin
[root@Project-07-Task-01 ~]# chmod -R 777 /srv/ftp/market
[root@Project-07-Task-01 ~]# chmod -R 777 /srv/ftp/design
[root@Project-07-Task-01 ~]# chmod -R 777 /srv/ftp/develop
#将/srv/ftp 目录的属主与属组赋予 ftpuser 用户
[root@Project-07-Task-01 ~]# chown -R ftp:ftp/srv/ftp
#查看/srv/ftp 目录信息
[root@Project-07-Task-01 ~]# ls -l /srv/ftp
total 0
drwxrwxrwx.  2  ftp  ftp  6  Jun  29  17:10  admin
drwxrwxrwx.  2  ftp  ftp  6  Jun  29  17:10  design
drwxrwxrwx.  2  ftp  ftp  6  Jun  29  17:10  develop
drwxrwxrwx.  2  ftp  ftp  6  Jun  29  17:10  market
```

操作命令+配置文件+脚本程序+结束

步骤 3：配置 vsftpd 全局。

对/etc/vsftpd.conf 进行全局配置。

操作命令：

```
#删除/etc/vsftpd/vsftpd.conf 配置
```

```
[root@Project-07-Task-01 ~]# mv /etc/vsftpd/vsftpd.conf/etc/vsftpd/vsftpd.conf.bak1
#创建并编辑/etc/vsftpd/vsftpd.conf 文件
[root@Project-07-Task-01 ~]# vi /etc/vsftpd/vsftpd.conf
#配置文件内容如下
ftpd_banner=Welcome to FTP Service.
anonymous_enable=NO
local_enable=YES
write_enable=YES
local_umask=022
anon_upload_enable=NO
anon_mkdir_write_enable=NO
dirmessage_enable=YES
xferlog_enable=YES
connect_from_port_20=YES
chown_uploads=NO
xferlog_file=/var/log/xferlog
xferlog_std_format=YES
#nopriv_user=vsftpd
async_abor_enable=YES
ascii_upload_enable=YES
ascii_download_enable=YES
chroot_local_user=YES
chroot_list_enable=YES
chroot_list_file=/etc/vsftpd/chroot_list
chroot_list_enable=YES
listen=YES
pam_service_name=vsftpd
userlist_enable=YES
guest_enable=YES
guest_username=ftp
virtual_use_local_privs=YES
user_config_dir=/etc/vsftpd/vuser_conf
allow_writeable_chroot=YES
#创建 chroot_list 文件并写入文件内容
[root@Project-07-Task-01 ~]# vi /etc/vsftpd/chroot_list
#配置文件内容如下
vsftpd
```

操作命令+配置文件+脚本程序+结束

步骤 4：配置行政部用户权限。

为行政部用户 admin01、admin02 创建权限配置文件。

操作命令：

```
#创建虚拟用户配置目录/etc/vsftpd/vsftpd_user_conf
[root@Project-07-Task-01 ~]# mkdir -p /etc/vsftpd/vsftpd_user_conf
#创建并编辑/etc/vsftpd/vsftpd_user_conf/admin01 文件
```

```
[root@Project-07-Task-01 ~]# vi /etc/vsftpd/vsftpd_user_conf/admin01
#配置文件内容如下
ftpd_banner=Welcome toAdmin.
local_root=/srv/ftp/admin
write_enable=YES
anon_umask=022
anon_world_readable_only=NO
anon_upload_enable=YES
anon_mkdir_write_enable=YES
anon_other_write_enable=YES

#拷贝/etc/vsftpd/vsftpd_user_conf/admin01 为/etc/vsftpd/vsftpd_user_conf/admin02
[root@Project-07-Task-01 ~]# cp/etc/vsftpd/vsftpd_user_conf/admin01 /etc/vsftpd/vsftpd_user_conf/admin02
```

操作命令+配置文件+脚本程序+结束

步骤 5：配置市场部用户权限。

为市场部用户 market01、market02、market03 创建权限配置文件。

操作命令：

```
#创建并编辑/etc/vsftpd/vsftpd_user_conf/market01 文件
[root@Project-07-Task-01 ~]# vi /etc/vsftpd/vsftpd_user_conf/market01
#配置文件内容如下
ftpd_banner=Welcome to Market.
local_root=/srv/ftp/market
write_enable=YES
anon_umask=022
anon_world_readable_only=NO
anon_upload_enable=YES
anon_mkdir_write_enable=YES
anon_other_write_enable=YES

#拷贝/etc/vsftpd/vsftpd_user_conf/admin01 为/etc/vsftpd/vsftpd_user_conf/market02
[root@Project-07-Task-01 ~]# cp /etc/vsftpd/vsftpd_user_conf/market01 /etc/vsftpd/vsftpd_user_conf/market02
#拷贝/etc/vsftpd/vsftpd_user_conf/market01 为/etc/vsftpd/vsftpd_user_conf/market03
[root@Project-07-Task-01 ~]# cp /etc/vsftpd/vsftpd_user_conf/market01 /etc/vsftpd/vsftpd_user_conf/market03
```

操作命令+配置文件+脚本程序+结束

步骤 6：配置设计部用户权限。

为设计部用户 design01、design02 创建权限配置文件。

操作命令：

```
#创建并编辑/etc/vsftpd/vsftpd_user_conf/design01 文件
[root@Project-07-Task-01 ~]# vi /etc/vsftpd/vsftpd_user_conf/design01
#配置文件内容如下
ftpd_banner=Welcome to Design.
local_root=/srv/ftp/design
```

```
write_enable=YES
anon_umask=022
anon_world_readable_only=NO
anon_upload_enable=YES
anon_mkdir_write_enable=YES
anon_other_write_enable=YES

#拷贝/etc/vsftpd/vsftpd_user_conf/design01 为/etc/vsftpd/vsftpd_user_conf/design02
[root@Project-07-Task-01 ~]# cp /etc/vsftpd/vsftpd_user_conf/design01 /etc/vsftpd/vsftpd_user_conf/design02
```

操作命令+配置文件+脚本程序+结束

步骤 7：配置开发部用户权限。

为开发部用户 develop01、develop02、develop03 创建权限配置文件。

操作命令：

```
#创建并编辑/etc/vsftpd/vsftpd_user_conf/admin01 文件
[root@Project-07-Task-01 ~]# vi /etc/vsftpd/vsftpd_user_conf/develop01
#配置文件内容如下
ftpd_banner=Welcome to Develop.
local_root=/srv/ftp/develop
write_enable=YES
anon_umask=022
anon_world_readable_only=NO
anon_upload_enable=YES
anon_mkdir_write_enable=YES
anon_other_write_enable=YES

#拷贝/etc/vsftpd/vsftpd_user_conf/admin01 为/etc/vsftpd/vsftpd_user_conf/develop02
[root@Project-07-Task-01 ~]# cp /etc/vsftpd/vsftpd_user_conf/develop01 /etc/vsftpd/vsftpd_user_conf/develop02
#拷贝/etc/vsftpd/vsftpd_user_conf/develop01 为/etc/vsftpd/vsftpd_user_conf/develop03
[root@Project-07-Task-01 ~]# cp /etc/vsftpd/vsftpd_user_conf/develop01 /etc/vsftpd/vsftpd_user_conf/develop03
```

操作命令+配置文件+脚本程序+结束

步骤 8：服务测试。

服务测试在本地主机上进行，使用 FileZilla Client 软件进行测试。

（1）行政部测试。通过 FileZilla Client 软件使用行政部 admin01 用户访问 FTP 服务，创建 admin.txt 文件，如图 7-2-1 所示。

（2）市场部测试。通过 FileZilla Client 软件使用行政部 market01 用户访问 FTP 服务，创建 market.txt 文件，如图 7-2-2 所示。

（3）设计部测试。通过 FileZilla Client 软件使用行政部 design01 用户访问 FTP 服务，创建 design.txt 文件，如图 7-2-3 所示。

（4）开发部测试。通过 FileZilla Client 软件使用行政部 develop01 用户访问 FTP 服务，创建 develop.txt 文件，如图 7-2-4 所示。

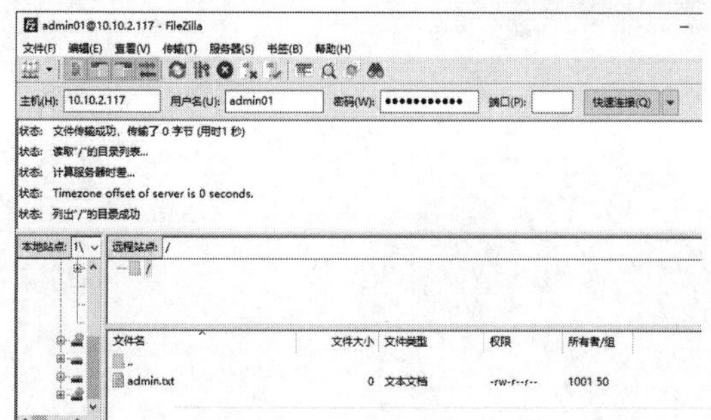

图 7-2-1 行政部测试

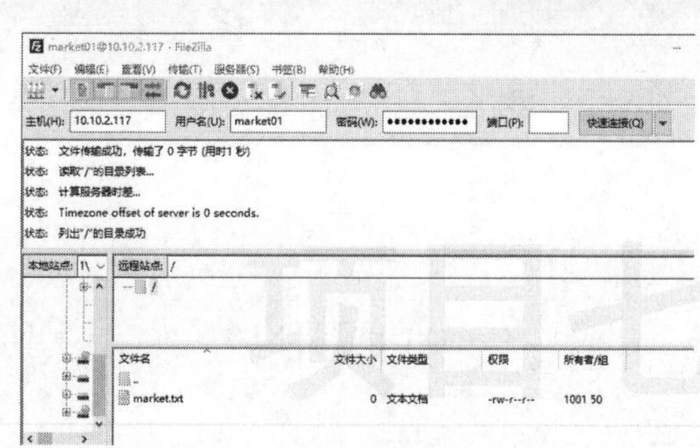

图 7-2-2 市场部测试

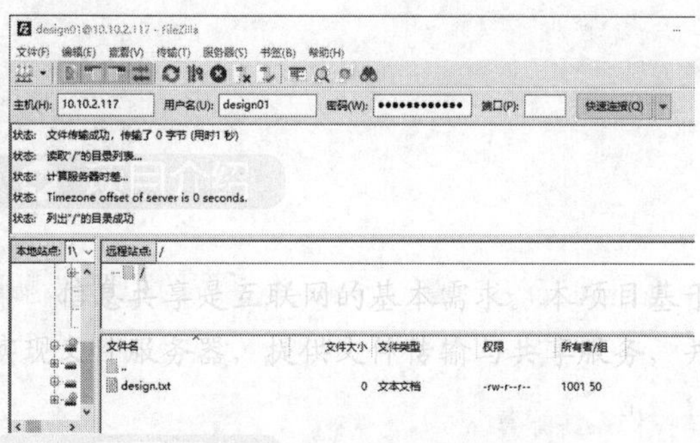

图 7-2-3 设计部测试

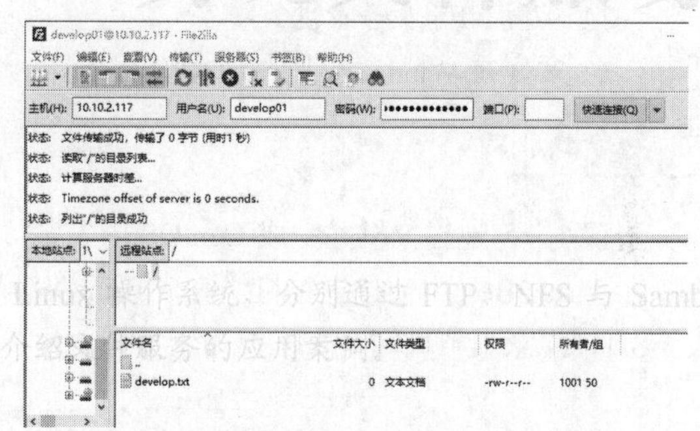

图 7-2-4 开发部测试

（5）测试结果。测试结果见表 7-2-3，通过测试结果可知满足需求。

表 7-2-3 部门用户及共享目录权限测试

序号	账号	/srv/ftp/admin	/srv/ftp/market	/srv/ftp/design	/srv/ftp/develop
1	admin01	读、写			
2	admin02	读、写			
3	market01		读、写		
4	market02		读、写		
5	market03		读、写		
6	design01			读、写	
7	design02			读、写	
8	develop01				读、写
9	develop02				读、写
10	develop03				读、写

任务三　搭建 NFS 服务器

【任务介绍】

本任务在 CentOS 上安装 NFS 软件，实现 NFS 服务。

【任务目标】

（1）实现在线安装 NFS。
（2）实现 NFS 服务管理。
（3）实现在 Windows 上访问 NFS 服务。

【操作步骤】

步骤 1：创建虚拟机并完成 CentOS 的安装。

在 VirtualBox 中创建虚拟机，完成 CentOS 操作系统的安装。虚拟机与操作系统的配置信息见表 7-3-1，注意虚拟机网卡工作模式为桥接。

表 7-3-1　虚拟机与操作系统配置

虚拟机配置	操作系统配置
虚拟机名称： VM-Project-07-Task-02-10.10.2.118 内存：1024MB CPU：1 颗 1 核心 虚拟硬盘：10GB 网卡：1 块，桥接	主机名：Project-07-Task-02 IP 地址：10.10.2.118 子网掩码：255.255.255.0 网关：10.10.2.1 DNS：8.8.8.8

步骤 2：完成虚拟机的主机配置、网络配置及通信测试。

启动并登录虚拟机，依据表 7-3-1 完成主机名和网络的配置，能够访问互联网和本地主机。

（1）虚拟机创建、操作系统安装、主机名与网络的配置，具体方法参见项目一。

（2）建议通过虚拟机复制快速创建所需环境。通过复制创建的虚拟机需依据本任务虚拟机与操作系统规划配置信息设置主机名与网络，实现对互联网和本地主机的访问。

（3）本任务需使用 yum 工具在线安装软件，建议将 yum 仓库配置为国内镜像服务以提高在线安装时的速度。

步骤 3：通过在线方式安装 NFS。

操作命令：

```
#使用 yum 工具安装 NFS
[root@Project-07-Task-02 ~]# yum install -y nfs-utils
Failed to set locale, defaulting to C.UTF-8
Last metadata expiration check: 0:04:36 ago on Fri Mar 27 00:15:10 2020.
Dependencies resolved.
================================================================================
 Package          Architecture       Version              Repository       Size
================================================================================
#安装的 NFS 版本、大小等信息
Installing:
nfs-utils         x86_64             1:2.3.3-26.el8       BaseOS           472 k
#安装的依赖软件信息
Installing dependencies:
Gssproxy          x86_64             0.8.0-14.el8         BaseOS           118 k
#为了排版方便，此处省略了部分提示信息
Rpcbind           x86_64             1.2.5-4.el8          BaseOS           70 k

Transaction Summary
================================================================================
Install  7 Packages
#安装 NFS 需要安装 7 个软件，总下载大小为 1.0M，安装后将占用磁盘 3.6M
Total download size: 1.0 M
Installed size: 3.6 M
Downloading Packages:
(1/7): keyutils-1.5.10-6.el8.x86_64.rpm          268 kB/s |  63 kB     00:00
#为了排版方便，此处省略了部分提示信息
(7/7): rpcbind-1.2.5-4.el8.x86_64.rpm            245 kB/s |  70 kB     00:00
--------------------------------------------------------------------------------
Total                                            1.3 MB/s | 1.0 MB     00:00
#运行事务检查
Running transaction check
#事务检查成功
Transaction check succeeded.
#运行事务测试
Running transaction test
#事务测试成功
Transaction test succeeded.
#运行事务
Running transaction
  Preparing        :                                                  1/1
  Running scriptlet: rpcbind-1.2.5-4.el8.x86_64                       1/7
#为了排版方便，此处省略了部分提示信息
  Verifying        : rpcbind-1.2.5-4.el8.x86_64                       7/7
```

```

Installed:
        nfs-utils-1:2.3.3-26.el8.x86_64
        #为了排版方便，此处省略了部分提示信息
        rpcbind-1.2.5-4.el8.x86_64
Complete!
```

操作命令+配置文件+脚本程序+结束

除在线安装方式外，NFS 还可通过 RPM 包安装。

步骤 4：启动 NFS 服务。

NFS 安装完成后将在 CentOS 中创建名为 nfs-server 的服务，该服务并未自动启动。

操作命令：

```
#使用 systemctl start 命令启动 rpcbind、NFS 服务
[root@Project-07-Task-02 ~]# systemctl start rpcbind
[root@Project-07-Task-02 ~]# systemctl start nfs-server
```

操作命令+配置文件+脚本程序+结束

如果不出现任何提示，表示 NFS 服务启动成功。

（1）命令 systemctl stoprpcbindnfs-server，可以停止 rpcbind、NFS 服务。

（2）命令 systemctl restartrpcbindnfs-server，可以重启 rpcbind、NFS 服务。

（3）命令 systemctl reload nfs-server，可以在不中断服务的情况下重新载入 nfs-server 配置文件。

步骤 5：查看 NFS 运行信息。

NFS 服务启动后，可通过 systemctl status 命令查看其运行信息。

操作命令：

```
#使用 systemctl status 命令查看 NFS 服务
[root@Project-07-Task-02 ~]# systemctl status rpcbind nfs-server
● rpcbind.service - RPC Bind
#服务位置：是否设置开机自启动
     Loaded: loaded (/usr/lib/systemd/system/rpcbind.service; enabled; vendor preset: enabled)
#rpcbind 的活跃状态，结果值为 active 表示活跃；inactive 表示不活跃
     Active: active (running) since Mon 2020-06-22 13:19:39 CST; 1h 53min ago
         Docs: man:rpcbind(8)
#主进程 ID 为：811
Main PID: 811 (rpcbind)
#任务数 1 个，最大限制 11489
     Tasks: 1 (limit: 11489)
#占用内存 1.7M
     Memory: 1.7M
```

```
      CGroup: /system.slice/rpcbind.service
              └─811 /usr/bin/rpcbind -w -f

Jun 22 13:19:39 Project-07-Task-02 systemd[1]: Starting RPC Bind...
Jun 22 13:19:39 Project-07-Task-02 systemd[1]: Started RPC Bind.

● nfs-server.service - nfs server and services
#服务位置：是否设置开机自启动
eLoaded: loaded (/usr/lib/systemd/system/nfs-server.service; disabled; vendor preset: disabled)
      Drop-In: /run/systemd/generator/nfs-server.service.d
              └─order-with-mounts.conf
#nfs-server 的活跃状态，结果值为 active 表示活跃；inactive 表示不活跃
      Active: active (exited) since Mon 2020-06-22 14:04:13 CST; 1h 8min ago
      Process: 1397 ExecStart=/bin/sh -c if systemctl -q is-active gssproxy; then systemctl reload gssproxy ; fi (code=exited, status=0/SUCCESS)
      Process: 1382 ExecStart=/usr/sbin/rpc.nfsd (code=exited, status=0/SUCCESS)
      Process: 1381 ExecStartPre=/usr/sbin/exportfs -r (code=exited, status=0/SUCCESS)
#主进程 ID 为：1397
      Main PID: 1397 (code=exited, status=0/SUCCESS)

Jun 22 14:04:13 Project-07-Task-02 systemd[1]: Starting nfs server and services...
Jun 22 14:04:13 Project-07-Task-02 systemd[1]: Started nfs server and services.
```

操作命令+配置文件+脚本程序+结束

步骤 6：配置 NFS 服务为开机自启动。

操作系统进行重启操作后，为了使业务更快的恢复，通常会将重要的服务或应用设置为开机自启动。将 NFS 服务配置为开机自启动的方法如下。

操作命令：

```
#命令 systemctl enable 可设置某服务为开机自启动
#命令 systemctl disable 可设置某服务为开机不自动启动
[root@Project-07-Task-02 ~]# systemctl enable rpcbind
Created symlink /etc/systemd/system/multi-user.target.wants/rpcbind.service → /usr/lib/systemd/system/rpcbind.service.
[root@Project-07-Task-02 ~]# systemctl enable nfs-server
Created symlink /etc/systemd/system/multi-user.target.wants/nfs-server.service → /usr/lib/systemd/system/nfs-server.service.
#使用 systemctl list-unit-files 命令确认 rpcbind 服务是否已配置为开机自启动
[root@Project-07-Task-02 ~]# systemctl list-unit-files | grep nfs.service
#下述信息说明 nfs.service 已配置为开机自启动
rpcbind.service                     enabled
#使用 systemctl list-unit-files 命令确认 NFS 服务是否已配置为开机自启动
[root@Project-07-Task-02 ~]# systemctl list-unit-files | grep nfs.service
#下述信息说明 nfs.service 已配置为开机自启动
nfs-server.service                  enabled
```

操作命令+配置文件+脚本程序+结束

步骤 7：配置安全措施。

CentOS 默认开启防火墙，为使 NFS 能正常对外提供服务，本任务暂时关闭防火墙等安全措施。

操作命令：

```
1.  #使用 systemctl stop 命令关闭防火墙
2.  [root@Project-07-Task-02 ~]# systemctl stop firewalld
3.  #使用 setenforce 命令将 SELinux 设置为 permissive 模式
4.  [root@Project-07-Task-02 ~]# setenforce 0
```

操作命令+配置文件+脚本程序+结束

步骤 8：实现匿名 NFS 服务。

发布 NFS 服务需要修改 NFS 的配置文件/etc/exports。

操作命令：

```
1.  #创建共享目录
2.  [root@Project-07-Task-02 ~]# mkdir/srv/nfs
3.  #使用 cp 命令备份 nfs.conf 文件
4.  [root@Project-07-Task-02 ~]# cp/etc/exports/etc/exports.bak1
5.  #使用 vi 工具编辑 nfs.conf 文件
6.  [root@Project-07-Task-02 ~]# vi /etc/exports
```

操作命令+配置文件+脚本程序+结束

使用 vi 工具编辑 nfs.conf 配置文件，在配置文件中修改授权访问范围与操作权限的配置信息，编辑后的配置文件信息如下所示。

操作命令：

```
1.  #编辑文件内容
2.  /srv/nfs*(rw,sync,no_root_squash)
```

操作命令+配置文件+脚本程序+结束

/srv/nfs*(rw,sync,no_root_squash,no_all_squash):

- /srv/nfs：共享目录。
- *：允许访问的来源 IP 范围，全范围。
- rw：读写权限。
- sync：所有数据在请求时写入共享。
- no_root_squash：root 用户具有根目录的完全管理访问权限。

exports 更详细的内容可以查看帮助文档，命令是：man exports。

配置完成后，重新载入配置文件使其生效。

操作命令：

```
1.  #使用 systemctl reload 命令重新载入 NFS 服务
```

```
[root@Project-07-Task-02 ~]# systemctl reload nfs-server
exporting *:/srv/nfs
```

操作命令+配置文件+脚本程序+结束

步骤 9：在 Windows 中使用 NFS 服务。

Windows 系统内置了 NFS 客户端，但默认是没有启用的。在 Windows 系统中访问 NFS 服务需要手动启用 NFS 客户端功能，具体方法如下。

（1）启用 NFS 客户端。使用 Win+R 快捷键启动运行，输入“OptionalFeatures”，勾选“NFS 服务”后单击“确定”按钮，等待完成安装即可，如图 7-3-1 所示。

（2）打开 Windows 下的命令提示符，进行挂载操作。

操作命令：

```
#查看 NFS 服务的可挂载信息
D:\> showmount -e 10.10.2.118
#导出列表在 10.10.2.118:
/srv/nfs                           10.10.2.0/24
#将/srv/nfs 挂载至 X 盘
D:\> mount -o mtype=hard timeout=6 casesensitive=yes 10.10.2.118:/srv/WorkGroupShare Z:
Z: 现已成功连接到 10.10.2.118:/srv/nfs

命令已成功完成
```

操作命令+配置文件+脚本程序+结束

（3）成功挂载后，Windows 中增加了 Z 盘对应 NFS 共享目录。在本地主机操作 Z 盘的方法与操作其他磁盘相同，对 Z 盘操作是直接操作 NFS 共享目录，如图 7-3-2 所示。

图 7-3-1　启用 NFS

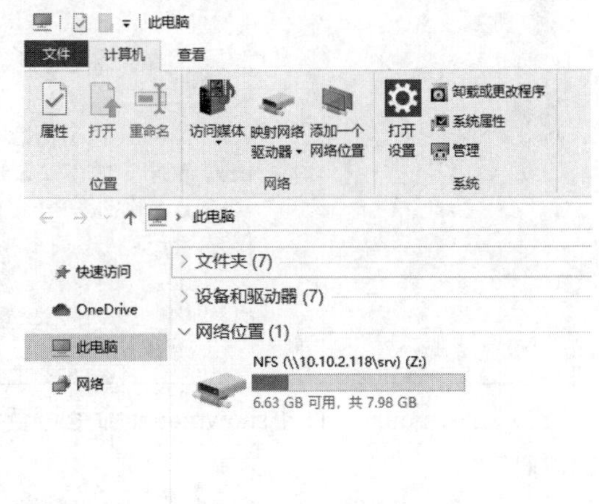

图 7-3-2　访问 NFS 服务

【任务扩展】

1. NFS 的管理命令

（1）exportfs。通过 exportfs 命令可管理 NFS 服务器共享的文件系统。

命令详解：

【语法】

exportfs [选项] [参数]

【选项】

-a	导出或卸载所有目录
-d	开启调试功能
-o	指定导出选项（如 rw、async、root_squash）
-i	忽略/etc/exports 和/etc/exports.d 目录下的文件
-r	更新共享的目录
-s	显示当前可导出的目录列表
-v	显示共享目录

【参数】

共享文件系统	指定要通过 NFS 服务器共享的目录，其格式为“/home/directory”

操作命令+配置文件+脚本程序+结束

（2）nfsstat。通过 nfsstat 命令可查看 NFS 客户端和服务器的访问与运行情况。

命令详解：

【语法】

nfsstat [选项]

【选项】

-s	仅显示服务器端的状态信息
-c	仅显示客户端的状态信息
-n	仅显示 NFS 状态信息
-2/3/4	仅列出 NFS 版本 2/3/4 的状态
-m	显示已加载的 NFS 文件系统状态
-r	仅显示 rpc 状态
-o	显示自定义的设备信息
-l	以列表的形式显示信息

操作命令+配置文件+脚本程序+结束

（3）showmount。通过 showmount 命令可查询“mountd”守护进程，显示 NFS 服务器共享资源的访问信息。

命令详解：

【语法】

showmount[选项]

【选项】

-a	以 host:dir 格式来显示客户主机名和挂载点目录
-d	仅显示被客户挂载的目录名
-e	显示 NFS 服务器的输出清单
-h	显示帮助信息
-v	显示版本信息
--no-headers	不输出描述头部信息

操作命令+配置文件+脚本程序+结束

2. NFS 共享参数

配置 NFS 共享的参数说明见表 7-3-2。

表 7-3-2 NFS 配置文件参数及说明表

参数	说明
rw（read-write）	对共享目录具有读写权限
ro（read-only）	对共享目录具有只读权限
sync	同步写入，数据写入内存的同时写入磁盘
async	异步写入，数据先写入内存，周期性的写入磁盘
root_squash	将 root 用户及所属组映射为匿名用户或用户组（默认设置）
no_root_squash	与 root_squash 参数功能相反
all_squash	将远程访问的所有普通用户及所属组映射为匿名用户或用户组
no_all_squash	与 all_squash 参数功能相反（默认设置）
anonuid	将远程访问的所有用户均映射为匿名用户，并指定该用户的本地用户 UID
anongid	将远程访问的所有用户组均映射为匿名用户组，并指定该匿名用户组的本地用户组 GID
secure	限制客户端只能从小于 1024 的 TCP/IP 端口连接 NFS 服务器（默认设置）
insecure	允许客户端从大于 1024 的 TCP/IP 端口连接服务器
subtree_check	若输出目录是子目录，NFS 服务器检查其父目录的权限
no_subtree_check	若输出目录是子目录，NFS 服务器不检查其父目录的权限

任务四　构建工作组内的网络共享存储服务

操作视频

执行脚本

【任务介绍】

本任务通过 NFS 实现工作组内的网络共享存储服务。

本任务在任务三的基础上进行，服务测试在任务二的基础上进行。

【任务目标】

（1）实现 NFS 服务的规划设计。

（2）实现工作组内的网络共享存储服务。

【任务设计】

1. *应用场景*

某设计工作室拥有大量的数字资源，若存储在本地会占用主机大量的存储，且不利于资源共享。现需要构建公共网络存储，实现灵活的资源读取和共享。

2. *需求分析*

- 建设大容量、高可靠的网络共享存储服务。
- 在存储服务器上安装多磁盘并通过 Raid 技术实现存储容灾。
- 支持 MacOS、Linux、Windows 等多操作系统。

3. *方案设计*

- 通过 NFS 实现共享高容量网络存储。
- 挂载两块磁盘并构建 RAID1，实现存储容灾。
- 通过访问限制，仅允许工作室内部网络可访问。

【操作步骤】

步骤 1：构建 RAID1。

本步骤需要为 NFS 文件服务器增加两块磁盘用于数据存储，磁盘管理和构建 RAID1 的具体操作，参见项目二。本任务仅使用两块 10G 硬盘作为模拟进行操作。

操作命令：

```
#将构建的 RAID1 挂载在/srv/WorkGroupShare 目录下，查看其信息如下
[root@Project-07-Task-02srv]#  df  –TH/srv/WorkGroupShare
Filesystem     Type    Size    Used    Avail    Use%    Mounted  on
/dev/md1       ext4    11G     38M     10G      1%      /srv
```

操作命令+配置文件+脚本程序+结束

步骤 2：配置匿名访问。

配置 NFS 访问权限。

操作命令：

```
#使用 cp 命令备份 nfs.conf 文件
[root@Project-07-Task-02srv]#  vi  /etc/exports
/srv/WorkGroupShare10.10.2.0/24(rw,root_squash,no_all_squash,sync,insecure)
#重新载入配置文件
[root@Project-07-Task-02srv]#  exportfs  -rv
```

```
exporting 10.10.2.0/24:/srv/WorkGroupShare
#重新载入 nfs-server
[root@Project-07-Task-02srv]# systemctl reload nfs-server
```

操作命令+配置文件+脚本程序+结束

在 NFS 服务器上进行测试，当出现设置的共享目录后说明已经配置完成。

操作命令：

```
[root@Project-03-Task-03srv]# showmount -e
Export list for Project-07-Task-02:
/srv/WorkGroupShare 10.10.2.0/24
```

操作命令+配置文件+脚本程序+结束

步骤 3：服务测试。

（1）在 Linux 上访问 NFS 服务。服务测试需要在任务二创建的虚拟机上进行操作，在 Linux 上挂载 NFS 共享存储，需要安装 nfs-utils 软件。

操作命令：

```
#使用 yum 工具安装 nfs-utils
[root@Project-07-Task-01 ~]# yum install -y nfs-utils
#这里省去安装过程
#查看可挂载的信息
[root@Project-07-Task-01 ~]# showmount -e 10.10.2.118
#创建挂载目录
[root@Project-07-Task-01 ~]# mkdir /mnt/share
#挂载
[root@Project-07-Task-01 ~]# mount –t nfs 10.10.2.118:/srv/WorkGroupShare /mnt/share
#创建并编辑文件
[root@Project-07-Task-01 ~]# cd /mnt/share
[root@Project-07-Task-01 ~]# vi linux.txt
I am Linux.
```

操作命令+配置文件+脚本程序+结束

（2）在 Windows 上访问 NFS 服务。服务测试需要在本地主机上进行操作，打开 Windows 命令提示符，进行挂载操作。

操作命令：

```
#查看 NFS 服务的可挂载信息
D:\> showmount -e 10.10.2.118
#导出列表在 10.10.2.118:
/srv/nfs                          10.10.2.0/24
#将/srv/WorkGroupShare 挂载至 Z 盘
D:\> mount 10.10.2.118:/srv/WorkGroupShare Z:
Z: 现已成功连接到 10.10.2.118:/srv/WorkGroupShare

命令已成功完成
```

操作命令+配置文件+脚本程序+结束

查看“此电脑”，可在网络驱动器栏下看到已挂载的 Z 盘，如图 7-4-1 所示。创建 windows.txt 并编辑内容“I am windows.”，如图 7-4-2 所示，说明 NFS 服务可用。

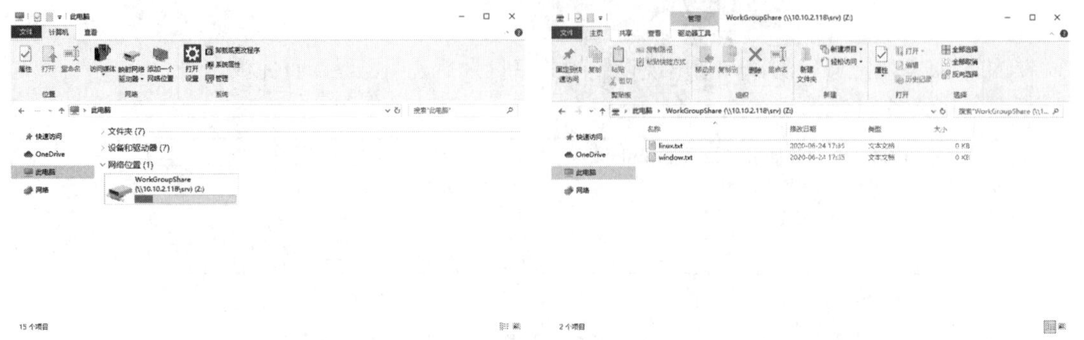

图 7-4-1　Windows 端挂载 NFS 服务　　　　图 7-4-2　创建 windows.txt

（3）在 macOS 上访问 NFS 服务。服务测试在 macOS 上进行，通过终端创建挂载目录和执行挂载命令，并验证 NFS 服务，如图 7-4-3 所示。

操作命令：

```
#进入/opt 目录
[macOS:~project07$ cd /opt
#创建挂载目录
[macOS:opt project07$sudo mkdir sharedisk
[Password:
#将服务器的/srv/WorkGroupShare 目录挂载至/opt/sharedisk
[macOS:opt project07$sudo mount -t nfs 10.10.2.118:/srv/WorkGroupShare /opt/sharedisk
[Password:
[macOS:opt project07$cd /opt/sharedisk
[macOS:opt project07$vi macos.txt
[macOS:opt project07$ cat macos.txt
I am macOS.
```

操作命令+配置文件+脚本程序+结束

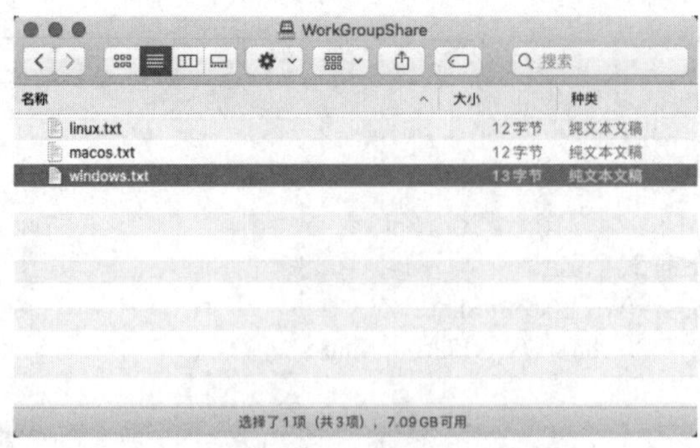

图 7-4-3　macOS 端挂载 NFS 服务

（4）测试结果。测试结果见表 7-4-1，通过测试结果可知满足需求。

表 7-4-1　操作系统权限测试表

序号	操作系统	是否可挂载	共享目录权限
1	Linux	是	读、写
2	Windows	是	读、写
3	macOS	是	读、写

任务五　搭建 Samba 服务器

【任务介绍】

本任务在 CentOS 上安装 Samba 软件，实现 Samba 服务。

【任务目标】

（1）实现在线安装 Samba。
（2）实现 Samba 服务管理。
（3）实现 Samba 服务的匿名访问。

【操作步骤】

步骤 1：创建虚拟机并完成 CentOS 的安装。

在 VirtualBox 中创建虚拟机，完成 CentOS 操作系统的安装。虚拟机与操作系统的配置信息见表 7-5-1，注意虚拟机网卡工作模式为桥接。

表 7-5-1　虚拟机与操作系统配置

虚拟机配置	操作系统配置
虚拟机名称： VM-Project-07-Task-03-10.10.2.119 内存：1024MB CPU：1 颗 1 核心 虚拟硬盘：10GB 网卡：1 块，桥接	主机名：Project-07-Task-03 IP 地址：10.10.2.119 子网掩码：255.255.255.0 网关：10.10.2.1 DNS：8.8.8.8

步骤 2：完成虚拟机的主机配置、网络配置及通信测试。

启动并登录虚拟机，依据表 7-5-1 完成主机名和网络的配置，能够访问互联网和本地主机。

提醒

（1）虚拟机创建、操作系统安装、主机名与网络的配置，具体方法参见项目一。

（2）建议通过虚拟机复制快速创建所需环境。通过复制创建的虚拟机需依据本任务虚拟机与操作系统规划配置信息设置主机名与网络，实现对互联网和本地主机的访问。

（3）本任务需使用 yum 工具在线安装软件，建议将 yum 仓库配置为国内镜像服务以提高在线安装时的速度。

步骤 3：通过在线方式安装 Samba。

操作命令：

```
#使用 yum 工具安装 Samba
[root@Project-07-Task-03 ~]yum install -y sambasamba-client

CentOS-8 – AppStream                  562 B/s | 4.3 kB        00:07
CentOS-8 – Base                       4.0 kB/s | 3.9 kB       00:00
CentOS-8 – Extras                     1.6 kB/s | 1.5 kB       00:00
Dependencies resolved.
=========================================================================
    Package          Architecture        Version            Repository    Size
=========================================================================
#安装的 samba、samba-client 版本、大小等信息
#安装的依赖软件信息
Installing:
    samba            x86_64              4.11.2-13.el8      BaseOS        766 k
    samba-client     x86_64              4.11.2-13.el8      BaseOS        658 k
#安装 samba、samba-client 需升级部分依赖包
Upgrading:
    libldb           x86_64              2.0.7-3.el8        BaseOS        180 k
    #为了排版方便，此处省略了部分提示信息
    samba-libs       x86_64              4.11.2-13.el8      BaseOS        170 k

Transaction Summary
=========================================================================
Install    28 Packages
Upgrade     8 Packages
#安装 samba、samba-client，需要安装 28 个软件，升级 8 个软件，总下载大小为 19M
Total download size: 19 M
Downloading Packages:
    (1/36):avahi-libs-0.7-19.el8.x86_64.rpm            219 kB/s | 62 kB       00:00
    #为了排版方便，此处省略了部分提示信息
     (36/36):    sssd-common-2.2.3-20.el8.x86_64.rpm    728 kB/s | 1.5 MB      00:02
---------------------------------------------------------------------------------
```

```
Total                                          1.8 MB/s |  19 MB     00:10
CentOS-8 - Base                                86 kB/s | 1.6 kB      00:00
#引入 GPG key
Importing GPG key 0x8483C65D:
    #用户 ID
    Userid: "CentOS (CentOS Official Signing Key) <security@centos.org>"
    #指纹
    Fingerprint: 99DB 70FA E1D7 CE22 7FB6 4882 05B5 55B3 8483 C65D
    #来源
    From: /etc/pki/rpm-gpg/RPM-GPG-KEY-centosofficial
#key 导入成功
Key imported successfully
#运行转译校验
Running transaction check
#转译校验成功
Transaction check succeeded.
#执行转译测试
Running transaction test
#转译测试成功
Transaction test succeeded.
#执行转译
Running transaction
    Preparing:                                          1/1
    Running scriptlet: perl-Exporter-5.72-396.el8.noarch 1/1
    #为了排版方便，此处省略了部分提示信息
    Installing:perl-Exporter-5.72-396.el8.noarch        1/44
    Verifying:sssd-kcm-2.2.0-19.el8.x86_64              44/44

Upgraded:
    libldb-2.0.7-3.el8.x86_64
    #为了排版方便，此处省略了部分提示信息
    sssd-kcm-2.2.3-20.el8.x86_64

Installed:
    samba-4.11.2-13.el8.x86_64
    #为了排版方便，此处省略了部分提示信息
    samba-libs-4.11.2-13.el8.x86_64

Complete!
```

操作命令+配置文件+脚本程序+结束

除在线安装方式外，samba、samba-client 还可通过 RPM 包安装。

步骤 4：启动 Samba 服务。

Samba 安装完成后将在 CentOS 中创建名为 smb 和 nmb 的服务，服务并未自动启动。

操作命令：

```
#使用 systemctl start 命令启动 Samba 服务
[root@Project-07-Task-03 ~]# systemctl start smbnmb
```

操作命令+配置文件+脚本程序+结束

如果不出现任何提示，表示 Samba 服务启动成功。

（1）命令 systemctl stop smbnmb，可以停止 smb、nmb 服务。

（2）命令 systemctl restart smbnmb，可以重启 smb、nmb 服务。

（3）命令 systemctl reload smbnmb，可以在不中断服务的情况下重新载入 smb nmb 配置文件。

步骤 5：查看 Samba 运行信息。

Samba 服务启动后，可通过 systemctl status 命令查看其运行信息。

操作命令：

```
#使用 systemctl status 命令查看 Samba 服务
[root@Project-07-Task-03 ~]# systemctl status smbnmb

● smb.service - samba SMB Daemon
#服务位置：是否设置开机自启动
    Loaded: loaded (/usr/lib/systemd/system/smb.service; disabled; vendor preset: disabled)
    #smb 的活跃状态，结果值为 active 表示活跃；inactive 表示不活跃
    Active: active (running) since Sun 2020-06-21 21:41:51 CST; 7s ago
        Docs: man:smbd(8)
              man:samba(7)
              man:smb.conf(5)
#主进程 ID 为 11820
Main PID:11820 (smbd)
    #状态为准备连接
    Status:"smbd: ready to serve connections..."
    #任务数：4 个，最大显示 5036 个
    Tasks:4 (limit: 5036)
    #占用内存 9.8M
    Memory:9.8M
    CGroup:/system.slice/smb.service
         ├─11820 /usr/sbin/smbd --foreground --no-process-group
         ├─11823 /usr/sbin/smbd --foreground --no-process-group
         ├─11824 /usr/sbin/smbd --foreground --no-process-group
         └─11825 /usr/sbin/smbd --foreground --no-process-group

Jun 21 21:41:51 Project-07-Task-02 systemd[1]: Starting samba SMB Daemon...
Jun 21 21:41:51 Project-07-Task-02 smbd[11820]: [2020/06/21 21:41:51.832095,  0] ../../lib/util/become_daemon.c:136(daemon_ready)
Jun 21 21:41:51 Project-07-Task-02 systemd[1]: Started samba SMB Daemon.
```

```
Jun 21 21:41:51 Project-07-Task-02 smbd[11820]:   daemon_ready: daemon 'smbd' finished starting up and ready to serve connections

● nmb.service - samba NMB Daemon
    #服务位置：是否设置开机自启动
    Loaded: loaded (/usr/lib/systemd/system/nmb.service; disabled; vendor preset: disabled)
    #nmb 的活跃状态，结果值为 active 表示活跃；inactive 表示不活跃
    Active: active (running) since Sun 2020-06-21 21:41:51 CST; 7s ago
    Docs:    man:nmbd(8)
             man:samba(7)
             man:smb.conf(5)
#主进程 ID 为 11821
Main PID: 11821 (nmbd)
    #状态为准备连接
    Status: "nmbd: ready to serve connections..."
    #任务数为 1 个，最大显示 5036 个
    Tasks: 1 (limit: 5036)
    #占用内存 9.8M
    Memory: 2.6M
    CGroup: /system.slice/nmb.service
              └─11821 /usr/sbin/nmbd --foreground --no-process-group

Jun 21 21:41:51 Project-07-Task-02 systemd[1]: Starting samba NMB Daemon...
Jun 21 21:41:51 Project-07-Task-02 nmbd[11821]: [2020/06/21 21:41:51.721862,  0] ../../lib/util/become_daemon.c:136(daemon_ready)
Jun 21 21:41:51 Project-07-Task-02 systemd[1]: Started samba NMB Daemon.
Jun 21 21:41:51 Project-07-Task-02 nmbd[11821]:   daemon_ready: daemon 'nmbd' finished starting up and ready to serve connections
```

操作命令+配置文件+脚本程序+结束

步骤 6：配置 Samba 服务为开机自启动。

操作系统进行重启操作后，为了使业务更快的恢复，通常会将重要的服务或应用设置为开机自启动。将 Samba 服务配置为开机自启动的方法如下。

操作命令：

```
#命令 systemctl enable 可设置某服务为开机自启动
#命令 systemctl disable 可设置某服务为开机不自动启动
[root@Project-07-Task-03 ~]# systemctl enable smb nmb
Created symlink /etc/systemd/system/multi-user.target.wants/smb.service → /usr/lib/systemd/system/smb.service.
Created symlink /etc/systemd/system/multi-user.target.wants/nmb.service → /usr/lib/systemd/system/nmb.service.
#使用 systemctl list-unit-files 命令确认 Samba 服务是否已配置为开机自启动
[root@Project-07-Task-03 ~]# systemctl list-unit-files | grep smb
#下述信息说明 smb.service 已配置为开机自启动
smb.service                          enabled
[root@Project-07-Task-03 ~]# systemctl list-unit-files | grep nmb
```

项目七

```
#下述信息说明 nmb.service 已配置为开机自启动
nmb.service                              enabled
```

操作命令+配置文件+脚本程序+结束

步骤 7：配置安全措施。

CentOS 默认开启防火墙，为使 Samba 能正常对外提供服务，本任务暂时关闭防火墙等安全措施。

操作命令：

```
#使用 systemctl  stop 命令关闭防火墙
[root@Project-07-Task-03  ~]#  systemctl  stop  firewalld
#使用 setenforce 命令将 SELinux 设置为 permissive 模式
[root@Project-07-Task-03  ~]#  setenforce  0
```

操作命令+配置文件+脚本程序+结束

步骤 8：创建共享目录。

操作命令：

```
#创建共享目录/srv/samba
[root@Project-07-Task-03  ~]#  mkdir  -p  /srv/samba
#设置/srv/public 权限为 777
[root@Project-07-Task-03  ~]#  chmod  -R  777  /srv/samba
```

操作命令+配置文件+脚本程序+结束

步骤 9：实现 Samba 服务。

发布 Samba 服务需要修改 Samba 的配置文件 smb.conf。

操作命令：

```
#使用 cp 命令备份 smb.conf 文件
[root@Project-07-Task-03  ~]#  cp  /etc/samba/smb.conf  /etc/samba/smb.conf.bak1
#使用 vi 工具编辑 smb.conf 文件
[root@Project-07-Task-03  ~]#  vi  /etc/samba/smb.conf
```

操作命令+配置文件+脚本程序+结束

使用 vi 工具编辑 smb.conf 配置文件，在配置文件中修改共享目录和操作权限等配置信息，编辑后的配置文件信息如下所示。

配置文件：/etc/samba/smb.conf

```
#smb.conf 配置文件内容较多，本部分仅显示与 Samba 查询配置有关的内容
#全局内容
[global]
        #samba 工作组或域名
        workgroup  =  Project07
        #Samba 服务器描述
        server  string  =  Welcome  to  samba  server
        #服务器的 netbios 名称
        netbios  name  =  Project07
```

```
        #日志文件
        log file = /var/log/samba/samba-log.%m
        #用户后台类型，tdbsam 即数据库文件管理
        passdb backend = tdbsam
        #允许匿名访问
        map to guest = Bad User
[samba]
        #欢迎信息
        comment = workgroup public share disk
        #共享目录路径
        path = /srv/samba
        #允许匿名用户访问
        public = yes
        #共享目录可浏览
        browseable = yes
        #取消只读
        readonly = no
        #允许 guest 访问
        guest ok = yes
```

操作命令+配置文件+脚本程序+结束

配置完成后，重新载入配置文件使其生效。

操作命令：

```
#使用 systemctl reload 命令重新载入 Samba 服务
[root@Project-07-Task-03 ~]# systemctl reload samba
```

操作命令+配置文件+脚本程序+结束

smb.conf 更详细的内容可以查看帮助文档，命令是：man smb.conf。

步骤 10：在 Windows 上访问 Samba 服务。

在“此电脑”的“地址栏”中输入“\\10.10.2.119”，登录后的界面如图 7-5-1 所示，进入 samba 共享目录，即可进行操作。

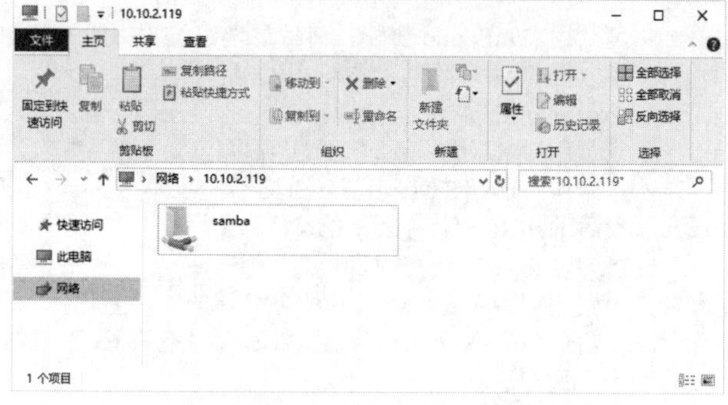

图 7-5-1　Windows 端访问 Samba 服务

【任务扩展】

Samba 的管理命令

（1）smbpasswd。通过 smbpasswd 命令可修改用户的 SMB 服务密码。

命令详解：

【语法】

smbpasswd [选项] [参数]

【选项】

-a	添加用户
-x	删除用户
-d	冻结用户
-n	密码置空

【参数】

用户名	指定要修改的用户

操作命令+配置文件+脚本程序+结束

（2）smbclient。通过 smbclient 命令可访问 SMB/CIFS 服务的资源。

命令详解：

【语法】

smbclient[选项] [参数]

【选项】

-B<ip 地址>	传送广播数据包时所用的 IP 地址
-d<排错层级>	指定记录文件所记载事件的详细程度
-E	将信息送到标准错误输出设备
-h	显示帮助
-i<范围>	设置 NetBIOS 名称范围
-I<IP 地址>	指定服务器的 IP 地址
-l<记录文件>	指定记录文件的名称
-L	显示服务器端所分享出来的所有资源
-M<NetBIOS 名称>	可利用 WinPopup 协议，将信息送给选项中所指定的主机
-n<NetBIOS 名称>	指定用户端所要使用的 NetBIOS 名称
-N	不用询问密码
-O<连接槽选项>	设置用户端 TCP 连接槽的选项
-p<TCP 连接端口>	指定服务器端 TCP 连接端口编号
-R<名称解析顺序>	设置 NetBIOS 名称解析的顺序
-s<目录>	指定 smb.conf 所在的目录
-t<服务器字码>	设置用何种字符码来解析服务器端的文件名称
-T<tar 选项>	备份服务器端分享的全部文件，并打包成 tar 格式的文件
-U<用户名称>	指定用户名称
-w<工作群组>	指定工作群组名称

【参数】

smb 服务器　　　　指定要访问的 smb 服务器

操作命令+配置文件+脚本程序+结束

（3）smbstatus。通过 smbstatus 命令可查看当前 Samba 服务器的连接状态。

命令详解：

【语法】

Smbstatus [选项] [参数]

【选项】

-b	输出简短内容
-d	输出详细内容
-p	列出 smbd 进程的列表然后退出
-S	仅显示共享资源项
-u <username>	查看 username 用户的操作信息

【参数】

smb 服务器　　　　指定要访问的 smb 服务器

操作命令+配置文件+脚本程序+结束

任务六　构建面向全终端的文件共享服务

操作视频

执行脚本

【任务介绍】

本任务通过 Samba 实现面向全终端的文件共享服务。

本任务在任务五的基础上进行。

【任务目标】

（1）实现文件共享服务的规划设计。

（2）实现全终端的文件共享服务。

【任务设计】

1．应用场景

某团队为提高信息化应用水平，提高数据共享和资源服务水平，现需要构建内部网络存储，并能够全面支持移动终端等智能设备，实现灵活的资源共享。

2．需求分析

（1）建设内部共享服务。

（2）支持全终端智能设备。

3．方案设计

（1）通过 Samba 建设网络存储服务。

（2）仅允许团队内部网络访问。

（3）支持多操作系统、支持多终端。

用户信息见表 7-6-1。

表 7-6-1　用户列表

序号	账号	密码
1	smbworkuser	smbworkuser@pwd
2	smbshareuser	smbshareuser@pwd

共享目录权限对应关系见表 7-6-2。

表 7-6-2　共享目录权限对应表

序号	账号	/srv/smbfile/smbpublic	/srv/smbfile/smbshare	/srv/smbfile/smbwork
1	smbworkuser	读、写	读、写	读、写
2	smbshareuser	读、写	读、写	读

【操作步骤】

步骤 1：创建共享服务目录。

操作命令：

```
#创建资源目录
[root@Project-07-Task-03 ~]# mkdir -p /srv/smbfile/smbshare
[root@Project-07-Task-03 ~]# mkdir -p /srv/smbfile/smbwork
[root@Project-07-Task-03 ~]# mkdir -p /srv/smbfile/smbpublic
#为目录赋予 777 权限
[root@Project-07-Task-03 ~]# chmod 777 -R /srv/smbfile/smbshare
[root@Project-07-Task-03 ~]# chmod 777 -R /srv/smbfile/smbwork
[root@Project-07-Task-03 ~]# chmod 777 -R /srv/smbfile/smbpublic
#查看资源目录信息
[root@Project-07-Task-03 ~]# ls -l /srv/smbfile
total 0
drwxrwxrwx 2 root root 6 Jun 22 18:50 smbpublic
drwxrwxrwx 2 root root 6 Jun 22 18:50 smbshare
drwxrwxrwx 2 root root 6 Jun 22 18:50 smbwork
```

操作命令+配置文件+脚本程序+结束

步骤 2：创建用户。

操作命令：

```
#创建用户
```

```
[root@Project-07-Task-03 ~]#useradd smbshareuser -s /sbin/nologin
[root@Project-07-Task-03 ~]#useradd smbworkuser -s /sbin/nologin

#设置 smbshareuser 用户的 smb 密码为 smbshareuser@pwd
[root@Project-07-Task-03 ~]#smbpasswd -a smbshareuser
New SMB password:
Retype new SMB password:

#设置 smbworkuser 用户的 smb 密码为 smbworkuser@pwd
[root@Project-07-Task-03 ~]#smbpasswd -a smbworkuser
New SMB password:
Retype new SMB password:
```

操作命令+配置文件+脚本程序+结束

步骤 3：修改配置文件。

使用 vi 工具编辑 smb.conf 配置文件，在配置文件中修改访问范围与目录权限等配置信息，编辑后的配置文件信息如下所示。

配置文件：/etc/samba/smb.conf

```
#smb.conf 配置文件内容较多，本部分仅显示与 Samba 查询配置有关的内容
#全局内容
[global]
    workgroup = Project7
    server string = Welcome to samba server version %v
    netbios name = Project7
    security = user
    interfaces = enp0s3
    #限制访问范围
    hosts allow = 10.10.2.0/24
    #限制最大连接数 10
    max connections = 10
    #日志文件的存储位置以及日志文件名称
    log file = /var/log/samba/samba-log.%m
    #日志文件的最大容量
    max log size = 10240
    #用户后台类型
    passdb backend = tdbsam

[smbpublic]
    comment = workgroup public share disk
    path = /srv/smbfile/smbpublic
    #该共享的管理者
    admin users = smbworkuser
    public = yes
    browseable = yes
    readonly = yes
```

```
        guest ok = yes

[smbshare]
        comment = workgroup open share disk
        path = /srv/smbfile/smbshare
        admin users = smbshareuser
        public = no
        browseable = yes
        #允许访问该共享的用户
        valid users = smbshareuser, smbworkuser
        readonly = no
        writable = yes
        #允许写入该共享的用户
        write list = smbshareuser, smbworkuser
        #新建文件的掩码
        create mask = 0777
        #新建目录的掩码
        directory mask = 0777
        #强制创建文件权限
        force directory mode = 0777
        #强制创建目录权限
        force create mode = 0777

[smbwork]
        comment = workgroup work share disk
        path = /srv/smbfile/smbwork
        admin users = smbworkuser
        public = no
        browseable = yes
        valid users = smbshareuser, smbworkuser
        readonly = no
        read list = smbshareuser
        writable = yes
        write list = smbworkuser
        create mask = 0777
        directory mask = 0777
        force directory mode = 0777
        force create mode = 0777
```

操作命令+配置文件+脚本程序+结束

配置完成，重载配置文件使配置生效。

操作命令：

```
[root@Project-07-Task-01 ~]# systemctl reloadsmb nmb
```

操作命令+配置文件+脚本程序+结束

步骤 4：服务测试。

在 Samba 服务器端，分别在/srv/smbfile/smbpublic、/srv/smbfile/smbshare、/srv/smbfile/smbwork 创建 samba.txt，并编辑内容“Samba Server.”

（1）在 Linux 上访问 Samba 服务。服务测试需要在任务二创建的虚拟机上进行操作。

操作命令：

```
#创建资源目录
[root@Project-07-Task-01 ~]#mkdir -p /srv/smbshare
[root@Project-07-Task-01 ~]#mkdir -p /srv/smbwork
[root@Project-07-Task-01 ~]#mkdir -p /srv/smbpublic

#挂载
[root@Project-07-Task-01 ~]# mount -t cifs -o username=smbshareuser,password=smbshareuser @pwd' //10.10.2.119/d/ /smbshare /srv/smbshare
[root@Project-07-Task-01 ~]#mount -t cifs -o username=smbworkuser,password='smbworkuser@pwd' //10.10.2.119/d/ /smbwork /srv/smbwork
[root@Project-07-Task-01 ~]#mount -t cifs -o username=smbshareuser,password=smbshareuser @pwd' //10.10.2.119/d/ /smbpublic /srv/smbpublic

#查看文件
[root@Project-07-Task-01 ~]# cat /smbpublic/samba.txt
samba Server.
[root@Project-07-Task-01 ~]# cat /smbshare/samba.txt
samba Server.
[root@Project-07-Task-01 ~]# cat/smbwork/samba.txt
samba Server.
```

操作命令+配置文件+脚本程序+结束

（2）在 Windows 上访问 Samba 服务。服务测试需要在本地主机上进行操作，在“此电脑”的“地址栏”中输入“\\10.10.2.119”，使用 smbshareuser 用户登录，如图 7-6-1 所示，分别将 smbpublic、smbshare、smbwork 映射到 X、Y、Z 盘，如图 7-6-2 所示。

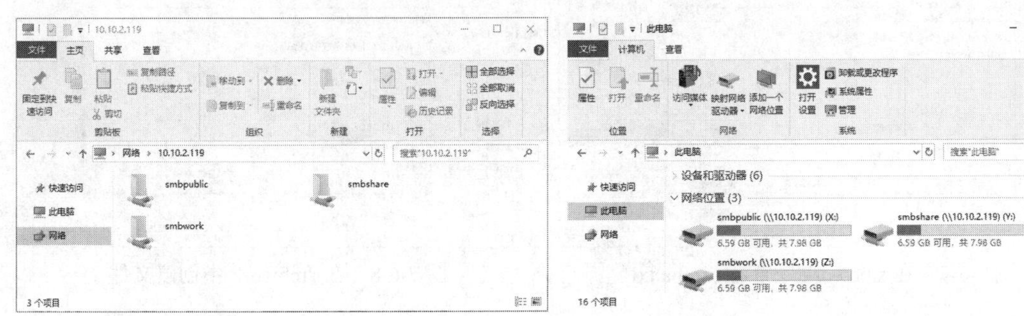

图 7-6-1 smbshareuser 用户访问 Samba 服务

图 7-6-2 映射为本地驱动器

项目七

1）进入 smbpublic 目录，查看 samba.txt，如图 7-6-3 所示；创建文件失败，提示“目标文件夹访问被拒绝”，如图 7-6-4 所示。

图 7-6-3　在 smbpublic 中查看 samba.txt　　图 7-6-4　在 smbpublic 中创建文件

2）进入 smbshare 目录，查看 samba.txt，如图 7-6-5 所示；创建文件 windows.txt 成功，如图 7-6-6 所示。

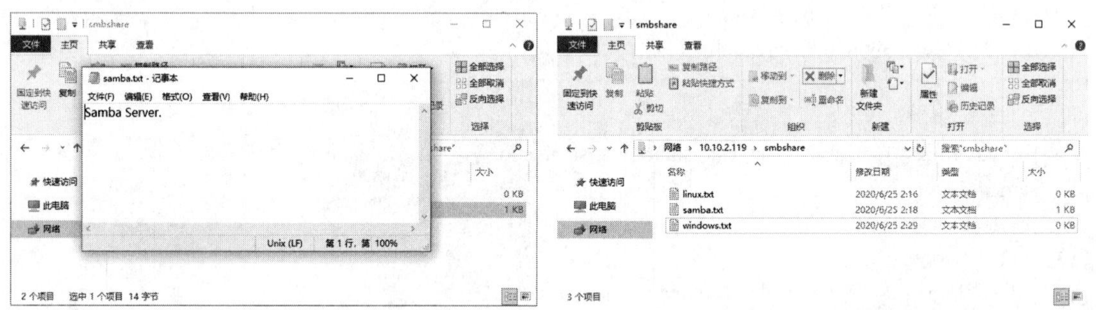

图 7-6-5　在 smbshare 中查看 samba.txt　　图 7-6-6　在 smbshare 中创建文件

3）进入 smbwork 目录，查看 samba.txt，如图 7-6-7 所示；创建文件失败，提示“目标文件夹访问被拒绝”，如图 7-6-8 所示。

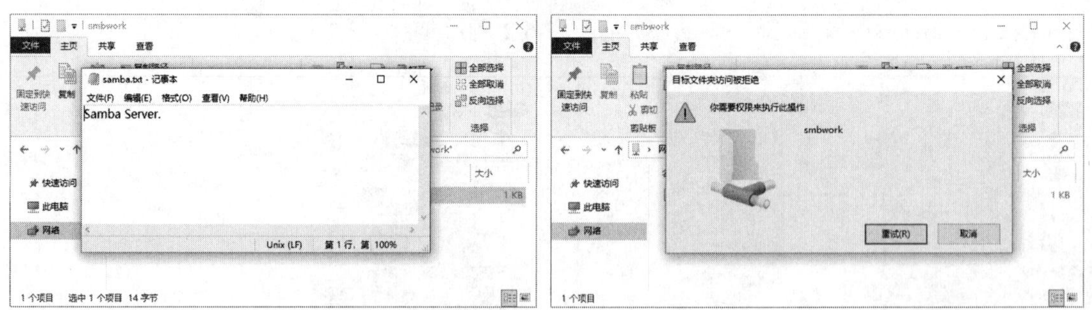

图 7-6-7　在 smbwork 中查看 samba.txt　　图 7-6-8　在 smbwork 中创建文件

（3）在 macOS 上访问 Samba 服务。服务测试在 macOS 上进行，单击导航栏中的“前往”按钮，选择“连接服务器”命令，输入“smb://10.10.2.119”，单击“连接”按钮，使用 smbworkuser 用户登录，如图 7-6-9 所示。

（4）在 Android 上访问 Samba 服务。服务测试在 Android 智能手机上进行操作，进入手机的文件管理软件，通过网上邻居扫描到 Samba 服务，使用 smbworkuser 用户登录，如图 7-6-10 所示。

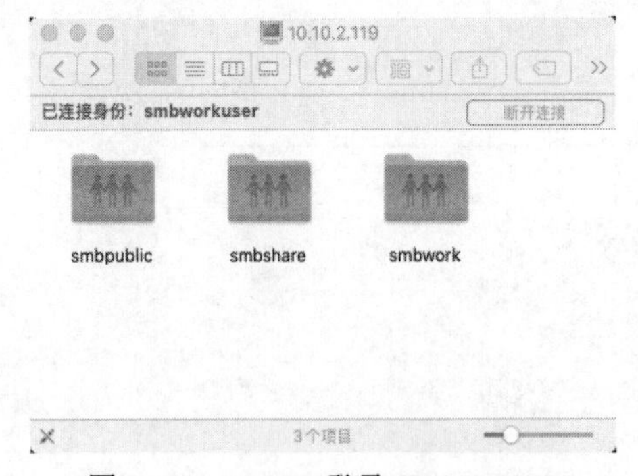

图 7-6-9 macOS 登录 PROJECT07

图 7-6-10 登录 PROJECT07

（5）测试结果。测试结果见表 7-6-3，通过测试结果可知满足需求。

表 7-6-3 测试结果统计表

序号	操作系统	/srv/smbfile/smbpublic	/srv/smbfile/smbshare	/srv/smbfile/smbwork
1	Linux	读	读、写	读、写
2	Windows	读	读、写	读、写
3	macOS	读	读、写	读、写
4	Android	读	读、写	读、写

项目八

实现域名解析服务

项目介绍

DNS 是域名解析系统，在 Internet 中提供域名和 IP 地址的转换服务。BIND 是一款实现 DNS 服务器的开源软件，是全球最广泛使用的 DNS 服务器软件。

本项目基于 Linux 系统通过 BIND 软件实现 DNS 服务器，提供 DNS 查询、域名解析等服务，并通过主辅方式实现高可靠的域名解析服务。

项目目的

- 了解 DNS;
- 了解 DNS 服务器;
- 理解域名与域名记录;
- 掌握使用 BIND 实现 DNS 服务器的方法;
- 掌握通过主辅模式实现高可用域名解析服务的方法。

项目讲堂

1. DNS

（1）什么是 DNS。DNS 是互联网的一项重要服务，DNS 客户端与 DNS 服务端进行请求——响应的通信时，遵循 DNS 协议规范。安装 DNS 服务端软件的设备叫作 DNS 服务器。

（2）DNS 的主要功能。DNS 的主要功能是提供域名解析和 DNS 查询两项服务。DNS 服务器中保存着域名和 IP 地址的对应关系，根据请求把域名转换成为 IP 地址的过程叫作域名解析。DNS 客户端发起域名解析请求并得到查询结果的过程叫作 DNS 查询。

2. DNS 查询

（1）什么是 DNS 查询。在 DNS 系统里，提供 DNS 服务的主机被称为 DNS 服务器或域名服务器，而提出“域名查询”请求的主机，被称为 DNS 客户端。

本地主机访问一个网站时，通常是输入域名地址，而不是 IP 地址。本地主机会首先调用 DNS 客户端软件查询本地 hosts 文件，如果里面有对应的域名记录则直接使用，如果没有则会把域名解析请求发送到本地域名服务器进行查询。本地域名服务器查询自身的资源记录或者向上查询，最后把结果返回给本地主机的 DNS 客户端软件。本地主机获得网站域名地址对应的 IP 地址后，向网站服务器的 IP 地址发送访问网站的请求。

（2）递归查询与迭代查询。DNS 客户端软件向本地域名服务器的查询一般采用递归查询。DNS 客户端软件向本地域名服务器发出 DNS 查询请求，如果本地域名服务器能够解析就直接返回结果，如果不能，本地域名服务器就代替去其他的域名服务器进行查询（其他的域名服务器是递归查询还是迭代查询由其自身决定），直到查询到结果后返回给主机。

本地域名服务器向根域名服务器的查询通常采用迭代查询，即本地域名服务器向根域名服务器进行 DNS 查询，根域名服务器告诉本地域名服务器去哪里查询能够得到结果，而不是替本地域名服务器进行查询。

（3）本地域名服务器。本地域名服务器一般是指 DNS 客户端上网时 IPv4 或者 IPv6 设置中填写的首选 DNS，是手工指定的或者是 DHCP 自动分配的。

如果 DNS 客户端是直连运营商网络，一般情况下默认设置 DNS 为 DHCP 分配到的运营商的域名服务器地址。

如果 DNS 客户端和运营商之间有无线路由器，通常无线路由器本身内置 DNS 转发器，其作用是将收到的所有 DNS 请求转发到上层 DNS 服务器，此时主机的本地域名服务器地址配置为无线路由器的地址。无线路由器的 DNS 转发器将请求转发到上层 ISP 的 DNS 服务器或无线路由器内设定的 DNS 服务器。

3. 域名解析

（1）什么是域名解析。域名到 IP 地址的解析是由分布在因特网上的许多域名服务器程序共同完成的。域名服务器程序在专设的服务器上运行，通常把运行域名服务器程序的机器称为域名服务器。

域名服务器是一个分布式的提供域名查询服务的数据库，域名解析实质就是在数据库中建立域名和 IP 地址之间联系的过程。只有在数据库中建立了解析记录，其他的客户机才能通过 DNS 服务器查询到与域名相对应的 IP 地址，进而访问目的主机。

（2）域名服务器。域名服务器分为根域名服务器、顶级域名服务器、权限域名服务器和本地域名服务器 4 种，其结构如图 8-0-1 所示。

理论上，所有域名查询都必须先查询根域名，所有的顶级域名和 IP 地址对应关系都保存在 DNS 根区文件中，保存 DNS 根区文件的服务器叫作根域名服务器。

同样，顶级域名服务器保存下设的二级域名和 IP 地址对应关系。而每一个二级域名都设有权限域名服务器，保存了这个域名下所有子域名和主机名对应的 IP 地址。

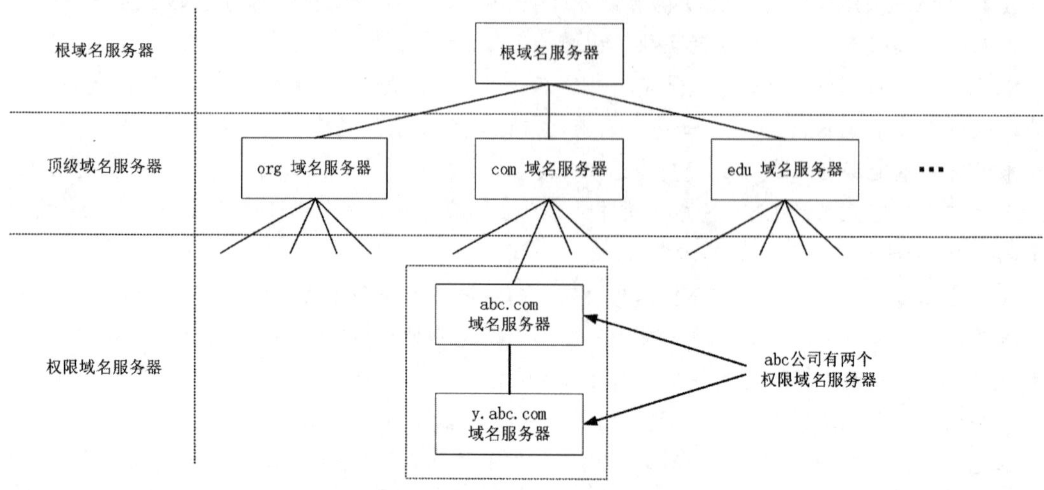

图 8-0-1　树状结构的域名服务器

本地域名服务器并不属于图 8-0-1 所示的域名服务器层次结构，但它对域名系统非常重要。当一个主机发出 DNS 查询请求时，查询请求报文就发送给本地域名服务器，由本地域名服务器做下一步处理。

4. 域名记录类型

（1）NS 记录。名称服务器（Name Server，NS）资源记录定义了该域名由哪个 DNS 服务器负责解析，NS 资源记录定义的服务器称为权限域名服务器。权限域名服务器负责维护和管理所管辖区域中的数据，它被其他服务器或客户端当作权威的来源，为 DNS 客户端提供数据查询，并且能肯定应答区域内所含名称的查询。

（2）SOA 记录。SOA 是 Start of Authority（起始授权机构）的缩写，是主要名称区域文件中必须设定的资源记录，表示创建它的 DNS 服务器是主要名称服务器。SOA 资源记录定义了域名数据的基本信息和属性（更新或过期间隔）。通常应将 SOA 资源记录放在区域文件的第一行或紧跟在 $ttl 选项之后。

（3）A 记录。主机地址（Address，A）资源记录是最常用的记录，定义域名记录对应 IP 地址的信息。

```
dns                    IN   A    192.168.16.15
www.example.com.       IN   A    192.168.16.243
mail.example.com.      IN   A    192.168.16.156
```

在上面的例子中，使用了两种方式定义 A 资源记录：一种是使用相对名称，另一种是使用完全规范域名（Fully Qualified Domain Name，FQDN）。这两种方式只是书写形式不同而已，在使用上没有任何区别。

（4）AAAA 记录。AAAA 记录（AAAA record）是用来定义域名记录对应 IPv6 地址的记录。

用户可以将一个域名记录解析为 IPv6 地址，也可以将子域名解析为 IPv6 地址。

（5）MX 记录。邮件交换器（Mail eXchanger，MX）资源记录指向一个邮件服务器，用于电子邮件系统发邮件时根据收件人邮件地址后缀来定位邮件服务器。例如，当一个邮件要发送到地址 linux@example.com 时，邮件服务器通过 DNS 服务查询 example.com 域名的 MX 资源记录，如果 MX 资源记录存在，邮件就会发送到 MX 资源记录所指向的邮件服务器上。

可以设置多个 MX 资源记录，指明多个邮件服务器，优先级别由 MX 后的 0-99 的数字决定，数字越小，邮件服务器的优先级别越高。优先级别高的邮件服务器是邮件传送的主要对象，当邮件传送给优先级高的邮件服务器失败时，再依次传送给优先级别低的邮件服务器。

由于 MX 资源记录值登记了邮件服务器的域名，而在邮件实际传输时，是通过邮件服务器的 IP 地址进行通信的。因此，邮件服务器还必须在区域文件中有一个 A 资源记录，以指明邮件服务器的 IP 地址，否则会导致传输邮件失败。

（6）PTR 记录。PTR（Pointer Record）指针记录，执行通过 IP 查询域名的解析。原则上，PTR 记录与 A 记录是相匹配的，一条 A 记录对应一条 PTR 记录，两者不匹配或者遗漏 PTR 记录会导致依赖域名的业务系统服务性能降低。

（7）CNAME 记录。别名（Canonical Name，CNAME）资源记录也被称为规范名字资源记录。CNAME 资源记录允许将多个名称映射到同一台计算机上。例如，对于同时提供 Web、Samba 和 BBS 服务的计算机（IP 地址为 192.168.16.9），可以建立一条 A 记录“www.example.com. IN A 192.168.16.9”，并设置两个别名 bbs 和 samba，即建立两条 CNAME 记录“samba IN CNAME www”和“bbs IN CNAME www”，实现不同服务对应不同域名记录，但访问的是同一个 IP 地址。

（8）SRV 记录。SRV 记录的作用是指明某域名下提供的服务，一般应用于 Windows 的域架构。Windows 域架构下，DNS 服务器会用 SRV 记录保存域控制器的名称，并且建立域控制器时会注册 SRV 纪录，否则域控制器和 DNS 服务器互相无法识别。

（9）TXT 记录。TXT 记录指为某个主机名或域名设置的说明。它的重要应用场景之一是设置 SPF 记录，以防止邮件服务器发送的邮件被当作垃圾邮件。

任务一　安装 BIND

【任务介绍】

本任务在 CentOS 上安装 BIND 软件，实现 DNS 服务。

【任务目标】

（1）实现在线安装 BIND。
（2）实现 BIND 服务的启动等管理操作。
（3）实现 BIND 服务状态的查看。

【操作步骤】

步骤 1：创建虚拟机并完成 CentOS 的安装。

在 VirtualBox 中创建虚拟机，完成 CentOS 操作系统的安装。虚拟机与操作系统的配置信息见表 8-1-1，注意虚拟机网卡工作模式为桥接。

表 8-1-1　虚拟机与操作系统配置

虚拟机配置	操作系统配置
虚拟机名称：VM-Project-08-Task-01-10.10.2.120 内存：1024MB CPU：1 颗 1 核心 虚拟硬盘：10GB 网卡：1 块，桥接	主机名：Project-08-Task-01 IP 地址：10.10.2.120 子网掩码：255.255.255.0 网关：10.10.2.1 DNS：8.8.8.8

步骤 2：完成虚拟机的主机配置、网络配置及通信测试。

启动并登录虚拟机，依据表 8-1-1 完成主机名和网络的配置，能够访问互联网和本地主机。

> **提醒**
>
> （1）虚拟机创建、操作系统安装、主机名与网络的配置，具体方法参见项目一。
>
> （2）建议通过虚拟机复制快速创建所需环境。通过复制创建的虚拟机需依据本任务虚拟机与操作系统规划配置信息设置主机名与网络，实现对互联网和本地主机的访问。
>
> （3）本任务需使用 yum 工具在线安装软件，建议将 yum 仓库配置为国内镜像服务以提高在线安装时的速度。

步骤 3：通过在线方式安装 BIND。

操作命令：

```
#使用 yum 工具安装 BIND
[root@Project-08-Task-01 ~]# yum install -y bind
Last metadata expiration check: 1:19:13 ago on Thu 13 Feb 2020 03:06:06 PM CST.
Dependencies resolved.
==========================================================================
Package              Arch          Version                      Repository      Size
==========================================================================
#安装的 BIND 版本、大小等信息
Installing:
bind                 x86_64        32:9.11.4-26.P2.el8          AppStream       2.1 M
#安装的依赖软件信息
Installing dependencies:
bind-libs            x86_64        32:9.11.4-26.P2.el8          AppStream       170 k
bind-libs-lite       x86_64        32:9.11.4-26.P2.el8          AppStream       1.1 M
bind-license         noarch        32:9.11.4-26.P2.el8          AppStream       99 k
```

```

Transaction Summary
================================================================================
Install   4 Packages

#安装 BIND 需要安装 4 个依赖软件，总下载大小为 3.6M，安装后将占用磁盘 8.7M
Total download size: 3.6 M
Installed size: 8.7 M
Downloading Packages:
(1/4): bind-9.11.4-26.P2.el8.x86_64.rpm            2.3 MB/s  | 2.1 MB     00:00
(2/4): bind-libs-9.11.4-26.P2.el8.x86_64.rpm       178 kB/s  |170 kB      00:00
(3/4): bind-license-9.11.4-26.P2.el8.noarch.rpm    1.5 MB/s  |99 kB       00:00
(4/4): bind-libs-lite-9.11.4-26.P2.el8.x86_64.r    1.0 MB/s  |1.1 MB      00:01
--------------------------------------------------------------------------------
Total                                              3.1 MB/s  |3.6 MB      00:01
Running transaction check
Transaction check succeeded.
Running transaction test
Transaction test succeeded.
Running transaction
Preparing:                                                        1/1
Installing: bind-license-32:9.11.4-26.P2.el8.noarch               1/4
#为了排版方便，此处省略了部分提示信息
Verifying: bind-license-32:9.11.4-26.P2.el8.noarch                4/4

#下述信息说明安装 BIND 将会安装以下依赖软件，且已安装成功
Installed:
bind-32:9.11.4-26.P2.el8.x86_64
bind-libs-32:9.11.4-26.P2.el8.x86_64
bind-libs-lite-32:9.11.4-26.P2.el8.x86_64
bind-license-32:9.11.4-26.P2.el8.noarch

Complete!
```

操作命令+配置文件+脚本程序+结束

（1）BIND 除在线安装外，还可以通过 RPM 包进行安装。

（2）BIND 官方网站为 https://www.isc.org/bind，可通过官方网站获取资源。

步骤 4：启动 BIND 服务。

BIND 安装完成后将在 CentOS 中创建名为 named 的服务，该服务并未自动启动。

操作命令：

```
#通过 systemctl start 命令启动 named 服务
[root@Project-08-Task-01 ~]# systemctl start named
```

操作命令+配置文件+脚本程序+结束

如果不出现任何提示，表示 named 服务启动成功。

（1）命令 systemctl stop named，可以停止 named 服务。

（2）命令 systemctl restart named，可以重启 named 服务。

（3）命令 systemctl reload named，可以在不中断 named 服务的情况下重新载入 BIND 配置文件。

步骤 5：查看 BIND 运行信息。

BIND 服务启动后可以通过查看其运行信息进行安装确认。

操作命令：

```
#通过 systemctl  status 命令查看 named 服务状态
[root@Project-08-Task-01 ~]# systemctl status named
● named.service - Berkeley Internet Name Domain (DNS)
   #服务位置：是否设置开机自启动
   Loaded: loaded (/usr/lib/systemd/system/named.service; disabled; vendor pres>
   #BIND 的活跃状态，结果值为 active 表示活跃；inactive 表示不活跃
   Active: active (running) since Thu 2020-02-13 16:55:37 CST; 2min 57s ago
  Process: 21810 ExecStart=/usr/sbin/named -u named -c ${NAMEDCONF} $OPTIONS (c>
  Process: 21806 ExecStartPre=/bin/bash -c if [ ! "$DISABLE_ZONE_CHECKING" == ">
 #主进程 ID 为：21811
 Main PID: 21811 (named)
    #任务数（最大限制数为：11099）
    Tasks: 5 (limit: 11099)
   #占用内存大小为：54.1M
   Memory: 54.1M
   #BIND 的所有子进程
   CGroup: /system.slice/named.service
           └─21811 /usr/sbin/named -u named -c /etc/named.conf

#BIND 操作日志
Feb 13 16:55:37 Project-08-Task-01 named[21811]: network unreachable resolving >
#为了排版方便，此处省略了部分提示信息
Feb 13 16:55:47 Project-08-Task-01 named[21811]: resolver priming query complete
lines 1-21/21 (END)
```

操作命令+配置文件+脚本程序+结束

查看模式下，可以键入 q 退出查看。

步骤 6：配置 named 服务为开机自启动。

为了使业务更快的恢复，通常会将重要的服务或应用设置为操作系统开机自启动。为使 DNS 服务器在操作系统重启后自动提供服务，需要把 named 服务配置为开机自启动。

操作命令：

```
#命令 systemctl  enable 可设置某服务为开机自启动
#命令 systemctl  disable 可设置某服务为开机不自动启动
[root@Project-08-Task-01  ~]#  systemctl  enable  named
Created  symlink  /etc/systemd/system/multi-user.target.wants/named.service  →  /usr/lib/systemd/system/named.service.
#通过 systemctl  list-unit-files 命令确认 named 服务是否已配置为开机自启动
[root@Project-08-Task-01  ~]#  systemctl  list-unit-files  |  grep  named.service
named.service                                   enabled
systemd-hostnamed.service                       static
```

操作命令+配置文件+脚本程序+结束

任务二　使用 BIND 实现 DNS 查询服务

操作视频

【任务介绍】

本任务通过 BIND 实现 DNS 查询服务，并进行服务测试。

本任务在任务一的基础上进行。

【任务目标】

（1）实现 DNS 查询服务。

（2）实现 DNS 查询服务的测试。

【操作步骤】

步骤 1：实现 DNS 查询服务配置。

为了实现 DNS 查询服务，需要修改 BIND 的配置文件 named.conf。建议所有配置文件在修改前先备份，以便出现编辑错误时能够快速恢复。

操作命令：

```
#使用 cp 命令备份 named.conf 文件
[root@Project-08-Task-01  ~]#  cp  /etc/named.conf  /etc/named.conf.bak1
#使用 vi 工具编辑 named.conf 文件
[root@Project-08-Task-01  ~]#  vi  /etc/named.conf
```

操作命令+配置文件+脚本程序+结束

使用 vi 工具编辑 named.conf 配置文件，在配置文件中修改监听地址和授权访问范围的配置信息，编辑后的配置文件信息如下所示。

配置文件：/etc/named.conf

```
#named.conf 配置文件内容较多，本部分仅显示与 DNS 查询配置有关的内容
```

```
options {
#修改监听地址为服务器 IP
#IPv4 的监听地址
listen-on port 53 {10.10.2.120; };
#IPv6 的监听地址
listen-on-v6 port 53 { ::1; };
#定义区域文件存储目录
directory          "/var/named";
#定义本域名服务器在收到 rndc dump 命令时，转存数据的文件路径
dump-file          "/var/named/data/cache_dump.db";
#定义本域名服务器在收到 rndc stats 命令时，追加统计数据的文件路径
statistics-file "/var/named/data/named_stats.txt";
#定义本域名服务器在退出时，将内存统计写到文件的路径
memstatistics-file "/var/named/data/named_mem_stats.txt";
#定义本域名服务器在收到 rndc secroots 命令时，转存安全根的文件路径
secroots-file     "/var/named/data/named.secroots";
#定义本域名服务器在收到 rndc recursing 命令时，转存当前递归请求的文件路径
recursing-file    "/var/named/data/named.recursing";
#修改授权访问范围为允许所有地址可以访问
#定义哪些主机可以进行 DNS 查询
allow-query     {any; };
};
```

操作命令+配置文件+脚本程序+结束

步骤 2：重新载入 BIND 的配置文件。

配置完成后，重新载入配置文件使其生效。CentOS 默认开启防火墙，为使 DNS 能正常对外提供服务，本任务暂时关闭防火墙等安全措施。

操作命令：

```
#使用 systemctl reload 命令重新载入 named 服务
[root@Project-08-Task-01 ~]# systemctl reload named
#使用 systemctl stop 命令关闭防火墙
[root@Project-08-Task-01 ~]# systemctl stop firewalld
#使用 setenforce 命令将 SELinux 设置为 permissive 模式
[root@Project-08-Task-01 ~]# setenforce 0
```

操作命令+配置文件+脚本程序+结束

步骤 3：在服务器上安装 DNS 测试工具 dig。

dig 工具是进行 DNS 测试的常用工具，本任务使用 yum 工具安装 dig，开展 DNS 测试。

操作命令：

```
#使用 yum 工具安装 dig
[root@Project-08-Task-01 ~]# yum install -y bind-utils
CentOS-8 – AppStream                                  3.7 kB/s  | 4.3 kB     00:01
CentOS-8 – Base                                       51 kB/s   | 3.8 kB     00:00
CentOS-8 – Extras                                     26 kB/s   | 1.5 kB     00:00
```

```
Dependencies resolved.
================================================================================
Package            Arch        Version                 Repository     Size
================================================================================
#安装的 dig 版本、大小等信息
Installing:
bind-utils         x86_64      32:9.11.4-26.P2.el8     AppStream      436 k
#安装的依赖软件信息
Installing dependencies:
python3-bind       noarch      32:9.11.4-26.P2.el8     AppStream      146 k

Transaction Summary
================================================================================
Install  2 Packages

#安装 dig 需要安装 2 个依赖软件，总下载大小为 582k，安装后将占用磁盘 1.5M
Total download size: 582 k
Installed size: 1.5 M
Downloading Packages:
(1/2): python3-bind-9.11.4-26.P2.el8.noarch.rpm      575 kB/s | 146 kB     00:00
(2/2): bind-utils-9.11.4-26.P2.el8.x86_64.rpm        1.6 MB/s | 436 kB     00:00
--------------------------------------------------------------------------------
Total                                                2.0 MB/s | 582 kB     00:00
Running transaction check
Transaction check succeeded.
Running transaction test
Transaction test succeeded.
Running transaction
Preparing:                                                        1/1
Installing: python3-bind-32:9.11.4-26.P2.el8.noarch               1/2
Installing: bind-utils-32:9.11.4-26.P2.el8.x86_64                 2/2
Running scriptlet : bind-utils-32:9.11.4-26.P2.el8.x86_64         2/2
Verifying: bind-utils-32:9.11.4-26.P2.el8.x86_64                  1/2
Verifying: python3-bind-32:9.11.4-26.P2.el8.noarch                2/2

#下述信息说明安装 dig 将会安装以下依赖软件，且已安装成功
Installed:
bind-utils-32:9.11.4-26.P2.el8.x86_64 python3-bind-32:9.11.4-26.P2.el8.noarch

Complete!
```

操作命令+配置文件+脚本程序+结束

步骤 4：DNS 查询测试。

DNS 查询服务的测试包括两个方面内容：一是在服务器上使用 dig 工具进行 DNS 查询服务的测试，以验证 DNS 查询服务的正确性。二是在本地主机使用 Windows 操作系统内置的 nslookup

工具进行 DNS 查询服务的测试，以验证 DNS 查询服务的可用性。

操作命令：

```
#测试域名 baidu.com 的 A 记录解析
[root@Project-08-Task-01 ~]# dig -t A www.baidu.com @10.10.2.120
#dig 的版本号和要查询的域名
; <<>> DiG 9.11.4-P2-RedHat-9.11.4-26.P2.el8 <<>> -t A www.baidu.com
#表示可以在命令后面加选项，默认情况下显示注释
;; global options: +cmd
#以下是返回信息的内容
;; Got answer:
#返回信息的头部，总计有 1 条查询内容，4 条应答内容，13 条授权域名，27 条附加内容
;; ->>HEADER<<- opcode: QUERY, status: NOERROR, id: 29402
;; flags: qr rd ra; QUERY: 1, ANSWER: 4, AUTHORITY: 13, ADDITIONAL: 27
;; OPT PSEUDOSECTION:
; EDNS: version: 0, flags:; udp: 4096
; COOKIE: 5b5b4d695823da0c5577361d5e455add890c2f38bd8ecb7a (good)
#查询内容
;; QUESTION SECTION:
;www.baidu.com.                  IN    A
#下述查询出的 4 条应答内容和 13 条权威域名表示查询成功
#应答内容
;; ANSWER SECTION:
www.baidu.com.        423        IN    CNAME    www.a.shifen.com.
www.a.shifen.com.     286        IN    CNAME    www.wshifen.com.
www.wshifen.com.      30         IN    A        104.193.88.77
www.wshifen.com.      30         IN    A        104.193.88.123
#权威域名
;; AUTHORITY SECTION:
.                     23278      IN    NS       g.root-servers.net.
#为了排版方便，此处省略了部分提示信息
.                     23278      IN    NS       l.root-servers.net.
#附加内容
;; ADDITIONAL SECTION:
a.root-servers.net.   95610      IN    A        198.41.0.4
#为了排版方便，此处省略了部分提示信息
m.root-servers.net.   95610      IN    AAAA     2001:dc3::35
#查询耗时
;; Query time: 833 msec
#所使用 DNS 服务器地址和端口
```

```
;; SERVER: 10.10.2.120#53(10.10.2.120)
#查询时间
;; WHEN: Thu Feb 13 22:19:09 CST 2020
#应答大小
;; MSG SIZE  rcvd: 932
```

操作命令+配置文件+脚本程序+结束

操作命令：

```
#测试域名 domain.com 的 A 记录解析
#下述操作在本地主机 Windows 系统中操作，在 Windows 命令提示符窗体下进行
C:\Users\Administrator>nslookup  www.baidu.com  10.10.2.120
服务器:  UnKnown
Address:  10.10.2.120

#下述查询出的 2 条 IP 记录表示查询成功
非权威应答:
名称:    www.a.shifen.com
Addresses:  182.61.200.6
182.61.200.7
Aliases:  www.baidu.com
```

操作命令+配置文件+脚本程序+结束

（1）DNS 服务器在初次获取到某个域名解析结果后，会将这些信息缓存在服务器上一段时间。用户下次查询时，直接从缓存中获取数据。

（2）通过缓存减少了向上级域名服务器发送查询请求的频次，提升了解析效率，降低了流量和服务器负载压力。

任务三　使用 BIND 实现域名解析服务

操作视频

【任务介绍】

本任务通过 BIND 实现域名解析服务，并实现域名解析服务的测试。

本任务在任务一、任务二的基础上进行。

【任务目标】

（1）实现域名解析服务。

（2）实现域名解析服务的测试。

【任务设计】

本任务实现域名解析服务，规划的域名与域名记录见表 8-3-1～表 8-3-3。

表 8-3-1　域名规划表

域名	缓存有效期	SOA	
domain.com	1 天	权威域名	ns.domain.com.
		管理员邮箱	root.domain.com.
		版本号（serial）	0
		主辅同步周期（refresh）	1 天
		主辅同步重试间隔（retry）	1 小时
		同步数据存活期（expire）	1 周
		最小缓存有效期（minimum）	3 小时
demo.cn	1 天	权威域名	ns.demo.cn.
		管理员邮箱	root.demo.cnd.
		版本号（serial）	0
		主辅同步周期（refresh）	1 天
		主辅同步重试间隔（retry）	1 小时
		同步数据存活期（expire）	1 周
		最小缓存有效期（minimum）	3 小时

表 8-3-2　domain.com 记录规划表

记录类型	记录值	解析地址
NS	ns.domain.com	
MX	mail.domain.com	
A	ns.domain.com	10.10.2.120
A	mail.domain.com	10.10.3.200
A	www.domain.com	10.10.3.200
A	ftp.domain.com	10.10.3.200
AAAA	www.domain.com	1080::8:800:200C:417A
CNAME	web.domain.com	www.domain.com

表 8-3-3　demo.cn 记录规划表

记录类型	记录值	解析地址
NS	emodemo.cn	
MX	mail.demo.cn	
A	ns.demo.cn	10.10.2.120
A	mail.demo.cn	10.10.4.200

续表

记录类型	记录值	解析地址
A	www.demo.cn	10.10.4.200
A	ftp.demo.cn	10.10.4.200
AAAA	www.demo.cn	FF60:0:0:0610:BC:0:0:05D7
CNAME	web.demo.cn	www.demo.cn

表 8-3-1、表 8-3-2、表 8-3-3 解析地址中的 IP 地址需根据实际情况进行调整。

【操作步骤】

步骤 1：实现域名解析服务配置。

本步骤在任务二实现的 DNS 服务器上操作。

为了实现域名解析，需要修改 BIND 的配置文件 named.conf。使用 vi 工具编辑 named.conf 配置文件，在配置文件中的末尾增加正向解析和反向解析的配置信息，编辑后的配置文件信息如下所示。

配置文件：/etc/named.conf

```
#named.conf 配置文件内容较多，本部分仅显示与域名解析配置有关的内容
#设置 domain.com 正向解析
zone "domain.com" IN {
type master;
file "domain.com.zone";
allow-update { none; };
};
#设置 domain.com 反向解析
zone "3.10.10.in-addr.arpa" IN {
type master;
file "10.10.3.zone";
allow-update { none; };
};
#设置 demo.cn 正向解析
zone "demo.cn" IN {
type master;
file "demo.cn.zone";
allow-update { none; };
};
#设置 demo.cn 反向解析
zone "4.10.10.in-addr.arpa" IN {
type master;
file "10.10.4.zone";
```

```
allow-update { none; };
};
```

操作命令+配置文件+脚本程序+结束

步骤 2：实现 domain.com 域名和记录的配置。

依据“任务设计”的内容，实现 domain.com 域名配置文件的创建，并完成域名和记录的配置。

（1）域名 domain.com 的正向解析区域配置文件。在/var/named 目录下创建文件 domain.com.zone，作为域名 domain.com 的正向解析区域配置文件，编辑该文件完成域名和记录的配置。

操作命令：

```
#拷贝 named.localhost 模板文件为 domain.com.zone 配置文件
[root@Project-08-Task-01 ~]# cp /var/named/named.localhost /var/named/domain.com.zone
#配置 domain.com.zone 文件的属主与属组
[root@Project-08-Task-01 ~]# chown named.named /var/named/domain.com.zone
#配置 domain.com.zone 文件的权限为 640
[root@Project-08-Task-01 ~]# chmod 640 /var/named/domain.com.zone
#使用 vi 工具编辑 domain.com.zone 文件
[root@Project-08-Task-01 ~]# vi /var/named/domain.com.zone
```

操作命令+配置文件+脚本程序+结束

使用 vi 工具编辑配置文件，完成域名和记录信息的填写，编辑后的配置文件信息如下所示。

配置文件：/var/named/domain.com.zone

```
; 定义从本域名服务器查询的记录，在客户端缓存有效期为 1 天
$TTL 1D
; 设置起始授权机构的权威域名和管理员邮箱
@        IN     SOA        ns.domain.com. root.domain.com. (
                          ; 定义本配置文件的版本号为 0，该值在同步辅域名服务器时使用
         0           ; serial
                          ; 定义本域名服务器与辅域名服务器同步的时间周期为 1 天
         1D          ; refresh
                          ; 定义辅域名服务器更新失败时，重试间隔时间为 1 小时
                 1H        ; retry
                          ; 定义辅域名服务器从本域名服务器同步的数据，存活期为 1 周
                 1W        ; expire
                          ; 定义从本域名服务器查询的记录，在客户端缓存有效期为 3 小时
                          ; 如果第一行没有定义$TTL，则使用该值
                 3H    )   ; minimum
; NS 记录
@        IN     NS         ns.domain.com.
; MX 记录
@        IN     MX  10     mail.domain.com.
; A 记录
ns       IN     A          10.10.2.120
```

```
mail     IN     A          10.10.3.200
www      IN     A          10.10.3.200
ftp      IN     A          10.10.3.200
; AAAA 记录
www      IN     AAAA       1080::8:800:200C:417A
; CNAME 记录
web      IN     CNAME      www.domain.com.
```

操作命令+配置文件+脚本程序+结束

（2）域名 domain.com 的反向解析区域配置文件。在/var/named 目录下创建文件 10.10.3.zone，作为域名 domain.com 反向解析区域配置文件，编辑该文件填写域名和记录的配置信息。

操作命令：

```
#拷贝 named.loopback 模板文件为 10.10.3.zone 配置文件
[root@Project-08-Task-01 ~]# cp /var/named/named.loopback /var/named/10.10.3.zone
#配置 10.10.3.zone 文件的属主与属组
[root@Project-08-Task-01 ~]# chown named.named /var/named/10.10.3.zone
#配置 10.10.3.zone 文件的权限为 640
[root@Project-08-Task-01 ~]# chmod 640 /var/named/10.10.3.zone
#使用 vi 工具编辑 10.10.3.zone 文件
[root@Project-08-Task-01 ~]# vi /var/named/10.10.3.zone
```

操作命令+配置文件+脚本程序+结束

使用 vi 工具编辑配置文件，完成域名和记录信息的填写，编辑后的配置文件信息如下所示。

配置文件：/var/named/10.10.3.zone

```
; 定义从本域名服务器查询的记录，在客户端缓存有效期为 1 天
$TTL 1D
; 设置起始授权机构的权威域名和管理员邮箱
@    IN   SOA       ns.domain.com. root.domain.com. (
                    ; 定义本配置文件的版本号为 0，该值在同步辅域名服务器时使用
     0          ; serial
                    ; 定义本域名服务器与辅域名服务器同步的时间周期为 1 天
     1D         ; refresh
                    ; 定义辅域名服务器更新失败时，重试间隔时间为 1 小时
     1H         ; retry
                    ; 定义辅域名服务器从本域名服务器同步的数据，存活期为 1 周
     1W         ; expire
                    ; 定义从本域名服务器查询的记录，在客户端缓存有效期为 3 小时
                    ; 如果第一行没有定义$TTL，则使用该值
     3H   )     ; minimum
; NS 记录
@     IN       NS       ns.domain.com.
; PTR 记录
120   IN       PTR      ns.domain.com.
200   IN       PTR      mail.domain.com.
```

操作命令+配置文件+脚本程序+结束

步骤 3：实现 demo.cn 域名和记录的配置。

依据“任务设计”的内容，实现 demo.cn 域名配置文件的创建，并完成域名和记录的配置。

（1）demo.cn 的域名正向解析区域配置文件。在/var/named 目录下创建文件 demo.cn.zone，作为域名 demo.cn 正向解析区域配置文件，编辑该文件填写域名和记录的配置信息。

操作命令：

```
#拷贝 named.localhost 模板文件为 demo.cn.zone 配置文件
[root@Project-08-Task-01 ~]# cp /var/named/named.localhost /var/named/demo.cn.zone
#配置 demo.cn.zone 文件的属主与属组
[root@Project-08-Task-01 ~]# chown named.named /var/named/demo.cn.zone
#配置 demo.cn.zone 文件的权限为 640
[root@Project-08-Task-01 ~]# chmod 640 /var/named/demo.cn.zone
#使用 vi 工具编辑 demo.cn.zone 文件
[root@Project-08-Task-01 ~]# vi /var/named/demo.cn.zone
```

操作命令+配置文件+脚本程序+结束

使用 vi 工具编辑配置文件，完成域名和记录信息的填写，编辑后的配置文件信息如下所示。

配置文件：/var/named/demo.cn.zone

```
；定义从本域名服务器查询的记录，在客户端缓存有效期为 1 天
$TTL 1D
；设置起始授权机构的权威域名和管理员邮箱
@       IN      SOA     ns.demo.cn. root.demo.cn. (
                        ；定义本配置文件的版本号为 0，该值在同步辅域名服务器时使用
                0       ; serial
                        ；定义本域名服务器与辅域名服务器同步的时间周期为 1 天
                1D      ; refresh
                        ；定义辅域名服务器更新失败时，重试间隔时间为 1 小时
                1H      ; retry
                        ；定义辅域名服务器从本域名服务器同步的数据，存活期为 1 周
                1W      ; expire
                        ；定义从本域名服务器查询的记录，在客户端缓存有效期为 3 小时
                        ；如果第一行没有定义$TTL，则使用该值
                3H )    ; minimum
；NS 记录
@       IN      NS      ns.demo.cn.
；MX 记录
@       IN      MX 10   mail.demo.cn.
；A 记录
ns      IN      A       10.10.2.120
mail    IN      A       10.10.4.200
www     IN      A       10.10.4.200
ftp     IN      A       10.10.4.200
；AAAA 记录
www     IN      AAAA    FF60:0:0:0610:BC:0:0:05D7
```

```
; CNAME 记录
web        IN        CNAME      www.demo.cn.
```

操作命令+配置文件+脚本程序+结束

（2）demo.cn 的域名反向解析区域配置文件。在/var/named 目录下创建文件 10.10.4.zone，作为域名 demo.cn 反向解析区域配置文件，编辑该文件填写域名和记录的配置信息。

操作命令：

```
#拷贝 named.loopback 模板文件为 10.10.4.zone 配置文件
[root@Project-08-Task-01 ~]# cp /var/named/named.loopback /var/named/10.10.4.zone
#配置 10.10.4.zone 文件的属主与属组
[root@Project-08-Task-01 ~]# chown named.named /var/named/10.10.4.zone
#配置 10.10.4.zone 文件的权限为 640
[root@Project-08-Task-01 ~]# chmod 640 /var/named/10.10.4.zone
#使用 vi 工具编辑 10.10.4.zone 文件
[root@Project-08-Task-01 ~]# vi /var/named/10.10.4.zone
```

操作命令+配置文件+脚本程序+结束

使用 vi 工具编辑配置文件，完成域名和记录信息的填写，编辑后的配置文件信息如下所示。

配置文件：/var/named/10.10.4.zone

```
; 定义从本域名服务器查询的记录，在客户端缓存有效期为 1 天
$TTL 1D
; 设置起始授权机构的权威域名和管理员邮箱
@        IN    SOA      ns.demo.cn. root.demo.cn. (
                        ; 定义本配置文件的版本号为 0，该值在同步辅域名服务器时使用
                        0         ; serial
                        ; 定义本域名服务器与辅域名服务器同步的时间周期为 1 天
                        1D        ; refresh
                        ; 定义辅域名服务器更新失败时，重试间隔时间为 1 小时
                        1H        ; retry
                        ; 定义辅域名服务器从本域名服务器同步的数据，存活期为 1 周
1W        ; expire
                        ; 定义从本域名服务器查询的记录，在客户端缓存有效期为 3 小时
                        ; 如果第一行没有定义$TTL，则使用该值
3H  )     ; minimum
; NS 记录
@        IN        NS        ns.demo.cn.
; PTR 记录
120      IN        PTR       ns.demo.cn.
200      IN        PTR       mail.demo.cn.
```

操作命令+配置文件+脚本程序+结束

步骤 4：校验并重新载入 BIND 配置文件。

为避免配置文件内容错误造成服务无法启动，配置文件撰写完成后，应使用 BIND 内置的 named-checkconf 工具对主配置文件进行正确性校验，使用 BIND 内置的 named-checkzone 工具对区

域配置文件进行正确性校验。

操作命令：

```
#对主配置文件进行正确性校验
[root@Project-08-Task-01 ~]# named-checkconf /etc/named.conf
#对域名 domain.com 的正向域名区域配置文件进行正确性校验
[root@Project-08-Task-01 ~]# named-checkzone domain.com /var/named/domain.com.zone
zone domain.com/IN: loaded serial 0
OK
#对域名 domain.com 的反向域名区域配置文件进行正确性校验
[root@Project-08-Task-01 ~]# named-checkzone 3.10.10.in-addr.arpa /var/named/10.10.3.zone
zone 3.10.10.in-addr.arpa/IN: loaded serial 0
OK
#对域名 demo.cn 的正向域名区域配置文件进行正确性校验
[root@Project-08-Task-01 ~]# named-checkzone demo.cn /var/named/demo.cn.zone
zone demo.cn/IN: loaded serial 0
OK
#对域名 demo.cn 的反向域名区域配置文件进行正确性校验
[root@Project-08-Task-01 ~]# named-checkzone 4.10.10.in-addr.arpa /var/named/10.10.4.zone
zone 4.10.10.in-addr.arpa/IN: loaded serial 0
OK
```

操作命令+配置文件+脚本程序+结束

（1）出现 OK 字样，说明校验通过。

（2）出现错误信息，应根据错误提示修订配置文件，直至校验通过。

校验通过后，通过 systemctl reload 命令重新载入配置文件使其生效。

操作命令：

```
#通过 systemctl  reload 命令重新载入 named 服务
[root@Project-08-Task-01  ~]#  systemctl  reload  named
```

操作命令+配置文件+脚本程序+结束

步骤 5：在服务器上测试域名解析服务。

使用 dig 工具，在 DNS 服务器上进行域名解析服务的正确性测试。

测试结果见表 8-3-4。

表 8-3-4　域名解析服务测试结果

序号	测试命令	预期结果	测试是否通过
1	dig www.domain.com @10.10.2.120	10.10.3.200	√
2	dig -t NS domain.com @10.10.2.120	ns.domain.com.	√
3	dig -t MX domain.com @10.10.2.120	mail.domain.com.	√

续表

序号	测试命令	预期结果	测试是否通过
4	dig -t AAAA www.domain.com @10.10.2.120	1080::8:800:200c:417a	√
5	dig -t CNAME web.domain.com @10.10.2.120	www.domain.com.	√
6	dig -x 10.10.3.200 @10.10.2.120	mail.domain.com.	√

步骤 6：在本地主机测试域名解析服务。

在本地主机上操作，使用 Windows 命令提示符窗体下的 nslookup 工具，进行域名解析服务的可用性测试。

测试结果见表 8-3-5。

表 8-3-5 域名解析服务测试结果

序号	测试命令	预期结果	测试是否通过
1	nslookup www.domain.com10.10.2.120	1080::8:800:200c:417a 10.10.3.200	√
2	nslookup -q=NS domain.com 10.10.2.120	ns.domain.com	√
3	nslookup -q=MX domain.com 10.10.2.120	mail.domain.com	√
4	nslookup -q=AAAA www.domain.com 10.10.2.120	1080::8:800:200c:417a	√
5	nslookup -q=CNAME web.domain.com 10.10.2.120	www.domain.com	√
6	nslookup -qt=PTR 10.10.3.200 10.10.2.120	mail.domain.com	√

（1）域名解析测试工具 dig 的使用方法，参见本项目的任务二。

（2）域名解析测试工具 nslookup 的使用方法，参见本项目的任务二。

任务四 使用 BIND 实现智能解析

操作视频

执行脚本

【任务介绍】

本任务通过 BIND 的 view 功能，实现基于请求来源 IP 地址的智能解析。

本任务在任务一的基础上进行。

【任务目标】

（1）实现 BIND 的 view 配置。

（2）实现域名智能解析服务。

（3）实现域名智能解析服务的测试。

【任务设计】

本任务通过 BIND 的 view 功能提供域名智能解析服务，功能满足下述要求。

（1）提供 domain.com 域名解析服务。

（2）当域名解析请求来自特定网络范围 10.10.2.0/26 时，域名 domain.com 执行特定区域的解析结果，见表 8-4-1。

（3）当域名解析请求不是来自于特定网络范围时，域名 domain.com 执行通用区域的解析结果，见表 8-4-1。

表 8-4-1 域名解析规划表

序号	domain.com 记录	记录类型	特定区域解析结果	通用区域解析结果
1	ns.domain.com	NS	10.10.2.120	10.10.2.120
2	www.domain.com	A	10.10.3.200	10.10.4.200
3	ftp.domain.com	A	10.10.3.201	10.10.4.201

域名智能解析服务采用 1 台 DNS 服务器实现，通过 2 台主机实现智能解析服务的测试，服务器和测试主机的地址规划信息见表 8-4-2。

表 8-4-2 地址规划信息表

序号	主机	网络配置	用途
1	DNS 服务器	10.10.2.120	域名解析服务器
2	主机 A	10.10.2.121	域名解析测试
3	本地主机	10.10.2.10	域名解析测试

表 8-4-1 中的 IP 地址需根据实际情况进行调整。

【操作步骤】

步骤 1：安装 BIND。

参考本项目的任务一，完成 BIND 的安装与服务配置。

步骤 2：使用 BIND 实现 DNS 的查询服务。

参考本项目的任务二，实现 DNS 查询服务。

步骤 3：实现智能域名解析服务配置。

为了实现智能域名解析服务，需要修改 BIND 的配置文件 named.conf。使用 vi 工具编辑 named.conf 配置文件，删除默认的区域配置信息，完成域名和记录信息的填写。编辑后的配置文件信息如下所示。

配置文件：/etc/named.conf

```
#named.conf 配置文件内容较多，本部分仅显示需删除的内容
#zone "." IN {
#           type hint;
#           file "named.ca";
#};
#include "/etc/named.rfc1912.zones";
#named.conf 配置文件内容较多，本部分仅显示与域名解析配置有关的内容

#特定区域的定义
view "area" {
      match-clients{10.10.2.0/26;};
      zone "." IN {
            type hint;
            file "named.ca";
      };
      zone "domain.com" IN {
            type master;
            file "com-domain-area";
            allow-update {none;};
      };
      zone "3.10.10.in-addr.arpa" IN {
            type master;
            file "10.10.3.area";
      };
};

#通用区域的定义
view "common" {
      match-clients{any;};
      zone "." IN {
            type hint;
            file "named.ca";
      };
      zone "domain.com" IN {
            type master;
            file "com-domain-common";
            allow-update {none;};
      };
      zone "4.10.10.in-addr.arpa" IN {
            type master;
            file "10.10.4.common";
      };
};
```

操作命令+配置文件+脚本程序+结束

小贴士

（1）视图的优先级是按先后顺序确定，排在前的视图优先级高，如在前面视图中找到符合条件的解析结果，后面视图将不再查找。

（2）视图中的域名记录配置信息，仅对来自于视图定义范围内的域名解析请求起效。

步骤 4： 配置特定区域域名记录。

（1）正向区域配置文件 com-domain-area。在/var/named 目录下创建文件 com-domain-area，作为视图 area 的正向解析区域配置文件，编辑该文件填写域名和记录的配置信息。

操作命令：

```
#拷贝 named.localhost 模板文件为 com-domain-area 配置文件
[root@Project-08-Task-01 ~]# cp /var/named/named.localhost /var/named/com-domain-area
#配置 com-domain-area 文件的属主与属组
[root@Project-08-Task-01 ~]# chown named.named /var/named/com-domain-area
#配置 com-domain-area 文件的权限为 640
[root@Project-08-Task-01 ~]# chmod 640 /var/named/com-domain-area
#使用 vi 工具编辑 com-domain-area 文件
[root@Project-08-Task-01 ~]# vi /var/named/com-domain-area
```

操作命令+配置文件+脚本程序+结束

使用 vi 工具编辑配置文件，完成域名和记录信息的填写，编辑后的配置文件信息如下所示。

配置文件：/var/named/com-domain-area

```
; 定义从本域名服务器查询的记录，在客户端缓存有效期为 1 天
$TTL 1D
; 设置起始授权机构的权威域名和管理员邮箱
@       IN    SOA     ns.domain.com. root.domain.com. (
                      ; 定义本配置文件的版本号为 0，该值在同步辅域名服务器时使用
                      0         ; serial
                      ; 定义本域名服务器与辅域名服务器同步的时间周期为 1 天
                      1D        ; refresh
                      ; 定义辅域名服务器更新失败时，重试间隔时间为 1 小时
                      1H        ; retry
                      ; 定义辅域名服务器从本域名服务器同步的数据，存活期为 1 周
                      1W        ; expire
                      ; 定义从本域名服务器查询的记录，在客户端缓存有效期为 3 小时
                      ; 如果第一行没有定义$TTL，则使用该值
                      3H  )     ; minimum
; NS 记录
@       IN     NS     ns.domain.com.
; A 记录
ns      IN     A      10.10.2.120
www     IN     A      10.10.3.200
ftp     IN     A      10.10.3.200
```

操作命令+配置文件+脚本程序+结束

（2）反向区域配置文件 10.10.3.area。在/var/named 目录下创建文件 10.10.3.area，作为视图 area 反向解析区域配置文件，编辑该文件填写域名和记录的配置信息。

操作命令：

```
#拷贝 named.loopback 模板文件为 10.10.3.area 配置文件
[root@Project-08-Task-01 ~]# cp /var/named/named.loopback /var/named/10.10.3.area
#配置 10.10.3.area 文件的属主与属组
[root@Project-08-Task-01 ~]# chown named.named /var/named/10.10.3.area
#配置 10.10.3.area 文件的权限为 640
[root@Project-08-Task-01 ~]# chmod 640 /var/named/10.10.3.area
#使用 vi 工具编辑 10.10.3.area 文件
[root@Project-08-Task-01 ~]# vi /var/named/10.10.3.area
```

操作命令+配置文件+脚本程序+结束

使用 vi 工具编辑配置文件，完成域名和记录信息的填写，编辑后的配置文件信息如下所示。

配置文件：/var/named/10.10.3.area

```
；定义从本域名服务器查询的记录，在客户端缓存有效期为 1 天
$TTL 1D
；设置起始授权机构的权威域名和管理员邮箱
@        IN    SOA      ns.domain.com. root.domain.com. (
                        ；定义本配置文件的版本号为 0，该值在同步辅域名服务器时使用
                        0          ; serial
                        ；定义本域名服务器与辅域名服务器同步的时间周期为 1 天
                        1D         ; refresh
                        ；定义辅域名服务器更新失败时，重试间隔时间为 1 小时
                        1H         ; retry
                        ；定义辅域名服务器从本域名服务器同步的数据，存活期为 1 周
1W        ; expire
                        ；定义从本域名服务器查询的记录，在客户端缓存有效期为 3 小时
                        ；如果第一行没有定义$TTL，则使用该值
3H  )     ; minimum
；NS 记录
@        IN      NS      ns.domain.com.
；PTR 记录
120      IN      PTR     ns.domain.com.
200      IN      PTR     www.domain.com.
200      IN      PTR     ftp.domain.com.
```

操作命令+配置文件+脚本程序+结束

步骤 5：配置通用区域域名记录。

（1）正向区域配置文件 com-domain-common。在/var/named 目录下创建文件 com-domain-common，作为视图 common 正向解析区域配置文件，编辑该文件填写域名和记录的配置信息。

操作命令：

```
#拷贝 named.localhost 模板文件为 com-domain-common 配置文件
[root@Project-08-Task-01 ~]# cp /var/named/named.localhost /var/named/com-domain-common
#配置 com-domain-common 文件的属主与属组
[root@Project-08-Task-01 ~]# chown named.named /var/named/com-domain-common
#配置 com-domain-common 文件的权限为 640
[root@Project-08-Task-01 ~]# chmod 640 /var/named/com-domain-common
#使用 vi 工具编辑 com-domain-common 文件
[root@Project-08-Task-01 ~]# vi /var/named/com-domain-common
```

操作命令+配置文件+脚本程序+结束

使用 vi 工具编辑配置文件，完成域名和记录信息的填写，编辑后的配置文件信息如下所示。

配置文件：/var/named/com-domain-common

```
; 定义从本域名服务器查询的记录，在客户端缓存有效期为 1 天
$TTL 1D
; 设置起始授权机构的权威域名和管理员邮箱
@         IN    SOA       ns.domain.com.  root.domain.com. (
                          ; 定义本配置文件的版本号为 0，该值在同步辅域名服务器时使用
                          0          ; serial
                          ; 定义本域名服务器与辅域名服务器同步的时间周期为 1 天
                          1D         ; refresh
                          ; 定义辅域名服务器更新失败时，重试间隔时间为 1 小时
                          1H         ; retry
                          ; 定义辅域名服务器从本域名服务器同步的数据，存活期为 1 周
                          1W         ; expire
                          ; 定义从本域名服务器查询的记录，在客户端缓存有效期为 3 小时
                          ; 如果第一行没有定义$TTL，则使用该值
                          3H   )     ; minimum
; NS 记录
@         IN      NS        ns.domain.com.
; A 记录
ns        IN      A         10.10.2.120
www       IN      A         10.10.4.200
ftp       IN      A         10.10.4.200
```

操作命令+配置文件+脚本程序+结束

（2）反向区域配置文件 10.10.4.common。在/var/named 目录下创建文件 10.10.4.common，作为视图 common 反向解析区域配置文件，编辑该文件填写域名和记录的配置信息。

操作命令：

```
#拷贝 named.loopback 模板文件为 10.10.4.common 配置文件
[root@Project-08-Task-01 ~]# cp /var/named/named.loopback /var/named/10.10.4.common
#配置 10.10.4.common 文件的属主与属组
[root@Project-08-Task-01 ~]# chown named.named /var/named/10.10.4.common
#配置 10.10.4.common 文件的权限为 640
```

```
[root@Project-08-Task-01 ~]# chmod 640 /var/named/10.10.4.common
#使用 vi 工具编辑 10.10.4.common 文件
[root@Project-08-Task-01 ~]# vi /var/named/10.10.4.common
```

操作命令+配置文件+脚本程序+结束

使用 vi 工具编辑配置文件，完成域名和记录信息的填写，编辑后的配置文件信息如下所示。

配置文件：/var/named/10.10.4.common

```
; 定义从本域名服务器查询的记录，在客户端缓存有效期为 1 天
$TTL 1D
; 设置起始授权机构的权威域名和管理员邮箱
@          IN    SOA       ns.domain.com. root.domain.com. (
                         ; 定义本配置文件的版本号为 0，该值在同步辅域名服务器时使用
                         0          ; serial
                         ; 定义本域名服务器与辅域名服务器同步的时间周期为 1 天
                         1D         ; refresh
                         ; 定义辅域名服务器更新失败时，重试间隔时间为 1 小时
                         1H         ; retry
                         ; 定义辅域名服务器从本域名服务器同步的数据，存活期为 1 周
                         1W         ; expire
                         ; 定义从本域名服务器查询的记录，在客户端缓存有效期为 3 小时
                         ; 如果第一行没有定义$TTL，则使用该值
                         3H   )     ; minimum
; NS 记录
@          IN       NS        ns.domain.com.
; PTR 记录
120        IN       PTR       ns.domain.com.
200        IN       PTR       www.domain.com.
200        IN       PTR       ftp.domain.com.
```

操作命令+配置文件+脚本程序+结束

步骤 6：校验并重新载入 BIND 的配置文件。

配置文件撰写完成后，使用 named-checkconf 工具对主配置文件进行正确性检查，使用 named-checkzone 工具对区域配置文件进行正确性检查。校验通过后，重新载入配置文件使其生效。

操作命令：

```
#对主配置文件进行正确性校验
[root@Project-08-Task-01 ~]# named-checkconf /etc/named.conf
#对视图 area 正向域名区域配置文件进行正确性检查
[root@Project-08-Task-01 ~]# named-checkzone domain.com /var/named/com-domain-area
#对视图 area 反向域名区域配置文件进行正确性检查
[root@Project-08-Task-01 ~]# named-checkzone 3.10.10.in-addr.arpa /var/named/10.10.3.area
#对视图 common 正向域名区域配置文件进行正确性检查
[root@Project-08-Task-01 ~]# named-checkzone domain.com /var/named/com-domain-common
```

```
#对视图 common 反向域名区域配置文件进行正确性检查
[root@Project-08-Task-01 ~]# named-checkzone 4.10.10.in-addr.arpa /var/named/10.10.4.common
#通过 systemctl reload 命令重新载入 named 服务
[root@Project-08-Task-01 ~]# systemctl reload named
```

操作命令+配置文件+脚本程序+结束

步骤 7：在主机 A（10.10.2.121）上进行域名解析服务测试。

在主机 A 上使用 dig 工具进行域名解析服务的可用性测试。

操作命令：

```
#测试域名 domain.com 的 A 记录解析
[root@Project-08-Task-02 ~]# dig www.domain.com @10.10.2.120

; <<>> DiG 9.11.4-P2-RedHat-9.11.4-26.P2.el8 <<>> www.domain.com @10.10.2.120
#为了排版方便，此处省略了部分提示信息
;; QUESTION SECTION:
;www.domain.com.                    IN      A

#查询结果如下，说明域名解析可用
;; ANSWER SECTION:
www.domain.com.         86400       IN      A       10.10.4.200

;; AUTHORITY SECTION:
domain.com.             86400       IN      NS      ns.domain.com.

;; ADDITIONAL SECTION:
ns.domain.com.          86400       IN      A       10.10.2.120

;; Query time: 0 msec
;; SERVER: 10.10.2.120#53(10.10.2.120)
;; WHEN: Sat Feb 22 22:37:53 CST 2020
;; MSG SIZE  rcvd: 120
```

操作命令+配置文件+脚本程序+结束

操作命令：

```
#测试地址 10.10.4.200 的反向域名解析
[root@Project-08-Task-02 ~]# dig -x 10.10.4.200 @10.10.2.120

; <<>> DiG 9.11.4-P2-RedHat-9.11.4-26.P2.el8 <<>> -x 10.10.4.200 @10.10.2.120
#为了排版方便，此处省略了部分提示信息
;; QUESTION SECTION:
;200.3.10.10.in-addr.arpa.          IN      PTR

```

```
#查询结果如下，说明域名解析可用
;; ANSWER SECTION:
200.4.10.10.in-addr.arpa.    86400    IN    PTR    www.domain.com.
200.4.10.10.in-addr.arpa.    86400    IN    PTR    ftp.domain.com.

;; AUTHORITY SECTION:
3.10.10.in-addr.arpa.        86400    IN    NS     ns.domain.com.

;; ADDITIONAL SECTION:
ns.domain.com.               86400    IN    A      10.10.2.120

;; Query time: 1 msec
;; SERVER: 10.10.2.120#53(10.10.2.120)
;; WHEN: Sat Feb 22 22:41:47 CST 2020
;; MSG SIZE  rcvd: 160
```

操作命令+配置文件+脚本程序+结束

主机 A 在通用区域范围内，www.domain.com 的域名解析结果是 10.10.4.200。

步骤 8：在本地主机（10.10.2.10）测试域名解析服务。

在本地主机上使用 Windows 命令提示符窗体下 nslookup 工具进行域名解析服务可用性测试。

操作命令：

```
#测试域名 domain.com 的 A 记录解析
C:\Users\Administrator>nslookup  www.domain.com  10.10.2.120
服务器: UnKnown
Address: 10.10.2.120

#查询结果如下，说明域名解析可用
名称: www.domain.com
Address: 10.10.3.200
```

操作命令+配置文件+脚本程序+结束

操作命令：

```
#测试地址 10.10.3.200 的反向域名解析
C:\Users\Administrator>nslookup  -qt=PTR  10.10.3.200  10.10.2.120
服务器: ns.domain.com
Address: 10.10.2.120

#查询结果如下，说明域名解析可用
200.3.10.10.in-addr.arpa          name  =  www.domain.com
200.3.10.10.in-addr.arpa          name  =  ftp.domain.com
```

```
9.    3.10.10.in-addr.arpa        nameserver = ns.domain.com
10.   ns.domain.com      internet  address  =  10.10.2.120
```

操作命令+配置文件+脚本程序+结束

本地主机在特定区域范围内，www.domain.com 的域名解析结果是 10.10.3.200。

【任务扩展】

1. 什么是 view（视图）

view（视图）是 BIND9 的新功能，是一个在防火墙环境中非常有用的机制。视图能够根据请求对象的不同，返回不同的结果。如果没有配置任何视图，BIND9 会自动创建默认视图，任何发送查询请求的主机所看到的都是该视图。

2. 应用场景

使用 BIND9 提供的 view 功能可以实现根据不同的请求来源 IP 范围，实现同一个域名记录解析为不同的 IP 地址，view 的主要应用场景有两个。

（1）需要将域名分成内网和外网两个不同的区域进行解析。

（2）在多个运营商或 CDN 网络上部署了镜像服务的业务，根据访问业务的用户所在位置，将域名解析为用户访问速度最快的镜像服务 IP 地址。例如使用中国电信网络的用户请求域名解析，域名解析的结果为业务在中国电信网络上的镜像服务 IP 地址，使用中国联通网络的用户请求域名解析，域名解析的结果为业务在中国联通网络上的镜像服务 IP 地址。

3. 配置参数

view 的参数较多，但经常使用的参数有 match-clients 和 zone。

（1）match-clients。match-clients 的作用是匹配客户端地址，可以匹配很多形式的 IP，比如内置变量 any、localhost 等，以及单个 IP 如 1.1.1.1，某个网络段如 61.0.0.0/8 等。如果匹配的 IP 很多，可以使用 acl 进行单独声明，也可以把 IP 列表信息放进数据库里再引用。

（2）zone。zone 语句定义了 DNS 服务器所管理的区，也就是哪一些域的域名是授权给该 DNS 服务器回答的。共有 5 种类型的区，由 type 子语句指定，具体名称和功能如下所示。

- Master（主域）：主域用来保存某个区域（如 www.domain.com）的数据信息。
- Slave（辅域）：也叫次级域，数据来自主域，起备份作用。
- Stub：Stub 区与辅域相似，但它只复制主域的 NS 记录，而不是整个区数据。它不是标准 DNS 的功能，只是 BIND9 软件提供的独有功能。
- Forward（转发）：转发域中一般配置了 forward 和 forwarders 子句，用于把对该域的查询请求转由其他 DNS 服务器处理。
- Hint：Hint 域定义了一套最新的根 DNS 服务器地址，如果没有定义，DNS 服务器会使用内建的根 DNS 服务器地址。

操作视频

执行脚本

任务五　域名解析服务的高可靠性

【任务介绍】

域名解析服务是关键的基础服务，其稳定性和可靠性对业务服务质量有着重要的影响。本任务通过 BIND 的 view 功能实现域名解析服务的主辅架构，探讨业务多镜像服务的访问分流。

本任务在任务四的基础上进行。

【任务目标】

（1）实现主辅架构的域名解析服务。

（2）实现主辅架构的域名解析服务的测试。

【任务设计】

域名解析服务的主辅架构采用 1 台主域名服务器 DNS-Master 和 1 台辅域名服务器 DNS-Slave 组成。域名与记录的数据管理在 DNS-Master 上进行，DNS-Slave 自动同步 DNS-Master 上的数据。

域名服务器的配置信息见表 8-5-1，域名与记录数据信息见表 8-5-2。

表 8-5-1　域名解析服务器配置信息表

序号	服务器	网络配置	用途
1	DNS-Master	10.10.2.120	主域名服务器
2	DNS-Slave	10.10.2.122	辅域名服务器
3	本地主机	10.10.2.10	域名解析测试

表 8-5-2　域名与记录信息表

序号	domain.com 记录	记录类型	特定区域解析结果	通用区域解析结果
1	ns.domain.com	NS	10.10.2.120	10.10.2.120
2	ns1.domain.com	NS	10.10.2.122	10.10.2.122
3	www.domain.com	A	10.10.3.200	10.10.4.200
4	ftp.domain.com	A	10.10.3.201	10.10.4.201

表 8-5-1、表 8-5-2 中的 IP 地址需根据实际情况进行调整。

【操作步骤】

步骤 1：创建虚拟机并完成 CentOS 的安装。

在 VirtualBox 中依据表 8-5-3 创建虚拟机，并完成 CentOS 8 操作系统的安装。虚拟机与操作系统的配置信息见表 8-5-3，注意虚拟机网卡的工作模式为桥接。

表 8-5-3　虚拟机与操作系统配置

虚拟机配置	操作系统配置
虚拟机名称：VM-Project-08-Task-01-10.10.2.120 内存：1024MB CPU：1 颗 1 核心 虚拟硬盘：10GB 网卡：1 块，桥接	主机名：Project-08-Task-01 IP 地址：10.10.2.120 子网掩码：255.255.255.0 网关：10.10.2.1 DNS：8.8.8.8
虚拟机名称：VM-Project-08-Task-03-10.10.2.122 内存：1024MB CPU：1 颗 1 核心 虚拟硬盘：10GB 网卡：1 块，桥接	主机名：Project-08-Task-03 IP 地址：10.10.2.122 子网掩码：255.255.255.0 网关：10.10.2.1 DNS：8.8.8.8

步骤 2：完成虚拟机的主机配置、网络配置及通信测试。

启动并登录虚拟机，依据表 8-5-3 完成主机名和网络的配置，能够访问互联网和本地主机。

步骤 3：实现 DNS-Master。

在 DNS-Master 服务器上，完成 BIND 的安装与服务配置。具体操作如下。

（1）通过在线方式安装 BIND。

操作命令：

```
#使用 yum 工具安装 BIND
[root@Project-08-Task-01 ~]# yum install -y bind
#通过 systemctl start 命令启动 named 服务
[root@Project-08-Task-01 ~]# systemctl start named
#通过 systemctl status 命令查看 named 服务状态
[root@Project-08-Task-01 ~]# systemctl status named
#通过 systemctl enable 命令设置 named 服务为开机自启动
[root@Project-08-Task-01 ~]# systemctl enable named.service
#通过 systemctl list-unit-files 命令确认 named 服务是否已配置为开机自启动
[root@Project-08-Task-01 ~]# systemctl list-unit-files | grep named.service
```

操作命令+配置文件+脚本程序+结束

（2）重新载入 BIND 的配置文件。配置完成后，重新载入配置文件使其生效。CentOS 默认开启防火墙，为使 DNS 能正常对外提供服务，本任务暂时关闭防火墙等安全措施。

操作命令：

```
#使用 systemctl reload 命令重新载入 named 服务
[root@Project-08-Task-01 ~]# systemctl reload named
#使用 systemctl stop 命令关闭防火墙
```

```
[root@Project-08-Task-01 ~]# systemctl stop firewalld
#使用 setenforce 命令将 SELinux 设置为 permissive 模式
[root@Project-08-Task-01 ~]# setenforce 0
```

操作命令+配置文件+脚本程序+结束

步骤 4：实现 DNS-Slave。

参考本任务的步骤 3，在 DNS-Slave 服务器上完成 BIND 的安装与服务配置。

步骤 5：配置 DNS-Master 作为主域名解析服务。

（1）在 DNS-Master 上生成 TSIG 密钥。为了实现 DNS 多个 view 的主辅同步，需要生成多个用于消息签名的 TSIG 密钥。使用 tsig-keygen 命令生成 2 个密钥，分别用于视图 area 和视图 common 的区传送。

操作命令：

```
#使用 tsig-keygen 命令生成 TSIG 密钥，名称为 area-key
[root@Project-08-Task-01 ~]# tsig-keygen -a hmac-md5 area-key
key "area-key" {
        algorithm hmac-md5;
        secret "j0pr0V/IeLQkX0EIV/Fhjw==";
};
#使用 tsig-keygen 命令生成 TSIG 密钥，名称为 common-key
[root@Project-08-Task-01 ~]# tsig-keygen -a hmac-md5 common-key
key "common-key" {
        algorithm hmac-md5;
        secret "pO/DsQLcu6jb5b/T5Htwiw==";
};
```

操作命令+配置文件+脚本程序+结束

（2）在 DNS-Master 上配置主辅同步及 view。为了实现主域名解析服务，需要修改 DNS-Master 服务器上 BIND 的配置文件 named.conf。使用 vi 工具编辑 named.conf 配置文件，删除默认的区域配置信息，完成主域名解析服务及 view 配置。编辑后的配置文件信息如下所示。

配置文件：/etc/named.conf

```
#named.conf 配置文件内容较多，本部分仅显示需删除的内容
#zone "." IN {
#        type hint;
#        file "named.ca";
#};

#include "/etc/named.rfc1912.zones";

#named.conf 配置文件内容较多，本部分仅显示与主辅配置有关的内容
options {
         #修改监听地址为服务器 IP
         #IPv4 的监听地址
    listen-on port 53 { 10.10.2.120; };
```

```
            #IPv6 的监听地址
        listen-on-v6 port 53 { ::1; };
            #定义区域文件存储目录
        directory   "/var/named";
            #定义本域名服务器在收到 rndc dump 命令时，转存数据的文件路径
        dump-file   "/var/named/data/cache_dump.db";
            #定义本域名服务器在收到 rndc stats 命令时，追加统计数据的文件路径
        statistics-file   "/var/named/data/named_stats.txt";
            #定义本域名服务器在退出时，将内存统计写到文件的路径
        memstatistics-file   "/var/named/data/named_mem_stats.txt";
            #定义本域名服务器在收到 rndc secroots 命令时，转存安全根的文件路径
        secroots-file   "/var/named/data/named.secroots";
            #定义本域名服务器在收到 rndc recursing 命令时，转存当前递归请求的文件路径
        recursing-file   "/var/named/data/named.recursing";
            #修改授权访问范围为允许所有地址可以访问
            #定义哪些主机可以进行 DNS 查询
        allow-query {any; };

            #修改辅域名服务器为 DNS-Slave
            #定义哪些辅域名服务器从本域名服务器同步的数据
        allow-transfer {10.10.2.122;};
            #定义哪些辅域名服务器从本域名服务器接收通知
        also-notify {10.10.2.122;};
            #定义本域名服务器区域文件发生变更后，通知辅域名服务器
            notify yes;
            #定义区域文件的格式为 text，避免同步时出现乱码
            masterfile-format text;
    };

    #named.conf 配置文件内容较多，本部分仅显示与域名解析配置有关的内容
    #声明 TSIG 密钥
    key "area-key" {
            algorithm hmac-md5;
            secret "j0pr0V/IeLQkX0EIV/Fhjw==";
    };
    key "common-key" {
            algorithm hmac-md5;
            secret "pO/DsQLcu6jb5b/T5Htwiw==";
    };
    #设置特定区域
    view "area" {
        #定义匹配的客户端范围
        match-clients{ key area-key; 10.10.2.0/26;};
        #定义发送消息时，辅域名服务器的地址和密钥
        server 10.10.2.122 {keys area-key; };
        zone "." IN {
```

```
            type hint;
            file "named.ca";
        };
        zone "domain.com" IN {
            type master;
            file "com-domain-area";
            allow-update {none;};
        };
        zone "3.10.10.in-addr.arpa" IN {
            type master;
            file "10.10.3.area";
        };
};
#设置通用区域
view "common" {
        #定义匹配的客户端范围
        match-clients{ key common-key; any;};
        #定义发送消息时，辅域名服务器的地址和密钥
        server 10.10.2.122 { keys common-key; };
        zone "." IN {
            type hint;
            file "named.ca";
        };
        zone "domain.com" IN {
            type master;
            file "com-domain-common";
            allow-update {none;};
        };
        zone "4.10.10.in-addr.arpa" IN {
            type master;
            file "10.10.4.common";
        };
};
```

操作命令+配置文件+脚本程序+结束

提醒

view 子语句 match-clients 如果定义了 IP 地址范围，需排除主辅 DNS 服务器地址，确保主辅同步时使用 TSIG 密钥进行客户端匹配。

（3）在 DNS-Master 上配置特定区域域名记录。依据“任务设计”的内容，编辑 domain.com 域名配置文件，完成域名和记录的配置。

1）正向区域配置文件 com-domain-area。使用 vi 工具编辑 com-domain-area 配置文件，完成域名和记录信息的填写，编辑后的配置文件信息如下所示。

配置文件：/var/named/com-domain-area

```
; 定义从本域名服务器查询的记录，在客户端缓存有效期为 1 天
$TTL 1D
```

```
; 设置起始授权机构的权威域名和管理员邮箱
@          IN     SOA        ns.domain.com.  root.domain.com.  (
                             ; 定义本配置文件的版本号为 1，该值在同步辅域名服务器时使用
                             ; 开启同步后，本配置文件每一次变更都需增大此版本号
1          ; serial
                             ; 定义本域名服务器与辅域名服务器同步的时间周期为 1 天
                             1D        ; refresh
                             ; 定义辅域名服务器更新失败时，重试间隔时间为 1 小时
                             1H        ; retry
                             ; 定义辅域名服务器从本域名服务器同步的数据，存活期为 1 周
                             1W        ; expire
                             ; 定义从本域名服务器查询的记录，在客户端缓存有效期为 3 小时
                             ; 如果第一行没有定义$TTL，则使用该值
                             3H   )    ; minimum
; NS 记录
@          IN        NS        ns.domain.com.
@          IN        NS        ns1.domain.com.
; A 记录
ns         IN        A         10.10.2.120
ns1        IN        A         10.10.2.122
www        IN        A         10.10.3.200
ftp        IN        A         10.10.3.200
```

操作命令+配置文件+脚本程序+结束

2）反向区域配置文件 10.10.3.area。使用 vi 工具编辑 10.10.3.area 配置文件，完成域名和记录信息的填写，编辑后的配置文件信息如下所示。

配置文件：/var/named/10.10.3.area

```
; 定义从本域名服务器查询的记录，在客户端缓存有效期为 1 天
$TTL  1D
; 设置起始授权机构的权威域名和管理员邮箱
@          IN     SOA        ns.domain.com.  root.domain.com.  (
                             ; 定义本配置文件的版本号为 1，该值在同步辅域名服务器时使用
                             ; 开启同步后，本配置文件每一次变更都需增大此版本号
1          ; serial
                             ; 定义本域名服务器与辅域名服务器同步的时间周期为 1 天
                             1D        ; refresh
                             ; 定义辅域名服务器更新失败时，重试间隔时间为 1 小时
                             1H        ; retry
                             ; 定义辅域名服务器从本域名服务器同步的数据，存活期为 1 周
1W         ; expire
                             ; 定义从本域名服务器查询的记录，在客户端缓存有效期为 3 小时
                             ; 如果第一行没有定义$TTL，则使用该值
3H   )     ; minimum
; NS 记录
@          IN        NS        ns.domain.com.
```

```
@           IN        NS        ns1.domain.com.
; PTR 记录
120         IN        PTR       ns.domain.com.
122         IN        PTR       ns1.domain.com.
200         IN        PTR       www.domain.com.
200         IN        PTR       ftp.domain.com.
```

操作命令+配置文件+脚本程序+结束

（4）在 DNS-Master 上配置通用区域域名记录。

1）正向区域配置文件 com-domain-common。使用 vi 工具编辑 com-domain-common 配置文件，完成域名和记录信息的填写，编辑后的配置文件信息如下所示。

配置文件：/var/named/com-domain-common

```
; 定义从本域名服务器查询的记录，在客户端缓存有效期为 1 天
$TTL 1D
; 设置起始授权机构的权威域名和管理员邮箱
@          IN      SOA        ns.domain.com.  root.domain.com. (
                              ; 定义本配置文件的版本号为 1，该值在同步辅域名服务器时使用
                              ; 开启同步后，本配置文件每一次变更都需增大此版本号
1               ; serial
                              ; 定义本域名服务器与辅域名服务器同步的时间周期为 1 天
                              1D          ; refresh
                              ; 定义辅域名服务器更新失败时，重试间隔时间为 1 小时
                              1H          ; retry
                              ; 定义辅域名服务器从本域名服务器同步的数据，存活期为 1 周
                              1W          ; expire
                              ; 定义从本域名服务器查询的记录，在客户端缓存有效期为 3 小时
                              ; 如果第一行没有定义$TTL，则使用该值
                              3H    )     ; minimum
; NS 记录
@           IN        NS          ns.domain.com.
@           IN        NS          ns1.domain.com.
; A 记录
ns          IN        A           10.10.2.120
ns1         IN        A           10.10.2.122
www         IN        A           10.10.4.200
ftp         IN        A           10.10.4.200
```

操作命令+配置文件+脚本程序+结束

2）反向区域配置文件 10.10.4.common。使用 vi 工具编辑 10.10.4.common 配置文件，完成域名和记录信息的填写，编辑后的配置文件信息如下所示。

配置文件：/var/named/10.10.4.common

```
; 定义从本域名服务器查询的记录，在客户端缓存有效期为 1 天
$TTL 1D
; 设置起始授权机构的权威域名和管理员邮箱
```

```
@          IN     SOA        ns.domain.com.  root.domain.com.  (
                             ; 定义本配置文件的版本号为 1，该值在同步辅域名服务器时使用
                             ; 开启同步后，本配置文件每一次变更都需增大此版本号
1           ; serial
                             ; 定义本域名服务器与辅域名服务器同步的时间周期为 1 天
                             1D        ; refresh
                             ; 定义辅域名服务器更新失败时，重试间隔时间为 1 小时
                             1H        ; retry
                             ; 定义辅域名服务器从本域名服务器同步的数据，存活期为 1 周
                             1W        ; expire
                             ; 定义从本域名服务器查询的记录，在客户端缓存有效期为 3 小时
                             ; 如果第一行没有定义$TTL，则使用该值
                             3H   )    ; minimum
; NS 记录
@           IN      NS       ns.domain.com.
@           IN      NS       ns1.domain.com.
; PTR 记录
120         IN      PTR      ns.domain.com.
122         IN      PTR      ns1.domain.com.
200         IN      PTR      www.domain.com.
200         IN      PTR      ftp.domain.com.
```

操作命令+配置文件+脚本程序+结束

（5）在 DNS-Master 上校验并重新载入 BIND 的配置文件。配置文件撰写完成后，使用 named-checkconf 工具对主配置文件进行正确性检查，使用 named-checkzone 工具对区域配置文件进行正确性检查。

校验通过后，重新载入配置文件使其生效。

操作命令：

```
#对主配置文件进行正确性校验
[root@Project-08-Task-01 ~]# named-checkconf /etc/named.conf
#对视图 area 正向域名区域配置文件进行正确性检查
[root@Project-08-Task-01 ~]# named-checkzone domain.com  /var/named/com-domain-area
#对视图 area 反向域名区域配置文件进行正确性检查
[root@Project-08-Task-01 ~]# named-checkzone 3.10.10.in-addr.arpa  /var/named/10.10.3.area
#对视图 common 正向域名区域配置文件进行正确性检查
[root@Project-08-Task-01 ~]# named-checkzone domain.com  /var/named/com-domain-common
#对视图 common 反向域名区域配置文件进行正确性检查
[root@Project-08-Task-01 ~]# named-checkzone 4.10.10.in-addr.arpa  /var/named/10.10.4.common
#通过 systemctl reload 命令重新载入 named 服务
[root@Project-08-Task-01 ~]# systemctl reload named
```

操作命令+配置文件+脚本程序+结束

步骤 6：配置 DNS-Slave 作为从域名解析服务。

（1）在 DNS-Slave 上配置主辅同步及 View。为了实现从域名解析服务，需要修改 DNS-Slave

服务器上 BIND 的配置文件 named.conf。使用 vi 工具编辑 named.conf 配置文件，删除默认的区域配置信息，完成从域名解析服务及 view 配置，编辑后的配置文件信息如下所示。

配置文件：/etc/named.conf

```
#named.conf 配置文件内容较多，本部分仅显示需删除的内容
#zone "." IN {
#           type hint;
#           file "named.ca";
#};

#include "/etc/named.rfc1912.zones";
#named.conf 配置文件内容较多，本部分仅显示与主辅配置有关的内容
options {
            #修改监听地址为服务器 IP
            #IPv4 的监听地址
      listen-on port 53 { 10.10.2.122; };
            #IPv6 的监听地址
      listen-on-v6 port 53 { ::1; };
            #定义区域文件存储目录
      directory    "/var/named";
            #定义本域名服务器在收到 rndc dump 命令时，转存数据的文件路径
      dump-file    "/var/named/data/cache_dump.db";
            #定义本域名服务器在收到 rndc stats 命令时，追加统计数据的文件路径
      statistics-file    "/var/named/data/named_stats.txt";
            #定义本域名服务器在退出时，将内存统计写到文件的路径
      memstatistics-file    "/var/named/data/named_mem_stats.txt";
            #定义本域名服务器在收到 rndc secroots 命令时，转存安全根的文件路径
      secroots-file    "/var/named/data/named.secroots";
            #定义本域名服务器在收到 rndc recursing 命令时，转存当前递归请求的文件路径
      recursing-file    "/var/named/data/named.recursing";
            #修改授权访问范围为允许所有地址可以访问
            #定义哪些主机可以进行 DNS 查询
      allow-query{any; };

            #禁止所有辅域名服务器从本域名服务器同步数据
            allow-transfer { none; };
            #定义区域文件的格式为 text，避免同步时出现乱码
            masterfile-format text;
};

#named.conf 配置文件内容较多，本部分仅显示与域名解析配置有关的内容
#声明 TSIG 密钥，保持与主域名解析服务器一致
key "area-key" {
        algorithm hmac-md5;
        secret "j0pr0V/IeLQkX0EIV/Fhjw==";
```

```
};
key "common-key" {
        algorithm hmac-md5;
secret "pO/DsQLcu6jb5b/T5Htwiw==";
};
#设置特定区域
view "area" {
    #定义匹配的客户端范围
    match-clients{ key area-key; 10.10.2.0/26;};
    #定义发送消息时，主域名解析服务器的地址和密钥
    server 10.10.2.120 { keys area-key; };
    zone "." IN {
        type hint;
        file "named.ca";
    };
    zone "domain.com" IN {
        type slave;
        file "com-domain-area";
        #定义主域名解析服务器的地址
        masters{10.10.2.120;};
    };
    zone "3.10.10.in-addr.arpa" IN {
        type slave;
        file "10.10.3.area";
        #定义主域名解析服务器的地址
        masters{10.10.2.120;};
    };
};
#设置通用区域
view "common" {
    #定义匹配的客户端范围
    match-clients{ key common-key; any;};
    #定义发送消息时，主域名解析服务器的地址和密钥
    server 10.10.2.120 { keys common-key; };
    zone "." IN {
        type hint;
        file "named.ca";
    };
    zone "domain.com" IN {
        type slave;
        file "com-domain-common";
        #定义主域名解析服务器的地址
        masters{10.10.2.120;};
    };
    zone "4.10.10.in-addr.arpa" IN {
        type slave;
```

```
            file "10.10.4.common";
            #定义主域名解析服务器的地址
            masters{10.10.2.120;};
        };
};
```

操作命令+配置文件+脚本程序+结束

配置文件撰写完成后，使用 named-checkconf 工具对主配置文件进行正确性检查。

校验通过后，重新载入配置文件使其生效。

操作命令：

```
#对 BIND 主配置文件进行正确性检查
[root@Project-08-Task-03 ~]# named-checkconf /etc/named.conf
#通过 systemctl reload 命令重新载入 named 服务
[root@Project-08-Task-03 ~]# systemctl reload named
```

操作命令+配置文件+脚本程序+结束

步骤 7：在 DNS-Slave 上查看主辅数据同步。

（1）查看记录并人工比对。在 DNS-Slave 上，使用 ls 和 cat 工具查看 BIND 配置文件信息，测试主辅同步服务的可用性。

操作命令：

```
#查看区域配置文件是否已存在
[root@Project-08-Task-03 ~]# ls /var/named
10.10.3.area        com-domain-common    named.ca          named.loopback
10.10.4.common      data                 named.empty       slaves
com-domain-area     dynamic              named.localhost
```

操作命令+配置文件+脚本程序+结束

1）查看正向区域配置文件 com-domain-area 的信息，明确是否已经同步到数据。

操作命令：

```
#使用 cat 工具查看 com-domain-area 文件
[root@Project-08-Task-03 ~]# cat /var/named/com-domain-area
$ORIGIN .
$TTL 86400        ; 1 day
domain.com                IN SOA  ns.domain.com. root.domain.com. (
1                 ; serial
                          86400        ; refresh (1 day)
                          3600         ; retry (1 hour)
                          604800       ; expire (1 week)
                          10800        ; minimum (3 hours)
                          )
                          NS      ns.domain.com.
                          NS      ns1.domain.com.
$ORIGIN domain.com.
```

```
ftp                     A        10.10.3.200
ns                      A        10.10.2.120
ns1                     A        10.10.2.122
www                     A        10.10.3.200
```

操作命令+配置文件+脚本程序+结束

2）查看正向区域配置文件 com-domain-common 的信息，明确是否已经同步到数据。

操作命令：

```
#使用 cat 工具查看 com-domain-common 文件
[root@Project-08-Task-03 ~]# cat /var/named/com-domain-common
$ORIGIN .
$TTL 86400        ; 1 day
domain.com              IN SOA   ns.domain.com. root.domain.com. (
1                 ; serial
                        86400        ; refresh (1 day)
                        3600         ; retry (1 hour)
                        604800       ; expire (1 week)
                        10800        ; minimum (3 hours)
                        )
                        NS       ns.domain.com.
                        NS       ns1.domain.com.
$ORIGIN domain.com.
ftp                     A        10.10.4.200
ns                      A        10.10.2.120
ns1                     A        10.10.2.122
www                     A        10.10.4.200
```

操作命令+配置文件+脚本程序+结束

3）查看反向区域配置文件 10.10.3.area 的信息，明确是否已经同步到数据。

操作命令：

```
#使用 cat 工具查看 10.10.3.area 文件
[root@Project-08-Task-03 ~]# cat /var/named/10.10.3.area
$ORIGIN .
$TTL 86400        ; 1 day
3.10.10.in-addr.arpa    IN SOA   ns.domain.com. root.domain.com. (
1                 ; serial
                        86400        ; refresh (1 day)
                        3600         ; retry (1 hour)
                        604800       ; expire (1 week)
                        10800        ; minimum (3 hours)
                        )
                        NS       ns.domain.com.
                        NS       ns1.domain.com.
$ORIGIN 3.10.10.in-addr.arpa.
120                     PTR      ns.domain.com.
```

```
122                       PTR       ns1.domain.com.
200                       PTR       www.domain.com.
                          PTR       ftp.domain.com.
```

操作命令+配置文件+脚本程序+结束

4）查看反向区域配置文件 10.10.4.common 的信息，明确是否已经同步到数据。

操作命令：

```
#使用 cat 工具查看 10.10.4.common 文件
[root@Project-08-Task-03 ~]# cat /var/named/10.10.4.common
$ORIGIN .
$TTL 86400          ; 1 day
4.10.10.in-addr.arpa          IN SOA   ns.domain.com. root.domain.com. (
1                   ; serial
                              86400         ; refresh (1 day)
                              3600          ; retry (1 hour)
                              604800        ; expire (1 week)
                              10800         ; minimum (3 hours)
                              )
                              NS        ns.domain.com.
                              NS        ns1.domain.com.
$ORIGIN 4.10.10.in-addr.arpa.
120                           PTR       ns.domain.com.
122                           PTR       ns1.domain.com.
200                           PTR       www.domain.com.
                              PTR       ftp.domain.com.
```

操作命令+配置文件+脚本程序+结束

（2）查看同步日志记录。

操作命令：

```
#使用 cat 工具查看 named.run 文件
[root@Project-08-Task-03 ~]# cat /var/named/data/named.run | more

#named.run 日志文件内容较多，本部分仅显示与主辅同步有关的内容
#视图 area 的正向域名解析同步日志
zone domain.com/IN/area: Transfer started.
transfer of 'domain.com/IN/area' from 10.10.2.120#53: connected using 10.10.2.122#44761 TSIG area-key
zone domain.com/IN/area: transferred serial 1: TSIG 'area-key'
transfer of 'domain.com/IN/area' from 10.10.2.120#53: Transfer status: success
transfer of 'domain.com/IN/area' from 10.10.2.120#53: Transfer completed: 1 messages, 8 records, 290 bytes, 0.001 secs (290000 bytes/sec)
zone domain.com/IN/area: sending notifies (serial 1)

#视图 area 的反向域名解析同步日志
zone 3.10.10.in-addr.arpa/IN/area: Transfer started.
```

```
transfer of '3.10.10.in-addr.arpa/IN/area' from 10.10.2.120#53: connected using 10.10.2.122#54293 TSIG area-key
zone 3.10.10.in-addr.arpa/IN/area: transferred serial 1: TSIG 'area-key'
transfer of '3.10.10.in-addr.arpa/IN/area' from 10.10.2.120#53: Transfer status: success
transfer of '3.10.10.in-addr.arpa/IN/area' from 10.10.2.120#53: Transfer completed: 1 messages, 8 records, 314 bytes, 0.001 secs (314000 bytes/sec)
zone 3.10.10.in-addr.arpa/IN/area: sending notifies (serial 1)

#视图 common 的正向域名解析同步日志
zone domain.com/IN/common: Transfer started.
transfer of 'domain.com/IN/common' from 10.10.2.120#53: connected using 10.10.2.122#47697 TSIG common-key
zone domain.com/IN/common: transferred serial 1: TSIG 'common-key'
transfer of 'domain.com/IN/common' from 10.10.2.120#53: Transfer status: success
transfer of 'domain.com/IN/common' from 10.10.2.120#53: Transfer completed: 1 messages, 8 records, 292 bytes, 0.001 secs (292000 bytes/sec)
zone domain.com/IN/common: sending notifies (serial 1)

#视图 common 的反向域名解析同步日志
zone 4.10.10.in-addr.arpa/IN/common: Transfer started.
transfer of '4.10.10.in-addr.arpa/IN/common' from 10.10.2.120#53: connected using 10.10.2.122#39943 TSIG common-key
zone 4.10.10.in-addr.arpa/IN/common: transferred serial 1: TSIG 'common-key'
transfer of '4.10.10.in-addr.arpa/IN/common' from 10.10.2.120#53: Transfer status: success
transfer of '4.10.10.in-addr.arpa/IN/common' from 10.10.2.120#53: Transfer completed: 1 messages, 8 records, 316 bytes, 0.001 secs (316000 bytes/sec)
zone 4.10.10.in-addr.arpa/IN/common: sending notifies (serial 1)
```

操作命令+配置文件+脚本程序+结束

步骤 8：测试域名解析服务的可用性。

（1）在 DNS-Master 上测试域名解析服务。在 DNS-Master 上，使用 dig 工具测试 DNS-Master 和 DNS-Slave 域名解析服务的可用性。测试方法如下。

操作命令：

```
#测试域名 domain.com 的 A 记录解析
[root@Project-08-Task-01 ~]# dig www.domain.com @10.10.2.120

; <<>> DiG 9.11.4-P2-RedHat-9.11.4-26.P2.el8 <<>> www.domain.com @10.10.2.120
#为了排版方便，此处省略了部分提示信息
;; QUESTION SECTION:
;www.domain.com.                IN      A

;; ANSWER SECTION:
www.domain.com.         86400   IN      A       10.10.4.200

```

```
;; AUTHORITY SECTION:
domain.com.          86400    IN    NS    ns.domain.com.
domain.com.          86400    IN    NS    ns1.domain.com.

;; ADDITIONAL SECTION:
ns.domain.com.       86400    IN    A     10.10.2.120
ns1.domain.com.      86400    IN    A     10.10.2.122

;; Query time: 0 msec
;; SERVER: 10.10.2.120#53(10.10.2.120)
;; WHEN: Sun Mar 01 21:50:14 CST 2020
;; MSG SIZE  rcvd: 154
```

操作命令+配置文件+脚本程序+结束

测试结果见表 8-5-4。

表 8-5-4　域名解析服务测试结果

序号	测试命令	预期结果	测试是否通过
1	dig www.domain.com @10.10.2.120	10.10.4.200	√
2	dig www.domain.com @10.10.2.122	10.10.4.200	√

（2）在 DNS-Slave 上测试域名解析服务。在 DNS-Slave 上，使用 dig 工具测试 DNS-Master 和 DNS-Slave 域名解析服务的可用性。

测试方法不再赘述，测试结果见表 8-5-5。

表 8-5-5　域名解析服务测试结果

序号	测试命令	预期结果	测试是否通过
1	dig www.domain.com @10.10.2.120	10.10.4.200	√
2	dig www.domain.com @10.10.2.122	10.10.4.200	√

（3）在本地主机上测试域名解析服务。在本地主机上，使用 Windows 命令提示符窗体下的 nslookup 工具测试 DNS-Master 和 DNS-Slave 域名解析服务的可用性。

测试方法不再赘述，测试结果见表 8-5-6。

表 8-5-6　域名解析服务测试结果

序号	测试命令	预期结果	测试是否通过
1	nslookup www.domain.com 10.10.2.120	10.10.3.200	√
2	nslookup www.domain.com 10.10.2.122	10.10.3.200	√

（4）测试结果分析。针对 3 台主机发出的 DNS 请求与解析结果进行对比，分析结果见表 8-5-7。

测试结果证实，主辅域名服务器均能够解析到正确结果，且辅域名服务器从主域名服务器同步数据。

表 8-5-7　域名解析服务测试结果分析

序号	发出请求的主机	测试记录	类型	域名服务器	所属区域	测试结果
1	DNS-Master	www.domain.com	A	10.10.2.120	通用区域	10.10.4.200
2	DNS-Master	www.domain.com	A	10.10.2.122	通用区域	10.10.4.200
3	DNS-Slave	www.domain.com	A	10.10.2.120	通用区域	10.10.4.200
4	DNS-Slave	www.domain.com	A	10.10.2.122	通用区域	10.10.4.200
5	本地主机	www.domain.com	A	10.10.2.120	特定区域	10.10.3.200
6	本地主机	www.domain.com	A	10.10.2.122	特定区域	10.10.3.200

步骤 9：测试域名解析服务的可靠性。

（1）在本地主机上安装 dig 工具。可通过 BIND 官网（https://www.isc.org）下载 dig 安装程序。安装过程如下所示。

1）本步骤选用面向 Windows 平台的 dig9.11.16 版本，下载并解压安装包。

2）以管理员身份运行安装程序，选择安装组件与安装路径，单击“Install”按钮，如图 8-5-1 所示，选择“Tools Only”仅安装 dig，安装路径为默认路径“C:\Program Files\ISC BIND 9”。

3）安装过程中出现警告提示“Microsoft Visual C++ 2017 Redistributable (x64) – 14.16.27033”，选中“我同意许可条款和条件（A）”后单击“安装(I)”按钮，如图 8-5-2 所示。

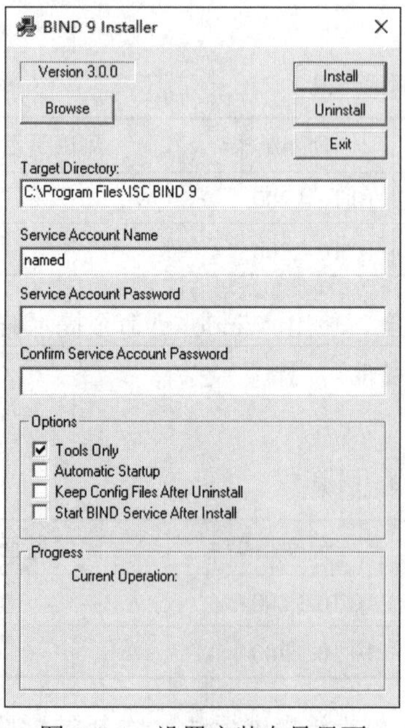

图 8-5-1　设置安装向导界面

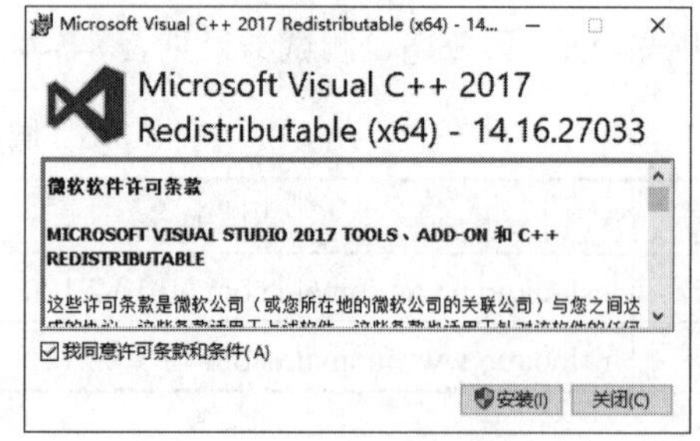

图 8-5-2　设置安装环境

项目八

4）等待安装程序执行完毕，即完成 dig 的安装。

（2）配置本地主机所使用的 DNS 服务器为 DNS-Master 和 DNS-Slave。在本地主机上，配置首选 DNS 服务器为 DNS-Master 的地址，备用 DNS 服务器为 DNS-Slave 的地址，如图 8-5-3 所示。

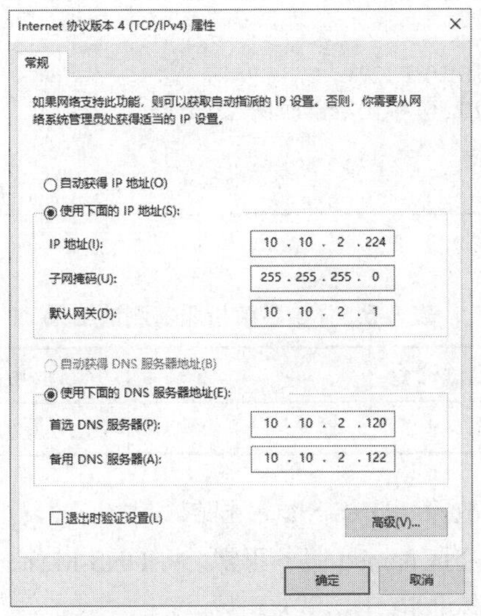

图 8-5-3　配置 DNS 服务器

（3）模拟场景下进行 DNS 服务的可用性测试。

场景测试 1：DNS-Master 正常、DNS-Slave 正常。

在 DNS-Master 上启动 named 服务，同时在 DNS-Slave 上启动 named 服务，使主辅域名服务器均处于正常状态。在本地主机上，使用 dig 工具测试域名解析服务的可用性。

测试方法如下。

操作命令：

```
#测试域名 domain.com 的 A 记录解析
C:\Users\Administrator> dig  www.domain.com

; <<>> DiG 9.11.16 <<>> www.domain.com
#为了排版方便，此处省略了部分提示信息
;; QUESTION  SECTION:
;www.domain.com.                    IN        A

#查询结果如下，说明域名解析可用
;; ANSWER  SECTION:
www.domain.com.          86400    IN        A         10.10.3.200

;; AUTHORITY  SECTION:
domain.com.              86400    IN        NS        ns.domain.com.
domain.com.              86400    IN        NS        ns1.domain.com.
```

```

;; ADDITIONAL SECTION:
ns.domain.com.          86400   IN      A       10.10.2.120
ns1.domain.com.         86400   IN      A       10.10.2.122

;; Query time: 1 msec
;; SERVER: 10.10.2.122#53(10.10.2.122)
;; WHEN: Mon Mar 02 17:20:50 中国标准时间 2020
;; MSG SIZE  rcvd: 154
```

操作命令+配置文件+脚本程序+结束

测试结果见表 8-5-8。

表 8-5-8　域名解析服务测试结果

序号	测试命令	预期结果	测试是否通过
1	dig www.domain.com	10.10.3.200	√

场景测试 2：DNS-Master 故障、DNS-Slave 正常。

确保 DNS-Slave 服务器开机且 named 服务正常，将 DNS-Master 服务器关机，模拟主域名服务器处于宕机状态，辅域名服务器正常。

在本地主机上，使用 dig 工具测试域名解析服务的可用性。测试结果见表 8-5-9。

表 8-5-9　域名解析服务测试结果

序号	测试命令	预期结果	测试是否通过
1	dig www.domain.com	10.10.3.200	√

场景测试 3：DNS-Master 正常、DNS-Slave 故障。

将 DNS-Master 服务器开机并启动 named 服务，将 DNS-Slave 服务器关机，模拟主域名服务器恢复正常，辅域名服务器处于宕机状态。

在本地主机上，使用 dig 工具测试域名解析服务的可用性。测试结果见表 8-5-10。

表 8-5-10　域名解析服务测试结果

序号	测试命令	预期结果	测试是否通过
1	dig www.domain.com	10.10.3.200	√

（4）测试结果分析。针对 3 种场景下，本地主机发出的 DNS 请求与解析结果进行对比，分析结果见表 8-5-11。测试结果证实以下 4 个结论：

- 主域名服务器和辅域名服务器均正常工作时，域名解析服务由主域名服务器提供。
- 主域名服务器宕机时，域名解析服务由辅域名服务器提供。

- 辅域名服务器宕机时，域名解析服务由主域名服务器提供。
- 主域名服务器和辅域名服务器只要有 1 台处于正常工作状态，域名解析服务均正常。

表 8-5-11　域名解析服务测试结果分析

序号	场景	DNS 请求主机	测试记录	类型	域名服务器	所属区域	解析结果
1	场景 1	本地主机	www.domain.com	A	10.10.2.120	特定区域	10.10.3.200
2	场景 2	本地主机	www.domain.com	A	10.10.2.122	特定区域	10.10.3.200
3	场景 3	本地主机	www.domain.com	A	10.10.2.120	特定区域	10.10.3.200

【任务扩展】

view 按照不同的查询来源位址回应不同的结果，这对一般的 DNS 查询工作是非常有效的。但是，主辅同步中辅域名服务器在进行 SOA 查询及区传送（zone transfer）时也遵循这一原则。这样会造成多个 view 同步时，辅域名服务器若基于单一客户端特征（IP 或 key）进行区传送时只能得到单一的 view。为了确保多个 view 能够全部同步，可以让辅域名服务器使用多个特征进行区传送。

解决方案有两种，本任务采用第二种解决方案实现。

方案 1：主辅域名服务器设置多个 IP，利用 transfer-source 功能实现多路由通信。

方案 2：主辅域名服务器设置多个 key，通过 TSIG 密钥签名通信。

项目九

使用 KVM 实现虚拟化

项目介绍

虚拟化是云计算的基础服务，更是数据中心和服务器的常见服务形态。Linux 操作系统下常用的虚拟化软件有 Xen、KVM 等，其中 KVM 的使用范围最广。

本项目介绍 KVM 的安装与配置，讲授 KVM 的网络、存储和服务管理，重点讲解通过 KVM 实现对虚拟机的管理维护。

项目目的

- 了解虚拟化;
- 理解 KVM 的概念;
- 掌握 KVM 软件的安装、配置与管理;
- 掌握通过 KVM 软件创建虚拟机;
- 掌握通过 KVM 软件管理虚拟机;
- 掌握通过 KVM 软件维护虚拟机。

项目讲堂

1. 虚拟化技术

（1）虚拟化技术简介。虚拟化技术（Virtualization）是伴随着计算机技术的产生而出现的，在计算机技术的发展历程中一直扮演着重要的角色。

虚拟化，是指通过虚拟化技术将一台计算机虚拟为多台逻辑计算机。在一台计算机上同时运行多个逻辑计算机，每个逻辑计算机可运行不同的操作系统，并且应用程序都可以在相互独立的空间内运行而互不影响，从而显著提高计算机的工作效率。

虚拟化，是一种资源管理技术，是将计算机的各种实体资源，如服务器、网络、内存及存储等，予以抽象、转换后呈现出来，打破实体结构间的不可切割的障碍，使用户可以更好地应用资源。

虚拟化，是一个为了简化管理、优化资源分配的解决方案。

（2）虚拟化的工作原理。虚拟化技术通过把物理资源抽象转换为逻辑上可以管理的资源，达到整合简化物理基础设施架构、提高资源整体利用率、降低运维管理成本等目标，解决物理基础设施之间耦合性强的弊端，实现基于业务运行实际而弹性的自动化分配资源。

虚拟化技术通过透明化底层物理硬件达到最大化利用物理硬件的目标，解决高性能的物理硬件产能过剩和老旧硬件产能过低的重组重用。简单来说，就是将底层资源进行分区，并向上层提供特定的、多样化的运算环境。

虚拟化技术通过有效管理虚拟资源和物理资源之间的映射关系，达到充分共享物理资源的目标，解决应用系统从资源独占到资源共享的转变，实现业务服务的高可用。

虚拟化逻辑结构如图 9-0-1 所示。

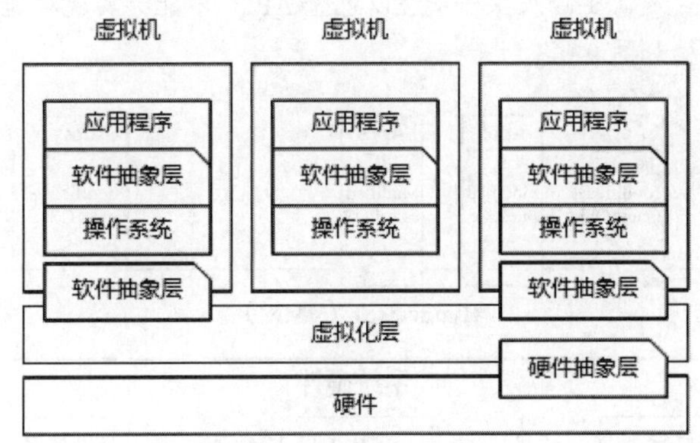

图 9-0-1　虚拟化逻辑结构

（3）虚拟化的实现方式。根据实现方式的不同，虚拟化技术可以分为全虚拟化、半虚拟化和操作系统级虚拟化等。

1）全虚拟化。在全虚拟化中，虚拟机（“guest”，客户机）和硬件之间，安装有“Hypervisor（超级管理器）”。Hypervisor 是一切硬件资源的管理者，并将其虚拟成各种设备，客户机操作系统无需做任何修改，就能直接对虚拟化的硬件发出请求。客户机操作系统内核执行的任何有特权的指令都需要经过 Hypervisor 翻译，才能正确地被处理。

全虚拟化是最为安全的一种虚拟化技术，因为客户机操作系统和底层硬件之间已被隔离。客户机操作系统的内核不要求做任何修改，可以在不同底层体系结构之间自由移植客户机操作系统。只要有虚拟化软件，客户机就能在任何体系结构的处理器上运行，但是在翻译 CPU 指令时会有一定的性能损失。

全虚拟化系统的结构如图 9-0-2 所示。

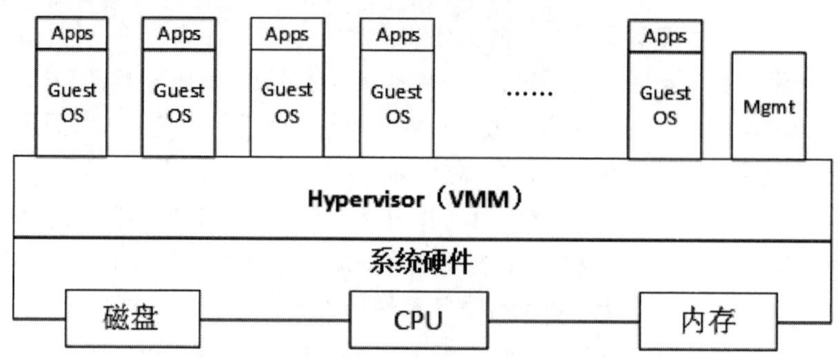

图 9-0-2　全虚拟化系统结构

2）半虚拟化。半虚拟化技术也叫作准虚拟化技术，是在全虚拟化的基础上，对客户机操作系统进行修改，增加一个专门的 API，使用 API 将客户机操作系统发出的指令进行最优化处理，不需要 Hypervisor 耗费一定的资源进行翻译操作。因此，Hypervisor 的工作负担变得非常小，系统整体的性能有较大地提升。

半虚拟化技术的缺点是需要修改操作系统以包含 API，不能够实现对通用操作系统的支持。

半虚拟化系统的结构如图 9-0-3 所示。

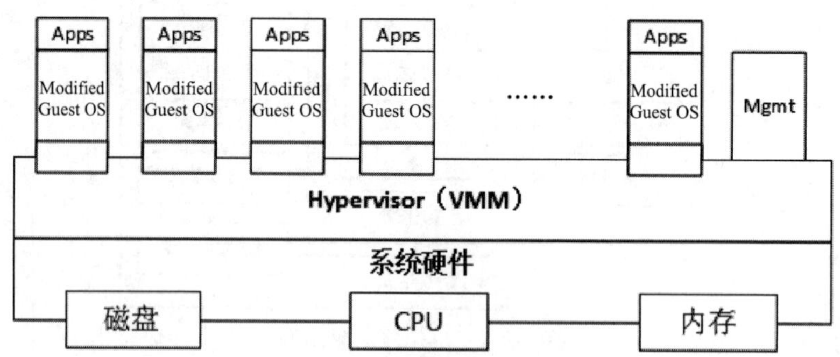

图 9-0-3 半虚拟化系统结构

3）操作系统级虚拟化。操作系统级虚拟化并不是在硬件系统里创建多个虚拟机环境，而是让一个操作系统创建多个彼此相互独立的应用环境，这些应用环境访问同一内核。操作系统级的虚拟化可以想象是内核的一种功能，而不是抽象成一层独立的软件。

因为不存在实际的翻译层或者虚拟化层，所以操作系统级的虚拟机开销很小，大多数都能达到原本的性能。该类型不能使用多种操作系统，所有虚拟机需要共享一个内核。

操作系统级虚拟化的结构如图 9-0-4 所示。

（4）主流虚拟化解决方案。虚拟化产品分为开源虚拟化软件和商业虚拟化软件两大阵营，典型的代表有 Xen、KVM、VMware、Hyper-V、Docker 容器等，其中 Xen、KVM 是开源免费的虚拟化软件，VMware、Hyper-V 是付费的虚拟化软件。

虚拟化软件产品有很多，无论是开源还是商业的，每款软件产品有其特点及应用场景，需要根据业务场景选择合适的软件。最常见的虚拟化软件提供商有 Citrix、IBM、VMware、Microsoft 等，国产虚拟化平台有云宏 CNware 等。

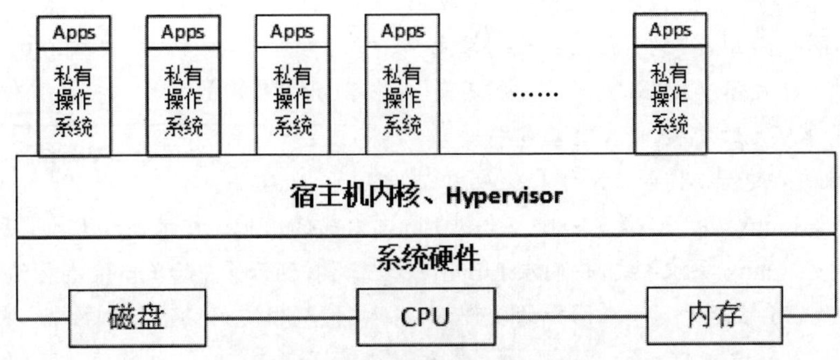

图 9-0-4 操作系统虚拟化系统结构

常见虚拟化软件产品及其对比见表 9-0-1。

表 9-0-1 常见虚拟化软件产品对比

名称	开发厂商	虚拟类型	执行效率	GuestOS 跨平台	许可证
Xen	Virtual Iron http://www.xensource.com	半虚拟化	高	支持	GPL
OpenVZ	Swsoft http://www.openvz.org	操作系统级虚拟化	高	不支持	GPL
VMware	VMware http://www.vmware.com	全虚拟化	中	支持	私有
QEMU	QEMU http://www.qemu.com	仿真	低	支持	LGPL/GPL
VirtualBox	Oracle http://www.virtualbox.org	桌面虚拟化	低	支持	GPL
KVM	http://kvm.sourceforge.net	全虚拟化	中	支持	GPL
z/VM	IBM http://www.vm.ibm.com	全虚拟化	高	不支持	私有

2. KVM

（1）什么是 KVM。KVM 是基于 Linux 内核的虚拟机软件（Kernel-based Virtual Machine），是第一个整合到 Linux 内核的虚拟化软件。KVM 嵌入 Linux 系统内核，使 Linux 变成了一个 Hypervisor，通过优化内核来使用虚拟技术，使用 Linux 自身的调度器进行虚拟机管理。

KVM 的架构如图 9-0-5 所示，KVM 是内核的一个模块，用户空间通过 QEMU 模拟硬件提供虚拟机使用，一台虚拟机就是一个普通的 Linux 进程，通过对这个进程的管理，完成对虚拟机的管理。

（2）KVM 的优势。KVM 的主要优势如下。

1）开源免费。KVM 是一个开源项目，一直以开放的姿态接受各种新技术，许多虚拟化的新技术都首先在 KVM 上应用，再到其他虚拟化引擎上推广。因为开源，绝大部分 KVM 的解决方案都是免费方案。随着 KVM 的发展，KVM 虚拟机越来越稳定，兼容性越来越好，因而得到了广泛应用。

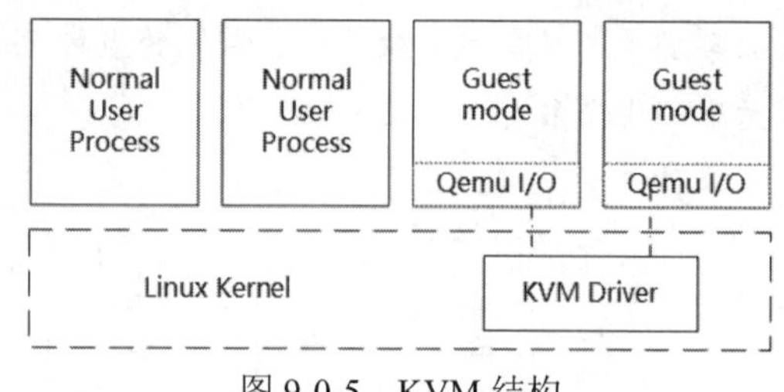

图 9-0-5　KVM 结构

2）紧密结合 Linux。KVM 是第一个整合进 Linux 内核的虚拟化技术，和 Linux 系统紧密结合，因此形成了从底层 Linux 操作系统，中间层 Libvirt 管理工具，到云管平台 OpenStack 的 KVM 生态链。

3）性能。KVM 性能优越，在同样的硬件环境下，能提供更好的虚拟机性能。

任务一　安装 KVM

【任务介绍】

本任务通过 KVM 软件实现虚拟化服务，并进行虚拟化服务的测试与管理。

【任务目标】

（1）实现 KVM 软件的安装配置。

（2）实现 KVM 服务的测试与管理。

【操作步骤】

步骤 1：创建虚拟机并完成 CentOS 的安装。

在 VirtualBox 中创建虚拟机，完成 CentOS 操作系统的安装。虚拟机与操作系统的配置信息见表 9-1-1，注意虚拟机网卡工作模式为桥接，虚拟机 CPU、内存和磁盘的配置较高。

表 9-1-1　虚拟机与操作系统配置

虚拟机配置	操作系统配置
虚拟机名称： VM-Project-09-Task-01-10.10.2.123 内存：4096MB CPU：1 颗 4 核心 虚拟硬盘：100GB 网卡：1 块，桥接	主机名：Project-09-Task-01 IP 地址：10.10.2.123 子网掩码：255.255.255.0 网关：10.10.2.1 DNS：8.8.8.8

步骤 2：完成虚拟机的主机配置、网络配置及通信测试。

启动并登录虚拟机，依据表 9-1-1 完成主机名和网络的配置，能够访问互联网和本地主机。

提醒

（1）虚拟机创建、操作系统安装、主机名与网络的配置，具体方法参见项目一。

（2）建议通过虚拟机复制快速创建所需环境。通过复制创建的虚拟机需依据本任务虚拟机与操作系统规划配置信息设置主机名与网络，实现对互联网和本地主机的访问。

（3）本任务需使用 YUM 工具在线安装软件，建议将 YUM 仓库配置为国内镜像服务以提高在线安装时的速度。

（4）在本项目的内容中出现的设备名称有 3 项：本地主机、宿主机和 KVM 虚拟机。

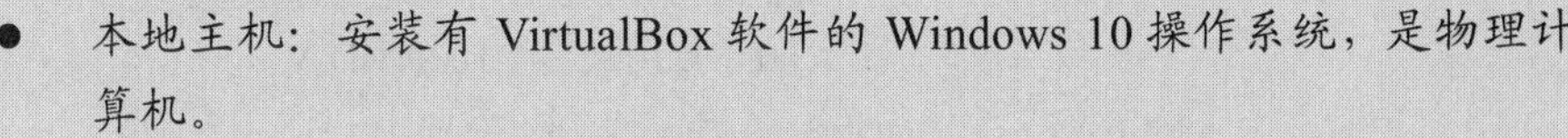

- 本地主机：安装有 VirtualBox 软件的 Windows 10 操作系统，是物理计算机。
- 宿主机：安装有 KVM 软件的 CentOS 操作系统，是 VirtualBox 中创建的虚拟机。
- KVM 虚拟机：在宿主机 CentOS 操作系统中使用 KVM 创建的虚拟机。

（5）在本书的其他项目中，使用的设备名称有两项：本地主机和虚拟机。

- 本地主机：安装有 VirtualBox 软件的 Windows 10 操作系统，是物理计算机。
- 虚拟机：在 VirtualBox 中创建的虚拟机，并安装了 CentOS 操作系统。

（6）本项目中的宿主机等同于本书其他项目中的虚拟机。

（7）本项目中的 KVM 虚拟机是通过 KVM 创建的虚拟机，运行在宿主机 CentOS 操作系统上的虚拟机，KVM 虚拟机也可以安装操作系统。

步骤 3：配置宿主机支持虚拟化。

关闭宿主机并在 VirualBox 软件中设置 VM-Project-09-Task-01-10.10.2.123 的处理器，启用扩展特性中的“启用嵌套 VT-x/AMD-V”选项，如图 9-1-1 所示，并依次完成内存和硬盘的设置。

（1）如果“启用嵌套 VT-x/AMD-V”选项为灰色，不可操作，可依次依据下述步骤查看问题并解决。

- 查看本地主机 CPU 是否支持虚拟化。如果支持，可进入本地主机的 BIOS，启用 CPU 的虚拟化支持。
- 查看本地主机是否安装“Hyper-V”。如果安装，请使用“启用或关闭 Windows 功能”卸载 Hyper-V。

（2）如果仍未解决，可进入 VirtualBox 安装目录，通过命令提示符使用 VBoxManage.exe modifyvm "虚拟机名称" --nested-hw-virt on 设置。

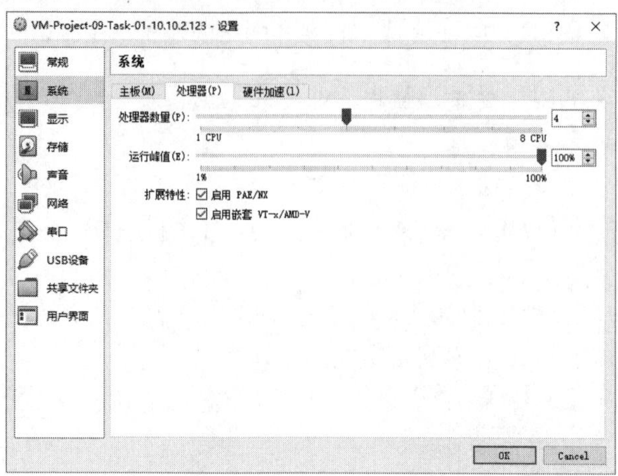

图 9-1-1　启用嵌套 VT-x/AMD-V

步骤 4：配置宿主机网络混杂模式。

设置网络的混杂模式为“全部允许”，如图 9-1-2 所示。

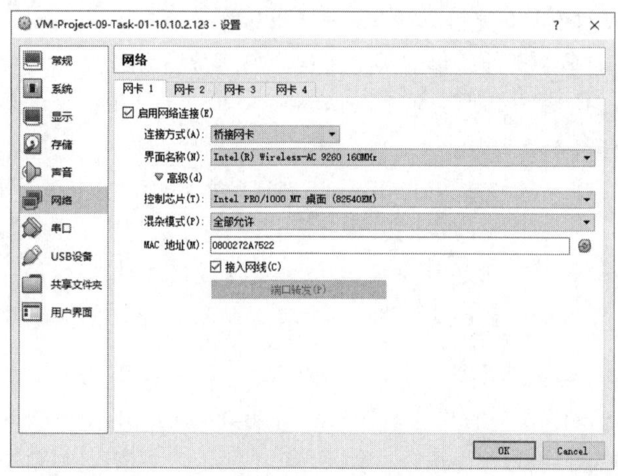

图 9-1-2　设置混杂模式为全部允许

（1）计算机网卡一般工作在非混杂模式下，此时网卡只接受目的地址指向自己的网络数据。

（2）在混杂模式下，网卡将接受所有数据并都交给相应的驱动程序。

（3）VirtualBox 网络的混杂模式支持“拒绝”“允许虚拟电脑”和“全部允许”，为使 KVM 虚拟机能够访问互联网，应将混杂模式设置为“全部允许”。

步骤 5：检测 CPU 是否支持虚拟化。

安装 KVM 软件之前，需对宿主机进行硬件检测，检查 CPU 是否支持 VT 技术。

操作命令：

```
#查看/proc/cpuinfo 文件确定 CPU 是否支持 VT 技术
[root@Project-09-Task-01 ~]# cat /proc/cpuinfo | egrep 'vmx|svm'

#下述信息中出现“vmx”或者“svm”的字样表示 CPU 支持 VT 技术
flags		: fpu vme de pse tsc msr pae mce cx8 apic sep mtrr pge mca cmov pat pse36 clflush mmx fxsr sse sse2 syscall nx mmxext fxsr_opt pdpe1gb rdtscp lm constant_tsc rep_good nopl tsc_reliable nonstop_tsc cpuid pni pclmulqdq ssse3 fma cx16 sse4_1 sse4_2 x2apic popcnt aes xsave avx f16c hypervisor lahf_lm svm extapic cr8_legacy abm sse4a misalignsse 3dnowprefetch osvw xop fma4 tbm perfctr_core ssbd vmmcall bmi1 arat npt svm_lock nrip_save vmcb_clean flushbyasid decodeassists overflow_recov succor
flags		: fpu vme de pse tsc msr pae mce cx8 apic sep mtrr pge mca cmov pat pse36 clflush mmx fxsr sse sse2 syscall nx mmxext fxsr_opt pdpe1gb rdtscp lm constant_tsc rep_good nopl tsc_reliable nonstop_tsc cpuid pni pclmulqdq ssse3 fma cx16 sse4_1 sse4_2 x2apic popcnt aes xsave avx f16c hypervisor lahf_lm svm extapic cr8_legacy abm sse4a misalignsse 3dnowprefetch osvw xop fma4 tbm perfctr_core ssbd vmmcall bmi1 arat npt svm_lock nrip_save vmcb_clean flushbyasid decodeassists overflow_recov succor
```

操作命令+配置文件+脚本程序+结束

（1）vmx 表示当前的“Intel”CPU 支持 VT 技术。

（2）svm 表示当前的“AMD”CPU 支持 VT 技术。

步骤 6： 安装 KVM。

安装 KVM 软件以及管理工具，例如 virt-manager、virt-viewer、virt-install 等。

操作命令：

```
#使用 yum 工具安装 KVM 软件及相关管理工具
[root@Project-09-Task-01 ~]# yum install -y qemu-kvm virt-manager virt-viewer libvirt virt-install acpid
Repository AppStream is listed more than once in the configuration
Repository extras is listed more than once in the configuration
Repository PowerTools is listed more than once in the configuration
Repository centosplus is listed more than once in the configuration
Last metadata expiration check: 0:03:30 ago on Mon 10 Feb 2020 07:16:48 PM CST.
Dependencies resolved.
=====================================================================
 Package                                          Architecture      Vers
=====================================================================
#安装 KVM 的版本、大小等信息
Installing:
 acpid                                            x86_64            2.0.
 libvirt                                          x86_64            4.5.
 qemu-kvm                                         x86_64            15:2
 virt-install                                     noarch            2.2.
 virt-manager                                     noarch            2.2.
 virt-viewer                                      x86_64            7.0-
```

项目九

```
Installing dependencies:
#安装的依赖软件信息
 abattis-cantarell-fonts                          noarch          0.0.
#为了排版方便，此处省略了部分提示信息
 virt                                                             rhel

Transaction Summary
===========================================================================

#安装 KVM 需要安装 258 个依赖软件，总下载大小为 110M，安装后将占用磁盘 427M
Install  258 Packages

Total download size: 110 M
Installed size: 427 M
Downloading Packages:
(1/258): acpid-2.0.30-2.el8.x86_64.rpm
#为了排版方便，此处省略了部分提示信息
(258/258): xml-common-0.6.3-50.el8.noarch.rpm
---------------------------------------------------------------------------
Total
Running transaction check
Transaction check succeeded.
Running transaction test
Transaction test succeeded.
Running transaction
  Preparing          :
  Installing         : avahi-libs-0.7-19.el8.x86_64
#为了排版方便，此处省略了部分提示信息
  Verifying          : xml-common-0.6.3-50.el8.noarch
#下述信息表明安装 KVM 将会安装以下软件，且已安装成功
Installed:
  acpid-2.0.30-2.el8.x86_64
#为了排版方便，此处省略了部分提示信息
  userspace-rcu-0.10.1-2.el8.x86_64

Complete!
```

操作命令+配置文件+脚本程序+结束

步骤 7：启动 libvirtd 服务。

KVM 软件安装完成后，将在 CentOS 中创建名为 libvirtd 的服务，该服务并未自动启动。

操作命令：

```
#使用 systemctl start 命令启动 libvirtd 服务
[root@Project-09-Task-01 ~]# systemctl start libvirtd
```

操作命令+配置文件+脚本程序+结束

如果不出现任何提示，表示 libvirtd 服务启动成功。

（1）命令 systemctl stop libvirtd，可以停止 libvirtd 服务。

（2）命令 systemctl restart libvirtd，可以重启 libvirtd 服务。

步骤 8：查看 KVM 运行信息。

KVM 服务启动后，可通过 systemctl status 命令查看其运行信息。

操作命令：

```
#使用 systemctl  status 查看 libvirtd 服务
[root@Project-09-Task-01 ~]# systemctl  status  libvirtd
● libvirtd.service - Virtualization daemon
    Loaded: loaded (/usr/lib/systemd/system/libvirtd.service; disabled; vendor preset: enabled)
    #KVM 的活跃状态，结果值为 active 表示活跃；inactive 表示不活跃已停止服务
    Active: active (running) since Mon 2020-02-10 19:40:37 CST; 3min 51s ago
      Docs: man:libvirtd(8)
            https://libvirt.org
  Main PID: 1090 (libvirtd)
#任务数（最大限制数量）
    Tasks: 19 (limit: 32768)
    #占用内存大小为：67.7M
    Memory: 67.7M
    CGroup: /system.slice/libvirtd.service
            ├──1090 /usr/sbin/libvirtd
            ├──#为了排版方便，此处省略了部分提示信息

Feb 10 19:40:37 CentOS8-TPL systemd[1]: Started Virtualization daemon.
#为了排版方便，此处省略了部分提示信息
Feb 10 19:40:39 CentOS8-TPL dnsmasq-dhcp[2024]: read /var/lib/libvirt/dnsmasq/default.hostsfile
lines 1-23/23 (END)
```

操作命令+配置文件+脚本程序+结束

步骤 9：配置 libvirtd 服务为开机自启动。

KVM 软件安装后已默认将 libvirtd 服务配置为开机自启动，可通过以下命令验证。

操作命令：

```
#使用 systemctl  list-unit-files 命令验证 libvirtd 服务是否已配置为开机自启动
[root@Project-03-Task-01 ~]# systemctl  list-unit-files | grep  libvirtd.service
#下述信息说明 libvirtd.service 已配置为开机自启动
libvirtd.service                                    enabled
```

操作命令+配置文件+脚本程序+结束

（1）如果 libvirtd 服务未配置为开机自启动，可通过“systemctl enable libvirtd”设置。

（2）命令“systemctl disable libvirtd”可设置 libvirtd 服务为开机不自动启动。

步骤 10：验证是否已加载 KVM 模块。

KVM 软件在安装后会自动载入内核，可通过以下命令验证。

操作命令：

```
#命令 lsmod | grep kvm 可检测 KVM 是否加载成功
[root@Project-09-Task-01 ~]# lsmod | grep kvm
#下述信息说明 KVM 已经加载成功
kvm_amd                 110592  0
ccp                      98304  1 kvm_amd
kvm                     753664  1 kvm_amd
irqbypass                16384  1 kvm
```

操作命令+配置文件+脚本程序+结束

步骤 11：检测 KVM 是否已安装成功。

通过查看 KVM 软件虚拟机列表，验证 KVM 软件是否安装成功。

操作命令：

```
#命令 virsh list 查看 KVM 虚拟机列表
[root@Project-09-Task-01 ~]# virsh list
#出现下述信息表明 KVM 安装成功
 Id    Name                           State
----------------------------------------------------
```

操作命令+配置文件+脚本程序+结束

如果能够查看到 KVM 虚拟机列表，且列表内容为空，则说明 KVM 安装成功但尚未创建虚拟机。

任务二　配置宿主机网络

操作视频

【任务介绍】

本任务配置宿主机网络，实现 Bridge，为 KVM 虚拟机提供网络通信服务。

本任务在任务一的基础上进行。

【任务目标】

（1）实现宿主机网桥配置。

（2）实现宿主机的连通性测试。

【操作步骤】

步骤 1：查看宿主机网络情况。

KVM 软件安装后默认以 NAT 方式实现网络通信，为了让 KVM 虚拟机能与宿主机、本地主机、互联网相互通信，需将宿主机网络设置为 Bridge 方式。

操作命令：

```
#使用 ip addr 查看宿主机网络情况
[root@Project-09-Task-01 ~]# ip addr

#lo 为回环接口，该接口不从外界接收和发送数据包，仅在操作系统内部接收和发送数据包
1: lo: <LOOPBACK,UP,LOWER_UP> mtu 65536 qdisc noqueue state UNKNOWN group default qlen 1000
    link/loopback 00:00:00:00:00:00 brd 00:00:00:00:00:00
    inet 127.0.0.1/8 scope host lo
       valid_lft forever preferred_lft forever
    inet6 ::1/128 scope host
       valid_lft forever preferred_lft forever

#enp0s3 为以太网接口，与网卡对应，每个硬件网卡对应一个以太网接口
2: enp0s3: <BROADCAST,MULTICAST,UP,LOWER_UP> mtu 1500 qdisc mq state UP group default qlen 1000
    link/ether 00:50:56:9a:ac:a8 brd ff:ff:ff:ff:ff:ff
    inet 10.10.2.123/24 brd 10.10.2.255 scope global noprefixroute enp0s3
       valid_lft forever preferred_lft forever
    inet6 fe80::581a:576d:7a4a:d306/64 scope link noprefixroute
       valid_lft forever preferred_lft forever

#virbr0 为虚拟网络接口，由 KVM 创建，为连接其上的 KVM 虚拟机网络提供访问外网的功能
3: virbr0: <BROADCAST,MULTICAST,UP,LOWER_UP> mtu 1500 qdisc noqueue state UP group default qlen 1000
    link/ether 52:54:00:79:f0:a3 brd ff:ff:ff:ff:ff:ff
    inet 192.168.122.1/24 brd 192.168.122.255 scope global virbr0
       valid_lft forever preferred_lft forever
4: virbr0-nic: <BROADCAST,MULTICAST> mtu 1500 qdisc fq_codel master virbr0 state DOWN group default qlen 1000
    link/ether 52:54:00:79:f0:a3 brd ff:ff:ff:ff:ff:ff

```

操作命令+配置文件+脚本程序+结束

KVM 虚拟机的网络配置可以设置为“Bridge 模式”和“NAT 模式”两种。

- Bridge 模式：主要应用场景为已存在一个计算机网络，让任意 KVM 虚拟机都显现在现有的网络中，并可从本地访问这些 KVM 虚拟机，也可从 KVM 虚拟机访问本地网络。
- NAT 模式：主要应用场景为已存在一个计算机网络，希望新创建的 KVM 虚拟机是一个独立私有网络，且 KVM 虚拟机能够访问到外部网络，外部网络不能访问 KVM 虚拟机。

步骤 2：创建 bridge。

创建 bridge 时需使用 nmcli 命令创建 br0，并将其绑定到可以正常工作的网络接口上，同时让 br0 成为连接宿主机与互联网的接口。

操作命令：

```
#使用 nmcli 命令创建 bridge
[root@Project-09-Task-01 ~]# nmcli connection add type bridge con-name br0 ifname br0 autoconnect yes
Connection 'br0' (d2da8303-c3a1-4c5d-abaa-e575fe8d7585) successfully added.
#查看网桥是否创建成功
[root@Project-09-Task-01 ~]# nmcli c
NAME      UUID                                  TYPE       DEVICE
br0       d2da8303-c3a1-4c5d-abaa-e575fe8d7585  bridge     br0
enp0s3    d104dc11-e35e-4f15-a5c4-2db79e7becd1  ethernet   enp0s3
virbr0    8fb7dba3-1cc4-4005-a24e-1b364a06ebe8  bridge     virbr0
#网桥创建成功后会自动生成网桥配置文件，使用 ls 命令查看网桥配置文件
[root@Project-09-Task-01 ~]# ls -l /etc/sysconfig/network-scripts/
total 8
#ifcfg-br0 是已经创建的网桥文件
-rw-r--r-- 1 root root 311 Jul 10 21:20 ifcfg-br0
-rw-r--r-- 1 root root 401 Jul 10 11:58 ifcfg-enp0s3
```

操作命令+配置文件+脚本程序+结束

br0 创建成功后将生成接口配置文件，其路径为“/etc/sysconfig/network-scripts/ifcfg-br0”，使用 vi 工具编辑该网桥配置文件，编辑后的配置文件信息如下所示。

配置文件：/etc/sysconfig/network-scripts/ifcfg-br0

```
STP=yes
BRIDGING_OPTS=priority=32768
TYPE=Bridge
PROXY_METHOD=none
BROWSER_ONLY=no
BOOTPROTO=static
DEFROUTE=yes
IPV4_FAILURE_FATAL=no
IPV6INIT=yes
IPV6_AUTOCONF=yes
IPV6_DEFROUTE=yes
IPV6_FAILURE_FATAL=no
IPV6_ADDR_GEN_MODE=stable-privacy
NAME=br0
UUID=d2da8303-c3a1-4c5d-abaa-e575fe8d7585
DEVICE=br0
ONBOOT=yes
IPADDR=10.10.2.123
```

```
GATEWAY=10.10.2.1
PREFIX=24
DNS1=8.8.8.8
```

操作命令+配置文件+脚本程序+结束

使用 vi 工具编辑 enp0s3 网卡配置文件，编辑后的配置文件信息如下所示。

配置文件：/etc/sysconfig/network-scripts/ifcfg-enp0s3

```
TYPE="Ethernet"
PROXY_METHOD="none"
BROWSER_ONLY="no"
BOOTPROTO="none"
DEFROUTE="yes"
IPV4_FAILURE_FATAL="no"
IPV6INIT="yes"
IPV6_AUTOCONF="yes"
IPV6_DEFROUTE="yes"
IPV6_FAILURE_FATAL="no"
IPV6_ADDR_GEN_MODE="stable-privacy"
NAME="enp0s3"
UUID="d104dc11-e35e-4f15-a5c4-2db79e7becd1"
DEVICE="enp0s3"
ONBOOT="yes"
BRIDGE="br0"
```

操作命令+配置文件+脚本程序+结束

操作命令：

```
#使用 nmcli 命令重启网络
[root@Project-09-Task-01 ~]# nmcli c reload
[root@Project-09-Task-01 ~]# nmcli c down br0
[root@Project-09-Task-01 ~]# nmcli c up br0
[root@Project-09-Task-01 ~]# nmcli c up enp0s3

#使用 ipaddr 查看当前网络情况
[root@Project-09-Task-01 ~]# ipaddr
1: lo: <LOOPBACK,UP,LOWER_UP> mtu 65536 qdisc noqueue state UNKNOWN group default qlen 1000
    link/loopback 00:00:00:00:00:00 brd 00:00:00:00:00:00
    inet 127.0.0.1/8 scope host lo
       valid_lft forever preferred_lft forever
    inet6 ::1/128 scope host
       valid_lft forever preferred_lft forever
2: enp0s3: <BROADCAST,MULTICAST,UP,LOWER_UP> mtu 1500 qdisc mq master br0 state UP group default qlen 1000
    link/ether 00:50:56:9a:55:a7 brd ff:ff:ff:ff:ff:ff
#桥接网络配置成功
```

```
3: br0: <BROADCAST,MULTICAST,UP,LOWER_UP> mtu 1500 qdisc noqueue state UP group default qlen 1000
    link/ether 00:50:56:9a:55:a7 brd ff:ff:ff:ff:ff:ff
    inet 10.10.2.123/24 brd 10.10.2.255 scope global noprefixroute br0
       valid_lft forever preferred_lft forever
    inet6 fe80::840d:869:643d:7b3e/64 scope link noprefixroute
       valid_lft forever preferred_lft forever
4: virbr0: <NO-CARRIER,BROADCAST,MULTICAST,UP> mtu 1500 qdisc noqueue state DOWN group default qlen 1000
    link/ether 52:54:00:2c:28:e3 brd ff:ff:ff:ff:ff:ff
    inet 192.168.122.1/24 brd 192.168.122.255 scope global virbr0
       valid_lft forever preferred_lft forever
5: virbr0-nic: <BROADCAST,MULTICAST> mtu 1500 qdisc fq_codel master virbr0 state DOWN group default qlen 1000
    link/ether 52:54:00:2c:28:e3 brd ff:ff:ff:ff:ff:ff

#使用 ping 命令检测虚拟机能否访问互联网
[root@Project-09-Task-01 ~]# ping www.baidu.com -c 4
#出现下述信息表明宿主机能够访问互联网
PING www.wshifen.com (104.193.88.77) 56(84) bytes of data.
64 bytes from 104.193.88.77 (104.193.88.77): icmp_seq=1 ttl=47 time=168 ms
64 bytes from 104.193.88.77 (104.193.88.77): icmp_seq=2 ttl=47 time=168 ms
64 bytes from 104.193.88.77 (104.193.88.77): icmp_seq=3 ttl=47 time=168 ms
64 bytes from 104.193.88.77 (104.193.88.77): icmp_seq=4 ttl=47 time=168 ms

--- www.wshifen.com ping statistics ---
4 packets transmitted, 4 received, 0% packet loss, time 4ms
rtt min/avg/max/mdev = 167.718/167.753/167.790/0.502 ms
```

操作命令+配置文件+脚本程序+结束

任务三 创建 KVM 虚拟机

【任务介绍】

本任务使用 KVM 软件创建虚拟机，并实现对虚拟机的操作。

本任务在任务二的基础上进行。

【任务目标】

（1）实现 KVM 虚拟机的创建。

（2）实现 KVM 虚拟机的操作系统安装。

【任务设计】

本任务通过 virt-install 工具创建 KVM 虚拟机，KVM 虚拟机的存储目录规划见表 9-3-1，KVM 虚拟机配置见表 9-3-2。

表 9-3-1 KVM 存储池规划

存储池名称	存放目录	内容规划
disk	/opt/disk	存放 KVM 磁盘文件
iso	/opt/iso	存放待安装的 ISO 文件

表 9-3-2 KVM 虚拟机配置

KVM 虚拟机配置
虚拟机名称： VM-CentOS-Temp 内存：2048MB CPU：1 颗 1 核心 虚拟硬盘名称：VM-CentOS-Temp 虚拟硬盘大小：10GB 虚拟硬盘格式：qcow2

（1）依据项目一任务三中的虚拟机网络地址规划表可知，网络环境已经完成规划，其地址范围为 10.10.2.100～10.10.2.129。

（2）为使 KVM 虚拟机能够接入本地网络，需为 KVM 虚拟机设置静态 IP 地址，用以提供服务。为区分 KVM 虚拟机网络与本地网络，设计 KVM 虚拟机网络地址为 10.10.2.140。

【操作步骤】

步骤 1：创建存储池。

存储池是 KVM 虚拟机的存储位置，可以是本地存储，也可以是网络存储。创建存储池分为 3 个步骤：定义、创建、激活，按照表 9-3-1，创建 disk、iso 两个存储池。

操作命令：

```
#创建 iso 存储池
#建立 iso 存储池目录
[root@Project-09-Task-01 ~]# mkdir -p /opt/iso
#设置目录权限
[root@Project-09-Task-01 ~]# chown root:root /opt/iso/
[root@Project-09-Task-01 ~]# chmod 777 /opt/iso/
```

```
#使用 virsh pool-define-as 定义名称为 iso 的存储池
[root@Project-09-Task-01 ~]# virsh pool-define-as iso--type dir --target /opt/iso/
#名称为 iso 的存储池定义成功
Pool iso defined
#使用 virsh pool-list 查看存储池
[root@Project-09-Task-01 ~]# virsh pool-list --all
#iso 存储池已经创建成功，其状态为未激活，并不随宿主机开机自启动
 Name                    tate              Autostart
-------------------------------------------------------------------
iso                      inactive          no

#根据定义的 iso 存储池路径创建 iso 存储池
[root@Project-09-Task-01 ~]# virsh pool-build iso
#名称为 iso 的存储池创建成功
Pool isobuilt
#启动名称为 iso 的存储池
[root@Project-09-Task-01 ~]# virsh pool-start iso
#名称为 iso 的存储池已经启动
Pool isostarted
#将 iso 存储池设置为随宿主机开机自启动
[root@Project-09-Task-01 ~]# virsh pool-autostart iso
#iso 存储池已经设置为开机自启动
Pool iso marked as autostarted
#查看所有存储池状态
[root@Project-09-Task-01 ~]# virsh pool-list --all
 Name                    State             Autostart
-------------------------------------------------------------------
 iso                     active            yes

#查看 iso 存储池的详细信息
[root@Project-09-Task-01 ~]# virsh pool-info iso
#存储池名称
Name:           iso
UUID:           a936173a-d6b4-4d59-b5fc-2338a01a9b4f
#存储池状态为运行中
State:          running
#该存储池为永久性存储池
Persistent:     yes
#该存储池随宿主机开机自启动
Autostart:      yes
#存储池总容量
Capacity:       36.32 GiB
#存储池已分配容量
Allocation:     2.08 GiB
#存储池可用容量
Available:      34.24 GiB
```

```

#创建 disk 存储池
[root@Project-09-Task-01 ~]# mkdir -p /opt/disk
[root@Project-09-Task-01 ~]# chown root:root /opt/disk/
[root@Project-09-Task-01 ~]# chmod 777 /opt/disk/
[root@Project-09-Task-01 ~]# virsh pool-define-as disk--type dir --target /opt/disk/
Pool diskdefined
[root@Project-09-Task-01 ~]# virsh pool-list --all
 Name                    tate            Autostart
-------------------------------------------------------------
iso                      active          yes
disk                     inactive        no
[root@Project-09-Task-01 ~]# virsh pool-build disk
Pool diskbuilt
[root@Project-09-Task-01 ~]# virsh pool-start disk
Pool diskstarted
[root@Project-09-Task-01 ~]# virsh pool-autostart disk
Pool diskmarked as autostarted
[root@Project-09-Task-01 ~]# virsh pool-list --all
 Name                    State           Autostart
-------------------------------------------------------------
 iso                     active          yes
disk                     active          yes

[root@Project-09-Task-01 ~]# virsh pool-info disk
Name:           disk
UUID:           10631120-3b56-4680-9e98-e22e2cf06229
State:                running
Persistent:           yes
Autostart:            yes
Capacity:       36.32 GiB
Allocation:     2.08 GiB
Available:      31.45 GiB
```

操作命令+配置文件+脚本程序+结束

（1）使用 virsh pool-destroy 可以取消激活的存储池。

（2）使用 virsh pool-undefine 可以取消定义的存储池。

（3）使用 virsh pool-delete 可以删除存储池定义的目录。

步骤 2：获取 CentOS7。

本任务为 KVM 虚拟机选用 CentOS7，选用的版本为 CentOS-7-x86_64-Minimal-2003，版本号是 7.8.2003，其镜像可通过官方（http://isoredirect.centos.org/centos/7/isos/x86_64/）下载。

操作命令：

```
#使用 yum 工具安装 wget
```

```
[root@Project-09-Task-01 ~]# yum install -y wget
#使用 wget 工具下载 CentOS-7-x86_64-Minimal-2003 文件到指定目录
[root@Project-09-Task-01 ~]#  wget -O /opt/iso/CentOS-7-x86_64-Minimal-2003.iso http://mirrors.163.com/centos/7.8.2003/isos/x86_64/CentOS-7-x86_64-Minimal-2003.iso
--2020-02-23 19:19:48--  http://mirrors.163.com/centos/7.8.2003/isos/x86_64/CentOS-7-x86_64-Minimal-2003.iso
Resolving mirrors.163.com (mirrors.163.com)... 59.111.0.251
Connecting to mirrors.163.com (mirrors.163.com)|59.111.0.251|:80... connected.
HTTP request sent, awaiting response... 200 OK
#下载文件大小为 1.0G
#CentOS-7-x86_64-Minimal-2003.iso 下载后存放的位置为/opt/iso/CentOS-7-x86_64-Minimal-2003.iso
Length: 1085276160 (1.0G) [application/octet-stream]
Saving to: 'CentOS-7-x86_64-Minimal-2003.iso'

CentOS-7-x86_64-Min 100%[===================>] 1.01G33.2MB/s    in 36s

#下述信息表示文件下载成功
2020-02-23 19:20:25 (25.9 MB/s) - 'CentOS-7-x86_64-Minimal-2003.iso' saved [1085276160 /1085276160]
```

操作命令+配置文件+脚本程序+结束

步骤 3：安装 CentOS 7。

virt-install 是一个在命令行创建 KVM 虚拟机的工具，使用 virt-install 配合一些参数可以完成 KVM 虚拟机的操作系统安装。本步骤使用 virt-install 工具以命令行的方式创建 KVM 虚拟机，并实现 CentOS7 系统的安装。

操作命令：

```
#使用 virt-install 安装 KVM 虚拟机
[root@Project-09-Task-01 opt]# virt-install --virt-type=kvm --name=VM-CentOS-Temp --vcpus=1 --memory=2048 --network bridge=br0,model=virtio --os-type=linux --os-variant=rhel7.7 --location=/opt/iso/CentOS-7-x86_64-Minimal-2003.iso --disk /opt/disk/VM-CentOS-Temp.qcow2,format=qcow2,size=10 --console=pty,target_type=serial --graphics=none --extra-args="console=tty0 console=ttyS0"

#开始安装 KVM 虚拟机
Starting install...
Retrieving file vmlinuz...   | 6.4 MB   00:00
Retrieving file initrd.img...                                  |  53 MB   00:00
#分配 KVM 虚拟机磁盘
Allocating 'VM-CentOS-Temp.qcow2'                              |  10 GB   00:00
#连接至 VM-CentOS-Temp 控制台
Connected to domain VM-CentOS-Temp
#使用 Ctrl+]退出 VM-CentOS-Temp 控制台
Escape character is ^]
#进入 VM-CentOS-Temp 安装界面
[    0.000000] Initializing cgroup subsys cpuset
[    0.000000] Initializing cgroup subsys cpu
```

```
[    0.000000] Initializing cgroup subsys cpuacct
[    0.000000] Linux version 3.10.0-1062.el7.x86_64 (mockbuild@kbuilder.bsys.centos.org) (gcc version 4.8.5 20150623 (Red Hat 4.8.5-36) (GCC) ) #1 SMP Wed Aug 7 18:08:02 UTC 2019
```

操作命令+配置文件+脚本程序+结束

小贴士

virt-install 工具参数说明如下。

参数	说明
virt-type	要使用的管理程序名称，本任务配置为“kvm”
name	KVM 虚拟机名称，本任务配置为“VM-CentOS-Temp”
vcpus	配置 KVM 虚拟机虚拟 CPU 数量，本任务配置为“2”
memory	配置 KVM 虚拟机内存大小，单位为 mb，本任务配置为 2048
network	配置 KVM 虚拟机网络，网络模式为 bridge，网卡为 br0
os-type	配置系统类型，本任务配置为“Linux”
os-variant	配置系统版本，本任务配置为“rhel7.7”
location	配置安装源，本任务配置为“/opt/iso/CentOS-7-x86_64-Minimal-2003.iso”
disk	配置磁盘选项，本任务配置路径为“/opt/disk/VM-CentOS-KVM.qcow2”，格式为“qcow2”，大小为 10G
console	配置控制台连接 KVM 虚拟机
graphics	配置 KVM 虚拟机显示选项，本任务配置为“none”，不启用图形化界面
extra-args	将附加参数添加到由--location 引导的内核中

VM-CentOS-Temp 的安装启动后，将进入安装向导，如图 9-3-1 所示，可按照向导开展安装操作。

（1）输入“2”后按 Enter 键确认，选择“Time Settings”设置时区，如图 9-3-2 所示。

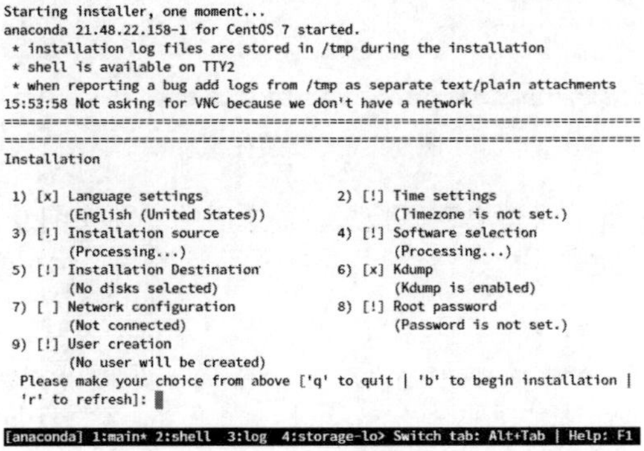

```
Starting installer, one moment...
anaconda 21.48.22.158-1 for CentOS 7 started.
 * installation log files are stored in /tmp during the installation
 * shell is available on TTY2
 * when reporting a bug add logs from /tmp as separate text/plain attachments
15:53:58 Not asking for VNC because we don't have a network
================================================================================
================================================================================
Installation

 1) [x] Language settings                 2) [!] Time settings
        (English (United States))                (Timezone is not set.)
 3) [!] Installation source               4) [!] Software selection
        (Processing...)                          (Processing...)
 5) [!] Installation Destination          6) [x] Kdump
        (No disks selected)                      (Kdump is enabled)
 7) [ ] Network configuration             8) [!] Root password
        (Not connected)                          (Password is not set.)
 9) [!] User creation
        (No user will be created)
  Please make your choice from above ['q' to quit | 'b' to begin installation |
  'r' to refresh]:
[anaconda] 1:main* 2:shell  3:log  4:storage-lo> Switch tab: Alt+Tab | Help: F1
```

图 9-3-1　安装向导

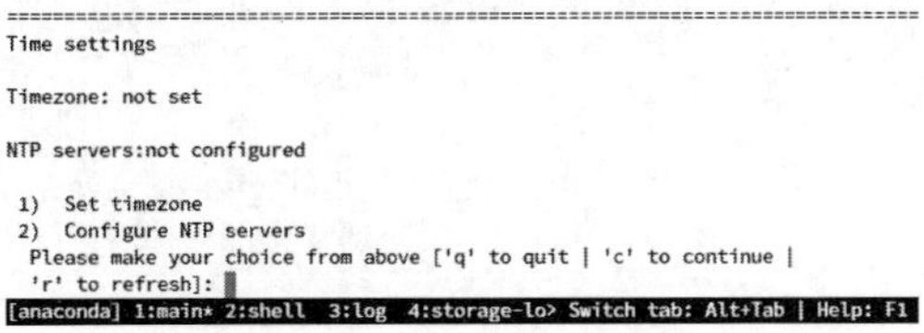

```
================================================================================
Time settings

Timezone: not set

NTP servers:not configured

 1)  Set timezone
 2)  Configure NTP servers
  Please make your choice from above ['q' to quit | 'c' to continue |
  'r' to refresh]:
[anaconda] 1:main* 2:shell  3:log  4:storage-lo> Switch tab: Alt+Tab | Help: F1
```

图 9-3-2　设置时区

（2）输入“3”后按 Enter 键确认，选择“Installationsource”设置磁盘，如图 9-3-3～

图 9-3-5 所示。

```
================================================================================
Probing storage...
Installation Destination

[x] 1) : 10 GiB (vda)

1 disk selected; 10 GiB capacity; 10 GiB free ...

  Please make your choice from above ['q' to quit | 'c' to continue |
  'r' to refresh]: c
[anaconda] 1:main* 2:shell  3:log  4:storage-lo> Switch tab: Alt+Tab | Help: F1
```

图 9-3-3　设置磁盘大小为“10G”

```
================================================================================
Autopartitioning Options

[ ] 1) Replace Existing Linux system(s)

[x] 2) Use All Space

[ ] 3) Use Free Space

Installation requires partitioning of your hard drive. Select what space to use
for the install target.

  Please make your choice from above ['q' to quit | 'c' to continue |
  'r' to refresh]: c
[anaconda] 1:main* 2:shell  3:log  4:storage-lo> Switch tab: Alt+Tab | Help: F1
```

图 9-3-4　设置磁盘使用全部空间

（3）输入“8”后按 Enter 键确认，选择“Root password”设置管理员密码，如图 9-3-6 所示。

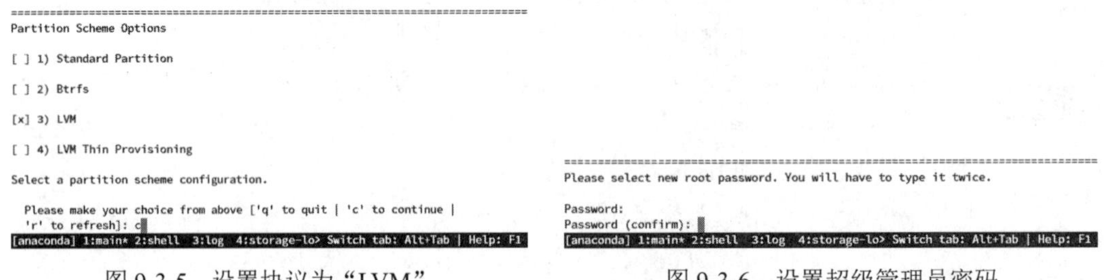

图 9-3-5　设置协议为“LVM”　　　　图 9-3-6　设置超级管理员密码

（4）全部设置完成后，输入“b”后按 Enter 键确认，开始安装，如图 9-3-7 所示，安装完成后其页面如图 9-3-8 所示，按 Enter 键重启 VM-CentOS-Temp，完成安装。

图 9-3-7　开始安装 CentOS　　　　图 9-3-8　安装完成

（5）VM-CentOS-Temp 登录界面，输入预先设置的账户名密码登录，登录后的界面如图 9-3-9 所示。

```
CentOS Linux 7 (Core)
Kernel 3.10.0-1127.el7.x86_64 on an x86_64

localhost login: root
Password:
Last login: Sun Jul 12 00:50:45 on ttyS0
[root@localhost ~]#
```

图 9-3-9　登录 CentOS

CentOS 7 操作系统安装完成后可以使用 Ctrl+]组合键，退出 KVM 软件的控制台。

【任务扩展】

KVM 的存储池与卷

KVM 的存储虚拟化通过存储池（Storage Pool）和卷（Volume）来管理。存储池是宿主机可以管理的存储空间，拥有多种类型。卷是在存储池中划分出的一块空间，宿主机将卷分配给虚拟机，卷在虚拟机中就是一块硬盘。

存储池的类型与存储模式见表 9-3-3。

表 9-3-3　存储池类型

存储模式	存储池类型	类型说明
基于文件系统的存储	dir	使用文件系统目录来存储
	fs	使用预格式化分区来存储
	netfs	使用 NFS 等网络共享存储来存储
基于设备的存储	disk	使用物理硬盘来存储
	iscsi	使用网络共享的 ISCSI 存储来存储
	scsi	使用本地 SCSI 存储来存储
虚拟磁盘文件	lvm	取决于 LVM 卷组来存储

KVM 支持多种类型的卷格式，常用的格式说明见表 9-3-4。

表 9-3-4　常用卷格式

虚拟磁盘格式	格式说明
raw	KVM 默认的磁盘格式，移植性好，性能好，但大小固定，不能节省磁盘空间
qcow2	KVM 推荐的磁盘格式，支持按需分配磁盘空间，支持快照，支持 zlib 磁盘压缩，支持 AES 磁盘加密
vmdk	VMware 默认使用的磁盘格式，性能与功能较为出色

任务四　管理 KVM 虚拟机

操作视频

操作视频

【任务介绍】

本任务通过 KVM 软件实现虚拟机的管理，包括 KVM 虚拟机的启动、关闭、开机自启动与网络配置。

本任务在任务三的基础上进行。

【任务目标】

（1）实现使用 KVM 软件管理 KVM 虚拟机。

（2）实现 KVM 虚拟机的网络配置。

【任务设计】

KVM 虚拟机需实现对互联网的访问，其操作系统配置见表 9-4-1。

表 9-4-1　KVM 虚拟机操作系统配置

KVM 虚拟机操作系统配置
主机名：vm-centos-temp IP 地址：10.10.2.140 子网掩码：255.255.255.0 网关：10.10.2.1 DNS：8.8.8.8

【操作步骤】

步骤 1：连接 KVM 虚拟机。

操作命令：

```
#使用 virsh list 查看 KVM 虚拟机状态
[root@Project-09-Task-01 ~]# virsh list -all
#目前只存在一个虚拟机，且虚拟机状态为运行中
 Id      Name                                  State
----------------------------------------------------------------------
 1       VM-CentOS-Temp                          running

#使用 virsh console 连接 KVM 虚拟机
[root@Project-09-Task-01 ~]#virsh console VM-CentOS-Temp
#下述信息表明 KVM 虚拟机连接成功，按 Enter 键即可进入 VM-CentOS-Temp
Connected to domain VM-CentOS-Temp
Escape character is ^]
```

操作命令+配置文件+脚本程序+结束

（1）使用 virsh shutdown 命令关闭 KVM 虚拟机。

（2）使用 virsh destroy 命令强制关闭 KVM 虚拟机。

（3）使用 virsh undefine 命令删除 KVM 虚拟机，该操作仅删除虚拟机配置文件，不删除虚拟机磁盘。

步骤 2：初始化 KVM 虚拟机。

依据表 9-4-1 中的操作系统配置，完成 KVM 虚拟机的主机名和网络的配置，使 KVM 虚拟机能够访问互联网和本地主机。

根据 KVM 虚拟机网络配置修订 KVM 虚拟机的网络配置文件。

配置文件：/etc/sysconfig/network-scripts/ifcfg-eth0

```
TYPE=Ethernet
PROXY_METHOD=none
BROWSER_ONLY=no
BOOTPROTO=static
DEFROUTE=yes
IPV4_FAILURE_FATAL=no
IPV6INIT=yes
IPV6_AUTOCONF=yes
IPV6_DEFROUTE=yes
IPV6_FAILURE_FATAL=no
IPV6_ADDR_GEN_MODE=stable-privacy
NAME=eth0
UUID=7da04693-afeb-4c78-9573-b8369b48af2e
DEVICE=eth0
ONBOOT=yes
IPADDR=10.10.2.140
GATEWAY=10.10.2.1
NETMASK=255.255.255.0
DNS1=8.8.8.8
```

操作命令+配置文件+脚本程序+结束

操作命令：

```
#配置完成后，重启网络
[root@localhost ~]# hotnamectl set-hostname vm-centos-temp
#重启 KVM 虚拟机完成 KVM 虚拟机主机名与网络配置
[root@localhost ~]# reboot
#重新登录后查看 KVM 虚拟机的网络配置
[root@vm-centos-temp~]# ip addr
1: lo: <LOOPBACK,UP,LOWER_UP> mtu 65536 qdisc noqueue state UNKNOWN group default qlen 1000
    link/loopback 00:00:00:00:00:00 brd 00:00:00:00:00:00
    inet 127.0.0.1/8 scope host lo
       valid_lft forever preferred_lft forever
    inet6 ::1/128 scope host
       valid_lft forever preferred_lft forever
2: eth0: <BROADCAST,MULTICAST,UP,LOWER_UP> mtu 1500 qdisc pfifo_fast state UP group default qlen 1000
    link/ether 52:54:00:35:ae:81 brd ff:ff:ff:ff:ff:ff
    inet 10.10.2.140/24 brd 10.10.2.255 scope global noprefixroute eth0
       valid_lft forever preferred_lft forever
```

```
        inet6 fe80::4d19:dc01:afed:5582/64 scope link noprefixroute
           valid_lft forever preferred_lft forever
#测试 KVM 虚拟机与宿主机的连通性
[root@vm-centos-temp~]# ping 10.10.2.123 -c 4
PING 10.10.2.123 (10.10.2.123) 56(84) bytes of data.
64 bytes from 10.10.2.123: icmp_seq=1 ttl=64 time=0.246 ms
64 bytes from 10.10.2.123: icmp_seq=2 ttl=64 time=0.264 ms
64 bytes from 10.10.2.123: icmp_seq=3 ttl=64 time=0.254 ms
64 bytes from 10.10.2.123: icmp_seq=4 ttl=64 time=0.250 ms

--- 10.10.2.123 ping statistics ---
4 packets transmitted, 4 received, 0% packet loss, time 3000ms
rtt min/avg/max/mdev = 0.246/0.253/0.264/0.017 ms
#测试 KVM 虚拟机与本地主机的连通性
[root@vm-centos-temp~]# ping 10.10.2.100 -c 4
PING 10.10.2.100 (10.10.2.100) 56(84) bytes of data.
From 10.10.2.140 icmp_seq=1: icmp_seq=1 ttl=64 time=0.246 ms
From 10.10.2.140 icmp_seq=2: icmp_seq=2 ttl=64 time=0.244 ms
From 10.10.2.140 icmp_seq=3: icmp_seq=3 ttl=64 time=0.254 ms
From 10.10.2.140 icmp_seq=4: icmp_seq=4 ttl=64 time=0.250 ms

--- 10.10.2.100 ping statistics ---
4 packets transmitted, 4 received, 0% packet loss, time 3000ms
rtt min/avg/max/mdev = 0.246/0.253/0.264/0.017 ms

#测试 KVM 虚拟机与互联网的连通性
[root@vm-centos-temp~]# ping www.baidu.com -c 4
PING www.wshifen.com (104.193.88.123) 56(84) bytes of data.
64 bytes from 104.193.88.123 (104.193.88.123): icmp_seq=1 ttl=48 time=167 ms
64 bytes from 104.193.88.123 (104.193.88.123): icmp_seq=2 ttl=48 time=167 ms
64 bytes from 104.193.88.123 (104.193.88.123): icmp_seq=3 ttl=48 time=167 ms
64 bytes from 104.193.88.123 (104.193.88.123): icmp_seq=4 ttl=48 time=167 ms

--- www.wshifen.com ping statistics ---
4 packets transmitted, 4 received, 0% packet loss, time 8ms
rtt min/avg/max/mdev = 166.644/166.735/166.921/0.110 ms

```

操作命令+配置文件+脚本程序+结束

步骤 3：设置 KVM 虚拟机开机自启动。

KVM 软件可将 KVM 虚拟机设置为随宿主机开机自启动，其操作命令如下。

操作命令：

```
#使用 virshautostart 设置 KVM 虚拟机随宿主机开机自启动
[root@Project-09-Task-01 ~]# virsh autostart VM-CentOS-Temp
#下述命令表明 VM-CentOS-Temp 的开机自启动配置成功
```

```
Domain VM-CentOS-Temp marked as autostarted

#开机自启动配置后，会在/etc/libvirt/qemu/autostart/目录中增加 XML 格式的虚拟机配置文件
#查看/etc/libvirt/qemu/autostart/目录内容
[root@Project-09-Task-01 ~]# ls /etc/libvirt/qemu/autostart/
#下述信息表示 VM-CentOS-Temp 已设置为开机自启动
VM-CentOS-Temp.xml
```

操作命令+配置文件+脚本程序+结束

使用 virsh autostart --disable 命令可关闭开机自启动。

步骤 4：为 KVM 虚拟机增加 CPU。

KVM 虚拟机创建完成后将生成 XML 格式的 KVM 配置文件，其中定义了 KVM 虚拟机的环境与配置信息，可通过修改 KVM 虚拟机配置文件的方式修改 KVM 虚拟机的设置。

操作命令：

```
#使用 virsh dominfo 查看 VM-CentOS-Temp 信息
[root@Project-09-Task-01 ~]# virsh dominfo VM-CentOS-Temp
Id:             1
Name:           VM-CentOS-Temp
UUID:           185543b6-c7a0-43f1-a908-8e6f3a25f9df
OS Type:        hvm
State:          running
CPU(s):         1
CPU time:       3.6s
Max memory:     2097152 KiB
Used memory:    2097152 KiB
Persistent:     yes
Autostart:      enable
Managed save:   no
Security model: none
Security DOI:   0

#使用 virsh shutdown 命令关闭 KVM 虚拟机
[root@Project-09-Task-01 ~]#virsh shutdownVM-CentOS-Temp
#下述信息表明虚拟机即将关闭
Domain VM-CentOS-Temp is being shutdown

#使用 virshlist 查看 KVM 虚拟机状态
[root@Project-09-Task-01 ~]# virsh list -all
#目前只存在一个虚拟机，且虚拟机状态为关闭
 Id    Name                           State
----------------------------------------------------
 1     VM-CentOS-Temp                 shutdown
```

```

#使用 virsh edit 修改 VM-CentOS-Temp CPU 核心数量
[root@Project-09-Task-01 ~]# virsh editVM-CentOS-Temp
```

操作命令+配置文件+脚本程序+结束

配置文件：/etc/libvirt/qumu/VM-CentOS-Temp.xml

```
<!--KVM 虚拟机配置文件内容较多，本部分仅显示与 CPU 配置有关的内容-->
<!--内存大小为 2097152KiB-->
<memory unit='KiB'>2097152</memory>
<!--可用内存大小为 2097152KiB-->
<currentMemory unit='KiB'>2097152</currentMemory>

<!--修改虚拟 CPU 个数为 2 个-->
<vcpu placement='static'>2</vcpu>
<resource>
<partition>/machine</partition>
</resource>
<os>
<!--操作系统架构 x86_64-->
<type arch='x86_64' machine='pc-q35-rhel7.6.0'>hvm</type>
<!--从硬盘启动虚拟机-->
<boot dev='hd'/>
</os>
```

操作命令+配置文件+脚本程序+结束

操作命令：

```
#使用 virsh start 启动 VM-CentOS-Temp
[root@Project-09-Task-01 ~]# virsh start VM-CentOS-Temp
Domain VM-CentOS-Temp started

#使用 virsh dominfo 查看 VM-CentOS-Temp 信息
[root@Project-09-Task-01 ~]# virsh dominfo VM-CentOS-Temp
Id:             1
Name:           VM-CentOS-Temp
UUID:           185543b6-c7a0-43f1-a908-8e6f3a25f9df
OS Type:        hvm
State:          running
#CPU 核心数已经修改成功
CPU(s):         2
CPU time:       3.6s
Max memory:     2097152 KiB
Used memory:    2097152 KiB
Persistent:     yes
Autostart:      enable
Managed save:   no
```

```
Security model:    none
Security DOI:     0
```

操作命令+配置文件+脚本程序+结束

【任务扩展】

KVM 虚拟机配置文件

KVM 虚拟机创建成功后会在/etc/libvirt/qemu 目录中创建 KVM 虚拟机配置文件，以 VM-CentOS-Temp 为例，查看并解读虚拟机配置文件内容。

配置文件：/etc/libvirt/qumu/VM-CentOS-Temp.xml

```
<!--
WARNING: THIS IS AN AUTO-GENERATED FILE. CHANGES TO IT ARE LIKELY TO BE
OVERWRITTEN AND LOST. Changes to this xml configuration should be made using:
  virsh edit VM-CentOS-Temp
or other application using the libvirt API.
-->
<!--虚拟机类型为 kvm-->
<domain type='kvm'>
<!--虚拟机名称为 VM-CentOS-Temp-->
<name>VM-CentOS-Temp</name>
<uuid>65c54205-6af4-4779-a35d-349ecb16d27b</uuid>
<metadata>
<libosinfo:libosinfo xmlns:libosinfo="http://libosinfo.org/xmlns/libvirt/domain/1.0">
<libosinfo:os id="http://redhat.com/rhel/7.7"/>
</libosinfo:libosinfo>
</metadata>
<!--内存大小为 2097152KiB-->
<memory unit='KiB'>2097152</memory>
<!--可用内存大小为 2097152KiB-->
<currentMemory unit='KiB'>2097152</currentMemory>
<!--虚拟 CPU2 个-->
<vcpu placement='static'>2</vcpu>
<resource>
<partition>/machine</partition>
</resource>
<os>
<!--操作系统架构 x86_64-->
<type arch='x86_64' machine='pc-q35-rhel7.6.0'>hvm</type>
<!--从硬盘启动虚拟机-->
<boot dev='hd'/>
</os>
<features>
<acpi/>
<apic/>
</features>
```

```
<cpu mode='custom' match='exact' check='full'>
<model fallback='forbid'>Opteron_G5</model>
<vendor>AMD</vendor>
<feature policy='require' name='vme'/>
<feature policy='require' name='x2apic'/>
<feature policy='require' name='tsc-deadline'/>
<feature policy='require' name='hypervisor'/>
<feature policy='require' name='arat'/>
<feature policy='require' name='tsc_adjust'/>
<feature policy='require' name='bmi1'/>
<feature policy='require' name='arch-capabilities'/>
<feature policy='require' name='mmxext'/>
<feature policy='require' name='fxsr_opt'/>
<feature policy='require' name='cr8legacy'/>
<feature policy='require' name='osvw'/>
<feature policy='require' name='perfctr_core'/>
<feature policy='require' name='virt-ssbd'/>
<feature policy='require' name='skip-l1dfl-vmentry'/>
<feature policy='disable' name='svm'/>
<feature policy='disable' name='rdtscp'/>
</cpu>
<!--虚拟机的时间配置-->
<clock offset='utc'>
<timer name='rtc' tickpolicy='catchup'/>
<timer name='pit' tickpolicy='delay'/>
<timer name='hpet' present='no'/>
</clock>
<on_poweroff>destroy</on_poweroff>
<on_reboot>restart</on_reboot>
<on_crash>destroy</on_crash>
<pm>
<suspend-to-mem enabled='no'/>
<suspend-to-disk enabled='no'/>
</pm>
<!--虚拟机中的设备信息-->
<devices>
<emulator>/usr/libexec/qemu-kvm</emulator>
<!--磁盘镜像配置-->
<disk type='file' device='disk'>
<!--磁盘镜像格式为 qcow2-->
<driver name='qemu' type='qcow2'/>
<!--磁盘镜像路径-->
<source file='/opt/disk/VM-CentOS-Temp.qcow2'/>
<target dev='vda' bus='virtio'/>
<address type='pci' domain='0x0000' bus='0x04' slot='0x00' function='0x0'/>
</disk>
<disk type='file' device='cdrom'>
```

```
<driver name='qemu' type='raw'/>
<target dev='sda' bus='sata'/>
<readonly/>
<address type='drive' controller='0' bus='0' target='0' unit='0'/>
</disk>
<controller type='usb' index='0' model='qemu-xhci' ports='15'>
<address type='pci' domain='0x0000' bus='0x02' slot='0x00' function='0x0'/>
</controller>
<controller type='sata' index='0'>
<address type='pci' domain='0x0000' bus='0x00' slot='0x1f' function='0x2'/>
</controller>
<controller type='pci' index='0' model='pcie-root'/>
<controller type='pci' index='1' model='pcie-root-port'>
<model name='pcie-root-port'/>
<target chassis='1' port='0x8'/>
<address type='pci' domain='0x0000' bus='0x00' slot='0x01' function='0x0' multifunction='on'/>
</controller>
<controller type='pci' index='2' model='pcie-root-port'>
<model name='pcie-root-port'/>
<target chassis='2' port='0x9'/>
<address type='pci' domain='0x0000' bus='0x00' slot='0x01' function='0x1'/>
</controller>
<controller type='pci' index='3' model='pcie-root-port'>
<model name='pcie-root-port'/>
<target chassis='3' port='0xa'/>
<address type='pci' domain='0x0000' bus='0x00' slot='0x01' function='0x2'/>
</controller>
<controller type='pci' index='4' model='pcie-root-port'>
<model name='pcie-root-port'/>
<target chassis='4' port='0xb'/>
<address type='pci' domain='0x0000' bus='0x00' slot='0x01' function='0x3'/>
</controller>
<controller type='pci' index='5' model='pcie-root-port'>
<model name='pcie-root-port'/>
<target chassis='5' port='0xc'/>
<address type='pci' domain='0x0000' bus='0x00' slot='0x01' function='0x4'/>
</controller>
<controller type='pci' index='6' model='pcie-root-port'>
<model name='pcie-root-port'/>
<target chassis='6' port='0xd'/>
<address type='pci' domain='0x0000' bus='0x00' slot='0x01' function='0x5'/>
</controller>
<controller type='pci' index='7' model='pcie-root-port'>
<model name='pcie-root-port'/>
<target chassis='7' port='0xe'/>
<address type='pci' domain='0x0000' bus='0x00' slot='0x01' function='0x6'/>
</controller>
<controller type='virtio-serial' index='0'>
```

```
<address type='pci' domain='0x0000' bus='0x03' slot='0x00' function='0x0'/>
</controller>
<--虚拟机网络连接模式为 Bridge-->
<interface type='bridge'>
<--虚拟机 MAC 地址-->
<mac address='52:54:00:46:71:85'/>
<--虚拟机连接的 Bridge 网络名称为 br0-->
<source bridge='br0'/>
<model type='virtio'/>
<address type='pci' domain='0x0000' bus='0x01' slot='0x00' function='0x0'/>
</interface>
<serial type='pty'>
<target type='isa-serial' port='0'>
<model name='isa-serial'/>
</target>
</serial>
<console type='pty'>
<target type='serial' port='0'/>
</console>
<channel type='unix'>
<target type='virtio' name='org.qemu.guest_agent.0'/>
<address type='virtio-serial' controller='0' bus='0' port='1'/>
</channel>
<input type='mouse' bus='ps2'/>
<input type='keyboard' bus='ps2'/>
<memballoon model='virtio'>
<address type='pci' domain='0x0000' bus='0x05' slot='0x00' function='0x0'/>
</memballoon>
<rng model='virtio'>
<backend model='random'>/dev/urandom</backend>
<address type='pci' domain='0x0000' bus='0x06' slot='0x00' function='0x0'/>
</rng>
</devices>
</domain>
```

操作命令+配置文件+脚本程序+结束

任务五　维护 KVM 虚拟机

【任务介绍】

本任务通过 KVM 实现 KVM 虚拟机的维护，包括挂起、克隆、创建快照等操作。

本任务在任务一的基础上进行。

【任务目标】

实现使用 KVM 软件维护 KVM 虚拟机。

【操作步骤】

步骤 1：挂起 KVM 虚拟机。

KVM 软件可将 KVM 虚拟机设置为挂起状态，挂起时 KVM 虚拟机记录当前操作系统状态，恢复挂起后，操作系统恢复运行状态，可继续进行工作。

操作命令：

```
#使用 virsh suspend 命令可以挂起 KVM 虚拟机
[root@Project-09-Task-01 ~]# virsh suspend VM-CentOS-Temp
#下述命令表明 KVM 虚拟机 VM-CentOS-Temp 已经挂起
Domain VM-CentOS-Temp suspended

#使用 virsh list 查看 KVM 中所有虚拟机状态
[root@Project-09-Task-01 ~]# virsh list –all
#下述信息表示 VM-CentOS-Temp 为挂起状态
 Id    Name                           State
----------------------------------------------------
1      VM-CentOS-Temp                 paused

#使用 virsh resume 命令可以恢复挂起的 KVM 虚拟机
[root@Project-09-Task-01 ~]# virsh resume VM-CentOS-Temp

#使用 virsh list 查看 KVM 中所有虚拟机状态
[root@Project-09-Task-01 ~]# virsh list –all
#下述信息表示 VM-CentOS-Temp 为运行状态
 Id    Name                           State
----------------------------------------------------
1      VM-CentOS-Temp                 running
```

操作命令+配置文件+脚本程序+结束

步骤 2：克隆 KVM 虚拟机。

创建虚拟机并安装操作系统和应用软件需要耗费一定时间，使用虚拟机克隆可更为便捷的为 KVM 虚拟机创建多个虚拟机副本。

本步骤完成两个操作，具体如下。

- 关闭 VM-CentOS-Temp 并克隆为 VM-CentOS-Clone。
- 开启 VM-CentOS-Clone 并登录操作系统配置主机名。

（1）关闭 KVM 虚拟机 VM-CentOS-Temp，并克隆该 KVM 虚拟机，克隆后虚拟机的名称为 VM-CentOS-Clone。

操作命令：

```
#使用 virsh shutdown 命令关闭 KVM 虚拟机
[root@Project-09-Task-01 ~]# virsh shutdown VM-CentOS-Temp
#VM-CentOS-Temp 正在关机
Domain VM-CentOS-Temp is being shutdown

#使用 virsh list 查看 KVM 中所有虚拟机状态
[root@Project-09-Task-01 ~]# virsh list –all
#下述信息表示 VM-CentOS-Temp 为关机状态
 Id    Name                           State
----------------------------------------------------
 -     VM-CentOS-Temp                 shutdown

#使用 virt-clone 命令克隆虚拟机
[root@Project-09-Task-01 ~]# virt-clone -o VM-CentOS-Temp -n VM-CentOS-Clone -f /opt/disk/VM-CentOS-Clone.qcow2
#为 VM-CentOS-Clone 创建 10G 大小名称为 VM-CentOS-Clone.qcow2 的虚拟磁盘
Allocating 'VM-CentOS-Clone.qcow2'                    |  10 GB  00:00:02
#VM-CentOS-Clone 克隆成功
Clone 'VM-CentOS-Clone' created successfully.

#使用 virsh list 查看 KVM 中所有虚拟机状态
[root@Project-09-Task-01 ~]# virsh list --all
#下述信息表示 VM-CentOS-Temp 为运行状态
 Id    Name                           State
----------------------------------------------------
 -     VM-CentOS-Temp                 shutdown
 -     VM-CentOS-Clone                shutdown
```

操作命令+配置文件+脚本程序+结束

virt-clone 工具参数如下。

- -o，待克隆虚拟机名称。
- -n，新克隆虚拟机名称。
- -f，指定新的虚拟机磁盘文件。

（2）开启 VM-CentOS-Clone 并登录操作系统，设置主机名。

操作命令：

```
#使用 virsh start 命令开启克隆的 KVM 虚拟机
[root@Project-09-Task-01 ~]# virsh start VM-CentOS-Clone

#使用 virsh console 连接克隆的 KVM 虚拟机
#使用 virsh console 命令连接 VM-CentOS-Clone
[root@Project-09-Task-01 ~]# virsh console VM-CentOS-Clone
#连接到 VM-CentOS-Clone 控制台
Connected to domain VM-CentOS-Clone
```

```
#使用 Ctrl+]组合键退出 console 控制台
Escape character is ^]
#单击 Enter 键进入 KVM 虚拟机

#下述为 KVM 虚拟机的控制台，后续将在 KVM 虚拟机中操作，配置网络
CentOS Linux 7 (Core)
Kernel 3.10.0-1062.el7.x86_64 on an x86_64

#输入 VM-CentOS-Temp 中设置的用户名密码登录 VM-CentOS-Clone
localhost login:
Password:
#出现下述信息表示 KVM 虚拟机登录成功
[root@vm-centos-temp ~]#
#使用 hostnamectl 设置主机名，并重启 KVM 虚拟机
[root@vm-centos-temp ~]# hostnamectl set-hostname vm-centos-clone
[root@vm-centos-temp ~]# reboot
```

操作命令+配置文件+脚本程序+结束

步骤 3：设置 KVM 虚拟机快照。

KVM 虚拟机的快照用于保存虚拟机在某个时间点的内存、磁盘或者设备状态。通过快照可将 KVM 虚拟机回滚至创建 KVM 虚拟机快照的时间点。

本步骤完成 5 个操作，具体如下。

- 登录 VM-CentOS-Clone 操作系统，在/opt 目录下创建 dev 目录。
- 关闭 VM-CentOS-Clone 并创建快照。
- 开启 VM-CentOS-Clone 并登录操作系统，删除/opt 目录下的 dev 目录。
- 关闭 VM-CentOS-Clone 并恢复快照。
- 开启 VM-CentOS-Clone 并登录操作系统，查看/opt 目录下是否存在 dev 目录。

（1）登录 VM-CentOS-Clone 并在/opt 目录中创建 dev 目录。

操作命令：

```
#进入/opt 目录
[root@vm-centos-clone ~]# cd /opt/
#创建 dev 目录
[root@vm-centos-clone opt]# mkdir dev
#查看当前目录的内容
[root@vm-centos-clone opt]# ls
dev
```

操作命令+配置文件+脚本程序+结束

（2）退出 VM-CentOS-Clone 的 console 控制台，并关闭 KVM 虚拟机创建快照。

操作命令：

```
#使用 virsh shutdown 关闭 KVM 虚拟机
[root@Project-09-Task-01 ~]# virsh shutdown VM-CentOS-Clone
Domain VM-CentOS-Clone is being shutdown
```

```
#使用 virsh snapshot-create 创建 VM-CentOS-Clone 的快照
[root@Project-09-Task-01 ~]# virsh snapshot-create VM-CentOS-Clone
#快照创建成功
Domain snapshot 1582553992 created
#使用 virsh snapshot-list 命令已经创建的快照
[root@Project-09-Task-01 ~]# virsh snapshot-list VM-CentOS-Clone
#下述信息表明当前已成功创建一个快照
Name                  Creation     Time                State
--------------------------------------------------------------------------------
 1582553992           2020-02-24 22:19:52 +0800 shutoff
```

操作命令+配置文件+脚本程序+结束

（3）开启 VM-CentOS-Clone 并登录操作系统，删除/opt 目录下的 dev 目录。

操作命令：

```
#进入 opt 目录并删除 dev 目录
[root@vm-centos-temp ~]# cd /opt/
[root@vm-centos-temp opt]# ls
dev
[root@vm-centos-temp opt]# rm -rf dev/
[root@vm-centos-temp opt]# ls
```

操作命令+配置文件+脚本程序+结束

（4）关闭 VM-CentOS-Clone 并恢复虚拟机快照。

操作命令：

```
#使用 virsh shutdown 关闭 KVM 虚拟机
[root@Project-09-Task-01 ~]# virsh shutdown VM-CentOS-Clone
Domain VM-CentOS-Clone is being shutdown
#使用 virsh snapshot-revert 命令恢复 KVM 虚拟机
[root@Project-09-Task-01 ~]# virsh snapshot-revert VM-CentOS-Clone1582553992
```

操作命令+配置文件+脚本程序+结束

（5）开启 VM-CentOS-Clone 并查看虚拟机快照是否恢复成功。

操作命令：

```
#查看 opt 目录
[root@vm-centos-temp ~]# cd /opt/
[root@vm-centos-temp opt]# ls
#opt 目录中存在 dev 目录，虚拟机快照恢复成功
dev
```

操作命令+配置文件+脚本程序+结束

项目十

使用 Docker 实现容器

项目介绍

Docker 是开源容器项目，可为任何应用程序创建轻量级、可移植、自给自足的容器。Docker 容器中包含应用程序以及应用程序运行的环境，并能实现容器版本管理、复制、分享和修改。

本项目介绍 Docker 软件的安装与配置、Docker 的镜像与仓库、容器管理和应用，并介绍使用 Docker Compose 管理 Docker 容器，实现对 Docker 软件的状态监控与性能分析。

项目目的

- 了解容器技术；
- 理解 Docker；
- 掌握 Docker 软件的安装、配置与管理；
- 掌握创建 Docker 镜像的方法；
- 掌握使用 Docker 容器发布 Web 服务的方法；
- 掌握使用 Docker Compose 管理 Docker 容器；
- 掌握 Docker 软件的监控与性能分析。

项目讲堂

1. 容器

（1）什么是容器。容器是一种标准化的概念，其特点是规格统一，并且可层层堆叠。在 IT 领域，容器名称为 Linux Container（简称 LXC），是一种操作系统层面的虚拟化技术，使用容器技术可将应用程序打包成标准的单元，便于开发、交付与部署。其主要特点如下。

- 容器是轻量级的可执行独立软件包，包含应用程序运行所需的所有内容，如代码、运行环境、系统工具、系统库与设置等。

- 容器适用于基于 Linux 和 Windows 的应用程序，在任何环境中都能够始终如一地运行。
- 容器赋予了应用程序独立性，使其免受外在环境差异的影响，有助于减少相同基础设施上运行不同应用程序时的冲突。

（2）LXC。LXC 提供了对命令空间（Namespace）和资源控制组（CGroup）等 Linux 基础工具的操作能力，是基于 Linux 内核的容器虚拟化技术。LXC 可以有效地将操作系统管理的资源划分到独立的组中，在共享操作系统底层资源的基础上，让应用程序独立运行。

旧版本的 Docker 软件依托 LXC 实现，但由于 LXC 是基于 Linux 的，不易实现跨平台，Docker 公司开发了名为 LibContainer 的工具用于替代 LXC。LibContainer 是与平台无关的工具，可基于不同的内核为 Docker 软件上层提供容器的交互功能。

2. Docker

（1）什么是 Docker。Docker 是基于 Go 语言实现的开源容器项目，其官方定义 Docker 为以 Docker 容器为资源分割和调度的基本单位，封装整个软件运行时的环境，为开发者和系统管理员设计，用于构建、发布、运行分布式应用的平台。

Docker 是一个跨平台的、可移植并简单易用的容器解决方案。其目标是实现轻量级的操作系统虚拟化解决方案，通过对应用的封装、分发、部署、运行生命周期的管理，达到应用组件“一次封装，到处运行”的目的。

目前已形成围绕 Docker 容器的生态体系，Docker 的官方网站为 https://www.docker.com，本项目使用的版本为 19.03.6。

（2）Docker 引擎。Docker 引擎是用于运行和编排容器的基础设施工具，是运行容器的核心运行环境，相当于 VMware 体系中的 ESXi。其他 Docker 公司或者第三方公司的产品都是围绕 Docker 引擎进行开发和集成的。构成 Docker 引擎的组件有 Dockerclient、Dockerdaemon、containerd 和 runc，如图 10-0-1 所示。

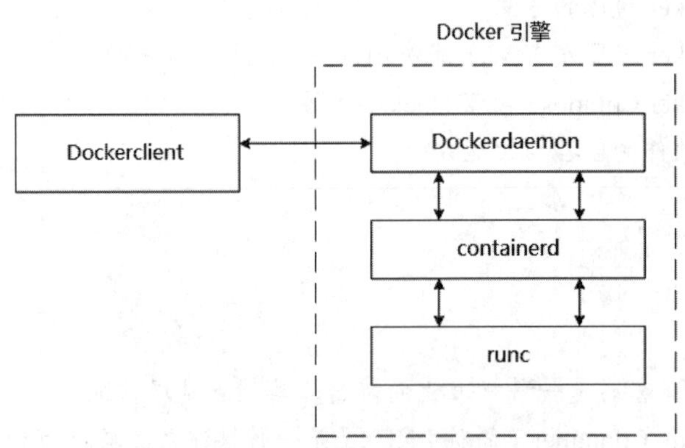

图 10-0-1 Docker 引擎总体逻辑

1）Dockerclient。Dockerclient 是 Docker 用户与 Docker 交互的主要方式。当执行 docker run 之类的命令时，Dockerclient 将通过 DockerAPI 的方式发送命令给 Dockerdaemon。

Dockerclient 可以与多个 Dockerdaemon 通信。

2）Dockerdaemon。Dockerdaemon 是 Docker 的守护进程，用于侦听 Docker API 请求并管理 Docker 对象，如镜像、容器、网络和存储卷。

3）runc。为了维护容器生态，Docker 公司与 Core 公司共同成立了一个旨在管理容器标准的委员会（简称为 OCI）。目前，OCI 已经发布两份规范：镜像规范和运行时规范。

Docker 引擎中的 runc 是 OCI 规定的容器运行时规范的实现，其实质上是一个轻量级的、针对 Libcontainer 进行封装的命令行交互工具，仅用于创建容器。

4）containerd。containerd 的主要任务是容器的生命周期管理，可在宿主机中管理完整的容器生命周期，例如容器镜像的传输和存储、容器的执行和管理、存储、网络等。

（3）Docker 核心概念。Docker 包含 3 个核心概念：镜像（Image）、容器（Container）、仓库（Repository）。理解 Docker 核心概念有助于理解 Docker 的整个生命周期。

1）镜像是一个只读的文件系统。镜像的核心是一个精简的操作系统，同时包含软件运行所必须的文件和依赖包。镜像由多个镜像层构成，每次叠加后，从外部来看镜像就是一个独立的对象。

镜像是分层存储的架构。每个 Docker 镜像实际是由多层文件系统联合组成的。镜像构建时，会一层层构建，前一层是后一层的基础。每一层构建完就不会再发生改变，后一层上的任何改变只发生在自己所在的层。因为容器设计的初衷就是快速和小巧，因此镜像通常比较小，例如，Docker 官方镜像 AlpineLinux 仅有 4MB 左右。

2）容器是镜像运行的实例。容器是镜像运行时的实体，可以被创建、启动、停止、删除、暂停等。

容器启动时将在容器的最上层创建一个可写层，其生存周期和容器一样，容器消亡时，容器可写层也随之消亡。任何保存于容器可写层的信息都会随容器删除而丢失。

3）仓库是集中存放镜像文件的地方。仓库是集中存储、分发镜像的服务，分为公开和私有两种。Docker 默认使用的是公开仓库服务，默认选择的公开仓库服务是官方提供的 Docker Hub，地址是 https://hub.docker.com。

（4）Docker 容器与虚拟机。Docker 容器和虚拟机有很多相似的地方，比如资源隔离、分配优势，但其功能并不相同，如图 10-0-2 所示。

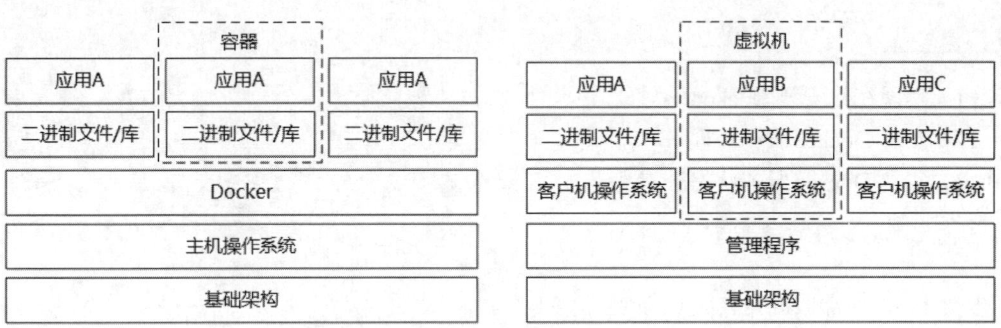

图 10-0-2　容器与虚拟机对比

1）Docker 容器虚拟化的是操作系统，虚拟机虚拟化的是硬件。虚拟机是将硬件物理资源划分为虚拟资源，属于硬件虚拟化。容器将操作系统资源划分为虚拟资源，属于操作系统虚拟化。

2）虚拟机是虚拟出一套硬件后，在其上运行一个完整的操作系统，在该系统上再运行所需应用进程；而 Docker 容器内的应用进程则直接运行于宿主机的内核，Docker 容器没有自己的内核，而且也没有进行硬件虚拟。相对来讲，Docker 容器比虚拟机更加简洁、高效。

3）Docker 技术与虚拟机技术有着不同的使用场景。虚拟机更擅长于彻底隔离整个运行环境，例如，云服务提供商通常采用虚拟机技术隔离不同的用户。Docker 技术通常用于隔离不同的应用，例如前端、后端以及数据库的部署。

（5）Docker 的优势。Docker 的主要优势如下。

1）轻量。在一台机器上运行的多个 Docker 容器可以共享这台机器的操作系统内核；它们能够迅速启动，只需占用很少的计算和内存资源。

2）标准。Docker 容器基于开放式标准，能够在所有主流 Linux 版本、Microsoft Windows 以及包括 VM、裸机服务器和云在内的任何基础设施上运行。

3）安全。Docker 赋予应用的隔离性不仅限于彼此隔离，还独立于底层的基础设施。Docker 默认提供强隔离，因此应用出现问题，也只是单个容器的问题，不会波及整台机器。

（6）Docker 的应用场景。使用 Docker 可以实现开发人员的开发环境、测试人员的测试环境、运维人员的生产环境的整体一致性，因此 Docker 的主要应用场景如下。

1）Web 应用的自动化打包和发布。

2）自动化测试和持续集成、发布。

3）在服务型环境中部署和调整数据库或其他的后台应用。

任务一　安装 Docker

【任务介绍】

本任务在 CentOS 上安装 Docker 软件，进行 Docker 服务的测试与管理。

【任务目标】

（1）实现在线安装 Docker。

（2）实现 Docker 服务管理。

（3）实现 Docker 服务状态查看。

【操作步骤】

步骤 1：创建虚拟机并完成 CentOS 的安装。

在 VirtualBox 中创建虚拟机，完成 CentOS 操作系统的安装。虚拟机与操作系统的配置信息见

表 10-1-1，注意虚拟机网卡工作模式为桥接。

表 10-1-1　虚拟机与操作系统配置

虚拟机配置	操作系统配置
虚拟机名称： VM-Project-10-Task-01-10.10.2.124 内存：2048MB CPU：1 颗 2 核心 虚拟硬盘：40GB 网卡：1 块，桥接	主机名：Project-10-Task-01 IP 地址：10.10.2.124 子网掩码：255.255.255.0 网关：10.10.2.1 DNS：8.8.8.8

步骤 2：完成虚拟机的主机配置、网络配置及通信测试。

启动并登录虚拟机，依据表 10-1-1 完成主机名和网络的配置，能够访问互联网和本地主机。

> **提醒**
>
> （1）虚拟机创建、操作系统安装、主机名与网络的配置，具体方法参见项目一。
>
> （2）建议通过虚拟机复制快速创建所需环境。通过复制创建的虚拟机需依据本任务虚拟机与操作系统规划配置信息设置主机名与网络，实现对互联网和本地主机的访问。
>
> （3）本任务需使用 yum 工具在线安装软件，建议将 yum 仓库配置为国内镜像服务以提高在线安装时的速度。

步骤 3：验证是否满足 Docker 的安装要求。

Docker 需运行在 CentOS7 及以上版本，LinuxKernel 版本为 3.10 及以上。

操作命令：

```
#使用 uname 命令可查看系统内核版本
[root@Project-10-Task-01 ~]# uname -r
#当前系统内核版本为 4.18.0，满足 Docker 部署要求
4.18.0-147.el8.x86_64
```

操作命令+配置文件+脚本程序+结束

步骤 4：查询并删除旧版本 Docker 软件。

安装 Docker 软件之前需要卸载旧版本的 Docker 软件及相关依赖项，旧版本的 Docker 软件创建的服务名称为 docker 或者 docker-engine。

操作命令：

```
#查看系统中是否安装了 docker 旧版本软件
[root@Project-10-Task-01 ~]# yum list installed | egrep 'docker|docker-client|docker-client-latest|docker-common|docker-latest|docker-latest-logrotate|docker-logrotate|docker-engine'
#下述信息表示操作系统未安装 Docker 旧版本软件
Repository AppStream is listed more than once in the configuration
Repository extras is listed more than once in the configuration
```

```
Repository PowerTools is listed more than once in the configuration
Repository centosplus is listed more than once in the configuration
#如果系统中安装有 Docker 旧版本软件，可使用 yum remove 删除软件
[root@Project-10-Task-01 ~]# yum remove docker docker-client docker-client-latest docker-common docker-latest docker-latest-logrotate  docker-logrotate docker-engine
```

操作命令+配置文件+脚本程序+结束

步骤 5：设置 Docker 的 yum 仓库源。

Docker 官方提供了 Docker 软件的 yum 仓库源，本任务使用 Docker 官方提供的 yum 源，通过在线安装 Docker 软件。

操作命令：

```
#使用 wget 命令获取 Docker 稳定版仓库源配置文件，并保存至/etc/yum.repos.d/docker-ce.repo
[root@Project-10-Task-01 ~]# wget -O /etc/yum.repos.d/docker-ce.repo https://download.docker.com/linux/centos/docker-ce.repo
--2020-02-29 22:01:39--  https://download.docker.com/linux/centos/docker-ce.repo
Resolving download.docker.com (download.docker.com)... 52.84.189.125, 52.84.189.23, 52.84.189.131, ...
Connecting to download.docker.com (download.docker.com)|52.84.189.125|:443... connected.
HTTP request sent, awaiting response... 200 OK
Length: 2424 (2.4K) [binary/octet-stream]
Saving to: '/etc/yum.repos.d/docker-ce.repo'

/etc/yum.repos.d/docker-ce.repo          100%[=========>]   2.37K  --.-KB/s    in 0s

2020-02-29 22:01:42 (57.1 MB/s) - '/etc/yum.repos.d/docker-ce.repo' saved [2424/2424]
#使 yum 仓库源配置生效
[root@Project-10-Task-01 ~]# yum makecache
Repository AppStream is listed more than once in the configuration
Repository extras is listed more than once in the configuration
Repository PowerTools is listed more than once in the configuration
Repository centosplus is listed more than once in the configuration
CentOS-8 - AppStream                                  5.5 kB/s | 4.3 kB    00:00
CentOS-8 - Base - mirrors.aliyun.com                  6.0 kB/s | 3.8 kB    00:00
CentOS-8 - Extras - mirrors.aliyun.com                7.8 kB/s | 1.5 kB    00:00
Docker CE Stable - x86_64                             4.3 kB/s |  21 kB    00:04
Metadata cache created.
```

操作命令+配置文件+脚本程序+结束

步骤 6：通过在线方式安装 Docker 软件。

本项目采用 CentOS8 作为 Docker 服务运行的操作系统，安装 Docker 分为两个步骤：

（1）下载 containerd.io-1.2.6-3.3.fc30.x86_64.rpm 软件包，并安装。

（2）使用 yum 工具通过在线方式安装 Docker 软件。

操作命令：

```
#使用 wget 工具下载 containerd.io-1.2.6-3.3.fc30.x86_64.rpm
```

```
[root@Project-10-Task-01 ~]# wget https://download.docker.com/linux/fedora/30/x86_64/stable/Packages/containerd.io-1.2.6-3.3.fc30.x86_64.rpm
--2020-02-29 22:08:35--  https://download.docker.com/linux/fedora/30/x86_64/stable/Packages/containerd.io-1.2.6-3.3.fc30.x86_64.rpm
Resolving download.docker.com (download.docker.com)... 52.84.189.125, 52.84.189.190, 52.84.189.23, ...
Connecting to download.docker.com (download.docker.com)|52.84.189.125|:443... connected.
HTTP request sent, awaiting response... 200 OK
Length: 22448208 (21M) [application/x-redhat-package-manager]
Saving to: 'containerd.io-1.2.6-3.3.fc30.x86_64.rpm'

containerd.io-1.2.6 100%[===================>]  21.41M  1.32MB/s    in 15s

2020-02-29 22:08:52 (1.45 MB/s) - 'containerd.io-1.2.6-3.3.fc30.x86_64.rpm' saved [22448208/22448208]
#使用 yum 工具离线安装 containerd.io-1.2.6-3.3.fc30.x86_64.rpm
[root@Project-10-Task-01 ~]# yum install -y containerd.io-1.2.6-3.3.fc30.x86_64.rpm
Repository AppStream is listed more than once in the configuration
Repository extras is listed more than once in the configuration
Repository PowerTools is listed more than once in the configuration
Repository centosplus is listed more than once in the configuration
CentOS-8 - AppStream                          4.5 kB/s | 4.3 kB     00:00
CentOS-8 - Base - mirrors.aliyun.com          5.8 kB/s | 3.8 kB     00:00
CentOS-8 - Extras - mirrors.aliyun.com        9.6 kB/s | 1.5 kB     00:00
Docker CE Stable - x86_64                     3.1 kB/s | 3.5 kB     00:01
Dependencies resolved.
==========================================================================
 Package                  Arch      Version                 Repository    Size
==========================================================================
#安装软件的版本、大小等信息
Installing:
 containerd.io            x86_64    1.2.6-3.3.fc30          @commandline  21 M
#安装的依赖软件信息
Installing dependencies:
 container-selinux        noarch 2:2.124.0-1.module_el8.1.0+272+3e64ee36
                                                             AppStream     47 k
#为了排版方便，此处省略了部分提示信息
Transaction Summary
==========================================================================
#需要 8 个依赖软件，安装总下载大小为 25M，需下载的文件为 3.7M，安装后将占用磁盘 94M
Install  8 Packages

Total size: 25 M
Total download size: 3.7 M
Installed size: 94 M
Downloading Packages:
(1/7): container-selinux-2.124.0-1.module_el8.1 382 kB/s |  47 kB     00:00
#为了排版方便，此处省略了部分提示信息
```

```
(7/7): python3-policycoreutils-2.9-3.el8_1.1.no   38 kB/s | 2.2 MB     01:00
--------------------------------------------------------------------------------
Total                                             59 kB/s | 3.7 MB     01:03
Running transaction check
Transaction check succeeded.
Running transaction test
Transaction test succeeded.
Running transaction
  Preparing:                                                        1/1
  Installing: python3-setools-4.2.2-1.el8.x86_64                    1/8
#为了排版方便，此处省略了部分提示信息
  Verifying: containerd.io-1.2.6-3.3.fc30.x86_64                    8/8
#下述信息表明 containerd.io-1.2.6-3.3 及其依赖软件安装成功
Installed:
  containerd.io-1.2.6-3.3.fc30.x86_64
#为了排版方便，此处省略了部分提示信息
  python3-setools-4.2.2-1.el8.x86_64

Complete!
```

操作命令+配置文件+脚本程序+结束

操作命令：

```
#使用 yum 工具安装 Docker 软件
[root@Project-10-Task-01 ~]# yum install -y docker-ce docker-ce-cli
Repository AppStream is listed more than once in the configuration
Repository extras is listed more than once in the configuration
Repository PowerTools is listed more than once in the configuration
Repository centosplus is listed more than once in the configuration
Docker CE Stable - x86_64                          2.9 kB/s | 3.5 kB     00:01
Dependencies resolved.
================================================================================
 Package          Arch         Version            Repository          Size
================================================================================
#安装软件的版本、大小等信息
Installing:
 docker-ce        x86_64      3:19.03.6-3.el7     docker-ce-stable    24 M
 docker-ce-cli    x86_64      1:19.03.6-3.el7     docker-ce-stable    40 M
#安装的依赖软件信息
Installing dependencies:
 libcgroup        x86_64      0.41-19.el8         base                70 k

Transaction Summary
================================================================================
#需要 3 个依赖软件，安装总下载大小为 25M，需下载的文件为 64M，安装后将占用磁盘 273M
Install 3 Packages

```

```
Total size: 64 M
Total download size: 64 M
Installed size: 273 M
Downloading Packages:
(1/3): libcgroup-0.41-19.el8.x86_64.rpm            42 kB/s |  70 kB     00:01
(2/3): docker-ce-19.03.6-3.el7.x86_64.rpm         645 kB/s |  24 MB     00:38
(3/3): docker-ce-cli-19.03.6-3.el7.x86_64.rpm      88 kB/s |  40 MB     07:37
--------------------------------------------------------------------------------
Total                                             143 kB/s |  64 MB     07:37
warning: /var/cache/dnf/docker-ce-stable-091d8a9c23201250/packages/docker-ce-19.03.6-3.el7.x86_64.rpm: Header V4 RSA/SHA512 Signature, key ID 621e9f35: NOKEY
Docker CE Stable - x86_64                         438  B/s | 1.6 kB     00:03
Importing GPG key 0x621E9F35:
 Userid: "Docker Release (CE rpm) <docker@docker.com>"
 Fingerprint: 060A 61C5 1B55 8A7F 742B 77AA C52F EB6B 621E 9F35
 From: https://download.docker.com/linux/centos/gpg
Key imported successfully
Running transaction check
Transaction check succeeded.
Running transaction test
Transaction test succeeded.
Running transaction
  Preparing:                                                        1/1
#为了排版方便，此处省略了部分提示信息
  Verifying: docker-ce-cli-1:19.03.6-3.el7.x86_64                   3/3
#下述信息表明 Docker 安装成功
Installed:
  docker-ce-3:19.03.6-3.el7.x86_64       docker-ce-cli-1:19.03.6-3.el7.x86_64
  libcgroup-0.41-19.el8.x86_64

Complete!
```

操作命令+配置文件+脚本程序+结束

步骤 7：启动 Docker 服务。

Docker 安装完成后将在 CentOS 中创建名为 docker 的服务，该服务并未自动启动。

操作命令：

```
#使用 systemctl start 命令启动 Docker 服务
[root@Project-10-Task-01 ~]# systemctl start docker
```

操作命令+配置文件+脚本程序+结束

如果不出现任何提示，表示 Docker 服务启动成功。

（1）命令 systemctl stop docker，可以停止 Docker 服务。

（2）命令 systemctl restart docker，可以重启 Docker 服务。

步骤 8：查看 Docker 运行信息。

Docker 服务启动后，可通过 systemctl status 命令查看其运行信息。

操作命令：

```
#使用 systemctl status 命令查看 Docker 服务
[root@Project-10-Task-01 ~]# systemctl status docker
● docker.service - Docker Application Container Engine
   Loaded: loaded (/usr/lib/systemd/system/docker.service; disabled; vendor preset: disabled)
#Docker 的活跃状态，结果值为 active 表示活跃；inactive 表示不活跃已停止服务
   Active: active (running) since Sat 2020-02-29 23:30:29 CST; 20s ago
     Docs: https://docs.docker.com
 Main PID: 7180 (dockerd)
    Tasks: 10
   Memory: 45.6M
   CGroup: /system.slice/docker.service
           └─7180 /usr/bin/dockerd -H fd:// --containerd=/run/containerd/containerd.sock

Feb 29 23:30:29 Project-10-Task-01 dockerd[7180]: time="2020-02-29T23:30:29.053982510+08:00" level=info msg="ClientConn switching balancer to \"pick_first\"" module=gr>
#为了排版方便，此处省略了部分提示信息
Feb 29 23:30:29 Project-10-Task-01 systemd[1]: Started Docker Application Container Engine.
```

操作命令+配置文件+脚本程序+结束

步骤 9：配置 Docker 服务为开机自启动。

操作系统重启操作后，为了使业务更快的恢复，通常会将重要的服务或应用设置为开机自启动，将 Docker 服务配置为开机自启动。

操作命令：

```
#命令 systemctl enable 可设置某服务为开机自启动。
[root@Project-10-Task-01 ~]# systemctl enable docker
Created symlink /etc/systemd/system/multi-user.target.wants/docker.service → /usr/lib/systemd/system/docker.service.
#使用 systemctl list-unit-files 命令确认 docker 服务是否已配置为开机自启动
[root@Project-10-Task-01 ~]# systemctl list-unit-files | grep docker.service
#下述信息说明 httpd.service 已配置为开机自启动
docker.service                                enabled
```

操作命令+配置文件+脚本程序+结束

步骤 10：验证 Docker 软件是否安装成功。

Docker 软件安装结束后，可通过运行 hello-world 容器来验证 Docker 软件是否安装成功。

操作命令：

```
#使用 docker run 命令运行 hello-world 容器
[root@Project-10-Task-01 ~]# docker run hello-world
#本地未检索到 hello-world 镜像
Unable to find image 'hello-world:latest' locally
```

```
#从远程的 DockerHub 仓库拉取 hello-world 镜像
latest: Pulling from library/hello-world
1b930d010525: Pull complete
Digest: sha256:fc6a51919cfeb2e6763f62b6d9e8815acbf7cd2e476ea353743570610737b752
Status: Downloaded newer image for hello-world:latest

#出现下述信息表明 docker 已经运行成功
Hello from Docker!
This message shows that your installation appears to be working correctly.

To generate this message, Docker took the following steps:
 1. The Docker client contacted the Docker daemon.
 2. The Docker daemon pulled the "hello-world" image from the Docker Hub.
    (amd64)
 3. The Docker daemon created a new container from that image which runs the
    executable that produces the output you are currently reading.
 4. The Docker daemon streamed that output to the Docker client, which sent it
    to your terminal.

To try something more ambitious, you can run an Ubuntu container with:
 $ docker run -it ubuntu bash

Share images, automate workflows, and more with a free Docker ID:
 https://hub.docker.com/

For more examples and ideas, visit:
 https://docs.docker.com/get-started/
```

操作命令+配置文件+脚本程序+结束

任务二　使用 Docker 创建新的镜像

操作视频

【任务介绍】

本任务通过 Docker 软件创建新的镜像，实现对 Docker 镜像的管理。

本任务在任务一的基础上进行。

【任务目标】

（1）实现 Docker 镜像的检索与下载。

（2）实现 Docker 镜像的创建。

（3）实现本地 Docker 镜像的管理。

【操作步骤】

步骤 1：暂时关闭防火墙等安全措施。

为使 Docker 软件能正常使用，本任务暂时关闭防火墙等安全措施。

操作命令：

```
#使用 systemctl stop 命令关闭防火墙
[root@Project-10-Task-01 ~]# systemctl stop firewalld
#使用 setenforce 命令将 SELinux 设置为 permissive 模式
[root@Project-10-Task-01 ~]# setenforce 0
#使用 systemctl restart 命令重启 docker 服务
[root@Project-10-Task-01 ~]# systemctl restart docker
```

操作命令+配置文件+脚本程序+结束

步骤 2：检索 Docker 仓库中的 Ubuntu 镜像。

Docker 镜像存在于 Docker 仓库中，Docker 软件默认使用仓库为 DockerHub。

操作命令：

```
#使用 docker search 检索 DockerHub 仓库中的 ubuntu 镜像
[root@Project-10-Task-01 ~]# docker search ubuntu
NAME        DESCRIPTION        STARS        OFFICIAL        AUTOMATED
ubuntu      Ubuntu is...       10557        [OK]
#为了排版方便，此处省略了部分提示信息
```

操作命令+配置文件+脚本程序+结束

小贴士

docker search 查询结果字段说明如下。

NAME	镜像的名称
DESCRIPTION	镜像的描述
OFFICIAL	是否为 Docker 官方发布镜像
STARS	该镜像的收藏数
AUTOMATED	是否是自动构建的镜像仓库

步骤 3：获取 Ubuntu 镜像。

Docker 容器运行时，如果系统中不存在该容器的 Docker 镜像，系统将自动下载该 Docker 镜像，如需预先下载 Docker 镜像，可使用 docker pull 命令。

操作命令：

```
#使用 docker pull 下载 ubuntu 镜像
[root@Project-10-Task-01 ~]# docker pull ubuntu
#默认下载最新版本的 ubuntu
Using default tag: latest
latest: Pulling from library/ubuntu
```

```
#输出镜像的每一层信息
423ae2b273f4: Pull complete
de83a2304fa1: Pull complete
f9a83bce3af0: Pull complete
b6b53be908de: Pull complete
Digest: sha256:04d48df82c938587820d7b6006f5071dbbffceb7ca01d2814f81857c631d44df
Status: Downloaded newer image for ubuntu:latest
docker.io/library/ubuntu:latest
```

操作命令+配置文件+脚本程序+结束

（1）docker pull ubuntu 命令等同于 docker pull ubuntu:latest，默认下载最新版本的镜像。

（2）docker pull ubuntu:13.10 命令可下载标签为 13.10 版本的 Docker 镜像。

步骤 4：查看本地 Docker 镜像。

操作命令：

```
#使用 docker images 可列出本地所有镜像
[root@Project-10-Task-01 ~]# docker images
REPOSITORY      TAG       IMAGE ID        CREATED          SIZE
ubuntu          latest    74435f89ab78    9 days ago       73.9MB
hello-world     latest    bf756fb1ae65    5 months ago     13.3kB
```

操作命令+配置文件+脚本程序+结束

小贴士

Docker 镜像列表选项字段说明如下。

REPOSITORY	镜像的名称
TAG	镜像的标签
IMAGE ID	镜像的 ID
CREATED	镜像创建时间
SIZE	镜像大小

步骤 5：启动 Docker 容器。

使用 docker run 命令可启动容器，Docker 启动时其执行过程如下。

- 检查本地是否存在指定的 Docker 镜像，如果不存在将从 Docker 仓库下载。
- 使用 Docker 镜像创建并启动 Docker 容器。
- 为 Docker 容器分配一个文件系统，并在只读的镜像层外面挂载一层可读写层。
- 从 Docker 宿主机中配置的网桥接口中桥接一个虚拟接口到容器。
- 从 Docker 网络的地址池中分配一个 IP 地址给当前容器。
- 执行用户指定的程序。
- 执行完毕后终止容器。

操作命令：

```
#使用 docker run 命令启动基于本地 ubuntu 镜像的 Docker 容器
[root@Project-10-Task-01 ~]# docker run -it ubuntu /bin/bash

#在 ubuntu 容器中进行操作
root@60c35f661ef1:/#
#使用 exit 命令可退出容器
root@60c35f661ef1:/# exit
exit
```

操作命令+配置文件+脚本程序+结束

小贴士

docker run 的参数说明如下。

-i	以交互模式运行容器，通常与-t 同时使用
-t	为容器重新分配一个伪输入终端，通常与-i 同时使用
-d	后台运行容器，并返回容器 ID
ubuntu	启动镜像的名称
/bin/bash	启动容器后使用/bin/bash 命令

步骤 6：更新并创建 Docker 镜像。

当本地的 Docker 镜像不能满足需求时，可从已创建的容器中更新并提交镜像。

在更新镜像之前需要基于镜像运行容器，本步骤使用最新版的 ubuntu 镜像运行容器。最新版的 ubuntu 镜像中并未内置 ping 命令，本步骤将在 ubuntu 容器中安装 ping 命令，并在此基础上创建新的 ubuntu 镜像。

操作命令：

```
#使用 docker 命令启动 ubuntu 容器
[root@Project-10-Task-01 ~]# docker run -t -i ubuntu:latest /bin/bash
#每次容器创建成功后会生成唯一的容器 ID，本容器的 ID 为 10d9878b4864，请记录该容器 ID 后续创建镜像时使用

#在 ubuntu 容器中进行操作
root@10d9878b4864:/#
#使用 apt 命名检查更新
root@10d9878b4864:/# apt update
Get:1 http://archive.ubuntu.com/ubuntu bionic InRelease [242 kB]
#为了排版方便，此处省略了部分提示信息
Get:18 http://archive.ubuntu.com/ubuntu bionic-backports/universe amd64 Packages [4247 B]
#获取 17.6MB 的数据
Fetched 17.6 MB in 53s (330 kB/s)
Reading package lists... Done
Building dependency tree
Reading state information...
All packages are up to date.
```

```

#使用 ping 命令测试 Docker 与互联网的通信
root@10d9878b4864:/# ping www.baidu.com
#该命令并未安装
bash: ping: command not found

#使用 apt-get 命令安装 iputils-ping
root@10d9878b4864:/# apt-get install -y iputils-ping
Reading package lists... Done
Building dependency tree
Reading state information... Done
#iputils-ping 需要的依赖包
The following additional packages will be installed:
  libcap2 libcap2-bin libidn11 libpam-cap
#本次安装将安装以下的软件包
The following NEW packages will be installed:
  iputils-ping libcap2 libcap2-bin libidn11 libpam-cap
0 upgraded, 5 newly installed, 0 to remove and 0 not upgraded.
#本次安装需要下载 142kB 的数据，安装后将占用 537kB 的空间
Need to get 142 kB of archives.
After this operation, 537 kB of additional disk space will be used.
Get:1 http://archive.ubuntu.com/ubuntu bionic/main amd64 libcap2 amd64 1:2.25-1.2 [13.0 kB]
#为了排版方便，此处省略了部分提示信息
debconf: falling back to frontend: Teletype
Setting up libcap2-bin (1:2.25-1.2) ...
Processing triggers for libc-bin (2.27-3ubuntu1) ...

#使用 ping 命令测试 Docker 与互联网的连通性
root@10d9878b4864:/# ping www.baidu.com -c 4
#下述信息表明 Docker 容器可以访问互联网
PING www.a.shifen.com (182.61.200.6) 56(84) bytes of data.
64 bytes from 182.61.200.6 (182.61.200.6): icmp_seq=1 ttl=49 time=12.4 ms
64 bytes from 182.61.200.6 (182.61.200.6): icmp_seq=2 ttl=49 time=12.6 ms
64 bytes from 182.61.200.6 (182.61.200.6): icmp_seq=3 ttl=49 time=12.3 ms
64 bytes from 182.61.200.6 (182.61.200.6): icmp_seq=4 ttl=49 time=12.5 ms

--- www.a.shifen.com ping statistics ---
4 packets transmitted, 4 received, 0% packet loss, time 3004ms
rtt min/avg/max/mdev = 12.364/12.480/12.602/0.143 ms

#退出 Docker
root@10d9878b4864:/# exit
```

操作命令+配置文件+脚本程序+结束

操作完成后可基于该 Docker 容器创建新的 Docker 镜像。

操作命令：

```
#使用 docker commit 命令创建新的 Docker 镜像
[root@Project-10-Task-01 ~]# docker commit -m 'ubuntu 增加 ping 命令' -a 'docker' 10d9878b4864 book/ubuntu:v2
#查看创建成功的 Docker 镜像
[root@Project-10-Task-01 ~]# docker images
REPOSITORY        TAG         IMAGE ID         CREATED          SIZE
book/ubuntu       v2          d245f244ec44     5 seconds ago    94MB
ubuntu            latest      72300a873c2c     5 days ago       64.2MB
hello-world       latest      fce289e99eb9     14 months ago    1.84kB
#使用新创建的 Docker 镜像运行容器
[root@Project-10-Task-01 ~]# docker run -it book/ubuntu:v2 /bin/bash

#在容器中进行操作
root@1e399196c19b:/# ping www.baidu.com -c 4
#下述信息表明 ping 命令可用
PING www.wshifen.com (103.235.46.39) 56(84) bytes of data.
64 bytes from 103.235.46.39 (103.235.46.39): icmp_seq=1 ttl=41 time=328 ms
64 bytes from 103.235.46.39 (103.235.46.39): icmp_seq=2 ttl=41 time=327 ms
64 bytes from 103.235.46.39 (103.235.46.39): icmp_seq=3 ttl=41 time=327 ms
64 bytes from 103.235.46.39 (103.235.46.39): icmp_seq=4 ttl=41 time=328 ms

--- www.wshifen.com ping statistics ---
4 packets transmitted, 4 received, 0% packet loss, time 3003ms
rtt min/avg/max/mdev = 327.715/328.005/328.370/0.476 ms
root@1e399196c19b:/# exit
```

操作命令+配置文件+脚本程序+结束

docker commit 参数说明如下。

-m	提交的描述信息
-a	指定镜像作者
10d9878b4864	用于创建镜像的容器 ID
book/ubuntu:v2	指定要创建的目标镜像名
/bin/bash	命令，启动容器后执行/bin/bash 命令

步骤 7：使用 Dockerfile 创建镜像。

Dockerfile 是由一系列命令和参数构成的脚本，这些命令可在基础镜像上依次执行，最终创建一个新的 Docker 镜像，Dockerfile 简化了 Docker 的部署工作。

使用 vi 工具创建 Dockerfile 文件内容如下。

配置文件：/root/Dockerfile

```
#基础镜像信息
FROM ubuntu
#维护者信息
```

```
MAINTAINER book_user book@example.com
#镜像操作指令
RUN apt update
RUN apt-get install -y iputils-ping
#容器启动时执行的指令
CMD cd /opt
CMD echo 'new docker' > readme.txt
```

操作命令+配置文件+脚本程序+结束

Dockerfile 中的每一个指令都会在镜像上创建一个新的镜像层，每一个指令的前缀都必须是大写的，其创建过程如下所示。

操作命令：

```
#使用 docker build 命令从 Dockerfile 文件创建 Docker 镜像
[root@Project-10-Task-01 ~]# docker build -t "book/ubuntu:v3" .
#将上下文发送给 Docker 引擎
Sending build context to Docker daemon  22.46MB
#从 ubuntu 构建镜像
Step 1/6 : FROM ubuntu
 ---> 72300a873c2c
#写入维护者信息
Step 2/6 : MAINTAINER book_user book@example.com
 ---> Running in f36632f50675
Removing intermediate container f36632f50675
 ---> 2db2f7b0fab7
#执行 aptupdate 命令
Step 3/6 : RUN apt update
 ---> Running in 626b8d541998
#为了排版方便，此处省略了部分提示信息
Removing intermediate container 626b8d541998
 ---> 253adfa2c1cf
#执行 apt-get 命令安装 iputils-ping 工具
Step 4/6 : RUN apt-get install iputils-ping -y
 ---> Running in 134a03133801
#为了排版方便，此处省略了部分提示信息
Setting up libcap2-bin (1:2.25-1.2) ...
Processing triggers for libc-bin (2.27-3ubuntu1) ...
Removing intermediate container 134a03133801
 ---> 3e147f21f4f0
#切换目录至/opt
Step 5/6 : CMD cd /opt
 ---> Running in 157e19965eeb
Removing intermediate container 157e19965eeb
 ---> e82df206be0b
#创建 readme.txt 文件，写入 new docker
Step 6/6 : CMD echo 'new docker' > readme.txt
 ---> Running in 991090623c7b
```

```
Removing intermediate container 991090623c7b
 ---> 18887926346e
#Docker 镜像创建成功，镜像 ID 为 18887926346e
Successfully built 18887926346e
#Docker 镜像的标签为 book/ubuntu:v3
Successfully tagged book/ubuntu:v3
#查看创建的 Docker 镜像
[root@Project-10-Task-01 ~]# docker images
REPOSITORY      TAG       IMAGE ID        CREATED          SIZE
book/ubuntu     v3        18887926346e    9 minutes ago    94MB
book/ubuntu     v2        dcf41a3a9473    3 hours ago      94MB
ubuntu          latest    72300a873c2c    2 weeks ago      64.2MB
hello-world     latest    fce289e99eb9    14 months ago    1.84kB
```

操作命令+配置文件+脚本程序+结束

步骤 8：删除本地 Docker 镜像。

操作命令：

```
#使用 docker rmi 命令删除 hello-world 镜像
[root@Project-10-Task-01 ~]# docker rmi hello-world
Untagged: hello-world:latest
Untagged: hello-world@sha256:fc6a51919cfeb2e6763f62b6d9e8815acbf7cd2e476ea353743570610737b752
Deleted: sha256:fce289e99eb9bca977dae136fbe2a82b6b7d4c372474c9235adc1741675f587e
Deleted: sha256:af0b15c8625bb1938f1d7b17081031f649fd14e6b233688eea3c5483994a66a
```

操作命令+配置文件+脚本程序+结束

删除 Docker 镜像，需要先删除基于此镜像创建的 Docker 容器。

【任务扩展】

Dockerfile

Dockerfile 是最常用的 Docker 镜像创建方式，其中包含镜像创建的指令与参数，每条指令构建一层镜像，每一条指令的内容用以描述该层应当如何构建。

Dockerfile 文件中包含 4 个方面。

- 基础镜像信息。
- 维护者信息。
- 镜像操作指令。
- 容器启动时执行指令。

Dockerfile 文件示例如下。

操作命令：

```
#基于 centos 镜像
FROM centos
```

```

#维护人的信息
MAINTAINER dockerdocker@example.com

#安装 httpd 软件包
RUN yum -y update
RUN yum -y install httpd

#开启 80 端口
EXPOSE 80

#复制网站首页文件至镜像中 web 站点下
ADD index.html /var/www/html/index.html

#复制该脚本至镜像中，并修改其权限
ADD run.sh /run.sh
RUN chmod 775 /run.sh

#当启动容器时执行的脚本文件
CMD ["/run.sh"]
```

操作命令+配置文件+脚本程序+结束

Dockerfile 常用指令见表 10-2-1。

表 10-2-1 Dockerfile 常用指令

指令	作用	示例
FROM	指明需要构建的新镜像的基础镜像	FROM centos
MAINTAINER	指明镜像维护者及其联系方式	MAINTAINER docker docker@example.com
RUN	构建镜像时运行的 Shell 命令	RUN yum -y update
CMD	启动容器时执行的 Shell 命令	CMD ["/run.sh"]
EXPOSE	声明容器运行的服务端口	EXPOSE 80
ENV	设置环境内环境变量	ENV JAVA_HOME /usr/local/jdk1.8.0_45
ADD	拷贝文件或目录到镜像中	ADD https://xxx.com/html.tar.gz/var/www/html
COPY	拷贝文件或目录到镜像中，用法同 ADD，不支持自动下载和解压	COPY ./start.sh /start.sh
ENTRYPOINT	启动容器时执行的 Shell 命令，同 CMD 类似，只是由 ENTRYPOINT 启动的程序不会被 docker run 命令行指定的参数所覆盖，而且这些命令行参数会被当作参数传递给 ENTRYPOINT 指定的程序	ENTRYPOINT /bin/bash -C '/start.sh'

续表

指令	作用	示例
VOLUME	指定容器挂载点到宿主机自动生成的目录或其他容器	VOLUME ["/var/lib/mysql"]
USER	为 RUN、CMD 和 ENTRYPOINT 执行 Shell 命令指定运行用户	USER docker
WORKDIR	为 RUN、CMD、ENTRYPOINT 以及 COPY 和 AND 设置工作目录	WORKDIR /dockerdata

任务三　使用 Docker 发布 PHP 程序

操作视频

【任务介绍】

Docker 的核心在于将应用整合到容器中，使应用在容器中运行。将应用整合到容器中并且运行起来的过程称之为“容器化”。

本任务使用 Docker 软件实现 LAMP 环境部署。

本任务在任务一的基础上进行。

【任务目标】

（1）实现 Docker 容器的管理。

（2）实现通过 Docker 软件配置 LAMP 环境。

【操作步骤】

步骤 1：创建 PHP 文件。

创建需要发布的 PHP 程序，该 PHP 程序需连接 MariaDB 数据库并输出 MariaDB 中的用户信息，其发布目录为“/var/docker/task03/www/html”，PHP 程序内容如下。

配置文件：/var/docker/task03/www/html/index.php

```
<?php
$con = mysqli_connect('10.10.2.124', 'root', 'centos@mariadb#123', 'mysql');
if ($con) {
    $result = mysqli_query($con, "SELECT User,Host FROM user");
    $result_arr = mysqli_fetch_assoc($result);
    echo json_encode($result_arr);
} else {
    echo "error";
}
```

操作命令+配置文件+脚本程序+结束

步骤 2：准备 Docker 网络实现容器互联。

本步骤实现 mariadb 容器与 php 容器之间的通信，这种通信称为 Docker 容器互联。Docker 容器互联有多种方式，本步骤使用自定义网络实现 Docker 容器之间的通信。

操作命令：

```
#使用 docker network create 命令创建 Docker 网络
[root@Project-10-Task-01 ~]# docker network create net-lamp
#net-lamp 网络创建成功
a93e967494265613ef59b83d159ae9d3922b9329ac0a3d40f302ab280b877d44
#使用 docker network ls 查看已经创建的 docker 网络
[root@Project-10-Task-01 ~]# docker network ls
NETWORK ID       NAME        DRIVER      SCOPE
85060c052aae     bridge      bridge      local
89fc2336774f     host        host        local
a93e96749426     net-lamp    bridge      local
1767202f3a88     none        null        local
```

操作命令+配置文件+脚本程序+结束

步骤 3：创建 mariadb 容器实现数据库服务。

操作命令：

```
#使用 docker pull 下载 mariadb 镜像
[root@Project-10-Task-01 ~]# docker pull mariadb
#使用最新版的 mariadb 镜像
Using default tag: latest
latest: Pulling from library/mariadb
423ae2b273f4: Already exists
#为了排版方便，此处省略了部分提示信息
Digest: sha256:d1ceee944c90ee3b596266de1b0ac25d2f34adbe9c35156b75bcb9a7047c7545
Status: Downloaded newer image for mariadb:latest
docker.io/library/mariadb:latest

#使用 docker run 命令启动 mariadb 容器
[root@Project-10-Task-01 ~]# docker run \
#设置容器名称为 lamp-mariadb
--name lamp-mariadb \
#容器使用 net-lamp 网络
--net net-lamp \
#将容器的 3306 端口绑定到宿主机的 3306 端口
-p 3306:3306 \
#挂载容器中 mariadb 数据库文件目录/var/lib/mariadb 至宿主机的/var/docker/task03/mariadb/data 目录
-v /var/docker/task03/mariadb/data:/var/lib/mariadb \
#挂载容器中 mariadb 配置文件目录/etc/mariadb/conf.d 至宿主机的/var/docker/task03/mariadb/conf 目录
-v /var/docker/task03/mariadb/conf:/etc/mariadb/conf.d \
#挂载容器中 mariadb 日志目录/etc/mariadb/conf.d 至宿主机的/var/docker/task03/mariadb/conf 目录
-v /var/docker/task03/mariadb/logs:/logs \
```

```
#配置 mariadb 密码为 centos@mariadb#123
-e MYSQL_ROOT_PASSWORD=centos@mariadb#123 \
#保持后台运行 mariadb 镜像
-d mariadb:latest
59be441bca83effe738960330886f927aa16b2b64cfb766a99fc4fee498fa842
```

操作命令+配置文件+脚本程序+结束

小贴士

docker run 命令字段说明如下。

-d	后台运行容器，并返回容器 ID
-i	以交互模式运行容器，通常与-t 同时使用
-t	为容器重新分配一个终端，通常与-i 同时使用
-P	容器内部的端口随机映射到宿主机的端口
-p	指定容器的端口映射，其格式为：宿主机端口:容器端口
--name	设置容器名称
--dns	指定容器使用的 DNS 服务器，不指定的话与宿主机保持一致
--volume，-v	将本地的一个目录映射到容器中，其格式为：宿主机目录:容器目录

步骤 4：创建 php 容器实现 PHP 程序运行。

操作命令：

```
#使用 docker pull 命令下载 php:7.3-apache 镜像
[root@Project-10-Task-01 ~]# docker pull php:7.3-apache
#下载标签为 7-3-apache 的 php 镜像
7.3-apache: Pulling from library/php
68ced04f60ab: Pull complete
#为了排版方便，此处省略了部分提示信息
Digest: sha256:ad53b6b5737c389d1bcea8acc2225985d5d90e6eb362911547e163f1924ec089
Status: Downloaded newer image for php:7.3-apache
docker.io/library/php:7.3-apache

#使用 docker run 命令启动 php 容器，设置容器名称为 lamp-php，容器使用 net-lamp 网络，将容器的 80 端口绑定到宿主机的 80 端口，并挂载容器目录，保持后台运行
[root@Project-10-Task-01 ~]# docker run \
#设置容器名称为 lamp-php
--name lamp-php \
#容器使用 net-lamp 网络
--net net-lamp \
#将容器的 80 端口绑定到宿主机的 80 端口
-p 80:80 \
#挂载容器中 apache 配置文件目录/etc/apache2/sites-enabled 至宿主机的/var/docker/task03/httpd/conf 目录
-v /var/docker/task03/httpd/conf:/etc/apache2/sites-enabled \
#挂载容器的/var/www/html 目录至/var/docker/task03/www/html
```

```
-v /var/docker/task03/www/html:/var/www/html \
-v /var/docker/task03/logs:/var/log/apache2 \
-d php:7.3-apache        f23e88227ee8d0d713ed3da010ec707201ab22cd360d580879122ce5e8b9d282
#使用 docker exec 命令连接 Docker 容器
[root@Project-10-Task-01 ~]# docker exec -it lamp-php /bin/bash
#在 Docker 容器中进行操作
#对容器中的软件进程升级
root@f23e88227ee8:/var/www/html# apt-get -y update
Get:1 http://security-cdn.debian.org/debian-security buster/updates InRelease [65.4 kB]
#为了排版方便，此处省略了部分提示信息
Reading package lists... Done
#安装编译依赖包 libpng-dev
root@f23e88227ee8:/var/www/html# apt-get install –y libpng-dev
Reading package lists... Done
Building dependency tree
Reading state information... Done
#为了排版方便，此处省略了部分提示信息
Processing triggers for libc-bin (2.28-10) ...
#安装 mysqli 模块
root@f23e88227ee8: /usr/local/bin/docker-php-ext-install gd mysqli
Configuring for:
PHP Api Version: 20180731
Zend Module Api No: 20180731
Zend Extension Api No: 320180731
checking for grep that handles long lines and -e... /bin/grep
#为了排版方便，此处省略了部分提示信息
rm -f libphp.la       modules/* libs/*
#退出容器
root@f23e88227ee8: exit
```

操作命令+配置文件+脚本程序+结束

步骤 5：验证 LAMP 是否部署成功。

在本地主机通过浏览器访问“http://虚拟机 IP 地址”，即可验证 LAMP 是否部署成功，如图 10-3-1 表明 LAMP 部署成功，且已经连接 MariaDB 获取当前数据库用户信息。

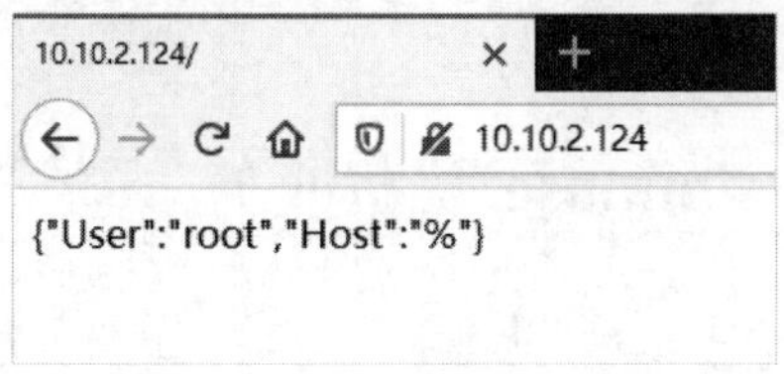

图 10-3-1　PHP 程序运行结果

步骤 6：查看容器运行状态。

操作命令：

```
1.  #使用 docker ps 命令查看运行中的 Docker 容器
2.  [root@Project-10-Task-01 ~]# docker ps
3.  #目前运行的容器有两个，分别是 lamp-php 与 lamp-mariadb
4.  CONTAINER ID      IMAGE               COMMAND                         CREATED
    STATUS              PORTS                        NAMES
5.  f23e88227ee8        php:7.3-apache      "docker-php-entrypoi…"   32 seconds ago        Up 30 s
    econds        0.0.0.0:80->80/tcp          lamp-php
6.  59be441bca83        mariadb:latest      "docker-entrypoint.s…"   About a minute ago   Up About
    a minute    0.0.0.0:3306->3306/tcp    lamp-mariadb
```

操作命令+配置文件+脚本程序+结束

命令行工具 docker stats 可查看容器的 CPU、内存等资源使用信息。

操作命令：

```
1.  #使用 docker stats 查看 Docker 容器的资源消耗情况
2.  [root@Project-10-Task-01 ~]# docker stats
3.  CONTAINER ID        NAME                  CPU %                 MEM USAGE / LIMIT
        MEM %               NET I/O         BLOCK I/O           PIDS
4.  f23e88227ee8        lamp-php        0.00%                   16.3MiB / 1.786GiB          0.89%
        11kB / 55.3kB   0B / 0B             7
5.  59be441bca83        lamp-mariadb        0.03%                   79MiB / 1.786GiB        4.32%
        2.67kB / 0B     13.9MB / 4.41MB     30
```

操作命令+配置文件+脚本程序+结束

小贴士

docker stats 命令查看结果字段说明如下。

CONTAINER ID	Docker 容器 ID
NAME	Docker 容器名称
CPU %	CPU 使用率
MEM USAGE / LIMIT	内存使用量/内存总量
MEM %	内存使用率
NET I/O	网络 IO 速率
BLOCK I/O	磁盘 IO 速率
PIDS	进程 ID

任务四　使用 Docker Compose 发布业务

操作视频

【任务介绍】

Docker Compose 是 Docker 官方提供的管理工具，用来实现对多个容器的快速管理。本任务以 WordPress 程序为例，使用 Docker Compose 统一管理 mariadb 和 php 两个容器，实现内容网站的发布。

本任务在任务一的基础上进行。

【任务目标】

（1）实现 Docker Compose 的安装。

（2）实现使用 Docker Compose 管理多个容器。

（3）实现使用 Docker 软件发布 WordPress 应用。

【操作步骤】

步骤 1：安装 Docker Compose。

在 CentOS 上安装 Docker Compose 需要分两步，首先使用 curl 命令下载二进制文件，然后使用 chmod 命令将其置为可运行。

操作命令：

```
#使用 curl 命令下载 docker-compose 二进制文件，并将文件保存至/usr/local/bin/docker-compose
[root@Project-10-Task-01 ~]# curl -L "https://github.com/docker/compose/releases/download/1.25.4/docker-compose-$(uname -s)-$(uname -m)" -o /usr/local/bin/docker-compose
  % Total    % Received % Xferd  Average Speed   Time    Time     Time  Current
                                 Dload  Upload   Total   Spent    Left  Speed
100   617  100   617    0     0    623      0 --:--:-- --:--:-- --:--:--   623
100 16.3M  100 16.3M    0     0   447k      0  0:00:37  0:00:37 --:--:-- 1021k
#为 docker-compose 设置可执行权限
[root@Project-10-Task-01 ~]# chmod +x /usr/local/bin/docker-compose
#测试 docker-compose 是否安装成功
[root@Project-10-Task-01 ~]# docker-compose --version
#docker-compose 安装成功，其版本为 1.25.4
docker-compose version 1.25.4, build 8d51620a
```

操作命令+配置文件+脚本程序+结束

步骤 2：创建 Docker Compose 工作目录。

使用 Docker Compose 前需要先为其创建工作目录。

操作命令：

```
#创建 Docker Compose 工作目录为 task04
[root@Project-10-Task-01 ~]# mkdir -p /var/docker/task04
```

操作命令+配置文件+脚本程序+结束

步骤 3：准备 WordPress 安装程序。

操作命令：

```
#创建 WordPress 安装程序存放目录
[root@Project-10-Task-01 ~]# mkdir –p /var/docker/task04/www/html
```

```
#使用 wget 工具下载 WordPress 文件到指定目录，应用程序存放在账号目录下
[root@Project-10-Task-01 ~]# wget https://cn.wordpress.org/latest-zh_CN.zip
--2020-02-11 14:20:29--  https://cn.wordpress.org/latest-zh_CN.zip
Resolving cn.wordpress.org (cn.wordpress.org)... 198.143.164.252
Connecting to cn.wordpress.org (cn.wordpress.org)|198.143.164.252|:44... connected.
HTTP request sent, awaiting response... 200 OK
#下载文件大小为：13M
Length: 13427353 (13M) [application/zip]
#WordPress 下载后存放的位置为：~/latest-zh_CN.zip
Saving to: 'latest-zh_CN.zip'
#下述信息表示文件下载成功
latest-zh_CN.zip      100%[==============>]  12.80M  12.2KB/s    in 13m 47s
2020-02-11 14:34:18 (15.9 KB/s) - 'latest-zh_CN.zip' saved [13427353/13427353]

#使用 unzip 工具将~/latest-zh_CN.zip 文件解压到/var/docker/task04/www/html 目录下
[root@Project-10-Task-01 ~]# unzip latest-zh_CN.zip -d /var/docker/task04/www/html
```

操作命令+配置文件+脚本程序+结束

（1）wget 工具可通过 yum install –y wget 安装。

（2）unzip 工具可通过 yum install –y unzip 安装。

步骤 4：定义 php 容器。

php 容器需要安装 PHP 的 mysqli 模块，因此需创建 phpDockerFile 文件定义 php 运行的环境。

配置文件：/var/docker/task04/phpDockerFile

```
#基础镜像信息
FROM php:7.3-apache
#维护者信息
MAINTAINER dockerdocker@51xueweb.cn
#镜像操作指令，为 php 环境安装 mysqli 模块
RUN docker-php-ext-install mysqli
#声明端口
EXPOSE 80
```

操作命令+配置文件+脚本程序+结束

步骤 5：创建 Docker Compose 配置文件，定义应用程序运行环境。

WordPress 部署时需要两个容器，创建 Docker Compose 配置文件管理两个 Docker 容器，其内容如下所示。

配置文件：/var/docker/task04/workpress-docker-compose.yml

```
#指定 YAML 文件使用的 compose 版本
version: '3'
#定义本项目的服务
services:
#定义第一个服务：web
    web:
```

```
#构建镜像的上下文路径
        build:
            context: ./
            dockerfile: phpDockerFile
#配置挂载文件与目录
        volumes:
            - ./www/html/wordpress:/var/www/html
            - ./httpd/conf:/etc/apache2/sites-enabled
            - ./httpd/logs:/var/log/apache2
#定义端口映射，将容器的 80 端口映射给宿主机的 81 端口
#任务三已经使用 80 端口，此处使用 81 端口
        ports:
            - 81:80
        #设置依赖关系，在 db 服务启动后启动此服务
        depends_on:
– db
#定义第二个服务：db
    db:
#指定容器运行的镜像
        image: mariadb
#覆盖容器启动的默认命令
        command: --default-authentication-plugin=mysql_native_password
#配置挂载文件与目录
        volumes:
            - ./mariadb/data:/var/lib/mariadb
            - ./mariadb/conf:/etc/mariadb/conf.d
            - ./mariadb/logs:/logs
#添加环境变量
        environment:
            MYSQL_ROOT_PASSWORD: centos@mariadb#123
#定义端口映射，将容器的 3306 端口映射给宿主机的 3307 端口
#任务三已经使用 3306 端口，此处使用 3307 端口
        ports:
            - 3307:3306
```

操作命令+配置文件+脚本程序+结束

步骤 6：启动 Docker Compose 发布 WordPress。

操作命令：

```
#使用 docker-compose 启动项目，配置文件为/var/docker/task04/workpress-docker-compose.yml
[root@Project-10-Task-01 ~]# docker-compose –f /var/docker/task04/workpress-docker-compose.yml up
#开始创建 web 服务
Building web
#为了排版方便，此处省略了部分提示信息
#下述信息表明 web 服务创建成功
Attaching totask04_db_1, task04_web_1
#开始创建 db 服务
db_1  | 2020-03-12 13:29:06+00:00 [Note] [Entrypoint]: Entrypoint script for MySQL Server 1:10.4.12
```

```
+maria~bionic started.
#为了排版方便，此处省略了部分提示信息
#下述信息表明 db 服务创建成功
db_1   | Version: '10.4.12-MariaDB-1:10.4.12+maria~bionic'   socket: '/var/run/mysqld/mysqld.sock'   port: 3306   mariadb.org binary distribution
```

操作命令+配置文件+脚本程序+结束

在本地主机通过浏览器访问“http://虚拟机 IP 地址:81”，即可验证 WordPress 是否部署成功。

步骤 7：查看容器的运行状态。

操作命令：

```
#使用 docker stats 查看 Docker 容器的资源消耗情况
[root@Project-10-Task-01 ~]# docker stats
CONTAINER ID        NAME                CPU %               MEM USAGE / LIMIT     MEM %               NET I/O             BLOCK I/O           PIDS
f07bb8043501        task04_web_1        0.00%               10.68MiB / 3.689GiB   0.28%               1.77kB / 0B         0B / 0B             6
d2c7403c432d        task04_db_1         0.02%               69.49MiB / 3.689GiB   1.84%               1.94kB / 0B         0B / 16.4kB         13
```

操作命令+配置文件+脚本程序+结束

【任务扩展】

Docker Compose

Docker Compose 是 Docker 官方的开源项目，是定义和运行多个 Docker 容器的工具，项目代码在 https://github.com/docker/compose 上开源。

（1）Compose 文件。Docker Compose 使用 YAML 文件来定义多服务应用，Compose 文件是 DockerCompose 运行的核心。Compose 文件默认使用的文件名为 docker-compose.yml，也可使用-f 参数指定具体文件。

标准的 Compose 文件中应该包含 version、services、networks 三个部分，其中 version 定义 Compose 文件的版本，services 定义应用中所包含的服务，networks 定义 Docker 容器的网络，其文件格式如下所示。

配置文件：

```
version: "3"
services:
  webapp:
    image: examples/web
    ports:
      - "80:80"
    volumes:
      - "/data"
networks:
counter-net:
```

```
11.        driver: bridge
```

操作命令+配置文件+脚本程序+结束

Compose 文件常用配置指令见表 10-4-1。

表 10-4-1　Compose 文件常用配置指令

指令	作用
version	指明需要构建的新镜像的基础镜像
services	定义应用中所包含的服务，每个服务代表一个容器，可包含多个
image	从指定的镜像中启动容器
volumes	需要挂载的目录
build	指定为构建镜像上下文路径
command	容器启动时的命令
depends_on	设置依赖关系
environment	设置环境变量

（2）Compose 常用命令。使用 DockerCompose 可以创建、启动、停止、删除应用，并可获取应用运行状态，其常用命令见表 10-4-2。

表 10-4-2　Compose 文件常用命令

命令	作用
docker-compose up	部署一个 Compose 应用 默认情况下该命令会读取名为 docker-compose.yml 的文件，用户可使用-f 命令启动其他文件
docker-compose stop	停止 Compose 应用相关容器 只停止应用并不删除，可通过 docker-compose restart 命令重新启动
docker-compose rm	删除已停止的 Compose 应用 只删除容器和网络，不删除卷和镜像
docker-compose restart	重启已停止的 Compose 应用
docker-compose ps	列出 Compose 应用的各个容器 输出内容包含当前状态、容器运行的命令以及网络端口
docker-compose down	停止并删除运行中的 Compose 应用 只删除容器和网络，不删除卷和镜像

任务五　使用 cAdvisor 监控 Docker 性能

【任务介绍】

cAdvisor 是开源的 Docker 容器监控工具，支持对安装 Docker 的宿主机、Docker 自身的实时监控和性能数据的采集。

本任务通过 cAdvisor 工具实现对 Docker 容器的监控与性能分析。

本任务在任务四的基础上进行。

【任务目标】

（1）实现 cAdvisor 的安装。

（2）实现 docker 性能监控。

【操作步骤】

步骤 1：配置 cAdvisor。

操作命令：

```
#使用 Docker 容器部署 cAdvisor
[root@Project-10-Task-01 ~]# docker run \
   --volume=/:/rootfs:ro \
   --volume=/var/run:/var/run:rw \
   --volume=/sys:/sys:ro \
   --volume=/var/lib/docker/:/var/lib/docker:ro \
   --volume=/dev/disk/:/dev/disk:ro \
   --publish=8080:8080 \
   --detach=true \
   --name=cadvisor \
   google/cadvisor:latest
Unable to find image 'google/cadvisor:latest' locally
latest: Pulling from google/cadvisor
ff3a5c916c92: Pull complete
44a45bb65cdf: Pull complete
0bbe1a2fe2a6: Pull complete
Digest: sha256:815386ebbe9a3490f38785ab11bda34ec8dacf4634af77b8912832d4f85dca04
Status: Downloaded newer image for google/cadvisor:latest
#下述信息表明 cAdvisor 部署成功
dcc82135e47121f0452e705b5f5181da499ce641d95ad0063cf0cb8699bf11c8
```

操作命令+配置文件+脚本程序+结束

步骤 2：访问 cAdvisor。

使用本地主机通过浏览器访问“http://虚拟机 IP 地址:8080”，可查看 cAdvisor 界面，如图 10-5-1 所示。

步骤 3：监控信息解读。

使用 cAdvisor 可监控 Docker 宿主机运行情况与容器运行情况。

（1）Docker 宿主机运行情况监控。在 Docker 宿主机运行情况监控中，可监控 Docker 宿主机 CPU、内存、网络、文件使用等情况，Docker 宿主机所运行容器的 CPU 使用率、内存使用率排行，如图 10-5-2～图 10-5-4 所示。

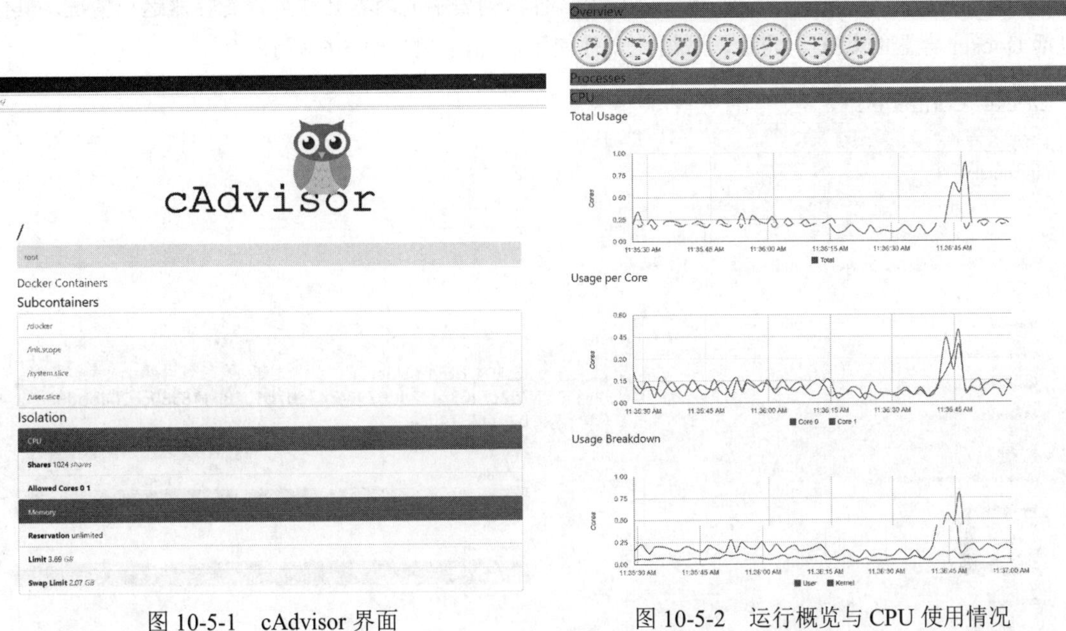

图 10-5-1　cAdvisor 界面　　　　图 10-5-2　运行概览与 CPU 使用情况

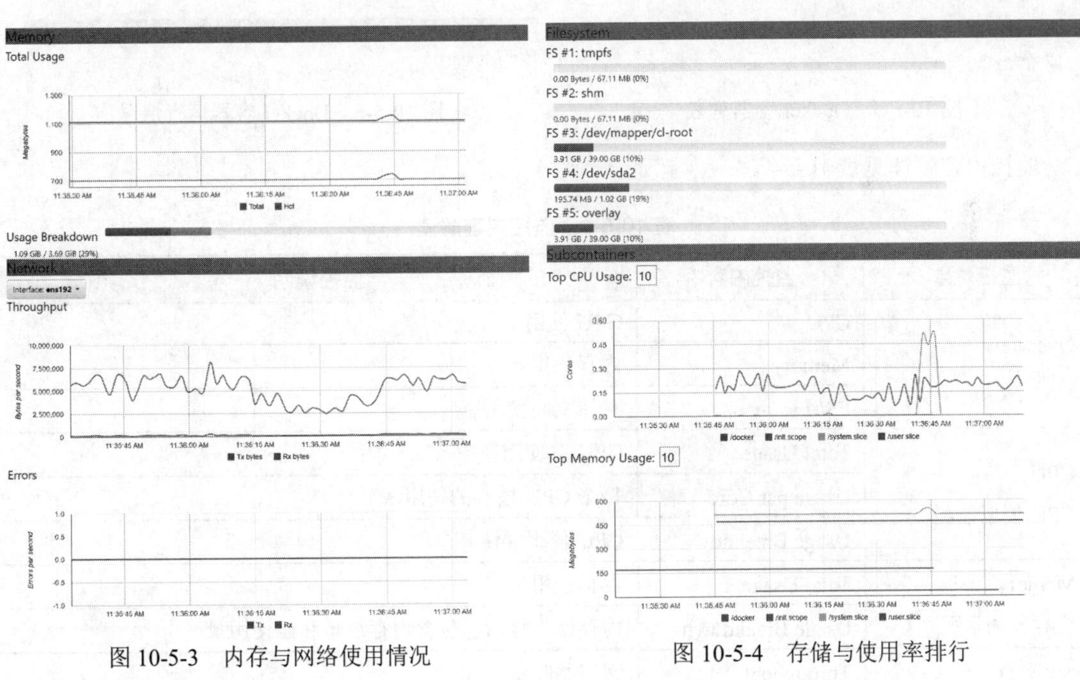

图 10-5-3　内存与网络使用情况　　　　图 10-5-4　存储与使用率排行

（2）Docker 容器列表。单击“Docker Containers”可查看 Docker 容器的运行情况，其中包含 Docker 容器列表和 Docker 环境状态，如图 10-5-5 所示。

（3）Docker 运行情况监控。单击 Docker 容器列表中的容器名称可查看容器运行情况，其中包括 Docker 容器的 CPU、内存、网络、文件使用情况，如图 10-5-6 所示。

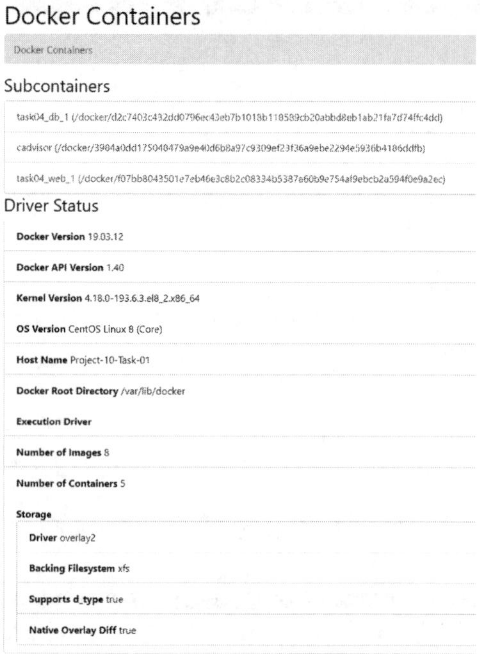

图 10-5-5　Docker 容器列表

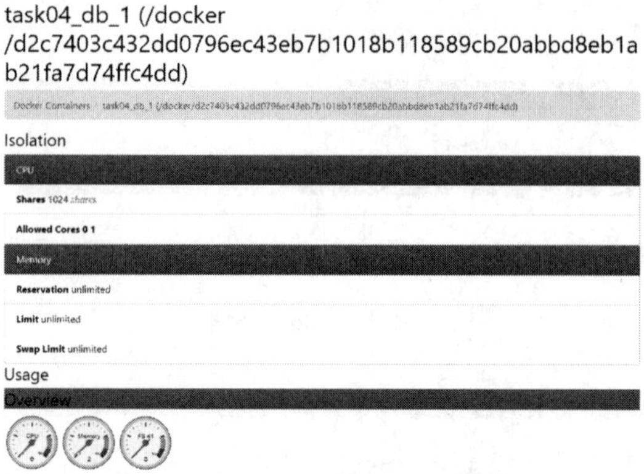

图 10-5-6　Docker 容器运行情况

监控内容解读见表 10-5-1。

表 10-5-1　监控内容解读

监控对象	监控内容	监控说明
Overview 概览	CPU	CPU 使用率
	Memory	内存使用率
	FS#1	存储空间使用率
CPU CPU 使用情况	Total Usage	CPU 总使用率
	Usage per Core	每个 CPU 核心的使用率
	Usage Breakdown	CPU 使用详情
Memory 内存使用情况	Total Usage	内存使用量
	Usage Breakdown	内存使用详情，包含内存总量和已使用量
Network 网络使用情况	Throughput	网络吞吐量
	Errors	网络包错误数

续表

监控对象	监控内容	监控说明
Filesystem 存储空间使用情况	FS#1:tmpfs	列出所有存储空间，并展示每个存储空间总大小，使用大小与使用率
Subcontainers 容器使用情况	Top CPU Usage	CPU 使用最高的容器，默认展示 10 个
	Top Memory Usage	内存使用最高的容器，默认展示 10 个

cAdvisor 支持 REST API，其路径为：http://<hostname>:<port>/api/<version>/<request>，可通过 API 的方式从 cAdvisor 获取 Docker 宿主机与容器的 CPU、内存、磁盘、网络等信息，如 http://10.10.2.124:8080/api/v2.0/machine 可获取 Docker 宿主机的运行情况。

项目十一

CentOS 的系统安全

项目介绍

网络与信息安全是一个关系国家主权、社会稳定和民族文化发展的重要问题，操作系统作为网络信息的载体与传播者，使用严防信息泄露、病毒入侵等安全措施，能够有效地提升网络与信息的安全层级。

本项目介绍 SELinux 内核安全、Firewalld 防火墙以及系统安全审计工具 Nmap，讲授 CentOS 操作系统中的安全配置方法，提升操作系统的安全性。

项目目的

- 了解 Linux 的安全机制；
- 掌握使用 SELinux 提升内核安全性；
- 掌握使用防火墙提升主机安全性；
- 掌握使用 Nmap 进行主机安全审计。

项目讲堂

1. 操作系统的安全

（1）操作系统的安全风险。操作系统的安全风险主要分为以下 3 方面。

1）硬件设备的安全风险。外部硬件设备的运行情况是否正常，硬件设备所处的环境是否长期正常稳定，在使用过程中应防止因异常关机或设备零件故障造成操作系统的无法使用。

2）交互过程的安全风险。系统使用过程中，存在用户权限混乱、服务进程异常等安全风险。

3）网络病毒漏洞的安全风险。当操作系统在网络中提供服务时，将会面临着服务攻击、口令破解攻击、欺骗用户攻击、网络监听攻击、端口扫描攻击及 IP 欺骗攻击等网络安全风险。

（2）提升操作系统安全的途径。提升操作系统安全的主要途径与方法如下。

1）物理安全。安装操作系统的服务器应安置在有监视器、温湿度适宜的独立房间内，确保服务器不被其他人随意接触，提升操作系统的物理安全性。

2）删除所有测试账号、共享账号，设置合理的用户权限策略，制定复杂用户密码并定期检查等。

3）关闭不必要的服务进程。

4）经常更新应用程序，周期性的进行操作系统补丁升级，加强系统内核安全性。

5）严格进行防火墙规则限制。

6）增强安全防护工具的使用，定期检测操作系统的安全风险并加以修复。

（3）Linux 的安全机制。目前 Linux 中已经内置了多种安全保护机制，具体如下。

1）PAM 机制。PAM（Pluggable Authentication Modules）机制是一套共享库，其目的是提供一个框架和一套编程接口，将认证工作由程序员交给管理员。PAM 允许管理员在多种认证方法之间进行选择，它能够在不重新编译与认证相关应用程序的情况下改变本地认证方法。

2）安全审计机制。虽然 Linux 不能预测何时服务器会遭受攻击，但是可以记录入侵者的行踪，记录事件信息和网络连接情况，信息保存到日志文件中，为后续复查提供支持。

3）强制访问控制机制。强制访问控制（Mandatory Access Control，MAC）是一种由系统管理员从全系统的角度定义和实施的访问控制机制，它通过标记系统中的主客体，强制性地限制信息的共享和流动，使用户只能访问与其相关的、指定范围的信息，防止信息泄密，杜绝访问权限的交叉混乱。

4）防火墙机制。通过防火墙的控制策略、行为审计、抗攻击等功能，保障服务器自身安全。

2. SELinux

（1）什么是 SELinux。SELinux（Security-Enhanced Linux）是强制访问控制机制在 Linux 内核上的实现，旨在提升 Linux Kernel 安全性。

Linux Kernel 2.6 及以上版本均集成 SELinux 模块。

（2）SELinux 能够干什么。SELinux 采用最小权限原则，最大限度的减小系统中服务进程可访问资源的范围，进而实现对系统安全的保护。启用 SELinux 后，用户进程不能直接访问到系统中的任何文件、目录、端口等，其访问资源的流程如图 11-0-1 所示。

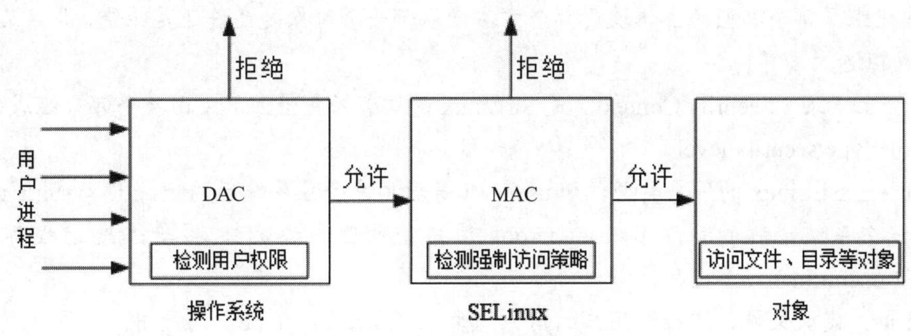

图 11-0-1 用户进程访问过程

1）操作系统检查用户权限是否允许访问（DAC 控制权限）。

2）如果允许，继续检测 SELinux 强制访问控制策略是否允许（MAC 访问控制）。

3）如果允许，用户进程可访问系统内的对象。

DAC 控制权限：自主访问控制（Discretionary Access Control，DAC）是一种由客体的属主对自己的客体进行管理，由属主自行决定是否将自己的客体访问权或部分访问权授予其他主体，这种控制方式是自主的。

（3）SELinux 的工作原理。基于 SELinux 安全策略的操作系统中，用户进程访问目标文件的过程如图 11-0-2 所示。

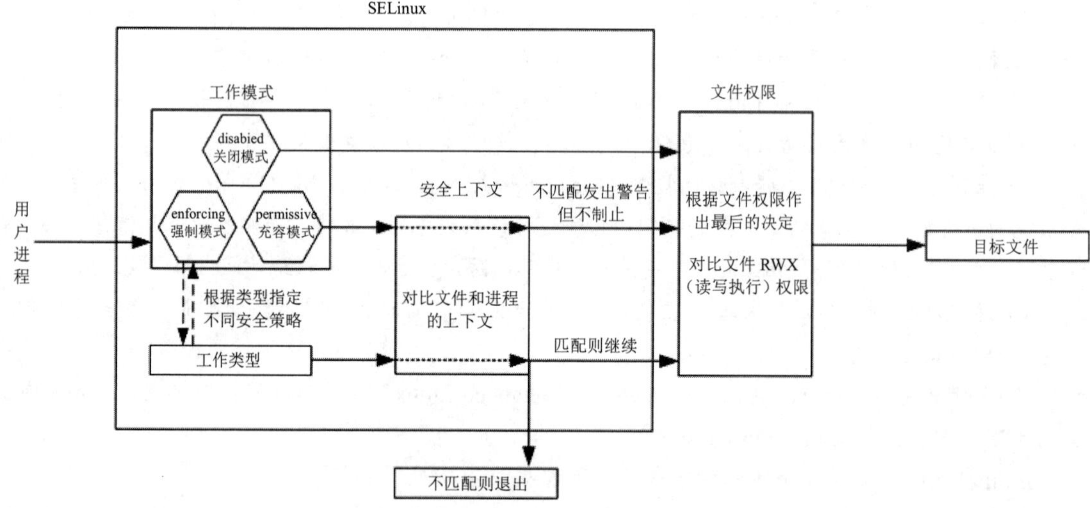

图 11-0-2　SELinux 工作模式

SELinux 的工作主要通过安全策略和安全上下文协同，具体如下。

1）安全策略。定义主体（进程）读取对象（系统中文件、目录、端口等均可）的规则类数据库，规则中记录了哪个类型的主体使用哪个方法读取哪一个对象是允许还是拒绝，并定义了哪种行为是允许或拒绝。

2）安全上下文（Security Context）是 SELinux 的核心。安全上下文由 4 个部分组成，分别为：user:role:type:security level

- user：SELinux 的用户类型，如 user_u（普通用户登录系统后的预设）、system_u（开机过程中系统进程的预设）、root（root 用户登录后的预设），多数本地进程都属于自由（unconfined_u）进程。
- role：定义文件、进程和用户的角色，角色可以限制“type”的使用。
- type：数据类型，是定义何种进程类型访问何种文件对象目标的策略。

- security level：安全等级，每个对象有且只有一个级别，等级为 s0~s15，s0 等级最低。策略默认等级为 s0。

3. 防火墙

（1）什么是防火墙。防火墙是服务器安全的重要保障系统，遵循允许或拒绝业务来往的网络通信机制，提供网络通信过滤服务。从保护对象上区分，防火墙可分为主机防火墙和网络防火墙。

主机防火墙是安装在一台计算机操作系统上的软件，针对单个主机进行防护。

网络防火墙是部署在两个网络之间的设备或一整套装置，针对一个网络进行防护。通常部署在网络边界以加强访问控制，其将网络划分为可信与不可信区域，对流入流出的网络流量进行过滤，实现对网络的防护。

（2）主机防火墙。不管是 Linux、UNIX、Mac，还是 Windows 操作系统，主机防火墙都是设置操作系统与外界网络之间的一系列软件的组合。主机防火墙通过检测、限制通过防火墙的数据流，实现对外屏蔽操作系统的信息、结构和运行状态，对内有选择地接受外部网络的访问请求，提升主机的安全性。

主机防火墙工作在网络层，属于典型的包过滤防火墙，工作原理如图 11-0-3 所示。

- 把网络层作为数据监控对象，对每个数据包的头部、协议、地址端口及类型信息进行分析。
- 如果数据包的某个或多个部分与预先设定的防火墙规则（Filtering Rule）匹配，则按照防火墙规则的定义进行处理，否则直接丢弃或拒绝。

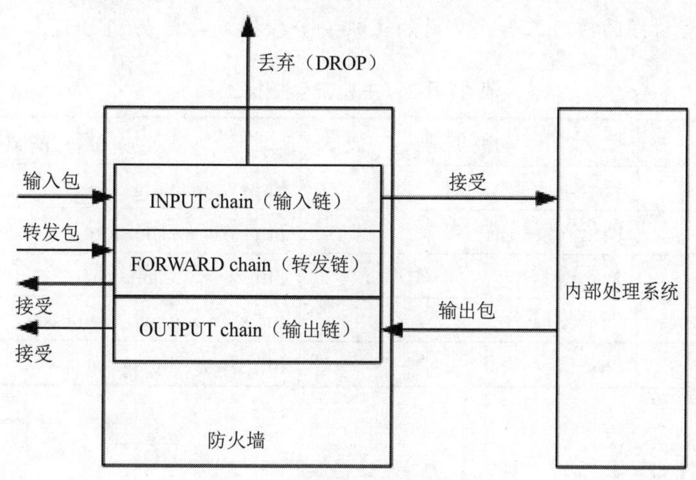

图 11-0-3　包过滤防火墙过滤过程

（3）防火墙的局限性。防火墙是重要的系统安全防护措施，但也不能过分依赖防火墙，因为防火墙自身具有一定的局限性，具体如下。

- 防火墙可以阻断攻击，但不能消灭攻击源。
- 防火墙不能抵抗最新的未设置策略的攻击漏洞。

- 防火墙的并发连接数限制容易导致服务拥塞或溢出。
- 防火墙对针对服务器合法开放的端口的攻击无法阻止。
- 防火墙对系统内部发起的攻击无法阻止。
- 防火墙本身也会出现问题或受到攻击。
- 防火墙无法防御病毒。

4. 安全审计

（1）没有绝对的安全。即便 SELinux 和防火墙同时使用，也无法绝对保障操作系统无任何安全风险。只有不断地对操作系统进行安全评估，及时发现安全漏洞并进行修复，才能持续提高主机的安全性。

（2）安全审计的内容。安全审计是对目标主机的整体审计，主要包含以下内容与步骤。

- 实施端口扫描与服务探测。如果目标主机处于开机状态，通过扫描与探测，可得到目标主机开放的端口、服务程序及软件版本、操作系统版本及内核等信息。
- 以攻击方式进行探测。根据获取到的目标主机服务程序及版本信息，查询安全漏洞数据库，获取针对性的攻击脚本，开展对目标主机系统的尝试性攻击，并记录目标主机对攻击的响应信息。
- 对数据进行分析并形成报告。对获取的响应信息进行分析，比对安全漏洞信息数据库，明确目标主机确实存在的安全漏洞信息，形成安全审计报告。
- 安全风险处理。系统管理员根据安全审计报告的内容，逐项对照解决安全风险。

（3）主机安全扫描的常用工具。常用的主机安全扫描工具见表 11-0-1。

表 11-0-1　主机安全扫描工具

工具	功能类别	官方网站
Nmap	安全审计	https://nmap.org
Snort	网络入侵扫描	https://www.snort.org
ClamAV	病毒检测	http://www.clamav.net
Nessus	漏洞扫描	https://www.swri.org/nessus
hping	网络安全扫描	http://www.hping.org

任务一　使用 SELinux 提升内核安全性

【任务介绍】

本任务通过 SELinux 提升 Linux 的安全性。

【任务目标】

（1）实现 SELinux 管理。

（2）实现通过 SELinux 提升系统与业务的安全性。

【操作步骤】

步骤 1：创建虚拟机并完成 CentOS 的安装。

在 VirtualBox 中创建虚拟机，完成 CentOS 操作系统的安装。虚拟机与操作系统的配置信息见表 11-1-1，注意虚拟机网卡工作模式为桥接。

表 11-1-1　虚拟机与操作系统配置

虚拟机配置	操作系统配置
虚拟机名称： VM-Project-11-Task-01-10.10.2.125 内存：1024MB CPU：1 颗 1 核心 虚拟硬盘：10GB 网卡：1 块，桥接	主机名：Project-01-Task-01 IP 地址：10.10.2.125 子网掩码：255.255.255.0 网关：10.10.2.1 DNS：8.8.8.8

步骤 2：完成虚拟机的主机配置、网络配置及通信测试。

启动并登录虚拟机，依据表 11-1-1 完成主机名和网络的配置，能够访问互联网和本地主机。

（1）虚拟机创建、操作系统安装、主机名与网络的配置，具体方法参见项目一。

（2）建议通过虚拟机复制快速创建所需环境。通过复制创建的虚拟机需依据本任务虚拟机与操作系统规划配置信息设置主机名与网络，实现对互联网和本地主机的访问。

步骤 3：SELinux 的管理。

CentOS 操作系统内置 SELinux 并默认为开机自启动，可查看 SELinux 服务的运行状态信息与开机自启动配置。

操作命令：

```
#使用 sestatus 命令，查看 SELinux 的运行状态信息
[root@Project-11-Task-01  ~]#  sestatus
#运行状态为开启
SELinux  status:enabled
#相关文件挂载点
SELinuxfs  mount:/sys/fs/selinux
#SELinux 的配置文件所在目录
```

```
SELinux root directory:/etc/selinux
#加载安全策略类型为 targeted
Loaded policy name:targeted
#当前运行模式为 enforcing（强制模式）
Current mode:enforcing
#/etc/selinux/config 配置文件定义的运行模式为 enforcing
Mode from config file:enforcing
#MLS（多级安全）策略状态为开启
Policy MLS status:enabled
#未知拒绝策略状态为开启
Policy deny_unknown status:allowed
#内存保护检查状态为安全
Memory protection checking:actual (secure)
#内核策略版本号
Max kernel policy version:31

#使用 systemctl list-unit-files 命令，查看 SELinux 服务自动启动状态
[root@Project-11-Task-01 ~]# systemctl list-unit-files | grep selinux-autorelabel.service
#查看 SELinux 服务状态为 static（静态），说明该服务为系统内置自动启动，不支持用户进行配置
selinux-autorelabel.service          static
```

操作命令+配置文件+脚本程序+结束

SELinux 有 3 种工作模式。

- 第一种是强制模式（enforcing），启用 SELinux。
- 第二种是许可模式（permissive），也叫宽容模式，启用 SELinux 但不阻止任何操作。
- 第三种是关闭模式（disabled），表示关闭 SELinux。

可通过 getenforce 命令查看当前的工作模式，使用 setenforce 命令在强制模式和许可模式间进行切换，但使用 setenforce 所做的更改在操作系统重新启动后会失效。

如果需要永久修改工作模式或者关闭 SELinux，可以使用 vi 工具对 SELinux 的配置文件进行修改，修改完成后重新启动操作系统方可生效。

操作命令：

```
#使用 setenforce 命令配置 SELinux 运行模式为许可模式
[root@Project-11-Task-01 ~]# setenforce 0
#查看配置后的 SELinux 运行信息
[root@Project-11-Task-01 ~]# sestatus
#当前运行模式为 permissive
Current mode:permissive
#为了排版方便，此处省略了部分提示信息

#使用 setenforce 命令恢复 SELinux 运行模式为强制模式
[root@Project-11-Task-01 ~]# setenforce 1
[root@Project-11-Task-01 ~]# sestatus
#验证当前模式恢复为 enforcing
```

```
Current  mode:enforcing
#为了排版方便，此处省略了部分提示信息
```

操作命令+配置文件+脚本程序+结束

步骤 4：安装 SELinux 管理工具。

SELinux 常用管理工具有 chcon、semanage 等，本步骤选用 semanage 工具。

semanage 工具集成在 policycoreutils-python-utils 软件包中，可使用 yum 工具在线安装。

操作命令：

```
#使用 yum 工具安装 policycoreutils-python-utils
[root@Project-11-Task-01 ~]# yum  install  -y  policycoreutils-python-utils
#为了排版方便，此处省略了部分提示信息
#下述信息说明安装 policycoreutils-python-utils 将会安装以下软件，且已安装成功
Installed:
    policycoreutils-python-utils-2.9-3.el8_1.1.noarch
    #为了排版方便，此处省略了部分提示信息
    python3-setools-4.2.2-1.el8.x86_64

Complete!
```

操作命令+配置文件+脚本程序+结束

步骤 5：为网站服务提供安全保障。

以项目三的任务二为应用场景，通过对该任务所部署的网站业务进行分析和安全评估，其存在的安全风险与解决方案见表 11-1-2。

表 11-1-2　网站业务存在风险与解决方案

序号	风险内容	安全方案
1	httpd 服务可使用任意端口发布网站	**措施：** 通过 SELinux 强制限制 httpd 服务仅允许使用 80 端口 **目标：** 限制 httpd 使用非 80 端口发布网站，即便防火墙允许非 80 端口访问网站，通过非 80 端口发布的网站依然无法被用户访问
2	httpd 服务对网站目录具有写入权限，存在通过网站攻击服务器的风险	**措施：** 通过 SELinux 将网站目录设置为只读权限 **目标：** 网站目录权限即便设置为 0777，网站目录的属主和属组设置为 apache.apache 情况下，网站程序对网站目录仅允许只读操作，无法通过网站程序在网站目录上修改和新增文件
3	httpd 服务发布的网站可开启目录浏览功能，存在程序与文件泄露的风险	**措施：** 通过 SELinux 配置 httpd_enable_homedirs 属性值，禁用 httpd 服务的目录浏览功能 **目标：** httpd 服务开启目录浏览功能的操作无法生效
4	通过 httpd 服务发布的网站程序具有发送电子邮件的功能，该功能存在功能被滥用，服务器成为垃圾电子邮件发送者的风险	**措施：** 通过配置 httpd_can_sendmail 属性值，禁止 httpd 服务发送电子邮件 **目标：** httpd 服务发布的网站具有电子邮件功能且配置正确，但电子邮件发送功能无法正确执行

依据表 11-1-2 内容，配置过程如下。

操作命令：

```
#查看系统 SELinux 的运行状态模式
[root@Project-03-Task-01 ~]# sestatus
#SELinux 的状态为开启
SELinux status:enabled
Current mode:permissive
#为了排版方便，此处删除了部分运行信息
#恢复 SELinux 默认运行模式 enforcing（强制模式）
[root@Project-03-Task-01 ~]# setenforce 1

#增加 82 端口能够发布网站
[root@Project-03-Task-01 ~]# semanage port -a -t http_port_t -p tcp 82
#查看 SELinux 允许提供服务的端口
[root@Project-03-Task-01 ~]# semanage port -l | grep -w http_port_t
http_port_t                    tcp      80, 81, 82, 443, 488, 8008, 8009, 8443, 9000

#设置网站发布目录/var/www/html 类型为 httpd_sys_content_t
[root@Project-03-Task-01 ~]# semanage fcontext -R -t httpd_sys_content_t /var/www/html
#查看目录与文件的安全上下文信息
[root@Project-03-Task-01 ~]# ls -Z /var/www/html/
#根据安全上下文格式，查看文件类型已经设置为 httpd_sys_content_t
unconfined_u:object_r:httpd_sys_content_t:s0 index.html
#为了排版方便，此处删除了部分展示信息
unconfined_u:object_r:httpd_sys_content_t:s0 test.php

#禁止 httpd 服务允许目录浏览
[root@Project-03-Task-01 ~]# setsebool -P httpd_enable_homedirs off

#禁止 httpd 服务发送电子邮件
[root@Project-03-Task-01 ~]# setsebool -P httpd_can_sendmail off
```

操作命令+配置文件+脚本程序+结束

（1）SELinux 中定义 httpd 服务下目录与文件类型共有 2 类。

- httpd_sys_content_t：定义此类型的目录或文件只允许被 httpd 服务读取，不允许被 httpd 服务或其他服务进程修改或写入。
- httpd_sys_content_rw_t：定义此类型的目录或文件只可以被 httpd 服务读取、修改、写入操作。

（2）ls –Z 命令用于查看目录或文件的安全上下文信息。

步骤 6：为 MariaDB 服务提供安全性保障。

以项目五的任务二为应用场景，通过对该任务所部署的 MariaDB 数据库服务进行分析和安全评估，其存在的安全风险与解决方案见表 11-1-3。

表 11-1-3　MariaDB 服务存在风险与解决方案

序号	风险内容	安全方案
1	MariaDB 服务可连接本系统其他任意服务端口，存在系统服务间攻击访问的风险	**措施：**通过 SELinux 配置 mysql_connect_any 属性值，禁止 mysqld 服务连接访问其他业务服务 **目标：**mysqld 服务配置正确且运行正常的情况下，依然无法远程连接其他服务端口
2	通过 httpd 服务发布的网站程序可远程连接 MariaDB 服务，该功能存在通过网站攻击数据库的风险	**措施：**通过 SELinux 配置 mysql_connect_http 属性值，禁止 httpd 服务远程连接 mysqld 服务 **目标：**httpd 服务发布的网站具有连接数据库功能且配置正确，也无法成功连接数据库并进行数据查询等操作

依据表 11-1-3 内容完成配置，具体配置如下。

操作命令：

```
#查看系统 SELinux 的运行状态模式
[root@Project-05-Task-01 ~]# sestatus
#SELinux 的状态为开启
SELinux status:enabled
Current mode:ermissive
#为了排版方便，此处删除了部分运行信息
#恢复 SELinux 默认运行模式 enforcing（强制模式）
[root@Project-05-Task-01 ~]# setenforce 1

#禁止 mysqld 服务连接任意服务端口
[root@Project-05-Task-01 ~]# setsebool –P mysql_connect_any off

#禁止 httpd 服务远程连接 mysqld 服务
[root@Project-05-Task-01 ~]# setsebool –P mysql_connect_http off
```

操作命令+配置文件+脚本程序+结束

步骤 7：为 FTP 服务提供安全性保障。

以项目七的任务二为应用场景，通过对该任务所部署的 FTP 服务业务进行分析和安全评估，其存在的安全风险与解决方案见表 11-1-4。

表 11-1-4　FTP 服务存在风险与解决方案

序号	风险内容	安全方案
1	FTP 服务允许匿名用户访问并上传文件，无法验证用户的真实性与上传文件的安全性	**措施：**通过 SELinux 配置 ftpd_anon_write 属性值，禁止匿名用户操作 **目标：**FTP 服务开启允许匿名用户访问，匿名用户也无法上传文件

续表

序号	风险内容	安全方案
2	通过 httpd 服务发布的网站程序可远程连接 FTP 服务，该功能存在通过网站服务攻击 FTP 服务风险	**措施：**通过 SELinux 配置 httpd_can_connect_ftp 属性值，禁止 httpd 服务远程连接 FTP 服务 **目标：**即便 FTP 服务运行 Web 访问情况下，也无法通过网站连接 FTP 服务和查看共享数据
3	FTP 服务允许操作系统内用户对服务目录进行浏览与访问操作功能，无法限制和区分用户权限，存在着 FTP 服务用户权限混乱的风险	**措施：**通过 SELinux 配置 ftpd_full_access 属性值，禁止操作系统内用户对 FTP 服务目录访问 **目标：**FTP 服务目录权限设置为 0777，属主与属组设置为 ftp:ftp 情况下，操作系统用户仍不具有 FTP 服务目录的访问权限

依据表 11-1-4 内容完成配置，具体配置如下。

操作命令：

```
#查看系统 SELinux 的运行状态模式
[root@Project-07-Task-01 ~]# sestatus
#SELinux 的状态为开启
SELinux status:enabled
Current mode:permissive
#为了排版方便，此处删除了部分运行信息
#恢复 SELinux 默认运行模式 enforcing（强制模式）
[root@Project-07-Task-01 ~]# setenforce 1

#禁止 FTP 服务允许匿名用户访问
[root@Project-07-Task-01 ~]# setsebool –P ftpd_anon_write off

#禁止 httpd 服务远程连接 FTP 服务
[root@Project-07-Task-01 ~]# setsebool –P httpd_can_connect_ftp off

#禁止操作系统用户访问 FTP 服务目录
[root@Project-07-Task-01 ~]# setsebool -P ftpd_full_access off
```

操作命令+配置文件+脚本程序+结束

步骤 8：为 DNS 服务提供安全性保障。

以项目八的任务三为应用场景，通过对该任务所部署的域名解析服务进行分析和安全评估，其存在的安全风险与解决方案见表 11-1-5。

表 11-1-5 DNS 服务存在风险与解决方案

序号	风险内容	安全方案
1	域名配置文件可被系统任意服务操作修改，存在配置文件被恶意篡改的风险	**措施：**通过 SELinux 将域名配置文件设置为仅 named 服务具有操作权限 **目标：**域名配置文件权限设置为 0777，除 named 服务外，其他服务或进程均无法对配置文件进行修改

续表

序号	风险内容	安全方案
2	在完成主域名配置后，其配置文件仍可被修改，存在配置文件被恶意修改的风险	**措施：**通过 SELinux 配置 named_write_master_zones 属性值，禁止 named 服务操作主域名配置文件 **目标：**即使主域名配置文件 named.conf 的权限设置为 0777，named 服务依然无法修改配置文件

依据表 11-1-5 内容完成配置，具体配置如下。

操作命令：

```
#查看系统 SELinux 的运行状态模式
[root@Project-08-Task-01 ~]# sestatus
#SELinux 的状态为开启
SELinux status:enabled
Current mode:permissive
#为了排版方便，此处删除了部分运行信息
#恢复 SELinux 默认运行模式 enforcing（强制模式）
[root@Project-08-Task-01 ~]# setenforce 1

#设置域名记录配置文件类型为 named_zone_t
[root@Project-08-Task-01 ~]# semanage fcontext -t named_zone_t /var/named/*.zone
#查看域名配置文件的 SELinux 安全上下文信息
[root@Project-08-Task-01 named]# ls -Z /var/named/*.zone
#查看域名配置文件类型已经设置为 named_zone_t
system_u:object_r:named_zone_t:s0 /var/named/10.10.3.zone
#为了排版方便，此处删除了部分展示信息
system_u:object_r:named_zone_t:s0 /var/named/domain.local.zone

#设置 named 服务对主域名 named.conf 配置文件具有只读权限
[root@Project-08-Task-01 ~]# setsebool –P named_write_master_zones off
```

操作命令+配置文件+脚本程序+结束

【任务扩展】

1. SELinux 的配置文件

在 CentOS 中，SELinux 配置文件存放在/etc/selinux/目录，其配置文件内容如下。

配置文件：/etc/selinux/config

```
#使用 cat 命令查看系统 SELinux 配置文件信息
[root@Project-11-Task-01 ~]# cat /etc/selinux/config
#以下为 SELinux 配置文件信息
# This file controls the state of SELinux on the system.
# SELINUX= can take one of these three values:
   # enforcing - SELinux security policy is enforced.
   # permissive - SELinux prints warnings instead of enforcing.
```

```
    # disabled - No SELinux policy is loaded.
#SELinux 运行模式为 enforcing
SELINUX=enforcing
# SELINUXTYPE= can take one of these three values:
    # targeted - Targeted processes are protected,
    # minimum - Modification of targeted policy. Only selected processes are protected.
    # mls - Multi Level Security protection.
#SELinux 安全策略类型为 targeted
SELINUXTYPE=targeted
```

操作命令+配置文件+脚本程序+结束

配置文件中包含两个配置选项，分别为 SELinux 工作模式和 SELinux 工作类型。

工作模式决定 SELinux 是否启用，以及以何种方式进行运行，配置选项内容见表 11-1-6。

表 11-1-6　SELinux 运行模式设置说明

模式	说明
enforcing	强制模式 该模式是默认和推荐的操作模式，在强制模式下，SELinux 正常运行，在整个系统上强制加载安全策略
permissive	许可模式，又叫宽容模式 该模式启用 SELinux，但不阻止任何操作，只提出警告信息和进行记录 该模式下策略规则不被强制执行，只接受到审核拒绝的信息，不做任何安全策略加固
disabled	停用模式 该模式下，SELinux 是完全关闭的 关闭 SELinux 后，系统不再强制执行 SELinux 策略，还会停止标记任何对象，如果业务系统为正式服务的系统，在关闭 SELinux 情况下运行一段时间后，由于大量文件没有进行标记，未来启用 SELinux 是非常困难的 强烈建议不要关闭 SELinux，如果不需要使用 SELinux，可将工作模式调整为许可模式

工作类型指定 SELinux 使用的安全政策，CentOS 8 内置了 3 种安全策略，配置选项内容见表 11-1-7。

表 11-1-7　SELinux 安全策略类型

类型	说明
targeted	默认值，表示部分程序受到 SELinux 的保护 对系统中目标网络的进程进行访问控制，如 dhcpd、httpd、named、nscd、ntpd、portmap、snmpd、squid 以及 syslogd 等
minimum	targeted 的简化版，仅选定的程序受到保护
mls（strict）	Multi-Level Security，多级安全限制 对系统中所有进程与操作进行严格访问控制，属于较严格的规则集合

2. SELinux 策略的布尔属性

SELinux 内置大量安全策略属性值，通过修改属性值可实现安全策略的调整。

（1）使用 getsebool 命令可查看系统中 SELinux 安全策略属性值。

操作命令：

```
#查看系统中所有 SELinux 安全策略属性值
[root@Project-11-Task-01 ~]# getsebool -a
abrt_anon_write --> off
abrt_handle_event --> off
abrt_upload_watch_anon_write --> on
antivirus_can_scan_system --> off
antivirus_use_jit --> off
#为了排版方便，此处删除了部分属性值信息
```

操作命令+配置文件+脚本程序+结束

（2）使用 setsebool 命令更改安全策略属性值，操作命令选项见表 11-1-8，具体操作如下。

操作命令：

```
#设置 SELinux 安全策略属性值，以 abrt_anon_write 属性值为例
[root@Project-11-Task-01 ~]# setsebool -P abrt_anon_write on
```

操作命令+配置文件+脚本程序+结束

表 11-1-8　setsebool 命令选项

选项		说明
-P		可选项，永久保存该属性值设置结果，防止系统重新启动后属性值恢复
boolean		需要设置的安全策略属性值名称，同时设置多个策略属性时需将属性和值之间用“=”号连接
value	on 或 1	属性值。表示设置策略属性值为开启
	off 或 0	属性值。表示设置策略属性值为关闭

3. SELinux 安全上下文属性

查看信息的命令会包含“-Z”选项，使用该选项可查看安全上下文信息。

操作命令：

```
#查看当前目录与文件的 SELinux 安全上下文
[root@Project-11-Task-01 ~]# ls -Z
system_u:object_r:admin_home_t:s0 anaconda-ks.cfg

#查看当前运行进程的 SELinux 安全上下文
[root@Project-11-Task-01 ~]# ps -Z
LABEL                                        PID  TTY          TIME CMD
unconfined_u:unconfined_r:unconfined_t:s0-s0:c0.c1023 2248 pts/0 00:00:00 bash
unconfined_u:unconfined_r:unconfined_t:s0-s0:c0.c1023 2285 pts/0 00:00:00 ps
```

```
#查看当前登录系统的用户的安全上下文
[root@Project-11-Task-01 ~]# id -Z
unconfined_u:unconfined_r:unconfined_t:s0-s0:c0.c1023
```

操作命令+配置文件+脚本程序+结束

任务二　使用 Firewalld 提升系统安全性

【任务介绍】

本任务通过 Firewalld 防火墙进行主机保护，保护业务服务免遭外部攻击。

本任务在任务一的基础上进行。

【任务目标】

（1）实现防火墙管理。

（2）实现防火墙规则的设计与配置。

（3）实现通过防火墙对业务进行安全防护。

【操作步骤】

步骤 1： 防火墙服务的管理。

CentOS 操作系统默认安装 Firewalld 防火墙，并创建 firewalld 服务，该服务已开启且已配置为开机自启动。

操作命令：

```
#查看防火墙 Firewalld 服务状态
[root@Project-11-Task-01 ~]# systemctl status firewalld
● firewalld.service - firewalld - dynamic firewall daemon
#Loaded 表示 Firewalld 安装位置，enabled 表示服务已设置开启自启动
   Loaded: loaded (/usr/lib/systemd/system/firewalld.service; enabled; vendor preset: enabled)
   #显示 Firewalld 防火墙的运行状态，active（表示运行状态）、inactive（表示关闭状态）
   Active: active (running) since Sat 2020-02-15 16:43:24 CST; 23h ago
     Docs: man:firewalld(1)
  Process: 6646 ExecReload=/bin/kill -HUP $MAINPID (code=exited, status=0/SUCCESS)
 #Firewalld 防火墙主进程 ID 为 999
 Main PID: 999 (firewalld)
    #当前运行 3 个任务进程，系统限制最大任务进程数为 11099
Tasks: 3 (limit: 11099)
#占用内存大小为 38.5M
   Memory: 38.5M
   CGroup: /system.slice/firewalld.service
```

```
            └─999 /usr/libexec/platform-python -s /usr/sbin/firewalld --nofork --nopid

Feb 15 16:43:23 Project-11-Task-01 systemd[1]: Starting firewalld - dynamic firewall daemon...
#为了排版方便，此处省略了部分提示信息
Feb 16 15:30:26 Project-11-Task-01 systemd[1]: Reloaded firewalld - dynamic firewall daemon

#使用 systemctl list-unit-files 命令确认 firewalld 服务是否已配置为开机自启动
[root@Project-11-Task-01 ~]# systemctl list-unit-files | grep firewalld.service
firewalld.service                              enabled
```

操作命令+配置文件+脚本程序+结束

小贴士

（1）命令 systemctl start firewalld，可以启动 Firewalld 防火墙服务。

（2）命令 systemctl stop firewalld，可以关闭 Firewalld 防火墙服务。

（3）命令 systemctl restart firewalld，可以重启 Firewalld 防火墙服务。

（4）命令 systemctl reload firewalld 和 firewall-cmd--reload，可以在不中断 Firewalld 服务器的情况下重新载入防火墙规则。

（5）命令 systemctl enable firewalld，设置防火墙服务为开机自启动。

（6）命令 systemctl disable firewalld，设置防火墙服务为开机不自动启动。

（7）Firewalld 防火墙有 3 种配置方式，一是 D-Bus，二是 CLI 方式的 firewall-cmd 工具，三是 GUI 方式的 firewall-config 工具。

（8）firewall-config 需要通过 yum 工具安装，安装命令为：yum install firewall-config。

（9）本项目使用 firewall-cmd 工具进行防火墙配置。

（10）防火墙可提升系统安全性，非必须情况下，建议不要禁用防火墙和设置为不自动启动。

步骤 2：防火墙日志配置。

对防火墙日志的配置有全局日志配置和规则日志配置两部分。全局日志配置是对防火墙日志规则进行配置，防火墙日志服务由系统 rsyslog 服务进行管理，日志默认存放在/var/log/firewalld 日志文件中，日志文件基于日期时间自动归档。规则日志配置是设置防火墙触发特定防火墙规则时记录日志的方式。

（1）全局日志配置。本步骤通过修改防火墙与 rsyslog 服务的配置文件，对防火墙日志字段、日志文件存放路径和日志文件分割方法等进行自定义配置，完成对防火墙全局日志的配置，实现以下 3 个目标。

1）实现防火墙对单播网络通信的日志记录。

2）防火墙日志存放目录变更为/var/log/firewalldlog。

3）防火墙日志记录等级调整为所有等级的日志均记录。

对防火墙全局日志配置的具体方法如下。

- 使用vi工具修改防火墙的配置文件/etc/firewalld/firewalld.conf，修改后的配置文件信息如下。

配置文件：/etc/firewalld/firewalld.conf

```
#firewalld.conf配置文件内容较多，本部分仅显示与防火墙日志配置有关的内容
#将LogDenied=off改为LogDenied=unicast，实现对单播网络通信的日志记录
LogDenied=unicast
```

操作命令+配置文件+脚本程序+结束

- 使用vi工具修改rsyslog的配置文件/etc/rsyslog.conf，修改后的配置文件信息如下。

配置文件：/etc/rsyslog.conf

```
#rsyslog.conf配置文件内容较多，本部分仅显示与防火墙日志记录等级有关的内容
#在配置文件中增加内容，kern.*表示为所有等级日志均可记录
kern.*                                          /var/log/firewalldlog/loginfo
```

操作命令+配置文件+脚本程序+结束

- 创建防火墙日志存放的目录，重新载入配置文件，重启日志相关服务。

操作命令：

```
#创建防火墙日志存放的目录
[root@Project-11-Task-01 ~]# mkdir /var/log/firewalldlog

#重新载入防火墙配置文件
[root@Project-11-Task-01 ~]# systemctl reload firewalld

#重新启动系统日志服务
[root@Project-11-Task-01 ~]# systemctl restart rsyslog
```

操作命令+配置文件+脚本程序+结束

（1）防火墙日志记录的网络模式共有4个选项。

LogDenied=off：默认配置，不记录所有网络通信的日志信息

LogDenied=unicast：记录单播网络通信的日志信息

LogDenied=broadcast：记录广播网络通信的日志信息

LogDenied=multicast：记录组播网络通信的日志信息

LogDenied=all：记录所有网络通信的日志信息

（2）Firewalld防火墙使用的内核是nftables，每次触发nftables即可产生一条防火墙日志。

（2）规则日志配置。在配置防火墙规则时，可定义由该规则产生的日志的记录方式。本步骤新增一条防火墙规则并实现下述3个目标。

1）允许本地主机（10.10.2.100）通过httpd服务访问服务器。

2）实现触发规则的通信的日志记录。

3）设置日志记录的频率为每秒最多 3 条。

操作命令：

```
#根据防火墙规则要求配置
[root@Project-11-Task-01 ~]# firewall-cmd --permanent --add-rich-rule='rule family=ipv4 source address=10.10.2.100 service name="http" log level=notice prefix="HTTP" limit value="3/s" accept'
success

#重新载入防火墙配置使其生效
[root@Project-11-Task-01 ~]# systemctl reload firewalld
```

操作命令+配置文件+脚本程序+结束

步骤 3：通过防火墙提升远程连接服务的安全性。

本步骤以项目一的任务五为应用场景，通过对防火墙规则进行设置提升远程连接服务的安全性，实现 2 个目标，防火墙规则设计见表 11-2-1。

（1）允许地址范围 10.10.2.96/27 内的客户端远程连接服务器，进行远程管理维护。

（2）客户端远程连接服务器时，每分钟最多允许 5 次远程连接，禁止频繁请求。

表 11-2-1　远程连接服务的防火墙规则设计

序号	来源地址/子网掩码	目的地址/子网掩码	协议与端口	动作	其他
1	10.10.2.96/27	10.10.2.125/32	ssh	允许	每分钟最多连接 5 次

依据表 11-2-1 完成配置，配置过程如下。

操作命令：

```
#使用 firewall-cmd 命令删除默认 ssh 服务规则
[root@Project-01-Task-02 ~]# firewall-cmd --permanent --remove-service=ssh
#出现 success 则表示规则删除成功
success

#添加指定地址能够远程访问规则
[root@Project-01-Task-02 ~]# firewall-cmd --permanent --add-rich-rule='rule family=ipv4 source address=10.10.2.96/27 service name=ssh limit value=5/m accept'
#出现 success 则表示规则添加成功
success

#重载使防火墙配置生效
[root@Project-01-Task-02 ~]# firewall-cmd --reload
success
```

操作命令+配置文件+脚本程序+结束

步骤 4：使用防火墙提升网站服务的安全性。

本步骤以项目三的任务二为应用场景，通过防火墙规则设置提升网站服务的安全性，实现 2 个目标，防火墙规则设计见表 11-2-2。

（1）允许任意地址的客户端访问网站服务，并对访问网站情况进行日志记录。

（2）发现某个单一客户端（10.10.2.110）一直进行攻击性访问，禁止该客户端访问。

表 11-2-2　网站服务的防火墙规则设计

序号	来源地址/子网掩码	目的地址/子网掩码	协议与端口	动作	其他
1	0.0.0.0/0	10.10.2.104/32	TCP 80	允许	记录通过防火墙的网站访问日志
2	10.10.2.110/32	10.10.2.104/32	TCP 80	拒绝	无

依据表 11-2-2 完成配置，配置过程如下。

操作命令：

```
#使用 firewall-cmd 命令添加允许访问网站规则
[root@Project-03-Task-01 ~]# firewall-cmd --permanent --add-rich-rule='rule port port=80 protocol=tcp log level=notice prefix="HTTP" accept'
success

#添加指定主机禁止访问规则
[root@Project-03-Task-01 ~]#firewall-cmd --permanent --add-rich-rule='rule family=ipv4 source address=10.10.2.110 port port=80 protocol=tcp reject'
success

#重新载入防火墙配置使其生效
[root@Project-03-Task-01 ~]# firewall-cmd --reload
success
```

操作命令+配置文件+脚本程序+结束

步骤 5：使用防火墙提升数据库服务的安全性。

本步骤以项目五的任务二为应用场景，通过对防火墙规则设置提升数据库服务的安全性，实现 2 个目标，防火墙规则设计见表 11-2-3。

（1）本地客户端（10.10.2.100）能够使用 MySQL WorkBench 连接 MariaDB 数据库。

（2）本地客户端（10.10.2.100）能够通过浏览器访问 phpMyAdmin 管理界面，进行数据库管理。

表 11-2-3　数据库服务的防火墙规则设计

序号	来源地址/子网掩码	目的地址/子网掩码	协议与端口	动作	其他
1	10.10.2.100/32	10.10.2.110/32	TCP 3306	允许	无
2	10.10.2.100/32	10.10.2.110/32	TCP 80	允许	无

依据表 11-2-3 完成配置，配置过程如下。

操作命令：

```
#使用 firewall-cmd 命令添加本地客户端允许远程连接数据库
```

```
[root@Project-05-Task-01 ~]# firewall-cmd --permanent --add-rich-rule='rule family=ipv4 source address=10.10.2.100 port port=3306 protocol=tcp accept'
success

#添加本地客户端允许访问 phpMyAdmin
[root@Project-05-Task-01 ~]# firewall-cmd --permanent --add-rich-rule='rule family=ipv4 source address=10.10.2.100 port port=80 protocol=tcp accept'
success

#重新载入防火墙配置使其生效
[root@Project-05-Task-01 ~]# firewall-cmd --reload
success
```

操作命令+配置文件+脚本程序+结束

步骤 6：使用防火墙提升文件传输服务的安全性。

本步骤以项目七的任务二为应用场景，通过对防火墙规则设置提升文件传输服务的安全性，实现 2 个目标，防火墙规则设计见表 11-2-4。

（1）允许地址范围 10.10.2.96/27 内的客户端通过主动与被动模式访问 FTP 服务。

（2）客户端访问 FTP 服务时，每分钟最多允许 10 次连接请求。

表 11-2-4　文件传输服务的防火墙规则设计

序号	来源地址/子网掩码	目的地址/子网掩码	协议与端口	动作	其他
1	10.10.2.96/27	10.10.2.117/32	TCP 20-21	允许	每分钟最多连接 10 次
2	10.10.2.96/27	10.10.2.117/32	TCP 9000-9020	允许	每分钟最多连接 10 次

依据表 11-2-4 完成配置，配置过程如下。

操作命令：

```
#使用 firewall-cmd 命令添加通过主动模式访问 FTP 服务
[root@Project-07-Task-01 ~]# firewall-cmd --permanent --add-rich-rule='rule family=ipv4 source address=10.10.2.96/27 port port=20-21 protocol=tcp limit value="10/m" accept'
success

#使用 firewall-cmd 命令添加通过被动模式访问 FTP 服务
[root@Project-07-Task-01 ~]# firewall-cmd --permanent --add-rich-rule='rule family=ipv4 source address=10.10.2.96/27 port port=9000-9020 protocol=tcp limit value="10/m" accept'
success

#重新载入防火墙配置使其生效
[root@Project-07-Task-01 ~]# firewall-cmd --reload
success
```

操作命令+配置文件+脚本程序+结束

步骤 7：使用防火墙提升域名解析服务的安全性。

本步骤以项目八的任务二为应用场景，通过对防火墙规则设置提升域名解析服务的安全性，实现 2 个需求目标，防火墙规则设计见表 11-2-5。

（1）允许地址范围 10.10.2.96/27 内的客户端发起查询请求，并获取解析结果。

（2）客户端进行 DNS 查询时，对域名记录解析请求行为进行日志记录。

表 11-2-5　域名解析服务的防火墙规则设计

来源地址/子网掩码	目的地址/子网掩码	协议与端口	动作	其他
10.10.2.96/27	10.10.2.120/32	UDP 53	允许	记录查询请求日志

依据表 11-2-5 完成配置，配置过程如下。

操作命令：

```
#使用 firewall-cmd 命令添加允许访问 DNS 服务
[root@Project-08-Task-01 ~]# firewall-cmd --permanent --add-rich-rule='rule family=ipv4 source address=10.10.2.96/27portport=53 protocol=udp log level=notice prefix="DNS" accept'
success

#重新载入防火墙配置使其生效
[root@Project-08-Task-01 ~]# firewall-cmd --reload
success
```

操作命令+配置文件+脚本程序+结束

【任务扩展】

1. Linux 系统的日志管理

在 CentOS 中，rsyslog 服务的配置文件位置是/etc/rsyslog.conf，配置文件设置的日志类型与日志等级见表 11-2-6、表 11-2-7。

表 11-2-6　日志类型

序号	日志类型	说明
1	auth	pam 产生的日志信息
2	authpriv	ssh、ftp 等登录验证日志信息
3	cron	时间任务相关的日志信息
4	kern	系统内核产生的日志信息
5	lpr	打印服务产生的日志信息
6	mail	邮件服务产生的日志信息
7	mark	rsyslog 服务内部的日志信息
8	user	用户程序产生的日志信息
9	uucp	unix to unix 主机之间数据拷贝产生的日志信息
10	local 1-7	自定义的日志信息

表 11-2-7　日志等级

序号	日志级别	说明
1	debug	记录调试信息日志，日志量最大
2	info	记录一般信息日志，推荐使用的级别
3	notice	记录重要信息日志
4	warning	记录警告级别日志
5	err	记录错误级别日志，服务不能正常运行的信息
6	crit	记录严重级别日志，整个系统不能正常工作的信息
7	alert	记录需要立刻修改的信息
8	emerg	记录内核崩溃的重要信息
9	none	不记录任何日志

2. CentOS 防火墙

CentOS 操作系统内置了防火墙，且默认开启和开机自启动。在 CentOS 7 以前版本中，默认使用 iptables 防火墙。而在 CentOS 7、CentOS 8 版本中，默认使用 Firewalld 防火墙。

Firewalld 与 iptables 之间的异同点主要如下。

（1）Firewalld 防火墙可以动态修改单条规则与管理规则集等，允许更新规则而不破坏现有会话和连接；iptables 防火墙在修改规则后必须全部会话刷新后方可生效。

（2）Firewalld 防火墙使用区域和服务；iptables 防火墙则使用链式规则。

（3）Firewalld 防火墙规则默认为拒绝；iptables 防火墙规则默认为允许。

（4）Firewalld 和 iptables 不具备防火墙功能，其功能均是实现对防火墙的管理，防火墙功能是通过内核 netfilter 实现的。

3. 防火墙的区域

Firewalld 防火墙中常用的区域名称及策略规则见表 11-2-8。

表 11-2-8　Firewalld 防火墙区域名称及策略规则

区域	默认策略规则
trusted	信任区域：信任该区域，接受来自该区域的所有网络连接
home	家庭区域：基本信任该区域，接受规则过滤的连接。 默认开启 ssh、mdns、ipp-client、amba-client 与 dhcpv6-client 服务允许对外访问
internal	内部区域：基本信任该区域，接受规则过滤的连接
work	工作区域：基本信任该区域，接受规则过滤的连接。 默认开启 ssh、ipp-client 与 dhcpv6-client 服务允许对外访问
public	公共区域：不信任该区域，接受规则过滤的连接。 默认开启 ssh、dhcpv6-client 服务允许对外访问

续表

区域	默认策略规则
external	外部区域：不信任该区域，对路由器隐藏信息，接受规则过滤的连接。 默认开启 ssh 服务允许对外访问
dmz	非军事区域：信任该区域，该区域内主机可以访问其他区域，接受规则过滤的连接。 默认开启 ssh 服务允许对外访问
block	限制区域：接受的任何数据包都被拒绝，且返回 icmp 信息。 IPv4 返回 icmp-host-prohibited 信息，IPv6 返回 icmp6-adm-prohibited 信息
drop	丢弃区域：接收的任何数据包都被丢弃，不做任何回复

通过 firewall-cmd 工具查看 Zones，查看分为 3 种情况。

- 查看系统当前使用的 Zones，使用 firewall-cmd 工具加--get-zones 选项。
- 查看系统全部 Zones 的信息，使用--list-all-zones 选项。
- 查看指定 zone 的当前规则信息，使用--zone 选项指定 zone，--list-all 选项列出所有内容。

通过 firewall-cmd 工具对选项进行管理。

- --get-default-zone 选项查看当前默认使用的区域。
- --set-default-zone 选项指定新的默认使用的区域。
- --new-zone 选项创建新的 zone。
- --runtime-to-permanent 选项将当前运行的规则保存到默认区域内作为永久规则使用。

防火墙区域的默认规则有 3 个选项：默认、接受、拒绝或丢弃。设置为 accept，接受所有传入的数据包，但被特定规则禁用的数据包除外；设置为拒绝或丢弃，则拒绝所有传入的数据包，但被特定规则允许传入的数据包除外；当信息包被拒绝时，源机器将被告知拒绝的消息，而当数据包被丢弃时，则不会发送任何信息。例如如果是被拒绝，源主机可能会得到拒绝消息，如果是丢弃，源主机可能就是无响应。建议多用 drop，因为直接丢弃能够更好地保护信息。

对于每个区域，都可以设置默认行为来处理未指定的处理操作的连接的处理方式。例如对 home 区域的默认操作是 accept，那么在该区域中创建规则时，如果不指定如何处理，就按照默认值 accept 来处理。

通过 firewall-cmd 工具对区域进行管理。

- --list-all 选项查看指定区域的配置信息，可以查看默认行为。
- --set-target 选项可以设置指定区域的默认行为为 accept、reject、drop 中的一种。

4. 防火墙规则配置文件

在 CentOS 中，防火墙规则配置文件默认存放位置为/etc/firewalld/zones/public.xml，可查看防火墙规则配置文件内容，配置文件中所使用的配置选项内容见表 11-2-9。

操作命令：

```
1.    #查看系统防火墙规则
```

```
[root@Project-11-Task-01 ~]# cat /etc/firewalld/zones/public.xml
<?xml version="1.0" encoding="utf-8"?>
<zone>
<short>Public</short>
<description>For use in public areas. You do not trust the other computers on networks to not harm your computer. Only selected incoming connections are accepted.</description>
<service name="ssh"/>
<service name="http"/>
<service name="dhcpv6-client"/>
<service name="cockpit"/>
<rule family="ipv4">
<source address="10.10.2.100"/>
<service name="http"/>
<log prefix="HTTP" level="notice">
<limit value="3/s"/>
</log>
<accept/>
</rule>
<rule family="ipv4">
<source address="10.10.2.96/27"/>
<port port="20-21" protocol="tcp"/>
<accept>
<limit value="10/m"/>
</accept>
</rule>
#为了排版方便，此处省略了部分提示信息
</zone>
```

操作命令+配置文件+脚本程序+结束

表 11-2-9　Firewalld 防火墙配置文件常用选项含义

配置	属性	说明
short	-	对区域配置文件或规则进行简单描述
description	-	对区域配置文件或规则进行详细描述
target='ACCEPT|REJECT|DROP'	-	接受、拒绝或丢弃与任何规则（端口、服务等）均不匹配的数据包
interface	-	定义规则作用的网卡接口
source	address="address[/mask]"	指定来源 IP 地址
	mac="MAC"	指定来源 MAC 地址，必须为 xx:xx:xx:xx:xx:xx 形式
	ipset="ipset"	表示一个 IP 地址集合
port	port="portid[-portid]"	访问目标端口号，也可以是端口范围
	protocol="tcp|udp"	访问目标端口协议为 TCP 或 UDP

续表

配置	属性	说明
icmp-block	-	防火墙拒绝 ICMP 协议通过
masquerade	-	防火墙进行 IP 地址隐藏伪装
forward-port	port="portid[-portid]"	转发目标端口号，也可以是端口范围
	protocol="tcp|udp"	转发目标端口协议为 TCP 或 UDP
	to-addr="address"	转发目的 IP 地址
	to-port="portid[-portid]"	转发目的端口号，或是端口范围
source-port	port="portid[-portid]"	访问来源端口号，也可以是端口范围
	protocol="tcp|udp"	访问来源端口协议为 TCP 或 UDP

任务三　使用 Nmap 进行安全检测

【任务介绍】

安全检测是使用工具对系统进行扫描检测，验证是否存在安全风险或漏洞，对系统与业务进行整体的安全评估。

Nmap 是最为知名和广泛应用的开源安全检测软件，具有强大的网络扫描功能，可发现网络中在线主机、端口监听状态、操作系统的类型和版本，以及主机上运行的应用程序与版本信息等。

本任务通过 Nmap 工具进行系统安全检测，对系统与业务进行安全评估以提升安全指数。

本任务在任务一的基础上进行。

【任务目标】

（1）实现 Nmap 的安装。

（2）实现主机的安全检测。

（3）实现域名解析服务的安全检测。

（4）实现自动化的安全风险评估。

【操作步骤】

步骤 1：通过在线方式安装 Nmap。

操作命令：

```
#使用 yum 工具安装 Nmap
[root@Project-11-Task-01 ~]# yum install -y nmap
#为了排版方便，此处省略了部分提示信息
#下述信息说明安装 Nmap 将会安装以下软件，且已安装成功
```

```
Installed:
  nmap-2:7.70-5.el8.x86_64                    nmap-ncat-2:7.70-5.el8.x86_64

Complete!
```

操作命令+配置文件+脚本程序+结束

Nmap 除了在线安装之外，还可以通过 RPM 包与源码编译两种方式进行安装。

步骤 2： 使用 Nmap 进行主机安全检测。

本步骤使用 Nmap 工具对指定网络范围进行扫描，发现主机运行状态、主机开启端口的信息、操作系统类型与版本、安装运行的软件及版本信息，实现 4 个目标。

（1）检测网络内主机的开启状态。

（2）检测开启主机开放的端口。

（3）检测开启主机的操作系统信息。

（4）检测开启主机的业务服务信息。

操作命令：

```
#使用 Nmap 工具对 10.10.2.0/24 网络段内主机进行安全检测
[root@Project-11-Task-01 ~]# nmap -sV -O 10.10.2.0/24
#展示 Nmap 当前版本与执行操作的时间
Starting Nmap 7.70 ( https://nmap.org ) at 2020-02-26 13:44 CST
#为了排版方便，此处删除了部分发现的主机信息
#主机（IP 地址为 10.10.2.125）扫描的报告结果如下
Nmap scan report for 10.10.2.125
#主机状态为开启
Host is up (0.000014s latency).
#常用 1000 个端口中，有 996 个端口处于关闭状态
Not shown: 996 closed ports
#针对开放端口服务，查看运行版本信息
PORT      STATE SERVICE VERSION
#FTP 服务使用 vsftpd 软件搭建，版本为 3.0.3
21/tcp    open  ftp     vsftpd 3.0.3
#OpenSSHare 服务版本为 8.0，遵照开源 SSH 2.0 协议
22/tcp    open  ssh     OpenSSH 8.0 (protocol 2.0)
#Apache 版本为 2.4.37，基于操作系统为 CentOS
80/tcp    open  http    Apache httpd 2.4.37 ((centos))
#MySQL 版本为 5.5.5，使用的是 MariaDB 数据库
3306/tcp  open  mysql     MySQL 5.5.5-10.3.17-MariaDB
#设备类型为通用设备（普通 PC 或服务器）
Device type: general purpose
#主机操作系统名称为 Linux，版本为 3.X
Running: Linux 3.X
#操作系统内核版本为 3
```

```
OS CPE: cpe:/o:linux:linux_kernel:3
#主机操作系统详细名称
OS details: Linux 3.7 - 3.10
#网络路由追踪：0 跳（直接到达）
Network Distance: 0 hops
#操作系统类型为 Unix
Service Info: OS: Unix

#操作系统或服务的检测结果，如有异议可在 Nmap 官网上进行提交
OS and Service detection performed. Please report any incorrect results at https://nmap.org/submit/ .
#本次 Nmap 命令共扫描 256 地址，其中 47 个主机是处于开机运行状态，总共耗时 4603.56s
Nmap done: 256 IP addresses (47 hosts up) scanned in 4603.56 seconds
```

操作命令+配置文件+脚本程序+结束

步骤 3：使用 Nmap 评估域名解析服务的安全风险。

本步骤以项目八的任务三为应用场景，检测域名解析服务的安全风险，实现 5 个目标。

（1）使用“dns-nsid”插件检测 DNS 服务运行版本的详细信息。

（2）使用“dns-brute”插件检测能否破解列出“domain.com”域名下的主机记录信息。

（3）使用“dns-blacklist”插件检测 DNS 服务器是否支持反垃圾和 Proxy 黑名单。

（4）使用“dns-random-srcport”插件检测 DNS 服务器是否存在可预测的端口递归漏洞。

（5）使用“dns-random-txid”插件检测 DNS 服务器是否存在可预测的 TXID DNS 递归漏洞。

操作命令：

```
#根据域名解析服务器的安全检测目标进行安全检测
[root@Project-11-Task-01 ~]# nmap --script=dns-nsid --script=dns-brute --script=dns-blacklist --script=dns-random-srcport --script=dns-random-txid --script-args dns-brute.domain=domain.com 10.10.2.120
Starting Nmap 7.70 ( https://nmap.org ) at 2020-02-26 19:28 CST
Pre-scan script results:
#破解查看 domain.com 域名下主机记录信息
| dns-brute:
|   DNS Brute-force hostnames:
|     ns.domain.com - 10.10.2.120
|     ns1.domain.com - 10.10.2.120
|     www.domain.com - 10.10.2.200
|_    ftp.domain.com - 10.10.2.200
Nmap scan report for ns.domain.com (10.10.2.120)
Host is up (0.00017s latency).
Not shown: 998 closed ports
PORT     STATE SERVICE
22/tcp open   ssh
53/tcp open   domain
#查看 DNS 服务运行的版本
| dns-nsid:
#使用 BIND 工具搭建 DNS 服务器，BIND 版本为 9
|_  bind.version: 9.11.4-P2-RedHat-9.11.4-26.P2.el8
```

```
MAC  Address: 00:50:56:9A:DF:D9  (VMware)

Host  script  results:
#查看 DNS 反垃圾邮件和 Proxy 黑名单解析地址等
| dns-blacklist:
|    SPAM
|       bl.spamcop.net  -  FAIL
|_      sbl.spamhaus.org  -  FAIL

Nmap  done:  1  IP  address  (1  host  up)  scanned  in  13.44  seconds
```

操作命令+配置文件+脚本程序+结束

（1）Nmap 安装时会自动安装执行脚本，脚本默认存放目录为/usr/share/nmap/scripts。

（2）插件脚本执行无结果，则不输出任何信息。

（3）插件“dns-random-srcport”、“dns-random-txid”无执行结果，说明该 DNS 服务器暂无定义的可预测端口递归与 TXID DNS 漏洞。

步骤 4：配置邮件发送工具。

Nmap 工具支持通过电子邮件发送检测报告，以方便阅读。发送电子邮件要求安装 Nmap 的主机必须安装有电子邮件发送软件。

本步骤选用的电子邮件发送软件为 mailx，可通过 yum 工具进行安装。

操作命令：

```
#使用 yum 工具安装电子邮件发送软件 mailx
[root@Project-11-Task-01 ~]# yum  install  -y  mailx
#为了排版方便，此处省略了部分提示信息
#下述信息说明安装 mailx 将会安装以下软件，且已安装成功
Installed:
   mailx-12.5-29.el8.x86_64

Complete!
```

操作命令+配置文件+脚本程序+结束

使用 vi 工具修改 mailx 的配置文件/etc/mail.rc，填写电子邮件发件人与接收人的信息。在配置文件中增加如下内容。

配置文件：/etc/mail.rc

```
#mail.rc 配置文件内容较多，本部分仅显示发送电子邮件配置有关的内容
#在配置文件中增加如下内容，请根据实际情况配置电子邮件发送服务的信息和电子邮件信息

#设置发件人的邮箱信息
set  from=youname@youmailservice.com
#设置邮件服务器的地址
```

```
set smtp=smtp.youmailservice.com
#设置发件人邮箱地址
set smtp-auth-user=youname@youmailservice.com
#设置客户端发送邮件的授权密码
set smtp-auth-password=********
#设置邮件认证方式为登录
set snmtp-auth=login
```

操作命令+配置文件+脚本程序+结束

提醒

（1）根据个人实际情况配置邮件服务器、发件人邮箱地址、授权验证信息等。

（2）邮件服务器配置信息，可查阅所使用的电子邮件服务的配置指南和帮助手册。

步骤 5：使用 Nmap 实现自动化安全评估。

使用 Nmap 工具对网络内主机与域名解析服务进行周期性安全检测，并通过电子邮件将报告发送给指定人员，实现运维管理与安全检测的部分自动化。

本步骤通过操作系统的任务计划进行安全评估任务的调度，实现 3 个目标。

- 自动进行安全检测，每天 00:00 执行，检测结果通过电子邮件推送。
- 对指定网络内主机运行状态、开启端口、操作系统、软件及版本信息等进行检测。
- 实现对域名解析服务的检测。

具体实现方法如下。

（1）使用 vi 工具在/opt 目录下创建任务脚本文件，内容如下。

脚本程序：/opt/autoCheck.sh

```
#!/bin/bash
#清理历史的检测文件
rm -rf /opt/CheckReport.txt

#定义需要检测的网络段地址
netWork="10.10.2.0/24"
#定义域名服务器地址
dnsIp="10.10.2.120"
#定义要接收邮件的运维人员邮箱，根据个人情况进行配置
userMail="youname@youmailservice.com"
#获取脚本执行时的时间
time=$(date +"%Y 年%m 月%d 日 %H:%M:%S")

#输出分隔符
echo -e "\n---------------Host CheckReport---------------\n\n" >> /opt/CheckReport.txt
#对网络段内的主机执行安全检测，并将检测结果输出到/opt/hostCheck.txt 文本中
nmap -sV -O --osscan-guess $netWork >> /opt/CheckReport.txt
#输出分割符
echo -e "\n\n\n---------------DNS  CheckReport---------------\n\n" >> /opt/CheckReport.txt
#对域名解析服务进行安全检测，并将检测结果输出到/opt/dnsCheck.txt 文本中
```

```
nmap --script=dns-nsid --script=dns-brute --script=dns-blacklist --script=dns-random-srcport --script=dns-random-txid --script-args dns-brute.domain=hactcm.edu.cn $dnsIp >> /opt/CheckReport.txt

#配置邮件进行发送
echo -e '安全扫描结果详见附件。\n 检测时间为：'$time | mail -s "使用 Nmap 进行业务安全评估的报告" -a /opt/CheckReport.txt $userMail
```

操作命令+配置文件+脚本程序+结束

（2）配置任务计划，进行周期性检测任务调度。

操作命令：

```
#为脚本程序增加执行权限
[root@Project-11-Task-01 ~]# chmod +x /opt/autoCheck.sh
#手动执行脚本程序，查看能否执行成功和接收到邮件信息，完成脚本测试
[root@Project-11-Task-01 ~]# bash/opt/autoCheck.sh
#脚本测试通过后，配置操作系统的任务计划，每天 00:00 执行一次
[root@Project-11-Task-01 ~]#echo "0 0 * * * rootbash /opt/autoCheck.sh" >> /etc/crontab

#开展本任务学习时，为了快速进行测试，建议先设置为 10min 执行一次，写法如下
[root@Project-11-Task-01 ~]#echo "*/10 0 * * * rootbash/opt/autoCheck.sh" >> /etc/crontab
```

操作命令+配置文件+脚本程序+结束

【任务扩展】

1. Nmap 命令格式

Nmap 工具进行主机扫描或安全检测的语法格式为：

```
nmap[选项] [对象]
```

（1）选项：使用“--script”选项则说明指定检测脚本名称。如果不使用选项，默认使用“default”脚本类型，进行基本的应用服务信息收集。

（2）对象：指定安全扫描与漏洞检测的主机 IP 地址或 IP 地址段。

2. Nmap 检测脚本

（1）脚本检测选项。Nmap 脚本选项及说明见表 11-3-1。

表 11-3-1　Nmap 脚本执行选项说明

选项	说明
--script	指定使用的脚本文件名称或脚本类型信息
--script-args	为脚本文件提供参数信息
--script-args-file	提供脚本执行参数文件
--script-trace	显示发送和接收到的数据信息
--script-updatedb	更新脚本数据库
--script-help	查看脚本帮助信息

（2）检测脚本类型。Nmap 检测脚本（NSE）是 2007 年谷歌夏令营期间推出的，第一个脚本是针对服务和主机检测，经过多年发展，目前已经有 14 个类别，涵盖从网络发现到安全漏洞检测等多个领域。

脚本类别见表 11-3-2。在 CentOS 操作系统中，脚本存放在/usr/share/nmap/scripts 目录中，以“.nse”结尾。

表 11-3-2　Nmap 脚本类别

类型	说明
default	默认脚本，提供基本的应用服务信息搜集功能
auth	处理鉴权证书，绕开权限校验进行检测
broadcast	在局域网内探查更多服务开启状况，如 dhcp/dns/sqlserver 等
brute	暴力破解方式进行检测，主要针对常见的应用，如 http/snmp 等
discovery	对网络服务进行更为详细的检测，如 SMB 枚举、SNMP 查询等
dos	进行拒绝服务攻击
exploit	利用已知漏洞入侵系统
external	利用第三方数据库或资源进行检测
fuzzer	模糊测试，通过发送异常包探测潜在漏洞
intrusive	入侵性脚本，此脚本可能触发 IDS/IPS
malware	探测目标机是否感染了病毒、是否存在后门等信息
safe	与 intrusive 相反，属于安全性脚本
version	增强的服务与软件版本检测脚本
vuln	检测是否存在常见漏洞

3．Nmap 基础检测选项

Nmap 基础检测选项及说明见表 11-3-3。

表 11-3-3　Nmap 基础检测选项

选项	说明
-sn	只进行主机发现扫描，不进行端口扫描
-sU	指定使用 UDP 方式检测
-Pn	跳过主机发现，将所有主机都视为开启状态，进行端口扫描
-sL	仅列出开启的主机 IP 地址，不进行主机端口发现等扫描
-F	快速扫描模式，仅扫描开放率最高的前 100 个端口
--top-ports <number>	指定扫描模式，仅扫描开放率最高的<number>个端口
-PO	指定使用 IP 数据报方式检测

续表

选项	说明
-sV	进行应用服务版本检测
-O	进行操作系统版本检测
--osscan-guess	进行操作系统类型等详细信息检测

任务四　对网站服务器与网站业务进行安全评估

操作视频

【任务介绍】

本任务使用 Nmap 工具对网站服务器和网站业务进行检测和安全评估，依据检测结果撰写安全评估报告。

本任务以项目三的任务四建设的网站服务器与网站业务为场景，在项目三的任务四基础上进行。

【任务目标】

（1）实现对操作系统的检测。
（2）实现对网站服务器的检测。
（3）实现对 PHP 的检测。
（4）实现对 MariaDB 数据库的检测。
（5）实现对 WordPress 程序的检测。
（6）实现对网站业务的检测。
（7）实现安全评估报告的撰写。

【操作步骤】

步骤 1：进行系统与业务安全配置。

本步骤对项目三的任务四所建设的网站服务器进行安全策略临时调整，确保 Nmap 工具能够顺利开展扫描和检测工作，以便开展安全评估。

操作命令：

```
#关闭网站服务器的防火墙
[root@Project-03-Task-03 ~]#systemctl stop firewalld
#关闭网站服务器的 SELinux
[root@Project-03-Task-03 ~]# setenforce 0

#开启 httpd 服务的版本检测与目录浏览
[root@Project-03-Task-03 ~]# vi /etc/httpd/conf/httpd.conf
```

```
#将配置文件中的 ServerTokens 选项进行注释
#ServerTokens Prod
<Directory "/var/www/wordpress">
#Options 项设置为 Indexes FollowSymLinks 默认配置
Options Indexes FollowSymLinks
AllowOverride None
#设置网站访问范围
Require all granted
</Directory>

#开启 php 版本检测
[root@Project-03-Task-03 ~]# vi /etc/php.ini
#将 expose_php = Off 改为 expose_php = On
expose_php = On

#配置 MySQL 的远程连接
[root@Project-03-Task-03 ~]# mysql -uroot -p
Enter password:
#创建 root 远程连接用户
MariaDB [(none)]> GRANT ALL PRIVILEGES ON *.* TO 'root'@'%' IDENTIFIED BY 'centos@mariadb#123' WITH GRANT OPTION;
Query OK, 0 rows affected (0.001 sec)
#刷新用户权限
MariaDB [(none)]> flush privileges;
Query OK, 0 rows affected (0.001 sec)
#退出数据库操作
MariaDB [(none)]> quit

#重启服务使 php、httpd、mariadb 的配置生效
[root@Project-03-Task-03 ~]#systemctl restart httpd
[root@Project-03-Task-03 ~]#systemctl restart mariadb
```

操作命令+配置文件+脚本程序+结束

（1）上述配置降低了系统安全防护措施，其目的是保证 Nmap 能持续开展扫描。

（2）运行中的业务可能存在未进行防火墙规则等安全优化配置，这也是进行业务漏洞扫描和安全评估的必要性之一。

（3）有些工程师习惯用默认配置，通过安全评估可以纠正操作不规范不完善的习惯。

步骤 2：检测操作系统的安全性。

本步骤在任务一创建的虚拟机上进行，使用 Nmap 工具对网站服务器进行扫描和检测。

操作命令：

```
#使用 Nmap 工具对网站服务器进行扫描和安全检测，使用-sV -O 选项
```

```
[root@Project-11-Task-01 ~]# nmap -sV -O 10.10.2.105
Starting Nmap 7.70 ( https://nmap.org ) at 2020-02-29 15:38 CST
Nmap scan report for 10.10.2.105
#检测主机状态为开启
Host is up (0.00040s latency).
Not shown: 997 closed ports
PORT        STATE       SERVICE     VERSION
#针对开放端口服务，查看运行版本信息
22/tcp      open        ssh         OpenSSH 8.0 (protocol 2.0)
80/tcp      open        http        Apache httpd 2.4.37 ((centos))
3306/tcp    open        mysql       MySQL 5.5.5-10.3.17-MariaDB
MAC Address: 00:50:56:9A:9B:78 (VMware)
#查看设备类型与操作系统版本信息
Device type: general purpose
Running: Linux 3.X|4.X
OS CPE: cpe:/o:linux:linux_kernel:3 cpe:/o:linux:linux_kernel:4
OS details: Linux 3.2 - 4.9
Network Distance: 1 hop

OS and Service detection performed. Please report any incorrect results at https://nmap.org/submit/ .
Nmap done: 1 IP address (1 host up) scanned in 14.59 seconds
```

操作命令+配置文件+脚本程序+结束

步骤 3：检测网站服务的安全性。

本步骤在任务一创建的虚拟机上进行，使用 Nmap 工具对所部署的网站服务进行安全检测，实现 3 个目标。

（1）使用“http-methods”插件检测网站服务可支持的 HTTP 方法类型。

（2）使用“http-enum”插件检测网站服务是否存在敏感目录信息。

（3）使用“http-vuln*”插件检测网站服务是否存在安全漏洞。

操作命令：

```
#使用 Nmap 工具对网站服务进行扫描和安全检测，检测时使用相应脚本
[root@Project-11-Task-01 ~]# nmap --script=http-methods --script=http-enum --script=http-vuln* 10.10.2.105
Starting Nmap 7.70 ( https://nmap.org ) at 2020-02-27 23:21 CST
Nmap scan report for 10.10.2.105
Host is up (0.00034s latency).
Not shown: 997 filtered ports
PORT      STATE   SERVICE
22/tcp    open    ssh
80/tcp    open    http
#网站服务下敏感的目录信息
| http-enum:
|   /wp-includes/images/rss.png: Wordpress version 2.2 found.
|   /wp-includes/js/jquery/suggest.js: Wordpress version 2.5 found.
```

```
|    /wp-includes/images/blank.gif: Wordpress version 2.6 found.
|    /wp-includes/js/comment-reply.js: Wordpress version 2.7 found.
|    /readme.html: Interesting, a readme.
|_   /icons/: Potentially interesting folder w/ directory listing
#网站服务所支持的 HTTP 请求方法
| http-methods:
|_  Supported Methods: GET HEAD POST OPTIONS
9090/tcp closed zeus-admin
MAC Address: 00:50:56:9A:9B:78 (VMware)

Nmap done: 1 IP address (1 host up) scanned in 19.03 seconds
```

操作命令+配置文件+脚本程序+结束

插件“http-vuln*”无执行结果，说明网站服务暂无检测脚本所定义的漏洞。

步骤 4：检测 PHP 的安全性。

本步骤在任务一创建的虚拟机上进行，通过使用 Nmap 工具对 PHP 及扩展进行安全检测，实现 4 个目标。

（1）使用“http-php-version”插件检测网站服务器中 PHP 版本信息。

（2）使用“http-phpmyadmin-dir-traversal”插件检测易受攻击的 PHP 目录或文件。

（3）使用“http-phpself-xss”插件检测容易受到跨站点脚本攻击的 PHP 文件。

（4）使用“http-vuln-cve2012-1823”插件检测是否存在针对 PHP-CGI 模块的远程执行代码漏洞（CVE-2012-1823）。

操作命令：

```
#使用 Nmap 工具对 PHP 进行扫描和安全检测，检测时使用相应脚本
[root@Project-11-Task-01 ~]#nmap --script=http-php-version --script=http-phpmyadmin-dir-traversal --script=http-phpself-xss --script=http-vuln-cve2012-1823 10.10.2.105
Starting Nmap 7.70 ( https://nmap.org ) at 2020-02-29 13:52 CST
Nmap scan report for 10.10.2.105
Host is up (0.00022s latency).
Not shown: 997 closed ports
PORT      STATE    SERVICE
22/tcp    open     ssh
80/tcp    open     http
#检测 PHP 版本为 7.3.5
|_http-php-version: Version from header x-powered-by: PHP/7.3.5
3306/tcp open  mysql
MAC Address: 00:50:56:9A:9B:78 (VMware)

Nmap done: 1 IP address (1 host up) scanned in 3.30 seconds
```

操作命令+配置文件+脚本程序+结束

插件“http-phpmyadmin-dir-traversal”“http-phpself-xss”“http-vuln-cve2012-1823”无执行结果，说明部署的 PHP 暂无检测脚本所定义的漏洞。

步骤 5： 检测 MariaDB 的安全性。

本步骤在任务一创建的虚拟机上进行，使用 Nmap 工具对 MariaDB 数据库进行安全检测，实现 4 个目标。

（1）使用“mysql-info”插件检测数据库的基本信息。

（2）使用“mysql-empty-password”插件检测数据库是否存在空口令。

（3）使用“mysql-enum”插件检测数据库中具有执行权限的用户。

（4）使用“mysql-vuln*”插件检测数据库服务是否存在安全漏洞。

操作命令：

```
#使用 Nmap 工具对 MariaDB 进行扫描和安全检测，检测时使用相应脚本
[root@Project-11-Task-01 ~]# nmap --script=mysql-info --script=mysql-empty-password --script=mysql-enum --script=mysql-vuln* 10.10.2.105
Starting Nmap 7.70 ( https://nmap.org ) at 2020-02-29 14:45 CST
Nmap scan report for 10.10.2.105
Host is up (0.00025s latency).
Not shown: 997 closed ports
PORT        STATE    SERVICE
22/tcp      open     ssh
80/tcp      open     http
3306/tcp    open     mysql
#检测出数据库中存在执行权限的用户列表信息
| mysql-enum:
|   Valid usernames:
|     root:<empty> - Valid credentials
|     netadmin:<empty> - Valid credentials
|     web:<empty> - Valid credentials
|     test:<empty> - Valid credentials
|     guest:<empty> - Valid credentials
|     sysadmin:<empty> - Valid credentials
|     administrator:<empty> - Valid credentials
|     webadmin:<empty> - Valid credentials
|     admin:<empty> - Valid credentials
|     user:<empty> - Valid credentials
|_  Statistics: Performed 10 guesses in 1 seconds, average tps: 10.0
#查看 MariaDB 数据库的运行信息
| mysql-info:
|   Protocol: 10
|   Version: 5.5.5-10.3.17-MariaDB
|   Thread ID: 10
```

```
|   Capabilities flags: 63486
     #展示数据库具有相应的特性
|   Some Capabilities: DontAllowDatabaseTableColumn, SupportsCompression, Support41Auth, Speaks41ProtocolOld, LongColumnFlag, InteractiveClient, ConnectWithDatabase, Speaks41ProtocolNew, SupportsTransactions, IgnoreSigpipes, IgnoreSpaceBeforeParenthesis, FoundRows, SupportsLoadDataLocal, ODBCClient, SupportsMultipleStatments, SupportsAuthPlugins, SupportsMultipleResults
|   Status: Autocommit
|   Salt: }@dZu_\.pkIj[i{P\`L:
|_  Auth Plugin Name: 94
MAC Address: 00:50:56:9A:9B:78 (VMware)

Nmap done: 1 IP address (1 host up) scanned in 27.80 seconds
```

操作命令+配置文件+脚本程序+结束

提醒

插件“mysql-empty-password”“mysql-vuln*”无执行结果，说明部署的 MariaDB 暂无检测脚本所定义的漏洞。

步骤 6：检测 WordPress 的安全性。

本步骤在任务一创建的虚拟机上进行，使用 Nmap 工具对内容网站所使用的 WordPress 程序进行安全检测，实现 5 个目标。

（1）使用“http-wordpress-enum”插件检测 WordPress 是否存在主题与插件版本陈旧。

（2）使用“http-wordpress-users”插件检测 WordPress 是否存在用户名信息泄露。

（3）使用“http-wordpress-brute”插件检测 WordPress 是否存在简易密码的现象。

（4）使用“http-vuln-cve2014-8877”插件检测 WordPress 是否存在远程注入漏洞（CVE-2014-8877）。

（5）使用“http-vuln-cve2017-1001000”插件检测 WordPress 是否存在未经身份验证的内容注入漏洞（CVE-2017-1001000）。

操作命令：

```
#使用 Nmap 工具对 WordPress 进行扫描和安全检测，检测时使用相应脚本
[root@Project-11-Task-01 ~]# nmap --script=http-wordpress-enum --script=http-wordpress-users --script=http-wordpress-brute --script=http-vuln-cve2014-8877 --script=http-vuln-cve2017-1001000 10.10.2.105
Starting Nmap 7.70 ( https://nmap.org ) at 2020-02-29 14:00 CST
Nmap scan report for 10.10.2.105
Host is up (0.00020s latency).
Not shown: 997 closed ports
PORT        STATE      SERVICE
22/tcp      open       ssh
80/tcp      open       http
#检测到所部署的 WordPress 程序中版本较低的信息
| http-wordpress-enum:
```

```
| Search limited to top 100 themes/plugins
#检测出 WordPress 程序中 twentyseventeen 主题版本较低，官网版本为 3.0
|   themes
|     twentyseventeen 2.2
#检测出 WordPress 程序中防止垃圾评论插件版本较低，官网版本为 4.2
|   plugins
|_    akismet 4.1.3
3306/tcp    open      mysql
MAC Address: 00:50:56:9A:9B:78 (VMware)

Nmap done: 1 IP address (1 host up) scanned in 5.22 seconds
```

操作命令+配置文件+脚本程序+结束

插件“http-wordpress-users”“http-wordpress-brute”“http-vuln-cve2014-8877”“http-vuln-cve2017-1001000”无执行结果，说明部署的 WordPress 暂无检测脚本所定义的漏洞。

步骤 7：安全评估报告的撰写。

依据 Nmap 对操作系统、网站服务器、PHP、MariaDB、WordPress 的检测结果，人工整理汇总并撰写安全评估报告，见表 11-4-1。

表 11-4-1　网站服务器与网站业务安全评估报告

<table>
<tr><td>检测人员</td><td colspan="2">本书笔者</td><td>检测时间</td><td>2020 年 02 月 29 日 15 时 00 分</td></tr>
<tr><td>检测工具</td><td colspan="4">Nmap 7.70（https://nmap.org）</td></tr>
<tr><td rowspan="2">检测对象</td><td>主机名</td><td>Project-03-Task-03</td><td rowspan="2">网络</td><td rowspan="2">IP：10.10.2.105
NetMask：255.255.255.0
GateWay：10.10.2.1
DNS：8.8.8.8</td></tr>
<tr><td>操作系统</td><td>CentOS8.1.1911</td></tr>
<tr><td>检测目的</td><td colspan="4">了解操作系统、网站服务、PHP 扩展程序、MariaDB 数据库、WordPress 业务程序的运行情况，全面评估系统与业务的安全性</td></tr>
<tr><td>检测步骤</td><td colspan="4">1. 检测操作系统的安全性：验证服务器是否存在版本陈旧或危险端口开放等隐患；
2. 检测网站服务的安全性：验证网站服务是否存在安全漏洞、敏感目录泄露等隐患；
3. 检测 PHP 的安全性：验证 PHP 是否存在版本陈旧、易受攻击的目录或文件等隐患；
4. 检测 MariaDB 的安全性：验证数据库是否存在安全漏洞、空口令或用户越权等隐患；
5. 检测 WordPress 的安全性：验证应用程序是否存在版本陈旧、安全漏洞等隐患</td></tr>
<tr><td rowspan="2">检测结果</td><td>检测内容</td><td colspan="2">安全隐患</td><td>参考措施</td></tr>
<tr><td>操作系统</td><td colspan="2">SSH、Apache、MySQL 服务端口业务未针对特定的网络范围或主机地址进行针对性开放</td><td>对 SSH、Apache、MySQL 服务进行针对 IP 范围或固定 IP 地址的客户端主机进行端口开放操作</td></tr>
</table>

续表

<table>
<tr><td rowspan="9">检测结果</td><td rowspan="4">操作系统</td><td>可查看 SSH 服务版本信息，进而可根据版本查找该版本可能存在的漏洞信息</td><td>修改 SSH 配置文件/usr/sbin/sshd，隐藏其版本信息</td></tr>
<tr><td>可查看 Apache 版本信息，进而可根据版本查找该版本可能存在的漏洞信息</td><td>修改 Apache 配置文件/etc/httpd/conf/httpd.conf，隐藏版本信息</td></tr>
<tr><td>可查看 MySQL 版本信息，进而可根据版本查找该版本可能存在的漏洞信息</td><td>可对数据库进行编译安装，在编译包中修改或删除数据库版本信息</td></tr>
<tr><td>可查看操作系统内核版本信息，进而可根据版本查找该版本可能存在的漏洞信息</td><td>可删除或更改/etc/issue 和/etc/issue.net 文件信息，从而屏蔽操作系统内核信息</td></tr>
<tr><td rowspan="2">网站服务</td><td>存在可对网站服务下敏感目录浏览权限</td><td>修改 Apache 配置文件/etc/httpd/conf/httpd.conf，禁止网站目录浏览</td></tr>
<tr><td>存在 OPTIONS 网站服务执行方法。可获取服务器支持的 HTTP 请求方法与检测服务的性能</td><td>修改 Apache 配置文件/etc/httpd/conf/httpd.conf，删除 OPTIONS 方法</td></tr>
<tr><td>PHP</td><td>可查看 PHP 版本信息，进而可根据版本查找该版本可能存在的漏洞信息</td><td>修改 PHP 配置文件/etc/php.ini，隐藏版本信息</td></tr>
<tr><td>MariaDB</td><td>可查看数据库中存在执行权限的用户，黑客可对用户密码进行破解，进而可以对数据库进行执行操作</td><td>删除数据库中无用的用户权限；
修改用户密码，提高密码复杂度</td></tr>
<tr><td>WordPress</td><td>存在版本较低的插件和主题</td><td>从 WordPress 网站中下载最新的插件与主题包进行安装替换</td></tr>
<tr><td>问题记录</td><td colspan="3"></td></tr>
<tr><td>评估结果</td><td colspan="2"></td><td>审核人员</td></tr>
</table>

项目十二 CentOS 的系统监控

项目介绍

监控操作系统的运行情况，是保障业务稳定高效的重要措施，是运维管理的重要工作内容。

本项目介绍内存与缓存监控、CPU 监控、网络与通信行为监控、磁盘与 IO 监控、进程监控管理、系统实时监控以及可视化监控，旨在提升操作系统的运维管理质量。

项目目的

- 了解系统监控原理；
- 掌握内存与缓存监控的方法；
- 掌握 CPU 运行监控的方法；
- 掌握网络与通信行为监控的方法；
- 掌握磁盘与 IO 监控的方法；
- 掌握进程监控与管理的方法；
- 掌握系统实时监控的方法；
- 掌握系统可视化监控的方法。

项目讲堂

1. 操作系统管理

（1）什么是系统管理。系统管理是对系统运行状态进行控制，使之与预期目标一致，同时结合外界环境，综合操作系统以往的运行特征进行分析，实现对操作系统未来发展趋势的预测。

（2）系统管理的内容。系统管理员日常操作的内容如下。

1）权限管理。负责为新用户增设账号、将不再活动的用户删除，处理账号相关事务。当某个用户不应该再访问系统时，禁用该用户的账号，备份账号对应的文件等，以使系统不会随着时间的增长而积累过多无用数据。

2）磁盘管理。增加新的存储设备，例如添加新的硬盘或网络存储时，配置系统能够识别到磁盘信息，从而使用新增的存储资源。

3）文件管理。维护文件系统，保证系统文件内容清晰化，方便其他账号使用访问文件。

4）内存管理。关键业务需要时刻监视内存使用情况，合理调配资源为业务提供保障。

5）进程管理。监控并处理系统中的无用进程，降低系统负载压力。

6）日志管理。合理记录系统日志，便于操作追溯和日志审查分析。

（3）系统管理的方式。系统管理的方式可分为命令管理和自动化运维。

命令管理是通过操作系统的操作命令实现系统配置管理，常用的管理命令有 vi（对文件进行编辑管理）、fdisk（对磁盘进行管理）、nmcli（对网络进行管理）、systemctl（对服务进行管理）等。

自动化运维是通过自动化运维工具实现对大量主机进行配置管理，实现对系统的网络、存储和应用交付等自动化配置，降低运维管理人员的压力，减少或避免重复性工作。

2. 系统监控

（1）为什么要监控系统。随着信息化建设不断深入，应用系统不断增多，运维人员管理的设备、业务数量也急剧增加，如何直观地查看多个设备、业务的运行情况，并保证出现异常时能及时发现，已成为运维人员最关心也最需要迫切解决的问题。

在此需求下，系统监控应运而生。通过系统监控可以实时了解系统的运行状态，快速发现系统异常，及时解决异常问题，保障业务服务的可靠性和稳定性。

（2）系统监控的方式。按照监控实现方式的不同，系统监控可分为命令监控和软件监控两类。

命令监控是通过操作系统的操作命令实现对系统运行情况的监控，常用的监控命令有 top（查看所有正在运行且处于活动状态的实时进程）、netstat（查看系统网络性能情况）、iostat（查看系统 CPU 使用情况与磁盘 I/O 情况）、free（查看系统内存使用情况）、vmstat（查看系统负载情况）等。

软件监控是通过专用的监控软件，借助简单网络管理协议协议（Simple Network Management Protocol，SNMP）、Agent、探针等手段，对系统运行情况进行周期性监控，记录监控数据，实现监控历史数据查看及系统运行情况分析，并将系统异常情况通过某种方式（如电子邮件、短信、微信、App 等）通知相关人员。

（3）系统监控的内容。系统监控是对操作系统整体运行情况的监控，通常监控系统的 CPU、负载、物理内存、虚拟内存、进程线程、存储、网络等。

任务一　内存与缓存监控

【任务介绍】

本任务介绍 Linux 操作系统的内存监控，实现对物理内存总量、内存使用量、缓存使用量、

Swap 分区使用情况等的监控。

【任务目标】

（1）实现对系统内存运行情况的查看。

（2）实现对虚拟内存运行情况的查看。

（3）实现对 Swap 分区运行情况的查看。

【操作步骤】

步骤 1：创建虚拟机并完成 CentOS 的安装。

在 VirtualBox 中创建虚拟机，完成 CentOS 操作系统的安装。虚拟机与操作系统的配置信息见表 12-1-1，注意虚拟机网卡工作模式为桥接。

表 12-1-1　虚拟机与操作系统配置

虚拟机配置	操作系统配置
虚拟机名称：VM-Project-12-Task-01-10.10.2.126 内存：1024MB CPU：1 颗 1 核心 虚拟硬盘：10GB 网卡：1 块，桥接	主机名：Project-12-Task-01 IP 地址：10.10.2.126 子网掩码：255.255.255.0 网关：10.10.2.1 DNS：8.8.8.8

步骤 2：完成虚拟机的主机配置、网络配置及通信测试。

启动并登录虚拟机，依据表 12-1-1 完成主机名和网络的配置，能够访问互联网和本地主机。

（1）虚拟机创建、操作系统安装、主机名与网络的配置，具体方法参见项目一。

（2）建议通过虚拟机复制快速创建所需环境。通过复制创建的虚拟机需依据本任务虚拟机与操作系统规划配置信息设置主机名与网络，实现对互联网和本地主机的访问。

步骤 3：查看系统内存的运行情况。

Free 命令可查看当前主机操作系统的物理内存总量、使用量及剩余量等。

操作命令：

```
#查看操作系统的当前时间的内存运行情况
[root@Project-12-Task-01  ~]#  free  -h
              total        used        free      shared  buff/cache   available
Mem:          820Mi       182Mi       435Mi       5.0Mi       202Mi       508Mi
Swap:         2.1Gi          0B       2.1Gi
```

操作命令+配置文件+脚本程序+结束

（1）free -h 命令可查看 Mem（物理内存）和 Swap（交换分区）的使用信息。

（2）free -h 命令执行结果的字段如下。

total	物理内存总大小
used	已使用内存大小，包括缓存和应用程序实际使用的内存大小
free	剩余未被使用的内存大小
shared	共享内存大小，进程间通信使用
buffers	被缓冲区占用的内存大小
cached	被缓存占用的内存大小
available	可被应用程序使用的内存大小

命令详解：

【语法】

free [选项]

【选项】

-b	以 Byte 为单位显示内存使用情况
-k	以 kB 为单位显示内存使用情况
-m	以 MB 为单位显示内存使用情况
-o	不显示缓冲区调节列
-s<间隔秒数>	持续观察内存使用状况，按照指定时间刷新数据
-t	显示内存总和列

命令详解结束

步骤 4：查看系统虚拟内存的运行情况。

vmstat 命令可统计系统的整体情况，包括内核进程、虚拟内存、磁盘和 CPU 活动信息。

操作命令：

```
#查看操作系统当前的虚拟内存运行情况
[root@Project-12-Task-01 ~]# vmstat
procs ----------------memory--------------- --swap-- ------io------ --system-- --------cpu--------
r  b   swpd    free    buff   cache   si   so    bi    bo    in    cs   us sy id wa st
3  0    0    446076  5376  202340  0    0    831   137   172   488   6  3 91  0  0
```

操作命令+配置文件+脚本程序+结束

（1）vmstat 命令可查看 procs（进程）、memory（内存）、swap（交换分区）、io（IO 读写）、system（系统）以及 cpu 的运行信息。

（2）procs 运行结果的字段如下。

r	运行队列中进程的数量
b	等待 IO 的进程数量

（3）memory 运行结果的字段如下。

swpd　　虚拟内存使用量
free　　空闲物理内存量
buff　　用于缓冲的内存量
cache　　用于缓存的内存量

（4）swap 运行结果的字段如下。

si　　每秒从交换分区写入内存数据量大小
so　　每秒写入交换分区数据量大小

（5）io 运行结果的字段如下。

bi　　每秒读取的磁盘块数
bo　　每秒写入的磁盘块数

（6）system 运行结果的字段如下。

in　　每秒系统中断数
cs　　每秒上下文切换数

（7）cpu 运行结果中选项内容如下。

us　　用户进程执行时间百分比
sy　　内核系统进程执行时间百分比
wa　　IO 等待时间百分比
id　　CPU 空闲时间百分比

命令详解：

【语法】

vmstat [选项][参数]

【选项】

-a	显示活动和非活动内存
-f	显示启动后创建的进程总数
-m	显示 slab 信息（内存分配机制）
-n	只在开始时显示一次各字段头信息
-s	以表格方式显示事件计数器和内存状态
-d	显示磁盘相关统计信息
-p	显示指定磁盘分区统计信息
-S	使用指定单位显示，可使用 k、K、m、M

【参数】

时间间隔	状态信息刷新的时间间隔
次数	显示报告的次数

命令详解结束

步骤 5：查看系统交换分区的运行情况。

swapon 命令可查看当前主机操作系统的交换分区的运行情况。

操作命令：

```
#查看操作系统当前的交换分区使用情况
[root@Project-12-Task-01 ~]# swapon
Filename        Type        Size        Used    Priority
/dev/dm-1       Partition   2170876     0       -2
```

操作命令+配置文件+脚本程序+结束

小贴士

查看系统交换分区结果的字段如下。

Filename	交换分区对应的设备文件名称
Type	文件类型，Partition 表示为分区
Size	交换分区大小
Used	交换分区目前使用量
Priority	交换分区使用的优先级

命令详解：

【语法】

swapon [选项][参数]

【选项】

-a	启用/etc/fstab 文件中定义的所有交换区
-p<优先顺序>	指定交换分区的使用优先级顺序
-s	显示交换分区的使用状况

【参数】

交换空间	指定需要激活的交换文件或交换分区 如果是交换分区则指定交换分区对应的设备文件

命令详解结束

步骤 6：使用命令记录系统内存的运行情况。

本步骤通过 vmstat 命令动态监控系统内存，实现 2 个目标。

（1）每秒检测一次内存运行情况，持续记录 5min。

（2）输出检测结果至用户主目录的~/memory.txt 文件中。

操作命令：

```
#监控系统内存运行情况
[root@Project-12-Task-01 ~]# vmstat 1 300 >> memory.txt
#查看文件存储检测信息
[root@Project-12-Task-01 ~]# cat memory.txt
procs ---------------memory--------------- ---swap--- -----io---- ---system--- ----------cpu---------
 r  b   swpd   free   buff  cache   si   so   bi    bo   in   cs  us sy  id wa st
 2  0      0 245404   3808 306940    0    0    1     1   68   14   0  0 100  0  0
 0  0      0 245320   3808 306944    0    0    0  1088  116  225   0  1 990  0
```

项目十二

9.　#为了排版方便，此处省略了部分信息

操作命令+配置文件+脚本程序+结束

【任务扩展】

1. 物理内存

物理内存由半导体器件制成，是 CPU 能直接寻址的存储空间，具有存取速度快的特点。

- 暂时存放 CPU 的运算数据。
- 存储硬盘等外部存储器交换的数据。
- 保障 CPU 计算的稳定性和高性能。

2. 虚拟内存

虚拟内存是为了满足物理内存不足而提出的策略，利用磁盘空间虚拟出一块逻辑内存，用作虚拟内存的磁盘空间被称为交换空间（SwapSpace）。

作为物理内存的扩展，Linux 会在物理内存不足时，将暂时不用的内存块信息写到交换空间，从而释放部分物理内存，方便其他进程使用。当需要使用存储的内存信息时，内核将存放内存块信息重新从交换空间读入物理内存中进行操作。

使用虚拟内存的主要优势如下。

- 获取更多的内存空间，且空间地址是连续的。
- 程序隔离。不同进程的虚拟地址之间没有关系，单个进程操作不会对其他进程造成影响。
- 数据保护。每块虚拟内存都有相应的读写属性，保护程序的代码段不被修改，数据块不能被执行等，增加了系统的安全性。
- 内存映射。可直接映射磁盘上的文件到虚拟地址空间，从而做到物理内存长时间分配，只需要在读取相应文件的时候，从虚拟内存加载到物理内存中。
- 共享内存。进程间的内存共享可通过映射同一块物理内存到不同虚拟内存空间来实现共享。
- 使用虚拟内存后，可方便使用交换空间和 COW（Copy On Write，复制写入）等功能。

3. 内存工作机制

在 Linux 操作系统中，以应用程序读写文件数据为例介绍内存的执行过程。

（1）操作系统分配内存，将读取的数据从磁盘读入到内存中。

（2）从内存中将数据分发给应用程序。

（3）向文件中写数据时，操作系统分配内存接收用户数据。

（4）接收完成后，内存将数据写入磁盘。

如果有大量数据需要从磁盘读取到内存或者由内存写入磁盘时，系统的读写性能就变得非常低下，因为无论是从磁盘读数据，还是写数据到磁盘，都是很消耗时间和资源的过程。

4. 内存相关常见指标

操作系统中物理内存相关指标及其含义说明见表 12-1-2。

表 12-1-2　物理内存常见指标及其含义

指标	说明
MMU	内存管理单元，是 CPU 用来将进程的虚拟内存转换为物理内存的模块，它的输入是进程的页表和虚拟内存，输出是物理内存。将虚拟内存转换成物理内存的速度直接影响着系统的速度，所有 CPU 均包含该硬件模块用于系统加速
TLB	查找缓存区，存在 CPU L1 cache 中，用于查找虚拟内存和物理内存的映射信息
Buffer Cache	缓冲区缓存，用来缓冲设备上的数据，当读写磁盘时，系统会将相应的数据存放到 Buffer Cache，等下次访问时，直接从缓存中拿数据，从而提高系统效率
Page Cache	页面缓存，用来加快读写磁盘上文件的速度，数据结构是文件 ID 和 offset 到文件内容的映射，根据文件 ID 和 offset 就能找到相应的数据

任务二　CPU 监控

【任务介绍】

本任务介绍 Linux 操作系统的 CPU 监控，实现对 CPU 颗数、核心数、指令集、架构信息的查看，实现对 CPU 运行状态的监控。

本任务在任务一的基础上进行。

【任务目标】

（1）实现对 CPU 信息的查看。

（2）实现对 CPU 运行状态的监控。

【操作步骤】

步骤 1：查看系统 CPU 的基本信息。

lscpu 命令可查看当前 CPU 架构、数量、型号、主频等详细信息。

操作命令：

```
#查看 CPU 硬件详情
[root@Project-12-Task-01  ~]# lscpu
Architecture:              x86_64                  #CPU 架构
CPU  op-mode(s):           32-bit,  64-bit         #CPU 指令模式
Byte  Order:               Little  Endian          #CPU 多字节存储顺序
CPU(s):                    1                       #CPU 核心数量
On-line  CPU(s)  list:     0                       #当前在线的 CPU 数量
Thread(s)  per  core:      1                       #每个核心的线程数
Core(s)  per  socket:      1                       #每个插槽上 CPU 核心数
Socket(s):                 1                       #主板上 CPU 插槽数
NUMA  node(s):             1                       #NUMA 节点数
```

```
Vendor ID:               AuthenticAMD                  #CPU 厂商
CPU family:              21                            #CPU 系列号
Model:                   2                             #CPU 型号标识
Model name:              AMD Opteron(tm) Processor 6320
                                                       #CPU 型号名称
Stepping:                0                             #CPU 更新版本
CPU MHz:                 2800.000                      #CPU 主频
BogoMIPS:                5600.00                       #在系统内核启动时粗略测算 CPU 速度
Hypervisor vendor:       VMware                        #Hypervisor 虚拟化类型
Virtualization type:     full                          #CPU 支持的虚拟化技术
L1d cache:               16K                           #CPU 一级数据缓存大小
L1i cache:               64K                           #CPU 一级指令缓存大小
L2 cache:                2048K                         #CPU 二级缓存大小
L3 cache:                12288K                        #CPU 三级缓存大小
NUMA node0 CPU(s):       0                             #NUMA 的节点数
Flags: fpu vme de pse tsc msr pae mce cx8 apic sep mtrr pge mca cmov pat pse36 clflush mmx fxsr
 sse sse2 syscall nx mmxext fxsr_opt pdpe1gb rdtscp lm constant_tsc rep_good nopl tsc_reliable nonst
op_tsc cpuid pni pclmulqdq ssse3 fma cx16 sse4_1 sse4_2 x2apic popcnt aes xsave avx f16c hypervis
or lahf_lm extapic cr8_legacy abm sse4a misalignsse 3dnowprefetch osvw xop fma4 tbm ssbd vmmcall
 bmi1 arat overflow_recov succor
                                                       #当前 CPU 支持的功能
```

操作命令+配置文件+脚本程序+结束

Byte Order：字节顺序，指多字节的值在硬件中的存储顺序。

Big Endian：先存储高字节（高字节存储在低地址，低字节存储在高地址）

Little Endian：先存储低字节（低字节存储在低地址，高字节存储在高地址）

命令详解：

【语法】

lscpu [选项]

【选项】

-e	以扩展可读的格式显示
-p	以可解析的格式显示

命令详解结束

步骤 2：安装检测 CPU 状态工具。

CPU 状态监控命令有 top、mpstat 等，本步骤选用 mpstat 命令，该命令集成在 sysstat 软件中，可使用 yum 工具安装。

操作命令：

```
#使用 yum 工具安装 sysstat
[root@Project-12-Task-01 ~]# yum install -y sysstat
#为了排版方便，此处省略了部分信息
```

```
#下述信息说明安装 sysstat 将会安装以下软件，且已安装成功
Installed:
  sysstat-11.7.3-2.el8.x86_64
  lm_sensors-libs-3.4.0-20.20180522git70f7e08.el8.x86_64

Complete!
```

操作命令+配置文件+脚本程序+结束

步骤 3：检测系统 CPU 的运行状态。

mpstat 命令可实时监控主机系统的 CPU，了解系统的运行状态。该命令可查看所有 CPU 核心的平均状况，也可查看指定的单个 CPU 核心的运行状态。

操作命令：

```
#查看当前系统所有 CPU 核心的运行状态
#显示所有 CPU 核心平均与每个单独 CPU 核心运行情况
[root@Project-12-Task-01 ~]# mpstat -P ALL
#输出系统的内核版本与主机名、检测时间、CPU 架构、CPU 核心数
Linux 4.18.0-147.el8.x86_64 (Project-12-Task-01)     03/03/2020     _x86_64_       (1 CPU)
#输出 CPU 运行状态信息
08:57:11 PM  CPU  %usr   %nice   %sys   %iowait   %irq  %soft  %steal  %guest  %gnice  %idle
08:57:13 PM  all  0.00   0.00    0.00   0.00      0.50  0.00   0.00    0.00    0.00    99.50
08:57:13 PM  0    0.00   0.00    0.00   0.00      0.50  0.00   0.00    0.00    0.00    99.50
```

操作命令+配置文件+脚本程序+结束

小贴士

CPU 运行状态结果的字段如下。

usr	用户操作占用 CPU 的时间百分比
nice	进程占用 CPU 的时间百分比
sys	系统内核处理占用 CPU 的时间百分比
iowait	磁盘 IO 等待的时间百分比
irq	CPU 硬中断的时间百分比
soft	CPU 软中断的时间百分比
steal	虚拟 CPU 处在非自愿等待下占用的时间百分比
guest	运行虚拟处理器时 CPU 的时间百分比
gnice	低优先级进程占用 CPU 的时间百分比
idle	除磁盘 IO 等待外，CPU 空闲的时间百分比

命令详解：

【语法】

mpstat [选项][参数]

【选项】

-P　　　　指定 CPU 核心编号

【参数】

时间间隔	指定监控报告执行输出的时间间隔（s）
次数	显示系统 CPU 检测的执行次数

命令详解结束

【任务扩展】

1. CPU 基本概念

操作系统中 CPU 相关的概念及其含义见表 12-2-1。

表 12-2-1　CPU 基本概念及其含义

概念	说明
物理 CPU	主板上实际接入的 CPU 个数，在 Linux 中用“physical id”确定
CPU 核数	每个物理 CPU 上实际接入的芯片组数量，如双核、四核等
逻辑 CPU	一般情况下，逻辑 CPU 数=物理 CPU 数量*CPU 核数，如果逻辑 CPU 多于物理 CPU，说明该 CPU 支持超线程技术

2. CPU 缓存

CPU 缓存分为 3 个级别：L1、L2、L3，级别越小越接近 CPU 处理器，速度越快，容量越小。CPU 缓存结构如图 12-2-1 所示，缓存指标见表 12-2-2。

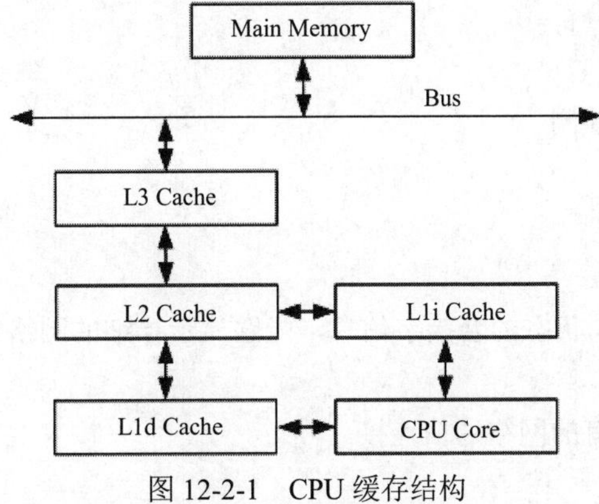

图 12-2-1　CPU 缓存结构

表 12-2-2　CPU 缓存指标及其含义

指标	说明
Main Memory	物理运行内存信息
Bus	Linux 系统总线

续表

指标	说明
L3 Cache	CPU 三级缓存
L2 Cache	CPU 二级缓存
L1i Cache	CPU 一级缓存，用于存储指令
L1d Cache	CPU 一级缓存，用于存储数据
CPU Core	CPU 内核

任务三　网络与通信行为监控

【任务介绍】

本任务介绍 Linux 操作系统的网络通信监控，实现对网络运行状态、流量、连通性、稳定性等监控，实现通信数据包的分析。

本任务在任务一的基础上进行。

【任务目标】

（1）实现网络状态监控。

（2）实现网络流量监控。

（3）实现流量数据包分析。

（4）实现网络路由追踪。

（5）实现网络稳定性检测。

【操作步骤】

步骤 1：网络状态监控。

ss 命令可显示处于活动状态的套接字信息，能够显示详细的网络连接状态信息，实现网络状态监控。

（1）查看当前主机所有的网络通信连接。

操作命令：

```
#查看主机当前网络通信连接
[root@Project-12-Task-01 ~]# ss -a
Netid    State      Recv-Q    Send-Q    Local Address:Port      Peer Address:Port
nl       UNCONN     0         0         rtnl:kernel                *
nl       UNCONN     0         0         rtnl:1291846554            *
#为了排版方便，此处省略了部分信息
```

操作命令+配置文件+脚本程序+结束

小贴士

网络通信连接结果的字段如下。

Netid	网络号
State	网络连接状态
Recv-Q	网络接收队列
Send-Q	网络发送队列
Local Address:Port	本地网络地址与端口信息
Peer Address:Port	对端网络地址与端口信息

（2）监控系统中处于监听状态的 TCP 协议端口信息。

操作命令：

```
#查看处于监听状态的 TCP 端口信息
[root@Project-12-Task-01 ~]# ss -lt
State      Recv-Q     Send-Q        Local  Address:Port          Peer  Address:Port
LISTEN     0          128           0.0.0.0:ssh                  0.0.0.0:*
LISTEN     0          128           *:http                       *:*
LISTEN     0          128           [::]:ssh                     [::]:*
#为了排版方便，此处省略了部分信息
```

操作命令+配置文件+脚本程序+结束

（3）查看当前网络连接的进程 ID 和进程名称信息。

操作命令：

```
#查看当前网络连接的进程信息
[root@Project-12-Task-01 ~]# ss -pt
State     Recv-Q     Send-Q       Local  Address:Port         Peer  Address:Port
ESTAB     0          64           10.10.2.102:ssh             10.10.3.228:64382        users:(("sshd",pid
=19704,fd=5),("sshd",pid=19689,fd=5))
```

操作命令+配置文件+脚本程序+结束

命令详解：

【语法】

ss[选项]

【选项】

-n	不解析服务名称，以数字方式显示
-a	显示所有的套接字
-l	显示处于监听状态的套接字
-o	显示计时器信息
-m	显示套接字的内存使用情况
-p	显示使用套接字的进程信息
-i	显示内部的 TCP 信息
-4	显示 IPv4 套接字
-6	显示 IPv6 套接字

```
-t                              显示 TCP 套接字
-u                              显示 UDP 套接字
-d                              显示 DCCP 套接字
-w                              显示 RAW 套接字
-x                              显示 UNIX 域套接字
```

命令详解结束

步骤 2：网络流量监控。

iftop 是一个实时流量监控工具，可监控网卡的实时流量、反向解析 IP、端口等信息。系统默认未安装 iftop 工具，可使用 yum 工具安装。

操作命令：

```
#使用 yum 工具安装 iftop
[root@Project-12-Task-01 ~]# yum install -y iftop
#为了排版方便，此处省略了部分信息
#下述信息说明安装 iftop 将会安装以下软件，且已安装成功
Installed:
  iftop-1.0-0.21.pre4.el8.x86_64

Complete!
```

操作命令+配置文件+脚本程序+结束

（1）iftop 工具并没有包含在 yum 的 AppStream、Base、Extras 库中。

（2）iftop 工具包含在 epel-release 库中，安装 iftop 前需要先安装 epel-release 库。

（3）epel-release 库可通过 yum 工具安装：yum install -y epel-release。

（1）查看实时网络流量。

操作命令：

```
#使用 iftop 实时监控网络流量
[root@Project-12-Task-01 ~]# iftop
#网络接口名称为 ens192
interface: ens192
#主机 IP 地址
IP address is: 10.10.2.126
#主机 MAC 地址
MAC address is: 00:50:56:9a:06:2e
#为界面显示流量大小，所参照的标尺范围
                12.5Kb       25.0Kb       37.5Kb          50.0Kb      62.5Kb

#显示主机网络流量
Project-12-Task-01         => 10.10.0.1        848b      1.68Kb     1.50Kb
                           <=                  208b      355b       361b

#对主机网络流量进行统计计算
```

```
TX:         cum:    7.48KB    peak:    4.34Kb    rates:    3.78Kb    2.26Kb    1.66Kb
RX:                 1.72KB             1.59Kb              944b      502b      392b
TOTAL:              9.20KB             5.27Kb              4.70Kb    2.75Kb    2.04Kb
```

操作命令+配置文件+脚本程序+结束

小贴士

（1）显示流量部分中<==、==>两个左右箭头，表示流量的方向。

（2）流量统计结果的字段如下。

TX	发送流量大小
RX	接收流量大小
TOTAL	网卡通过总流量大小
cum	运行 iftop 到目前的时间范围内总流量大小
peak	流量峰值
rates	分别表示过去 2s、10s、40s 的平均流量

（2）查看 10.10.2.0/24 网络段的进出流量信息。

操作命令：

```
#显示主机所在网络段的进出流量信息
[root@Project-12-Task-01 ~]# iftop -F 10.10.2.0/24
interface: ens192
IP address is: 10.10.2.126
MAC address is: 00:50:56:9a:06:2e
#显示网络流量刻度范围，为显示流量图形的长条做标尺使用
                 12.5Kb          25.0Kb          37.5Kb          50.0Kb     62.5Kb

Project-12-Task-01              => 10.10.3.228     1.03Kb    1.42Kb    1.71Kb
                                <=                 184b      221b      245b
Project-12-Task-01              => 10.10.3.70      0b        167b      139b
                                <=                 0b        287b      239b

#对主机网络流量进行统计计算
TX:         cum:    2.77KB    peak:    3.12Kb    rates:    1.03Kb    1.59Kb    1.84Kb
RX:                 727B               1.76Kb              184b      508b      485b
TOTAL:              3.48KB             4.77Kb              1.21Kb    2.08Kb    2.32Kb
```

操作命令+配置文件+脚本程序+结束

命令详解：

【语法】

iftop [选项]

【选项】

-i	设定检测的网卡
-B	以 bytes 为单位显示流量（默认是 bits）

-n	使 host 信息默认显示 IP
-N	使端口信息默认显示端口号
-F	显示特定网段的流入/流出流量大小
-p	运行混杂模式（显示在同一网段上其他主机的通信）
-b	显示流量图形条，默认显示
-f	用于计算过滤包信息
-P	使 host 信息及端口信息默认均显示
-m	设置界面最上边的刻度的最大值，刻度分为 5 个大段显示

命令详解结束

步骤 3：网络流量数据包分析。

tcpdump 是嗅探器工具，可查看经过网络接口的所有数据报头信息，也可以使用“-w”选项将数据包保存到文件中。系统默认未安装 tcpdump 工具，可使用 yum 工具安装。

操作命令：

```
#使用 yum 工具安装 tcpdump
[root@Project-12-Task-01 ~]# yum install -y tcpdump
#为了排版方便，此处省略了部分信息
#下述信息说明安装 tcpdump 将会安装以下软件，且已安装成功
Installed:
  tcpdump-14:4.9.2-5.el8.x86_64

Complete!
```

操作命令+配置文件+脚本程序+结束

（1）查看实时网络通信报文情况。

操作命令：

```
#使用 tcpdump 查看实时网络数据包信息
[root@Project-12-Task-01 ~]# tcpdump
tcpdump: verbose output suppressed, use -v or -vv for full protocol decode
#监听的网络接口为 ens192，网卡类型为以太网，捕获数据大小 256K
listening on ens192, link-type EN10MB (Ethernet), capture size 262144 bytes
00:04:33.274863 IP Project-12-Task-01.ssh > 10.10.0.1.13734: Flags [P.], seq 3243824813:3243825021, ack 2919292534, win 742, options [nop,nop,TS val 645984699 ecr 10134119], length 208
00:04:33.275673 IP Project-12-Task-01.43334 > 10.10.3.70.domain: 23091+ PTR? 1.0.10.10.in-addr.arpa. (40)
#为了排版方便，此处省略了部分信息
```

操作命令+配置文件+脚本程序+结束

（2）查看 IP 地址（10.10.2.100）发往本机的数据报文。

操作命令：

```
#查看发往主机的数据报文
[root@Project-12-Task-01 ~]# tcpdump src 10.10.2.100
tcpdump: verbose output suppressed, use -v or -vv for full protocol decode
listening on ens192, link-type EN10MB (Ethernet), capture size 262144 bytes
```

```
#显示主机的报文信息
19:08:39.766251 IP 10.10.2.100.53942 > Project-12-Task-01.ssh: Flags [.], ack 2524182931, win 2048, length 0
19:08:39.821623 IP 10.10.2.100.53942 > Project-12-Task-01.ssh: Flags [.], ack 161, win 2048, length 0
19:08:39.868483 IP 10.10.2.100.53942 > Project-12-Task-01.ssh: Flags [.], ack 321, win 2047, length 0
```

操作命令+配置文件+脚本程序+结束

（3）查看 TCP 协议 22 端口通过的通信报文信息。

操作命令：

```
#查看 TCP 22 端口报文信息
[root@Project-12-Task-01 ~]# tcpdump tcp port 22
tcpdump: verbose output suppressed, use -v or -vv for full protocol decode
listening on ens192, link-type EN10MB (Ethernet), capture size 262144 bytes
19:12:29.693946 IP 10.10.0.1.58087 > Project-12-Task-01.ssh: Flags [.], ack 1274287310, win 8265, length 0
19:12:29.693961 IP 10.10.0.1.58087 > Project-12-Task-01.ssh: Flags [.], ack 1489, win 8266, length 0
```

操作命令+配置文件+脚本程序+结束

命令详解：

【语法】

tcpdump [选项]

【选项】

选项	说明
-a	将网络和广播地址转换成主机名
-c <数据包数目>	收到指定的数据包数据后，就停止执行命令
-d	把编译过的数据包编码转换成可阅读的格式
-dd	把编译过的数据包编码转换成 C 语言的格式
-ddd	把编译过的数据包编码转换成十进制数据的格式
-e	在每列输出内容上显示连接层级的文件头
-f	用数字显示 IP 地址
-F <表达文件>	指定定义表达方式的文件
-i <网络界面>	使用指定的网络界面发出数据包
-l	使用标准输出列的缓冲区
-n	不允许主机的网络地址转换成主机名
-N	不列出域名
-o	数据包编码不为最佳
-p	不让网络界面进入混杂模式
-q	快速输出
-r<数据包文件>	从指定的文件读取数据包数据
-s<数据包大小>	设置每个数据包的大小
-S	用绝对而非相对数值列出 TCP 关联数
-t	在每列数据包信息上不显示时间戳
-tt	在每列输出内容上显示未经格式化的时间戳记
-T<数据包类型>	指定的数据包转译成设置的数据包类型
-v	详细显示指令执行过程

-vv	更详细显示指令执行过程
-x	用十六进制字码列出数据包信息
-w<数据包文件>	把数据包信息写入指定的文件

命令详解结束

步骤 4：网络路由追踪。

traceroute 工具用于追踪数据包在网络上传输的全部路径，每条路径均测试 3 次后，输出响应时间（ms）、设备名称及设备 IP 地址。系统默认未安装 traceroute 工具，可使用 yum 工具安装。

操作命令：

```
#使用 yum 工具安装 traceroute
[root@Project-12-Task-01  ~]#  yum  install  -y  traceroute
#为了排版方便，此处省略了部分信息
#下述信息说明安装 traceroute 将会安装以下软件，且已安装成功
Installed:
   traceroute-3:2.1.0-6.el8.x86_64

Complete!
```

操作命令+配置文件+脚本程序+结束

（1）对访问百度（www.baidu.com）所经过的网络路由信息进行分析。

操作命令：

```
#使用 traceroute 查看网络路由信息
[root@Project-12-Task-01  ~]#  traceroute  www.baidu.com
#路由追踪检查返回信息
1   _gateway  (10.10.2.1)   1.772  ms   3.305  ms   4.769  ms
#为了排版方便，此处省略了部分信息
```

操作命令+配置文件+脚本程序+结束

（2）指定端口进行路由追踪测试。

操作命令：

```
#使用 traceroute 查看网络路由信息
[root@Project-12-Task-01  ~]#  traceroute  -p  80  www.baidu.com
#路由追踪检查返回信息
1   _gateway  (10.10.2.1)   1.772  ms   3.305  ms   4.769  ms
#为了排版方便，此处省略了部分信息
```

操作命令+配置文件+脚本程序+结束

命令详解：

【语法】

traceroute [选项][参数]

【选项】

-d	使用 Socket 进行排错

```
-f<存活数值>          设置第一个检测数据包的存活数值 TTL 的大小
-F                  不使用碎片数据报文
-g<网关>             设置来源路由网关，最多可设置 8 个
-i<设备接口>          使用指定的设备接口发送数据包
-I                  使用 ICMP 取代 UDP 响应报文
-m<存活数值>          设置检测数据包的最大存活数值 TTL 的大小
-n                  直接使用 IP 地址而非主机名称
-p<通信端口>          指定传输协议的通信端口
-r                  忽略普通的路由表，直接将数据包送到远端主机上
-s<来源地址>          设置本地主机送出数据包的 IP 地址
-t<服务类型>          设置检测数据包的 TOS 数值
-w<超时秒数>          设置等待远端主机响应的时间
-x                  开启或关闭数据包的正确性检验
```

命令详解结束

步骤 5：网络稳定性检测。

mtr 工具内置集成类似 traceroute、ping、nslookup 的功能，主要用于主机网络诊断与网络连通性判断。系统默认未安装 mtr 工具，可使用 yum 工具安装。

操作命令：

```
#使用 yum 工具安装 mtr
[root@Project-12-Task-01 ~]# yum install -y mtr
#为了排版方便，此处省略了部分信息
#下述信息说明安装 mtr 将会安装以下软件，且已安装成功
Installed:
  mtr-2:0.92-3.el8.x86_64

Complete!
```

操作命令+配置文件+脚本程序+结束

（1）对访问百度（www.baidu.com）所经过的网络路由、网络连通性和网络稳定性进行检测分析。

操作命令：

```
#使用 mtr 监控主机网络情况
[root@Project-12-Task-01 ~]# mtr www.baidu.com
                              My traceroute  [v0.92]
Project-12-Task-01 (10.10.2.126)                      2020-03-04T14:09:29+0800
Keys:  Help   Display mode   Restart statistics   Order of fields   quit
                                       Packets               Pings
 Host                                  Loss%    Snt   Last   Avg  Best  Wrst  StDev
 1. _gateway                           0.0%     12    1.6    2.6   1.5  13.9   3.6
 2. ???
 3. 211.69.35.1                        0.0%     12    3.6    3.5   3.0   4.9   0.6
 4. ???
 5. ???
 6. 210.43.145.85                      0.0%     11    2.8    2.8   1.7   5.3   1.0
 7. 101.4.112.6                        0.0%     11    4.1    3.9   1.9   7.1   1.4
```

```
15.   8. 101.4.112.1            0.0%    11    17.3   12.0   11.0   17.3    1.8
16.   9. 101.4.113.109          0.0%    11    11.0   18.1   10.9   51.5   12.5
17.  10. 101.4.114.174          0.0%    11    15.0   14.1   11.6   20.0    2.4
18.  11. 101.4.117.102          0.0%    11    15.6   14.2   12.4   15.7    1.4
19.  12. 101.4.117.214          0.0%    11   161.5  158.5  156.6  161.5    1.3
20.  13. 66.110.59.181          0.0%    11   157.1  157.0  155.2  165.0    2.8
21.  14. 66.110.59.9            0.0%    11   168.5  168.3  167.7  169.9    0.6
22.  15. 63.243.251.2           0.0%    11   168.8  167.4  166.7  168.8    0.7
23.  16. 209.58.86.30           0.0%    11   168.3  168.8  168.2  170.0    0.5
24.  17. 180.76.0.54           27.3%    11   278.7  277.0  276.2  278.7    1.0
25.  18. 180.76.0.53            0.0%    11   327.1  328.0  327.1  332.3    1.5
26.  19. 180.76.0.5             0.0%    11   324.1  322.8  321.7  326.7    1.5
27.  20. ???
28.  21. 103.235.46.39          0.0%    11   325.9  326.4  325.7  328.8    1.0
```

操作命令+配置文件+脚本程序+结束

小贴士

使用 mtr 命令检测结果的字段如下。

Host	IP 地址和域名，按键盘 N 键可以切换 IP 地址和域名
Loss%	检测数据包的丢包率
Snt	设置每秒发送数据包的数量，默认值是 10
Last	最近一次请求的时延
Avg	平均时延
Best	时延最短值
Wrst	时延最长值
StDev	时延标准偏差

命令详解：

【语法】

mtr [选项] [参数]

【选项】

-r	以报告模式显示
-s	指定 ping 数据包的大小
--no-dns	不对 IP 地址做域名解析操作
-a	设置发送数据包的 IP 地址（主机中设置多个 IP 地址时指定）
-i	设置 ICMP 返回之间的时间，默认是 1s
-4	指定检测 IPv4 地址
-6	指定检测 IPv6 地址
-c	指定每秒发送数据包的数量

【参数】

hostname	指定检测的主机 IP 地址、主机名、域名

命令详解结束

任务四　磁盘与 IO 监控

【任务介绍】

本任务介绍 Linux 操作系统的存储监控与管理，实现查看主机文件系统信息，实现对磁盘使用情况、磁盘读写的监控。

本任务在任务一的基础上进行。

【任务目标】

（1）实现文件系统目录结构的查看。

（2）实现磁盘分区使用情况的检测。

（3）实现磁盘 IO 使用情况的监控。

（4）实现磁盘 IO 应用排行的监控。

（5）实现磁盘错误检查。

【操作步骤】

步骤 1：查看文件系统目录结构。

tree 工具可以以树状样式列出目录内容，可查看文件系统中所有目录和文件信息。系统默认未安装 tree 工具，可使用 yum 工具安装。

操作命令：

```
#使用 yum 工具安装 tree
[root@Project-12-Task-01 ~]# yum install -y tree
#为了排版方便，此处省略了部分信息
#下述信息说明安装 tree 将会安装以下软件，且已安装成功
Installed:
  tree-1.7.0-15.el8.x86_64

Complete!
```

操作命令+配置文件+脚本程序+结束

查看/etc 目录结构与文件，显示两级结构。

操作命令：

```
#使用 tree 查看文件系统目录结构
[root@Project-12-Task-01 ~]# tree /etc –L 2
/etc
├── adjtime
├── aliases
```

```
├── alternatives
│   ├── cifs-idmap-plugin -> /usr/lib64/cifs-utils/cifs_idmap_sss.so
│   ├── ifdown -> /usr/libexec/nm-ifdown
│   ├── ifup -> /usr/libexec/nm-ifup
│   ├── libnssckbi.so.x86_64 -> /usr/lib64/pkcs11/p11-kit-trust.so
│   ├── python -> /usr/libexec/no-python
│   └── unversioned-python-man -> /usr/share/man/man1/unversioned-python.1.gz
├── anacrontab
├── audit
│   ├── auditd.conf
│   ├── audit.rules
│   ├── audit-stop.rules
│   ├── plugins.d
│   │   └── af_unix.conf
│   └── rules.d
│       └── audit.rules
#为了排版方便，此处省略了部分信息
```

操作命令+配置文件+脚本程序+结束

命令详解：

【语法】

tree[选项] [参数]

【选项】

-a	显示所有文件和目录
-A	使用 ASNI 字符显示树状图，而非以 ASCII 字符组合
-C	在文件和目录清单添加颜色，便于区分
-d	输出目录名称
-D	列出文件或目录的更改时间
-f	在每个文件或目录之前，显示完整的相对路径名称
-F	在执行文件、目录、Socket、符号连接、管道名称时，加上“*”“/”“@”“|”
-g	列出文件或目录的所属组名称
-i	不以阶梯状列出文件和目录名称
-l	不显示符号范本样式的文件或目录名称
-l	针对映射连接的目录，直接列出该连接所指向的原始目录
-n	不在文件和目录清单加上颜色
-N	直接列出文件和目录名称，包括控制字符
-p	列出权限标示
-P	只显示符合范本样式的文件和目录名称
-q	用？号取代控制字符，列出文件和目录名称
-s	列出文件和目录大小
-t	以文件和目录的更改时间排序
-u	列出文件或目录的所属用户名称
-x	将范围局限在当前的文件系统中

【参数】

目录　　列出指定目录下的所有文件，包括子目录里的文件

命令详解结束

步骤 2：查看文件系统目录使用情况。

df 工具可查看主机文件系统磁盘的使用情况。如果没有指定具体的挂载点，该命令将显示所有文件系统的使用情况，其默认显示单位为 KB。

查看主机文件系统的使用情况，并显示其单位信息。

操作命令：

```
1.  #使用 df 查看文件系统使用情况
2.  [root@Project-12-Task-01 ~]# df-h
3.  Filesystem           Size    Used    Avail   Use%   Mounted on
4.  Devtmpfs             394M    0       394M    0%     /dev
5.  Tmpfs                411M    0       411M    0%     /dev/shm
6.  tmpfs                411M    11M     400M    3%     /run
7.  tmpfs                411M    0       411M    0%     /sys/fs/cgroup
8.  /dev/mapper/cl-root  37G     1.9G    35G     5%     /
9.  /dev/sda2            976M    130M    780M    15%    /boot
10. /dev/sda1            599M    6.8M    593M    2%     /boot/efi
11. tmpfs                83M     0       83M     0%     /run/user/0
```

操作命令+配置文件+脚本程序+结束

小贴士

主机文件系统使用情况结果的字段如下。

Filesystem	主机文件系统名称
1K-blocks	1K 大小文件块数量
Used	已使用的磁盘大小
Available	可用磁盘总大小
Use%	已用磁盘大小百分比
Mounted on	文件系统挂载点

命令详解：

【语法】

df [选项] [参数]

【选项】

-a	显示全部文件系统列表
-h	以合适的单位来显示，提高可读性
-H	等于“-h”，但是计算时 1K=1000，而不是 1K=1024
-i	用索引节点信息替代磁盘信息
-k	指定区块的大小
-l	只显示本地文件系统
-m	指定区块大小

--sync	在取得磁盘信息前，先执行 sync 同步命令
-T	文件系统类型
--no-sync	获取磁盘空间使用情况前不执行磁盘的同步操作
--block-size	指定区块大小
-t<文件系统类型>	只显示选定文件系统的磁盘信息
-x<文件系统类型>	不显示选定文件系统的磁盘信息

【参数】

文件系统	指定文件系统查看信息

操作命令+配置文件+脚本程序+结束

步骤 3：监控主机磁盘 IO 状态。

iostat 工具可监视主机磁盘 IO 活动情况，查看存储设备的性能，输出当前 CPU 的使用情况。

（1）显示所有磁盘的 IO 运行情况。

操作命令：

```
#使用 iostat 查看磁盘 IO 使用情况
[root@Project-12-Task-01 ~]# iostat
#输出系统的内核版本、主机名、检测时间、CPU 架构、CPU 核心数
Linux 4.18.0-147.el8.x86_64 (Project-12-Task-01)        03/04/2020      _x86_64_(1 CPU)

#输出 CPU 平均使用情况
avg-cpu:  %user   %nice   %system   %iowait   %steal   %idle
          0.12    0.04    0.14      0.01      0.00     99.69

#磁盘 IO 活动情况
Device    tps    kB_read/s    kB_wrtn/s    kB_read    kB_wrtn
sda       0.21   2.76         3.85         275488     384749
dm-0      0.24   2.31         3.85         230791     384716
dm-1      0.00   0.02         0.00         2216       0
```

操作命令+配置文件+脚本程序+结束

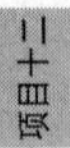

（1）查看 CPU 使用情况结果中选项内容含义，可参照本项目的任务二。

（2）查看磁盘 IO 使用情况结果的字段如下。

Device	检测磁盘设备名称
tps	设备每秒的传输次数
kB_read/s	每秒从设备读取的数据量
kB_wrtn/s	每秒向设备写入的数据量
kB_read	从设备读取的总数据量
kB_wrtn	向设备写入的总数据量

（2）每隔 2s 检测磁盘 IO 情况，设置单位为 MB，并显示最近 4s 内的 2 次数据信息。

操作命令：

```
#定时刷新与指定显示次数
[root@Project-12-Task-01 ~]# iostat -m 2 2
Linux 4.18.0-147.el8.x86_64 (Project-12-Task-01)        03/15/2020      _x86_64_(1 CPU)

avg-cpu:  %user   %nice   %system   %iowait   %steal   %idle
          0.10    0.04    0.20      0.00      0.00     99.66

Device            tps     MB_read/s   MB_wrtn/s   MB_read   MB_wrtn
sda               0.09    0.00        0.00        263       716
dm-0              0.11    0.00        0.00        217       716
dm-1              0.00    0.00        0.00        2         0

avg-cpu:  %user   %nice   %system   %iowait   %steal   %idle
          0.00    0.00    0.00      0.00      0.00     100.00

Device            tps     MB_read/s   MB_wrtn/s   MB_read   MB_wrtn
sda               0.00    0.00        0.00        0         0
dm-0              0.00    0.00        0.00        0         0
dm-1              0.00    0.00        0.00        0         0
```

操作命令+配置文件+脚本程序+结束

命令详解：

【语法】

iostat [选项] [参数]

【选项】

-c	仅显示 CPU 使用情况
-d	仅显示磁盘设备 IO 情况
-k	显示状态以千字节每秒为单位，而不使用块每秒
-m	显示状态以兆字节每秒为单位
-p	仅显示块设备和所有被使用的其他分区状态
-t	显示每个报告产生时的时间
-x	显示扩展状态信息

【参数】

时间间隔	每次报告产生的间隔时间（s）
次数	显示报告的次数

操作命令+配置文件+脚本程序+结束

步骤 4：监控主机磁盘 IO 应用。

iotop 工具可监控磁盘 IO 的使用状况，可对进程、用户、IO 等相关信息输出。iotop 工具是进程级别的 IO 监控，而 iostat 是系统级别的 IO 监控。系统默认未安装 iotop 工具，可使用 yum 工具安装。

操作命令：

```
#使用 yum 工具安装 iotop
[root@Project-12-Task-01 ~]# yum install -y iotop
#为了排版方便，此处省略了部分信息
#下述信息说明安装 iotop 将会安装以下软件，且已安装成功
Installed:
   iotop-0.6-16.el8.noarch

Complete!
```

操作命令+配置文件+脚本程序+结束

（1）对主机磁盘 IO 运行情况进行实时监控分析。

操作命令：

```
#使用 iotop 监控主机 IO 使用情况
[root@Project-12-Task-01 ~]# iotop
#查看磁盘总览信息
Total DISK READ :        0.00 B/s | Total DISK WRITE :       0.00 B/s
Actual DISK READ:        0.00 B/s | Actual DISK WRITE:       0.00 B/s
#根据进程信息查看磁盘信息
TID     PRIO  USER    DISK READ    DISK WRITE   SWAPIN    IO        >COMMAND
1       be/4  root    0.00 B/s     0.00 B/s     0.00 %    0.00 %    systemd --rialize 17
2       be/4  root    0.00 B/s     0.00 B/s     0.00 %    0.00 %    [kthreadd]
3       be/0  root    0.00 B/s     0.00 B/s     0.00 %    0.00 %    [rcu_gp]
4       be/0  root    0.00 B/s     0.00 B/s     0.00 %    0.00 %    [rcu_par_gp]
#为了排版方便，此处省略了部分信息
```

操作命令+配置文件+脚本程序+结束

（1）iotop 命令执行过程中的快捷键。

左右箭头	改变排序方式，默认是按 IO 大小排序
r	改变排序顺序
o	只显示有 IO 输出的进程
p	进程/线程显示方式的切换
a	显示累计使用量
q	退出

（2）主机磁盘 IO 总览结果的字段如下。

Total DISK READ	每秒磁盘总读取大小
Total DISK WRITE	每秒磁盘总写入大小
Actual DISK READ	实际每秒磁盘读取大小
Actual DISK WRITE	实际每秒磁盘写入大小

（3）主机磁盘 IO 进程结果的字段如下。

TID	线程 ID
PRIO	线程优先级
USER	所属用户
DISK READ	每秒中磁盘读取大小
DISK WRITE	每秒中磁盘写入大小
SWAPIN	写入交换分区占比
IO	IO 使用率大小
COMMAND	线程执行命令

（2）指定每隔 5s 检测一次。

操作命令：

```
#使用 iotop 定时监控主机 IO 使用情况
[root@Project-12-Task-01 ~]# iotop -d 5
#查看磁盘总览信息
Total DISK READ:        0.00 B/s | Total DISK WRITE:        0.00 B/s
Actual DISK READ:       0.00 B/s | Actual DISK WRITE:       0.00 B/s
#根据进程信息查看磁盘信息
TID   PRIO USER    DISK READ   DISK WRITE   SWAPIN   IO      > COMMAND
1     be/4 root    0.00 B/s    0.00 B/s     0.00 %   0.00 %  systemd --rialize 18
```

操作命令+配置文件+脚本程序+结束

命令详解：

【语法】

iotop [选项]

【选项】

-o	只显示有 IO 操作的进程
-b	批量显示，无交互，主要用作记录到文件
-n NUM	显示 NUM 次，主要用于非交互式模式
-d SEC	间隔 SEC 秒显示一次
-p PID	针对进程进行输出
-u USER	根据进程执行用户进行输出

操作命令+配置文件+脚本程序+结束

步骤 5：检测磁盘是否损坏。

硬盘出现坏道会严重影响主机运行，badblocks 工具可检测硬盘是否存在坏道。

（1）对主机/dev/sda1 进行磁盘检测，查看是否存在损坏。

操作命令：

```
#使用 badblocks 进行磁盘检测
[root@Project-12-Task-01 ~]# badblocks /dev/sda1
```

```
#若存在坏道则输出，若未输出则说明未检测到坏道
```

操作命令+配置文件+脚本程序+结束

（2）将每个磁盘以 4096 作为块大小进行检查，每块检查 16 次，并将结果输出到“badblock-list”文件里。

操作命令：

```
#使用 badblocks 进行磁盘检测
[root@Project-12-Task-01 ~]# badblocks -b 4096 -c 16 /dev/sda1 -o badblock-list
#查看磁盘损坏文件
[root@Project-12-Task-01 ~]# cat badblock-list
#若存在坏道则输出，若未输出则说明未检测到坏道
```

操作命令+配置文件+脚本程序+结束

在检测主机文件系统前，需要卸载目标分区，再进行检测，检测完成再进行挂载。

命令详解：

```
【语法】
badblocks [选项] [参数]

【选项】
-b <区块大小>                指定磁盘的区块大小，单位为字节
-o<输出文件>                 将检查结果写入指定的文件
-s                           检查时显示进度
-v                           执行时显示详细的信息
-w                           检查时执行写入测试

【参数】
文件系统                     需要检测是否存在坏道的磁盘分区文件系统
```

操作命令+配置文件+脚本程序+结束

【任务扩展】

1. 文件系统概述

文件和目录的操作命令、存储、组织和控制的总体结构统称为文件系统。文件系统是指格式化后用于存储文件的设备（如硬盘分区、光盘、软盘、闪盘及其他存储设备）。文件系统还会对存储空间进行组织和分配，并对文件的访问进行保护和控制。不同操作系统对文件的组织方式会有所区别，其所支持的文件系统类型也不一样。

在 Linux 操作系统中，文件系统的组织方式是树状的层次式目录结构，在这个结构中处于最顶层的是根目录，用“/”代表，往下延伸是其各级子目录，如图 12-4-1 所示为一个 Linux 文件系统结构的示例。

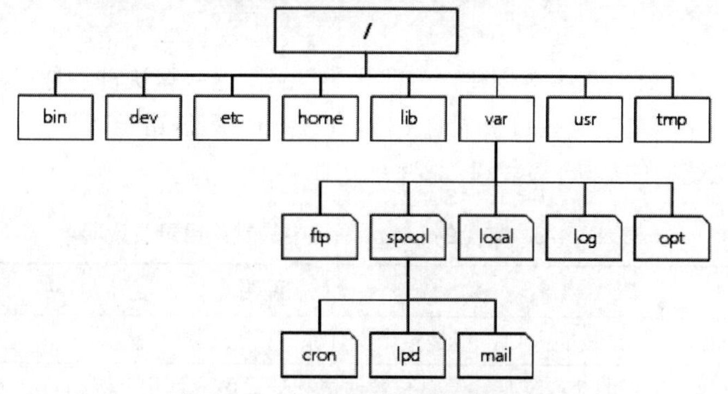

图 12-4-1 Linux 系统文件系统结构

2. 文件系统类型

Linux 操作系统支持的文件系统类型很多，除了 UNIX 所支持的文件系统类型外，还支持包括 FAT16、FAT32、NTFS 在内的各种 Windows 文件系统，Linux 可通过“加载”的方式把 Windows 操作系统的分区挂载到 Linux 的某个目录下进行访问。

Linux 支持的部分文件系统及其说明见表 12-4-1。

表 12-4-1 Linux 支持的文件系统类型

文件系统	说明
ext	第一个专门针对 Linux 的文件系统，为 Linux 的发展做出了重要贡献，但由于性能和兼容性上存在许多缺陷，现在已很少使用
ext2	为解决 ext 文件系统的缺陷而设计的高性能、可扩展的文件系统，在 1993 年发布，其特点是存取文件的性能好，在中小型的文件方面的优势尤其明显
ext3	日志文件系统，是 ext2 的升级版本，用户可以方便地从 ext2 文件系统迁移到 ext3 文件系统。ext3 在 ext2 的基础上加入了日志功能，即使系统因为故障导致宕机，ext3 文件系统也只需要数十秒钟即可恢复，避免了意外宕机对数据的破坏
ext4	ext4 是 ext3 的改进版，修改了 ext3 中部分重要的数据结构，也提供了更佳的性能和可靠性，还有更为丰富的功能
zfs	动态文件系统（Dynamic File System），是第一个 128 位文件系统。最初是由 Sun 公司为 Solaris10 操作系统开发的文件系统，Linux 发行版正在逐步默认使用该文件系统
swap	Linux 中一个专门用于交换分区的文件系统（类似于 Windows 上的虚拟内存）
NFS	网络文件系统，可支持不同的操作系统，实现不同系统间的文件共享，其通信协议设计与主机及操作系统无关
smb	SMB 协议的网络文件系统，可用于实现 Linux 和 Windows 操作系统之间的文件共享
cifs	通用网络文件系统，是 SMB 协议的网络文件系统的增强版本，是计算机用户在企业内部和因特网上共享文件的标准方法
vfat	与 Windows 系统兼容的 Linux 文件系统，可作为 Windows 分区的交换文件
minix	Minix 操作系统使用的文件系统，也是 Linux 最初使用的文件系统之一

3. 文件系统常见目录

Linux 操作系统在安装过程中会创建一些默认的目录，这些默认目录是有特殊功能的。用户在不确定的情况下最好不要更改这些目录下的文件，以免造成系统错误。

常见的 Linux 系统中的默认目录及其说明见表 12-4-2。

表 12-4-2 常见的 Linux 系统中的默认目录及说明

目录	说明
/	Linux 文件系统的入口，也是整个文件系统的最顶层目录
/bin	存放可执行的命令文件，供系统管理员和普通用户使用，例如 cp、mv、rm、cat 和 ls 等。此外，该目录还包含诸如 bash、csh 等 Shell 程序
/boot	存放内核影像及引导系统所需要的文件，比如 vmlinuz、initrd.img 等内核文件以及 GRUB 等系统引导管理程序
/dev	存放设备文件，Linux 中每个设备都有对应的设备文件
/etc	存放系统配置文件
/etc/init.d	存放系统中以 System V init 模式启动的程序脚本
/etc/xinit.d	存放系统中以 xinetd 模式启动的程序脚本
/ect/rc.d	存放系统中不同运行级别的启动和关闭脚本
/home	存放普通用户的个人主目录
/lib	存放库文件
/lost+found	存放因系统意外崩溃或机器意外关机而产生的文件碎片，当系统启动的过程中 fsck 工具会检查这个目录，并修复受损的文件系统
/media	存放即插即用型存储设备自动创建的挂载点
/mnt	存放存储设备的挂载目录
/opt	存放较大型的第三方软件
/proc	该目录并不存在磁盘上，而是一个实时的、驻留在内存中的文件系统，用于存放操作系统、运行进程以及内核等信息
/root	root 用户默认主目录
/sbin	存放大多数涉及系统管理的命令，这些命令只有 root 用户才有权限执行
/tmp	临时文件目录，用户运行程序时所产生的临时文件就存放在这个目录下
/usr	存放用户自行编译安装的软件及数据，也存放字体、帮助文件等
/usr/bin	存放普通用户有权限执行的可执行程序，以及安装系统时自动安装的可执行文件
/usr/sbin	存放可执行程序，但大多是系统管理的命令，只有 root 权限才能执行
/usr/local	存放用户自编译安装的软件
/usr/share	存放系统共用的文件，如字体文件、帮助文件等
/usr/src	存放内核源码

续表

目录	说明
/var	存放系统运行时要改变的数据
/var/log	存放系统日志
/var/spool	存放打印机、邮件等假脱机文件

任务五　进程监控与管理

【任务介绍】

本任务介绍 Linux 操作系统的进程监控与管理，实现查看进程信息，实现对进程的管理。本任务在任务一的基础上进行。

【任务目标】

（1）实现主机运行进程查看。
（2）实现进程优先级管理。
（3）实现进程中断管理。

【操作步骤】

步骤 1：查看当前进程信息。

ps 命令可查看命令执行时运行的进程信息。

操作命令：

```
[root@Project-12-Task-01 ~]# ps
PID      TTY      TIME        CMD
14132    pts/1    00:00:00    bash
14151    pts/1    00:00:00    ps
```

操作命令+配置文件+脚本程序+结束

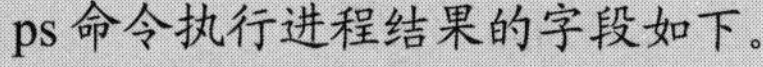

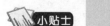

ps 命令执行进程结果的字段如下。

PID	进程编号
TTY	启动该进程的终端所在的位置
TIME	进程所占用的 CPU 处理时间
CMD	进程创建所运行的命令

命令详解：

【语法】
ps[选项]

【选项】

-a	显示当前终端的进程，仅显示当前用户运行的进程
a	显示当前终端的进程，显示所有用户运行的进程
-A	显示所有进程
-c	显示 CLS 和 PRI 列的信息
c	显示每个进程所对应的命令，但不包含路径
-C<指令名称>	显示指定命令所对应的进程信息
-e	显示所有进程
e	显示当前终端的所有进程，并显示每个进程所使用的环境变量
-f	显示 UID、PPIP、C 与 STIME 列的信息
f 或--forest	用 ASCII 字符显示树状结构，显示进程间的相互关系
-g 或--group<群组名称>	此选项的效果和指定“-G”选项相同，指定用户组查看进程信息
g	显示当前终端的进程
-G 或--Group<群组识别码>	列出属组程序进程的状态，也可使用属组名称来指定
h	不显示标题行
-H	显示树状结构，标识程序间的相互关系
-j 或 j	采用简化格式显示进程运行状态
-l 或 l	采用详细格式显示进程运行状态
-m 或 m	显示所有进程的线程
-N 或--deselect	显示所有进程，除执行 ps 指令终端机下的进程
-p 或 p 或--pid<程序识别码>	显示指定 PID 值对应的进程信息
r	显示当前终端中正在执行的进程
s	采用程序信号格式显示进程运行状态
-t 或 t 或--tty<终端机编号>	显示指定终端下的进程运行状态
-u 或-U 或--user<用户识别码>	显示指定用户所执行的进程运行状态
v	显示虚拟内存列的信息
x	显示所有进程，不以终端来区分
--cols 或—columns 或--widty<每列字符数>	设置每列的最大字符数，以实现显示信息的排版
--info	显示排错信息

命令详解结束

步骤 2：查看系统进程的运行状态。

（1）以用户为主，显示所有用户相关的进程运行情况信息。

操作命令：

```
[root@Project-12-Task-01  ~]#  ps  aux
USER    PID  %CPU  %MEM    VSZ     RSS    TTY   STAT   START   TIME   COMMAND
root      1   0.0   1.6   179224  14056    ?     Ss    Mar03   0:04   /usr/lib/system
root      2   0.0   0.0        0      0    ?     S     Mar03   0:00   [kthreadd]
root      3   0.0   0.0        0      0    ?     I<    Mar03   0:00   [rcu_gp]
root      4   0.0   0.0        0      0    ?     I<    Mar03   0:00   [rcu_par_gp]
```

操作命令+配置文件+脚本程序+结束

小贴士

1）ps aux 查看结果的字段如下。

USER	进程属主
PID	进程 ID
%CPU	进程占用 CPU 的百分比
%MEM	进程占用内存的百分比
VSZ	进程使用的虚拟内存量（KB）
RSS	进程占用的固定内存量（KB）
TTY	进程在哪个终端上运行
STAT	进程当前运行状态
START	进程启动的时间
TIME	进程使用 CPU 的时间
COMMAND	进程执行命令的名称和参数

2）进程常见的状态字符选项内容如下。

D	无法中断的休眠状态
R	正在运行状态
S	处于休眠状态
T	处于停止或被追踪状态
W	进入内存交换状态
X	死掉的进程状态
Z	“僵尸”进程
<	优先级高的进程
N	优先级低的进程
L	部分被锁进内存
s	具有多个子进程
l	多进程
+	后台运行的进程

（2）以进程为主，显示进程详细运行情况信息。

操作命令：

```
[root@Project-12-Task-01 ~]# ps lax
F   UID   PID  PPID  PRI  NI     VSZ    RSS  WCHAN   STAT  TTY  TIME  COMMAND
4     0     1     0   20   0  179224  14056  do_epo  Ss    ?    0:05  /usr/lib/sy
1     0     2     0   20   0       0      0  -       S     ?    0:00  [kthreadd]
1     0     3     2    0 -20       0      0  -       I<    ?    0:00  [rcu_gp]
1     0     4     2    0 -20       0      0  -       I<    ?    0:00  [rcu_par_gp
```

操作命令+配置文件+脚本程序+结束

小贴士

ps lax 查看结果与 ps aux 不同的字段如下。

F	进程的属主
UID	进程使用者 ID
PPID	父进程 ID
PRI	内核调度优先级
NI	进程优先级标识
WCHAN	正在等待的进程资源

步骤 3：配置进程优先级。

nice 命令可调整进程调度资源的优先级，实现指定进程能够以更高或者更低优先级方式使用 CPU 资源。以 vi 命令为例，介绍 nice 命令的使用方法与应用效果。

操作命令：

```
#设置 vi 程序后台运行，&表示后台运行
[root@Project-12-Task-01 ~]# vi &
[1] 14399
#创建默认优先级的 vi 后台程序
[root@Project-12-Task-01 ~]# nice vi &
[2] 14400

[1]+  Stopped                 vi
#创建优先级为 19 的 vi 后台程序
[root@Project-12-Task-01 ~]# nice -n 19 vi &
[3] 14401

[2]+  Stopped                 nice vi
#创建优先级为-20 的 vi 后台程序
[root@Project-12-Task-01 ~]# nice -n -20 vi &
[4] 14403

[3]+  Stopped                 nice -n 19 vi
#显示进程
[root@Project-12-Task-01 ~]# ps -l
F S UID  PID   PPID  C  PRI  NI  ADDR  SZ     WCHAN  TTY    TIME      CMD
0 S 0    14373 14372 0  80   0   -     6345   -      pts/0  00:00:00  bash
0 T 0    14412 14373 0  80   0   -     5959   -      pts/0  00:00:00  vi
0 T 0    14413 14373 0  90   10  -     5959   -      pts/0  00:00:00  vi
0 T 0    14414 14373 0  99   19  -     5959   -      pts/0  00:00:00  vi
4 T 0    14415 14373 0  60   -20 -     5959   -      pts/0  00:00:00  vi
0 R 0    14416 14373 0  80   0   -     11191  -      pts/0  00:00:00  ps

[4]+  Stopped                 nice -n -20 vi
```

操作命令+配置文件+脚本程序+结束

命令详解：

【语法】

nice [选项][参数]

【选项】

-n	指定进程的优先级

【参数】

指令与选项	需要运行的指令及其他选项

命令详解结束

步骤 4： 修改进程优先级。

renice 命令可修改正在运行进程的优先级，从而调整进程使用 CPU 的优先级。将本任务步骤 3 中进程 ID 为 14413 的优先等级设置为 5，其操作如下。

操作命令：

```
#使用 renice 修改进程的优先级
[root@Project-12-Task-01 ~]# renice 5 14413
#进程优先级进行调整
14413 (process ID) old priority 10, new priority 5
#查看进程详细信息
[root@Project-12-Task-01 ~]# ps -l
F  S  UID  PID    PPID   C  PRI  NI   ADDR  SZ     WCHAN  TTY    TIME      CMD
0  S  0    14373  14372  0  80   0    -     6345   -      pts/0  00:00:00  bash
0  T  0    14412  14373  0  80   0    -     5959   -      pts/0  00:00:00  vi
#查看到该进程 NI（优先级）为 5，其 PRI（内核优先级）也随之降低，优先执行
0  T  0    14413  14373  0  85   5    -     5959   -      pts/0  00:00:00  vi
0  T  0    14414  14373  0  99   19   -     5959   -      pts/0  00:00:00  vi
4  T  0    14415  14373  0  60   -20  -     5959   -      pts/0  00:00:00  vi
0  R  0    14430  14373  0  80   0    -     11191  -      pts/0  00:00:00  ps
```

操作命令+配置文件+脚本程序+结束

命令详解：

【语法】

renice [选项][参数]

【选项】

-g	指定进程组 ID
-p <程序识别码>	改变该程序的优先等级，此参数为预设值
-u	指定开启进程的用户

【参数】

进程号	指定要修改优先级的进程

命令详解结束

步骤 5：终止系统运行进程。

kill 命令可对系统运行中的进程进行管理，例如中断某个进程运行等。以中断本任务步骤 3 中进程 ID 为 14413 的进程为例进行介绍。

操作命令：

```
#使用 kill 命令终止进程
[root@Project-12-Task-01 ~]# kill -9 14413
#查看进程信息，PID 为 14413 的进程被中止运行
[root@Project-12-Task-01 ~]# ps -l
F  S  UID  PID    PPID   C  PRI  NI   ADDR  SZ     WCHAN  TTY    TIME      CMD
0  S  0    14373  14372  0  80   0    -     6345   -      pts/0  00:00:00  bash
0  T  0    14412  14373  0  80   0    -     5959   -      pts/0  00:00:00  vi
0  T  0    14414  14373  0  99   19   -     5959   -      pts/0  00:00:00  vi
4  T  0    14415  14373  0  60   -20  -     5959   -      pts/0  00:00:00  vi
0  R  0    14457  14373  0  80   0    -     11191  -      pts/0  00:00:00  ps
[2]  Killed                   nice vi
```

操作命令+配置文件+脚本程序+结束

kill 命令可根据预设值进行进程操作。

SIGTERM（15）：可将指定程序终止。

SIGKILL（9）：可尝试强制删除程序。

命令详解：

【语法】

kill[选项][参数]

【选项】

-a	当处理当前进程时，不限制命令名和进程号的对应关系
-l<信息编号>	若不加信息编号选项，则-l 参数会列出全部的信息名称
-p	指定 kill 命令只打印相关进程的进程号，而不发送任何信号
-s<信息名称或编号>	指定要发送的消息
-u	指定用户

【参数】

进程号	指定要终止的进程

命令详解结束

【任务扩展】

1．进程概述

程序是存储在磁盘上包含可执行机器指令和数据的静态实体，进程是在操作系统中执行特定任务的动态实体。一个程序允许有多个进程，而每个运行中的程序至少由一个进程组成。以 FTP 服务器为例，有多个用户使用 FTP 服务，则系统会开启多个服务进程以满足用户需求。

Linux 操作系统作为多用户多任务操作系统，每个进程与其他进程都是彼此独立的，都有独立的权限与职责，用户的应用程序不会干扰到其他用户的程序或操作系统本身。进程间有并列关系，也有父进程和子进程的关系，进程间的父子关系实际上是管理和被管理的关系，当父进程终止时，子进程也随之终止，但子进程终止，父进程并不一定终止。

Linux 操作系统包括如下 3 种不同类型的进程，每种进程都有其自己的特点和属性。

（1）交互进程：由 Shell 启动的进程，可在前台运行，也可在后台运行。

（2）批处理进程：该进程和终端没有关联，是一个进程序列。

（3）守护进程：操作系统启动时，随之启动并持续运行的进程。

2. 进程状态

Linux 操作系统中进程具有 3 类状态，分别为：运行态、就绪态和封锁态。

（1）运行态：当前进程已分配到 CPU，正在处理器上执行时的状态。

（2）就绪态：进程已具备运行条件，但因为其他进程正占用 CPU，暂时不能运行而等待分配 CPU 的状态。

（3）封锁态：进程因等待某种事件发生而暂时不能运行的状态，也被称为阻塞态。

进程的状态可依据一定的条件和原因而变化，如图 12-5-1 所示。

3. 进程工作模式

在 Linux 操作系统中，进程执行模式划分为用户模式和内核模式。

（1）用户模式。当前运行的是用户程序、应用程序或者内核之外的系统程序，则对应进程就在用户模式下运行。

（2）内核模式。在用户程序执行的过程中出现系统调用或者发生中断事件，就要运行操作系统（即核心）程序，进程模式就变成内核模式。

按照进程的功能和运行程序分类，进程可划分为两大类：一类是系统进程，只运行在内核模式，执行操作系统代码，完成一些管理性的工作，例如内存分配、进程切换；另一类是用户进程，通常在用户模式中执行，并通过系统调用或在出现中断、异常后进入内核模式，如图 12-5-2 所示。

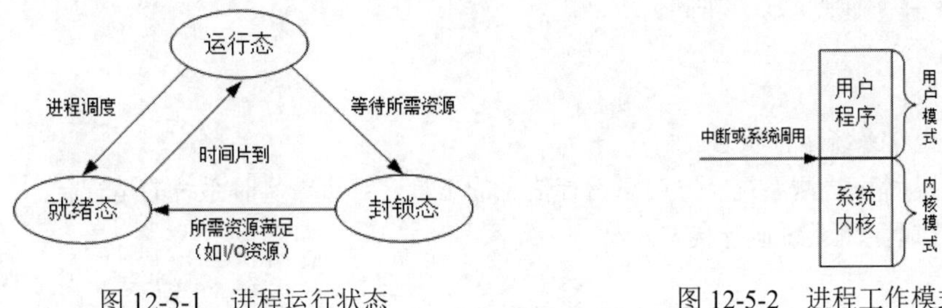

图 12-5-1 进程运行状态　　图 12-5-2 进程工作模式

4. 进程优先级

在 Linux 操作系统中，进程在执行时都会赋予一个优先等级，等级越高，进程获得 CPU 时间就会越多，所以级别越高的进程，运行的时间就会越短，反之则需要较长的运行时间。

进程的优先等级范围为-20～19，其中，-20 表示最高等级，19 表示最低等级。等级-1～-20 仅允许 root 用户设置，进程运行的默认优先等级为 0。

5. 进程启动

在 Linux 操作系统中，启动进程有两个主要途径，分别为前台启动和后台启动。

（1）前台启动。手工启动一个进程的最常用方式（例如，用户输入一个 ls 命令，就会启动一个前台进程）。前台启动进程的特点是会一直占据着终端窗口，除非前台进程运行完毕，否则用户无法在该终端窗口中再执行其他命令。前台启动进程的方式一般比较适合运行时间较短、需要与用户交互的程序。

（2）后台启动。后台启动进程在运行后，不管是否已经完成，都会立即返回到 Shell 提示符下，不会占用终端窗口，用户可以在终端窗口上继续运行其他程序，后台启动进程会由系统继续调度执行。后台启动进程的方法是，在执行的命令后面加上“&”字符。

任务六　系统综合监控

【任务介绍】

本任务介绍 Linux 操作系统的实时运行监控，实现对系统整体运行状态的查看，实现对运行状态和性能的基本分析。

本任务在任务一的基础上进行。

【任务目标】

（1）实现主机状态实时监控。
（2）实现主机进程资源监控。
（3）实现主机运行性能监控。
（4）实现主机整体运行监控。

【操作步骤】

步骤 1：查看系统运行状态。

（1）top 是综合检测系统多方信息运行信息的工具，可查看实时系统的运行状态。

1）查看实时主机系统运行状态。

操作命令：

```
#使用 top 命令查看实时系统运行状态
[root@Project-12-Task-01 ~]# top
#总览运行信息：当前时间、系统运行时间、当前用户数、系统 CPU 负载
top - 23:11:51 up 3 days,  5:11,  2 users,  load average: 0.00, 0.00, 0.00
#系统进程：总进程数、正在运行的进程数、睡眠的进程数、停止的进程数、冻结的进程数
```

```
Tasks: 187 total,   2 running, 182 sleeping,   3 stopped,   0 zombie
#CPU 运行信息
#用户使用、内核使用、进程优先级改变使用、空闲、等待输入/输出、硬件中断、软件中断、系统实时占比
%CPU(s):  0.0 us,  0.3 sy,  0.0 ni, 99.7 id,  0.0 wa,  0.0 hi,  0.0 si,  0.0 st
#物理内存信息：内存总量、空闲总量、使用总量、内核缓存量
MiB Mem :    821.0 total,    200.7 free,    216.4 used,    403.9 buff/cache
#Swap 信息：交换区总量、空闲交换区总量、使用交换区总量、进程下次分配数量
MiB Swap:   2120.0 total,   2120.0 free,      0.0 used.    455.6 avail Mem

#进程详细信息，可参照任务五中进行列名含义进行比照学习
PID    USER  PR  NI   VIRT    RES    SHR   S%  CPU  %MEM   TIME+    COMMAND
14477  root  20  0    0       0      0     I   0.3  0.0    0:00.18  kworker/0:2-events
14483  root  20  0    63864   4420   3804  R   0.3  0.5    0:00.02  top
1      root  20  0    179224  14056  9148  S   0.0  1.7    0:05.06  systemd
2      root  20  0    0       0      0     S   0.0  0.0    0:00.06  kthreadd
3      root  0   -20  0       0      0     I   0.0  0.0    0:00.00  rcu_gp
4      root  0   -20  0       0      0     I   0.0  0.0    0:00.00  rcu_par_gp
```

操作命令+配置文件+脚本程序+结束

在执行 top 命令时，可使用交互命令进行快捷操作。

k	终止一个进程
i	忽略闲置和僵死进程
q	退出程序
r	重新设置一个进程的优先级别
S	切换到累积模式
s	改变刷新时间（单位为 s），如果有小数，就换算成 ms。输入 0 值则系统将不断刷新，默认值是 5s
f 或 F	从当前显示中添加或删除项目
o 或 O	改变显示项目的顺序
I	切换显示平均负载和启动时间信息
m	切换显示内存信息
t	切换显示进程和 CPU 状态信息
c	切换显示命令名称和完整命令行
M	根据驻留内存大小进行排序
P	根据 CPU 使用百分比大小进行排序
T	根据时间/累积时间进行排序

2）查看指定进程的运行状态信息。

操作命令：

```
#查看指定 PID 为 1 的进程信息
[root@Project-12-Task-01 ~]# top –p 1
top - 20:26:59 up 7 days,  3:55,  1 user,  load average: 0.00, 0.00, 0.00
Tasks:   1 total,   0 running,   1 sleeping,   0 stopped,   0 zombie
%Cpu(s):  0.3 us,  0.0 sy,  0.0 ni, 99.3 id,  0.0 wa,  0.3 hi,  0.0 si,  0.0 st
MiB Mem:    821.0 total,    210.4 free,    286.7 used,    323.9 buff/cache
MiB Swap:  2120.0 total,   2120.0 free,      0.0 used.    395.8 avail Mem
#进程详细信息，可参照任务五中进行列名含义进行比照学习
PID USER      PR  NI    VIRT    RES    SHR S  %CPU  %MEM     TIME+ COMMAND
  1 root      20   0  180804  14492   9084 S   0.0   1.7   0:43.13 systemd
```

操作命令+配置文件+脚本程序+结束

命令详解：

【语法】

top[选项]

【选项】

-b	以批处理模式操作
-c	显示整个命令行
-d	屏幕刷新间隔时间
-l	忽略失效过程
-s	保密模式
-S	累积模式
-I <时间>	设置间隔时间
-u <用户名>	指定用户名
-p <进程号>	指定进程号
-n <次数>	循环次数

命令详解结束

（2）sar 是系统运行状态统计工具，可对系统当前的状态进行取样，然后通过计算数据和比例来分析系统的当前状态。

1）检测当前时间点下主机运行状态信息。

操作命令：

```
#查看当前主机的运行状态
[root@Project-12-Task-01 ~]# sar
#输出系统的内核版本与主机名、检测时间、CPU 架构、CPU 核心数
Linux 4.18.0-147.el8.x86_64 (Project-12-Task-01)        03/15/2020        _x86_64_(1 CPU)

#可与任务二 CPU 监控中指标含义对比分析
12:00:01  AM     CPU     %user     %nice     %system     %iowait     %steal     %idle
12:10:03  AM     all      0.08      0.24        0.19        0.00       0.00     99.49
12:20:03  AM     all      0.06      0.00        0.14        0.00       0.00     99.80
#为了排版方便，此处省略了部分信息
```

操作命令+配置文件+脚本程序+结束

2）实时采集系统性能状态信息，并指定采集监控次数。

操作命令：

```
#使用 sar 命令实时检测系统性能状态
[root@Project-12-Task-01 ~]# sar 1 5 -o
#输出系统的内核版本与主机名、检测时间、CPU 架构、CPU 核心数
Linux 4.18.0-147.el8.x86_64 (Project-12-Task-01)      03/07/2020    _x86_64        (1 CPU)

#可与任务二 CPU 监控中指标含义对比分析
12:00:01 AM     CPU     %user     %nice     %system     %iowait     %steal     %idle
08:31:59 PM     all      0.00      0.00        0.00        0.00       0.00    100.00
08:32:00 PM     all      0.00      0.00        0.00        0.00       0.00    100.00
08:32:01 PM     all      0.00      0.00        0.00        0.00       0.00    100.00
08:32:02 PM     all      0.00      0.00        1.00        0.00       0.00     99.00
08:32:03 PM     all      0.00      0.00        0.00        0.00       0.00    100.00
Average:        all      0.00      0.00        0.20        0.00       0.00     99.80
```

操作命令+配置文件+脚本程序+结束

命令详解：

【语法】

sar [选项] [参数]

【选项】

-A	显示所有的报告信息
-b	显示 I/O 速率
-B	显示换页状态
-c	显示进程创建活动
-d	显示每个块设备的状态
-e	设置显示报告的结束时间
-f	从指定文件提取报告
-i	设置状态信息刷新的间隔时间
-P	显示每个 CPU 的状态
-R	显示内存状态
-u	显示 CPU 利用率
-v	显示索引节点，文件和其他内核表的状态
-w	显示交换分区状态
-x	显示给定进程状态

【参数】

时间间隔	设置采集数据的时间周期（单位：s）
次数	设置采集数据的总次数

操作命令+配置文件+脚本程序+结束

步骤 2：监控系统运行进程。

htop 是具有操作互动的进程查看器，可查看进程运行信息。系统默认未安装 htop 工具，可使

用 yum 工具安装。

操作命令：

```
#使用 yum 工具安装 htop
[root@Project-12-Task-01 ~]# yum install -y htop
#为了排版方便，此处省略了部分信息
#下述信息说明安装 htop 将会安装以下软件，且已安装成功
Installed:
  htop-2.2.0-6.el8.x86_64

Complete!
```

操作命令+配置文件+脚本程序+结束

（1）对当前主机运行进程进行实时监控，执行结果如图 12-6-1 所示。

操作命令：

```
#查看系统进程信息
[root@Project-12-Task-01 ~]# htop
```

操作命令+配置文件+脚本程序+结束

```
  CPU[|                                          0.7%]   Tasks: 35, 17 thr; 1 running
  Mem[|||||||||||||||||||||||||||||||||||||| 228M/821M]   Load average: 0.01 0.01 0.00
  Swp[                                        0K/2.07G]   Uptime: 3 days, 05:58:31

  PID USER      PRI  NI  VIRT   RES   SHR S CPU% MEM%   TIME+  Command
14803 root       20   0 28120  4144  3248 R  0.0  0.5  0:00.88 htop
 1220 root       20   0  414M 31340 16588 S  0.0  3.7  0:31.05 /usr/libexec/platform-python -Es /usr/sbin/tuned -l -P
 1381 root       20   0  209M  9444  5888 S  0.0  1.1  0:10.47 /usr/sbin/rsyslogd -n
    1 root       20   0  175M 14056  9148 S  0.0  1.7  0:05.10 /usr/lib/systemd/systemd --switched-root --system --deserial
  738 root       20   0 90564  9556  8472 S  0.0  1.1  0:01.51 /usr/lib/systemd/systemd-journald
  770 root       20   0  106M 11048  8324 S  0.0  1.3  0:01.33 /usr/lib/systemd/systemd-udevd
  824 root       16  -4 61144  2740  2084 S  0.0  0.3  0:00.00 /sbin/auditd
  823 root       16  -4 61144  2740  2084 S  0.0  0.3  0:00.31 /sbin/auditd
```

图 12-6-1　htop 执行结果

小贴士

在执行 htop 命令时，可使用交互命令进行快捷操作。

上/下键或 PgUP/PgDn	选定想要的进程
左/右键或 Home/End	移动字段
Space	编辑/取消标记一个进程
U	取消标记所有进程
s	选择某一进程，按 s:用 strace 追踪进程的系统调用
l	显示进程打开的文件，如果安装了 lsof，按此键可以显示进程所打开的文件
I	倒序排序，如果排序是正序的，则反转成倒序的，反之亦然
+，-	在树视图模式下，展开或折叠子树

a	在有多个处理器核心上，设置 CPU affinity，标记一个进程允许使用哪些 CPU
u	显示特定用户进程
M	按内存使用顺序
P	按 CPU 使用排序
T	按 Time+使用排序
F	跟踪进程，如果排序引起选定的进程在列表上到处移动，让选定条跟随该进程，通过这种方式，可以让一个进程在屏幕上一直可见，使用方向键会停止该功能
K	显示/隐藏内核线程
H	显示/隐藏用户线程
Ctrl-L	刷新
Numbers	用户 PID 查找，输入 PID 号，光标将移动到相应的进程上

命令详解：

【语法】

htop[选项]

【选项】

-C 或--no-color	使用一个单色的配色方案
-d 或--delay=DELAY	设置更新时间，单位 s
-u 或--user=USERNAME	只显示一个给定的用户进程
-p 或--pid= PID,[,PID,PID...]	只显示给定的 PIDs（进程号组信息）
-s 或--sort-key COLUMN	以给定的列进行排序

命令详解结束

步骤 3：监控系统运行资源。

atop 工具可监控 Linux 系统资源与进程，并以一定的频率记录系统的运行状态，所采集的数据包含系统资源（CPU、内存、磁盘和网络）使用情况和进程运行情况，并能以日志文件的方式保存在磁盘中。系统默认未安装 atop 工具，可使用 yum 工具安装。

操作命令：

```
#使用 yum 工具安装 atop
[root@Project-12-Task-01 ~]# yum install -y atop
#为了排版方便，此处省略了部分信息
#下述信息说明安装 atop 将会安装以下软件，且已安装成功
Installed:
    atop-2.4.0-4.el8.x86_64

```

```
Complete!
```

操作命令+配置文件+脚本程序+结束

（1）对 atop 服务进行管理，并设置采集任务计划。

操作命令：

```
#设置 atop 服务开启
[root@Project-12-Task-01 ~]# systemctl start atop
#设置 atop 服务开机自启动
[root@Project-12-Task-01 ~]# systemctl enable atop
#设置 atop 自动执行计划，并保存执行结果
[root@Project-12-Task-01 ~]# atop -r atop_20200315 -b 13:00 -e 17:00
```

操作命令+配置文件+脚本程序+结束

（2）对当前主机资源占用与进程运行情况进行实时监控。

操作命令：

```
#查看资源与进程运行情况
[root@Project-12-Task-01 ~]# atop

#以下为主机资源占用详细情况
#显示主机名、主机时间、atop 命令收集的频率
ATOP - Project-12-Task-012020/03/07  10:30:48-  3d16h29m57s elapsed
#可与下述小贴士指标含义对比分析
PRC | sys    2m09s | user   2m28s | #proc     184 | #zombie    0 | #exit      0 |
#可与任务二 CPU 监控中指标含义对比分析
CPU | sys       0% | user      0% | irq        0% | idle    100% | wait       0% |
CPL | avg1    0.00 | avg5    0.00 | avg15    0.00 | csw 32802807 | intr 16742e3 |
#可与任务一内存与缓存监控中指标含义对比分析
MEM | tot   821.0M | free  203.5M | cache 333.9M | buff    5.3M | slab  125.6M |
SWP | tot     2.1G | free    2.1G |               | vmcom 284.5M | vmlim   2.5G |
#可与下述小贴士指标含义对比分析
LVM |      cl-root | busy      0% | read     7856 | write  34276 | avio 0.42 ms |
LVM |      cl-swap | busy      0% | read       97 | write      0 | avio 0.13 ms |
DSK |          sda | busy      0% | read    18174 | write  27110 | avio 0.40 ms |
NET | transport    | tcpi   54433 | tcpo    44793 | udpi     750 | udpo    1329 |
NET | network      | ipi    66678 | ipo     56961 | ipfrw      0 | deliv  64872 |
NET | ens192    0% | pcki  413297 | pcko    57727 | si    2 Kbps | so    0 Kbps |
NET | lo      ---- | pcki      14 | pcko       14 | si    0 Kbps | so    0 Kbps |
#以下为进程运行信息
                 *** system and process activity since boot ***
#可与任务五进程监控与管理中指标含义对比分析
  PID SYSCPU USRCPU  VGROW  RGROW  RDDSK  WRDSK  THR S CPUNR  CPU CMD 1/21
  870 86.54s 84.73s 243.1M 15120K  4792K     8K    2 S     0   0% vmtoolsd
  975  4.71s 30.95s 414.4M 31340K  3788K    12K    4 S     0   0% tuned
  883  0.16s 15.38s 156.5M  6404K  2780K     0K    2 S     0   0% rngd
```

操作命令+配置文件+脚本程序+结束

小贴士

1）atop 工具可查看系统 PRC（进程）、CPL（当前执行进程的特权等级）、LVM（逻辑卷）、DSK（磁盘）、NET（网络）的运行信息。

2）PRC 运行结果的字段如下。

sys	过去 10s 所有的进程在内核运行时间总和
usr	过去 10s 所有的进程以用户状态运行时间总和
#zombie	过去 10s 僵死进程的数量
#exit	在 10s 采样周期内退出的进程数量

3）CPL 运行结果的字段如下。

avg1/avg5/avg15	过去 1/5/15min 周期内，进程等待队列数
cws	上下文交换次数
intr	中断发生的次数

4）LVM 和 DSK 运行结果的字段如下。

busy	磁盘繁忙占比
read	每秒读请求数
write	每秒写请求数
avio	磁盘的平均 IO 时间

5）NET 展示传输层（transport）、网络层（network）、网络接口（ens192、lo）的传输信息，运行结果的字段如下。

tcpi/tcpo	传入/传出的 TCP 数据包的大小
udpi/udpo	传入/传出的 UDP 数据包的大小
ipi/ipo	接收/发送 IP 数据包数量
ipfrw	IP 数据包转发数量
deliv	网络传送数据包数量
pcki/pcko	传入/传出的数据包数量
sp	网卡的带宽
si/so	每秒传入/传出的速率

命令详解：

【语法】

atop[选项]

【选项】

-a	显示所有进程信息
-P	计算每个进程的比例大小
-L	非屏幕输出情况下的备用行长度
-f	用系统统计显示固定的行数
-F	禁止系统资源排序

```
-G                在输出中禁止退出进程
-1                限制显示某些资源的行数
-y                显示单个线程运行状态信息
-l                显示系统平均每秒 I.S.O 进程总值
-x                系统进程高使用时也单色显示
-g                显示一般或默认进程信息
-m                显示与内存相关的进程信息
-d                显示与磁盘相关的进程信息
-n                显示与网络相关的进程信息
-s                显示与调度相关的进程信息
-v                显示与进程 ID、用户、用户组、日期等各种进程信息
-c                显示每个进程的命令行信息
-o                显示用户自定义的进程信息
-u                显示每个用户累计的进程信息
-p                显示每个应用程序累计的进程信息（即同名）
-j                显示每个容器累计的进程信息
-C                按照 CPU 使用量大小顺序排序
-M                按照内存使用率大小顺序排序
-D                按照磁盘活动顺序排序
-N                按照网络活动顺序排序
-A                按最活跃资源顺序排序
-w                将原始数据压缩并写入文件
-r                从压缩文件中读取原始数据
```

命令详解结束

步骤 4：主机整体运行监控。

dstat 是一个全能系统信息监控工具，可实时监控主机 CPU、磁盘、网络、IO、内存的使用情况。系统默认未安装 dstat 工具，该工具集成在 pcp-system-tools 软件中，可使用 yum 工具安装。

操作命令：

```
#使用 yum 工具安装 dstat
[root@Project-12-Task-01 ~]# yum install -y dstat
#为了排版方便，此处省略了部分信息
#下述信息说明安装 dstat 将会安装以下软件，且已安装成功
Installed:
  pcp-system-tools-4.3.2-2.el8.x86_64
#为了排版方便，此处省略了部分信息
  python3-setuptools-39.2.0-5.el8.noarch

Complete!
```

操作命令+配置文件+脚本程序+结束

（1）对当前主机进行实时监控整体运行情况。

操作命令：

```
#查看主机整体运行情况
```

```
[root@Project-12-Task-01 ~]# dstat
You did not select any stats, using -cdngy by default.
#由于没有添加选项，默认显示 CPU、磁盘、网络、系统分页、系统统计
----total-usage---- -dsk/total- -net/total- ---paging-- ---system--
usr   sys idl  wai stl| read   writ| recv   send|  in   out | int   csw
  0   0 100    0   0|   0      0 | 372   657 |   0     0 |  64   117
  0   0 100    0   0|   0      0 |  66   322 |   0     0 |  58   110
  1   0  99    0   0|   0      0 |  66   338 |   0     0 |  53   103
  0   0 100    0   0|   0      0 |  66   338 |   0     0 |  49    92
  1   0 100    0   0|   0      0 | 306   338 |   0     0 |  62   112
  1   0  99    0   0|   0      0 |  66   338 |   0     0 |  58   115
#为了排版方便，此处省略了部分信息
```

操作命令+配置文件+脚本程序+结束

（2）指定对主机的 Swap 交换分区、进程、网络嵌套连接以及文件系统运行状态进行监控，并将监控结果保存在 dstat.csv 文件中。

操作命令：

```
#指定监控主机运行指标
[root@Project-12-Task-01 ~]# dstat -tsp --socket --fs --output dstat.csv
----system---- ----swap--- ---procs--- --------sockets--------- --filesystem-
     time     | used    free|run blk new|tot   tcp   udp  raw   frg |files  inodes
15-03 20:48:28|   0  2223M|  0   0     |180    2     0    1     0 | 1856  34152
15-03 20:48:29|   0  2223M|  0   0    0|180    2     0    1     0 | 1856  34153
15-03 20:48:30|   0  2223M|  0   0    0|180    2     0    1     0 | 1856  34153
15-03 20:48:31|   0  2223M|  0   0    0|180    2     0    1     0 | 1856  34153
#为了排版方便，此处省略了部分信息
```

操作命令+配置文件+脚本程序+结束

命令详解：

【语法】

dstat [选项]

【选项】

选项	说明
-c	显示 CPU 系统占用，用户占用、空闲、等待、中断等信息
-C	当有多个 CPU 的时候，此参数可按需分别显示 CPU 状态
-d	显示磁盘读写数据大小
-n	显示网络状态
-N <网卡>	可指定显示网卡的信息
-l	显示系统负载情况
-m	显示内存使用情况
-g	显示页面使用情况
-p	显示进程状态
-s	显示交换分区使用情况
-r	显示 I/O 请求情况
-y	系统状态

```
--ipc                显示 ipc 消息队列、信号等信息
--socket             用来显示 tcp、udp 端口状态
--output 文件        可以将状态信息以 csv 格式重定向指定文件中
```

操作命令+配置文件+脚本程序+结束

步骤 5：查看系统虚拟文件系统。

proc 是一个虚拟文件系统，可存储系统的内核、进程、外部设备的状态及网络状态等信息，并且这些数据都是存在系统内存中，不占用系统硬盘空间，通过/proc 实现对 CPU、内存、磁盘的信息查看。

（1）查看主机的操作系统版本信息。

操作命令：

```
#查看操作系统与内核版本
[root@Project-12-Task-01 ~]# cat /proc/version
Linux version 4.18.0-147.el8.x86_64 (mockbuild@kbuilder.bsys.centos.org) (gcc version 8.3.1 20190507 (Red Hat 8.3.1-4) (GCC)) #1 SMP Wed Dec 4 21:51:45 UTC 2019
```

操作命令+配置文件+脚本程序+结束

（2）查看主机的内存运行信息。

操作命令：

```
#查看系统内存信息
[root@Project-12-Task-01 ~]# cat /proc/meminfo
MemTotal:840680 kB
MemFree:236656kB
MemAvailable:469020 kB
Buffers:2012 kB
Cached:301440 kB
#为了排版方便，此处省略了部分信息
DirectMap2M:909312 kB
DirectMap1G:0 kB
```

操作命令+配置文件+脚本程序+结束

（3）查看主机的 CPU 运行信息。

操作命令：

```
#查看系统 CPU 信息
[root@Project-12-Task-01 ~]# cat /proc/cpuinfo
processor: 0
vendor_id: AuthenticAMD
cpu family: 21
model: 2
model name: AMD Opteron(tm) Processor 6320
#为了排版方便，此处省略了部分信息
address sizes: 43 bits physical, 48 bits virtual
power management
```

操作命令+配置文件+脚本程序+结束

（4）查看主机的进程运行信息。

操作命令：

```
#查看进程目录信息
[root@Project-12-Task-01 ~]# ll /proc/
total 0
dr-xr-xr-x.  9 root    root                 0 Mar  8 16:31 1
dr-xr-xr-x.  9 root    root                 0 Mar  8 16:31 10
dr-xr-xr-x.  9 root    root                 0 Mar  8 16:31 100
dr-xr-xr-x.  9 root    root                 0 Mar  8 16:31 101
dr-xr-xr-x.  9 root    root                 0 Mar  8 16:31 102
dr-xr-xr-x.  9 root    root                 0 Mar  8 16:31 103
dr-xr-xr-x.  9 root    root                 0 Mar  8 16:31 104
dr-xr-xr-x.  9 root    root                 0 Mar  8 16:31 105
#为了排版方便，此处省略了部分信息

#查看进程 ID 为 1 的启动命令
[root@Project-12-Task-01 ~]# cat /proc/1/cmdline
/usr/lib/systemd/systemd--switched-root--system--deserialize18
```

操作命令+配置文件+脚本程序+结束

/proc 目录中包含许多以数字命名的子目录，这些数字表示系统当前正在运行的进程 ID。

（5）查看主机的磁盘信息。

操作命令：

```
#查看系统每块磁盘 IO 信息
[root@Project-12-Task-01 ~]# cat /proc/diskstats
8     0 sda22728 82 2084792 41251 33873 12884 1738666 19435 0 24040 44823 0 0 0 0
#为了排版方便，此处省略了部分信息
253   0 dm-0 11735   0 760654  37606    43204 0 1710112 23653 0 22725 61259 0 0 0 0
253   1 dm-1 814     0 10168   2304     35610 28488 5197 0 741 7501 0 0 0 0
```

操作命令+配置文件+脚本程序+结束

【任务扩展】

1．proc 概述

proc 是伪文件系统（即虚拟文件系统），只存在内存中，是存储当前内核运行状态的一系列特殊文件，用户可通过该类型文件查看主机以及当前正在运行进程的信息，甚至可以通过更改其中某些文件来改变内核的运行状态。

鉴于 proc 文件系统的特殊性，其目录下的文件也常被称为虚拟文件，其中大多数文件的时间及日期属性通常为当前系统的时间和日期，虚拟文件随时刷新。

为了查看和使用的方便，通常会按照相关性分类存储于不同的目录甚至子目录中，大多数虚拟文件都可使用文件查看命令（如 cat、more、less 等）查看，有些文件信息表述的内容是一目了然的，有些文件的信息不具备可读性，但可读性较差的文件可使用一些命令（如 apm、free、lspci 或 top 等）来进行阅读。

2. proc 下的常见目录

proc 下常见目录及其含义描述见表 12-6-1。

表 12-6-1 proc 下常见的目录

目录	描述
/proc/apm	高级电源管理（APM）版本信息及电池相关状态信息，通常由 apm 命令使用
/proc/buddyinfo	用于诊断内存碎片问题的相关信息
/proc/cmdline	在启动时传递至内核的相关参数信息，这些信息通常由 lilo（Linux 加载程序）或 grub（Linux 引导管理程序）等工具进行传递
/proc/cpuinfo	处理器的相关信息文件
/proc/crypto	系统上已安装内核使用的密码算法及每个算法的详细信息列表
/proc/devices	系统已经加载的所有块设备和字符设备的信息，包含主设备号和设备组（与主设备号对应的设备类型）名
/proc/diskstats	每块磁盘设备的 I/O 统计信息列表（内核 2.5.69 以后的版本支持此功能）
/proc/dma	每个正在使用且注册的 ISA DMA 通道信息列表
/proc/execdomains	内核当前支持的执行域信息列表
/proc/fb	帧缓冲设备列表文件，包含帧缓冲设备的设备号和相关驱动信息
/proc/filesystems	当前被内核支持的文件系统类型列表文件，被标示为 nodev 的文件系统表示不需要该块设备的支持；通常“mount”设备时，如果没有指定文件系统类型，将通过此文件来决定其所需文件系统的类型
/proc/interrupts	X86 或 X86_64 体系架构系统上每个 IRQ（Interrupt Request，中断请求）相关的中断信息列表
/proc/iomem	每个物理设备上的记忆体（RAM 或者 ROM）在系统内存中的映射信息
/proc/ioports	当前正在使用且已经被注册过的与物理设备进行通信的输入－输出端口范围信息列表
/proc/kallsyms	模块管理工具，用来动态链接或绑定可装载模块的符号定义，由内核输出（内核 2.5.71 以后的版本支持此功能），通常这个文件中的信息量较大
/proc/kcore	系统使用的物理内存以 ELF 核心文件（core file）格式存储，其文件大小为已使用物理内存加上 4KB；此文件用来检查内核数据结构的当前状态，通常由 GBD 调试工具使用，但不能使用文件查看命令打开此文件
/proc/kmsg	此文件用来保存由内核输出的信息，通常由/sbin/klogd 或/bin/dmsg 等程序使用，不能使用文件查看命令打开此文件

续表

目录	描述
/proc/loadavg	保存关于 CPU 和磁盘 I/O 的负载平均值，其前 3 列分别表示每 1min、每 5min 及每 15min 的负载平均值，类似于 uptime 命令输出的相关信息；第 4 列是由斜线隔开的两个数值，前者表示当前正由内核调度的实体（进程和线程）的数目，后者表示系统当前存活的内核调度实体的数目；第 5 列表示此文件被查看前最近一个由内核创建的进程 PID
/proc/locks	保存当前由内核锁定的文件的相关信息，包含内核内部的调试数据；每个锁定占据一行，且具有一个唯一的编号；输出信息中每行的第 2 列表示当前锁定使用的锁定类别，POSIX 表示目前较新类型的文件锁，有 lockf 系统调用产生，FLOCK 是传统的 UNIX 文件锁，由 flock 系统调用产生；第 3 列也通常由两种类型，ADVISORY 表示不允许其他用户锁定此文件，但允许读取，MDNDATORY 表示此文件锁定期间不允许其他用户以任何形式的访问
/proc/mdstat	保存 RAID 相关的多块磁盘的当前状态信息，在没有使用 RAID 机器上，其显示为<none>
/proc/meminfo	系统中关于当前内存的利用状况等的信息，常由 free 命令使用；可以使用文件查看命令直接读取，其内容显示为两列，前者为统计属性，后者为对应的值
/proc/mounts	在内核 2.4.29 版本以前，此文件的内容为系统当前挂载的所有文件系统，在 2.4.29 以后的内核中引进了每个进程使用独立挂载名称空间的方式，此文件则随之变成了指向/proc/self/mounts（每个进程自身挂载名称空间中的所有挂载点列表）文件的符号链接
/proc/modules	当前装入内核的所有模块名称列表，可以由 lsmod 命令使用，也可以直接查看。其中第 1 列表示模块名；第 2 列表示此模块占用内存空间大小；第 3 列表示此模块由多少实例被装入；第 4 列表示此模块依赖于其他那些模块；第 5 列表示此模块的装载状态（Live：已经装入，Loading：正在装入，Unloading：正在卸载），第 6 列表示此模块在内核内存（kernelmemory）中的偏移量
/proc/partitions	块设备每个分区的主设备号（major）和次设备号（minor）等信息，同时包括每个分区所包含的块（block）数目
/proc/pci	内核初始化时发现的所有 PCI 设备及其配置信息列表，其配置信息多为某 PCI 设备相关 IRQ 信息，可读性不高，可以用“/sbin/lspci -vb”命令获得较易理解的相关信息。在内核 2.6 版本以后，此文件已为/proc/bus/pci 目录及其下的文件代替
/proc/slabinfo	在内核中频繁使用的对象（如 inode、dentry 等）都有相应的 cache，即 slab pool，而/proc/slabinfo 文件列出了这些对象相关 slap 信息
/proc/stat	实时追踪自系统上次启动以来的多种统计信息，其中具体每行含义见表 12-6-2
/proc/swaps	当前系统上的交换分区及其空间利用信息，如果有多个交换分区的话，则会将每个交换分区的信息分别存储于/proc/swap 目录中的单独文件中，而其优先级数字越低，被使用到的可能性越大
/proc/uptime	系统上次启动以来的运行时间，其第一个数字表示系统运行时间，第二个数字表示系统空闲时间，单位是 s

续表

目录	描述
/proc/version	当前系统运行的内核版本号
/proc/vmstat	当前系统虚拟内存的统计数据，可读性较好（内核 2.6 版本以后支持此文件）
/proc/zoneinfo	内存区域（zone）的详细信息列表

表 12-6-2　/proc/stat 信息内容

行名	描述
cpu	该行后的 8 个值分别表示以 1/100（jiffies）s 为单位的统计值（包括系统运行于用户模式、低优先级用户模式，运行系统模式、空闲模式、I/O 等待模式的时间等）
intr	给出中断的信息，第一个为自系统启动以来，发生的所有的中断的次数；然后每个数对应一个特定的中断自系统启动以来所发生的次数
ctxt	展示从系统启动以来 CPU 发生的上下文交换的次数
btime	展示从系统启动到现在为止的时间，单位为 s
processes (total_forks)	展示从系统启动以来所创建的任务数目
procs_running	展示当前运行队列的任务数目
procs_blocked	展示当前被阻塞的任务数目

3. proc 下的系统目录

与 proc 下其他文件的只读属性不同，管理员可对/proc/sys 子目录中的许多文件内容进行修改，通过此更改可以调整内核的运行特性，proc 中系统目录内容信息见表 12-6-3。

表 12-6-3　/proc/sys 系统目录内容

目录	描述
/proc/sys/abi	主要记录应用程序二进制接口，涉及程序的多个方面，如目标文件格式、数据类型、函数调用以及函数传递参数等信息
/proc/sys/crypto	主要记录系统中已经安装的相关服务使用的信息加密处理配置
/proc/sys/debug	主要记录系统运行中的调试信息，此目录通常是一空目录
/proc/sys/dev	为系统上特殊设备提供参数信息文件的目录，其不同设备的信息文件分别存储于不同的子目录中，如大多数系统上都会具有的/proc/sys/dev/cdrom 和/proc/sys/dev/raid（如果内核编译时开启了支持 raid 的功能）目录，通常是存储系统上 cdrom 和 raid 的相关参数信息
/proc/sys/fs	包含一系列选项以及有关文件系统的各个方面信息，包括配额、文件句柄、索引以及系统登录信息
/proc/sys/kernel	可用于监视和调整 Linux 操作中的内核相关参数
/proc/sys/net	主要包括网络相关操作，如 appletalk/、ethernet/、ipv4/、ipx/及 ipv6/等，通过改变这些目录中文件，能够在系统运行时调整相关网络参数
/proc/sys/vm	主要用来优化系统中的虚拟内存

4. proc 下的进程目录

proc 进程目录中包含与该进程相关的多个信息文件，以 PID 1 的进程为例，其进程目录与文件的含义见表 12-6-4。

表 12-6-4 /proc/1 信息内容

目录或文件	描述
cmdline	启动当前进程的完整命令，但僵尸进程目录中的此文件不包含任何信息
cwd	当前进程运行目录的一个符号连接
environ	进程的环境变量列表，彼此间用空符号（NULL）隔开；变量用大写字母表示，其值用小写字母表示
exe	指向启动进程的可执行文件（完整路径）的符号链接，通过/proc/N/exe 可以启动当前进程的一个拷贝
/fd	包含当前进程打开的每一个文件的描述符（file descriptor），这些文件描述符是指向实际文件的一个符号链接
limits	当前进程所使用的每一个受限资源的软限制、硬限制和管理单元；此文件仅可由实际启动当前进程的 UID 用户读取
maps	当前进程关联到的每个可执行文件和库文件在内存中的映射区域及其访问权限所组成的列表
mem	当前进程所占用的内存空间，有 open、read、lseek 等系统调用使用，不能被用户读取
root	指向当前进程运行根目录的符号链接；在 Linux 和 UNIX 系统上，通常采用“chroot”命令使每个进程运行于独立的根目录
stat	当前进程的状态信息，包含系统格式化后的数据列，可读性差，通常由“ps”命令使用
statm	当前进程占用内存的状态信息，通常以“页面”（page）表示
/task	包含由当前进程所运行的每一个线程的相关信息，每个线程的相关信息文件均保存在一个由线程号（tid）命名的目录中，其内容类似于每个进程目录中的内容

任务七　使用 Linux-dash 实现可视化监控

操作视频

【任务介绍】

本任务部署 Linux-dash，实现对 Linux 操作系统的可视化监控。Linux-dash 是基于 Web 的系统状态监控工具，通过 Linux-dash 可实现对主机进程基本信息、CPU、内存、网络、磁盘、负载等性能监控。

本任务在任务一的基础上进行。

【任务目标】

（1）实现 Linux-dash 的部署。

（2）实现主机系统运行情况监控。

【操作步骤】

步骤 1：安装 Linux-dash 部署的基本环境。

安装 Linux-dash 所需的基本条件见表 12-7-1，操作步骤如下。

表 12-7-1　Linux-dash 部署基本条件表

网站服务器	Apache 2 或 Nginx
PHP 解释器	5 或更高版本

（1）验证操作系统中的部署环境是否满足 Linux-dash 部署要求。

（2）使用 yum 工具安装 Apache，启动 httpd 服务并配置为开机自启动，详细步骤可参见项目三的任务一。

（3）使用 yum 工具安装 PHP 解析器，详细步骤可参见项目三的任务三。

（4）为使 Linux-dash 能够获取本地主机的运行信息，并能够访问监控界面，需将主机的 SELinux 设置为 permissive 模式，防火墙开放 httpd 服务的端口。

操作命令：

```
#使用 yum 工具安装 Apache
[root@Project-12-Task-01 ~]# yum install -y httpd

#设置 Apache 服务启动
[root@Project-12-Task-01 ~]# systemctl start httpd
#设置 Apache 服务开机自启动
[root@Project-12-Task-01 ~]# systemctl enable httpd.service
Created symlink /etc/systemd/system/multi-user.target.wants/httpd.service → /usr/lib/systemd/system/httpd.service.
#验证服务是否为开机自启动
[root@Project-12-Task-01 ~]# systemctl is-enabled httpd
enabled

#使用 yum module enable 命令启用库中的 PHP 7.3 软件
[root@Project-12-Task-01 ~]# yum module -y enable php:7.3
#使用 yum 工具安装 PHP 7.3 解析器
[root@Project-12-Task-01 ~]# yum install -y php

#设置 SELinux 模式
```

```
[root@Project-12-Task-01 ~]# setenforce 0
#配置防火墙规则
[root@Project-12-Task-01 ~]# firewall-cmd --permanent --add-rich-rule='rule family=ipv4 service name=http accept'
success

#使用 php -v 命令验证已安装的 PHP 版本
[root@Project-12-Task-01 ~]# php -v
PHP 7.3.5 (cli) (built: Apr 30 2019 08:37:17) ( NTS )
Copyright (c) 1997-2018 The PHP Group
Zend Engine v3.3.5, Copyright (c) 1998-2018 Zend Technologies

#使用 httpd -v 命令验证 Apache 版本
[root@Project-12-Task-01 ~]# httpd -v
Server version: Apache/2.4.37 (centos)
Server built:   Dec 23 2019 20:45:34

#使用 sestatus 验证 SELinux 模式
[root@Project-12-Task-01 ~]# sestatus
#为了排版方便，此处省略了部分信息
Current mode:                   permissive
#为了排版方便，此处省略了部分信息

#使用 firewalld-cmd 命令查看防火墙允许通过服务规则
[root@Project-12-Task-01 ~]# firewall-cmd --list-services
cockpit dhcpv6-client http ssh
```

操作命令+配置文件+脚本程序+结束

步骤 2：获取 Linux-dash 程序。

本任务使用 wget 工具从 github 仓库中下载 Linux-dash 程序。

操作命令：

```
#使用 wget 工具下载 Linux-dash 到指定目录
[root@Project-12-Task-01 ~]# wget https://github.com/afaqurk/linux-dash/archive/master.zip
--2020-03-08 16:53:22--  https://github.com/afaqurk/linux-dash/archive/master.zip
Resolving github.com (github.com)... 13.229.188.59
Connecting to github.com (github.com)|13.229.188.59|:443... connected.
HTTP request sent, awaiting response... 302 Found
Location: https://codeload.github.com/afaqurk/linux-dash/zip/master [following]
--2020-03-08 16:53:24--  https://codeload.github.com/afaqurk/linux-dash/zip/master
Resolving codeload.github.com (codeload.github.com)... 13.250.162.133
Connecting to codeload.github.com (codeload.github.com)|13.250.162.133|:443... connected.
HTTP request sent, awaiting response... 200 OK
Length: unspecified [application/zip]
```

```
Saving to: 'master.zip'

master.zip                    [      <=>                    ] 121.52K    163KB/s      in 0.7s
#下述信息表示文件下载成功
2020-03-08 16:53:27 (163 KB/s) - 'master.zip' saved [124434]

#使用 unzip 工具将~/master.zip 文件解压到/var/www 目录下
[root@Project-12-Task-01 ~]# unzip master.zip /var/www/

设置 Linux-dash 程序目录的属主和属组均为 apache，权限为 755
[root@Project-12-Task-01 ~]# chown -R apache.apache /var/www/linux-dash-master
[root@Project-12-Task-01 ~]# chmod -R 755 /var/www/linux-dash-master/
```

操作命令+配置文件+脚本程序+结束

步骤 3：配置 Apache 发布网站。

本任务使用 80 端口以默认网站的方式发布 Linux-dash，需要完成的操作如下。

- 配置 httpd.conf 发布 Linux-dash。
- 配置 welcome.conf 关停 Apache 默认网站。

（1）使用 vi 工具配置 Apache 的 httpd.conf 文件。

配置文件：/etc/httpd/conf/httpd.conf

```
[root@Project-12-Task-01 ~]# vi /etc/httpd/conf/httpd.conf
#httpd.conf 配置文件内容较多，本部分仅显示与默认网站配置有关的内容
#默认网站配置
Listen 80
#将默认网站目录/var/www/html，改为/var/www/linux-dash-master/app
DocumentRoot "/var/www/linux-dash-master/app"
<Directory "/var/www/linux-dash-master/app">
    Options Indexes FollowSymLinks
    AllowOverride None
    Require all granted
</Directory>
```

操作命令+配置文件+脚本程序+结束

（2）配置 Apache 的 welcome.conf 文件。将/etc/httpd/conf.d/welcome.conf 文件的所有内容进行注释，关闭 Apache 默认网站。

步骤 4：访问 Linux-dash。

在本地主机打开浏览器，输入 Linux-dash 主机地址即可看到系统监控界面，如图 12-7-1 所示。

步骤 5：监控信息导读。

Linux-dash 监控系统包含 5 个监控模块以实现主机可视化监控，分别为 SYSTEM STATUS（运行状态监控）、BASIC INFO（基本信息检测）、NETWORK（网络监控）、ACCOUNTS（用户访问监控）和 APPS（应用程序监控）。

图 12-7-1　监控访问

（1）SYSTEM STATUS。在系统运行状态监控模块中，可对主机的内存使用情况、内存可用量、CPU 平均负载、磁盘分区、内存进程、CPU 进程等信息进行实时监控，如图 12-7-2 所示。Linux-dash 监控主机运行状态的字段见表 12-7-2。

图 12-7-2　系统状态监控

项目十二

表 12-7-2　主机状态监控内容

监控类型	监控内容	监控说明
RAM Usage 内存使用监控	Used	已使用的内存大小，以及所占总内存比例。 该值包含了缓存和应用系统实际使用的内存大小
	Available	目前主机中还剩余可以被应用程序使用的物理内存大小
CPU Avg Load CPU 负载	1_min_avg	最近 1min 平均 CPU 负载
	5_min_avg	最近 5min 平均 CPU 负载
	15_min_avg	最近 15min 平均 CPU 负载
CPU Utilization CPU 利用率	Usage	CPU 资源占用情况
Disk Partitions 磁盘分区	NAME	磁盘中文件系统分区名称
	STATS	文件系统磁盘使用状态
	USED	文件系统存储磁盘使用率
	MOUNT	文件系统分区挂载目录
RAM Processes 内存进程	PID	进程执行编号
	USER	进程执行属主
	MEM%	进程占用内存的百分比
	RSS	进程占用的固定内存量
	VSZ	进程占用的虚拟内存量
	CMD	进程执行命令的名称和参数
CPU Processes CPU 进程	PID	进程执行编号
	USER	进程执行属主
	CPU%	进程占用 CPU 运行执行的百分比
	RSS	进程占用的固定内存量
	VSZ	进程占用的虚拟内存量
	CMD	进程执行命令的名称和参数

CPU 负载是一段时间内 CPU 正在处理以及等待 CPU 处理的进程数之和的统计信息，也就是 CPU 使用队列的长度统计信息。

（2）BASIC INFO。在系统基本信息监控模块中，可对主机的主机名、操作系统、开机时间、内存、CPU、任务计划、历史任务计划执行以及 IO 状态等信息进行实时监控，如图 12-7-3 所示。Linux-dash 监控主机基本信息的字段见表 12-7-3。

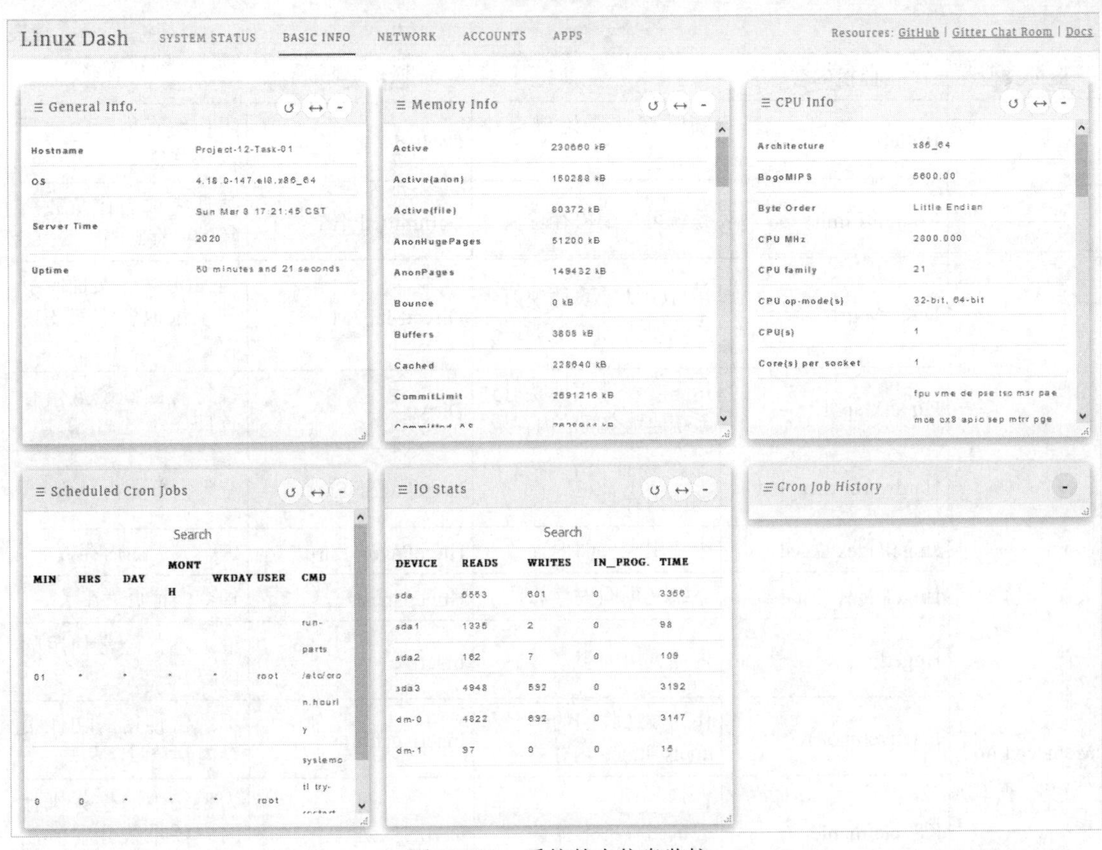

图 12-7-3　系统基本信息监控

表 12-7-3　系统基本信息监控内容

监控类型	监控内容	监控说明		
General Info（基本信息）	Hostname	主机名	OS	操作系统版本信息
	Server Time	系统时间	Uptime	系统开机运行时间
Memory Info（内存信息）	Active	近期经常被使用的内存量	Active(anon)	匿名和 tmpfs/shmem 内存总量
	Active(fine)	文件缓存内存的总量	AnonHugePages	由不受文件支持并映射到用户空间页表中的巨大页使用的内存总量
	AnonPages	由不受文件支持并映射到用户空间页表中的页使用内存总量	Bounce	块设备缓冲区使用的内存量

续表

监控类型	监控内容	监控说明		
Memory Info（内存信息）	Buffers	临时存储原始磁盘块的总量	Cached	用作缓存内存的物理内存总量
	CommitLimit	系统可分配内存总量	Committed_AS	估计完成工作负载所需的内存总量
	DirectMap1G	用 1G 大小页面映射到系统地址空间的内存量	DirectMap2M	用 2M 大小页面映射到系统地址空间的内存量
	DirectMap4K	用 4K 大小页面映射到系统地址空间的内存量	Dirty	等待写回到磁盘内存总量
	HardwareCorrupted	存在物理内存损坏问题的内存量	HugePages_Free	空闲大页面内存数
	HugePages_Rsvd	未使用大页面内存数	HugePages_Surp	剩余大页面内存数
	HugePages_Total	系统大页面内存总数	Hugepagesize	每个内存页大小
	Hugetlb	内存页块大小	Inactive	最近不是经常使用的内存
	Inactive(anon)	作为候选收回的匿名和 tmpfs/shmen 内存总量	Inactive(file)	不经常使用的文件缓存内存总量
	KReclaimable	尝试回收的内存量	KernelStack	为系统中的任务执行的内核堆栈分配所使用的内存量
	Mapped	内存映射文件大小	MemAvailable	内存可用
	MemFree	空闲内存	MemTotal	总内存
	Mlocked	因为被程序锁住不能被回收的内存总量	NFS_Unstable	已发送到服务器但尚未提交到稳定存储的 NFS 页的数量
	PageTables	用于最低页表级别的内存总量	SReclaimable	可以回收的部分
	SUnreclaim	没有标记但无法收回的内存量	Shmem	共享内存使用的内存量
	ShmemHugePages	共享内存和临时文件分配的大页面内存	ShmemPmdMapped	大页面内存映射到用户空间
	Slab	内核用来缓存数据结构以供系统使用的内存总量	SwapCached	用作缓存内存的物理内存总量

续表

监控类型	监控内容	监控说明		
Memory Info（内存信息）	SwapFree	SWAP 空闲	SwapTotal	SWAP 总量
	Unevictable	由于程序将其锁定，无法收回的内存量	VmallocChunk	可用虚拟地址空间中最大的连续内存块
	VmallocTotal	总分配的虚拟地址空间的内存总量	VmallocUsed	已用虚拟地址空间的总内存量
	Writeback	正在写回到磁盘的内存总量	WritebackTmp	用于临时写回缓冲区的内存量
CPU Info（CPU 信息）	Architecture	CPU 架构	BogoMIPS	CPU 运行速度
	Byte Order	字节存储顺序	CPU MHz	CPU 运行频率
	CPU family	CPU 系列号	CPU op-mode(s)	CPU 指令模式
	CPU(s)	CPU 数量	Core(s) per socket	每个插槽上几个 CPU 核心
	Flags	支持功能集	Hypervisor vendor	Hypervisor 类型
	L1d cache	一级数据缓存大小	L1i cache	一级指令缓存大小
	L2 cache	二级缓存大小	L3 cache	三级缓存大小
	Model	CPU 型号	Model name	CPU 型号名称
	NUMA node(s)	NUMA 节点数	NUMA node0 CPU(s)	NUMA 总节点数
	On-line CPU(s) list	在线 CPU 数	Socket(s)	主板上插槽数
	Stepping	更新版本	Thread(s) per core	每个核心的线程数
	Vendor ID	CPU 厂商	Virtualization type	虚拟化类型
Scheduled Cron Jobs（任务计划）	MIN	执行计划时间分钟	HRS	执行计划时间单位小时
	DAY	一月中的第几天	MONTH	月份
	WKDAY	星期几	USER	执行命令用户
	CMD	任务执行的命令		
IO Stats（IO 状态）	DEVICE	磁盘设备名称	READS	从设备读取数据量
	WRITES	向设备写入数据量	IN_PROG	程序执行调用情况
	TIME	执行时间统计		

（3）NETWORK。在网络监控模块中，可对主机网卡的上下行网络速率、IP 地址、网络连接、网络 ARP 缓存表、对外访问主机速度等信息进行实时监控，如图 12-7-4 所示。Linux-dash 监控主机网络情况的字段见表 12-7-4。

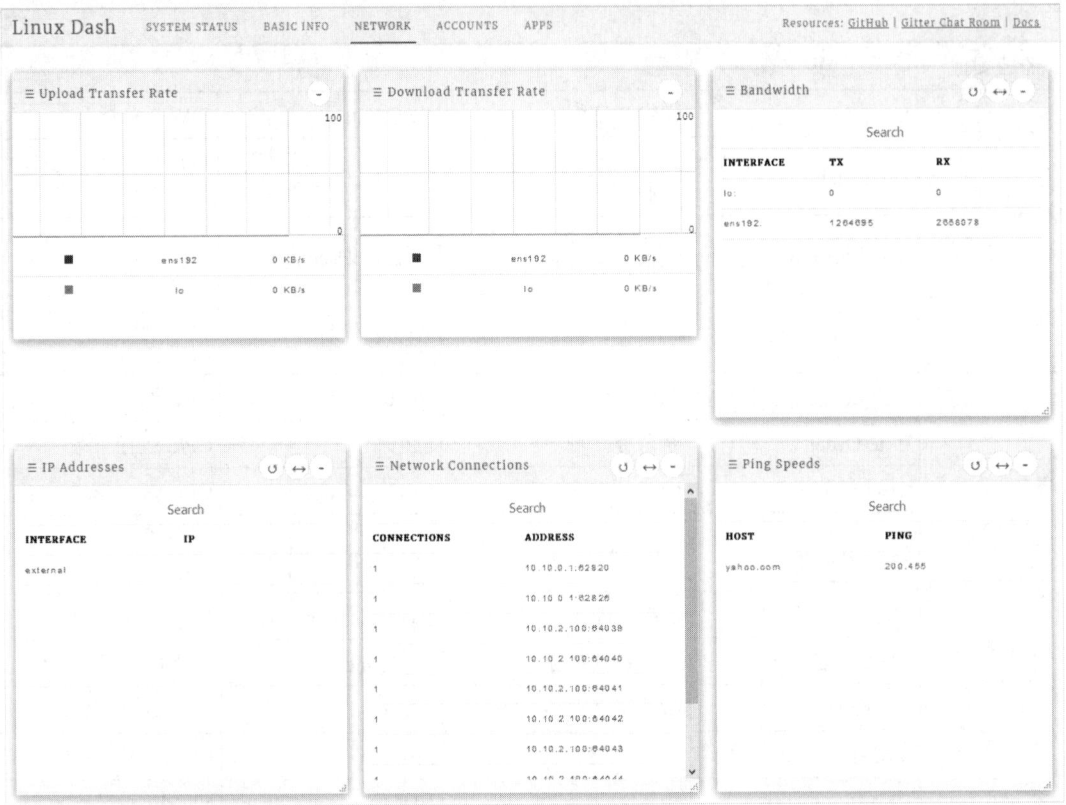

图 12-7-4　系统网络情况监控

表 12-7-4　系统网络监控内容

监控类型	监控内容	监控说明
Upload Transfer Rate（上行传输率）	ens192	ens192 网卡上行（发送）数据速率
	lo	lo 环回网卡上行（发送）数据速率
Downsload Transfer Rate（下行传输率）	ens192	ens192 网卡下行（接收）数据速率
	lo	lo 环回网卡下行（接收）数据速率
Bandwidth（网络带宽）	INTERFACE	网卡接口名称
	TX	发送流量速率
	RX	接收流量速率
IP Addresses（主机 IP 地址）	INTERFACE	网卡接口名称
	IP	主机 IP 地址
Network Connections（网络连接情况）	CONNECTIONS	连接数
	ADDRESS	访问连接建立的来源地址与端口

续表

监控类型	监控内容	监控说明
Ping Speeds （测试 Ping 访问速度）	HOST	访问主机地址
	PING	PING 响应时间

（4）ACCOUNTS。在系统访问监控模块中，可对登录用户情况进行监控统计，掌握主机连接客户端信息，如图 12-7-5 所示。Linux-dash 监控主机用户登录访问情况的字段见表 12-7-5。

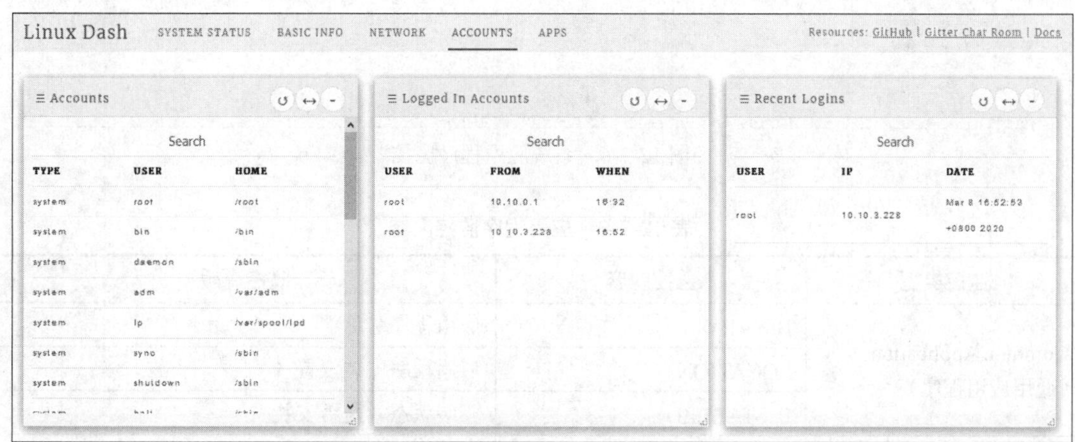

图 12-7-5　系统用户访问监控

表 12-7-5　用户访问监控内容

监控类型	监控内容	监控说明
Accounts （系统用户）	TYPE	用户类型
	USER	用户名
	HOME	用户主目录
Logged In Accounts （用户登录）	USER	登录用户名
	FROM	用户登录远程客户端 IP 地址
	WHEN	用户登录时间
Recent Logins （近期登录）	USER	登录用户名
	IP	登录客户端 IP 地址
	DATE	用户登录时间

（5）APPS。在应用程序监控模块中，可对主机上部署的应用程序等信息进行监控，如 PHP、Node、MySQL、MongoDB、Python、Memcached 缓存、Redis 缓存以及 PM2（系统进程管理工具）等，如图 12-7-6 所示。Linux-dash 监控主机应用程序情况的字段见表 12-7-6。

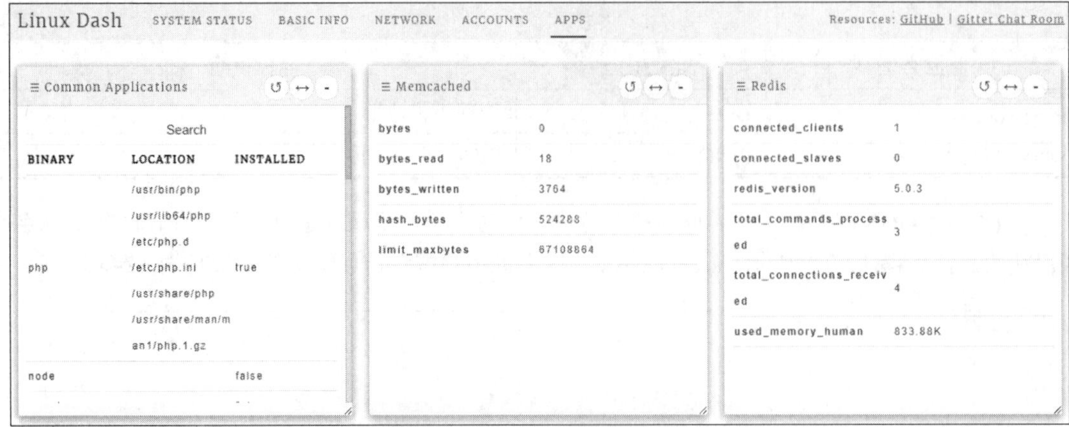

图 12-7-6　系统应用程序监控

表 12-7-6　应用程序监控内容

监控类型	监控内容	监控说明
Common Applications（通用应用程序）	BINARY	应用程序名称
	LOCATION	应用程序安装位置
	INSTALLED	安装状态，是否安装
Memcached（内存对象缓存）	bytes	主机在缓存中的总字节数
	bytes_read	主机从网络获取的总字节数
	bytes_written	主机向网络发送的总字节数
	hash_bytes	用于 Hash 计算是否相同的字节数
	limit_maxbytes	主机在存储时被允许使用的总字节数
Redis（远程字典服务）	connected_clients	连接客户端数
	connected_slaves	连接从节点数
	redis_version	Redis 版本
	total_commands_processed	已处理的命令总数
	total_connections_received	收到的连接总数
	used_memory_human	使用的内存量

项目十三

通过 Web 管理 CentOS

项目介绍

通过 Web 控制台可以随时随地管理 CentOS。

本项目在 Linux 平台下通过 Cockpit 进行系统维护、网络与安全管理、容器与虚拟机的管理，并通过 Cockpit 的组件管理更多的 CentOS 服务器。

项目目的

- 理解 Cockpit;
- 掌握 Cockpit 的安装与基本配置;
- 掌握使用 Cockpit 进行系统管理的方法;
- 掌握使用 Cockpit 进行更多服务器管理的方法。

项目讲堂

1. Cockpit

（1）什么是 Cockpit。Cockpit 是开源、轻量级、交互式的服务器管理软件。通过 Cockpit 可以实现存储管理、网络配置、检查日志等功能，其官网地址为：https://cockpit-project.org，本项目使用版本为 Cockpit 211。

（2）Cockpit 支持的操作系统。Cockpit 目前仅支持在 Linux 操作系统上运行，其支持的操作系统见表 13-0-1。

表 13-0-1　Cockpit 支持的操作系统列表

Fedora
Red Hat Enterprise Linux
Fedora CoreOS
Project Atomic
CentOS
Debian
Ubuntu
Clear Linux
Arch Linux
openSUSE Tumbleweed

（3）Cockpit 的特性。

1）易用性。

- 通过浏览器实现系统监控和系统维护。
- 通过不断测试、版本更迭，更贴合系统管理者的需求。
- 刚接触 Linux 的初学者，也能很好地进行系统维护。
- 安装配置十分简单。

2）集成性。

- 可以直接使用终端进行操作，也可使用交互式页面进行操作。
- 不需要单独设置账号，即可登录 Cockpit 进行操作。
- Cockpit 不依托 Web 服务器，独立发布。
- Cockpit 使用系统内置的 API 进行管理，无需再进行任何其他配置。
- Cockpit 仅在被访问时占用系统资源。

3）可视化。

- 可以直观了解服务器的运行状况。
- 可以同时监控、管理多台服务器。
- 可以轻松地实现网络诊断、监控虚拟机行为、修复 SELinux 常见的冲突等。

4）开放性。

- 可以随时随地通过浏览器检查和管理系统。
- 可以自定义插件扩展，并集成到 Cockpit 中。
- Cockpit 完全免费、开源。

（4）CentOS 中的 Cockpit。CentOS 中的 Cockpit 可用于管理、监控本机系统以及位于同一网络环境中的 Linux 服务器，其主要功能见表 13-0-2。

表 13-0-2 Cockpit 支持的功能列表

管理安装的服务
管理用户账号
管理和监控系统服务
配置网络和防火墙
检查系统日志
管理虚拟机
创建诊断报告
设置内核转储配置
配置 SELinux
更新软件
管理系统订阅

任务一 通过 Cockpit 实现 CentOS 的 Web 管理

【任务介绍】

本任务在 CentOS 上安装 Cockpit 软件，实现 CentOS 的 Web 管理。

【任务目标】

（1）实现在线安装 Cockpit。

（2）实现 Cockpit 服务管理。

（3）实现 Cockpit 系统总览。

（4）实现 Cockpit 终端应用。

【操作步骤】

步骤 1：创建虚拟机并完成 CentOS 的安装。

在 VirtualBox 中创建虚拟机，完成 CentOS 操作系统的安装。虚拟机与操作系统的配置信息见表 13-1-1，注意虚拟机网卡工作模式为桥接。

表 13-1-1 虚拟机与操作系统配置

虚拟机配置	操作系统配置
虚拟机名称： VM-Project-13-Task-01-10.10.2.127 内存：1024MB CPU：1 颗 1 核心 虚拟硬盘：10GB 网卡：1 块，桥接	主机名：Project-13-Task-01 IP 地址：10.10.2.127 子网掩码：255.255.255.0 网关：10.10.2.1 DNS：8.8.8.8

步骤 2：完成虚拟机的主机配置、网络配置及通信测试。

启动并登录虚拟机，依据表 13-1-1 完成主机名和网络的配置，能够访问互联网和本地主机。

（1）虚拟机创建、操作系统安装、主机名与网络的配置，具体方法参见项目一。

（2）建议通过虚拟机复制快速创建所需环境。通过复制创建的虚拟机需依据本任务虚拟机与操作系统规划配置信息设置主机名与网络，实现对互联网和本地主机的访问。

（3）本任务需使用 YUM 工具在线安装软件，建议将 YUM 仓库配置为国内镜像服务以提高在线安装时的速度。

步骤 3：通过在线方式安装 Cockpit。

操作命令：

```
#使用 yum 工具安装 Cockpit
[root@Project-13-Task-01 ~]# yum install -y cockpit
Last metadata expiration check: 0:16:54 ago on Mon 29 Jun 2020 06:40:38 PM CST.
Dependencies resolved.
================================================================================
 Package                  Arch          Version          Repository       Size
================================================================================
#安装的 Cockpit 版本、大小等信息
Installing:
 cockpit                  x86_64        211.3-1.el8      BaseOS           71 k
#安装的依赖软件信息
Installing dependencies:
 PackageKit               x86_64        1.1.12-4.el8     AppStream        601 k
 #为了排版方便，此处省略了部分提示信息
 centos-logos             x86_64        80.5-2.el8       BaseOS           706 k

Transaction Summary
================================================================================
Install  20 Packages
#安装 Cockpit 需要安装 20 个软件，总下载大小为 8.7M，安装后将占用磁盘 21M
Total download size: 8.7 M
Installed size: 21 M
Downloading Packages:
(1/20): abattis-cantarell-fonts-0.0.25-4.el8.no     481 kB/s | 155 kB     00:00
#为了排版方便，此处省略了部分提示信息
(20/20): libsoup-2.62.3-1.el8.x86_64.rpm            3.6 MB/s | 424 kB     00:00
--------------------------------------------------------------------------------
Total                                               3.5 MB/s | 8.7 MB     00:02
Running transaction check
Transaction check succeeded.
```

```
Running transaction test
Transaction test succeeded.
Running transaction
  Preparing:                                                  1/1
  Installing:json-glib-1.4.4-1.el8.x86_64                     1/20
  #为了排版方便，此处省略了部分提示信息
  Verifying:libstemmer-0-10.585svn.el8.x86_64                 20/20
#下述信息说明安装 Cockpit 将会安装以下软件，且已安装成功
Installed:
  cockpit-211.3-1.el8.x86_64
  #为了排版方便，此处省略了部分提示信息
  libstemmer-0-10.585svn.el8.x86_64

Complete!
```

操作命令+配置文件+脚本程序+结束

Cockpit 除在线安装方式外，还可通过 RPM 包安装。

步骤 4：Cockpit 服务管理。

（1）启动 Cockpit 服务。Cockpit 安装完成后将在 CentOS 中创建名为 cockpit.socket 的服务，该服务并未自动启动。

操作命令：

```
#使用 systemctl start 命令启动 cockpit.socket 服务
[root@Project-13-Task-01 ~]# systemctl start cockpit.socket
```

操作命令+配置文件+脚本程序+结束

如果不出现任何提示，表示 cockpit.socket 服务启动成功。

（1）命令 systemctl stop cockpit.socket，可以停止 cockpit.socket 服务。

（2）命令 systemctl restart cockpit.socket，可以重启 cockpit.socket 服务。

（2）查看 Cockpit 服务状态。Cockpit 服务启动之后可通过 systemctl status 命令查看其运行信息。

操作命令：

```
#使用 systemctl status 命令查看 cockpit.socket 服务
[root@Project-13-Task-01 ~]# systemctl status cockpit.socket
● cockpit.socket - Cockpit Web Service Socket
   #服务位置：是否设置开机自启动
   Loaded: loaded (/usr/lib/systemd/system/cockpit.socket; disabled; vendor pre>
   #Cockpit 的活跃状态，结果值为 active 表示活跃；inactive 表示不活跃
   Active: active (listening) since Mon 2020-06-29 19:23:28 CST; 20min ago
     Docs: man:cockpit-ws(8)
   #Cockpit 监听端口号为：9090
```

```
      Listen: [::]:9090 (Stream)
       #任务数（最大限制数为：11099）
       Tasks: 0 (limit: 11099)
      #占用内存大小为：636.0K
      Memory: 636.0K
      #cockpit.socket 的所有子进程
      CGroup: /system.slice/cockpit.socket
#cockpit.socket 操作日志
Jun 29 19:23:28 Project-13-Task-01 systemd[1]: Starting Cockpit Web Service Soc>
Jun 29 19:23:28 Project-13-Task-01 systemd[1]: Listening on Cockpit Web Service>
lines 1-11/11 (END)
```

操作命令+配置文件+脚本程序+结束

（3）设置 Cockpit 服务开机自启动。操作系统进行重启操作后，为了使业务更快的恢复，通常会将重要的服务或应用设置为开机自启动。将 cockpit.socket 服务配置为开机自启动的方法如下。

操作命令：

```
#命令 systemctl enable 可设置某服务为开机自启动
#命令 systemctl disable 可设置某服务为开机不自动启动
[root@Project-13-Task-01 ~]# systemctl enable cockpit.socket
Created symlink /etc/systemd/system/sockets.target.wants/cockpit.socket → /usr/lib/systemd/system/cockpit.socket
#使用 systemctl list-unit-files 命令确认 cockpit.socket 服务是否已配置为开机自启动
[root@Project-13-Task-01 ~]# systemctl list-unit-files | grep cockpit.socket
#下述信息说明 cockpit.socket 已配置为开机自启动
cockpit.socket                                  enabled
```

操作命令+配置文件+脚本程序+结束

步骤 5：配置防火墙等安全措施。

为了使 Cockpit 能够被访问，需在 CentOS 的防火墙上开启 Cockpit。

操作命令：

```
#使用 firewall-cmd 命令在防火墙上开放 cockpit 服务
[root@Project-13-Task-01 ~]# firewall-cmd --add-service=cockpit --permanent
Warning: ALREADY_ENABLED: cockpit
success
#重新载入防火墙，使配置生效
[root@Project-13-Task-01 ~]# firewall-cmd --reload
success
```

操作命令+配置文件+脚本程序+结束

步骤 6：访问 Cockpit。

Cockpit 默认监听 9090 端口，在本地主机通过浏览器访问 https://10.10.2.127:9090 访问 Cockpit，如图 13-1-1 所示。Cockpit 推荐使用的浏览器见表 13-1-2。

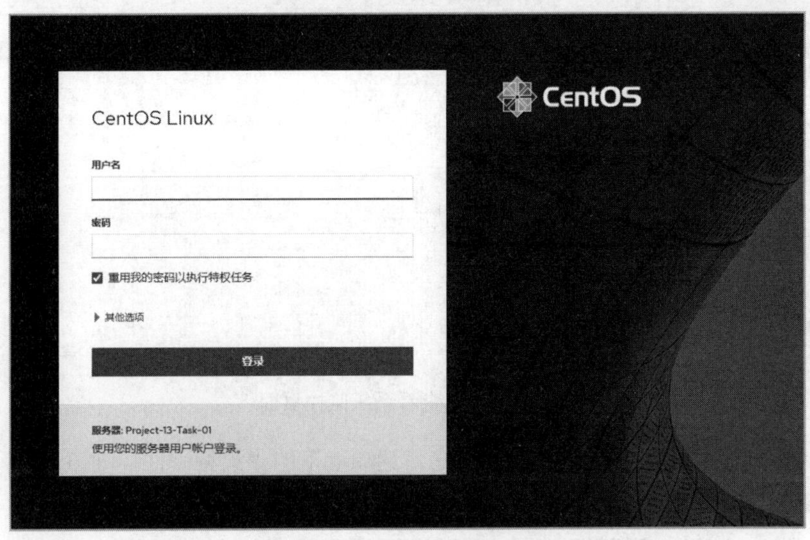

图 13-1-1　访问 Cockpit 页面

表 13-1-2　Cockpit 推荐使用浏览器

Mozilla Firefox 52 及以上版本
Google Chrome 57 及以上版本
Microsoft Edge 16 及以上版本

步骤 7：通过 Cockpit 总览 CentOS 信息。

登录 Cockpit 之后将展示系统的概览信息，如图 13-1-2 所示。通过该页面可以查看系统软件是否有更新、系统性能消耗情况和系统硬件信息，并可进行主机名、系统时间等的配置。

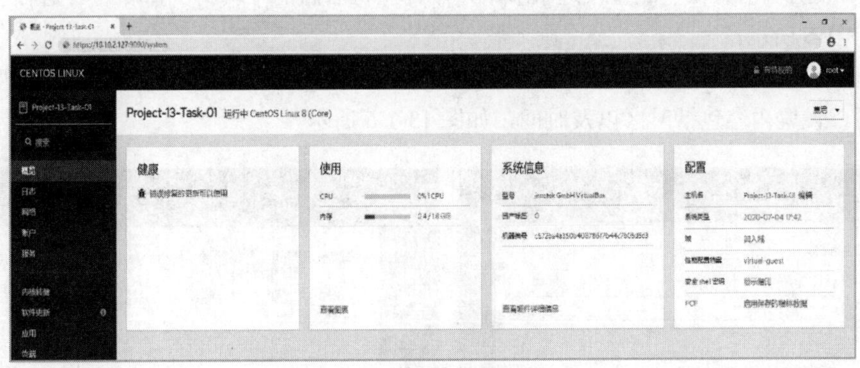

图 13-1-2　系统概览页面

（1）查看系统实时监控。单击“使用”选项卡下的“查看图表”命令，可总览系统性能的使用情况，如图 13-1-3 所示。

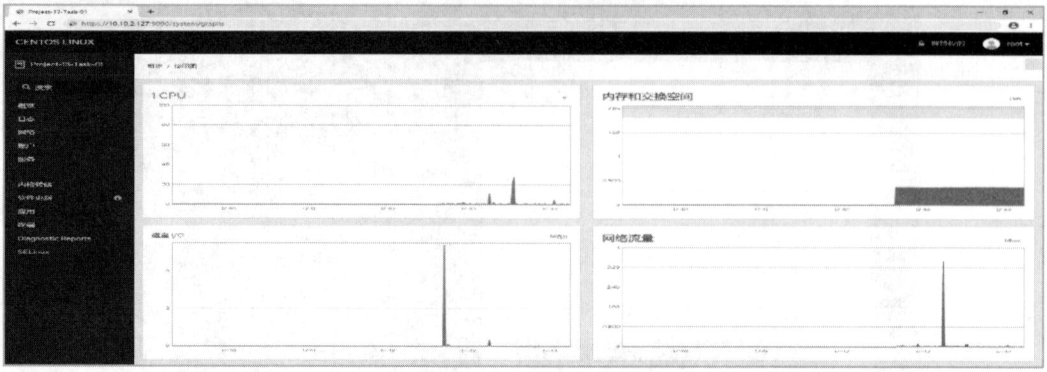

图 13-1-3　查看系统监控页面

（2）查看系统硬件信息。单击“系统信息”选项卡下的“查看硬件详细信息”命令，可总览系统的硬件信息，如图 13-1-4 所示。

图 13-1-4　查看系统硬件信息页面

（3）修改主机名。在“配置”选项卡下，单击主机名后的“编辑”命令，可进行主机名的修改，如图 13-1-5 所示。

（4）修改系统时间。在“配置”选项卡下，单击系统类型后的“时间”命令，即可进行系统时间的设置，设置内容包括时区以及时间，如图 13-1-6 所示。

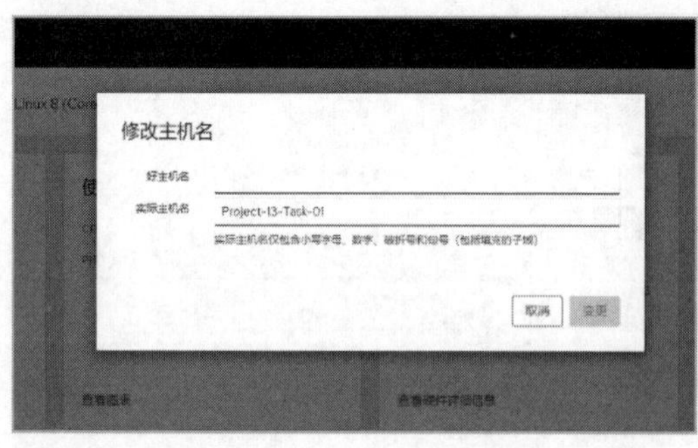

图 13-1-5　修改主机名页面

图 13-1-6　修改系统时间页面

步骤 8：通过 cockpit-pcp 实现系统监控。

Cockpit 默认展示系统实时监控数据，cockpit-pcp 用于存储和分析系统监控数据，通过 cockpit-pcp 可实现系统历史监控数据的查看。

在“配置”选项卡下，单击 PCP 选项后的“启用保存的指标数据”命令，将弹出确认安装 cockpit-pcp 软件的对话框，点击“安装”按钮，如图 13-1-7 所示。

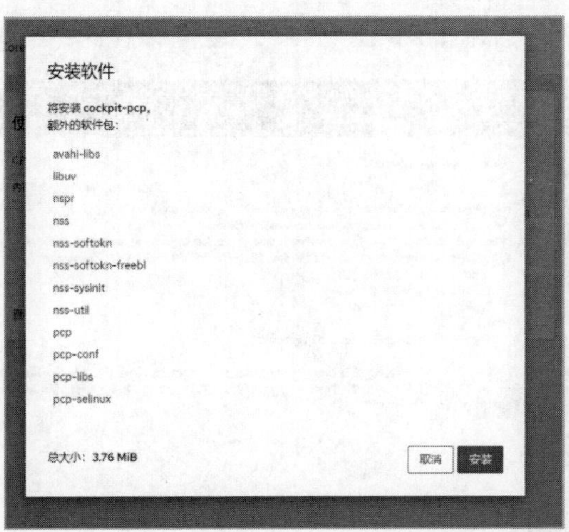

图 13-1-7　安装 cockpit-pcp 软件页面

安装完成之后需等待系统完成配置，概览页面“配置”选项卡出现“存储指标数据”选项且处于选中状态时，表示系统已完成配置。再次查看系统监控，将出现“时间筛选”，可以查看系统历史监控数据，如图 13-1-8 所示。

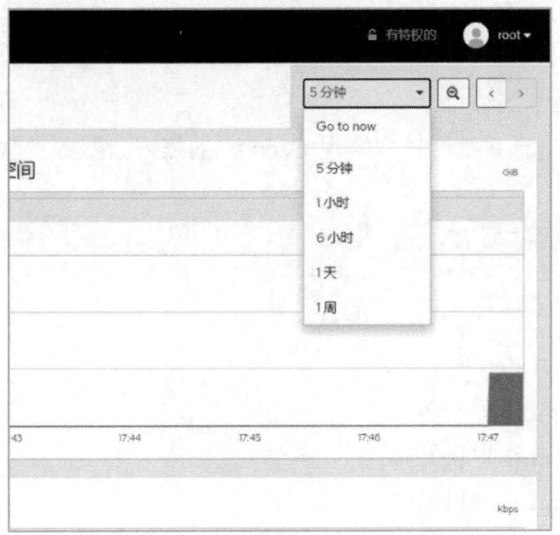

图 13-1-8　再次查看系统监控页面

项目十三

通过“配置”选项卡还可实现将系统加入域、变更性能配置、显示主机 SSH 密钥等功能。

步骤 9：通过 Cockpit 终端操作 CentOS。

无需 SSH 客户端软件，通过 Cockpit 终端可对 CentOS 进行终端操作。

单击左侧导航中的“终端”，进入系统终端界面，输入命令查看 Cockpit 服务状态，如图 13-1-9 所示。

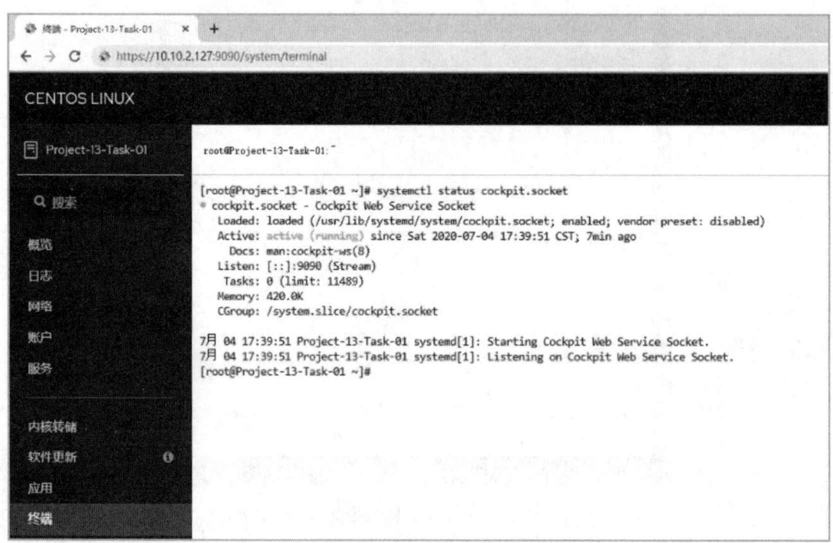

图 13-1-9　系统终端

任务二　通过 Cockpit 进行系统维护

【任务介绍】

本任务通过 Cockpit 进行系统维护，实现 CentOS 的账户、服务、软件更新的管理，实现对日志、系统诊断报表的浏览。

本任务在任务一的基础上进行。

【任务目标】

（1）实现使用 Cockpit 维护账户。

（2）实现使用 Cockpit 维护服务。

（3）实现使用 Cockpit 维护软件。

（4）实现使用 Cockpit 查看日志。

（5）实现使用 Cockpit 查看诊断报表。

【操作步骤】

步骤 1：账户维护。

（1）账户添加。单击左侧导航中的“账户”，进入账户列表界面，会列出系统现有账户，如图 13-2-1 所示。单击“创建”按钮，添加用户 project13，如图 13-2-2 所示。

图 13-2-1　账户列表

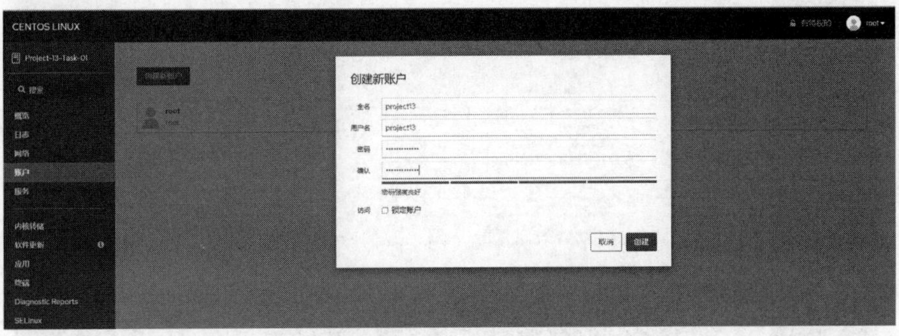

图 13-2-2　账户创建

（2）账户权限管理。单击已创建的 project13 账户，查看该用户信息，如图 13-2-3 所示。在“角色”选项中，勾选“服务器管理员”，即赋予 root 权限。

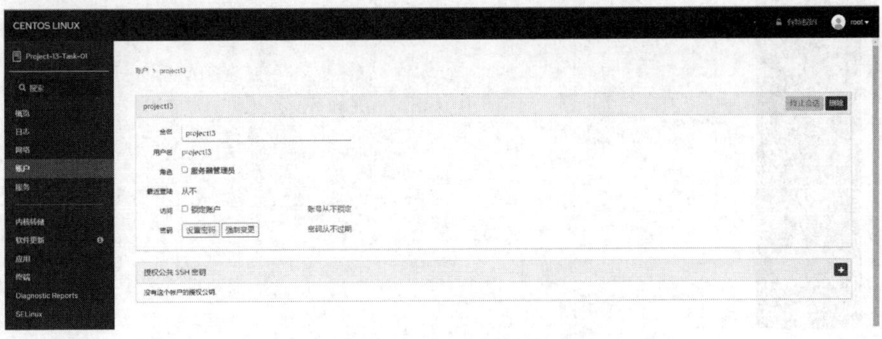

图 13-2-3　权限管理

（3）账户密码管理。账户密码默认设置为永不过期，如需更改，可在“密码”选项中，单击“密码从不过期”，设置 project13 账户密码过期时间为 3 天，然后单击“变更”按钮，如图 13-2-4 所示。

要管理账户密码，需以 root 身份登录或者取得 root 权限后进行操作。

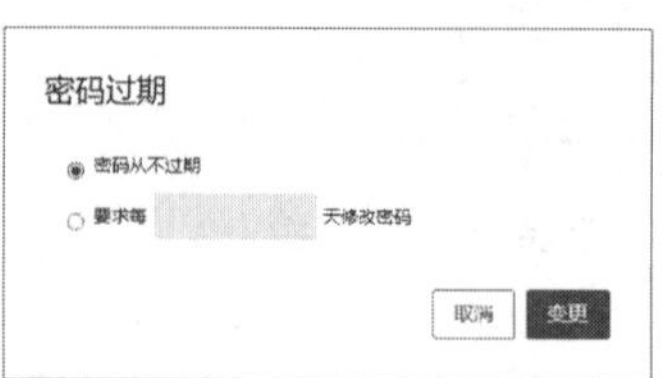

图 13-2-4　密码管理

“密码”选项中，“设置密码”将修改账户密码，“强制变更”表示该用户在下次登录时必须修改其密码。

步骤 2：服务维护。

单击左侧导航中的“服务”，进入服务界面。

（1）服务信息查看。服务管理分为系统服务、目标、套接字、计时器与路径，如图 13-2-5 所示，单击“系统服务”选项卡，找到“firewalld”服务后单击即可查看其详细信息，如图 13-2-6 所示。

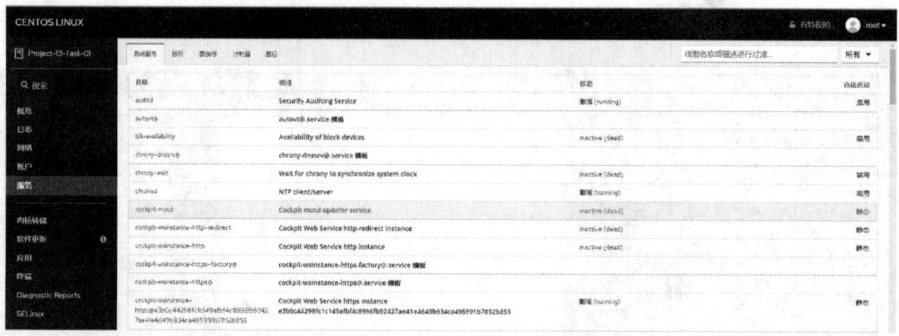

图 13-2-5　服务列表

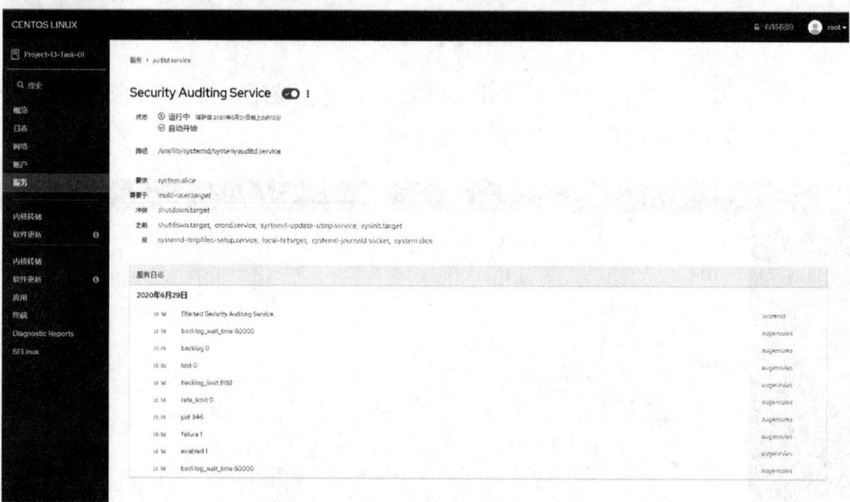

图 13-2-6　firewalld 服务信息

（2）服务状态管理。单击服务名称的开关，可停止并禁用该服务，如图 13-2-7 所示；单击开关之后的“三个点”可重载、重启、停止和不允许运行（掩盖）该服务，如图 13-2-8 所示。

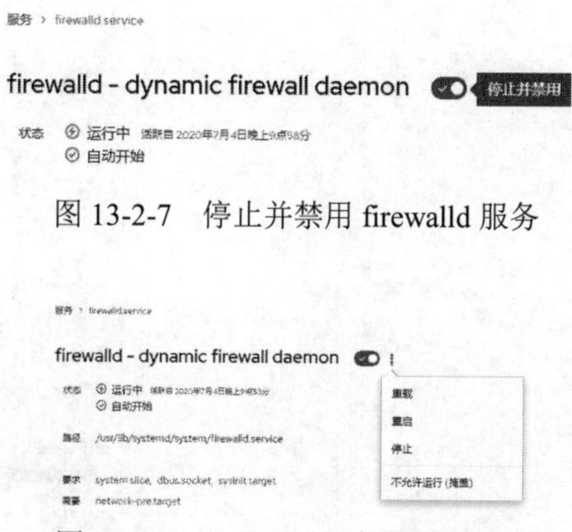

图 13-2-7　停止并禁用 firewalld 服务

图 13-2-8　firewalld 服务的更多操作

步骤 3：软件更新。

单击左侧导航中的“软件更新”，进入软件更新界面。

（1）手动更新。单击右上角的“检查更新”按钮，检查到有 217 个可用的更新，单击右侧“安装所有更新”按钮进行系统更新操作，如图 13-2-9 所示。

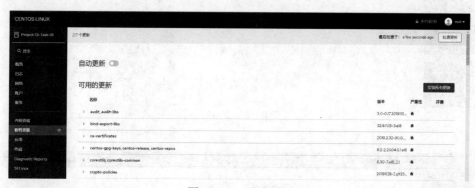

图 13-2-9　手动更新

（2）自动更新。单击左上角“自动更新”后的开关以开启自动更新，提示启用自动更新功能需安装一些软件包，单击“安装”按钮，如图 13-2-10 所示。安装完毕后，设置更新软件范围和更新时间范围等，如图 13-2-11 所示。

步骤 4：日志查看。

单击左侧导航中的“软件更新”，进入软件更新界面。

选择日志时间范围、严重性、服务范围筛选日志类型，如图 13-2-12 所示，单击第一条日志查看其详细信息，如图 13-2-13 所示。

图 13-2-10　自动更新安装依赖

图 13-2-11　自动更新配置

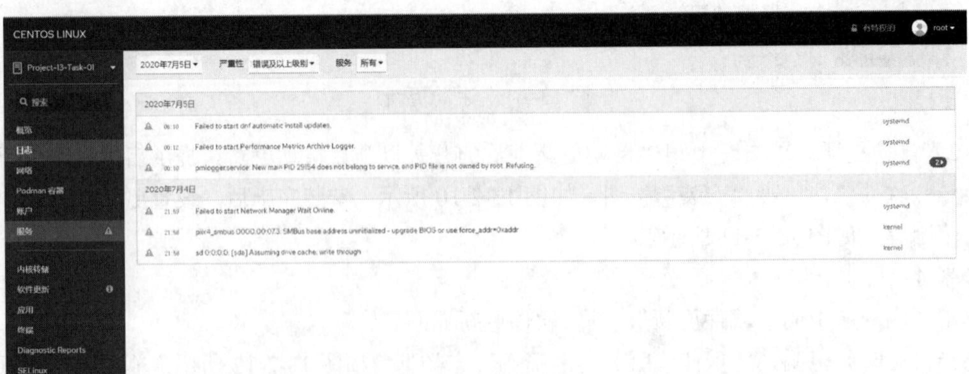

图 13-2-12　日志列表

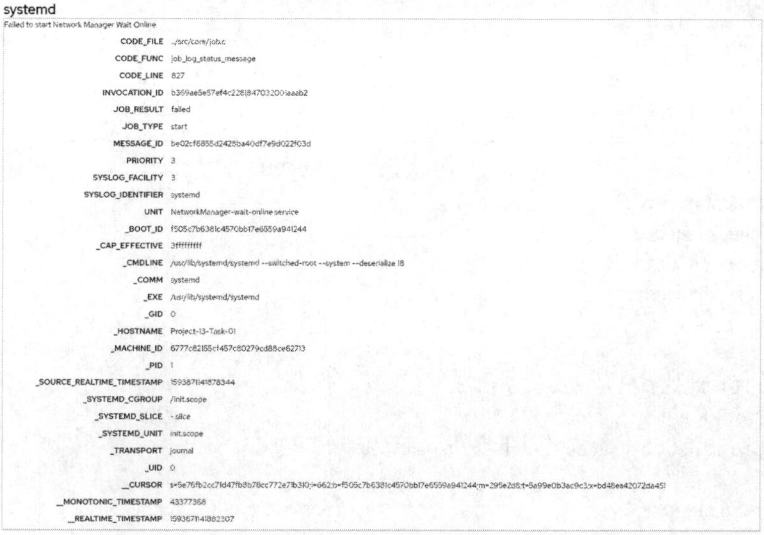

systemd

Failed to start Network Manager Wait Online

CODE_FILE	../src/core/job.c
CODE_FUNC	job_log_status_message
CODE_LINE	827
INVOCATION_ID	b369ae5e57ef4c2281847032001aaab2
JOB_RESULT	failed
JOB_TYPE	start
MESSAGE_ID	be02cf6855d2428ba40df7e9d022f03d
PRIORITY	3
SYSLOG_FACILITY	3
SYSLOG_IDENTIFIER	systemd
UNIT	NetworkManager-wait-online.service
_BOOT_ID	f505c7b6381c4570bb17e6559a941244
_CAP_EFFECTIVE	3fffffffff
_CMDLINE	/usr/lib/systemd/systemd --switched-root --system --deserialize 18
_COMM	systemd
_EXE	/usr/lib/systemd/systemd
_GID	0
_HOSTNAME	Project-13-Task-01
_MACHINE_ID	6777c82155cf457c80279cd88ce62713
_PID	1
_SOURCE_REALTIME_TIMESTAMP	1593871141878344
_SYSTEMD_CGROUP	/init.scope
_SYSTEMD_SLICE	-.slice
_SYSTEMD_UNIT	init.scope
_TRANSPORT	journal
_UID	0
__CURSOR	s=5e76fb2cc71d47fb8b78cc772e71b310;i=662;b=f505c7b6381c4570bb17e6559a941244;m=295e2d8;t=5a99e0b3ac9c3;x=bd48ea42072da451
__MONOTONIC_TIMESTAMP	43377368
__REALTIME_TIMESTAMP	1593871141882307

图 13-2-13　日志详情

步骤 5： 日志诊断配置。

（1）通过在线方式安装日志诊断服务。CentOS 操作系统默认未安装日志诊断服务，该服务对应的工具为 sosreport。

sosreport 工具集成在 SoS 软件包中，可使用 yum 工具在线安装。单击左侧导航中的“终端”进行 SoS 的安装，操作命令如下。

操作命令：

```
#使用 yum 工具安装 SoS
[root@Project-13-Task-01 ~]# yum install -y sos
Last metadata expiration check: 0:33:55 ago on Sat 04 Jul 2020 10:16:50 PM CST.
Dependencies resolved.
================================================================================
 Package              Architecture         Version              Repository      Size
================================================================================
#安装的 SoS 版本、大小等信息
Installing:
 sos                  noarch               3.8-6.el8_2          BaseOS          522 k
#安装的依赖软件信息
Installing dependencies:
 bzip2                x86_64               1.0.6-26.el8         BaseOS          60 k

Transaction Summary
================================================================================
Install  2 Packages
#安装 SoS 需要安装 2 个软件，总下载大小为 582K，安装后将占用磁盘 1.6M
Total download size: 582 k
```

```
Installed size: 1.6 M
Downloading Packages:
(1/2): sos-3.8-6.el8_2.noarch.rpm                    730 kB/s | 522 kB     00:00
(2/2): bzip2-1.0.6-26.el8.x86_64.rpm                 81 kB/s |  60 kB      00:00
----------------------------------------------------------------------------------
Total                                                369 kB/s | 582 kB     00:01
Running transaction check
Transaction check succeeded.
Running transaction test
Transaction test succeeded.
Running transaction
  Preparing:                                                   1/1
#为了排版方便，此处省略了部分提示信息
  Verifying:sos-3.8-6.el8_2.noarch                             2/2
#下述信息说明安装 SoS 将会安装以下软件，且已安装成功
Installed:
  bzip2-1.0.6-26.el8.x86_64                 sos-3.8-6.el8_2.noarch

Complete!
```

操作命令+配置文件+脚本程序+结束

（2）创建报表。单击左侧导航中的“Diagnostic Reports”，进入诊断报表界面。

单击“创建报表”按钮，如图 13-2-14 所示，等待创建报表，单击“下载报表”按钮进行下载，如图 13-2-15 所示。

图 13-2-14　创建报表

图 13-2-15　报表下载

下载完成后解压下载的 sosreport-Project-13-Task-01-2020-07-04-pjcvubh.tar.xz 文件，该目录的 sos_report 目录下可看到 HTML、JSON、TXT 三种格式的报表，通过浏览器打开 HTML 格式的报表，如图 13-2-16 所示。

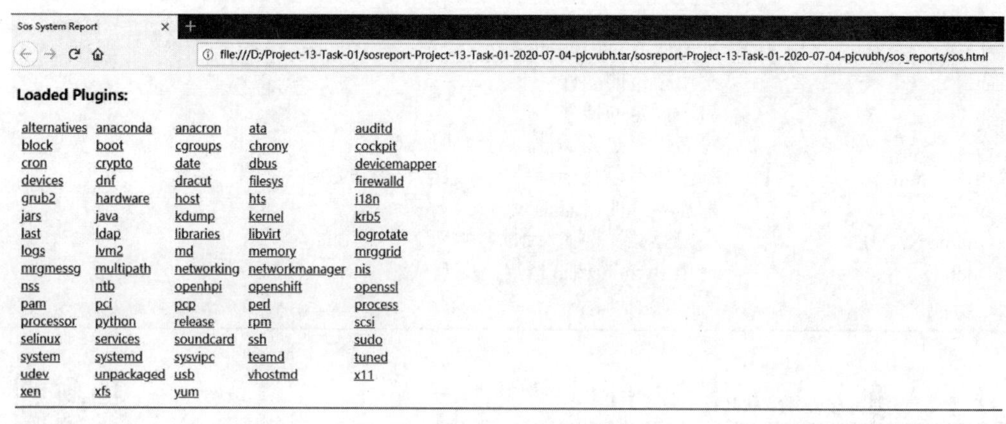

图 13-2-16　诊断报表查看

【任务扩展】

1. Linux 服务类型

Linux 服务可分为 System Service、Target、Socket、Timer、Paths 等类型，其服务类型与服务说明见表 13-2-1。

表 13-2-1　Linux 服务说明

名称	说明
System Service	系统本地服务
Socket	内部程序数据交互的套接字服务
Target	执行环境中的目标服务，对其他服务进行逻辑分配
Timer	定时执行服务
Paths	监听特定文件和目录的路径服务
mount	文件系统挂载服务
automount	文件系统自动挂载服务

2. sosreport 命令

通过 sosreport 命令可收集并打包系统、运行程序的配置数据与诊断信息。sosreport 命令是一种可扩展、可移植、支持数据收集的工具，主要应用于 Linux 等类 UNIX 操作系统，sosreport 命令需以 root 用户身份运行。

命令详解：

【语法】

sosreport [选项]

【选项】

-l	列出所有可用的插件及其选项
-n	禁用指定的插件
-e	启用指定的插件
-o	仅启用指定的插件，其他插件禁用
-b，--count	列出所有已登录用户的登录名与用户数量
-v	增加详细的日志记录
--name NAME	指定存档文件 NAME 名称
--debug	使用 Python 调试器启用交互式调试

操作命令+配置文件+脚本程序+结束

任务三　通过 Cockpit 管理网络与安全

操作视频

【任务介绍】

本任务通过 Cockpit 管理网络，实现网络的 IPv4/IPv6 的设置、绑定、组、vlan 或者监听端口。通过 Cockpit 进行安全配置，实现防火墙的启用或停用，区域管理，服务管理，端口配置及 SELinux 的管理。

本任务在任务一的基础上进行。

【任务目标】

（1）实现使用 Cockpit 管理网络。

（2）实现使用 Cockpit 配置防火墙。

【操作步骤】

步骤 1： 查看网络概览。

在左侧菜单中单击“网络”，如图 13-3-1 所示。通过该页面可以查看网络活动状态、防火墙状态、接口状态和网络日志，并可进行防火墙和接口管理等操作。

步骤 2： 配置网络。

单击“接口”选项卡下的“添加绑定”按钮，即可进行绑定的添加，如图 13-3-2 所示。也可以单击其他按钮进行添加组、添加网桥、添加 VLAN 操作。

单击“接口”选项卡下绑定名称，即可进行绑定设置的修改，如图 13-3-3 所示。也可进行组设置、网桥设置和 VLAN 设置的修改。

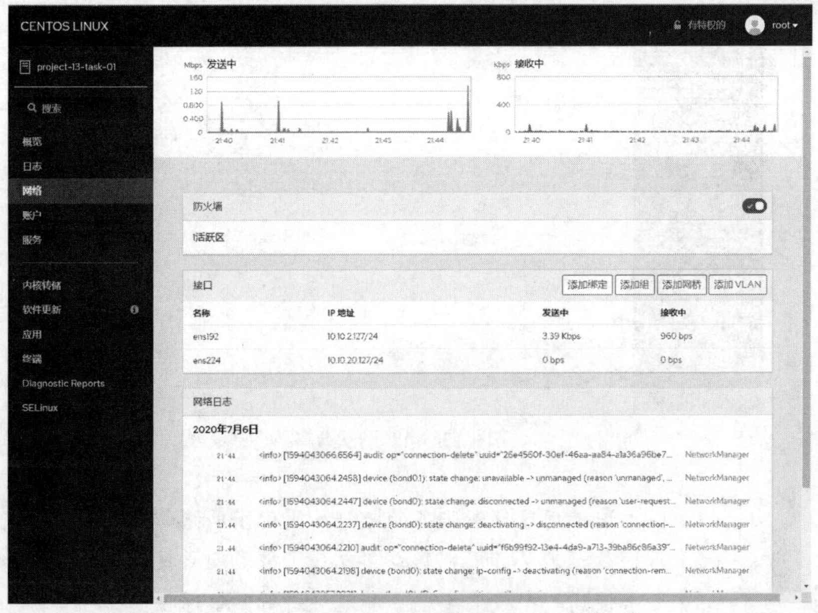

图 13-3-1　网络概览

图 13-3-2　添加绑定

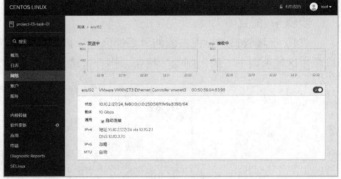

图 13-3-3　修改接口

（1）网络绑定是一种结合或聚合网络接口以提供具有更高吞吐量或冗余的逻辑接口的方法。

（2）主动备份、balance-tlb 和 balance-alb 模式不需要网络交换机的任何特定配置。但其他绑定模式需要配置交换机来聚合链接。

步骤 3：查看防火墙状态。

单击“防火墙”选项卡的标题，即可查看防火墙当前的配置信息，如图 13-3-4 所示。通过该页面可以实现区域管理、服务管理和端口配置。

图 13-3-4　防火墙

小贴士

（1）防火墙使用区域和服务的概念，简化了网络管理。

（2）区域是预定义的规则集，它包含了很多网络接口通信的过滤规则。

（3）服务使用一个或多个端口和地址进行网络通信。

（4）防火墙的通信过滤是基于端口。要允许服务的网络流量通过，其对应的端口必须打开。防火墙将阻止未显式设置为开启状态的端口上的所有通信。

步骤 4：配置防火墙。

（1）区域管理。单击右侧的“添加区域”按钮，可进行区域的添加，如图 13-3-5 所示。也可以单击区域选项卡下的“删除”按钮，进行区域的删除操作。

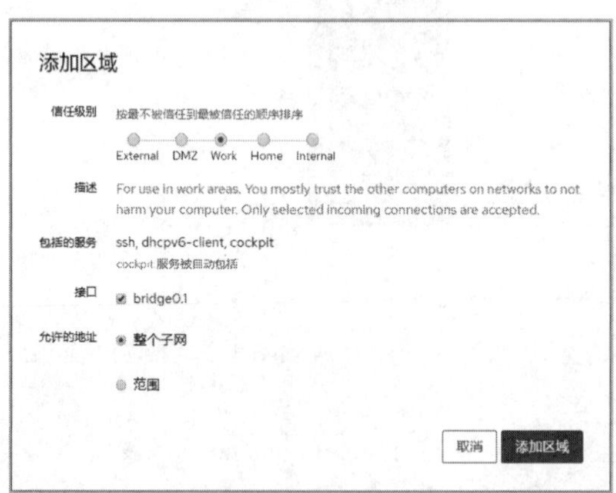

图 13-3-5　添加区域

（2）服务管理。默认情况下，服务被添加到防火墙默认区域。如果在更多的网络接口上使用更多的防火墙区域，则必须首先选择一个区域，然后添加带有端口的服务。

单击区域选项卡下的“添加服务”按钮，在弹出框中选择“服务”，即可进行服务的添加，如图

13-3-6 所示。也可以单击服务名称，查看服务详情，并可进行服务的删除操作，如图 13-3-7 所示。

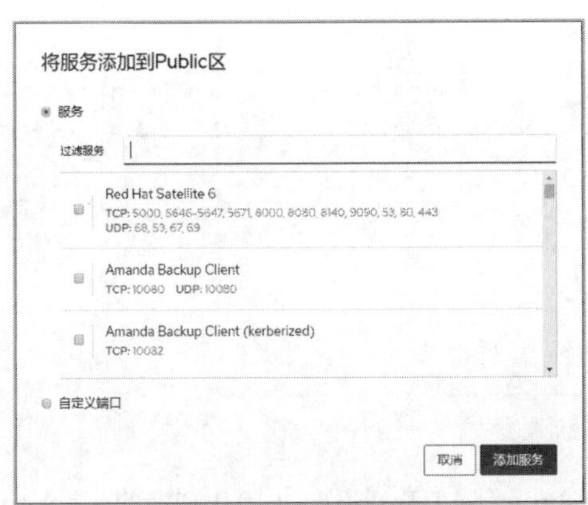

图 13-3-6　添加服务

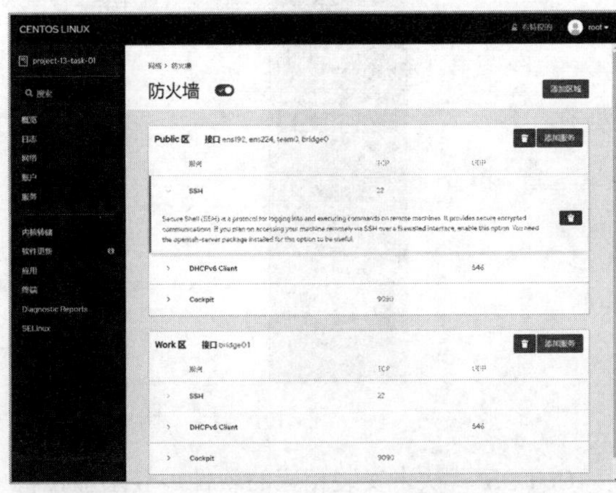

图 13-3-7　查看服务详情

（3）自定义端口配置。单击区域选项卡下的“添加服务”按钮，在弹出框中选择“自定义端口”，即可进行端口的添加，如图 13-3-8 所示。也可以单击端口名称，查看端口详情，并可进行端口的删除操作。

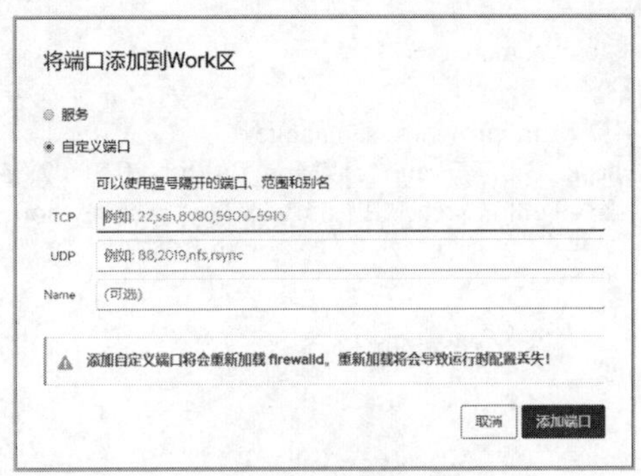

图 13-3-8　添加端口

步骤 5：管理 SELinux。

（1）管理 SELinux 需要的条件。通过 Cockpit 管理 SELinux，需将 SELinux 工作模式设置为 enforcing 或 permissive。

操作命令：

```
#使用 setenforce 命令将 SELinux 设置为 enforcing 模式
[root@Project-13-Task-01 ~]# setenforce 1
```

操作命令+配置文件+脚本程序+结束

（2）安装 semanage。通过 Cockpit 管理 SELinux 可以查看系统改变，如图 13-3-9 所示。

图 13-3-9　查看系统改变

CentOS 默认未安装相应的软件，登录虚拟机 VM-Project-13-Task-01-10.10.2.127 的 Cockpit，单击左侧导航中的“终端”进行 semanage 组件的安装，操作命令如下。

操作命令：

```
#使用 yum 工具安装 semanage 组件
[root@Project-13-Task-01 ~]# yum -y install semanage
Last metadata expiration check: 3:05:29 ago on Mon 06 Jul 2020 02:05:25 PM CST.
No match for argument: semanage
Error: Unable to find a match: semanage
#依据提示查找 semanage 的软件包
[root@Project-13-Task-01 ~]# yum provides semanage
Last metadata expiration check: 3:05:47 ago on Mon 06 Jul 2020 02:05:25 PM CST.
policycoreutils-python-utils-2.9-9.el8.noarch: SELinux policy core python
                                              : utilities
Repo: BaseOS
Matched from:
Filename: /usr/sbin/semanage

#安装 semanage 的软件包
[root@Project-13-Task-01 ~]# yum -y install policycoreutils-python-utils
Last metadata expiration check: 3:07:15 ago on Mon 06 Jul 2020 02:05:25 PM CST.
Dependencies resolved.
==========================================================================
 Package                     Arch      Version                 Repo     Size
==========================================================================
Installing:
 policycoreutils-python-utils
                            noarch    2.9-9.el8               BaseOS   251 k
Installing dependencies:
 checkpolicy                x86_64    2.9-1.el8               BaseOS   348 k
  #为了排版方便，此处省略了部分提示信息
 python3-setools            x86_64    4.2.2-2.el8             BaseOS   601 k

```

```
Transaction Summary
================================================================================
Install  6 Packages

Total download size: 3.6 M
Installed size: 11 M
Downloading Packages:
(1/6): python3-audit-3.0-0.17.20191104git1c2f87 221 kB/s |  86 kB     00:00
  #为了排版方便，此处省略了部分提示信息
 (6/6): python3-policycoreutils-2.9-9.el8.noarch  23 MB/s | 2.2 MB     00:00
--------------------------------------------------------------------------------
Total                                            2.5 MB/s | 3.6 MB     00:01
Running transaction check
Transaction check succeeded.
Running transaction test
Transaction test succeeded.
Running transaction
  Preparing:                                                        1/1
  Installing: python3-setools-4.2.2-2.el8.x86_64                    1/6
#为了排版方便，此处省略了部分提示信息
  Verifying: python3-setools-4.2.2-2.el8.x86_64                     6/6

#下述信息说明安装 semanage 将会安装以下软件，且已安装成功
Installed:
  checkpolicy-2.9-1.el8.x86_64
  #为了排版方便，此处省略了部分提示信息
  python3-setools-4.2.2-2.el8.x86_64

Complete!
```

操作命令+配置文件+脚本程序+结束

（3）安装 setroubleshoot-server。通过 Cockpit 管理 SELinux 可以查看 SELinux 访问控制错误，如图 13-3-10 所示。

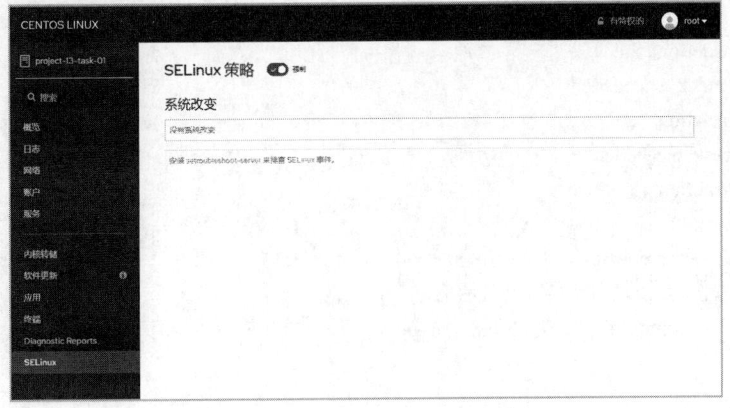

图 13-3-10　查看 SELinux 访问控制错误

CentOS 默认未安装相应的软件，登录虚拟机 VM-Project-13-Task-01-10.10.2.127 的 Cockpit，单击左侧导航中的“终端”进行 setroubleshoot-server 组件的安装，操作命令如下。

操作命令：

```
#使用 yum 工具安装 setroubleshoot-server 组件
[root@Project-13-Task-01 ~]# yum -y install setroubleshoot-server
Last metadata expiration check: 0:17:42 ago on Mon 06 Jul 2020 05:19:29 PM CST.
Dependencies resolved.
================================================================================
Package                         Arch      Version             Repo        Size
================================================================================
Installing:
setroubleshoot-server           x86_64    3.3.22-2.el8        AppStream   398 k
Installing dependencies:
 cairo                          x86_64    1.15.12-3.el8       AppStream   721 k
 #为了排版方便，此处省略了部分提示信息
 setroubleshoot-plugins         noarch    3.3.11-2.el8        AppStream   360 k

Transaction Summary
================================================================================
Install  15 Packages

Total download size: 3.3 M
Installed size: 11 M
Downloading Packages:
(1/15):    cairo-gobject-1.15.12-3.el8.x86_64.rpm         71 kB/s  | 33 kB     00:00
 #为了排版方便，此处省略了部分提示信息
(15/15):   setroubleshoot-server-3.3.22-2.el8.x86_64.rpm  121 kB/s | 398 kB    00:03
--------------------------------------------------------------------------------
Total                                                     191 kB/s | 3.3 MB    00:17
Running transaction check
Transaction check succeeded.
Running transaction test
Transaction test succeeded.
Running transaction
  Preparing:                                              1/1
  Installing:     fontconfig-2.13.1-3.el8.x86_64          1/15
 #为了排版方便，此处省略了部分提示信息
  Verifying:      fontconfig-2.13.1-3.el8.x86_64          15/15

Installed:
cairo-1.15.12-3.el8.x86_64   cairo-gobject-1.15.12-3.el8.x86_64   fontconfig-2.13.1-3.el8.x86_64
```

```
#为了排版方便，此处省略了部分提示信息
python3-systemd-234-8.el8.x86_64    setroubleshoot-plugins-3.3.11-2.el8.noarch    setroubleshoot-server-3.3.22-2.el8.x86_64

Complete!
```

操作命令+配置文件+脚本程序+结束

（4）管理 SELinux。单击左侧导航中的“SELinux”进行 SELinux 的管理，如图 13-3-11 所示。在当前页面可以查看 SELinux 工作模式、系统改变及 SELinux 访问控制错误。也可以单击“SELinux 策略”选项卡右侧的开关按钮将 SELinux 工作模式切换为 permissive，如图 13-3-12 所示。

图 13-3-11　管理 SELinux

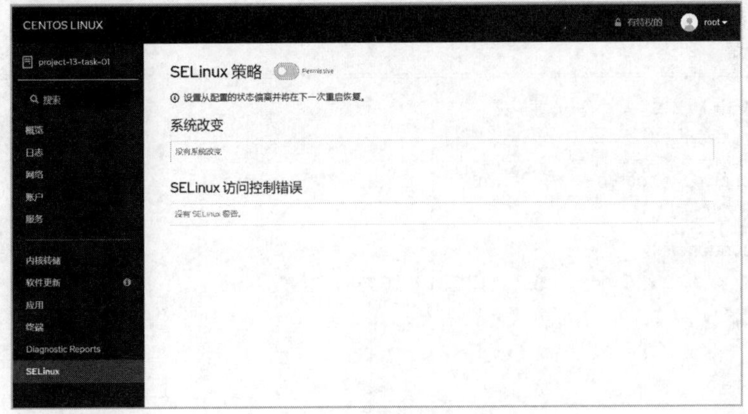

图 13-3-12　切换 SELinux 工作模式

小贴士　使用 Cockpit 管理 SELinux，只能在 enforcing 模式和 permissive 模式之间切换。

任务四　通过 Cockpit 管理 Docker

操作视频

【任务介绍】

本任务通过 Cockpit 实现 Docker 管理。

本任务在任务一的基础上进行。

【任务目标】

（1）实现在线安装 cockpit-podman 组件。

（2）实现 Cockpit 在线管理 Docker。

【操作步骤】

步骤 1：安装 cockpit-podman 组件。

使用 Cockpit 管理 Docker 时需安装 cockpit-podman 组件。登录 Cockpit，单击左侧导航中的“终端”进行 cockpit-podman 的安装，操作命令如下。

操作命令：

```
#使用 yum 工具安装 cockpit-podman
[root@Project-13-Task-01 ~]# yum install -y cockpit-podman
Last metadata expiration check: 0:06:06 ago on Sun 05 Jul 2020 03:22:00 PM CST.
Dependencies resolved.
================================================================================
 Package            Arch        Version                               Repository    Size
================================================================================
#安装的 Cockpit 版本、大小等信息
Installing:
 Cockpit-podman     noarch      12-1.module_el8.2.0+305+5e198a41      AppStream     1.0M
#安装的依赖软件信息
Installing dependencies:
audit               x86_64      3.0-0.17.20191104git1c2f876.el8       BaseOS        254k
 #为了排版方便，此处省略了部分提示信息
usermode            x86_64      1.113-1.el8                           BaseOS        202k

Transaction Summary
================================================================================
Install    28Packages
Upgrade4Packages
#安装 cockpit-podman 软件，需安装 28 个软件更新 4 个软件，总下载大小为 43M，安装后将占用磁盘 43M
```

```
Total download size: 43 M
Installed size: 43 M
Downloading Packages:
[SKIPPED] audit-3.0-0.17.20191104git1c2f876.el8.x86_64.rpm: Already downloaded
#为了排版方便，此处省略了部分提示信息
(32/32):python3-policycoreutils-2.9-9.el8.noar          2.8MB/s|2.2MB      00:00
-------------------------------------------------------------------------------------
Total                                                   11MB/s|43 MB       00:03
Running transaction check
Transaction check succeeded.
Running transaction test
Transaction test succeeded.
Running transaction
  Preparing:                                                               1/1
Running scriptlet: audit-libs-3.0-0.17.20191104git1c2f876.el8.x86_64       1/1
  #为了排版方便，此处省略了部分提示信息
Verifying: policycoreutils-2.9-3.el8.x86_64
#下述信息说明安装 cockpit-podman 将会安装以下软件，且已安装成功
Installed:
checkpolicy-2.9-1.el8.x86_64
  #为了排版方便，此处省略了部分提示信息
usermode-1.113-1.el8.x86_64

Complete!
```

操作命令+配置文件+脚本程序+结束

步骤 2：开启 Podman 服务。

安装完成后，左侧导航中将显示“Podman 容器”，单击该导航进入 Podman 容器页面。

单击“启动 podman”按钮，激活 Podman 服务如图 13-4-1 所示，Podman 服务激活后页面如图 13-4-2 所示。

图 13-4-1　Podman 服务激活

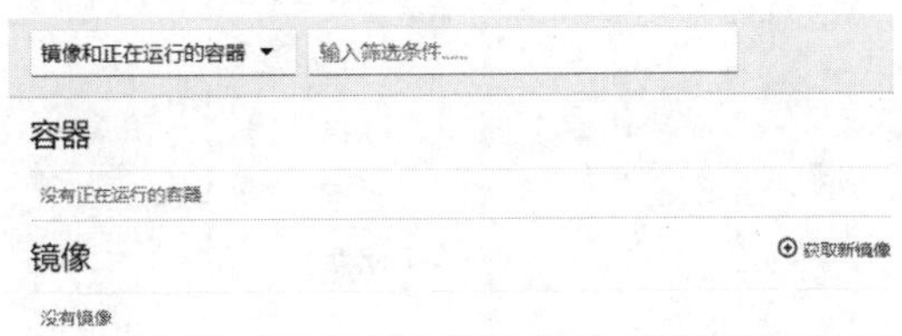

图 13-4-2　Podman 容器管理

步骤 3：使用 Cockpit 获取 Apache 镜像。

单击“获取新镜像”命令，输入需要获取的镜像名称 Apache，搜索 Apache 镜像，选择其中一个镜像后单击“下载”按钮，即可获取镜像，如图 13-4-3 所示。

镜像下载后列表如图 13-4-4 所示，单击“详情”选项卡可查看镜像的基本信息，单击“使用者”选项卡可查看使用该镜像的容器及其运行状态。

图 13-4-3　查询并获取 Apache 镜像

图 13-4-4　镜像列表

步骤 4：使用 Cockpit 运行 Apache 容器。

单击镜像列表中的▶按钮，即可基于此镜像，运行 Docker 容器。创建容器时需填写名称、命令，选择是否设置内存限制、是否分配伪终端，设置容器端与主机端的端口绑定、卷绑定以及环境变量，如图 13-4-5 所示，设置完成后单击“运行”按钮，即可运行 Docker 容器。

容器运行后，可通过容器列表查看当前正在运行的容器，如图 13-4-6 所示，单击“详情”选项卡可查看当前容器的运行情况，单击“控制台”选项卡可进入容器终端进行操作。

图 13-4-5　创建运行 Apache 容器

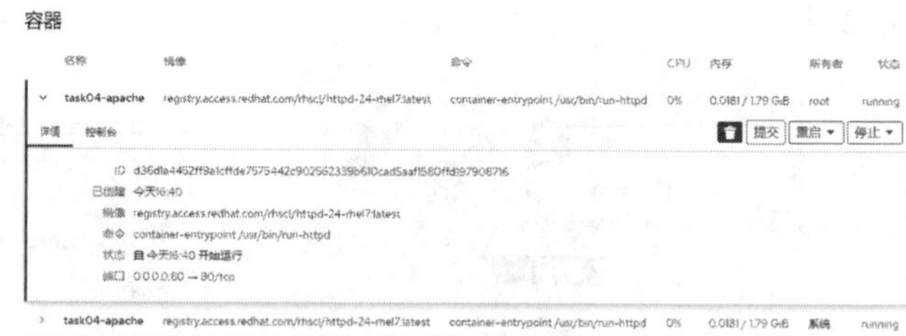

图 13-4-6　镜像列表

容器运行时，可对容器进行删除、提交、重启、停止等操作。通过提交，可将选中容器创建为新的镜像，创建时需选择镜像格式，填写镜像名称、标签、作者、消息以及命令，如图 13-4-7 所示。

图 13-4-7　提交容器镜像

任务五　管理更多的 CentOS 服务器

【任务介绍】

本任务通过 Cockpit 管理多台 CentOS 服务器。

本任务在任务一的基础上进行。

【任务目标】

（1）实现使用 Cockpit 添加 CentOS 服务器。

（2）实现使用 Cockpit 管理多台 CentOS 服务器。

【任务规划】

本任务的服务器规划见表 13-5-1。

表 13-5-1　服务器规划表

序号	虚拟机名称	业务名称	作用
1	VM-Project-13-Task-01-10.10.2.127	服务器-1	作为管理服务器
2	VM-Project-13-Task-02-10.10.2.128	服务器-2	作为被管理服务器
3	VM-Project-13-Task-03-10.10.2.129	服务器-3	作为被管理服务器

【操作步骤】

步骤 1：在服务器-1 上安装 cockpit-dashboard 组件。

管理服务器需要的条件。使用 Cockpit 管理其他服务器需要安装 cockpit-dashboard 组件。

在本地主机上通过浏览器访问服务器-1 的 Cockpit，单击左侧导航中的“终端”进行 cockpit-dashboard 的安装，操作命令如下。

操作命令：

```
#使用 yum 工具安装 cockpit-dashboard 组件
[root@Project-13-Task-01 ~]# yum install -y cockpit-dashboard
Last metadata expiration check: 0:31:53 ago on Thu 25 Jun 2020 04:49:02 PM CST.
Dependencies resolved.
================================================================================
 Package                 Architecture    Version              Repository     Size
================================================================================
#安装的 cockpit-dashboard 的版本、大小等信息
Installing:
 cockpit-dashboard       noarch          211.3-1.el8          AppStream      225 k
Transaction Summary
================================================================================
#安装 cockpit-dashboard 需要安装 1 个软件，总下载大小为 225k，安装后将占用磁盘 172k
Install  1 Package
Total download size: 225 k
Installed size: 172 k
Downloading Packages:
cockpit-dashboard-211.3-1.el8.noarch.rpm              409 kB/s | 225 kB     00:00
--------------------------------------------------------------------------
Total                                                 156 kB/s | 225 kB     00:01
Running transaction check
Transaction check succeeded.
Running transaction test
Transaction test succeeded.
Running transaction
  Preparing                                                    1/1
  Installing: cockpit-dashboard-211.3-1.el8.noarch             1/1
  Verifying: cockpit-dashboard-211.3-1.el8.noarch              1/1
#下述信息说明 cockpit-dashboard 已经安装成功
Installed:
  cockpit-dashboard-211.3-1.el8.noarch
Complete!
#安装需重启生效
systemctl restart cockpit
```

操作命令+配置文件+脚本程序+结束

步骤 2：创建服务器-2。

（1）创建虚拟机并完成 CentOS 的安装。在 VirtualBox 中创建虚拟机，完成 CentOS 操作系统的安装。虚拟机与操作系统的配置信息见表 13-5-2，注意虚拟机网卡工作模式为桥接。

表 13-5-2　虚拟机与操作系统配置

虚拟机配置	操作系统配置
虚拟机名称： VM-Project-13-Task-02-10.10.2.128 内存：1024MB CPU：1 颗 1 核心 虚拟硬盘：10GB 网卡：1 块，桥接	主机名：Project-13-Task-02 IP 地址：10.10.2.128 子网掩码：255.255.255.0 网关：10.10.2.1 DNS：8.8.8.8

（2）完成虚拟机的主机配置、网络配置及通信测试。启动并登录虚拟机，依据表 13-5-2 完成主机名和网络的配置，能够访问互联网和本地主机。

（3）安装 Cockpit 并开启 SSH。在服务器-2 上安装 Cockpit 并开启 SSH 服务。

使用 Cockpit 管理多台 CentOS 服务器时，被管理的服务器需要满足以下要求。

- 安装 Cockpit。
- 开启 SSH 连接。
- 安装 libssh 库。

操作命令：

```
#使用 yum 工具安装 cockpit 软件
[root@Project-13-Task-02~]# yum install -y cockpit
#使用 systemctl status 查看 sshd 服务运行状态
[root@Project-13-Task-02 ~]# systemctl status sshd
● sshd.service - OpenSSH server daemon
#Loaded 表示 sshd 服务的安装位置；enabled 表示设置为开机自启动
   Loaded: loaded (/usr/lib/systemd/system/sshd.service; enabled; vendor preset>
#sshd 服务的活跃状态，结果值为 active 表示活跃；inactive 表示不活跃
   Active: active (running) since Sat 2020-06-20 18:08:10 CST; 5 days ago
     Docs: man:sshd(8)
           man:sshd_config(5)
#sshd 服务的主进程 ID 为：1005
 Main PID: 1005 (sshd)
#nginx 服务进程总数为 1
    Tasks: 1 (limit: 4648)
#sshd 服务占用内存大小为：9.9M
   Memory: 9.9M
#sshd 服务的所有进程信息
   CGroup: /system.slice/sshd.service
 └─1005 /usr/sbin/sshd -D -oCiphers=aes256-gcm@openssh.com,chacha20-p>
#sshd 操作日志
Jun 22 20:41:13 Project-13-Task-02 sshd[6217]: Accepted password for root from>
#为了排版方便，此处省略了部分提示信息
Jun 25 18:10:02 Project-13-Task-02 sshd[21017]: pam_unix(sshd:session): session>
```

```
lines 1-21/21 (END)
#查看是否安装 libssh 库
[root@Project-13-Task-02 ~]# rpm -qa |grep libssh
#以下信息表示已安装 libssh 库
libssh-config-0.9.0-4.el8.noarch
libssh-0.9.0-4.el8.x86_64
```

操作命令+配置文件+脚本程序+结束

步骤 3：创建服务器-3。

（1）创建虚拟机并完成 CentOS 的安装。在 VirtualBox 中创建虚拟机，完成 CentOS 操作系统的安装。虚拟机与操作系统的配置信息见表 13-5-3，注意虚拟机网卡工作模式为桥接。

表 13-5-3　虚拟机与操作系统配置

虚拟机配置	操作系统配置
虚拟机名称： VM-Project-13-Task-03-10.10.2.129 内存：1024MB CPU：1 颗 1 核心 虚拟硬盘：10GB 网卡：1 块，桥接	主机名：Project-13-Task-03 IP 地址：10.10.2.129 子网掩码：255.255.255.0 网关：10.10.2.1 DNS：8.8.8.8

（2）完成虚拟机的主机配置、网络配置及通信测试。启动并登录虚拟机，依据表 13-5-3 完成主机名和网络的配置，能够访问互联网和本地主机。

（3）安装 Cockpit 并开启 SSH。

操作命令：

```
#使用 yum 工具安装 cockpit 软件
[root@ Project-13-Task-03~]# yum install -y cockpit
#使用 systemctl status 查看 sshd 服务运行状态
[root@ Project-13-Task-03 ~]# systemctl status sshd
sshd.service - OpenSSH server daemon
#Loaded 表示 sshd 服务的安装位置；enabled 表示设置为开机自启动
Loaded: loaded (/usr/lib/systemd/system/sshd.service; enabled; vendor preset>
#sshd 服务的活跃状态，结果值为 active 表示活跃；inactive 表示不活跃
Active: active (running) since Sat 2020-06-20 18:08:10 CST; 5 days ago
Docs: man:sshd(8)
man:sshd_config(5)
#sshd 服务的主进程 ID 为：1005
Main PID: 1005 (sshd)
#nginx 服务进程总数为 1
Tasks: 1 (limit: 4648)
#sshd 服务占用内存大小为：9.9M
```

```
Memory: 9.9M
#sshd 服务的所有进程信息
CGroup: /system.slice/sshd.service
 └─1005 /usr/sbin/sshd -D -oCiphers=aes256-gcm@openssh.com,chacha20-p>
#sshd 操作日志
Jun 22 20:41:13 Project-13-Task-02 sshd[6217]: Accepted password for root from >
#为了排版方便，此处省略了部分提示信息
Jun 25 18:10:02 Project-13-Task-03 sshd[21017]: pam_unix(sshd:session): session>
lines 1-21/21 (END)
#查看是否安装 libssh 库
[root@Project-13-Task-03 ~]# rpm -qa |grep libssh
#以下信息表示已安装 libssh 库
libssh-config-0.9.0-4.el8.noarch
libssh-0.9.0-4.el8.x86_64
```

操作命令+配置文件+脚本程序+结束

步骤 4：在服务器-1 的 Cockpit 中添加被管理服务器。

Cockpit 提供了 3 种方式添加服务器。

- 密码。
- SSH 公钥。
- Kerberos。

前两种方式都是基于 SSH 协议，第三种是统一身份认证登录，本任务不作介绍。

（1）使用密码添加服务器。访问服务器-1 的 Cockpit，单击“控制台”命令，单击加号图标，输入服务器-2 的 IP 地址，选择颜色标识（用于区分其他服务器），单击“添加”按钮，如图 13-5-1 所示。

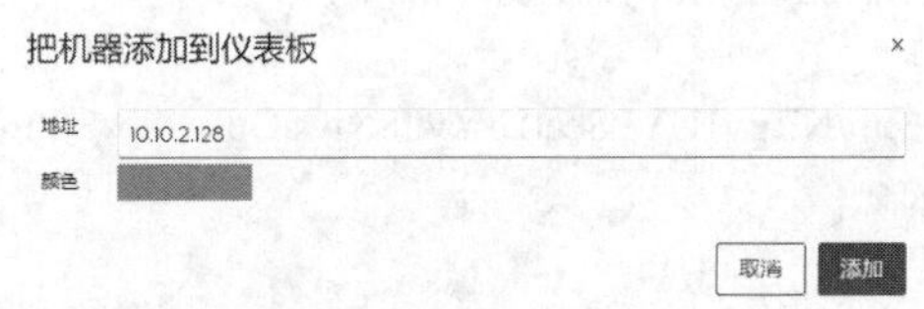

图 13-5-1　添加服务器

单击“连接”按钮，如图 13-5-2 所示，完成服务器的添加。

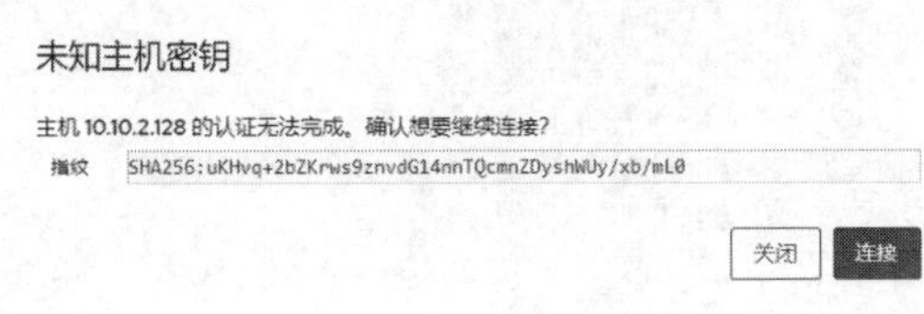

图 13-5-2　确认连接

如果管理服务器和被管理服务器的 root 账户密码相同，则不需要再填写密码，可直接添加。

添加后的服务器将在服务器列表中显示，如图 13-5-3 所示。

图 13-5-3　服务器列表

（2）使用 SSH 公钥添加服务器。使用 SSH 公钥添加服务器，首先需要在管理服务器上生成 SSH 公钥，并将公钥发送至被管理服务器。

操作命令：

```
[root@Project-13-Task-01 ~]# ssh-keygen
Generating public/private rsa key pair.
#输入密钥的存储路径，默认为/root/.ssh/
Enter file in which to save the key (/root/.ssh/id_rsa):
Created directory '/root/.ssh'.
#给公钥设置密码，默认为空
Enter passphrase (empty for no passphrase):
#再次输入公钥密码
Enter same passphrase again:
#公钥创建成功
Your identification has been saved in /root/.ssh/id_rsa.
Your public key has been saved in /root/.ssh/id_rsa.pub.
The key fingerprint is:
SHA256:IznpJ2HEqaaGoQMm/NBgv1UYFSea05rYyil8NjwsOpk root@Project-13-Task-01
The key's randomart image is:
+---[RSA 3072]----+
|        ..+..    |
|        .*.o     |
| o     =+o       |
|o + oo=o         |
|++ +o=B S        |
|*o*o=o + .       |
|+*o&  o .        |
|Eo= o  o         |
|..               |
+----[SHA256]-----+
#ssh-copy-id –i 命令将公钥发送到服务器-3
[root@Project-13-Task-01 ~]# ssh-copy-id -i ~/.ssh/id_rsa root@10.10.2.129
```

```
/usr/bin/ssh-copy-id: INFO: Source of key(s) to be installed: "/root/.ssh/id_rsa.pub"
The authenticity of host '10.10.2.129 (10.10.2.129)' can't be established.
ECDSA key fingerprint is SHA256:o8PXGC1g4S2wbxS6IbGcLh/f+xSGveavweSgIKIogEA.
#输入 yes 确认连接
Are you sure you want to continue connecting (yes/no/[fingerprint])? yes
/usr/bin/ssh-copy-id: INFO: attempting to log in with the new key(s), to filter out any that are already installed
/usr/bin/ssh-copy-id: INFO: 1 key(s) remain to be installed -- if you are prompted now it is to install the new keys
#输入服务器-3root 账户的密码
root@10.10.2.129's password:
Number of key(s) added: 1
Now try logging into the machine, with:   "ssh 'root@10.10.2.129'"
and check to make sure that only the key(s) you wanted were added.
#发送成功
Now try logging into the machine, with:   "ssh '10.10.2.129'"
and check to make sure that only the key(s) you wanted were added.
```

操作命令+配置文件+脚本程序+结束

上面的操作命令完成了管理服务器和被管理服务器之间的身份验证，可在管理服务器的 Cockpit 中不填写密码直接添加服务器，如图 13-5-4 所示。

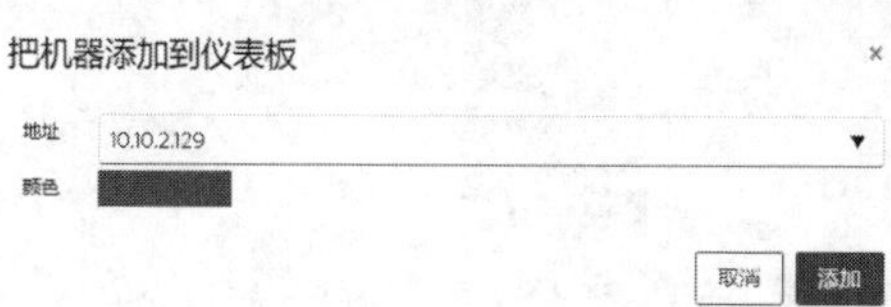

图 13-5-4　添加服务器

步骤 5：对比已添加服务器的运行状态。

在仪表盘中，可选择已添加的服务器进行运行状态对比，如图 13-5-5 所示。

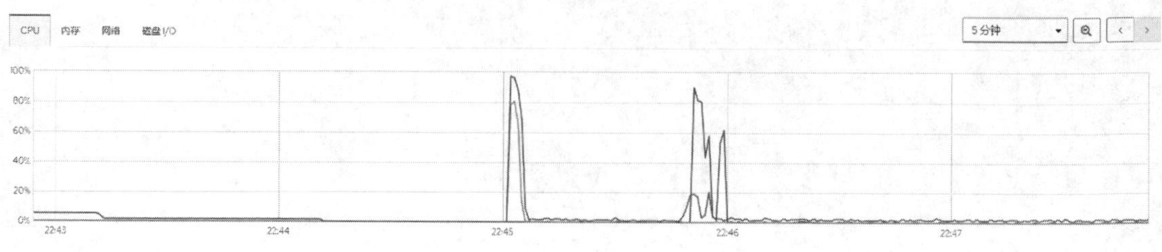

图 13-5-5　服务器状态对比

步骤 6：使用 Cockpit 对其他服务器进行维护。

单击“仪表板”列表中的服务器，可以进入到该服务器的管理界面，在此处对服务器进行管理操作。也可单击左上角服务器名称的下拉列表框切换服务器进行管理，如图 13-5-6 所示。管理其他服务器与管理本地服务器的操作完全一致。

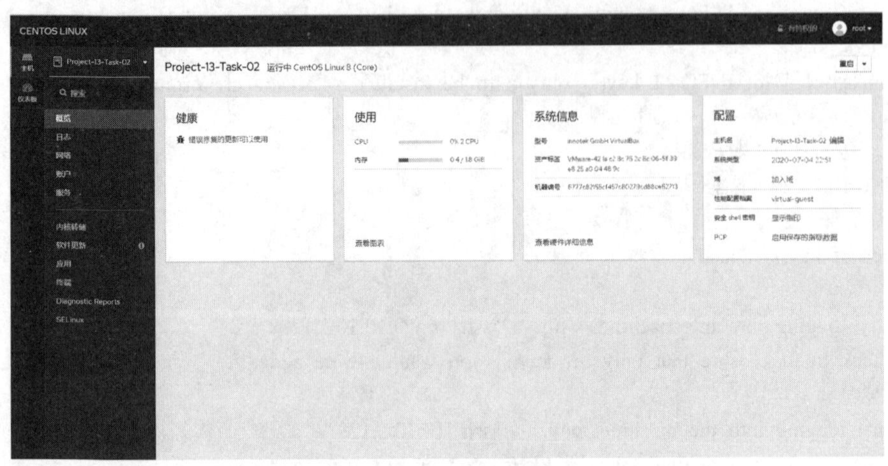

图 13-5-6　切换服务器面板

附录 1　虚拟机规划表

<table>
<tr><th>序号</th><th>用途</th><th>虚拟机数</th><th>IP 地址数</th><th>虚拟机名称</th><th>CPU</th><th>内存</th><th>虚拟机硬盘</th><th>网卡</th><th>主机名</th><th>网络</th></tr>
<tr><td>1</td><td rowspan="2">项目一</td><td rowspan="2">2</td><td rowspan="2">2</td><td>VM-Project-01-Task-01-10.10.2.101</td><td>1 颗 1 核心</td><td>1GB</td><td>10GB</td><td>1 块，桥接</td><td>Project-01-Task-01</td><td>IP：10.10.2.101
子网掩码：255.255.255.0
网关：10.10.2.1
DNS：8.8.8.8</td></tr>
<tr><td>2</td><td>VM-Project-01-Task-02-10.10.2.102</td><td>1 颗 1 核心</td><td>1GB</td><td>10GB</td><td>1 块，桥接</td><td>Project-01-Task-02</td><td>IP：10.10.2.102
子网掩码：255.255.255.0
网关：10.10.2.1
DNS：8.8.8.8</td></tr>
<tr><td>3</td><td>项目二</td><td>1</td><td>1</td><td>VM-Project-02-Task-01-10.10.2.103</td><td>1 颗 1 核心</td><td>1GB</td><td>10GB</td><td>1 块，桥接</td><td>Project-02-Task-01</td><td>IP：10.10.2.103
子网掩码：255.255.255.0
网关：10.10.2.1
DNS：8.8.8.8</td></tr>
<tr><td>4</td><td rowspan="2">项目三</td><td rowspan="2">2</td><td rowspan="2">2</td><td>VM-Project-03-Task-01-10.10.2.104</td><td>1 颗 1 核心</td><td>1GB</td><td>10GB</td><td>1 块，桥接</td><td>Project-03-Task-01</td><td>IP：10.10.2.104
子网掩码：255.255.255.0
网关：10.10.2.1
DNS：8.8.8.8</td></tr>
<tr><td>5</td><td>VM-Project-03-Task-02-10.10.2.105</td><td>1 颗 1 核心</td><td>1GB</td><td>10GB</td><td>1 块，桥接</td><td>Project-03-Task-02</td><td>IP：10.10.2.105
子网掩码：255.255.255.0
网关：10.10.2.1
DNS：8.8.8.8</td></tr>
<tr><td rowspan="2">6</td><td rowspan="2">项目四</td><td rowspan="2">4</td><td rowspan="2">2</td><td rowspan="2">VM-Project-04-Task-01-10.10.2.106</td><td rowspan="2">1 颗 1 核心</td><td rowspan="2">1GB</td><td rowspan="2">10GB</td><td>1 块，桥接</td><td rowspan="2">Project-04-Task-01</td><td>IP：10.10.2.106
子网掩码：255.255.255.0
网关：10.10.2.1
DNS：8.8.8.8</td></tr>
<tr><td>1 块，通信</td><td>IP：172.16.0.254
子网掩码：255.255.255.0
网关：不配置
DNS：不配置</td></tr>
</table>

续表

序号	用途	虚拟机数	IP 地址数	虚拟机名称	CPU	内存	虚拟机硬盘	网卡	主机名	网络
7	项目四	4	2	VM-Project-04-Task-02-172.16.0.1	1 颗 1 核心	1GB	10GB	1 块，桥接/通信	Project-04-Task-02	IP：10.10.2.107 子网掩码：255.255.255.0 网关：不配置 DNS：不配置 IP：172.16.0.1 子网掩码：255.255.255.0 网关：不配置 DNS：不配置
8				VM-Project-04-Task-03-172.16.0.2	1 颗 1 核心	1GB	10GB	1 块，桥接/通信	Project-04-Task-03	IP：10.10.2.108 子网掩码：255.255.255.0 网关：不配置 DNS：不配置 IP：172.16.0.2 子网掩码：255.255.255.0 网关：不配置 DNS：不配置
9				VM-Project-04-Task-04-10.10.2.109	1 颗 1 核心	1GB	10GB	1 块，桥接	Project-04-Task-04	IP：10.10.2.109 子网掩码：255.255.255.0 网关：10.10.2.1 DNS：8.8.8.8
								1 块，通信		IP：172.16.0.253 子网掩码：255.255.255.0 网关：不配置 DNS：不配置
10	项目五	3	3	VM-Project-05-Task-01-10.10.2.110	1 颗 1 核心	1GB	10GB	1 块，桥接	Project-05-Task-01	IP：10.10.2.110 子网掩码：255.255.255.0 网关：10.10.2.1 DNS：8.8.8.8
11				VM-Project-05-Task-02-10.10.2.111	1 颗 1 核心	1GB	10GB	1 块，桥接	Project-05-Task-02	IP：10.10.2.111 子网掩码：255.255.255.0 网关：10.10.2.1 DNS：8.8.8.8
12				VM-Project-05-Task-03-10.10.2.112	1 颗 1 核心	1GB	10GB	1 块，桥接	Project-05-Task-03	IP：10.10.2.112 子网掩码：255.255.255.0 网关：10.10.2.1 DNS：8.8.8.8

续表

序号	用途	虚拟机数	IP 地址数	虚拟机名称	CPU	内存	虚拟机硬盘	网卡	主机名	网络
13	项目六	4	4	VM-Project-06-Task-01-10.10.2.113	1 颗 1 核心	1GB	10GB	1 块，桥接	Project-06-Task-01	IP：10.10.2.113 子网掩码：255.255.255.0 网关：10.10.2.1 DNS：8.8.8.8
14				VM-Project-06-Task-02-10.10.2.114	1 颗 1 核心	1GB	10GB	1 块，桥接	Project-06-Task-02	IP：10.10.2.114 子网掩码：255.255.255.0 网关：10.10.2.1 DNS：8.8.8.8
15				VM-Project-06-Task-03-10.10.2.115	1 颗 1 核心	1GB	10GB	1 块，桥接	Project-06-Task-03	IP：10.10.2.115 子网掩码：255.255.255.0 网关：10.10.2.1 DNS：8.8.8.8
16				VM-Project-06-Task-04-10.10.2.116	1 颗 1 核心	1GB	10GB	1 块，桥接	Project-06-Task-04	IP：10.10.2.116 子网掩码：255.255.255.0 网关：10.10.2.1 DNS：8.8.8.8
17	项目七	3	3	VM-Project-07-Task-01-10.10.2.117	1 颗 1 核心	1GB	10GB	1 块，桥接	Project-07-Task-01	IP：10.10.2.117 子网掩码：255.255.255.0 网关：10.10.2.1 DNS：8.8.8.8
18				VM-Project-07-Task-02-10.10.2.118	1 颗 1 核心	1GB	10GB	1 块，桥接	Project-07-Task-02	IP：10.10.2.118 子网掩码：255.255.255.0 网关：10.10.2.1 DNS：8.8.8.8
19				VM-Project-07-Task-03-10.10.2.119	1 颗 1 核心	1GB	10GB	1 块，桥接	Project-07-Task-03	IP：10.10.2.119 子网掩码：255.255.255.0 网关：10.10.2.1 DNS：8.8.8.8
20	项目八	3	3	VM-Project-08-Task-01-10.10.2.120	1 颗 1 核心	1GB	10GB	1 块，桥接	Project-08-Task-01	IP：10.10.2.120 子网掩码：255.255.255.0 网关：10.10.2.1 DNS：根据项目配置
21				VM-Project-08-Task-02-10.10.2.121	1 颗 1 核心	1GB	10GB	1 块，桥接	Project-08-Task-02	IP：10.10.2.121 子网掩码：255.255.255.0 网关：10.10.2.1 DNS：根据项目配置

续表

序号	用途	虚拟机数	IP 地址数	虚拟机名称	CPU	内存	虚拟机硬盘	网卡	主机名	网络
22	项目八	3	3	VM-Project-08-Task-03-10.10.2.122	1 颗 1 核心	1GB	10GB	1 块，桥接	Project-08-Task-03	IP：10.10.2.122 子网掩码：255.255.255.0 网关：10.10.2.1 DNS：根据项目配置
23	项目九	1	1	VM-Project-09-Task-01-10.10.2.123	1 颗 4 核心	4GB	100GB	1 块，桥接	Project-09-Task-01	IP：10.10.2.123 子网掩码：255.255.255.0 网关：10.10.2.1 DNS：8.8.8.8
24	项目十	1	1	VM-Project-10-Task-01-10.10.2.124	1 颗 2 核心	2GB	40GB	1 块，桥接	Project-10-Task-01	IP：10.10.2.124 子网掩码：255.255.255.0 网关：10.10.2.1 DNS：8.8.8.8
25	项目十一	1	1	VM-Project-11-Task-01-10.10.2.125	1 颗 1 核心	1GB	10GB	1 块，桥接	Project-11-Task-01	IP：10.10.2.125 子网掩码：255.255.255.0 网关：10.10.2.1 DNS：8.8.8.8
26	项目十二	1	1	VM-Project-12-Task-01-10.10.2.126	1 颗 1 核心	1GB	10GB	1 块，桥接	Project-12-Task-01	IP：10.10.2.126 子网掩码：255.255.255.0 网关：10.10.2.1 DNS：8.8.8.8
27	项目十三	3	3	VM-Project-13-Task-01-10.10.2.127	1 颗 1 核心	1GB	10GB	1 块，桥接	Project-13-Task-01	IP：10.10.2.127 子网掩码：255.255.255.0 网关：10.10.2.1 DNS：8.8.8.8
28				VM-Project-13-Task-01-10.10.2.128	1 颗 1 核心	1GB	10GB	1 块，桥接	Project-13-Task-02	IP：10.10.2.128 子网掩码：255.255.255.0 网关：10.10.2.1 DNS：8.8.8.8
29				VM-Project-13-Task-01-10.10.2.129	1 颗 1 核心	1GB	10GB	1 块，桥接	Project-13-Task-03	IP：10.10.2.129 子网掩码：255.255.255.0 网关：10.10.2.1 DNS：8.8.8.8
30	本地主机	-	1	-	-	-	-	-	-	IP：10.10.2.100 子网掩码：255.255.255.0 网关：10.10.2.1 DNS：8.8.8.8

附录 2　网络配置工具

1. 从 Linux Kernel 谈起

Linux 分为用户空间和内核空间两个部分。用户空间包括用户的应用程序、程序库等，内核空间包括系统调用接口、内核（狭义内核）及平台架构相关的代码，如图 1 所示。

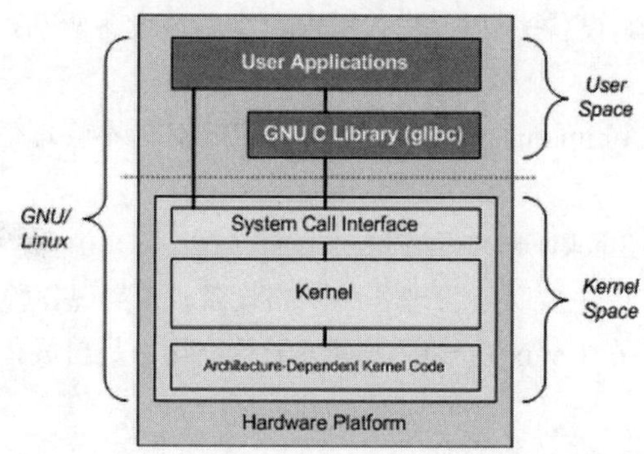

图 1　Linux 操作系统结构图

Linux 内核由 7 个部分和进程间通信构成，如图 2 所示。

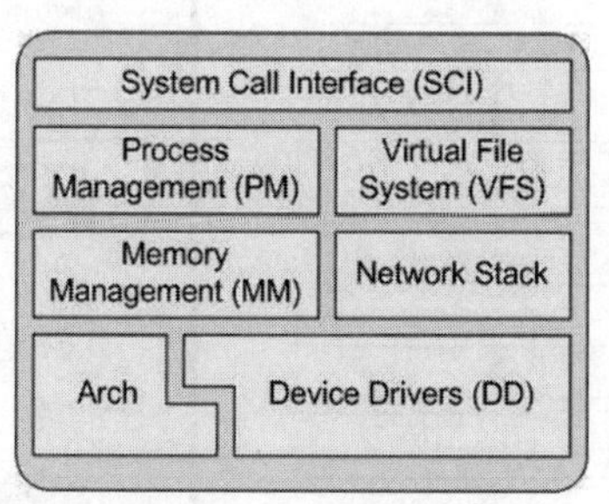

图 2　Linux 内核结构图

（1）系统调用接口（System Call Interface，SCI）：向用户空间提供访问文件系统和硬件设备的统一的接口，如 open、read、write 等系统调用。

（2）进程管理（Process Scheduler，PS）：创建进程、删除进程、调度进程等，也称作进程管理或进程调度。负责管理 CPU 资源，以便让各个进程可以以尽量公平的方式访问 CPU。

（3）内存管理（Memory Manager，MM）：内存分配、管理等，负责管理 Memory（内存）资源，以便让各个进程可以安全地共享机器的内存资源。内存管理会提供虚拟内存的机制，该机制可以让进程使用多于系统可用 Memory 的内存，不用的内存会通过文件系统保存在外部非易失存储器中，需要使用的时候，再取回到内存中。

（4）虚拟文件系统（Virtual File System，VFS）：为多种文件系统提供统一的操作接口。Linux 内核将不同功能的外部设备，例如存储设备（硬盘、磁盘、NAND Flash 等）、输入输出设备、显示设备等，抽象为可以通过统一的文件操作接口来访问。Linux 操作系统一切皆是文件的缘由。

（5）Network（网络子系统）：提供各种网络协议，负责管理系统的网络设备，并实现多种多样的网络标准。

（6）Arch：CPU 架构相关代码，为的是提高 Linux 在不同 CPU 上的移植性。

（7）DD（Device Drivers，设备驱动程序）：用来定义各种设备驱动，其代码量占 Linux Kernel 代码总量的 70%以上。

（8）IPC（Inter-Process Communication）：进程间通信。IPC 不管理任何硬件，主要负责 Linux 系统中进程之间的通信。

2. Linux Kernel Network Stack，网络子系统

网络子系统在 Linux 内核中主要负责管理各种网络设备，并实现各种网络协议栈，最终实现通过网络连接其他系统的功能。在 Linux 内核中，网络子系统几乎是自成体系的，包括 5 个子模块，如图 3 所示。

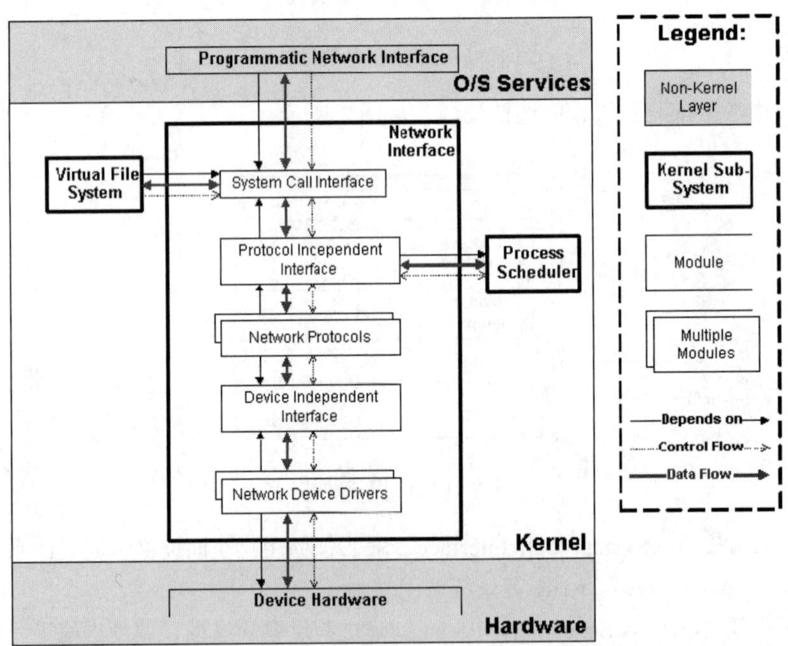

图 3　网络子系统结构图

（1）Network Device Drivers：网络设备驱动，用于控制所有的网络接口卡及网络控制器。

（2）Device Independent Interface：统一设备模型，定义描述网络硬件设备的统一方式，用一致的形式为驱动程序提供接口，实现所有的网络设备驱动都遵照统一定义，降低网络接口卡驱动程序的开发难度。

（3）Network Protocols：实现网络传输协议，例如 IP、TCP、UDP 等。

（4）Protocol Independent Interface：屏蔽下层的硬件设备和网络协议，实现用 socket 的标准接口支持网络通信。

（5）System Call Interface：系统调用接口，向用户空间提供访问网络设备的统一接口，各种网络管理工具通过调用该接口实现具体的功能。

3. systemd-networkd 与 Network Manager

systemd 是 freedesktop 的项目，官网 https://www.freedesktop.org/wiki/Software/systemd。该项目源码在 github 上发布，可以在 https://github.com/systemd/systemd 查看所有版本更新、Bug 修订和版本对应的文档等。systemd-networkd 是 systemd 默认提供的网络管理服务，可以完全管理以太网，但是不能够实现对无线网卡和 PPP 的管理。

systemd-networkd 是用于管理网络的系统服务。它能够检测并配置网络连接，也能够创建虚拟网络设备。

systemd-networkd 的配置包括 3 个方面。

（1）systemd.link：配置独立于网络的低级别物理连接。

（2）systemd.netdev：创建虚拟网络设备。

（3）systemd.network：配置所有匹配的网络连接的地址与路由。在启动匹配的网络连接时，会首先清空该连接原有的地址与路由。所有未被.network 文件匹配到的网络连接都将被忽略（不对其做任何操作）。systemd-networkd 会忽略在 systemd.network 文件中明确设为 Unmanaged=yes 的网络连接。

当 systemd-networkd 服务退出时，通常不做任何操作，以保持当时已经存在的网络设备与网络配置不变。一方面，这意味着从 initramfs 切换到实际根文件系统以及重启该网络服务都不会导致网络连接中断；另一方面，这也意味着更新网络配置文件并重启 systemd-networkd 服务之后，那些在更新后的网络配置文件中已经被删除的虚拟网络设备（netdev）仍将存在于系统中，有可能需要手动删除。

服务的配置文件分别位于：优先级最低的/usr/lib/systemd/network 目录、优先级居中的/run/systemd/network 目录、优先级最高的/etc/systemd/network 目录。

CentOS 操作系统上有 Network Manager 和 systemd-networkd 两种网络管理工具，如果两种都配置会引起冲突。

CentOS 7 及之后版本主要使用 Network Manager 服务来实现网络的配置和管理，CentOS 7 以前的版本主要是通过 systemd-networkd 服务管理网络。

system-networkd 和 Network Manager 是网络管理工具，主要通过与 Linux Kernel 交互，实现网

卡、网络连接的配置和管理等，可以不借助任何工具，通过修改配置文件实现对网络配置信息的修改，然后通过 systemd-networkd 和 Network Manager 启用配置信息并管理网络设备和服务。

4. Linux 操作系统的网络管理工具

根据用途的不同，将 Linux 操作系统的网络配置和管理的工具分为 4 类：基于 systemd-networkd 或者 Network Manager 的网络配置工具、网络管理工具、网络测试工具和网络监控工具，如图 4 所示。这种分类不是标准和规范，而是为了介绍工具软件方便而进行。

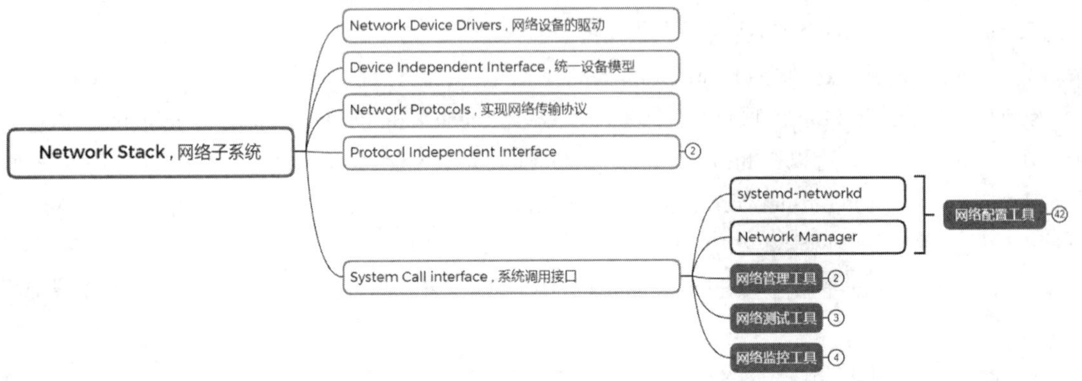

图 4　网络配置和管理工具的分类

网络配置工具有渊源深厚的 net-tools，目前得到广泛支持的 iproute2 的 ip 模块，ubuntu 积极推进的 netplan，以及 Network Manager 内置的 nmcli、nmtui。网络配置工具主要是为用户提供操作接口，用户操作通过网络配置工具传递给 systemd-networkd 和 Network Manager，再由其通知 Linux Kernel 执行。通俗地讲，如果能够熟练的通过 vi 工具直接修改网络配置文件，则可以不安装和使用任何网络配置工具。

nmcli 和 nmtui 工具是 Network Manager 内置的配置工具。nmtui 实现 shell 下的图形化管理，具有连接配置、连接激活和主机名配置功能。nmcli 通过选项可以实现强大的网络配置功能，包括对网络连接、网卡设备、组播多播等进行配置管理。

netplan 是配置网络连接的命令行工具，使用 YAML 描述文件来配置网络接口，并通过这些描述为任何给定的呈现工具生成必要的配置选项。ubuntu18.04 版本后默认使用 netplan 管理网络，详细介绍参看 ubuntu 的官方网站 https://netplan.io。

net-tools 包含一组命令，包括常用的 hostname、ifconfig、netstat 等。iproute2 使用 ip 命令和选项实现几乎所有的网络管理功能，如 link、address、route 等。

网络管理工具有很多，例如强大的网卡及网卡驱动管理工具 ethtool，用于进行 Linux Kernel 流量控制的流量控制器 iproute2 的 tc 模块（Traffic、Control）。

网络测试工具有耳熟能详的 ping，进行路由追踪的 traceroute，也特别推荐 Linux 操作系统上非常好用的网络诊断工具 mtr。

网络监控工具有监控 arp 的 arpwatch，监控网络接口流量的 iftop，查找网络通信报文的 ngrep，以及嗅探获取网络通信报文的 tcpdump，如图 5 所示。

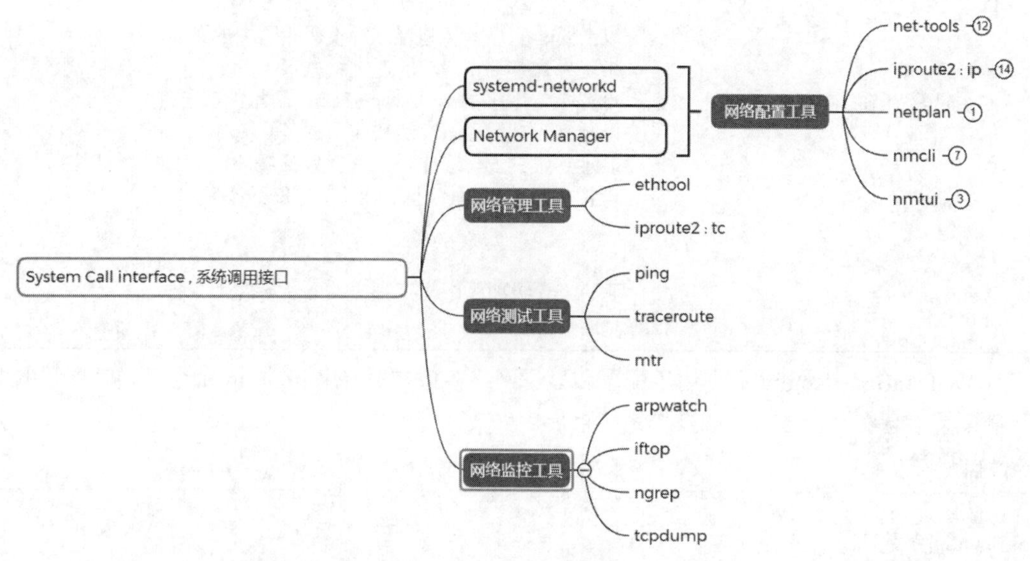

图 5 网络配置和管理工具

5. 网络配置工具 net-tools 与 iproute2

net-tools 起源于 BSD 的 TCP/IP 工具箱，后来成为老版本 Linux 内核中配置网络功能的工具，但 Linux 社区自 2001 年起已对其停止维护。最新的 Linux 发行版，如 Arch Linux、CentOS 7/8、RHEL 7 及以后版本等已经完全抛弃 net-tools，默认仅支持 iproute2。

iproute2 的出现旨在从功能上取代 net-tools。net-tools 通过 procfs(/proc)和 ioctl 系统调用去访问和改变内核网络配置，iproute2 则通过 netlink 套接字接口与内核通信。iproute2 的用户接口比 net-tools 更加直观，如各种网络资源（如 link、IP 地址、路由和隧道等）均使用合适的对象抽象去定义，使得用户可使用一致的语法去管理不同的对象。

5.1 net-tools

目前广泛使用的 ifconfig、arp、hostname、mii-tool、netstat、route 等管理命令，均属于 net-tools 工具集，建议彻底抛弃。

（1）arp。arp 命令用于操作主机的 arp 缓冲区，可以显示 arp 缓冲区中的所有条目、删除指定的条目或者添加静态的 ip 地址与 MAC 地址对应关系。

命令详解：

【语法】

arp [选项] [参数]

【选项】

-a<主机>	显示 arp 缓冲区的所有条目
-H<地址类型>	指定 arp 指令使用的地址类型
-d<主机>	从 arp 缓冲区中删除指定主机的 arp 条目
-D	使用指定接口的硬件地址
-e	以 Linux 的显示风格显示 arp 缓冲区中的条目
-i<接口>	指定要操作 arp 缓冲区的网络接口
-s<主机><MAC 地址>	设置指定主机的 IP 地址与 MAC 地址的静态映射
-n	以数字方式显示 arp 缓冲区中的条目
-v	显示详细的 arp 缓冲区条目，包括缓冲区条目的统计信息
-f<文件>	设置主机的 IP 地址与 MAC 地址的静态映射

【参数】

主机	查询 arp 缓冲区中指定主机的 arp 条目

操作命令+配置文件+脚本程序+结束

（2）ifconfig。ifconfig 命令用于配置和显示网络接口参数。用 ifconfig 命令可临时配置网卡信息，其配置信息在网卡重启后或操作系统重启后失效。

命令详解：

【语法】

ifconfig[参数]

【选项】

add<地址>	设置网络设备 IPv6 的 IP 地址
del<地址>	删除网络设备 IPv6 的 IP 地址
down	关闭指定的网络设备
<hw<网络设备类型><硬件地址>	设置网络设备的类型与硬件地址
io_addr<I/O 地址>	设置网络设备的 I/O 地址
irq<IRQ 地址>	设置网络设备的 IRQ
media<网络媒介类型>	设置网络设备的媒介类型
mem_start<内存地址>	设置网络设备在主内存所占用的起始地址
metric<数目>	指定在计算数据包的转送次数时，所要加上的数目
mtu<字节>	设置网络设备的 MTU
netmask<子网掩码>	设置网络设备的子网掩码
tunnel<地址>	建立 IPv4 与 IPv6 之间的隧道通信地址
up	启动指定的网络设备
-broadcast<地址>	将要送往指定地址的数据包当成广播数据包来处理
-pointopoint<地址>	与指定地址的网络设备建立直接连线，此模式具有保密功能
-promisc	关闭或启动指定网络设备的 promiscuous 模式
IP 地址	指定网络设备的 IP 地址
网络设备	指定网络设备的名称

操作命令+配置文件+脚本程序+结束

（3）mii-tool。mii-tool 命令是用于查看、管理网络接口的状态和通信协商方式，可以配置 10/100/1000M 网卡的半双工、全双工、自动协商。

命令详解：

【语法】

mii-tool [-VvRrwl] [-A media,... | -F media] [interface ...]

【选项】

-V	显示版本信息
-v	显示网络接口的信息
-R	重设 MII 到开启状态
-r	重启自动协商模式
-w	查看网络接口连接的状态变化
-l	写入事件到系统日志
-A	指令特定的网络接口
-F	更改网络接口协商方式

操作命令+配置文件+脚本程序+结束

（4）route。route 命令用来显示并设置网络路由表，route 命令设置的路由主要是静态路由。执行 route 命令仅临时添加路由，路由信息在网卡重启或者操作系统重启后失效。

命令详解：

【语法】

route [选项] [参数]

【选项】

-A	设置地址类型
-C	打印将 Linux 核心的路由缓存
-v	详细信息模式
-n	不执行 DNS 反向查找，直接显示数字形式的 IP 地址
-e	netstat 格式显示路由表
-net	到一个网络的路由表
-host	到一个主机的路由表

【参数】

add	增加指定的路由记录
del	删除指定的路由记录
target	目的网络或目的主机
gw	设置默认网关
mss	设置 TCP 的最大区块长度（MSS），单位 MB
window	指定通过路由表的 TCP 连接的 TCP 窗口大小
dev	路由记录所表示的网络接口

操作命令+配置文件+脚本程序+结束

（5）netstat。netstat 命令用来查看网络系统状态信息。

命令详解：

【语法】

route [选项] [参数]

【选项】

-a 或--all	显示所有连线中的 Socket
-A<网络类型>或--<网络类型>	列出该网络类型连线中的相关地址
-c 或--continuous	持续列出网络状态
-C 或--cache	显示路由器配置的快取信息
-e 或--extend	显示网络其他相关信息
-F 或--fib	显示 FIB
-g 或--groups	显示多重广播功能群组组员名单
-h 或--help	在线帮助
-i 或--interfaces	显示网络界面信息表单
-l 或--listening	显示监控中的服务器的 Socket
-M 或--masquerade	显示伪装的网络连线
-n 或--numeric	直接使用 IP 地址，而不通过域名服务器
-N 或--netlink 或--symbolic	显示网络硬件外围设备的符号连接名称
-o 或--timers	显示计时器
-p 或--programs	显示正在使用 Socket 的程序识别码和程序名称
-r 或--route	显示 Routing Table
-s 或--statistice	显示网络工作信息统计表
-t 或--tcp	显示 TCP 传输协议的连线状况
-u 或--udp	显示 UDP 传输协议的连线状况
-v 或--verbose	显示指令执行过程
-V 或--version	显示版本信息
-w 或--raw	显示 RAW 传输协议的连线状况
-x 或--unix	此参数的效果和指定“-A unix”参数相同
--ip 或--inet	此参数的效果和指定“-A inet”参数相同

操作命令+配置文件+脚本程序+结束

5.2 iproute2

ip 命令是 iproute2 工具集其中的一个，用来显示或操纵 Linux 主机的路由、网络设备、策略路由和隧道，是功能强大的网络配置工具。

命令详解：

【语法】

ip [选项] 对象 [命令 [参数]]

【选项】

-V	显示指令版本信息
-s	输出更详细的信息
-f	强制使用指定的协议族
-4	指定使用的网络层协议是 IPv4 协议
-6	指定使用的网络层协议是 IPv6 协议
-0	输出信息每条记录输出一行，即使内容较多也不换行显示
-r	显示主机时，不使用 IP 地址，而使用主机的域名

【对象：指定要管理的网络对象】

link	网络接口
address	IPv4 或 IPv6 地址
neighbor	ARP 或 NDISC 缓存
route	路由表
rule	路由规则
maddress	组播地址
mroute	组播路由
tunnel	基于 IP 的隧道

【参数】

具体操作	对指定的网络对象完成具体操作
help	显示网络对象支持的操作命令的帮助信息

操作命令+配置文件+脚本程序+结束

5.3　常用网络配置操作的实现方法对比

为了方便从 net-tools 转向 iproute2，针对常见网络操作进行操作对比见表 1。

表 1　常用网络配置操作的 net-tools 和 iproute2 命令对比

操作内容	net-tools	iproute2
查看网络接口	ifconfig -a	ip link show
激活停用网络接口	ifconfig enp0s3 up ifconfig enp0s2 down	ip link set up enp0s3 ip link set down enp0s3
分配 IPv4 地址	ifconfig enp0s3 172.16.1.2/24	ip addr add 172.16.123.2/24 dev enp0s3
删除 IPv4 地址	ifconfig enp0s3 0	ip addr del 172.16.123.2/24 dev enp0s3
查看网络接口信息	ifconfig enp0s3	ip addr show dev enp0s3
变更网络接口 Mac	ifconfig enp0s3 hw ether 0A:0B:0C:0D:0E:0F	ip link set dev enp0s3 address 0A:0B:0C:0D:0E:0F
查看路由表	route -n netstat -rn	ip route show
添加默认路由	route add default gw 171.16.123.1 enp0s3	ip route add default via 171.16.123.1 dev enp0s3
删除默认路由	route del default gw 171.16.123.1 enp0s3	ip route del default via 172.16.123.1 dev enp0s3
添加静态路由	route add -net 172.16.124.0/24 gw 172.16.123.254 dev enp0s3	ip route add 172.16.124.0/24 via 172.16.123.254 dev enp0s3
删除静态路由	route del -net 172.16.124.0/24	ip route del 172.16.124.0/24 via 172.16.123.254 dev enp0s3
查看 socket 统计信息	netstat netstat -l	ss ss -l

续表

操作内容	net-tools	iproute2
查看 arp 表	arp -an	ip neigh
查看主机名	hostname	--

注　操作命令中网络接口的名称假定为 enp0s3。

6. 网络测试工具

（1）ping。ping 命令用来测试主机之间网络的连通性。执行 ping 指令会使用 ICMP 传输协议，发出要求回应的信息，若远端主机的网络功能没有问题，就会回应该信息，因而得知该主机运作正常。

命令详解：

```
【语法】
ping [选项] [参数]

【选项】
-d                  使用 Socket 的 SO_DEBUG 功能
-c<完成次数>        设置完成要求回应的次数
-f                  极限检测
-i<间隔秒数>        指定收发信息的间隔时间
-I<网络界面>        使用指定的网络界面送出数据包
-l<前置载入>        设置在送出要求信息之前，先行发出的数据包
-n                  只输出数值
-p<范本样式>        设置填满数据包的范本样式
-q                  不显示指令执行过程，开头和结尾的相关信息除外
-r                  忽略普通的 Routing Table，直接将数据包送到远端主机上
-R                  记录路由过程
-s<数据包大小>      设置数据包的大小
-t<存活数值>        设置存活数值 TTL 的大小
-v                  详细显示指令的执行过程

【参数】
文件                指定要查询的文件
```

操作命令+配置文件+脚本程序+结束

（2）traceroute。traceroute 命令用于追踪数据包在网络上的传输时的全部路径，它默认发送的数据包大小是 40B。

通过 traceroute 可以知道信息从你的计算机到互联网另一端的主机是走的什么路径。当然每次数据包由某一同样的出发点（source）到达某一同样的目的地（destination）走的路径可能会不一样，但基本上来说大部分时候所走的路由是相同的。

traceroute 通过发送小的数据包到目的设备直到其返回，来测量其需要多长时间。一条路径上的每个设备 traceroute 要测 3 次。输出结果中包括每次测试的时间（ms）和设备的名称（如有的话）及其 IP 地址。

命令详解：

【语法】

traceroute [选项] [参数]

【选项】

-d	使用 Socket 层级的排错功能
-f<存活数值>	设置第一个检测数据包的存活数值 TTL 的大小
-F	设置勿离断位
-g<网关>	设置来源路由网关，最多可设置 8 个
-i<网络界面>	使用指定的网络界面送出数据包
-I	使用 ICMP 回应取代 UDP 资料信息
-m<存活数值>	设置检测数据包的最大存活数值 TTL 的大小
-n	直接使用 IP 地址而非主机名称
-p<通信端口>	设置 UDP 传输协议的通信端口
-r	忽略普通的 Routing Table，直接将数据包送到远端主机上
-s<来源地址>	设置本地主机送出数据包的 IP 地址
-t<服务类型>	设置检测数据包的 TOS 数值
-v	详细显示指令的执行过程
-w<超时秒数>	设置等待远端主机回报的时间
-x	开启或关闭数据包的正确性检验

【参数】

主机	指定目的主机 IP 地址或主机名

操作命令+配置文件+脚本程序+结束

（3）mtr。mtr 是 Linux 操作系统中的网络诊断工具，结合了 ping、traceroute、nslookup 的相关特性，使管理员能够诊断和隔离网络错误，并向上游提供商提供网络状态报告。

命令详解：

【语法】

mtr [选项] [参数]

【选项】

-h	提供帮助命令
-v	显示 mtr 的版本信息
-r	报告模式显示
-s	用来指定 ping 数据包的大小
--no-dns	不对 IP 地址做域名解析
-a	数据包的发送 IP 地址
-i	ICMP 返回之间的时间间隔，默认是 1s
-4	使用 IPv4
-6	使用 IPv6

【参数】

主机	指定目的主机 IP 地址或主机名

操作命令+配置文件+脚本程序+结束

7. 网络监控工具

（1）arpwatch。arpwatch 命令用来监听网络上 arp 的记录。

命令详解：

【语法】

arpwatch [选项]

【选项】

-d	启动排错模式
-f<记录文件>	设置存储 ARP 记录的文件，预设为/var/arpwatch/arp.dat
-i<接口>	-i<接口>：指定监听 ARP 的接口，预设的接口为 eth0
-r<记录文件>	从指定的文件中读取 ARP 记录，而不是从网络上监听

操作命令+配置文件+脚本程序+结束

（2）iftop。iftop 是类似于 top 的实时流量监控工具。iftop 可以用来监控网卡的实时流量（可以指定网段）、反向解析 IP、显示端口信息等。

命令详解：

【语法】

iftop [选项]

【选项】

-i	设定检测的网卡
-B	以 bytes 为单位显示流量（默认是 bits）
-n	使 host 信息默认显示 IP
-N	使端口信息默认显示端口号
-F	显示特定网段的流入/流出流量大小
-p	运行混杂模式（显示在同一网段上其他主机的通信）
-b	使流量图形条，默认就显示
-f	计算过滤包信息
-P	使 host 信息及端口信息默认显示
-m	设置界面最上边的刻度的最大值，刻度分为五个大段显示

【参数】

用户组名	指定创建的用户组名

操作命令+配置文件+脚本程序+结束

（3）ngrep。ngrep 命令用于搜寻指定的数据包。ngrep 使用了 libpcap 库，支持大量的操作系统和网络协议，能识别 TCP、UDP 和 ICMP 包，理解 BGF 的过滤机制。

命令详解：

【语法】

ngrep <-LhNXViwqpevxlDtTRM><-IO pcap_dump><-n num><-d dev><-A num>
<-s snaplen><-S limitlen><-w normal|byline|single|none><-c cols>
<-P char><-F file><match expression><bpf filter>

【选项】

-e	显示空数据包
-i	忽略大小写
-v	反转匹配
-x	以 16 进制格式显示
-X	以 16 进制格式匹配
-w	整字匹配
-p	不使用混杂模式
-t	在每个匹配的包之前显示时间戳
-T	显示上一个匹配的数据包之间的时间间隔
-M	仅进行单行匹配
-I	从文件中读取数据进行匹配
-O	将匹配的数据保存到文件
-n	仅捕获指定数目的数据包进行查看
-A	匹配到数据包后 dump 随后的指定数目的数据包
-W	设置显示格式 byline 将解析包中的换行符
-c	强制显示列的宽度
-F	使用文件中定义的 bpf(Berkeley Packet Filter)
-N	显示由 IANA 定义的子协议号
-d	使用哪个网卡，可以用-L 选项查询
-L	查询网卡接口

操作命令+配置文件+脚本程序+结束

（4）tcpdump。tcpdump 命令是一款 sniffer 工具，可以记录并输出所有经过网络接口的数据包的信息，功能和 Wireshark 类似。

命令详解：

【语法】

ngrep <-LhNXViwqpevxlDtTRM><-IO pcap_dump><-n num><-d dev><-A num>
<-s snaplen><-S limitlen><-w normal|byline|single|none><-c cols>
<-P char><-F file><match expression><bpf filter>

【选项】

-e	显示空数据包
-i	忽略大小写
-v	反转匹配
-x	以 16 进制格式显示
-X	以 16 进制格式匹配
-w	整字匹配
-p	不使用混杂模式
-t	在每个匹配的包之前显示时间戳
-T	显示上一个匹配的数据包之间的时间间隔
-M	仅进行单行匹配

-I	从文件中读取数据进行匹配
-O	将匹配的数据保存到文件
-n	仅捕获指定数目的数据包进行查看
-A	匹配到数据包后 dump 随后的指定数目的数据包
-W	设置显示格式 byline 将解析包中的换行符
-c	强制显示列的宽度
-F	使用文件中定义的 bpf（Berkeley Packet Filter）
-N	显示由 IANA 定义的子协议号
-d	使用哪个网卡，可以用-L 选项查询
-L	查询网卡接口

操作命令+配置文件+脚本程序+结束